OK-128BLDC 키트

OK-128BLDC
키트 별매

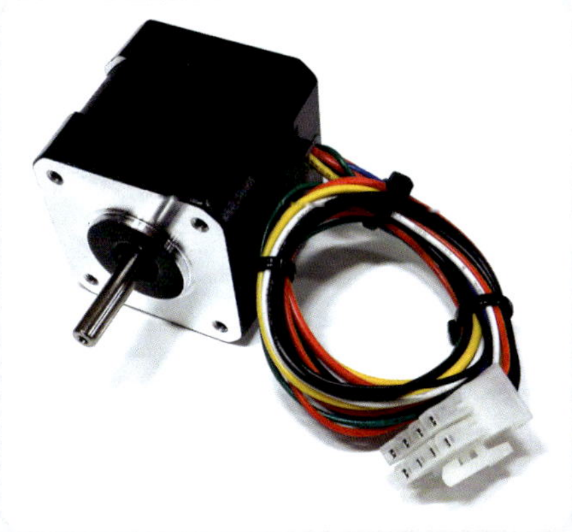

실용 모터제어 시리즈 2
BLDC 모터 제어 기술

저 자 : 윤덕용
ISBN : 978-89-7101-793-7
판 형 : B5
쪽 수 : 388
가 격 : 28,000원

OK-128BLDC 키트 V1.0A의 설계 사양

항 목	사 양	비 고
MCU	ATmega128A-AU(16MHz)	16MHz 수정발진자 사용
ROM	MCU에 내장된 128KB의 플래시 메모리	프로그램 저장용
RAM	MCU에 내장된 4KB	스택 및 사용자 데이터 저장용
프로그램의 입력/실행	1. 표준USB형 AVRISP mkII 다운로드 케이블 2. 병렬포트형 AVR ISP 다운로드 케이블	본 키트에서는 JTAG 에뮬레이터를 사용하지 못함
I/O	1. MCU 프로그램용 6핀 컨넥터 2. MCU가 직접 제어하는 기본 I/O 기능 (1) 3.2인치 240×320 픽셀 TFT-LCD 모듈 (2) +5V용 버저 (3) 모터 방향 설정용 토글 스위치(SW1) (4) 동작모드 설정용 2비트 DIP 스위치(SW2) (5) 기준속도 입력용 가변저항(VR1) (6) 모터 구동용 게이트 신호(UT, VT, WT) (7) 모터 구동용 PWM 신호(UB, VB, WB) 3. 모터제어를 위한 I/O 기능 (1) BLDC 모터 제어 전용 IC 소자 LB11920을 사용한 모터 M1 접속 컨넥터(CN5) (2) ATmega128A MCU가 직접 처리하는 모터 M2 접속 컨넥터(CN6) (3) 모터 회전속도 검출을 위한 홀센서 신호 4체배 회로(U8, 74HC86) (4) 모터 회전방향 검출을 위한 플립플롭 회로(U9, 74HC74) (5) 모터 전류 검출용 션트저항(R33)	Atmel사의 AVR ISP 표준 BLDC 모터 BL42S-24026N 사용 BLDC 모터 BL42S-24026N 사용 0.1Ω/1W/1%
전원	+24V(2A 이상)	키트 내부에서 +12V, +5V, +3.3V를 만들어 사용함
PCB	168×107mm 양면 에폭시 기판	

http://www.ohm.co.kr / http://www.rnckit.com

Ohm사 · R&C사 홈페이지 안내

OHM사/R&C사 홈페이지를 방문하시면 보다 많은 정보를 얻을 수 있습니다. 앞으로 OHM사/R&C사는 엔지니어들을 위한 학습교재와 최신 기술들을 보급하여 나가는데 최선을 다할 것이며, 엔지니어들이 우대받는 세상이 되도록 선도하여 나가겠습니다.

http://www.ohm.co.kr

http://www.rnckit.com

▶ 도서상품

OHM사에서 발행되는 교재를 직접 구매할 수 있으며, 상품에 따라 정해진 마일리지를 적립하여 드리고, 일정 금액이 적립되면 현금과 동일하게 사용할 수 있습니다.

▶ 키트상품

교재와 관련하여, 부설기관인 R&C사에서 교육용 키트를 제작, 그와 관련된 장비 등의 기자재를 함께 판매하고 있습니다.

▶ 특판상품

교재와 함께 그에 관련된 학습용 키트를 한데 모아 특판 상품으로 구성하여 개별 구입시보다 저렴하게 구입할 수 있도록하여 판매하고 있습니다.

▶ 할인상품

교재 및 R&C사에서 제작되는 학습용 키트상품 중 일부 품목의 할인율을 높혀 매우 저렴한 가격에 판매하고 있습니다.

▶ 커뮤니티

교재 및 학습용 키트에 대한 의문점을 분야별로 세분화된 커뮤니티를 통해 저자들과 관련 분야의 전문가들에게 직접 질문하고 상담할 수 있습니다.

▶ 상품관련 자료실

교재 및 R&C사에서 제작되는 학습용 키트상품 관련 예제소스 등의 본사 상품에 관련된 자료을 열람하고 다운로드 하실 수 있습니다.

E-mail : ohm@ohm.co.kr

실용 모터제어 시리즈 ②

BLDC 모터 제어 기술

(OK-128BLDC 키트)

工學博士 尹 德 鏞 著

BLDC 모터란 무엇인가?
직류전동기와 BLDC 모터의 차이점 이해
영구자석형 동기전동기와 BLDC 모터의 차이점 이해

BLDC 모터의 동작원리와 속도제어 기술
전용 IC 소자를 사용한 BLDC 모터 제어 기술
MCU가 직접 처리하는 BLDC 모터 제어 기술

MOSFET 전력회로 설계 및 게이트 드라이브 기술
로터리 엔코더를 사용한 전동기 회전속도 측정 기술
션트저항을 사용한 전동기 전류 측정 기술

AVR ATmega128을 사용한 제어 프로그램 작성 기술
TFT-LCD에 실시간으로 제어상태를 표시하는 기술
TFT-LCD에 실시간으로 그래픽하는 기술
PI 제어 방식의 속도제어 프로그램 작성 기술

OK-128BLDC 키트 별매

Ohm사

이 책에서 사용하는 예제 프로그램의 소스 파일은 본사 또는 저자의 인터넷 웹 사이트 자료실에 제공합니다. 따라서, 독자 여러분께서는 이를 다운로드한 후에 자신의 퍼스널컴퓨터에 설치, 사용하시기 바랍니다. 이 책에서 필요한 소프트웨어는 다음과 같습니다.

◉ C언어 예제 프로그램 OK-128BLDC.zip
◉ 무료 IDE 및 매크로 어셈블러 AVR Studio V4.18
◉ 무료 C컴파일러 WinAVR-20100110

이 책의 내용이나 *OK-128BLDC* 키트에 관한 기술적인 문의사항이 있는 분은 본사 또는 저자의 인터넷 웹사이트에 공개적으로 질문하여 주시면 저자가 직접 신속하고 정확하게 답변해 드리겠습니다. 그러나, 어떤 경우에도 이 책 또는 키트에 관한 기술적인 문제를 저자에게 개인적으로 전화나 메일을 이용하여 질문하시는 것은 정중히 사절합니다.

◉ 본사 웹사이트 : http://www.ohm.co.kr/ 및 http://www.rnckit.com/
◉ 본사 E-mail : ohm@ohm.co.kr
◉ 저자 웹사이트 : http://cafe.naver.com/mcu32bit/
◉ 저자 E-mail : yoon3m@kongju.ac.kr

머 리 말

대학의 전기공학과에서는 대부분 전기기기나 전동기를 필수과목으로 가르치고 있다. 요즈음에는 서보제이용으로 전자공학과나 제어계측공학과, 메카트로닉스 공학과 등에서도 전동기를 많이 교육하고 있는 추세이다. 그러나, 안타깝게도 대학에서의 이러한 전동기 교육은 구조나 동작원리를 설명하는 정도이고 이를 제어하는 구체적인 실무기술은 거의 가르치거나 실습하지 않는 실정이며, 이런 실용적인 전동기 제어기술을 다루는 교재조차도 거의 없는 것이 현실이다. 국내외를 막론하고 그렇다.

특히 근래에 들어 각 대학의 IT분야(전기/전자/제어/컴퓨터/통신)의 학부과정에서는 4학년의 학생들에게 전공기술을 익히거나 졸업 자격을 심사하기 위하여 개별적으로 졸업작품을 만들도록 요구하는 경향이 두드러지고 있다. 이것은 학생들이 이러한 과정을 통하여 자기 전공분야의 기술을 적극적이고 구체적으로 공부함으로써 졸업 후에 산업체 또는 연구소로 진출하거나 대학원에 진학할 경우 절실하게 필요한 전공지식이나 실무기술을 좀더 깊이 있게 익힐 수 있는 계기를 만든다는 점에서 매우 바람직한 일이라고 생각된다. 이러한 졸업작품 중에는 전동기를 이용하는 것도 많은데, 학교에서 전동기 제어기술을 제대로 배우지 못하고 스스로 이를 공부할 수 있는 전문서적도 거의 없는 현실이기 때문에 많은 학생들이 적지 않은 어려움을 겪고 있다.

저자는 대학에서 전기공학을 공부하고 대학원에서 전동기 제어기술을 전공한 이후에 평생동안 전동기 제어분야의 기술개발 및 교육에 몰두하여 왔고, 이러한 분야에 필요한 기술중의 하나인 마이크로프로세서 응용 기술에 관한 서적을 여러권 집필하여 출판하기도 하였다. 현재도 대학 및 대학원에서 마이크로프로세서와 전동기 서보제어에 관한 과목을 강의하고 있으나 이를 위한 교재가 부족하여 늘 애로사항을 겪어오던 중에 이제는 더 기다릴 수 없다는 생각으로 직접 용기를 내어 실용 모터제어 시리즈의 책을 구상하고 집필하게 되었다. 이미 학술적으로 전동기 제어기술을 다루고 있는 대학 및 대학원의 교재는 상당히 많이 나와 있으므로 이 실용 모터제어 시리즈의 책에서는 실제로 전동기 제어 시스템의 하드웨어를 설계하고 제어 프로그램을 작성하는 실용적인 기술을 다루고자 한다. 이 책은 대학의 교재로 사용할 수도 있고, 스스로 이 분야의 기술을 익혀서 졸업작품을 만들고자 하는 관련 학과의 학생이나 산업체에서 이 분야의 기술개발 업무를 수행하는 현장 엔지니어들에게도 도움이 될 것이다.

이 책은 실용 모터제어 시리즈의 두번째로서 현재 시대적으로 매우 각광받고 있는 BLDC 모터의 제어 기술을 취급한다. 전통적인 직류전동기와의 차이점을 이해하고, 이를 제어하는 시스템의 하드웨어를 설계하며 제어 프로그램을 작성하는 기술을 직접 독자들이 따라하면서 단계적으로 익힐 수 있도록 설명할 것이다.

2015년 10월 저자 尹 德 鏞 씀

◈ 참고 문헌 ◈

[1] ATmega128A 8-bit Microcontroller 데이터 시트, Atmel, 2014.
[2] 윤덕용, AVR ATmega128A 바이블, Ohm사, 2011.
[3] 윤덕용, 프로세서 응용 시리즈 ③ - ATmega128을 활용한 졸업작품 만들기(I) (2005, Ohm사)

◈ 저자 소개 ◈

(1) 학력

1981. 2. 서울대학교 전기공학과 졸업
1983. 2. 서울대학교 대학원 전기공학과 졸업(공학석사)
1995. 2. 단국대학교 대학원 전기공학과 졸업(공학박사)

(2) 주요 경력

1982. 12. ~ 1984. 5. 삼성전자(주) 종합연구소 근무
1984. 6. ~ 1985. 2. 한독(주) 컴퓨터기술연구소 근무
1985. 3. ~ 2006. 2. 국립 천안공업대학 전자계산기과/제어계측과 교수
2005. 3. ~ 현재 국립 공주대학교 천안공과대학 전기전자제어공학부 교수

(3) 저서

마이크로프로세서 응용실습 (1988, 자유아카데미)
16비트 마이크로프로세서 및 IBM PC 하드웨어 입문 (1991, 조원사)
마이크로프로세서 응용 -Z80 MASTER- (1998, Ohm사)
DSP 마스터 시리즈 ① - TMS320C31 마스터 (1998, Ohm사)
DSP 마스터 시리즈 ② - TMS320C32 마스터 (1999, Ohm사)
어셈블리와 C언어로 익히는 80C196KC 마스터(I) (2000, Ohm사)
어셈블리와 C언어로 익히는 80C196KC 마스터(II) (2000, Ohm사)
어셈블리와 C언어로 익히는 8051 마스터 (2001, Ohm사)
어셈블리와 C언어로 익히는 AT89S52 마스터 (2006, Ohm사)
프로세서 응용 시리즈 ① - LCD 모듈의 철저 활용 (2002, Ohm사)
프로세서 응용 시리즈 ② - LCD 모듈 활용 마스터 (2004, Ohm사)
프로세서 응용 시리즈 ③ - ATmega128을 활용한 졸업작품 만들기(I) (2005, Ohm사)
프로세서 응용 시리즈 ④ - 졸업작품 만들기(VII) TFT-LCD 모듈 활용 마스터 (2009, Ohm사)
AVR 마스터 시리즈 ① - AVR ATmega128 마스터 (2004, Ohm사)
AVR 마스터 시리즈 ② - AVR ATmega162 마스터 (2004, Ohm사)
AVR 마스터 시리즈 ③ - AVR ATmega8515 마스터 (2004, Ohm사)
고성능 AVR 정복 시리즈 ① - AVR ATmega128 정복 (2006, Ohm사)
고성능 AVR 정복 시리즈 ② - AVR ATmega1281/2561 정복 (2006, Ohm사)
고성능 AVR 정복 시리즈 ③ - AVR ATmega1280/2560 정복 (2006, Ohm사)
고성능 AVR 정복 시리즈 ④ - AVR ATxmega 패밀리 정복 (2010, Ohm사)
고성능 AVR 정복 시리즈 ⑤ - AVR ATmega128A 바이블 (2011, Ohm사)
ARM 시작하기 시리즈 ① - ARM7TDMI AT91SAM7S256으로 시작하기 (2007, Ohm사)
ARM 시작하기 시리즈 ② - ARM Cortex-M0 STM32F051 마스터 (2013, Ohm사)
실용 모터제어 시리즈 ① - 직류전동기 제어 기술 (2015, Ohm사)
실용 모터제어 시리즈 ② - BLDC 모터 제어 기술 (2015, Ohm사)
실용 모터제어 시리즈 ③ - 단상 유도전동기 제어 기술 (계획중)
실용 모터제어 시리즈 ④ - 벡터제어 인버터 설계 기술 (계획중)

(4) 주 관심 분야

벡터제어 인버터를 이용한 유도전동기 및 동기전동기 서보제어 시스템 설계
마이크로프로세서를 이용한 자동화 시스템 및 제어계측 시스템 설계
기타 마이크로프로세서, 마이크로컨트롤러 및 DSP 응용 시스템 개발
마이크로프로세서와 마이크로컨트롤러의 기초 및 응용분야 교육

차 례

제1장 전동기란 무엇인가

1.1 전동기의 정의 및 분류 ······ 11

1. 전동기의 정의 ······ 11

[휴게실] 전류의 3대 작용 ······ 14

2. 전동기의 분류 ······ 15

3. 전동기에 관한 기술용어 정리 ······ 19

[휴게실] 전동기의 회전 방향 ······ 23

1.2 서보모터 및 서보제어 시스템 ······ 24

1. 서보모터의 정의 ······ 24

2. 서보제어와 피드백 제어 ······ 26

3. 전동기 서보제어에 필요한 액세서리 부품 ······ 28

[휴게실] 기어드 모터 ······ 36

제2장 BLDC 모터 관련 실용지식

2.1 BLDC 모터의 구조와 동작원리 ······ 39

1. 직류전동기의 구조와 동작원리 ······ 39

2. BLDC 모터의 구조와 동작원리 ······ 43

3. BLDC 모터에 대한 실용 지식 ······ 46

[휴게실] BLAC 모터(?) ······ 52

2.2 BLDC 모터의 구동 및 제어 방법 ······ 53

1. 홀위치센서 구동방식과 센서리스 구동방식 ······ 53
2. 직류입력전압 제어방식과 인버터 PWM 제어방식 ······ 61
3. 전용 IC 사용방식과 MCU 직접 제어방식 ······ 64
2.3 BLDC 모터의 속도제어 ······ 70
1. BLDC 모터의 수학적 모델링 ······ 70
2. PWM 제어의 원리 및 응용 ······ 76
3. PI 제어의 원리 및 응용 ······ 79

제3장 BLDC 모터 제어 관련 실용지식

3.1 전력용 반도체 스위칭 소자의 사용 기술 ······ 89
1. 전력용 반도체 스위칭 소자의 종류 ······ 89
2. 다이오드 ······ 91
3. 바이폴라 트랜지스터 ······ 98
4. MOSFET ······ 110
5. IGBT ······ 125
6. MOSFET의 게이트 구동 방법 ······ 127
7. 전력용 반도체 스위칭 소자의 손실 ······ 129
3.2 전동기의 회전속도 측정 기술 ······ 135
1. 전동기 회전속도 측정 방법의 분류 ······ 135
2. 증분형 로터리 엔코더를 사용한 회전속도 측정 ······ 139
3.3 전류 측정 기술 ······ 147
1. 전류 측정 방법의 분류 ······ 147
2. 션트저항을 사용하는 방법 ······ 148
3. C/T를 사용하는 방법 ······ 151
4. 홀전류센서를 사용하는 방법 ······ 153

제4장 전용 IC를 사용하는 BLDC 모터 속도제어 기술

4.1 BLDC 모터 및 전용 IC ······ 159
1. BLDC 모터 BL42S-24026N ······ 159
2. BLDC 모터 제어 전용 IC 소자 LB11920 ······ 161
4.2 전용 IC를 사용한 단방향 속도제어 프로그램 ······ 166
1. 단방향 개루프 속도제어 프로그램 ······ 166
2. 단방향 회전속도 측정 프로그램 ······ 169
3. 단방향 제어의 실시간 그래픽 프로그램 ······ 171
4. 단방향 PI 제어 프로그램 ······ 177
4.3 전용 IC를 사용한 양방향 속도제어 프로그램 ······ 182
1. 양방향 개루프 속도제어 프로그램 ······ 182
2. 양방향 회전속도 측정 프로그램 ······ 186
3. 양방향 제어의 실시간 그래픽 프로그램 ······ 188
4. 양방향 PI 제어 프로그램 ······ 198

제5장 MCU가 직접 처리하는 BLDC 모터 속도제어 기술

5.1 *OK-128BLDC* 키트의 관련 회로 ······ 207
1. MCU가 직접 처리하는 BLDC 모터 제어회로 ······ 207
2. 센서리스 제어 관련 회로 ······ 212
5.2 MCU가 직접 처리하는 단방향 속도제어 프로그램 ······ 216
1. 단방향 개루프 속도제어 프로그램 ······ 216
2. 단방향 속도제어에서 전류 측정 프로그램 ······ 224
3. 단방향 제어의 실시간 그래픽 프로그램 ······ 228

4. 단방향 PI 제어 프로그램 ········ 235
5.3 MCU가 직접 처리하는 양방향 속도제어 프로그램 ········ 243
1. 양방향 개루프 속도제어 프로그램 ········ 243
2. 양방향 속도제어에서 전류 측정 프로그램 ········ 253
3. 양방향 제어의 실시간 그래픽 프로그램 ········ 259
4. 양방향 PI 제어 프로그램 ········ 268

제6장 *OK-128BLDC* 트레이닝 키트

6.1 *OK-128BLDC* 키트의 구조와 기능 ········ 279
1. *OK-128BLDC* 키트의 사양 및 개요 ········ 279
2. *OK-128BLDC* 키트의 하드웨어 구조 ········ 280
3. *TFT-32A* 보드의 하드웨어 구조 ········ 289
4. *OK-128BLDC* 키트의 조립 및 테스트 ········ 295
6.2 AVR ISP 다운로드 케이블 ········ 304
1. AVRISP mkII 다운로드 케이블 ········ 304
2. AVR Studio를 사용한 프로그램 다운로드 ········ 306
6.3 프로그램 개발환경의 구축 ········ 314
1. AVR Studio와 WinAVR의 설치 ········ 314
2. 예제 프로그램의 설치 ········ 320
3. C언어 프로그램의 작성 과정 ········ 320
6.4 WinAVR C컴파일러의 기능 정리 ········ 322
1. WinAVR의 주요 기능 요약 ········ 322
2. 기본적인 헤더파일 및 라이브러리 함수의 요약 ········ 334
3. *OK-128BLDC* 키트용 헤더파일 OK-128BLDC.h ········ 355

<부록> LB11920의 데이터 시트 ········ 377

제1장

전동기란 무엇인가

1.1 전동기의 정의 및 분류
1.2 서보모터 및 서보제어 시스템

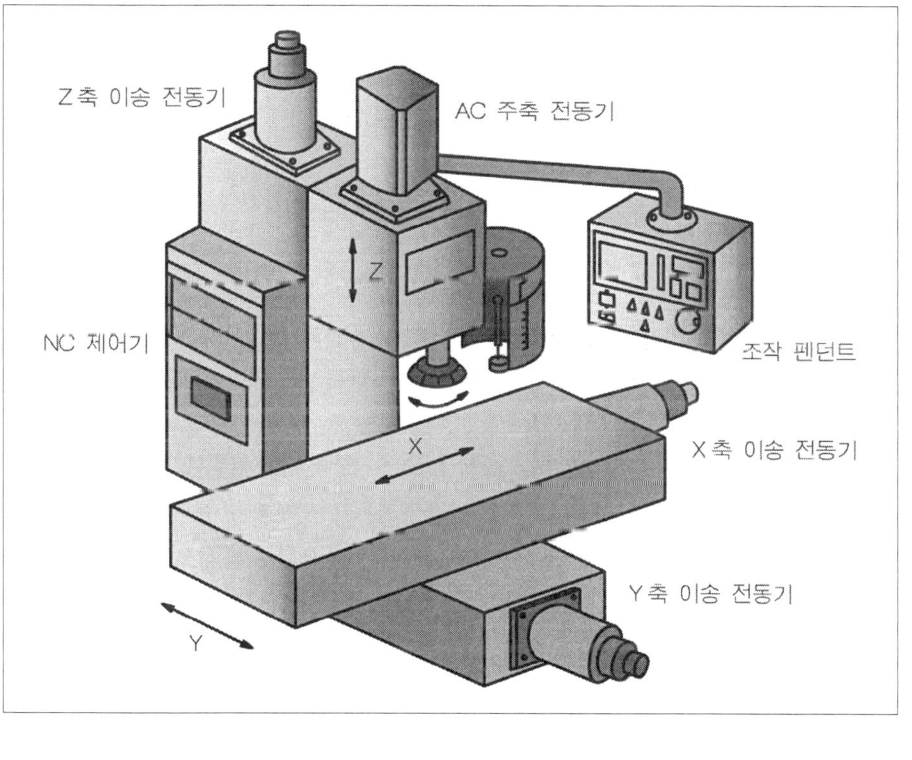

☞

이 장에서는 먼저 전동기란 무엇인가 하는 정의와 전동기의 종류를 알아보고, 이중에서도 우리가 공부하고자 하는 서보모터란 무엇인가에 대하여 자세히 설명한다.

서보모터란 직류전동기나 유도전동기, 동기전동기처럼 특별한 전동기의 종류를 지칭하는 용어가 아니며, 어떤 전동기이든지 서보제어 분야에 사용하게 되면 이를 서보모터라고 부를 수 있다. 이 책에서는 주로 소형의 BLDC 모터를 서보모터로 활용하는 경우에 초점을 맞추어 공부한다.

1.1 전동기의 정의 및 분류

1. 전동기의 정의

전류가 흐르는 도체를 자기장 속에 두면 힘을 받는 원리를 이용하여 전기적인 에너지를 기계적인 에너지로 변환하는 장치를 전동기(electric motor)라고 한다. 이렇게 전류가 흐르는 도체를 자기장 속에 두면 힘을 받는 현상은 1831년에 영국의 물리학자인 파라데이(Michael Faraday)가 발견하였는데, 1885년에 역시 영국의 물리학자인 플레밍(John Ambrose Fleming)은 이를 쉽고 정량적으로 이해할 수 있도록 플레밍의 왼손법칙으로 정리하여 발표하였다.

전동기의 동작 원리는 <그림 1.1.1>에서와 같이 플레밍의 왼손법칙으로 쉽게 설명할 수 있다. 왼손의 검지 방향(y축)으로 자속이 흐르는 자기장 속에 중지 방향(x축)처럼 수직으로 전류가 흐르는 도선을 두면 이 도선은 이것들과 수직인 엄지 방향(z축)으로 힘을 받으며, 이렇게 발생하는 힘의 크기[N]는 $F = B \times I \times L \times \sin\theta$로 표시된다. 여기서, B는 자속밀도[Wb/m^2]이고, I는 전류[A]이며, L은 자기장 속에 있는 도선의 길이[m]를 나타낸다. 또한 θ는 <그림 1.1.2>에 보인 바와 같이 자속방향과 도선의 방향 사이의 각[°]으로서, (a)에서처럼 이것이 90도일 경우에는 $\sin\theta = 1$이므로 가장 큰 힘이 발생하지만, (b)에서처럼 90도가 아닐 경우에는 발생하는 힘이 감소하며, (c)처럼 자기장과 도선이 같은 방향으로 놓이면 θ가 0으로 되어 $\sin\theta = 0$이므로 힘이 발생하지 않는다.

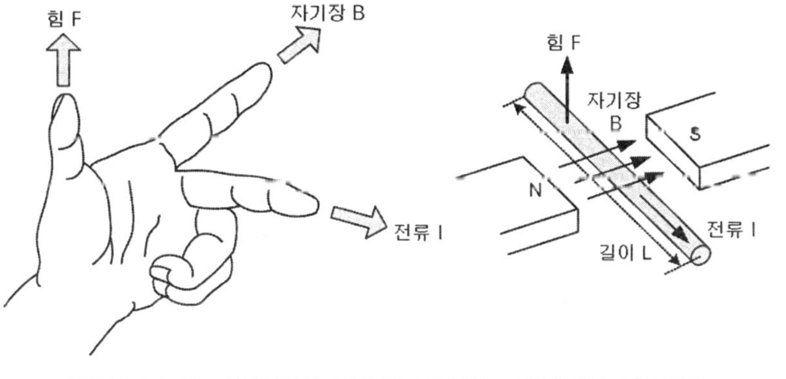

〈그림 1.1.1〉 전동기의 원리를 설명하는 플레밍의 왼손법칙

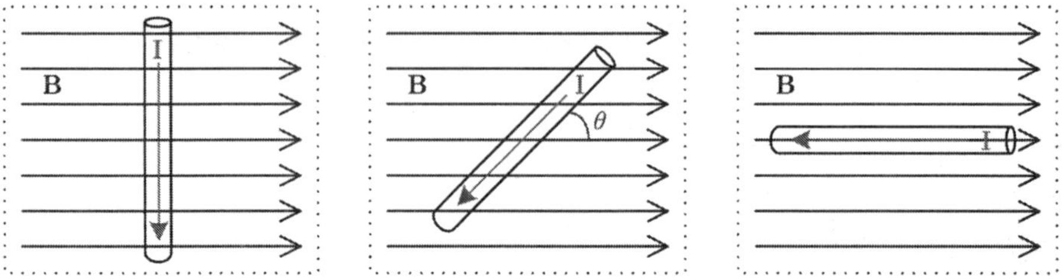

(a) (b) (c)

<그림 1.1.2> 플레밍의 왼손법칙에 의하여 도선에 발생하는 힘

예를 들어 직류전동기의 동작 원리를 이와 같은 플레밍의 왼손법칙으로 설명하면 <그림 1.1.3>과 같다. 회전자의 도선이 (a)와 같은 위치에 있으면 좌측 도선은 위쪽으로 F의 힘을 받고 우측 도선은 아래쪽으로 F의 힘을 받으므로 전동기의 회전축을 중심으로 하여 시계방향으로 회전하게 된다. 이때의 회전력 즉 토크는 도선이 회전축으로부터 r만큼 떨어져 있다면 T = 2×F×r로 표시된다. 여기서 전동기가 회전할수록 도선 주변의 자속밀도가 낮아져서 발생하는 힘과 회전력도 작아지며, 도선이 (b)의 위치에 이르면 위쪽으로 발생하는 힘과 아래쪽으로 발생하는 힘이 서로 상쇄되어 회전력은 0으로 된다.

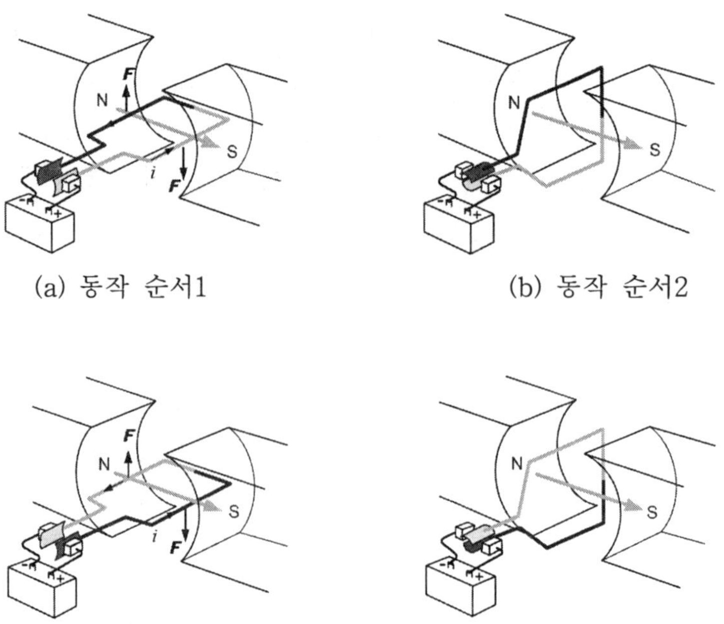

(a) 동작 순서1 (b) 동작 순서2

(c) 동작 순서3 (d) 동작 순서4

<그림 1.1.3> 직류전동기의 동작 원리

그러나, 실제 직류전동기에서는 (a)의 위치에서부터 회전하던 회전자의 관성에 의하여 (b)의 순간을 무난히 지나가게 되며, (b)의 순간부터는 회전축의 브러시(brush)와 정류자(commutator)에 의하여 도선에 공급되는 전원의 극성이 반대로 바뀌게 된다. 따라서, 도선에는 같은 방향으로 계속하여 회전력이 생기게 되고, 이 회전력이 점점 커지면서 (c)의 위치에 이르게 되며, 이후에는 다시 회전력이 작아지면서 (d)의 위치에 이르게 되고, 마찬가지로 관성에 의하여 (d)의 순간을 넘어가면서 다시 회전자 도선에 공급되는 전원의 극성이 반대로 연결된다.

한편, 자기장 속에서 도체를 움직이면 유기기전력이 발생하는 원리를 이용하여 기계적인 에너지를 전기적인 에너지로 변환하는 장치를 발전기(electric generator)라고 한다. 발전기의 원리도 역시 플레밍이 정량적으로 쉽게 이해할 수 있도록 플레밍의 오른손법칙으로 정리하여 발표하였다. 발전기의 동작 원리는 <그림 1.1.4>에서와 같이 플레밍의 오른손법칙으로 쉽게 설명할 수 있다. 사람 오른손의 검지 방향(x축)으로 자속이 흐르는 자기장 속에서 이와 수직인 엄지 방향(z축)으로 힘을 가하여 운동하면 이것들과 수직인 중지 방향(y축)으로 전류가 흐르도록 도선에 유기기전력(emf ; electro-motive force)이 발생한다. 이렇게 발생하는 유기기전력 즉 전압의 크기[V]는 $E = B \times L \times v \times \sin\theta$로 표시된다. 여기서, B는 자속밀도[$Wb/m^2$]를 나타내고, L은 자기장 속에서 움직이는 도선의 길이[m]이며, v는 도선의 운동속도[m/sec]를 나타낸다. 또한 θ는 자속방향과 도선의 운동방향 사이의 각[°]으로서, 이것이 90도일 경우에는 $\sin\theta = 1$이므로 가장 큰 유기기전력이 발생하지만, 90도가 아닐 경우에는 발생하는 유기기전력이 감소하며, 자기장과 도선이 같은 방향으로 운동하면 θ가 0으로 되어 $\sin\theta = 0$이므로 유기기전력이 발생하지 않는다.

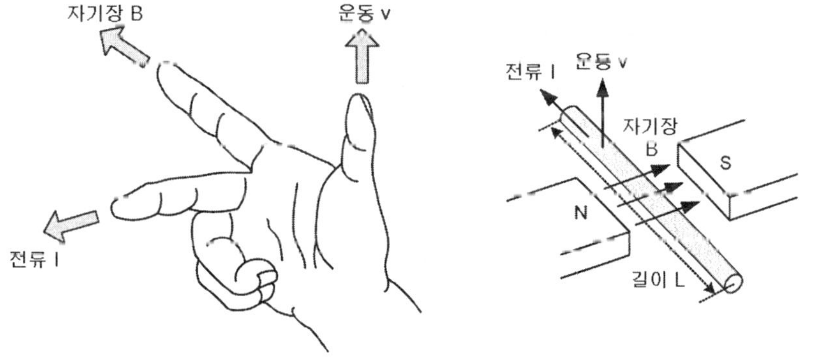

<그림 1.1.4> 발전기의 원리를 설명하는 플레밍의 오른손법칙

이상에서 설명한 바와 같이 전동기와 발전기는 서로 대칭적으로 상반되는 동작원리와 특성을 가지고 있다. 전동기의 원리를 설명하는 플레밍의 왼손법칙과 발전기의 원리를 설명하는 플레밍의 오른손법칙을 비교하여 보이면 <그림 1.1.5>와 같다.

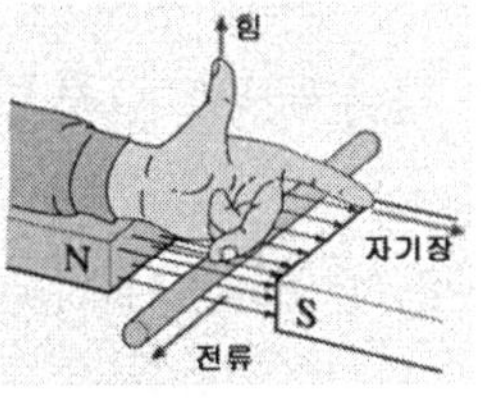

(a) 왼손법칙 - 전동기의 원리

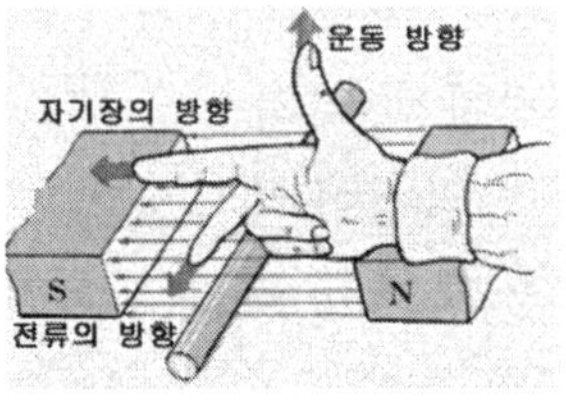

(b) 오른손 법칙 - 발전기의 원리

〈그림 1.1.5〉 플레밍의 왼손법칙과 오른손법칙의 비교

◀휴게실▶

전류의 3대 작용

전기(electricity)를 사용하여 어떤 동작이나 일을 하는 것은 전압(voltage)과 전류(current) 중에서 전류가 하는 것이다. 따라서, 전류의 3대 작용이라고 말하며 전압의 3대 작용이라고는 말하지 않는다. 전기에서 전류가 할 수 있는 기능에는 아래의 3가지가 있는데, 이를 전류의 3대 작용이라고 한다. 현재까지 전기를 사용하여 수행할 수 있는 모든 기능은 이 3가지중의 하나에 해당한다.

① **발열 작용**(發熱 作用) - 전류의 흐름 즉 전자의 이동을 방해하는 전기 저항 때문에 저항체에서 열이 나는 현상을 이용하는 것이다. 저항에서의 발열은 전류의 제곱에 비례하며, 전류가 일정하면 저항값에 비례한다. 전기난로, 전기 밥솥, 백열등, 전기용접 등은 전류의 발열 작용을 이용한 것이다.

② **자기 작용**(磁氣 作用) - 도선에 전류가 흐르면 주변에 자기장이 발생한다. 이를 정량적으로 설명한 것이 앙페르(Andre Marie Ampere)의 법칙이다. 도선을 코일로 감고 여기에 철심을 넣으면 자기장을 더욱 세게 발생할 수 있다. 자기장의 세기는 전류의 크기나 코일의 권선수, 철심의 자기투자율 등에 의하여 결정된다. 이와 같이 전류가 자기장을 발생하기도 하지만, 이 자기장 안에 있는 도선에 전류를 흘리면 도선이 힘을 받거나 반대로 자기장 안에서 도선을 움직이면 도전에 유기기전력이 발생한다. 이러한 모든 것들이 전류의 자기 작용에 해당한다. 변압기, 전동기, 발전기, 릴레이, 스피커 등은 전류의 자기 작용을 이용한 것이다.

③ **화학 작용**(化學 作用) - 어떤 용액에 전류를 흘리면 화학적인 작용이 일어난다. 예를 들어 물에 전류를 흘리면 전류가 물을 전기분해하여 음극 쪽에서 수소가 발생하고, 양극 쪽에서 산소를 발생한다. 또 어느 경우에는 전류가 이온이나 전자들을 결합시켜 새로운 물질을 만들기도 한다. 전류는 이와 같이 화학 작용을 하기도 하는데, 전기분해, 전기도금, 배터리, LED 등은 전류의 화학 작용을 이용한 것이다.

2. 전동기의 분류

1832년에 영국의 물리학자인 윌리엄 스터전(William Sturgeon)에 의하여 직류전동기가 발명되었고, 1888년에는 미국의 니콜라 테슬라(Nikola Tesla)에 의하여 권선형 유도전동기와 동기전동기가 발명되었으며, 1891년에는 러시아의 도브로볼스키(Michael von Dolivo-Dobrowolsky)에 의하여 농형 유도전동기가 발명되었다. 그 이후로 오늘날에 이르기까지 많은 종류의 전동기가 새로 발명되고 개선되어 왔다.

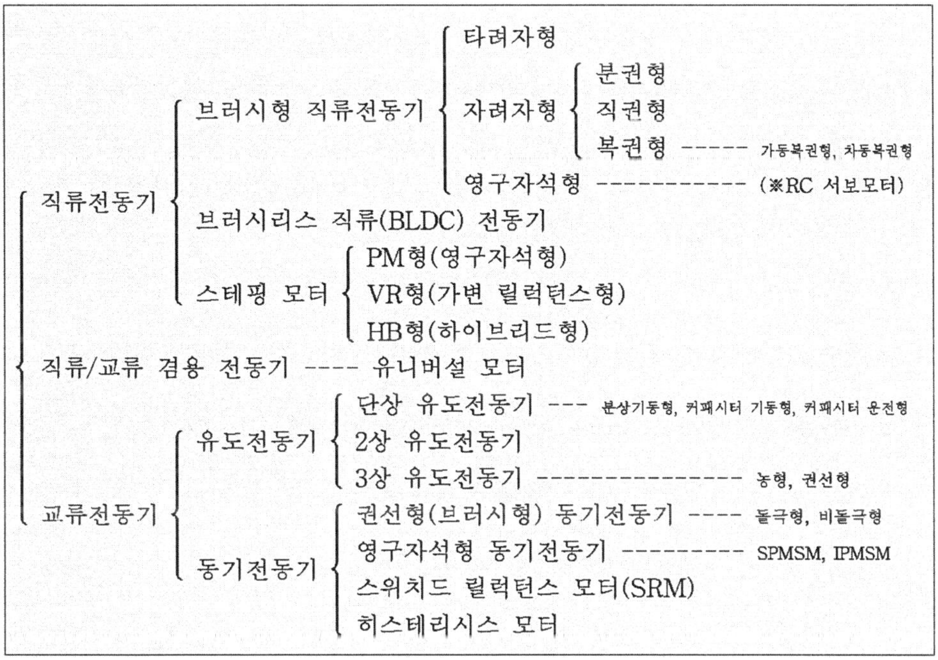

<그림 1.1.6> 전동기의 사용전원 및 토크 발생의 원리에 따른 분류

전동기의 종류는 여러 가지 방법으로 분류할 수 있으며, 보는 관점에 따라 분류 방법도 여러 가지로 다를 수 있다. 일반적으로 가장 많이 사용하는 전동기의 분류 방법은 <그림 1.1.6>처럼 사용 전원 및 토크 발생의 원리에 따라 분류하는 것이다.

그러나, 오늘날까지 전동기가 발전해온 과정을 보면 전동기의 동작원리가 점점 복잡해지거나 복합적으로 구성되어지는 특징을 보이기 때문에 전동기를 이렇게 분류하다보면 애매한 사항이 발생할 수도 있다. 예를 들어 저자는 이 책에서 BLDC 모터와 스테핑 모터를 직류전동기로 분류하였지만, 이것들을 교류전동기의 동기전동기로 보는 사람도 있다. 어떻게 이런 상반되는 판단이 가능하냐하면 이것들은 입력단에서 직류전원을 사용하고 동작원리로 볼 때 반드시 전용의 구동회로를 필요로 하므로 구동회로와 전동기를 전체적으로 하나의 제품으로 보면 직류전동기라고 분류할 수 있지 되지만, 구동회로는 전동기에 포함되지 않는 것으로 제외하고 이 구동회로가 전동기에 공급하는 출력 전원을 보면 교류이며 이 교류전원으로 동작하는 동기전동기로 판단할 수도 있는 것이다. 즉, 만약 구동회로까지를 전동기의 일부로 포함시켜 생각하면 직류전동기지만, 구동회로를 제외하고 전동기의 기계적인 부분만 놓고 보면 원리적으로 동기전동기에 가깝다는 것이다.

전동기를 기계적인 에너지의 출력 형태에 따라 분류하면 <그림 1.1.7>과 같고, 출력 전력용량에 따라 분류하면 <그림 1.1.8>과 같다. 전동기를 이와 같이 전력용량에 따라 대형, 중형, 소형으로 분류하는 기준은 사람마다 또는 문헌마다 다를 수 있지만, 3W 이하를 마이크로 모터(micro-motor)로 분류하는데는 대체로 이견이 없는 듯하다. 서보 모터(servo motor)는 용량에 따라 분류하기 보다는 사용 목적으로 판단하므로 전력용량과는 무관한 것이 맞지만, 대체로 직류 서보모터는 300W 이하가 많고 교류 서보모터는 1kW 이하 정도의 용량이 많다.

일반 회전형 모터 -------------- 기계적인 회전력을 발생하는 모터
직선운동형 모터(linear motor) ---- 직선으로 운동하는 힘을 발생하는 모터
진동형 모터(vibration motor) ----- 정지 위치에서 진동하는 모터

<그림 1.1.7> 전동기의 출력 형태에 따른 분류

대형 모터 -------------- 30kW 이상
중형 모터 -------------- 30kW 이하
소형 모터 -------------- 100W 이하
마이크로 모터 ---------- 3W 이하

<그림 1.1.8> 전동기의 출력 전력용량에 따른 분류

동력용
속도 제어용
위치 제어용
토크 제어용

<그림 1.1.9> 전동기의 용도에 따른 분류

- radial air-gap형
  - 내전형(inner rotor형)
  - 외전형(outer rotor형)
- axial air-gap형(disk형, flat rotor형)
- linear형

〈그림 1.1.10〉 전동기의 형상이나 구조에 따른 분류

또한, 전동기를 용도에 따라 분류하면 <그림 1.1.9>와 같고, 전동기의 형상이나 구조에 따라 분류하면 <그림 1.1.10>과 같다.

(a) 농형 유도전동기

(b) FDD용 BLDC 모터(외전형)

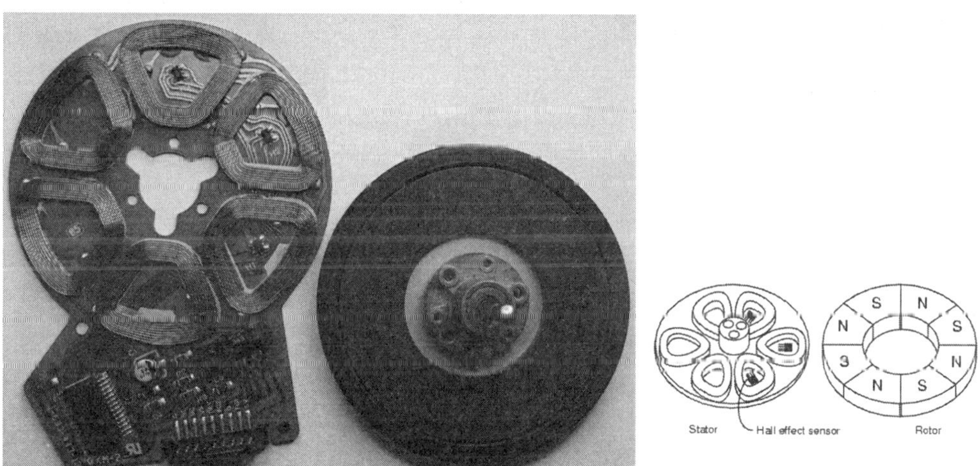

(c) axial air-gap형 BLDC 모터

〈그림 1.1.11〉 전동기의 내부 구조

전형적인 3상 농형 유도전동기와 외전형 구조를 갖는 FDD(Floppy Disk Drive)용 소형 BLDC 모터, 그리고 axial air-gap형으로서 디스크(disk) 구조를 갖는 BLDC 모터의 기계적인 내부 구조를 각각 <그림 1.1.11>에 보였다.

대부분의 전동기는 회전력을 발생하지만 때로는 직선운동이 필요한 경우도 있는데, 이를 위해 <그림 1.1.12>의 (a)와 같은 리니어 모터가 개발되었으나 (b)와 같이 회전형 전동기에 리드 스크류(lead screw)를 사용하거나 (c)와 같이 회전형 모터에 랙과 피니언(rack and pinion)을 사용하여 직선운동을 얻어내는 방법도 있다.

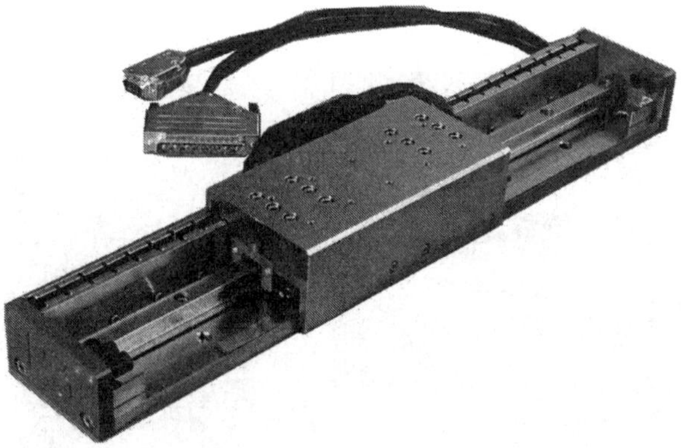

(a) 리니어 모터 사용

(b) 리드 스크류 사용

(c)랙과 피니언 사용

<그림 1.1.12> 전동기를 사용한 직선운동 시스템

몇가지의 대표적인 주요 전동기에 대하여 여러 가지의 특징을 비교하여 보면 <표 1.1.1>과 같다. 브러시형 직류전동기는 교류전원을 직류전원으로 변환하는 장치가 필요함에도 불구하고 제어가 용이하다는 점에서 오래 전부터 가장 널리 사용되어 왔다. 그러나, 직류전동기는 정류자와 브러시를 가지고 있기 때문에 수명이 짧아 정기적인 유지 보수를 필요로 하고, 기계적인 소음이 발생할 수 있으며, 사용환경에 제한을 받을 수 있다. 이러한 직류전동기의 구조적인 단점을 개선한 것이 BLDC 모터이다. 이에 비하여 교류전동기는 제어 방법이 매우 복잡하여 인버터(inverter)라는 복잡한 제어장치를 필요로 하지만, 직류전동기에 비하여 기계적인 구조가 간단하고 견고하며 고속 대출력용으로 적합하다.

스테핑 모터는 운전 효율이 나쁘고 발열이 심하여 저속 운전 및 소용량 응용 분야에나 적합하지만, 디지털 제어나 위치제어가 용이하여 사무용 기기나 자동화 기기에 널리 사용된다.

〈표 1.1.1〉 대표적인 주요 전동기의 특징 비교

항목	직류전동기	스테핑모터	교류전동기	
			동기전동기	유도전동기
적정 용량	수W ~ 수십kW	수W ~ 수십W	수십W ~ 수십kW	수백W ~ 수십kW
구동전류 파형	직류	펄스	정현파	정현파
토크 제어	전기자 전류(양극성)	고정자 전류	3상 고정자 전류	3상 고정자 전류
자극 검출	불필요	불필요	필요(홀소자, 리졸버, 광학식 엔코더)	불필요
감자 보호	필요	불필요	필요	불필요
수명	브러시 수명	베어링 수명	베어링 수명	베어링 수명
고속 회전	부적합	매우 부적합	적용 가능	최적
비상 제동	발전제동(제동토크大)	불필요	발전제동(제동토크中)	발전제동(제동토크小)
내환경성	나쁘다	좋다	좋다	좋다
제어의 복잡성	간단	매우 간단	다소 복잡	복잡
장점	제어성 우수. 발전제동 가능. 중량대토크비가 크다. 시스템 가격이 낮다.	디지털 제어 용이. 정지토크가 크다. 위치결정제어에 유리. 토크대관성비가 크다.	고속 대출력 가능. 소형 경량화에 유리. 유지보수 용이. 내환경성 우수.	고속 대출력 가능. 구조 견고, 수명 길다. 유지보수 용이. 내환경성 우수.
단점	정기적인 유지보수. 수명이 짧다. 고속 대출력에 불리.	낮은 효율. 고속 회전에 불리. 진동 탈조의 가능성.	제어 복잡. 모터마다 전용 컨트롤러가 필요.	제어 매우 복잡. 소용량에서 낮은 효율. 온도에 따른 특성변화. 급제동 불리.

3. 전동기에 관한 기술용어 정리

전동기와 관련된 주요 기술용어를 정리하면 다음과 같다. 전동기의 동작원리를 올바르게 이해하고 이를 제어하려면 먼저 이러한 기술용어들을 정리하여 정확히 아는 것이 중요하다.

○ 전기자(電機子, armature) : 전동기에서 계자에 의하여 만들어진 자속 중에서 전류를 흘려 전기적인 에너지를 기계적인 에너지로 변환함으로써 힘을 발생하고 운동을 일으키는 부분. 일반적으로 규소 강판으로 된 철심에 코일이 감겨져 있는 형태로 되어

있다.

○ **계자(界磁, field)** : 전동기에서 자속을 발생시키기 위한 구성 부분. 전기자처럼 규소 강판으로 된 철심에 코일이 감겨져 있는 형태로 되어 있거나(권선형), 영구자석을 사용하기도(영구자석형) 한다.

○ **고정자(固定子, stator)** : 전동기에서 상호 작용하는 전기자나 계자 중에서 외부 프레임에 붙어있어서 정지하여 있는 부분. 동기전동기 및 유도전동기와 같은 교류전동기나 스테핑모터, BLDC 모터 등은 전기자가 고정자로 되어 있고 계자가 회전자로 되어 있는 회전 계자형이 대부분이다.

○ **회전자(回傳子, rotor)** : 전동기에서 상호 작용하는 전기자나 계자 중에서 전동기 축과 함께 회전하는 부분. 직류전동기는 전기자가 회전자로 되어 있고 계자가 고정자로 되어 있는 회전 전기자형이 대부분이다.

○ **정류자(整流子, commutator)** : 직류전동기에서 브러시와 결합하여 전기자에 전류를 공급하는 부분. 이것은 회전축에 구리 편으로 부착된 전기 단자이다.

○ **브러시(brush)** : 직류전동기에서 정류자와 결합하여 전기자에 전류를 공급하는 부분. 이것은 탄소막대와 스프링으로 만들어져 있어서 스프링이 미는 힘으로 정류자에 접속된다. 브러시는 오래 사용하면 마모되므로 교체해주어야 한다.

◀참고▶ 전동기에서 정류(commutation)와 회로에서의 정류(rectification)라는 용어를 구분하고, 정류자(整流子, commutator)와 정류기(整流器, rectifier)를 구분할 것.

○ **토크(torque)** : 전동기의 축 회전방향으로 가해지는 회전력. 이것은 회전하는 원에 접선 방향으로 가해지는 힘과 회전축 중심에서 이 힘까지의 거리인 반경을 곱한 값으로 표시되므로 토크의 단위는 [N · m]가 된다.

○ **관성모멘트(moment of inertia)** : 전동기의 축 회전방향으로 가해지는 관성. 이것은 회전자의 중량과 직경으로 정해지며 기호 J 또는 $GD^2/4$으로 나타내기도 한다. 단위는 [$kg \cdot m^2$]이 된다. 여기서 GD^2을 플라이휠 효과라고 하며 관성모멘트의 4배에 해당한다.

○ **마찰계수(friction coefficient) 또는 마찰토크(friction torque)** : 마찰계수는 전동기가 회전할 때 베어링 등에 의한 마찰토크에 관계되는 계수로서 단위는 [$kg \cdot m^2/sec$]로 된

다. 마찰토크는 마찰계수 B와 회전속도 ω_r에 의하여 $T_f = B\omega_r$로 표시되며, 간혹 마찰토크 T_f가 회전속도에 무관한 경우에는 상수값으로 주어지기도 한다.

○ **각속도(angular speed)와 회전수** : 각속도와 회전수는 모두 전동기의 회전속도를 나타내는데 사용된다. 각속도는 전동기가 1초당 회전하는 각도를 라디안으로 표시하므로 단위가 [rad/sec]로 되며 주로 기호 ω로 표시한다. 이에 비하여 회전수는 보통 1분당의 회전수를 나타내는 것으로 단위가 [rpm]이며 주로 기호 N으로 표시한다. 그러나, 이 책에서는 편의상 전동기의 회전속도를 기호 ω_r로 표시하고 단위는 [rpm]을 사용하기로 한다.

○ **토크 정수(torque constant)** : 직류전동기를 비롯한 거의 모든 전동기의 회전력은 전류 Ia가 흐르는 전기자 권선들과 이 권선에 직교하는 자속 Φ에 의하여 발생하므로 $T = k(Ia \times \Phi) = k\,|Ia|\,|\Phi|\sin\theta$로 표시된다. 그런데, 계자가 영구자석인 경우에는 운전중에 자속이 변하지 않으므로 발생 토크는 $T = K_T Ia$로 표시되어 전기자 전류에 의하여만 결정되는데, 이때 이 토크식에 포함되는 정수 K_T를 토크 정수라고 하며, 이것은 전류 1A당 발생하는 토크를 나타내므로 단위는 [N · m/A]가 된다.

○ **역기전력 정수(voltage constant)** : 직류전동기를 비롯한 모든 전동기는 회전하면서 동시에 발전기로도 동작한다. 전동기의 원리는 플레밍의 왼손법칙으로 설명되지만, 전동기가 회전하여 자속중에서 권선이 운동하게 되면 플레밍의 오른손 법칙이 적용되기 때문이다. 이렇게 전동기에서 발생하는 전압을 역기전력(EMF ; Electro-Motive Force)이라고 하는데, 이것은 회전속도에 비례하므로 $E = K_E\omega_r$로 표시된다. 이때 이 역기전력 식에 포함되는 정수 K_E를 역기전력 정수 또는 유기전압 정수라고 하며, 이것은 1000rpm당의 유기전압을 나타내어 단위를 [V/krpm]으로 사용하기도 하고 [V/rad/sec] 또는 [V/min^{-1}]를 사용하기도 한다.

○ **전기적 시정수(electrical time constant)** : 전동기를 구속한 상태에서 일정한 전압을 인가한 후에 전기자 전류가 최종값의 63.2%에 도달하는데 걸리는 시간. 직류전동기에서 이것은 $\tau_e = La/Ra$로 표시되며, 전기자 회로에서 시간지연 요소의 성질을 나타낸다. 여기서 La는 전기자 권선의 인덕턴스이며 Ra는 전기자 권선의 저항이다.

○ **기계적 시정수(mechanical time constant)** : 전동기에 무부하로 일정한 전압을 인가한 후에 회전속도가 최종값의 63.2%에 도달하는데 걸리는 시간. 직류전동기에서 이것은 $\tau_m = JRa/K_T K_E$로 표시되며, 메커니즘에서 시간지연 요소의 성질을 나타내므로

서보모터에서는 이것이 작아야 좋다.

○ **파워 레이트(power rate)** : 전동기가 단위 시간당 낼 수 있는 출력의 크기로서 단위는 [W/sec]이다. 서보모터는 가감속 특성이 우수해야 하므로 이것이 커야 좋다.

○ **전동기의 효율(efficiency)** : 전동기의 전기적인 입력에 대한 기계적인 출력의 비율을 효율이라고 한다. 즉, 효율 η = (기계적인 출력/전기적인 입력)×100[%] 이다. 전동기의 효율을 떨어뜨리는 손실(loss)은 크게 전기적인 손실과 기계적인 손실로 나눌 수 있다. 전기적인 손실은 전동기의 종류에 따라 매우 달라지지만, 동손(copper loss)과 철손(iron loss)으로 나눌 수 있고, 철손은 다시 와류손(eddy-current loss)과 히스테리시스손(hysteresis loss)으로 나누어진다. 한편, 기계적인 손실에는 회전자가 회전하면서 공기저항에 의하여 생기는 풍손(windage loss)과 베어링 부분에서 발생하는 마찰손(friction loss)이 있다.

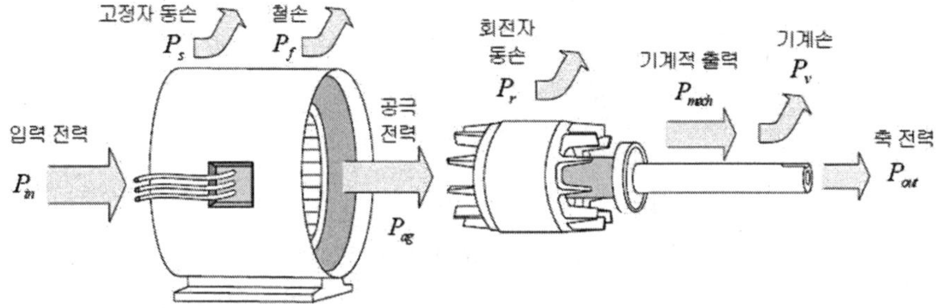

<그림 1.1.13> 3상 농형유도전동기의 손실

<표 1.1.2> 회전운동과 직선운동의 비교

항목	회전운동		직선운동	
운동 방정식	$T = Ja_\theta = J\frac{d\omega}{dt}$		$F = Ma = M\frac{dv}{dt}$	
운동 에너지	$E = \frac{1}{2}J\omega^2$		$E = \frac{1}{2}Mv^2$	
출력	$P = T\omega$		$P = Fv$	
물리량 및 단위	토크 T	[N · m], [kgf · m]	힘 F	[N], [kgf]
	관성모멘트 J	[kg · m^2]	질량 M	[kg]
	각도 θ	[rad]	거리 s	[m]
	각속도 ω	[rad/sec] ω = 2πN/60[rad/sec] N = 60ω/2π[rpm]	속도 v	[m/sec]
	각가속도 a_θ	[rad/sec^2]	가속도 a	[m/sec^2]

회전운동과 직선운동에 관련된 여러 가지 물리량 및 그것들의 단위를 요약 비교하면 <표 1.1.2>와 같다. 이것들은 전동기를 이해하는데 많은 도움이 되므로 잘 알아두는 것이 좋다.

◀휴게실▶

전동기의 회전 방향

전동기의 회전 방향은 전동기를 어느쪽에서 바라보느냐에 따라 달라지기 때문에 명확하게 정의하지 않으면 혼란을 유발할 수 있다.

전동기의 회전 방향은 <그림 1.1.14>에 보인 것처럼 전동기의 부하를 연결하기 위한 회전축이 사람의 앞쪽으로 보이도록 놓고 우측으로 회전하는 경우를 정방향(forward direction) 또는 시계방향(clockwise direction)이라고 정의하고, 그 반대로 왼쪽으로 회전하는 것을 역방향(reverse direction) 또는 반시계방향(counter-clockwise direction)이라고 정의한다.

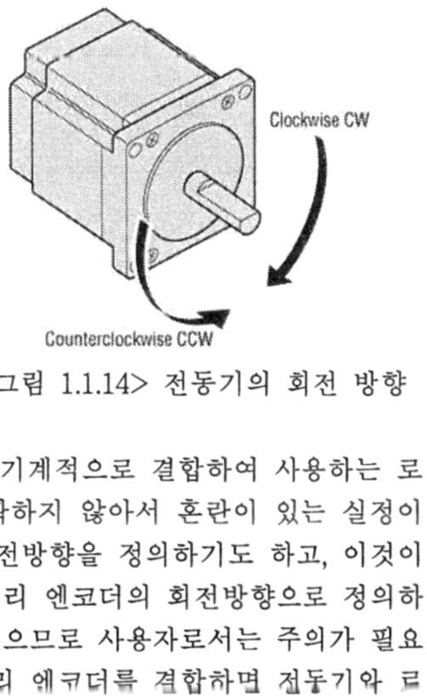

<그림 1.1.14> 전동기의 회전 방향

그러나, 전동기의 회전속도를 측정하기 위하여 전동기의 회전축에 기계적으로 결합하여 사용하는 로터리 엔코더(rotary encoder)의 경우에는 회전방향에 대한 정의가 명확하지 않아서 혼란이 있는 실정이다. 즉, 로터리 엔코더의 제조사에 따라서 전동기와 같은 방법으로 회전방향을 정의하기도 하고, 이것이 전동기와 기계적으로 결합되었을 때 전동기의 회전방향을 그대로 로터리 엔코더의 회전방향으로 정의하기도 한다. 그러나, 이 2가지 방식은 서로 반대의 결과를 가져올 수 있으므로 사용자로서는 주의가 필요하다. 즉, 보통 냉각팬이 위치하는 전동기의 뒤쪽 부분 회전축에 로터리 엔코더를 결합하면 전동기와 로터리 엔코더의 회전방향이 항상 같아지지만, <그림 1.1.15>에서 보는 것처럼 전동기 앞쪽의 부하를 연결하기 위한 회전축에 로터리 엔코더를 결합한다면 전동기와 로터리 엔코더의 회전방향이 서로 상반되게 정의될 수 있으므로 혼란이 야기된다.

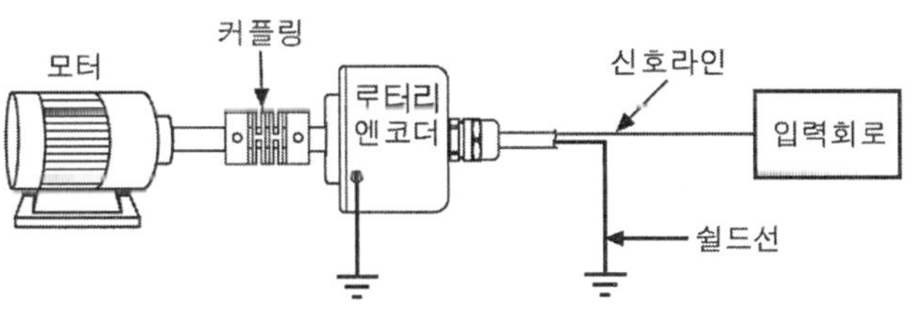

<그림 1.1.15> 전동기의 앞쪽 회전축에 로터리 엔코더를 커플링한 경우

1.2 서보모터 및 서보제어 시스템

1. 서보모터의 정의

서보 기구의 조작부(actuator)로서 제어 명령에 대하여 빠른 응답 특성을 갖는 제어용 전동기를 서보모터(servo motor)라고 한다. 즉, 전동기의 종류 중에 서보모터라는 전동기가 따로 있는 것이 아니라 매우 빈번하게 변동하는 위치나 속도 등의 제어명령에 대하여 충실하게 이를 추종할 수 있도록 설계된 전동기는 모두 서보모터라고 할 수 있다. 따라서, 직류전동기나 교류전동기 중에서 어떤 종류의 전동기라도 서보모터로 사용될 수 있다.

서보모터는 제어용 전동기이므로 특히 제어명령에 대하여 응답이 빠르고 선형적인 응답특성을 가지는 것이 요구된다. 이것의 기본 동작원리는 동력용 전동기와 다를 것이 없지만 보다 우수한 제어성을 가지도록 하기 위하여 기동 토크가 크고 중량 대 토크비를 크게 하거나 회전자의 관성모멘트를 작게 하는 등의 특성을 가지도록 설계된다. 따라서, 서보모터는 동력용 전동기에 비하여 매우 박형의 구조를 가지거나 회전축 방향으로 가늘고 긴 모양을 가지는 등 각 응용분야에 적합하도록 특이한 외형 구조를 갖는 경우가 많다. 이러한 서보 모터는 출력 용량으로 구분하지는 않지만 대체로 직류 전동기의 경우에는 300W 이하가 많고 교류전동기의 경우에는 1kW 이하가 많다.

서보모터가 갖추어야 할 일반적인 특성을 요약하면 다음과 같다.

- 제어 입력에 대하여 응답 속도가 빠를 것.
  이를 위해 기동 토크는 크게 하고 관성 모멘트를 작게 할 것.
- 제어 입력에 대한 응답 특성이 선형적일 것.
- 제어 정밀도가 높을 것.
- 제어 범위가 넓을 것.
- 기동 및 정지가 빈번하더라도 잘 견디고 수명이 길 것.
- 온도나 습도 등의 환경변화에 따른 동작 특성의 차이가 적을 것.

예를 들어 서보모터를 사용한 전형적인 위치제어 시스템의 블록도를 보이면 <그림 1.2.1>과 같다.

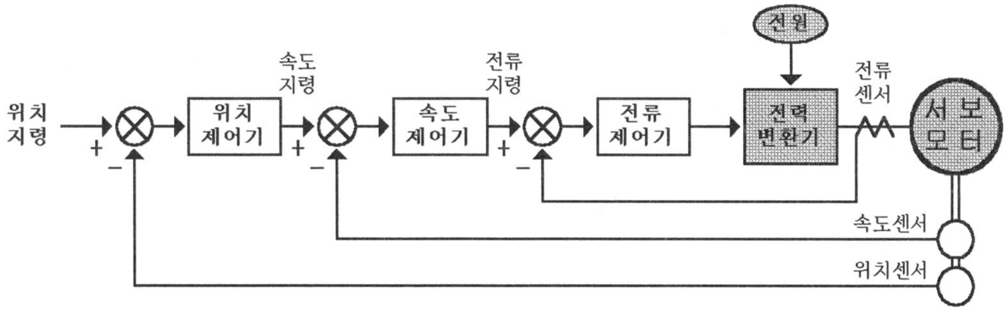

〈그림 1.2.1〉 서보모터를 사용한 위치제어 시스템의 구성

◀참고▶ RC(Radio Control) 서보모터는 무선으로 조종하는 자동차나 비행기 등에서 회전각을 제어하는데 편리하게 사용할 수 있도록 소형 직류전동기에 위치제어 회로를 내장하고 있는 특별한 응용 제품이다. 따라서, 이는 원리적으로 직류전동기 위치제어 시스템에 해당하며 넓은 의미에서 위치제어를 수행하는 서보모터의 일종인 것은 분명하지만, 이를 RC라는 단어를 빼고 그냥 간단히 서보모터라고 부르는 것은 매우 잘못된 것이다. 다시 말하면 이는 일반적으로 말하는 서보모터와는 다르게 RC 무선조종 완구용으로 사용하기 위하여 직류전동기에 위치제어 기능을 내장한 특별한 용도의 직류전동기 제어 모듈(module)이며, 따라서 반드시 "RC 서보모터" 라고 정확하게 불러야만 용어에 혼란이 생기지 않는다. RC 서보모터에 관하여는 본 저자의 또 다른 책 "실용 모터제어 시리즈 ①" 에서 자세히 설명한 바 있다.

입력이 임의로 변화할 때 제어 대상이 되는 장치의 출력을 미리 설정한 목표값에 이르도록 제어하는 장치를 서보(servo) 또는 서보 기구(servo mechanism)라고 한다. 서보 기구라는 용어는 1934년에 미국 MIT의 H. L. Hazen 교수에 의하여 처음 사용되었으며, servo의 어원은 라틴어의 servue(영어의 노예라는 뜻을 갖는 slave에 해당함) 또는 servant(하인)이라는 단어에서 기원하였다고 한다. 과거에 노예의 역할은 주인의 명령을 충실하게 따르는 것이므로 그러한 역할을 수행하는 장치를 이렇게 servo라고 부르는 것이다. 이를 좀더 쉬운 다른 말로 하면 제어 시스템(control system)이라고 할 수 있다.

서보제어 시스템은 크게 아날로그 서보제어(analog servo control) 방식과 디지털 서보제어(digital servo control) 방식으로 나눌 수 있다. 아날로그 서보에서는 기준 입력과 모든 제어 과정이 아날로그 물리량으로 처리되며, 전체 시스템이 Op Amp를 비롯한 아날로그 회로로 구성된다. 전통적으로 아날로그 서보제어가 사용되어 왔으나, 이것은 온도, 습도, 전원, 잡음 등 환경의 영향을 받기가 쉬우므로 불리한 방식이다.

이에 비하여 디지털 서보에서는 기준 입력과 모든 제어 과정이 디지털 물리량으로 처리되며, 전체 시스템이 마이크로프로세서, A/D 컨버터, D/A 컨버터 등의 디지털 회로로 구성되고 제어의 핵심이 소프트웨어 알고리즘으로 수행된다. 오늘날은 거의 대부분 디지털 서보제어가 사용되고 있는데, 이것은 환경의 영향을 거의 받지 않고 안정된 동작특성을 가지므로 유리하며, 많은 부분이 소프트웨어로 처리되므로 시스템의 유지관리 및 수정에 유연성을 갖는다.

2. 서보제어와 피드백 제어

서보제어 또는 서보제어 시스템을 공부할 때 개념적으로 정확히 정리하여 두면 좋은 용어중에 제어와 구동이라는 것이 있다.

제어(制御, control)란 어떤 대상물을 사용자의 목적이나 용도에 맞도록 일정한 방법에 따라 통제하고 조정하는 것을 말한다. 이를 자동제어 분야로 좀더 범위를 좁혀서 말하면 어떤 양(피제어량)을 미리 희망하는 값(희망값)으로 유지하거나 또는 수시로 주어지는 목표의 값(목표값)으로 추적시키기 위하여 출력값을 검출하고 그 출력값이 희망값 또는 목표값이 되도록 관리 통제하는 것을 제어라고 한다. 제어는 주로 소프트웨어 알고리즘(software algorithm)으로 처리하는 경우가 많다. 제어를 수행하는 장치나 소프트웨어를 제어기(controller)라고 하는데, 예를 들어 자동차에서 운전자나 핸들, 액셀레이터, 브레이크 등은 제어기라고 할 수 있다.

이에 비하여 구동(驅動, drive)은 동력을 가하여 움직이도록 하는 것을 말한다. 즉, 엔진이나 전동기, 기어, 벨트, 유체 등을 사용하여 기계나 차량을 움직이는 것이 구동이다. 구동은 주로 하드웨어나 기계적으로 구성된 장치에 의하여 수행된다. 자동제어 기술에서는 구동을 수행하는 장치를 드라이버(driver)라고 하는데, 예를 들어 자동차에서 엔진이나 바퀴 등은 드라이버라고 할 수 있다.

좀더 이해하기 쉽게 개념적으로 비유하여 설명하면 사람의 경우 두뇌가 제어기라면 손과 발은 드라이버라고 할 수 있다. 전동기를 사용한 서보제어 시스템에서 마이크로프로세서를 사용한 제어회로와 프로그램이 제어기에 해당한다면, 전동기를 움직이기 위하여 전원부에서 전원을 받고 제어기에서 명령을 받아서 전력변환을 수행하고 이를 전동기에 공급하는 전력변환 회로를 드라이버라고 할 수 있다. 이러한 서보제어 시스템의 구성을 <그림 1.2.1>에서 보인 바 있다.

위에서 설명한 바와 같이 제어기를 협의로 정의하면 지령값과 실제값을 비교하여 적절한 제어량을 발생하는 회로 또는 프로그램을 가리키지만, 이를 넓은 의미로 사용하면 제어 시스템 전체를 그냥 제어기라고 부르기도 한다. 이러한 제어기를 사용하는 서보제어 시스템에서는 필수적으로 피드백 제어, 좀더 정확히 말하면 부성 특성을 갖는 피드백 제어(negative feedback control)를 사용해야 한다. 제어량의 값을 측정하고 입력측으로 되돌려 이것을 목표값과 비교하면서 제어량이 목표값과 일치하도록 정정 동작을 수행하는 제어를 피드백 제어라고 한다. 피드백 제어를 수행하려면 출력측에서 제어량을 검출하는 것이 필수적인데, 여기에는 적절한 종류의 센서 소자나 측정 회로를 사용한다.

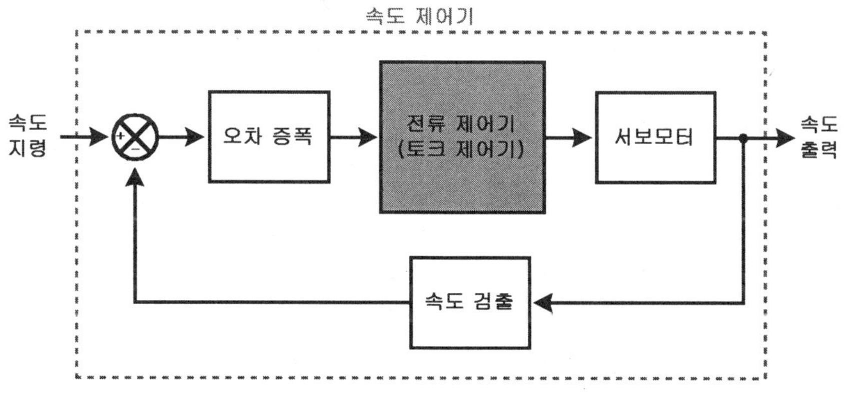

(a) 전동기 속도제어 시스템

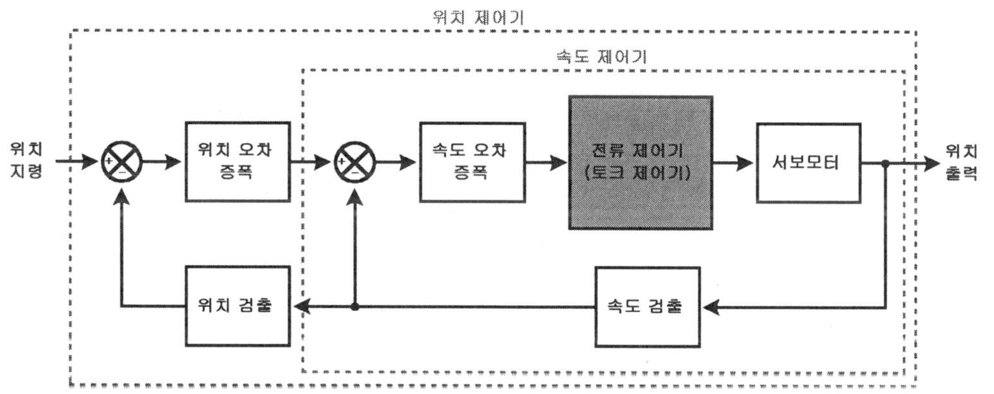

(b) 전동기 위치제어 시스템

<그림 1.2.2> 피드백 제어의 예

<그림 1.2.2>의 (a)에 전동기 속도제어 시스템의 예를 보였으며, (b)에는 전동기를 사용한 위치제어 시스템의 예를 보였다. 속도제어 시스템에서는 전동기의 회전속도를 실시간으로 측정하여 피드백하는 것이 필요하며, 위치제어 시스템에서는 전동기의 회전수 또는 회전각을 검출하여 위치정보를 피드백하는 것이 필요하다.

또한 <그림 1.2.3>에는 실제 산업용으로 사용되는 자동제어 시스템의 예를 보였다. 여기서는 서보모터를 사용한 컨베이어 속도 및 위치제어가 핵심 기술이다.

(a) 전체 시스템

(b) 제어기

(c) 서보모터

<그림 1.2.3> 실제 산업용 자동제어 시스템의 예

3. 전동기 서보제어에 필요한 액세서리 부품

전동기를 사용하여 서보제어 시스템이나 실험장치를 설계 제작하다보면 전동기 이외에도 여러 가지의 액세서리 부품이 필요하게 되는데, 이를 요약하면 다음과 같다.

(1) 브라켓

중대형 전동기는 이를 바닥에 수직으로 고정하기 위한 외부 프레임 구조를 가지고 있지만, 소형 전동기의 경우에는 대부분 바닥에 수직방향으로 전동기를 고정하지 않고 옆으로 고정하게 되어 있다. 이를 <그림 1.2.4>에 비교하였다.

<그림 1.2.4> 중대형 전동기 및 소형 전동기를 고정하는 방식

따라서 소형 전동기를 고정하여 설치하려면 별도의 액세서리 기구가 필요한데, 이때는 브라켓(bracket)을 사용한다. 전동기를 고정하는데 필요한 여러 가지 형태의 브라켓 제품을 보이면 <그림 1.2.5>와 같다.

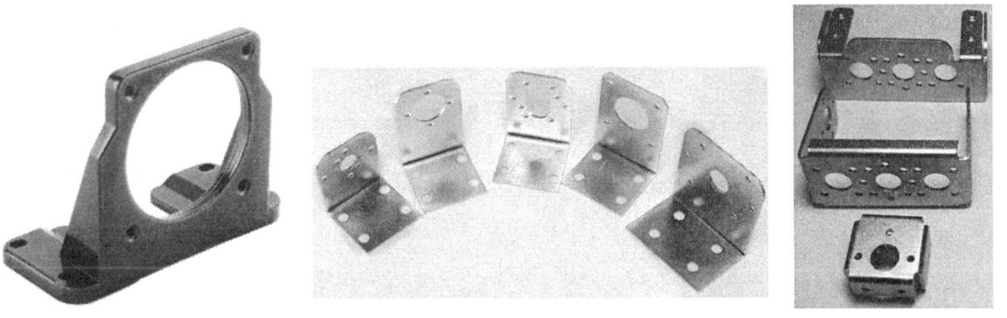

〈그림 1.2.5〉 전동기를 고정하여 설치하는데 필요한 여러 가지 형태의 브라켓

(2) 로터리 엔코더

전동기의 회전속도를 측정하는 액세서리 부품으로 로터리 엔코더(rotary encoder)가 있다. 서보용 전동기에서는 로터리 엔코더를 전동기에 built-in으로 내장하는 경우도 많으며, 만약 그렇지 않다면 별도의 로터리 엔코더를 구입하여 전동기의 회전축에 커플링으로 연결하여 사용하게 된다. 로터리 엔코더에는 <그림 1.2.6>과 같이 여러 가지의 형태가 있으며, 이를 사용한 전동기의 회전속도 측정기술에 관하여는 제3.2절에서 자세하게 공부한다.

〈그림 1.2.6〉 여러 가지의 로터리 엔코더

(3) 플렉시블 커플링

서보용 전동기의 회전축에 부하나 로터리 엔코더를 접속하려면 이것들의 회전축을 서로 정확히 맞추어 연결하게 되는데, 이때 주로 사용하는 액세서리 부품이 플렉시블 커플링(flexible coupling)이다. 플렉시블 커플링은 기계적인 구조의 유연성이 있어서

전동기와 부하 또는 로터리 엔코더의 회전축이 정확하게 직선적으로 결합하지 않더라도 큰 문제가 없이 회전력이 전달되면서 동작하는 장점이 있다. <그림 1.2.7>에 여러 가지 모양의 플렉시블 커플링을 보였다.

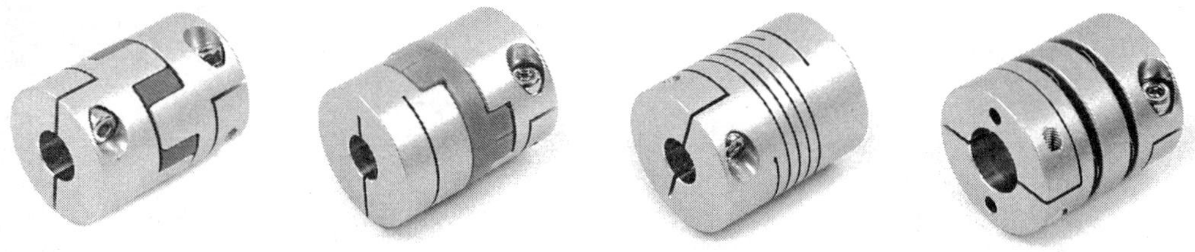

〈그림 1.2.7〉 여러 가지 모양의 플렉시블 커플링

(4) 노이즈 필터

전동기 제어 시스템에서는 PWM 스위칭 방법으로 전력제어를 수행하는 경우가 대부분이므로 전력회로에서 전기적인 잡음을 발생하는 경우가 많다. 따라서, 이런 정밀 제어회로는 시스템의 전원선을 통하여 외부에서 유입되는 잡음에 대하여 안정된 동작을 필요로 하면서 동시에 시스템이 자체적으로 발생한 잡음이 외부로 유출되지 않도록 할 필요가 있는데 이런 역할을 수행하는 장치가 노이즈 필터(noise filter)이다.

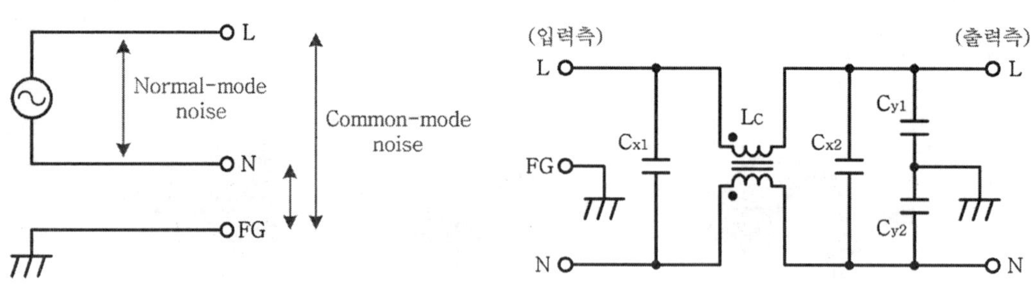

(a) 전원 노이즈의 종류 (b) 노이즈 필터의 회로도

〈그림 1.2.8〉 노이즈 필터의 구조

외부에서 단상 교류전원을 통하여 유입되는 잡음은 <그림 1.2.8> (a)에서 보인 것처럼 2개의 교류전원선 L(hot line)과 N(neutral line) 사이에 존재하는 차동 모드 잡음(differential-mode noise 또는 normal-mode noise)과 이들 각각의 전원선이 대지 접지(frame ground)에 대하여 가지는 동상 모드 잡음(common-mode noise)으로 나눌 수

있다. 이러한 2가지 종류의 잡음을 억제 또는 제거하기 위한 노이즈 필터의 회로도는 <그림 1.2.8> (b)와 같은데, 여기서 커패시터 C_{x1}, C_{x2}는 차동 모드 잡음을 제거하기 위한 소자이고, 초크 코일 L_C와 커패시터 C_{y1}, C_{y2}는 동상 모드 잡음을 제거하기 위한 소자이다.

몇가지 단상 노이즈 필터 제품의 실제 사진을 보이면 <그림 1.2.9>와 같다.

<그림 1.2.9> 여러 가지의 노이즈 필터 소자

(5) 서지 업서버

정상적인 전원전압 또는 신호전압에 서지(surge) 또는 펄스(pulse)성의 고전압이 잡음으로 포함되어 이것이 부하에 연결된 장치나 소자를 파괴할 우려가 있을 때 이 고전압을 잘라서 제거해주는 보호용 소자를 서지 업서버(surge absorber)라고 한다. 서지 업서버는 원리적으로 여러 가지 종류가 있는데, 이중에서 현재 가장 널리 사용되는 것이 바리스터(varistor ; variable resistor)이다.

바리스터는 대부분 산화아연(ZnO)을 주재료로 사용하여 만드는데, 이것의 V-I 특성곡선은 <그림 1.2.10>과 같다. 바리스터에 누설전류 정도만 흘러서 바리스터가 파괴되지 않고 안전하게 사용할 수 있는 전압 범위를 동작전압(V_W, working voltage, maximum allowable voltage)이라고 한다. 그리고, 바리스터에 1mA의 전류가 흘러서 바리스터가 부도체에서 도체로 변화되기 시작하는 전압을 브레이크 다운 전압(V_B, breakdown voltage) 또는 바리스터 전압(varistor voltage)이라고 한다. 바리스터의 정격은 보통 이 바리스터 전압으로 표시하며, 사용사가 회로에서 차단하고 싶은 전압도 보통 이 바리스터 전압으로 선정한다. 또한, 바리스터에 8μs/20μs의 급격한 기울기를 갖는 서지 전류를 흘렸을 때 양단 전압을 제한 전압(V_C, clamping voltage)이라고 하는데, 이 이상의 전압이 인가되면 이 바리스터 소자는 파괴된다.

몇가지 바리스터 소자의 실제 사진을 보이면 <그림 1.2.11>과 같고, Panasonic사의 바리스터 제품에 대한 데이터 시트를 보이면 <그림 1.2.12>와 같다.

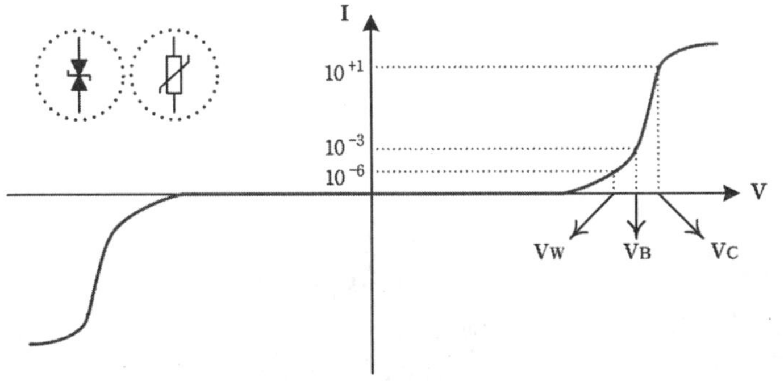

〈그림 1.2.10〉 바리스터의 V-I 특성곡선

〈그림 1.2.11〉 여러 가지의 바리스터 소자

Panasonic "ZNR" Transient/Surge Absorbers (Type D)

■ Reference Guide to Standard Products

Part No.	Varistor Voltage*	Maximum Allowable Voltage		Clamping Voltage @8/20µs		Maximum Energy (J)		Maximum Peak Current @8/20µs(A)		Recommended Applications
	(V)	ACrms (V)	DC (V)	max.(V)	Ip (A)	10/1000 µs	2 ms	1 time	2 times	
ERZV05D180	18 (16-20)	11	14	40	1	0.6	0.4	250	125	
ERZV07D180				36	2.5	1.1	0.9	500	250	
ERZV09D180				36	5	2.6	2.2	1000	500	
ERZV10D180				36	5	2.6	2.2	1000	500	
ERZV14D180				36	10	5.2	4.3	2000	1000	
ERZV20D180				36	20	13	12	3000	2000	
ERZV05D220	22 (20-24)	14	18	48	1	0.7	0.5	250	125	
ERZV07D220				43	2.5	1.3	1.1	500	250	
ERZV09D220				43	5	3.2	2.6	1000	500	
ERZV10D220				43	5	3.2	2.6	1000	500	
ERZV14D220				43	10	6.3	5.3	2000	1000	
ERZV20D220				43	20	16	14	3000	2000	
ERZV05D270	27 (24-30)	17	22	60	1	0.9	0.7	250	125	For the low voltage circuit
ERZV07D270				53	2.5	1.6	1.3	500	250	
ERZV09D270				53	5	3.9	3.2	1000	500	
ERZV10D270				53	5	3.9	3.2	1000	500	
ERZV14D270				53	10	7.8	6.5	2000	1000	
ERZV20D270				53	20	19	17	3000	2000	
ERZV05D330				73	1	1.1	0.8	250	125	

〈그림 1.2.12〉 Panasonic사 ZNR 서지업서버의 데이터 시트(일부 발췌)

(6) 퓨즈

과부하나 회로 단락에 의하여 전원에 과전류가 흐를 때 이를 감지하여 회로를 차단하는 보호용 소자를 퓨즈(fuse)라고 한다. 퓨즈의 종류에는 여러 가지가 있으나 납, 주석, 아연 등의 합금으로 만들어 과전류에 의한 발열로 녹아서 끊어지게 만든 형태가 가장 일반적으로 사용된다. 이러한 퓨즈를 PCB에 장착할 수 있도록 만든 소자에는 <그림 1.2.13>에 보인 것처럼 5×20mm형, 6×30mm형 등 다양한 사이즈가 있다.

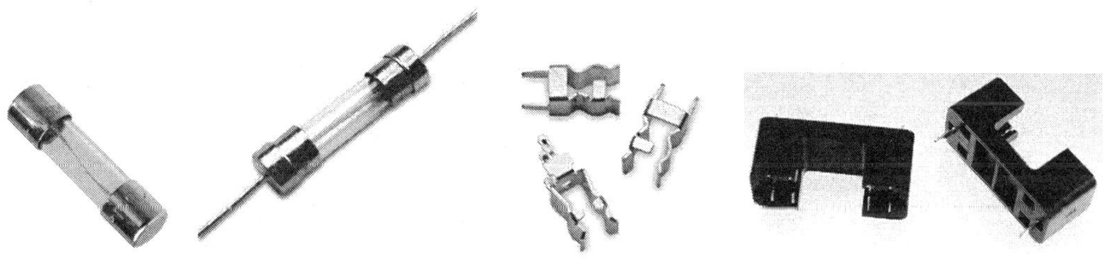

<그림 1.2.13> 유리관 퓨즈 및 퓨즈 홀더

일반 퓨즈는 회로의 과전류에 의하여 한번 끊어지면 재사용이 불가능한데 비하여, 복구형 퓨즈(resettable fuse)는 평소에 저항값이 적은 상태로 있다가 과전류가 흐르면 저항값이 급증하여 회로를 차단하지만 과전류 상황이 해소되면 다시 저항값이 작아져서 원상태로 복구하는 특성을 가지고 있으므로 편리하다. 이것은 PPTC(Polymetric Positive Temperature Coefficient) 소자라고도 하고, 특정 제조사의 상품명을 따라 폴리스위치(PolySwitch)라고도 불린다.

복구형 퓨즈의 패키지에 따른 여러 가지 종류를 <그림 1.2.14>에 보였고, 이것의 동작 특성을 <그림 1.2.15>에 보였다.

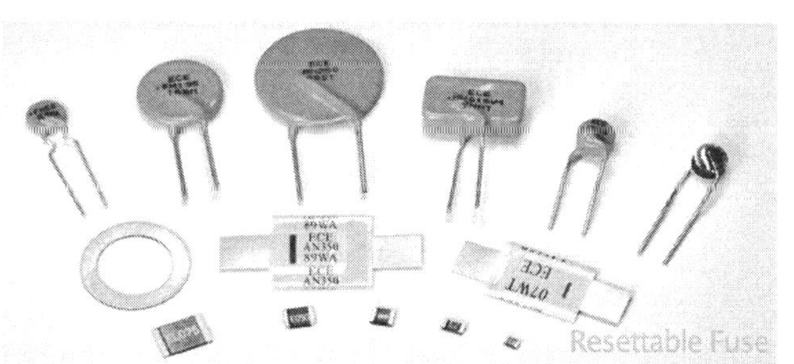

<그림 1.2.14> 복구형 퓨즈의 여러 가지 패키지 외형

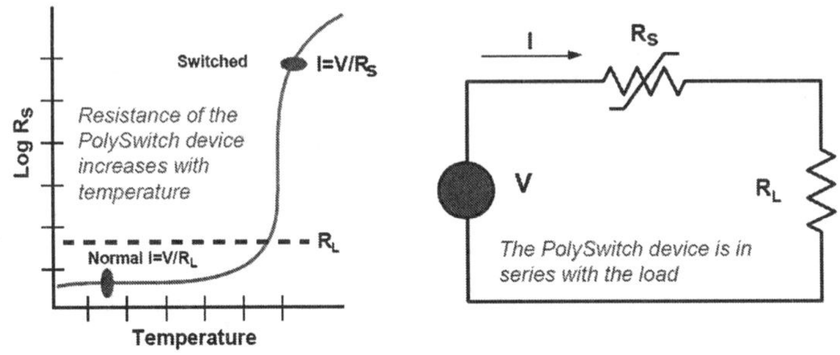

<그림 1.2.15> 복구형 퓨즈의 동작 특성 및 사용 회로의 예

Littelfuse®
Expertise Applied | Answers Delivered

POLYFUSE® Resettable PTCs
Radial Leaded > 30R Series

RoHS Pb **30R Series**

c UL us TÜV

Description

- The 30R Series radial leaded device is designed to provide overcurrent protection for low voltage (≤30V) applications where space is not a concern and resettable protection is preferred.

Features

- RoHS compliant and lead-free
- Fast time-to-trip
- Cured, flame retardant epoxy polymer insulating material meets UL 94V-0 requirements

Applications

- USB hubs, ports and peripherals
- Computers & peripherals
- Motor protection
- General electronics
- Automotive applications

Electrical Characteristics

Part Number	I_{hold} (A)	I_{trip} (A)	V_{max} (Vdc)	I_{max} (A)	P_d max. (W)	Maximum Time To Trip		Resistance		Agency Approvals	
						Current (A)	Time (Sec.)	R_{min} (Ω)	R_{1max} (Ω)	c UL us	TÜV
30R090	0.90	1.80	30	40	0.6	4.50	5.90	0.070	0.220	X	X
30R110	1.10	2.20	30	40	0.7	5.50	6.60	0.050	0.170	X	X
30R135	1.35	2.70	30	40	0.8	6.75	7.30	0.040	0.130	X	X
30R160	1.60	3.20	30	40	0.9	8.00	8.00	0.030	0.110	X	X
30R185	1.85	3.70	30	40	1.0	9.25	8.70	0.030	0.090	X	X
30R250	2.50	5.00	30	40	1.2	12.50	10.30	0.020	0.070	X	X
30R300	3.00	6.00	30	40	2.0	15.00	10.80	0.020	0.080	X	X
30R400	4.00	8.00	30	40	2.5	20.00	12.70	0.010	0.050	X	X
30R500	5.00	10.00	30	40	3.0	25.00	14.50	0.010	0.050	X	X
30R600	6.00	12.00	30	40	3.5	30.00	16.00	0.005	0.040	X	X
30R700	7.00	14.00	30	40	3.8	35.00	17.50	0.005	0.030	X	X
30R800	8.00	16.00	30	40	4.0	40.00	18.80	0.005	0.020	X	X
30R900	9.00	18.00	30	40	4.2	40.00	20.00	0.005	0.020	X	X

I_{hold} = Hold current: maximum current device will pass without tripping in 23°C still air.
I_{trip} = Trip current: minimum current at which the device will trip in 23°C still air.
V_{max} = Maximum voltage device can withstand without damage at rated current (I_{max})
I_{max} = Maximum fault current device can withstand without damage at rated voltage (V_{max})
P_d = Power dissipated from device when in the tripped state at 23°C still air.
R_{min} = Minimum resistance of device in initial (un-soldered) state.
R_{1max} = Maximum resistance of device at 23°C measured one hour after tripping.
Caution: Operation beyond the specified rating may result in damage and possible arcing and flame.

<그림 1.2.16> Littelfuse사 복구형 퓨즈의 데이터 시트(발췌)

Radial Leaded Low Voltage Products

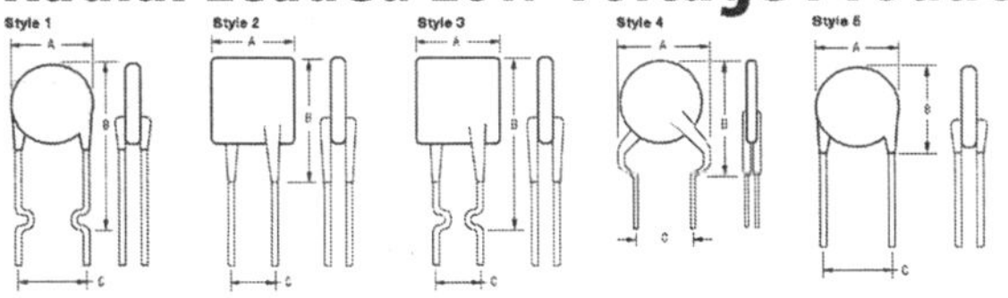

Features

- Bulk and Tape and Reel Packaging
- Industry Standard Sizes

Applications

- Computers and Peripherals
- General Electronics
- Automotive
- Consumer Appliances
- Electronic Toys

MF-R Series — 16-60 Volts
Radial Leaded — 0.05-11 Amps Hold Current

Model	I_{hold} Amperes at 23 ℃	V max. Volts	I max. Amps	Initial Resistance (Ohms at 23 ℃) Min.	1 Hour (R_1) Post-Trip Resistance (Ohms at 23 ℃) Max.	Dimensions mm/(in) A Max.	B Max.	C Nom.	Style
MF-R005	0.05	60	40	7.3	22.0	8.0 / (0.315)	8.3 / (0.327)	5.1 / (0.201)	4
MF-R010	0.10	60	40	2.50	7.50	7.4 / (0.291)	12.7 / (0.500)	5.1 / (0.201)	1
MF-R017	0.17	60	40	2.00	8.00	7.4 / (0.291)	12.7 / (0.500)	5.1 / (0.201)	1
MF-R020	0.20	60	40	1.50	4.40	7.4 / (0.291)	12.7 / (0.500)	5.1 / (0.201)	1
MF-R025	0.25	60	40	1.00	3.00	7.4 / (0.291)	12.7 / (0.500)	5.1 / (0.201)	1
MF-R030	0.30	60	40	0.76	2.10	7.4 / (0.291)	13.4 / (0.528)	5.1 / (0.201)	1
MF-R040	0.40	60	40	0.52	1.29	7.4 / (0.291)	13.7 / (0.539)	5.1 / (0.201)	1
MF-R050	0.50	60	40	0.41	1.17	7.9 / (0.311)	13.7 / (0.539)	5.1 / (0.201)	1
MF-R065	0.65	60	40	0.27	0.72	9.7 / (0.382)	15.2 / (0.598)	5.1 / (0.201)	1
MF-R075	0.75	60	40	0.18	0.60	10.4 / (0.409)	16.0 / (0.630)	5.1 / (0.201)	1
MF-R090	0.90	60	40	0.14	0.47	11.7 / (0.461)	16.7 / (0.657)	5.1 / (0.201)	1
MF-R090-0-9	0.90	30	40	0.07	0.22	7.4 / (0.291)	12.2 / (0.480)	5.1 / (0.201)	3
MF-R110	1.10	30	40	0.10	0.27	8.9 / (0.350)	14.0 / (0.551)	5.1 / (0.201)	1
MF-R135	1.35	30	40	0.065	0.17	8.9 / (0.350)	18.9 / (0.744)	5.1 / (0.201)	1
MF-R160	1.60	30	40	0.055	0.15	10.2 / (0.402)	16.8 / (0.661)	5.1 / (0.201)	1
MF-R185	1.85	30	40	0.040	0.11	12.0 / (0.472)	18.4 / (0.724)	5.1 / (0.201)	1
MF-R250	2.50	30	40	0.025	0.07	12.0 / (0.472)	18.3 / (0.720)	5.1 / (0.201)	2
MF-R250-0-10	2.50	30	40	0.025	0.07	12.0 / (0.472)	18.3 / (0.720)	5.1 / (0.201)	3
MF-R300	3.00	30	40	0.020	0.08	12.0 / (0.472)	18.3 / (0.720)	5.1 / (0.201)	2
MF-R400	4.00	30	40	0.010	0.05	14.4 / (0.567)	24.8 / (0.976)	5.1 / (0.201)	2
MF-R500	5.00	30	40	0.010	0.05	17.4 / (0.685)	24.9 / (0.980)	10.2 / (0.402)	2
MF-R600	6.00	30	40	0.005	0.04	19.3 / (0.760)	31.9 / (1.256)	10.2 / (0.402)	2
MF-R700	7.00	30	40	0.005	0.03	22.1 / (0.870)	29.8 / (1.173)	10.2 / (0.402)	2
MF-R800	8.00	30	40	0.005	0.03	24.2 / (0.953)	32.9 / (1.295)	10.2 / (0.402)	2
MF-R900	9.00	30	40	0.005	0.02	24.2 / (0.953)	32.9 / (1.295)	10.2 / (0.402)	2
MF-R1100	11.00	16	100	0.003	0.014	24.2 / (0.953)	32.9 / (1.295)	10.2 / (0.402)	2

MF-RX Series* — 60 Volts
Radial Leaded — 1.10 - 3.75 Amps Hold Current

Model	I_{hold} Amperes at 23 ℃	V max. Volts	I max. Amps	Initial Resistance (Ohms at 23 ℃) Min.	1 Hour (R_1) Post-Trip Resistance (Ohms at 23 ℃) Max.	Dimensions mm/(in) A Max.	B Max.	C Nom.	Style
MF-RX110	1.10	60	40	0.15	0.38	13.0 / (0.512)	18.0 / (0.709)	5.1 / (0.201)	5
MF-RX135	1.35	60	40	0.12	0.30	14.5 / (0.571)	19.6 / (0.772)	5.1 / (0.201)	5
MF-RX160	1.60	60	40	0.09	0.22	16.3 / (0.642)	21.3 / (0.839)	5.1 / (0.201)	5
MF-RX185	1.85	60	40	0.08	0.19	17.8 / (0.701)	22.9 / (0.902)	5.1 / (0.201)	5
MF-RX250	2.50	60	40	0.05	0.13	21.3 / (0.839)	26.4 / (1.039)	10.2 / (0.402)	5
MF-RX300	3.00	60	40	0.04	0.10	24.9 / (0.980)	30.0 / (1.181)	10.2 / (0.402)	5
MF-RX375	3.75	60	40	0.03	0.08	28.4 / (1.118)	33.5 / (1.319)	10.2 / (0.402)	5

**Not recommended for new designs, suggest using new MF-RX/72 Series*

MF-RX/72 Series — 72 Volts
Radial Leaded — 0.20 – 3.75 Amps Hold Current

Model	I_{hold} Amperes at 23 ℃	V max. Volts	I max. Amps	Initial Resistance (Ohms at 23 ℃) Min.	1 Hour (R_1) Post-Trip Resistance (Ohms at 23 ℃) Max.	Dimensions mm/(in) A Max.	B Max.	C Nom.	Style
MF-RX020/72	0.20	72	40	1.50	4.40	7.4 / (0.291)	12.7 / (0.500)	5.1 / (0.201)	1
MF-RX025/72	0.25	72	40	1.00	3.00	7.4 / (0.291)	12.7 / (0.500)	5.1 / (0.201)	1
MF-RX030/72	0.30	72	40	0.76	2.10	7.4 / (0.291)	13.4 / (0.528)	5.1 / (0.201)	1
MF-RX040/72	0.40	72	40	0.52	1.29	7.4 / (0.291)	13.7 / (0.539)	5.1 / (0.201)	1
MF-RX050/72	0.50	72	40	0.41	1.17	7.9 / (0.311)	13.7 / (0.539)	5.1 / (0.201)	1
MF-RX065/72	0.65	72	40	0.27	0.72	9.7 / (0.382)	15.2 / (0.598)	5.1 / (0.201)	1
MF-RX075/72	0.75	72	40	0.18	0.60	10.4 / (0.409)	16.0 / (0.630)	5.1 / (0.201)	1
MF-RX090/72	0.90	72	40	0.14	0.47	11.7 / (0.461)	16.7 / (0.657)	5.1 / (0.201)	1
MF-RX110/72	1.10	72	40	0.15	0.38	10.84 / (0.427)	16.84 / (0.662)	5.1 / (0.201)	2
MF-RX135/72	1.35	72	40	0.12	0.30	12.26 / (0.483)	18.26 / (0.718)	5.1 / (0.201)	2
MF-RX160/72	1.60	72	40	0.09	0.22	13.94 / (0.549)	19.94 / (0.785)	5.1 / (0.201)	2
MF-RX185/72	1.85	72	40	0.08	0.19	15.18 / (0.598)	21.18 / (0.833)	5.1 / (0.201)	2
MF-RX250/72	2.50	72	40	0.05	0.13	17.84 / (0.702)	23.84 / (0.938)	10.2 / (0.402)	2
MF-RX300/72	3.00	72	40	0.04	0.10	20.67 / (0.814)	26.67 / (1.050)	10.2 / (0.402)	2
MF-RX375/72	3.75	72	40	0.03	0.08	23.51 / (0.926)	29.51 / (1.161)	10.2 / (0.402)	2

MF-RG Series — Operating Temperature
Radial Leaded 16 V — -40℃ ~ +85℃

Model	I_{hold} Amperes at 23 ℃	V max. Volts	I max. Amps	Initial Resistance (Ohms at 23 ℃) Min.	1 Hour (R_1) Post-Trip Resistance (Ohms at 23 ℃) Max.	Dimensions mm/(in) A Max.	B Max.	C Max.	Style
MF-RG300	3.0	16	100	0.038	0.0975	7.1 / (0.28)	11.0 / (0.43)	5.1 ±0.7 / (0.201 ±0.028)	2
MF-RG500	5.0	16	100	0.015	0.0340	10.4 / (0.41)	14.3 / (0.56)	5.1 ±0.7 / (0.201 ±0.028)	2

MF-RHT Series — Operating Temperature
Radial Leaded High Temperature — -40℃ ~ +125℃

Model	I_{hold} Amperes at 23 ℃	V max. Volts	I max. Amps	Initial Resistance (Ohms at 23 ℃) Min.	1 Hour (R_1) Post-Trip Resistance (Ohms at 23 ℃) Max.	Dimensions mm/(in) A Max.	B Max.	C Nom.	Style
MF-RHT070	0.7	16	40	0.3	0.8	6.86 / (0.27)	10.8 / (0.425)	5.1 / (0.201)	3
MF-RHT200	2.0	16	100	0.045	0.110	9.4 / (0.37)	14.0 / (0.55)	5.1 / (0.201)	1
MF-RHT450	4.5	16	100	0.022	0.054	10.4 / (0.41)	15.6 / (0.61)	5.1 / (0.201)	2

<그림 1.2.17> Bourns사 복구형 퓨즈의 데이터 시트(발췌)

Littelfuse사의 복구형 퓨즈 데이터 시트를 <그림 1.2.16>에 보였고, Bourns사의 복구형 퓨즈 데이터 시트를 <그림 1.2.17>에 보였다. 여기서 I_{hold}는 회로가 차단되지 않고 정상적으로 동작하는 최대전류를 나타내고, I_{trip}은 저항값이 급증하여 회로가 차단되기 시작하는 전류를 나타낸다. 또한, V_{max}와 I_{max}는 이 소자를 파괴하지 않고 견디면서 차단할 수 있는 최대전압과 전류를 나타낸다. R_{min}은 이 소자의 초기상태 저항값이며, R_{1max}는 이 소자가 과전류로 차단되었다가 복구된 후 1시간이 지났을 때의 저항값이다.

◀휴게실▶

기어드 모터

전동기 회전자의 회전축이 직접 외부로 출력되지 않고 기어로 구성된 감속기를 거쳐서 회전축이 외부로 나온 모터를 기어드 모터(geared motor)라고 한다. 기어드 모터는 회전축의 위치를 중심에서 옆으로 약간 옮기거나, 회전축의 방향을 90° 로 꺾어서 바꾸거나, 회전속도를 감속하고 토크를 증가시키는 목적으로 많이 사용한다. 전동기에 기어가 기본적으로 내장(built-in)되어 있는 모델도 있고, 필요할 때 전동기 외부에 기어 박스를 추가로 장착할 수 있는 경우도 있다. 감속 기어의 감속비는 여러 가지가 있어서 사용자가 선택할 수 있다.

전동기에 감속 기어를 사용하면 감속비에 반비례하여 토크가 증가한다. 예를 들어 전동기 회전자의 회전속도가 감속 기어에 의하여 1/10로 감소하여 외부 회전축으로 출력되면 감속비는 10:1이라고 표시하며, 이때 토크는 10배로 크게 증가한다. 이와 같이 감속기는 전동기의 회전속도를 낮추어 제어하는 저속제어의 용도뿐만 아니라 출력 토크를 증가시키는 용도로도 많이 사용되고 있다.

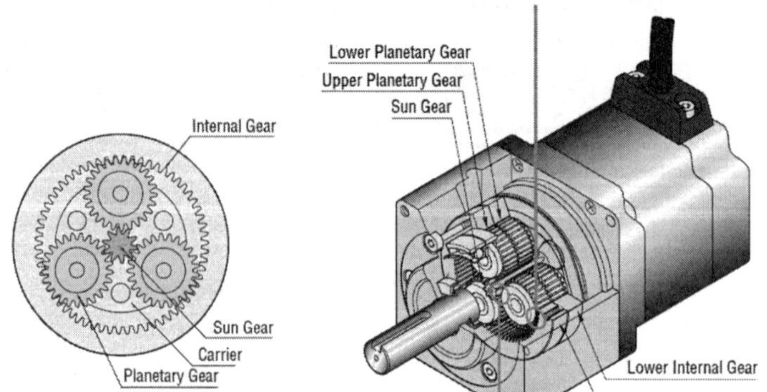

<그림 1.2.18> 기어드 모터의 내부 구조

제2장

BLDC 모터 관련 실용지식

2.1 BLDC 모터의 구조와 동작원리
2.2 BLDC 모터의 구동 및 제어 방법
2.3 BLDC 모터의 속도제어

☞

이 장에서는 먼저 직류전동기 및 이로부터 발전한 BLDC 모터의 구조와 동작원리를 공부하고 나서 이것의 구동이나 속도제어에 필요한 기본 지식 및 기술에 대하여 자세하게 공부한다.

BLDC 모터는 일반 직류전동기의 단점을 개선하기 위하여 회전 전기자의 구조를 고정 전기자 형태로 변경하고, 브러시와 정류자를 반도체 스위치로 대체한 것이다. 이렇게 브러시와 정류자의 역할을 수행하는 반도체 스위치 회로를 전동기의 일부로 본다면 이는 직류전동기에 해당하는 BLDC 모터로 분류할 수 있지만, 반도체 스위치 회로를 제외하고 전동기 자체만을 보면 이것은 교류전동기에 해당하며 공극자속이 사다리꼴인 동기전동기가 된다. 항상 기본적으로 함께 사용해야 하는 구동회로를 전동기에 포함시켜 직류전동기로 볼 것인지, 아니면 구동회로를 제외하고 전동기 자체만을 교류전동기로 볼 것인지 하는 문제는 스테핑 모터에서도 동일하다.

이와 같은 구조적인 차이는 있지만 동작원리 및 제어특성의 측면에서 보면 전통적인 직류전동기와 BLDC 모터는 거의 같다. 따라서, BLDC 모터를 제어하는데 사용되는 PWM 제어나 PI제어 기술은 직류전동기에서와 유사하다.

2.1 BLDC 모터의 구조와 동작원리

1. 직류전동기의 구조와 동작원리

제1장에서 설명한 바와 같이 직류전동기는 1832년에 영국의 물리학자인 윌리엄 스터전(William Sturgeon)이 발명하였는데, 그는 이보다 앞서 1825년에 전자석을 발명하기도 하였다. 전기와 자기에 관한 물리현상들은 1800년대 초부터 영국을 비롯한 유럽에서 활발하게 연구되었는데, 그 결과 1831년에 파라데이(Michael Faraday)는 전류가 흐르는 도체를 자기장 속에 두면 힘을 받는 현상을 발견하여 파라데이의 전자유도법칙으로 정리하였고, 한참 후인 1885년에 플레밍(John Ambrose Fleming)은 파라데이 법칙을 보다 쉽고 정량적으로 이해할 수 있도록 플레밍의 왼손법칙과 오른손법칙으로 정리하여 발표하였다.

직류전동기의 동작 원리를 도시하면 <그림 2.1.1>과 같다. 플레밍의 왼손법칙으로 설명되는 것처럼 자기장 속에 위치하는 도선에 전류를 흘리면 힘을 받는데, 이 도선이 회전축을 중심으로 회전하다가 적절한 위치에 이르렀을 때 정류자와 브러시가 도선의 전류 방향이 반대로 바뀌도록 스위칭하면 도선은 같은 방향으로 계속하여 힘을 받으면서 회전하게 되는 것이다. 기계적인 접촉부를 가지기 때문에 여러 가지 단점들을 야기하는 이러한 정류자와 브러시를 무접점 방식의 반도체 스위치로 대체하고 홀센서가 검출한 자극 정보에 따라 이것들을 스위칭하는 방법으로 개선한 것이 브러시리스 직류전동기(BLDCM ; Brushless DC Motor)이다. 이에 비하여 종래의 직류전동기를 브러시형 직류전동기(conventional or brushed DC motor)라고 한다.

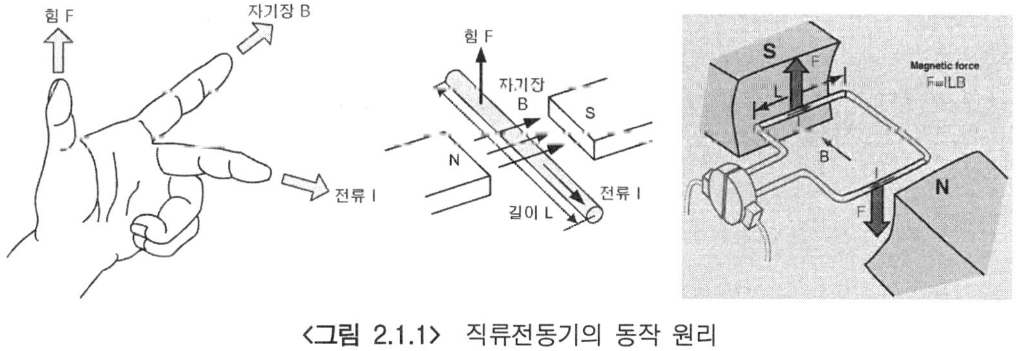

〈그림 2.1.1〉 직류전동기의 동작 원리

직류전동기의 구조는 <그림 2.1.2>와 같이 크게 프레임(frame), 고정자, 전기자, 브러시와 정류자, 베어링, 냉각팬 등으로 구성된다. 중대형 직류전동기에서는 권선형 계자가 많으나 소형에서는 영구자석형 계자도 많이 사용되고 있다. 고정자측의 권선형 계자와 전기자인 회전자를 사진으로 보이면 <그림 2.1.3>과 같다.

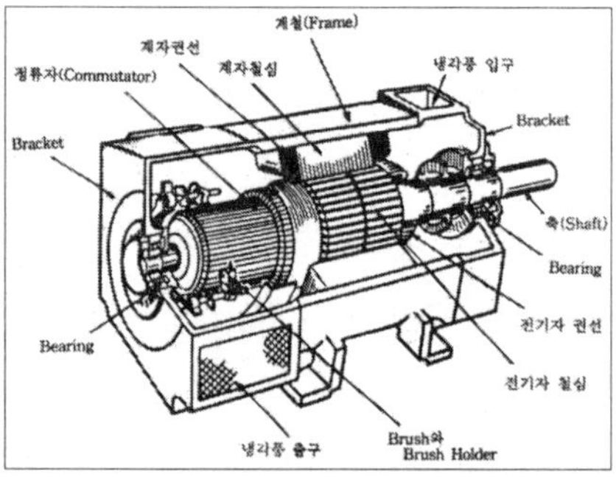

(a) 내부 및 외부 구조

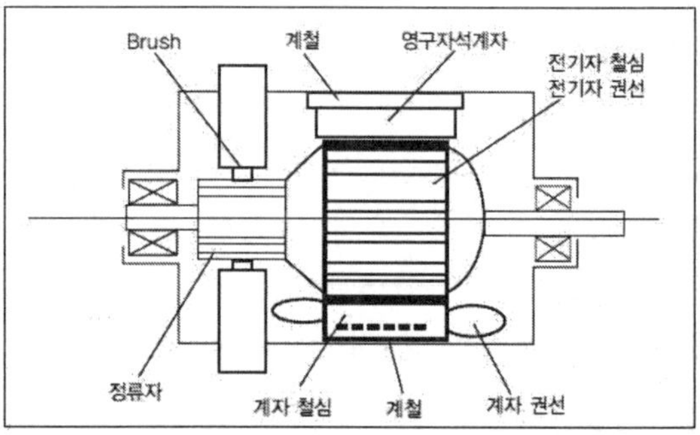

(b) 단면 구조

<그림 2.1.2> 직류전동기의 구조

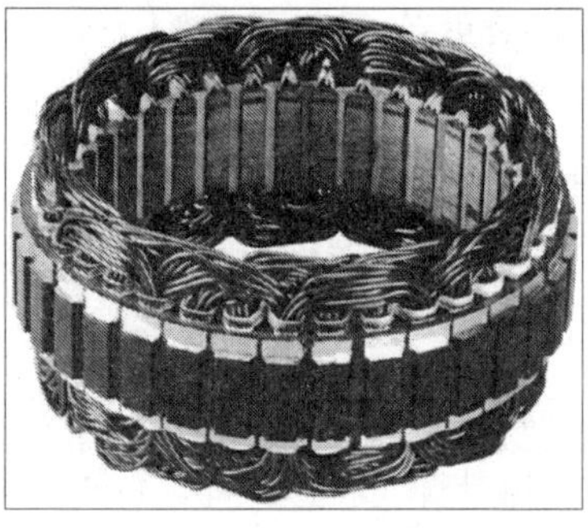

(a) 고정자측의 권선형 계자

(b) 회전자측의 전기자 어셈블리

(c) 정류자

(d) 브러시

<그림 2.1.3> 직류전동기의 각 부분별 사진

전체적인 입장에서 직류전동기를 분류하면 <그림 2.1.4>와 같다. 또한, 여러 가지 직류전동기 모델을 크기별로 나열하여 보면 <그림 2.1.5>와 같다.

- 직류전동기
  - 브러시형 직류전동기
    - 타려자형
    - 자려자형
      - 분권형
      - 직권형
      - 복권형 --- 가동복권형, 차동복권형
    - 영구자석형
  - 브러시리스 직류전동기
    - axial airgap형
    - radial airgap형

<그림 2.1.4> 직류전동기의 종류

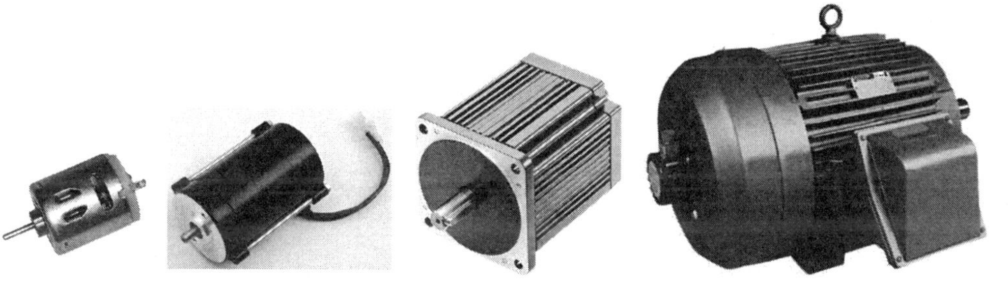

<그림 2.1.5> 직류전동기의 크기별 사진

전통적인 직류전동기의 종류를 여자 방식에 따라 분류하고 각각의 권선 구조를 보이면 <그림 2.1.6>과 같다. 타려자형 직류전동기에서는 전기자와 계자에 각각 독립적으로 전원을 인가하여 제어할 수 있으며, 소형 서보모터로 많이 사용하는 영구자석형 직류전동기는 계자 전원을 가변할 수 없도록 고정시켜 놓은 타려자형 직류전동기처럼 생각할 수 있다.

분권형은 전기자 권선과 계자 권선이 내부에서 병렬로 연결된 구조이며, 직권형은 전기자 권선과 계자 권선이 직렬로 연결된 구조이다. 복권형 직류전동기는 내부에 직권형 계자 권선과 분권형 계자 권선을 모두 가지고 있는데, 이 2개의 계자 권선이 서로 같은 방향의 자속을 발생하면 가동복권형이라 하고, 2개의 계자권선이 서로 반대 방향의 자속을 발생하면 차동복권형이라 한다.

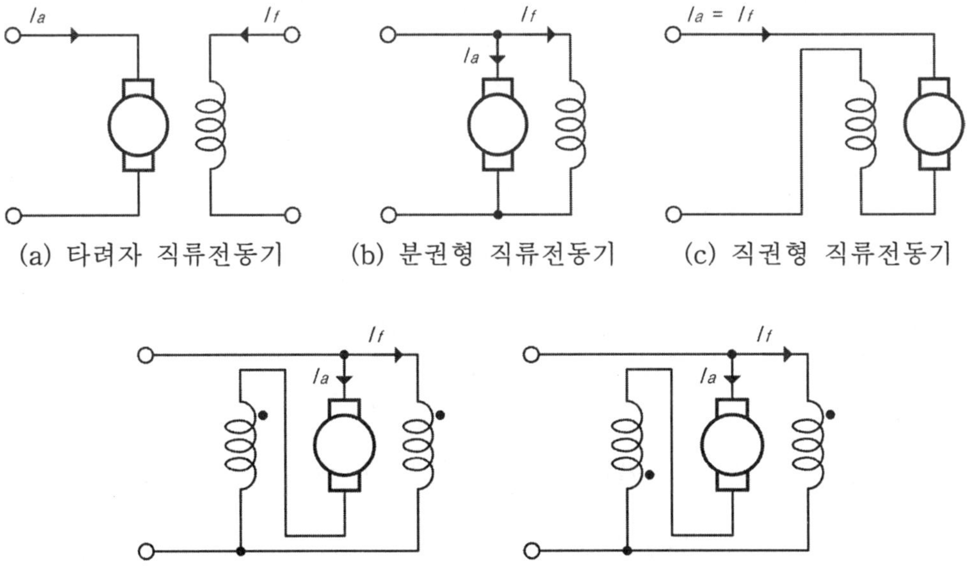

(a) 타려자 직류전동기 (b) 분권형 직류전동기 (c) 직권형 직류전동기

(d) 가동복권형 직류전동기 (e) 차동복권형 직류전동기

<그림 2.1.6> 여자 방식에 따른 직류전동기의 종류

직류전동기의 종류별 특성 곡선을 보이면 <그림 2.1.7>과 같다. 타려자형이나 분권형 직류전동기는 전기자 전류에 대하여 직선적인 토크가 발생되므로 제어성이 우수하여 서보제어 분야에 유용하며, 직권형 직류전동기는 저속에서 매우 큰 토크가 발생하여 안정적인 기동 및 정지가 가능하므로 견인용으로 사용하는데 적합하다.

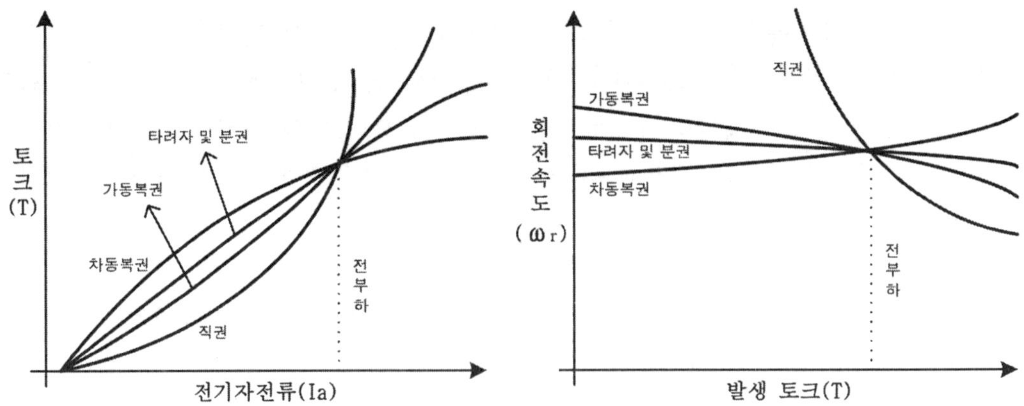

(a) 토크 특성 곡선 (b) 속도-토크 특성 곡선

<그림 2.1.7> 직류전동기의 특성 곡선

2. BLDC 모터의 구조와 동작원리

전통적인 직류전동기(conventional DC motor 또는 brushed DC motor)는 지속적으로 같은 방향으로 토크를 발생할 수 있도록 회전하는 전기자에 직류전원을 공급하기 위하여 브러시(brush)와 정류자(commutator)를 가지고 있다. 브러시는 전기전도성이 좋도록 탄소나 흑연을 주재료로 하여 만드는데, 이것은 기계적인 강도가 낮은데도 불구하고 회전하여 움직이는 정류자와 접촉하여 동작하면서 마모가 되기 때문에 정기적으로 교체를 하고 정류자편 사이에 끼어있는 흑연 가루를 청소하는 등의 유지보수 관리가 필요하다는 치명적인 단점을 가지며, 기계적 및 전기적인 소음을 발생하고 고속회전이 어렵게 한다. 또한 직류전동기는 이러한 기계적인 접점에서 전원의 스위칭 동작을 수행하면서 불꽃(spark)이 발생할 수 있으므로 방폭 환경에서는 사용하기 어렵다는 용도의 제한을 받기도 한다. 이밖에도 정류자와 브러시는 직류전동기의 구조를 복잡하게 하여 가격을 높이는 요인이 되기도 하며, 전동기의 축방향 길이가 길어지게 하는 단점도 있다.

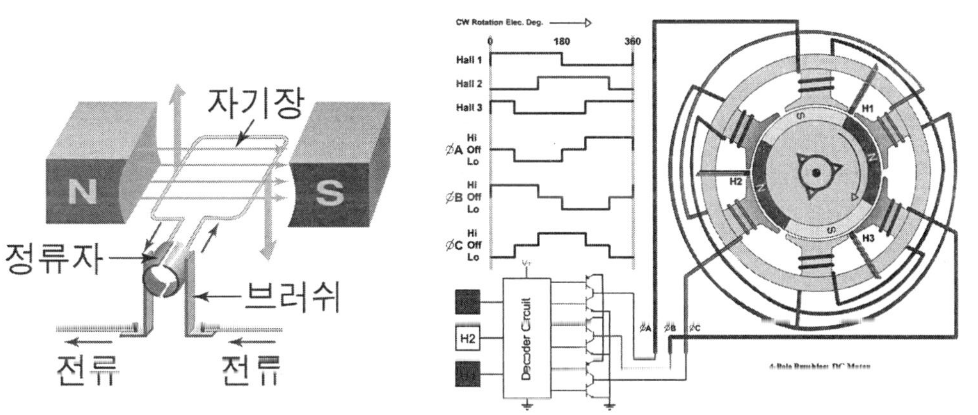

(a) 직류전동기 (b) BLDC 모터

<그림 2.1.8> 전통적인 직류전동기와 BLDC 모터의 구조 비교

직류전동기가 브러시와 정류자를 갖는 구조에 기인하는 이러한 단점들을 개선하기 위하여 만들어진 것이 BLDC 모터(brushless DC motor)이다. 이것은 1962년에 T.G. Wilson과 P.H. Trickey에 의하여 처음 논문으로 발표되었으나, 영구자석 및 반도체 스위칭 소자의 문제로 1980년대 이후가 되어서야 활발하게 실용화되었다.

직류전동기와 BLDC 모터의 구조 및 동작원리를 <그림 2.1.8>에 서로 비교하였다.

직류전동기에서는 반드시 전기자가 회전자로 되어 있으나 BLDC 모터는 계자를 영구자석형으로 만들어 회전하도록 하고, 고정자인 전기자에는 브러시와 정류자를 대신하여 MOSFET나 IGBT와 같은 반도체 스위칭 소자를 사용하여 전원을 인가한다. 직류전동기에서는 회전자가 회전하면서 브러시와 정류자가 기계적인 위치를 판별하여 전기자에 공급하는 전원을 자동적으로 적절한 타이밍에 스위칭하지만, BLDC 모터에서는 이것이 불가능하므로 외부에서 직류전원을 교류전원으로 변환하여 전동기에 공급하기 위한 인버터 회로를 가지고 있어야 하며, 홀센서로 회전자의 자극 위치를 검출하여 인버터를 구성하는 각 반도체 소자의 스위칭 동작을 수행한다.

이와 같이 BLDC 모터는 직류전동기에서 브러시와 정류자로 구성되는 기계적인 스위치를 제거하고 이를 비접촉 반도체 스위치로 대체하였으므로 기계적인 스위치로부터 기인하는 여러 가지 단점들을 해결하였고 다음과 같은 특징을 갖는다. 또한, 종래의 직류전동기와 BLDC 모터의 특징을 요약 비교하면 <표 2.1.1>과 같다.

- 직류전동기처럼 정기적인 유지보수 관리가 필요 없으므로 신뢰성이 높고 수명이 길다.
- 기계적인 접점이 없으므로 기계적 및 전기적인 소음이 없다.
- 10000 rpm 이상의 고속 운전이 가능하다.
- 기본적으로 직류전동기의 우수한 제어특성을 그대로 가지면서 중량 대 토크비가 크고 회전자의 관성이 작아서 서보모터로 사용하기에 적합하다.
- 전동기의 구조를 소형화 또는 박형화하는 등 최적 형상으로 만들기에 유리하다.
- 전동기의 효율이 높다.

〈표 2.1.1〉 직류전동기와 BLDC 모터의 비교

비교 항목	직류전동기	BLDC 모터
기본 구조	회전 전기자형	회전 계자형
회전자의 위치 검출	브러시와 정류자의 기계적인 위치	홀센서 소자 및 로직 회로
전기자 전류의 정류 방법	브러시와 정류자의 기계적인 스위칭	반도체 소자를 사용한 무접점 스위칭
정회전/역회전 수행 방법	전기자 인가전압의 극성 변경	반도체 소자 스위칭 순서의 변경
특징	- 제어특성이 우수. - 정기적인 유지보수가 필요. - 기계적, 전기적인 잡음 발생. - 방폭 환경에서 사용이 곤란. - 고속 운전이 곤란. - 외형이 크고 기계적인 구조가 복잡. - 시장에 많은 모델이 출시되어 제품 선택이 용이.	- 제어특성이 우수. - 정기적인 유지보수가 필요 없음. - 기계적, 전기적인 잡음이 없음. - 사용 환경에 제한을 받지 않음. - 고속 운전 가능. - 구조가 간단하고 경박단소화 가능. - 고효율. - 중량 대 토크비가 큼.

BLDC 모터의 종류를 전동기의 구조에 따라 분류하면 <그림 2.1.9>와 같다. 원주 대향형(radial-gap type)은 회전 계자와 고정 전기자 사이의 공극(air gap)이 회전자의 원주 방향으로 위치하는 방식으로서, 이것은 다시 회전자가 고정자의 내부에서 회전하는 내전형(inner-rotor type)과 회전자가 고정자의 외부에서 회전하는 외전형(outer-rotor type)으로 나눌 수 있다. 이에 비하여 평면 대향형(axial-gap type)은 계자와 전기자 사이의 공극이 회전축 방향으로 위치하는 방식으로서, 이것은 BLDC 모터를 디스크(disk)처럼 박형 구조로 설계하는 경우에 많이 사용한다.

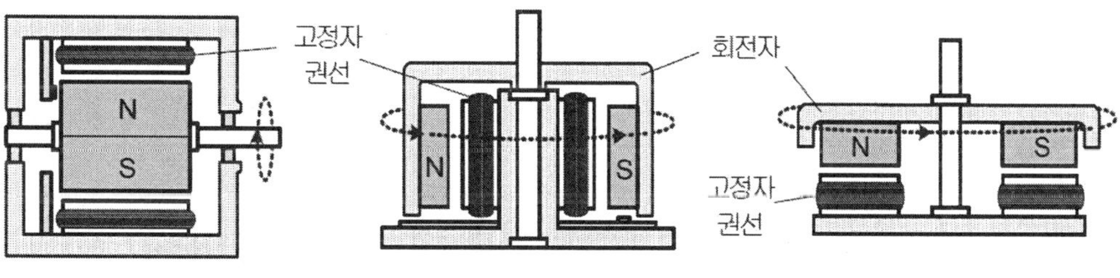

(a) 원주 대향형(내전형) (b) 원주 대향형(외전형) (c) 평면 대향형

<그림 2.1.9> BLDC 모터의 구조에 따른 분류

또한, BLDC 모터의 종류를 홀센서나 구동 및 제어회로의 포함 여부에 따라 분류하면 다음과 같이 3가지의 형태가 있다.

① BLDC 모터 자체만 가지고 있는 모델 : 홀센서나 인버터 회로 등을 전혀 내장하지 않고 순수하게 전동기 자체만을 가지고 있는 형태이다. 이런 모델에서는 전기자 권선에 연결되는 3단자만을 가지고 있으며, 회전자 위치 검출용인 홀센서가 없으므로 불가피하게 센서리스 제어방식으로 사용해야 한다.

② BLDC 모터에 홀센서를 내장하고 있는 모델 : 이것은 BLDC 전동기와 홀센서를 가지고 있으므로 외부에 인버터만 추가하면 쉽게 구동 및 제어가 가능하다. 3상의 전기자 권선 단자, 3상의 홀센서 출력단자 및 이를 위한 전원과 접지 단자까지 필요하므로 총 8개의 단자로 구성되는 경우가 많다. *OK-128BLDC* 키트에서 사용하는 BLDC 모터 BL42S-24026N도 바로 이런 형태의 모델이다.

③ BLDC 모터에 홀센서와 구동 및 제어회로까지 내장하고 있는 모델 : 이것은 BLDC 모터 내부에 홀센서는 물론이고 구동 및 제어회로를 내장하고 있는 형태이다.

퍼스널컴퓨터의 CPU 쿨링팬에 사용하는 BLDC 모터가 바로 이런 형태의 모델인데, 여기에는 전원 및 접지 단자에 PWM 제어 신호를 포함하고 있으며, 때로는 회전속도에 비례하는 펄스 신호를 출력하는 단자를 가지고 있으므로 총 3~4개의 단자를 가지고 있다. 이런 제품은 BLDC 모터에 직류전원을 인가하고 PWM 제어신호만을 주면 손쉽게 속도제어가 가능하다.

3. BLDC 모터에 대한 실용 지식

이제 BLDC 모터를 잘 이해하고 이를 구동 및 제어하기 위하여 실용적으로 또는 개념적으로 알아두면 좋은 사항들을 다음과 같이 몇가지로 나누어 정리하여 보기로 한다.

▣ BLDC 모터의 제어 특성은 영구자석형 직류전동기와 거의 유사하다.

직류전동기는 권선형으로 되어있는 전기자를 회전자로 사용하고 권선형 또는 영구자석형 계자가 고정자인 구조를 가지는데 비하여, BLDC 모터는 이것을 서로 바꾸어 영구자석형 계자를 회전자로 하고 권선형 전기자를 고정자로 처리하였으며, 전기자 권선에 전원을 공급하는 기계적인 브러시와 정류자를 비접촉 정지형(停止形)의 반도체 스위칭 소자로 대체하였을 뿐이어서 전동기의 토크를 발생하는 원리적으로는 서로 크게 다를 것이 없다.

따라서, BLDC 모터의 제어특성은 영구자석형 직류전동기와 거의 유사하다. 즉, BLDC 모터의 토크는 전기자 전류와 계자 자속의 크기에 비례한다. 그러나, 계자가 영구자석이어서 계자 자속의 크기는 가변하기 어렵고 전기자 전류는 전기자 전압을 제어하여 가변할 수 있으므로, 현실적으로 BLDC 모터의 토크 또는 회전속도를 가변할 수 있는 거의 유일한 수단은 전기자 전압을 제어하는 것이다. 이와 같이 BLDC 모터를 제어하는데 필요한 기본적인 이론들은 제2.3절에서 정리하여 설명한다.

BLDC 모터의 전기자 전압을 가변하는 방식은 크게 2가지가 있는데, 첫째는 전동기의 직류전원 입력단에서 강압용 DC-DC 컨버터(Buck converter)를 사용하여 직류전원의 전압을 가변하는 것이고, 둘째는 BLDC 모터에 교류전원을 공급하기 위한 인버터에서 6개의 반도체 스위칭 소자를 스위칭할 때 PWM 제어 방법을 적용하는 것이다. 전기자 전압의 크기를 제어하는 측면에서 보면 대체로 전자(前者)의 방법이 더 용이하지만, 시스템의 하드웨어 비용 측면에서는 후자(後者)의 방법을 사용하는 것이 유리하다.

▣ BLDC 모터는 직류전동기로 볼 수도 있고 교류 동기전동기로 볼 수도 있다.

BLDC 모터는 직류전동기의 내부에 있던 브러시와 정류자를 외부로 끌어내어 반도체 스위칭 소자로 대체하고 이들 6개의 반도체 스위칭 소자가 인버터 회로를 구성하는 방식이므로, 넓은 의미에서 이 인버터 회로가 전동기의 일부분이며 외부에서 이 인버터에 직류전원을 공급하여 동작하므로 직류전동기에 해당한다. 다시 말하면 이것은 직류전동기에서 브러시와 정류자를 제거하였으므로 "브러시리스 전동기" 인 것이며, 이러한 브러시와 정류자를 대체하는 인버터 회로를 전동기의 일부로 보는 것이 타당하기 때문에 "직류전동기" 인 것이다. 당연히 BLDC 모터는 직류전동기에서 파생되어 나온 새로운 종류의 전동기이며, 따라서 넓은 의미에서 BLDC 모터는 직류전동기의 일종인 것이다.

그러나, 다른 측면에서 보면 이와 같은 인버터 회로는 전동기의 일부로 보기 어려운 측면도 있다. 실제로 특정 용도에 사용되는 일부 제품들은 BLDC 모터에 인버터 회로(경우에 따라서는 그 인버터를 구동하기 위한 전자회로까지)를 포함하여 생산되기도 하지만, 대부분의 일반적인 BLDC 모터는 인버터 회로를 제외하고 순수하게 전동기 자체만을 가지고 있다. <그림 2.1.10>에서 보듯이 인버터 회로를 제외한 BLDC 모터는 교류전원으로 동작하는 교류전동기이며 특히 회전자의 위치에 따라 이와 동기적으로 동작하도록 전기자 권선을 여자해야 하는 동기전동기이다. 다시 말하면 인버터 회로를 제외한 순수한 BLDC 모터는 각 상의 전기자 권선에 교류전원이 공급되는 교류 동기전동기라고 분류할 수 있다.

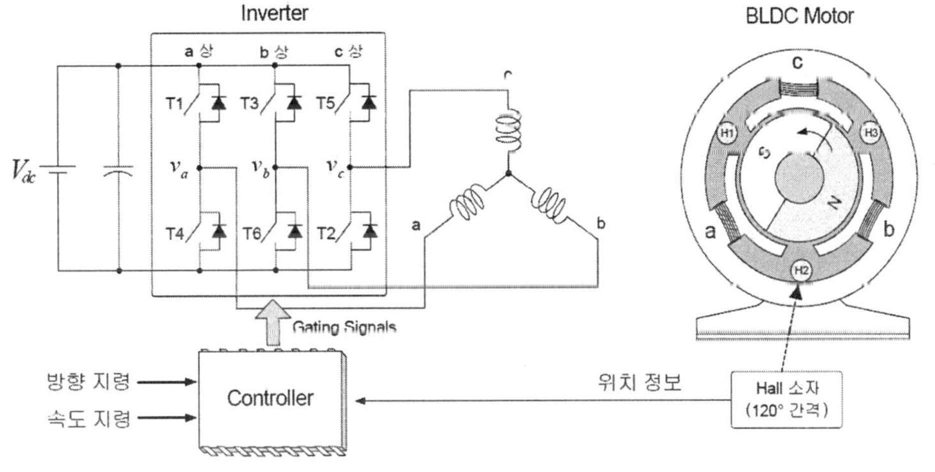

<그림 2.1.10> BLDC 모터의 인버터 부분 및 전동기 부분

▣ BLDC 모터의 구동을 위해서는 홀센서를 사용한 회전자 위치 검출이 필요하다.

직류전동기에서는 반드시 전기자가 회전자로 되어 있어서 브러시와 정류자로 구성되는 기계적인 접점을 통하여 회전하는 전기자 권선에 교류전원을 공급한다. 물론 전동기에 공급되는 전원은 직류전원이지만 브러시와 정류자를 거쳐서 전기자 권선에 실제로 공급되는 전원은 교류가 되는 것이다.

BLDC 모터는 계자를 영구자석형으로 만들어 회전하도록 하고, 고정자인 전기자에는 브러시와 정류자를 대신하여 MOSFET나 IGBT와 같은 반도체 스위칭 소자를 사용하여 전원을 인가한다. 그러나, 직류전동기에서는 회전자가 회전하면서 브러시와 정류자가 자동적으로 기계적인 위치를 판별하여 전기자에 공급하는 전원을 적절한 타이밍에 스위칭하지만, BLDC 모터에서는 이것이 불가능하므로 외부에서 직류전원을 교류전원으로 변환하여 전동기에 공급하기 위한 인버터 회로를 가지고 있어야 하며, 홀센서로 회전자의 자극 위치를 검출하여 인버터를 구성하는 각 반도체 소자의 스위칭 타이밍을 판단한다.

BLDC 모터에서 회전자의 자극위치를 검출하기 위한 홀센서는 <그림 2.1.11>에 보인 것처럼 대부분 120° 의 간격으로 배치되지만 간혹 60° 간격으로 배치되는 전동기도 있다. 이 그림에서는 인버터의 출력전압에서 각 상의 하위 스위치에서만 PWM 스위칭을 수행하고 전동기를 정방향으로 회전시키는 경우를 보였다. 3상 BLDC 모터에서는 관행적으로 각 상의 출력을 U상, V상, W상으로 부르지만, 홀센서 신호는 A상, B상, C상으로 간주하여 HA, HB, HC로 부른다. 홀센서 신호를 사용하여 각 상의 스위치들은 120° 의 시간동안 구동되는데 이를 120° 통전 방식이라고 부른다.

그리고, BLDC 모터에서는 이와 같이 각 반도체 스위치들이 120° 통전 방식으로 동작하며 각 상의 상위 스위치와 하위 스위치가 컴플리멘터리(complementary) 방식으로 동작을 하지 않고 단순한 ON/OFF 동작을 수행하므로 스위칭 동작에서 데드 타임(dead time) 문제가 발생하지 않는다.

홀센서를 사용하여 회전자의 위치를 검출하지 않고 BLDC 모터를 구동하는 여러 가지 기술도 개발되고 있는데 이를 BLDC 모터 센서리스 제어(sensorless control)라고 한다. 홀센서를 사용하지 않고 회전자의 위치를 검출하는 방법에는 여러 가지가 제안되고 있으나 이는 매우 전문적인 기술 영역이라서 이 책에서는 자세히 취급하지 않는다.

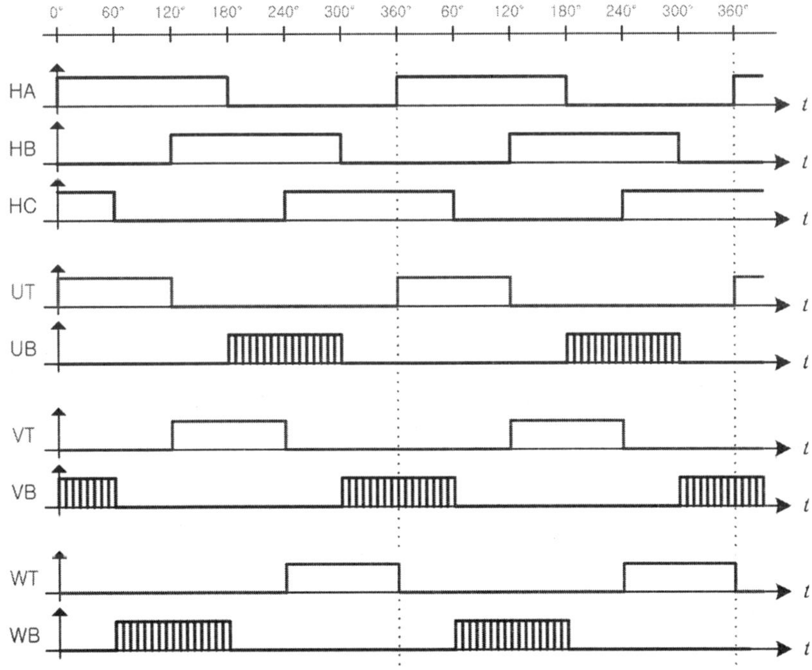

(a) 120° 간격의 홀센서

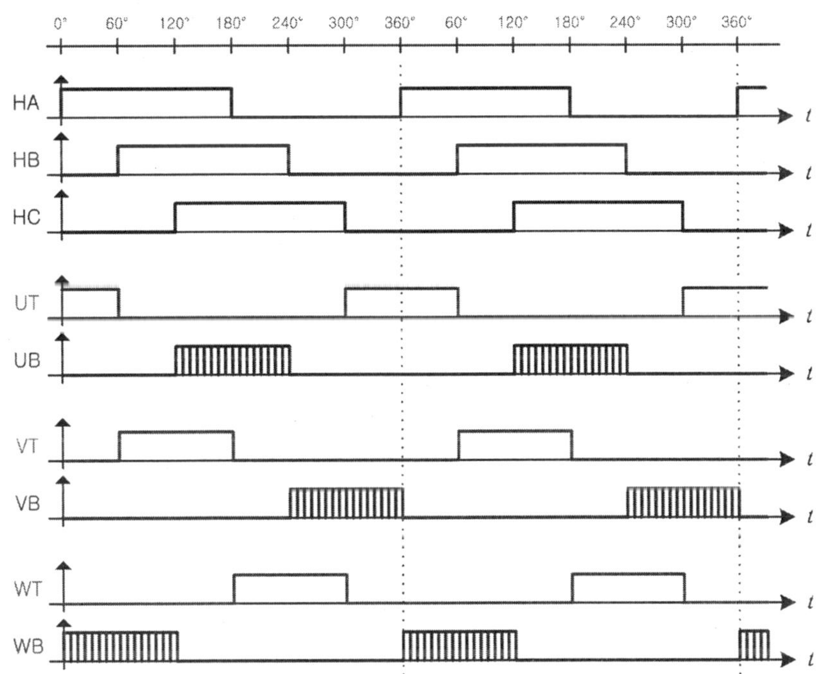

(b) 60° 간격의 홀센서

<그림 2.1.11> BLDC 모터의 홀센서 신호와 이를 이용한 출력전압의 구동(정회전)

▣ BLDC 모터에서는 로터리 엔코더를 사용하지 않고 회전속도를 측정할 수 있다.

대부분의 디지털 방식 전동기 제어 시스템에서는 전동기의 회전속도를 측정하기 위하여 전동기의 회전축에 로터리 엔코더를 연결하여 사용한다. 물론, BLDC 모터에서도 정밀한 회전속도 측정이 필요하다면 이렇게 해야 한다. 그러나, 로터리 엔코더는 부피가 크고 가격이 높아서 저가형 시스템에서는 사용하기에 부담스러운 소자이다.

만약, BLDC 모터의 회전속도 측정 정밀도가 그다지 높지 않아도 된다면 추가적으로 로터리 엔코더를 사용하는 대신에 전동기에 내장된 위치검출용 홀센서의 출력 신호를 이용하여 회전속도를 측정하는 것이 가능하다. 이때 홀센서 신호를 그대로 사용하면 분해능이 낮으므로 <그림 2.1.12>에 보인 것처럼 홀센서 신호 HA, HB, HC를 XOR하면 3체배된 신호를 얻을 수 있으며, 이를 다시 2체배하여 최종적으로 6체배된 펄스 신호를 얻을 수 있다.

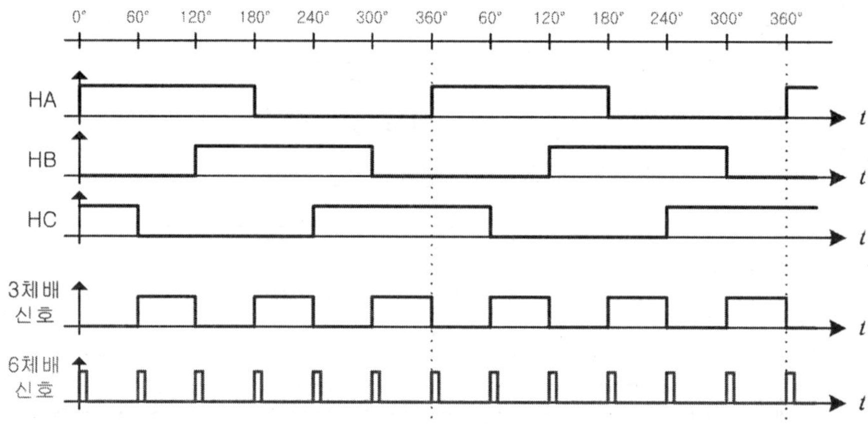

<그림 2.1.12> BLDC 모터의 홀센서 신호를 사용한 회전속도 측정

▣ BLDC 모터와 영구자석형 동기전동기는 전혀 다른 전동기이다.

태생적으로 직류전동기에 속하는 BLDC 모터와 구조 및 동작원리가 유사한 것으로 영구자석형 동기전동기(PMSM ; Permanent-Magnet Synchronous Motor)가 있다. 얼핏 생각하면 직류전동기와 교류 동기전동기가 유사하다는 것이 납득하기 어려울 수도 있으나, 직류전동기가 외부의 인버터 회로를 제외하면 동기전동기와 동작 원리가 유사하다는 점을 생각하면 그다지 이상한 것도 아니다.

BLDC 모터가 직류전동기에서 변형되어 탄생된 전동기인데 비하여 영구자석형 동기전동기는 권선형 회전자를 영구자석으로 바꾼 원래의 교류 동기전동기이다. 하나는 직류전동기이고 또 하나는 교류전동기로 분류하지만 이것들은 모두 3상 인버터로 구동되며, 토크를 발생하는 동작원리도 매우 유사하다. 이 2가지를 구분하는 가장 뚜렷한 차이점은 공극자속 또는 역기전력의 파형이다. <그림 2.1.13>에 보인 것처럼 BLDC 모터는 사다리꼴의 역기전력(trapezoidal back EMF)을 가지는데 비하여 영구자석형 동기전동기는 정현파의 역기전력(sinusoidal back EMF)을 갖는다.

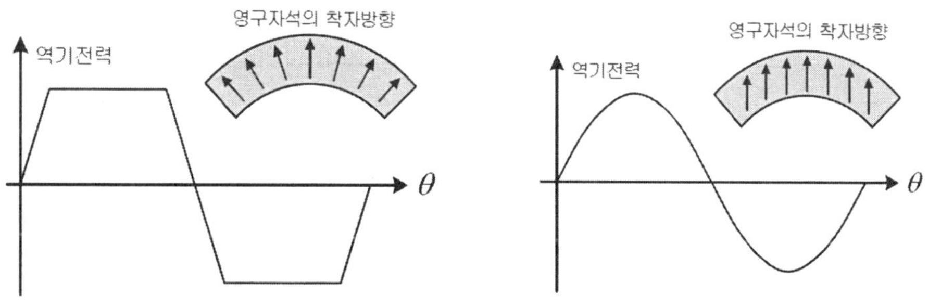

(a) BLDC 모터　　　　　(b) 영구자석형 동기전동기

<그림 2.1.13> BLDC 모터와 영구자석형 동기전동기의 역기전력 파형 비교

(a) BLDC 모터(집중권)　　　　　(b) 영구자석형 동기전동기(분포권)

<그림 2.1.14> BLDC 모터와 영구자석형 동기전동기의 전기자 권선 구조 비교

BLDC 모터는 반도체 스위치가 직류전원을 교대로 스위칭하여 항상 2개 상의 전기자 권선에 교류전압을 인가(120° 통전 방식)하므로 그 교류전압은 피크값이 평탄한 형태의 구형파가 되고 권선도 각 자극에서 집중권으로 감으며, 또한 회전자의 영구자석에 착자한 패턴도 자속이 일정한 N극과 S극의 패턴이므로 공극 자속과 전기자 권선의 역기전력이 기본적으로 구형파이며, 실제로는 자속의 N극과 S극 사이 또는 전압의 +값과 -값 사이의 기울기가 완만한 특성 때문에 사다리꼴의 형태로 나타난다. 그러나,

영구자석형 동기전동기에서는 항상 3개의 전기자 권선에 정현파 전압이 인가(180° 통전 방식)되고 권선은 각 자극의 주변에 분포권으로 감으며, 회전자의 영구자석에 착자한 패턴도 정현파 형태이므로 공극 자속과 전기자 권선의 역기전력이 정현파로 된다.

BLDC 모터와 영구자석형 동기전동기의 특징을 요약 비교하면 <표 2.1.2>와 같다.

<표 2.1.2> BLDC 모터와 영구자석형 동기전동기의 비교

비교 항목	BLDC 모터	영구자석형 동기전동기
역기전력 파형	사다리꼴	정현파
전기자 전류	구형파 교류	정현파 교류
전기자 권선	집중권	분포권
영구자석형 계자의 착자	N극과 S극이 구형파	N극과 S극이 정현파
구동 장치	3상 인버터. 각 스위치는 120° 통전 방식. 데드 타임 문제가 없음.	3상 인버터. 각 스위치는 180° 통전 방식. 데드 타임 문제가 있음.
토크 리플	상전류 전환시 토크 리플이 발생	토크 리플이 거의 없음

◀휴게실▶ **BLAC 모터(?)**

BLDC 모터와 영구자석형 동기전동기는 구조적으로 또는 동작원리 측면에서 서로 유사성이 많기 때문에 일부 문헌이나 논문에서는 영구자석형 동기전동기를 "BLAC 모터" (brushless AC motor)라고 부르는 경우가 있으나 이는 그다지 바람직하지 않은 것으로 사료된다. BLDC 모터는 원래 브러시와 정류자를 가지고 있던 종래의 직류전동기에서 이것들을 제거하고 반도체 스위치로 대체한 변형 모델이므로 "브러시가 없는 직류전동기" (brushless DC motor)라는 표현이 의미가 있지만, 영구자석형 동기전동기는 원래부터 브러시가 없던 그냥 동기전동기일 뿐이다. 이를 이제 와서 새삼스럽게 "브러시가 없는 교류전동기" (brushless AC motor)라고 불러야 하는 이유가 없다. 만약, 그래도 이를 브러시가 없는 교류전동기라고 부르겠다면 원래부터 브러시가 없는 교류전동기인 농형 유도전동기도 여기에 해당하는데 이 문제는 어떻게 할 것인가? 영구자석형 동기전동기를 브러시가 없는 모터라는 의미로 줄여서 부르려면 차라리 "브러시가 없는 동기전동기" 라는 뜻에서 BLAC가 아니라 BLSM(brushless synchronous motor)이라고 부르는 것이 나름 의미라도 있을 것이다. 왜냐하면 동기전동기 중에는 권선형 회전자를 가지며 여기에 브러시(brush)와 슬립링(slip ring)을 사용하여 직류전원을 공급하는 종류가 있는데, 이 권선형 회전자를 영구자석형으로 바꾸어 브러시와 슬립링을 제거한 모델이 동기전동기의 또 다른 종류인 영구자석형 동기전동기이기 때문이다.

따라서, 브러시리스 직류전동기를 BLDC 모터로 줄인 것처럼 영구자석형 동기전동기를 간단히 줄여서 표현하려면 그냥 PMSM(Permanent-Magnet Synchronous Motor)이라고 부르는 것으로 충분한데, 이를 굳이 BLAC 모터라고 부르게 되면 별로 타당한 의미도 없으면서 용어의 혼란을 가져올 수 있다고 사료된다. 학술용어나 기술용어를 사용하는데는 신중해야 한다. 객관적으로 공인된 용어도 아니고 그 의미조차 타당하지 않은 말을 함부로 사용하는 것은 바람직하지 않다.

2.2 BLDC 모터의 구동 및 제어 방법

1. 홀위치센서 구동방식과 센서리스 구동방식

3상 BLDC 모터를 구동하는 인버터 회로의 6가지 스위칭 동작 및 이에 따라 전기자 권선에 흐르는 전류를 차례로 도시하면 <그림 2.2.1>과 같다.

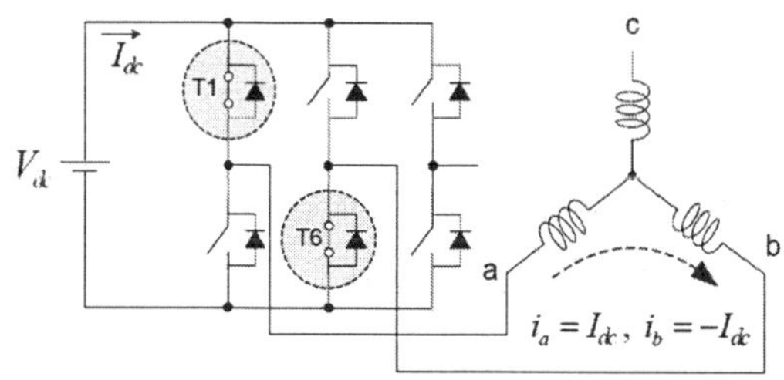

(a) 동작1(0° ~ 60°)

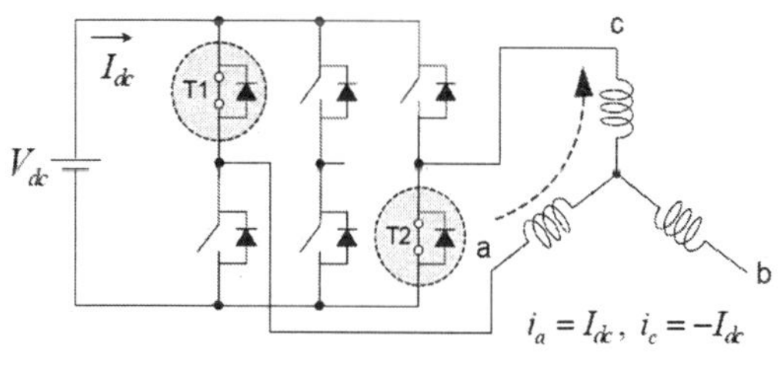

(b) 동작2(60° ~ 120°)

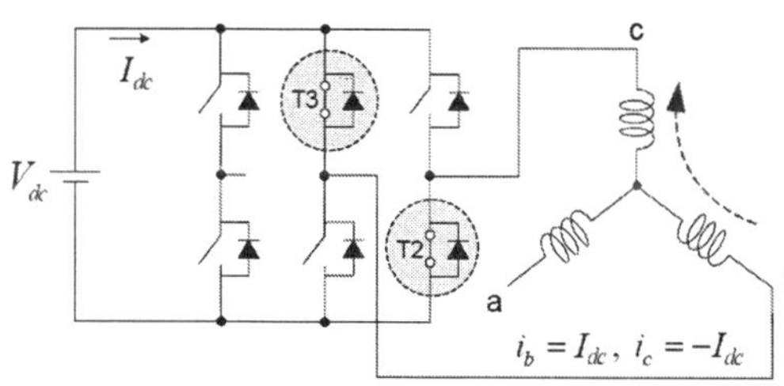

(c) 동작3(120° ~ 180°)

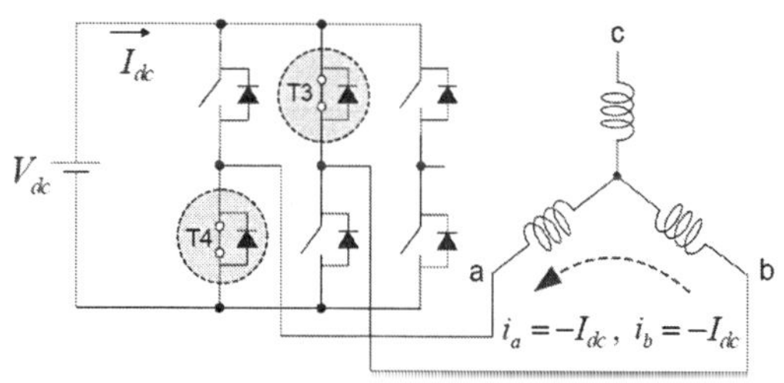

(d) 동작4(180° ~ 240°)

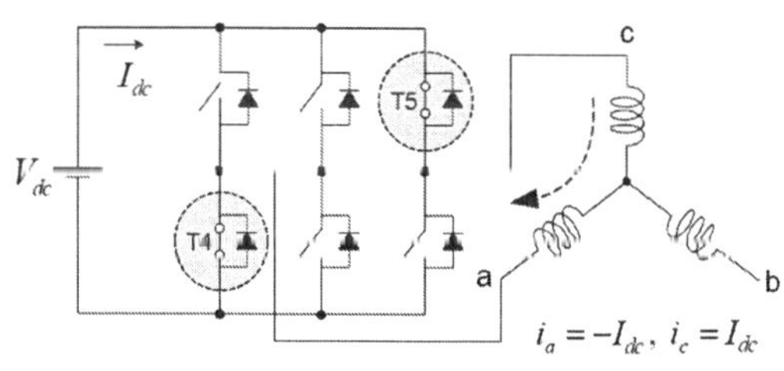

(e) 동작5(240° ~ 300°)

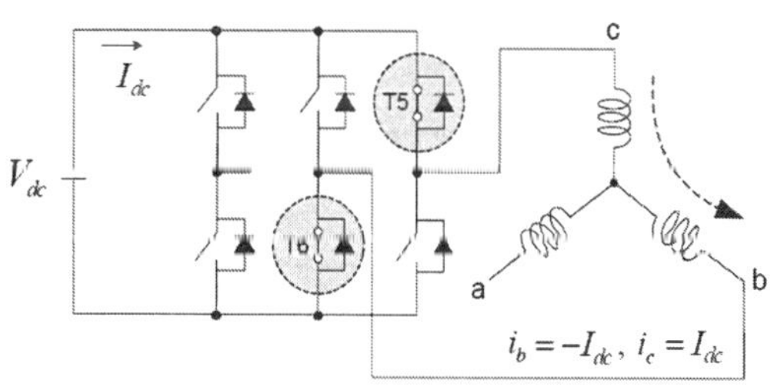

(f) 동작6(300° ~ 360°)

<그림 2.2.1> 3상 BLDC 모터의 6가지 스위칭 동작

(1) 홀위치센서 구동방식

3상 BLDC 모터의 인버터를 앞에서 보였던 <그림 2.2.1>처럼 6가지 순서로 동작시켜서 전동기를 정방향으로 회전시키려면 스위칭 동작 타이밍을 판단할 수 있는 회전자의 위치 정보가 필요하다. BLDC 모터의 내부에 120° 간격으로 배치된 홀센서의 신호에 따라 U상(a상), V상(b상), W상(c상)의 스위치를 구동하기 위한 게이팅 신호와 BLDC 모터의 전기자 권선에 흐르는 전류 및 역기전력 파형을 보이면 <그림 2.2.2>와 같다. 여기서 HA, HB, HC는 홀센서 신호이고, UT, UB, VT, VB, WT, WB는 각 상의 상위 스위치 및 하위 스위치를 구동하기 위한 게이팅 신호이며, i_a, i_b, i_c는 전기자 전류이고, e_a, e_b, e_c는 역기전력 파형이다.

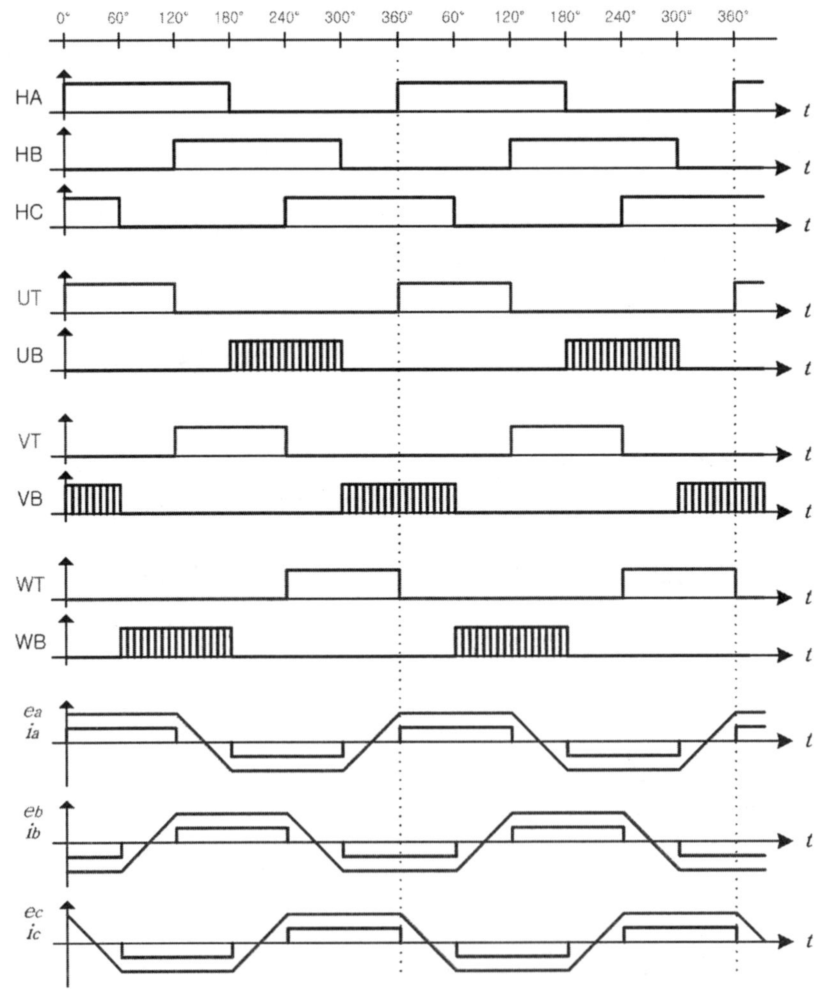

<그림 2.2.2> 3상 BLDC 모터의 홀센서 신호를 사용한 인버터의 동작 파형(정회전)

3상 BLDC 모터의 이러한 동작 파형을 역회전의 경우에 대하여 보이면 <그림 2.2.2>와 같다. 역회전의 경우에는 역순으로 입력되는 홀센서 신호를 바탕으로 게이트 구동 순서를 다르게 하는 것을 제외하면 정회전과 매우 유사하다.

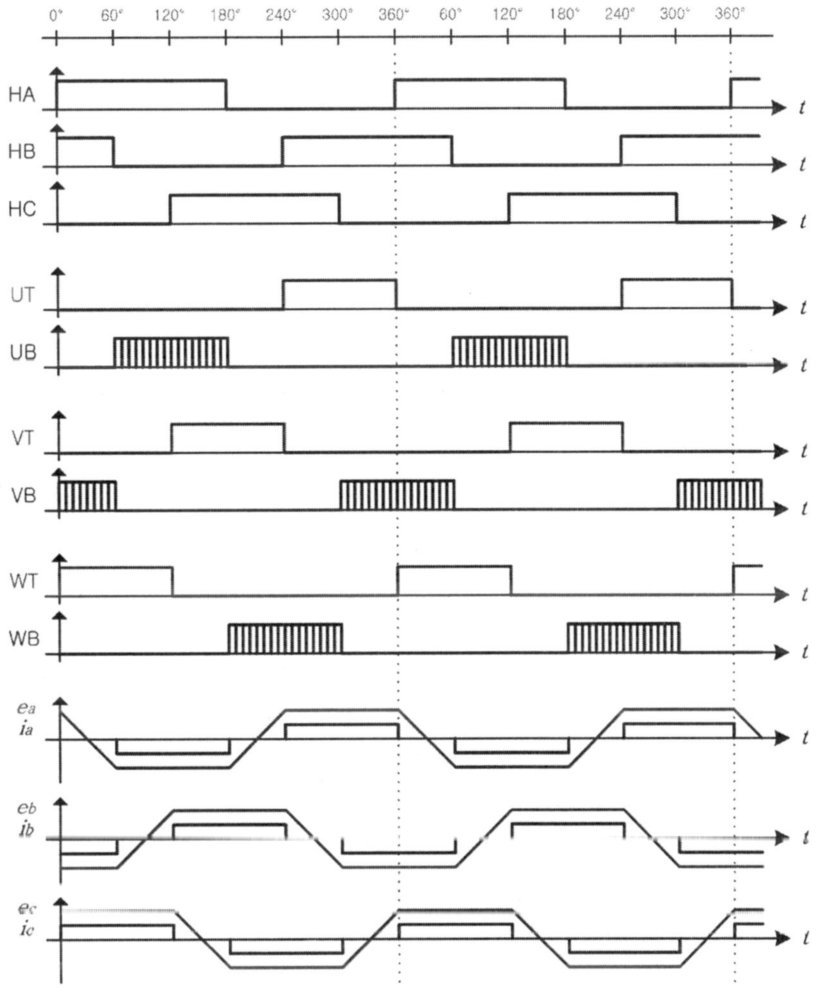

<그림 2.2.3> 3상 BLDC 모터의 홀센서 신호를 사용한 인버터의 동작 파형(역회전)

(2) 센서리스 구동방식

이제까지 공부하였듯이 BLDC 모터의 인버터에 있는 반도체 스위치를 구동하려면 홀센서를 사용하여 회전자의 자극 위치를 검출하고 이로부터 스위칭 시간을 판단해야 한다. 그러나, 전동기 내부에 홀센서를 설치하는 비용을 절감하여 BLDC 모터의 가격을 낮추어야 하거나 또는 인버터 회로와 BLDC 모터 사이의 거리가 너무 멀어서 홀센서 신호를 사용하기 어려운 경우가 있는데, 이처럼 회전자 위치 검출용의 홀센서를 사용하지 않고 회전자의 위치를 알아내어 반도체 소자를 스위칭하는 기술을 센서리스 제어(sensorless control)라고 한다. <그림 2.2.4>에 비교하여 보인 것처럼 BLDC 모터를 센서리스 제어 방식으로 사용하면 제어장치와 전동기 사이에는 홀센서 관련 신호선이 필요 없어서 오직 3선의 출력전력선만으로 연결되기 때문에 간편하고 제어장치와 전동기 사이가 먼 경우에도 사용하는데 문제가 없다.

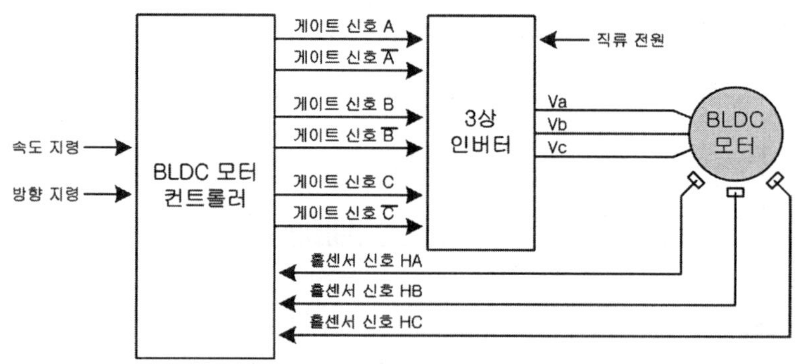

(a) 홀위치센서 구동방식

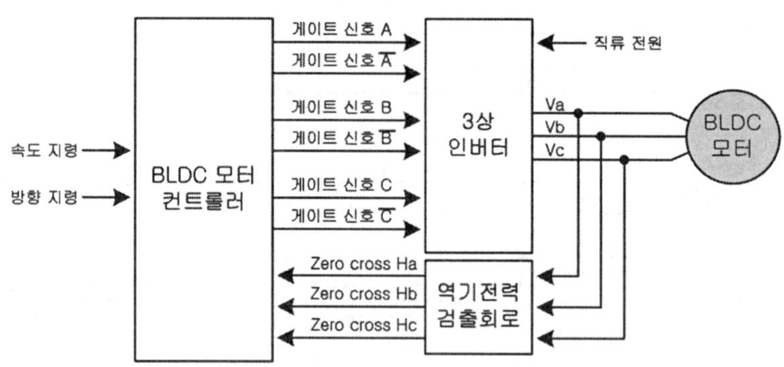

(b) 센서리스 구동방식

<그림 2.2.4> 3상 BLDC 모터의 홀위치센서 구동방식과 센서리스 구동방식

BLDC 모터에서 홀센서를 사용하지 않고 회전자의 위치를 알아내는 센서리스 제어 기법에는 전기자 권선의 역기전력(back EMF)을 검출하여 이용하는 방법, 역기전력의 제3고조파를 검출하여 이용하는 방법, 인버터에서 여자되지 않는 상의 프리휠링 다이오드에 흐르는 전류를 검출하여 이용하는 방법, 역기전력을 추정하여 알아내는 방법 등이 있다. 이중에서 역기전력을 검출하여 이용하는 방법이 가장 널리 사용되지만, 어

느 센서리스 제어 방법도 실용적으로 사용하기에 그다지 용이하지는 않으며, 이러한 방법들은 매우 전문적인 기술 분야이며 현재도 계속하여 연구 개발되고 있는 기술이기 때문에 이 책의 수준을 넘으므로 여기서는 자세하게 취급하지 않으며 간단하게 센서리스 제어의 개념만 소개한다.

3상 BLDC 모터는 120° 통전방식을 사용하므로 항상 2개의 상만이 여자되며 따라서 여자되지 않고 개방되어 있는 상이 1개 존재하게 된다. 이와 같이 개방된 상에는 이상적으로 전류가 흐르지 않기 때문에 Y결선된 전기자 권선의 중성점으로부터 해당 상의 단자에 이르는 전압을 검출하면 그것이 역기전력이다. 이 역기전력을 제로 크로싱(zero-crossing)하여 디지털 신호로 만들면 이것이 회전자 위치검출 신호가 된다. 이렇게 하여 a상의 회전자 위치검출 신호를 얻은 파형을 <그림 2.2.5>에 보였다.

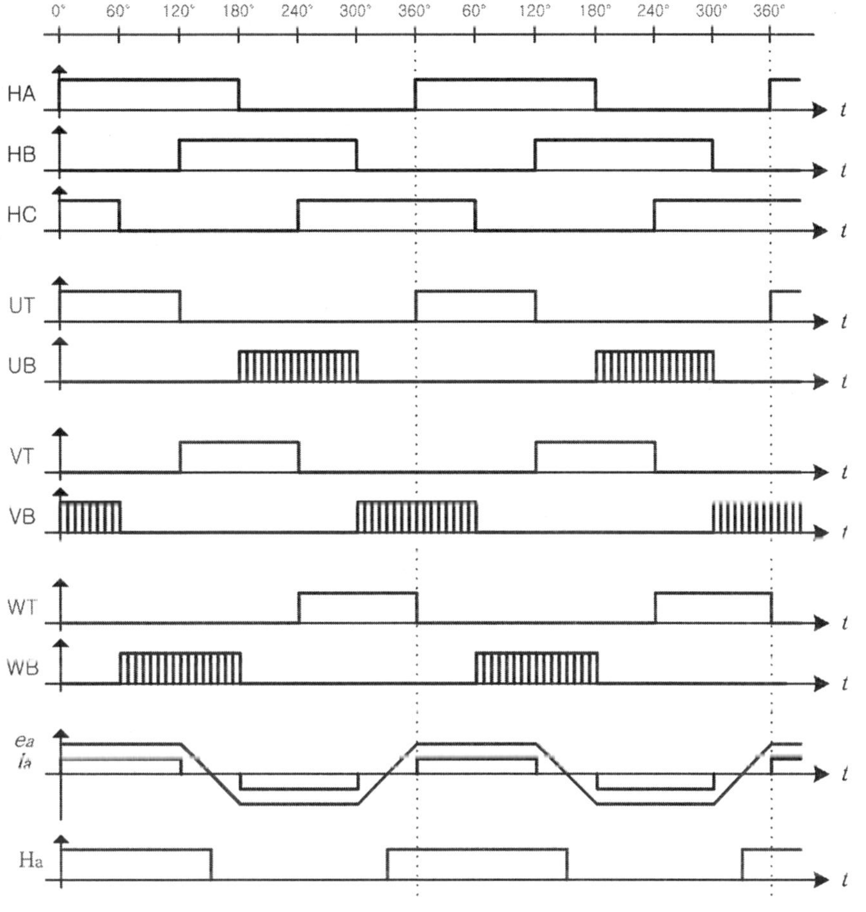

<그림 2.2.5> 3상 BLDC 모터의 역기전력을 이용한 회전자의 위치검출 신호(a상)

그러나, 이와 같이 역기전력을 검출하여 회전자의 위치정보를 얻어내는 방법에는 몇가지의 어려운 점이 있다. 첫째, BLDC 모터에서는 Y결선의 중성점이 외부 단자로 제공되지 않으므로 중성점과 단자 사이의 전압을 측정하기 어렵고, 더구나 이러한 전력회로의 전압은 매우 크므로 Op Amp를 사용한 저전압 회로에서 이를 측정하기 어렵다. 이러한 문제는 <그림 2.2.6>에 보인 것처럼 전동기의 외부 단자에서 3개의 저항을 Y결선하여 가상의 중성점을 만들고 이 전압을 다시 저항 분압하여 낮추는 방법으로 중성점 전위 V_n을 얻어 해결한다. 각 단자의 전위 e_a, e_b, e_c도 마찬가지로 저항 분압으로 낮추어 얻는다. 이렇게 하여 얻은 중성점 전위와 해당 상의 단자 전위를 Op Amp로 비교하면 제로 크로싱된 회전자 위치 정보를 얻을 수 있다.

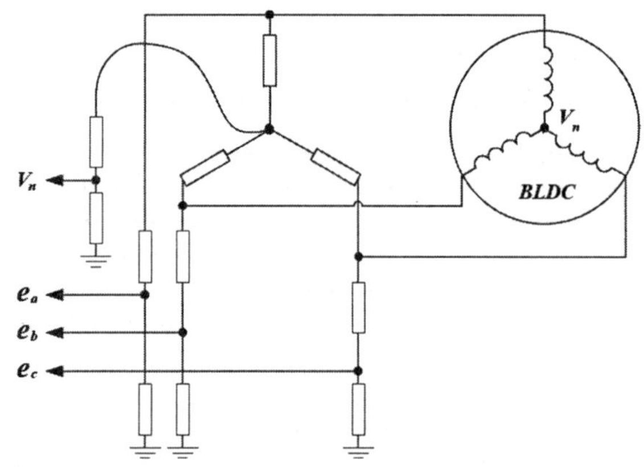

<그림 2.2.6> 3상 BLDC 모터에서 각 상의 역기전력을 검출하기 위한 회로

둘째, 이렇게 하여 전기자 권선의 역기전력으로부터 회전자의 위치 정보를 얻어내더라도 그것은 홀센서로 검출하는 신호보다 위상이 30° 정도 앞서는 신호를 얻게 된다. 예를 들어 <그림 2.2.5>에서 보면 역기전력을 이용하여 얻은 a상의 위치정보 파형 Ha는 홀센서 신호 파형 HA에 비하여 30° 앞서는 것을 볼 수 있다. 이 신호를 게이트 구동에 사용하려면 위상이 30° 만큼 지연되도록 보상하는 방법이 필요하다.

셋째, <그림 2.2.5>에서는 역기전력 파형을 깨끗한 사다리꼴로 보였지만 실제로는 PWM 스위칭 동작 때문에 역기전력 파형에는 상당히 많은 잡음이 포함되며, 따라서 이를 적절히 저역통과필터(LPF ; Low-Pass Filter)를 사용하여 필터링한 후에 Op Amp로 비교해야 한다. 더구나 각 상의 스위칭 소자가 턴오프(turn-off)될 때 프리휠링 다이오드를 통하여 전기자 전류가 흐르면서 역기전력 파형에 큰 서지전압을 발생하므로 이러한 필터 설계는 생각보다 복잡하고 까다롭다.

이와 같이 홀센서를 사용하지 않고 역기전력 파형으로부터 회전자의 위치정보를 얻어내더라도 BLDC 모터의 센서리스 제어에는 여러 가지의 난관이나 단점이 있다. 가장 큰 문제는 정지상태나 저속 영역에서 역기전력이 발생하지 않거나 역기전력 파형이 작아서 올바르게 회전자의 위치정보를 얻어낼 수 없다는 것이다. 따라서, 센서리스 제어는 BLDC 모터가 일정 속도 이상(대략 1000~2000 rpm)으로 회전하는 경우에만 적용할 수 있으며, 또한 정역방향 제어에는 적용하기 어렵고 단방향 제어에만 사용하는 것이 바람직하다. 이러한 센서리스 제어의 특성 때문에 BLDC 모터가 정지 상태에서 기동하여 센서리스 제어를 적용하기까지에는 다음과 같은 단계적인 과정이 필요하다.

① 제1단계 - 강제 정렬

BLDC 모터를 센서리스 제어하는 경우에는 전동기에 홀센서를 가지고 있지 않으므로 정지상태에서 기동할 때 회전자의 초기 위치를 알 수가 없으며, 따라서 인버터 스위치를 회전자의 위치에 맞게 정상적으로 구동할 수 없다. 이 때문에 기동 초기에는 임의로 정해진 상의 전압이 출력되도록 인버터를 스위칭하며, 그러면 BLDC 모터의 회전자는 특정 위치로 이동하게 되는데 이를 강제 정렬이라고 한다. 이 과정에서 전동기는 정방향으로 회전할 수도 있고, 잠시 역방향으로 회전할 수도 있다.

② 제2단계 - 동기 가속

BLDC 모터의 회전자가 특정 위치로 강제 정렬되었으면 이제부터 원하는 방향으로 천천히 가속하도록 주파수를 서서히 올리면서 6가지의 전압을 차례로 출력하도록 인버터를 스위칭하여 전동기를 가속하는데 이를 동기 가속이라고 한다. 이 과정은 BLDC 모터를 오픈 루프로 동기전동기처럼 제어하는 것이며, 이는 스테핑 모터를 제어하는 것과 매우 유사한 상황이 된다.

③ 제3단계 - 센서리스 모드로 전환

BLDC 모터를 동기 가속하는 과정에서는 계속하여 역기전력 발생 상황을 체크하여 역기전력 파형으로부터 회전자의 위치정보를 얻어낼 수 있는지 확인한다. 이러한 상황이 만족되면 동기 가속 단계를 종료하고 센서리스 모드로 전환하며, 이제부터는 인버터를 일정 주파수로 스위칭하면서 전압을 가변하여 전동기의 속도를 제어한다. 또다른 방법으로는 BLDC 모터를 무조건 일정한 기울기로 동기 가속하여 지정된 속도에 이르면 센서리스 모드로 전환하기도 한다.

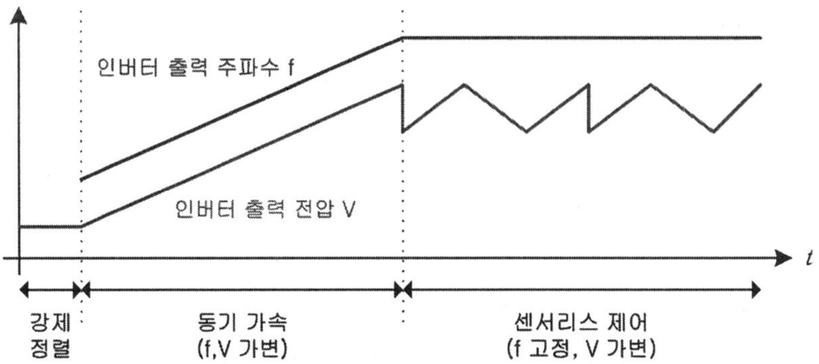

<그림 2.2.7> 강제 정렬부터 센서리스 모드 제어까지의 수행 과정

OK-128BLDC 키트에서는 BLDC 모터의 센서리스 제어를 수행하지 않으나 센서리스 제어에 관한 기본적인 스터디를 해볼 수 있도록 역기전력 검출 회로를 내장해 놓았는데, 이 부분의 회로도를 보이면 <그림 2.2.8>과 같다.

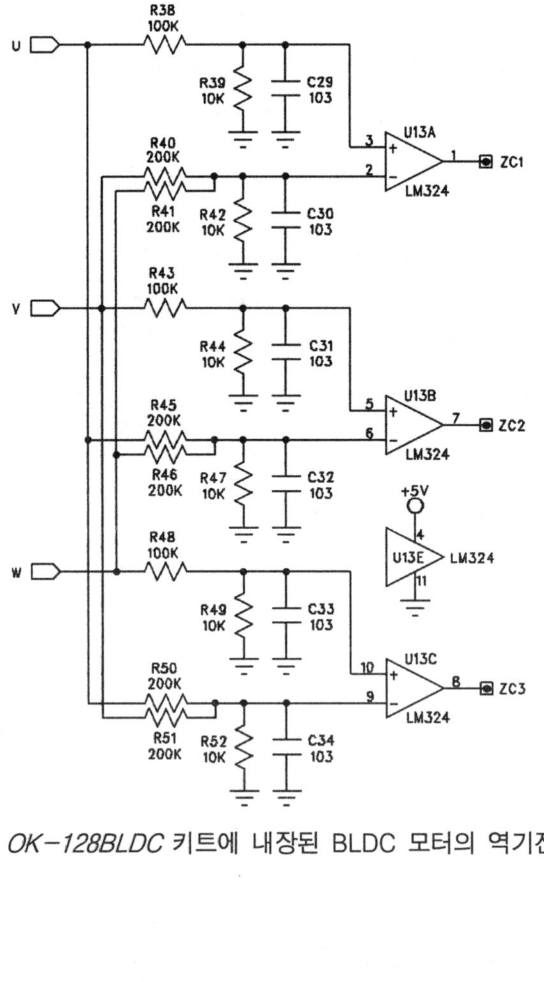

<그림 2.2.8> *OK-128BLDC* 키트에 내장된 BLDC 모터의 역기전력 검출 회로

2. 직류입력전압 제어방식과 인버터 PWM 제어방식

3상 BLDC 모터의 회전속도를 가변하려면 이 전동기에 인가하는 전압을 제어해야 하는데, 여기에는 직류입력전압을 가변하는 방식과 인버터를 PWM 제어하는 방식의 2가지를 생각할 수 있다.

(1) 직류입력전압 제어방식

3상 BLDC 모터 제어 시스템에 인가되는 직류입력전압을 가변하는 방식에는 아래의 <그림 2.2.9>에 보인 것처럼 크게 2가지의 형태가 있다. (a)에 보인 방식은 전원으로 교류를 사용하고 BLDC 모터가 대용량인 경우에 주로 적용되는 것으로서, 인버터의 앞단에 컨버터로서 제어정류기(controlled rectifier)를 사용하여 교류를 직류로 정류하면서 직류전압의 크기를 제어한다.

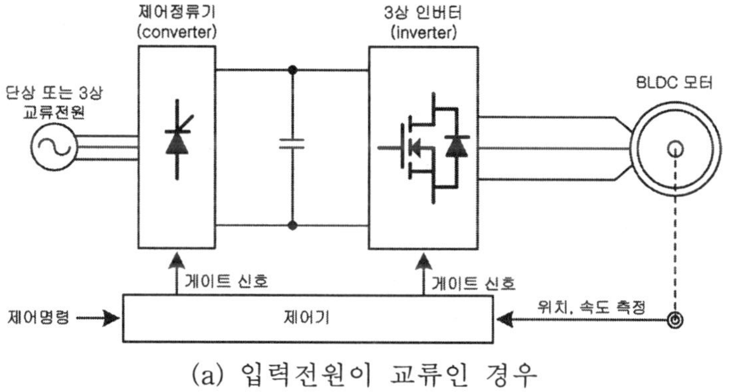

(a) 입력전원이 교류인 경우

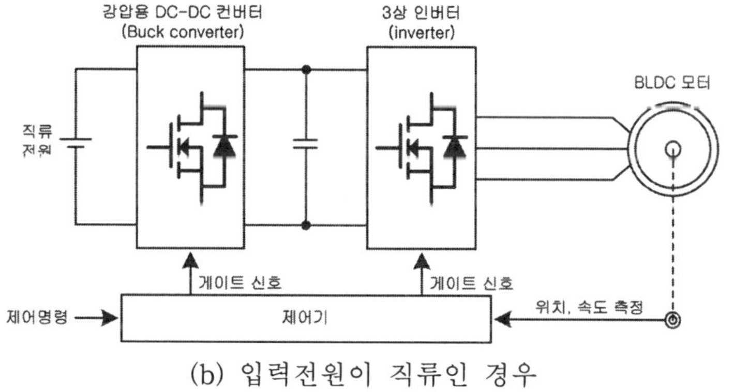

(b) 입력전원이 직류인 경우

<그림 2.2.9> 직류입력전압 제어방식을 사용한 3상 BLDC 모터 제어 시스템

이에 비하여 <그림 2.2.9> (b)는 자동차나 컴퓨터의 팬모터에서처럼 배터리와 같은 직류전원을 사용하며 BLDC 모터가 상대적으로 용량이 작은 경우에 주로 적용되는 방식으로서, 인버터의 앞단에 강압용 DC-DC 컨버터(Buck converter)를 사용하여 직류전압의 크기를 제어한다.

(2) 인버터 PWM 제어방식

앞에서 설명한 것처럼 인버터의 앞단에 별도의 직류전압 제어기를 사용하는 방식은 제어가 좀더 쉽기는 하지만 하드웨어 비용의 추가를 가져오므로 특수한 경우가 아니면 그다지 선호되지 않는다. 따라서, 대부분의 3상 BLDC 모터 제어 시스템에서는 인버터에서 직류를 교류로 변환하면서 PWM 제어기법을 사용하여 전기자 전압을 직접 가변하는 방식을 사용한다. 이와 같이 BLDC 모터 제어 시스템을 인버터 PWM 제어방식으로 구성하면 <그림 2.2.10>에 보는 것처럼 하드웨어가 간단하여 부피가 작고 경제적으로 시스템을 구현할 수 있다.

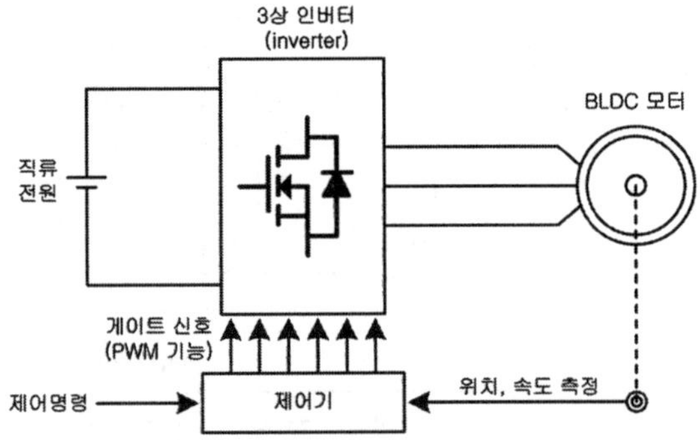

<그림 2.2.10> 인버터 PWM 제어방식을 사용한 3상 BLDC 모터 제어 시스템

인버터의 4개 반도체 스위칭 소자를 구동하여 직류를 교류로 변환하면서 PWM 방식으로 출력전압의 크기를 가변하면 각 반도체 소자에서의 고주파 스위칭 동작으로 인하여 스위칭 손실이 커진다. 이를 방지하기 위하여 6개의 스위칭 소자를 모두 PWM 스위칭하지 않고 <그림 2.2.11>처럼 상위 3개의 스위칭 소자 또는 하위 3개의 스위칭 소자만을 PWM 스위칭하는 방법이 널리 사용되고 있다. 여기서 상위 스위치 PWM 제어방식은 게이트 구동회로에 사용되는 부트 스트랩 회로 때문에 고속 동작에 불리하므로 하위 스위치 PWM 제어방식이 더 선호된다.

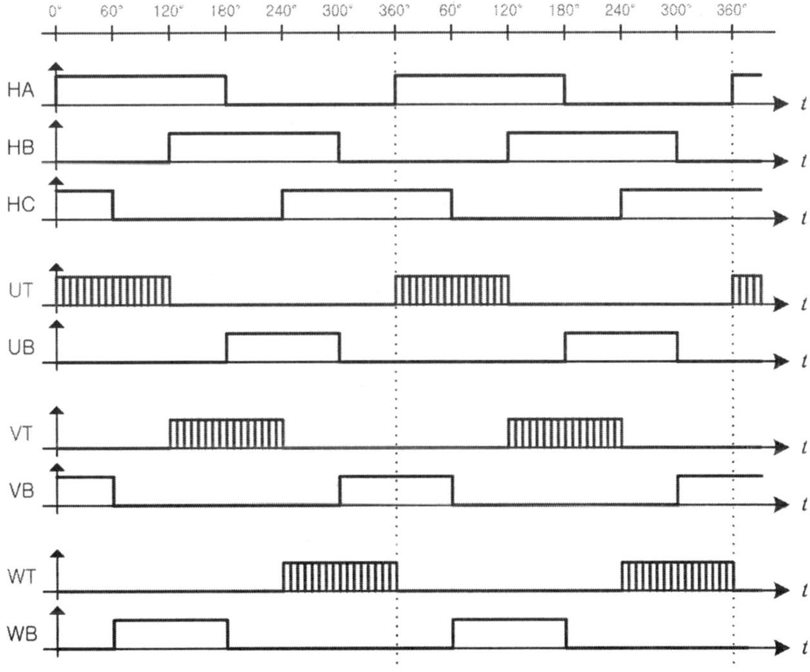

(a) 상위 스위치 PWM 제어방식

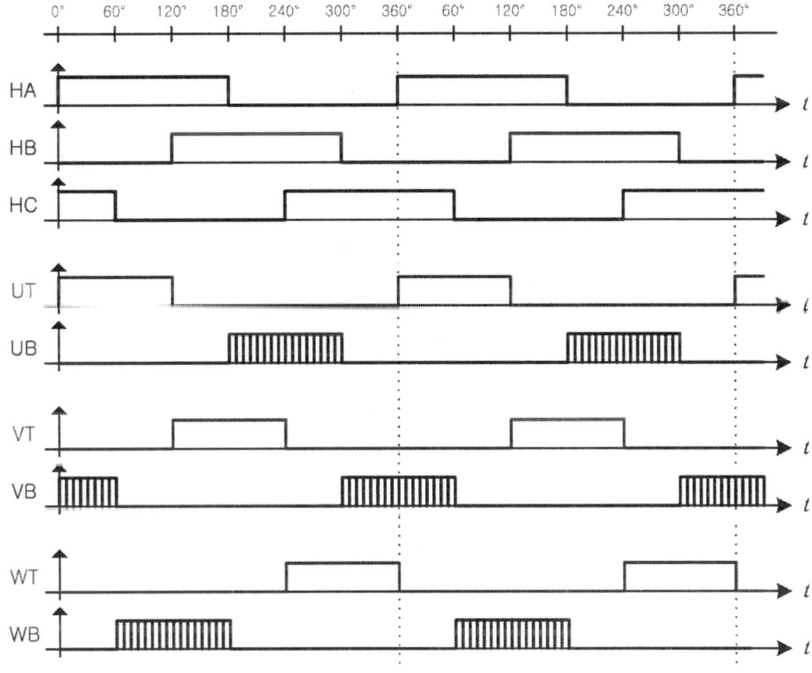

(b) 하위 스위치 PWM 제어방식

<그림 2.2.11> 3상 BLDC 모터에서 인버터 PWM 제어방식의 동작

3. 전용 IC 사용방식과 MCU 직접 제어방식

3상 BLDC 모터의 제어 시스템을 설계할 때는 BLDC 모터 제어 전용의 IC 소자를 사용하는 방법과 마이크로컨트롤러를 사용하여 직접 구동(drive) 및 제어(control)하는 방법이 있다. 당연히 편의성 측면에서는 전용 IC를 사용하는 것이 좋지만, 하드웨어 비용을 줄이고 BLDC 모터를 좀더 깊이 있게 이해하는데는 MCU를 사용하는 직접 제어방식이 바람직하다.

(1) 전용 IC 사용방식

3상 BLDC 모터 제어 시스템의 하드웨어는 매우 복잡하므로 전용의 IC들이 많이 출시되고 있다. 이것들은 외부에서 기동/정지, 정방향/역방향, 브레이크 신호와 아날로그 전압 또는 PWM 신호를 받아서 전동기의 속도를 가변할 수 있도록 인버터를 제어하는 기능을 가지고 있으며, 회전자 위치검출용으로 홀센서 신호를 입력하는 단자를 가지고 있다.

이러한 BLDC 모터 제어용의 IC 소자들은 크게 3가지의 형태가 있는데, 첫째는 컨트롤 회로와 MOSFET를 사용한 인버터 전력회로를 모두 내장하고 있는 형태이다. 이러한 IC 소자는 BLDC 모터를 구동 및 제어하는데 필요한 모든 하드웨어 기능을 내장하고 있으므로 사용하기에는 편리하지만, 여기에 일체형으로 내장된 인버터의 MOSFET 전류 용량이 낮아서 2~3A 이하의 출력전류만 처리할 수 있으므로 수십W 이하의 소용량 BLDC 모터 제어 시스템에나 적용할 수 있다. 이 책에서 사용하는 *OK-128BLDC* 키트의 LB11920 소자가 이러한 예에 해당하는데, 이 소자의 내부 블록도를 <그림 2.2.12>에 보였다.

둘째는 IC 소자에 컨트롤 회로만을 내장하고 인버터 전력회로는 외부에 접속하는 형태이다. 이러한 IC는 사용자가 외부에 MOSFET나 IGBT를 접속할 수 있도록 이것들을 위한 게이트 신호를 출력하는데, 상위 스위치를 게이트 구동하기 위한 부트스트랩 회로를 내장하는 소자들도 많다. 이러한 IC 소자들은 외부에 인버터 전력회로를 추가해야 하므로 사용하기에 다소 불편하기는 하지만, 외부의 MOSFET나 IGBT 사양을 사용자가 결정할 수 있으므로 수백W 이상의 중대용량 시스템에도 적용할 수 있다. 이러한 소자의 예로서 Allegro사의 A4915 소자 내부 블록도를 <그림 2.2.13>에 보였다.

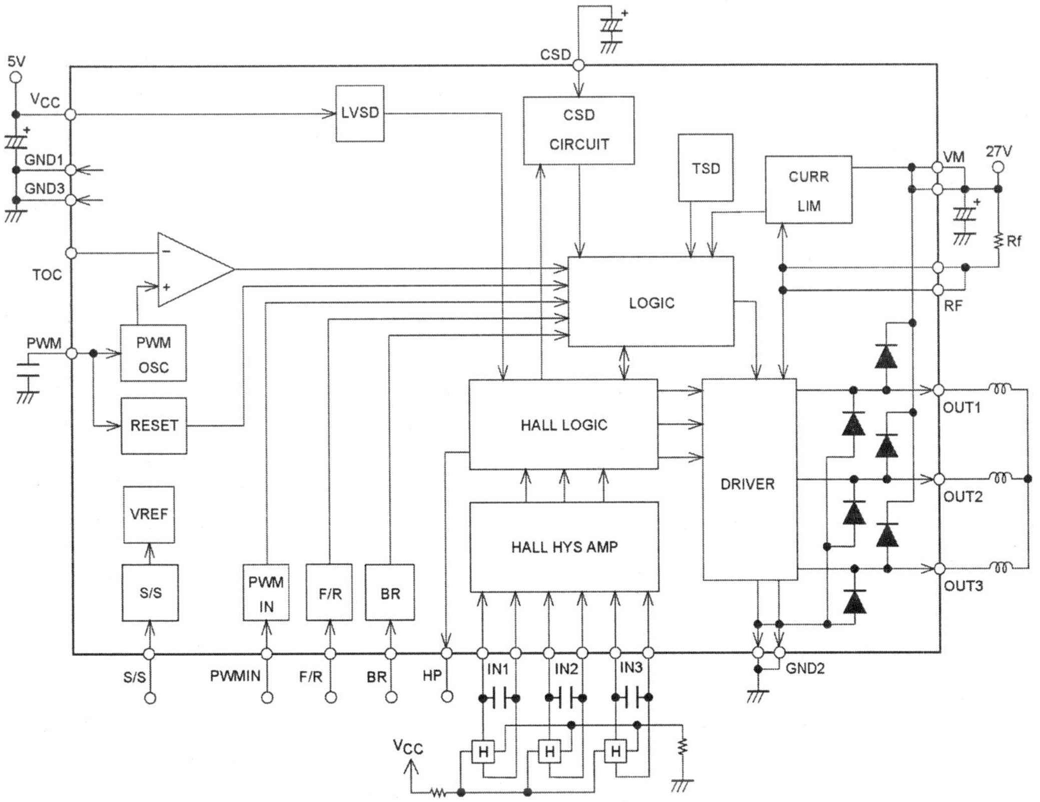

〈그림 2.2.12〉 ON Semiconductor사 LB11920의 내부 구성 블록도

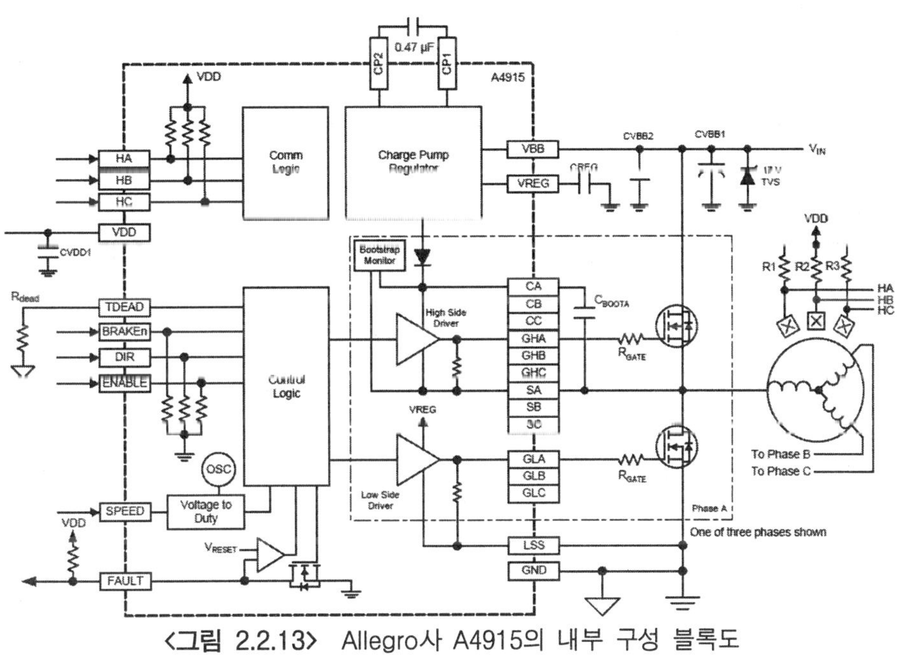

〈그림 2.2.13〉 Allegro사 A4915의 내부 구성 블록도

셋째는 IC 소자에 컨트롤 회로와 MOSFET를 사용한 인버터 전력회로를 모두 내장하고 있으면서 BLDC를 센서리스 제어하는 기능을 가지고 있는 형태이다. 이러한 IC에는 홀센서 입력단자가 없으며, 인버터의 출력단자에서 내부적으로 역기전력을 검출하여 회전자의 위치정보를 얻어내는 기능을 가지고 있다. 이렇게 하면 전체적으로 시스템의 구성이 매우 단순해져서 경제적이므로 가격에 민감한 소용량의 BLDC 모터 제어 시스템에 주로 사용된다. 이러한 소자의 예로서 Texas Instruments사의 DRV10983 소자 내부 블록도를 <그림 2.2.14>에 보였다.

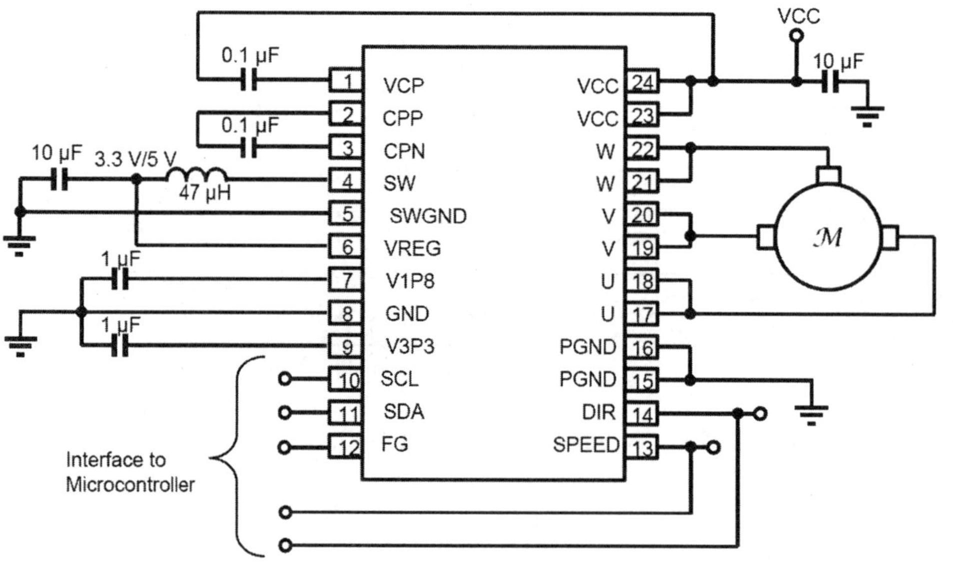

<그림 2.2.14> Texas Instruments사 DRV10983의 내부 구성 블록도

이러한 BLDC 모터 전용의 컨트롤러 IC 소자중에서 *OK-128BLDC* 키트에서는 ON Semiconductor사의 LB11920을 사용하여 BLDC 모터(M1)을 제어하는데, 그 부분의 회로도를 <그림 2.2.15>에 보였다.

LB11920은 인버터 전력회로까지 내장하고 있는 BLDC 모터 컨트롤러 IC 소자로서 출력전압 9.5~30V 범위에서 3.5A까지 출력할 수 있다. 외부로부터 기동/정지, 브레이크, 정방향/역방향 신호를 받아서 전동기를 제어하며, 회전속도를 가변하기 위하여 0~0V 범위의 아날로그 입력 또는 20kHz 정도의 디지털 PWM 신호를 사용할 수 있다. 홀센서 입력단자를 가지고 있어서 이 신호를 기준으로 정역방향으로 전동기를 구동하며, 이를 3체배한 주파수 신호를 외부에 출력한다. 과전류 및 과열에 대한 보호기능을 가지고 있다.

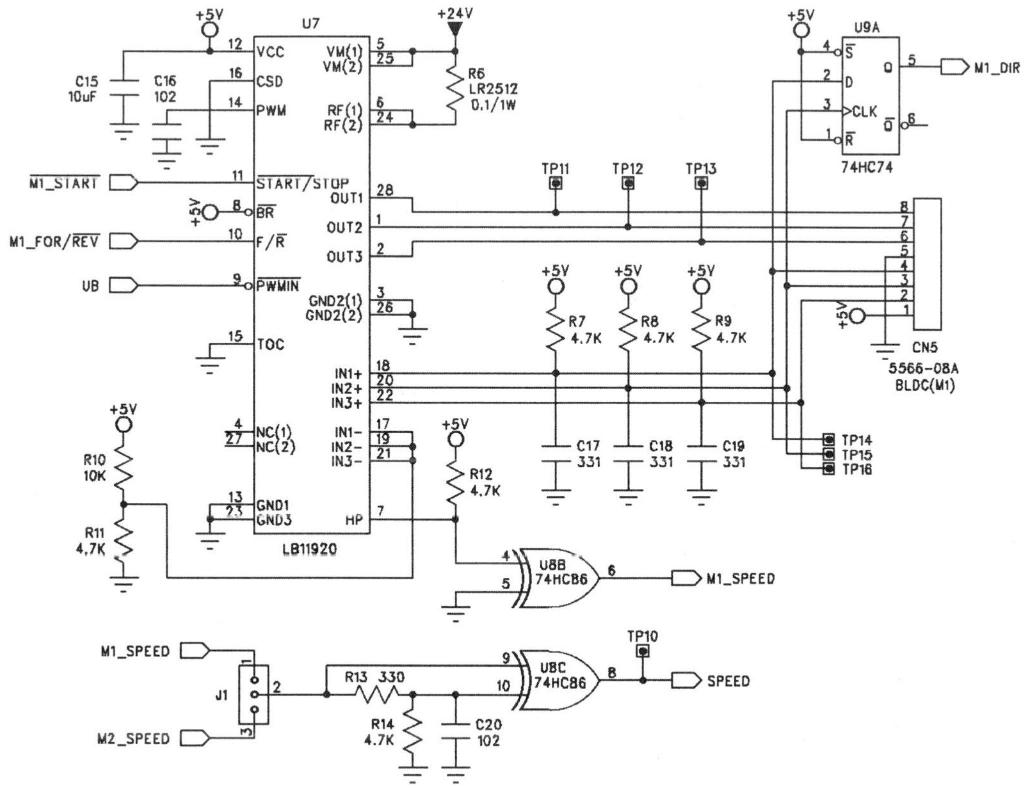

<그림 2.2.15> *OK-128BLDC* 키트에서 LB11920을 사용하는 BLDC 모터 제어 회로도

(2) MCU 직접 제어방식

3상 BLDC 모터 제어에 필요한 모든 기능을 마이크로컨트롤러가 직접 처리하도록 설계할 수도 있다. ATmega128A는 특별히 BLDC 모터 제어용으로 만들어진 마이크로컨트롤러는 아니지만 병렬 I/O 포트뿐만 아니라 3상 PWM 출력 기능과 충분한 외부 인터럽트를 가지고 있어서, 홀센서 신호를 인터럽트로 받고 이를 바탕으로 게이트 구동 신호 및 PWM 신호를 출력하여 BLDC 모터를 구동 및 제어할 수 있다. 이때 인터럽트는 홀센서 신호의 상승 에지와 하강 에지에서 모두 걸릴 수 있어야 한다는 점이 중요하다. BLDC 모터의 회전속도는 홀센서 신호를 6체배하여 만든 신호를 카운터로 계수하여 측정하며, 회전방향은 2개의 홀센서 신호를 가지고 D플립플롭으로 검출한다.

마이크로컨트롤러가 직접 BLDC 모터를 구동 및 제어할 때 필수적으로 요구되는 사항은 외부에 별도로 MOSFET나 IGBT를 사용한 3상 인버터 전력회로를 구성하고 이 6개의 반도체 스위칭 소자들을 위한 게이트 드라이브 소자를 사용해야 하는 것인데, *OK-128BLDC* 키트에서는 International Rectifier사(이 회사는 2014년에 Infineon

사에 흡수 합병되었음)의 MOSFET 소자 IRFZ44N과 게이트 드라이브 소자 IR2101S를 사용하였다. 이렇게 외부에 인버터 전력회로를 구성할 때는 션트저항을 사용하여 전동기의 전류를 측정하는 것도 가능한데, *OK-128BLDC* 키트에서는 0.1Ω/1W의 션트저항을 사용하여 전류를 전압으로 변환하고 이 전압을 ATmega128A의 A/D 컨버터에서 차동변환 모드로 10배 증폭하여 A/D 변환하도록 설계하였다.

OK-128BLDC 키트에서 BLDC 모터 제어 전용의 IC 소자를 사용하지 않고 8비트 ATmega128A 마이크로컨트롤러를 사용하여 BLDC 모터(M2)를 직접 제어하는 부분의 회로도를 보이면 <그림 2.2.16>과 같다.

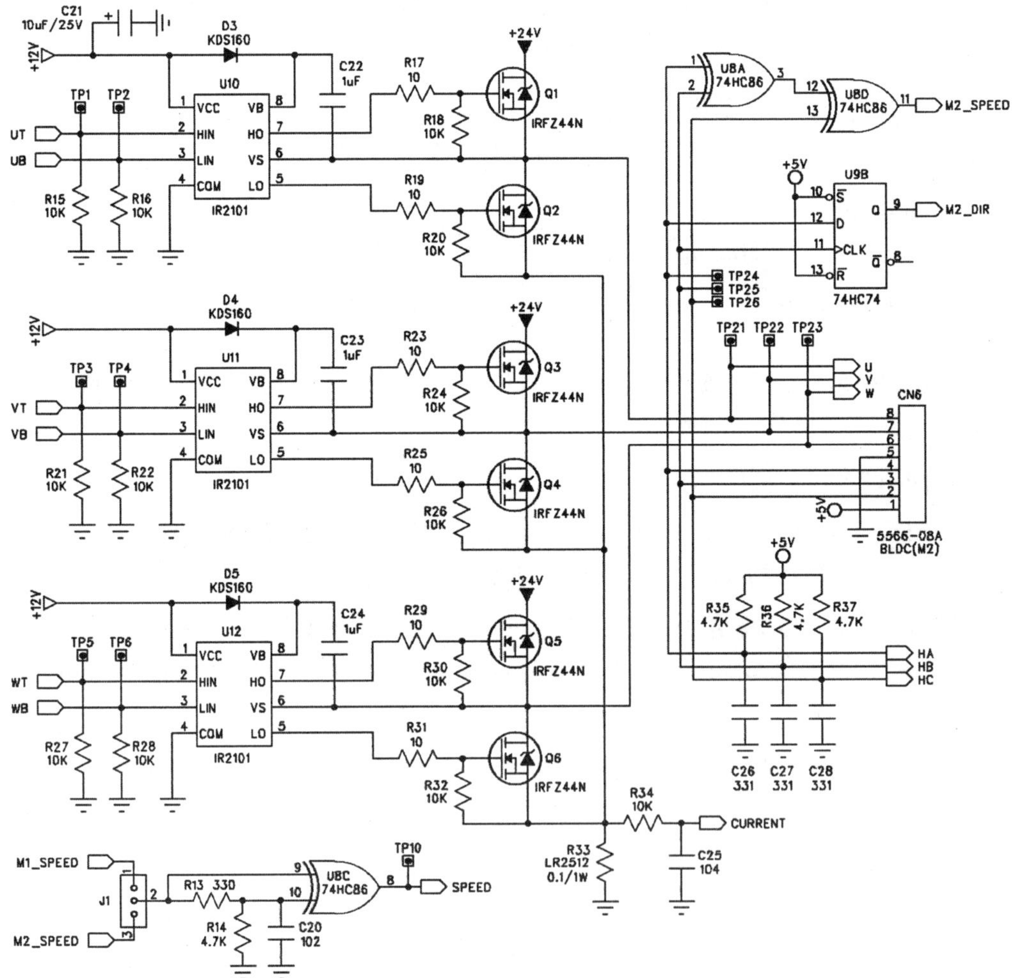

(a) 인버터 전력회로 부분

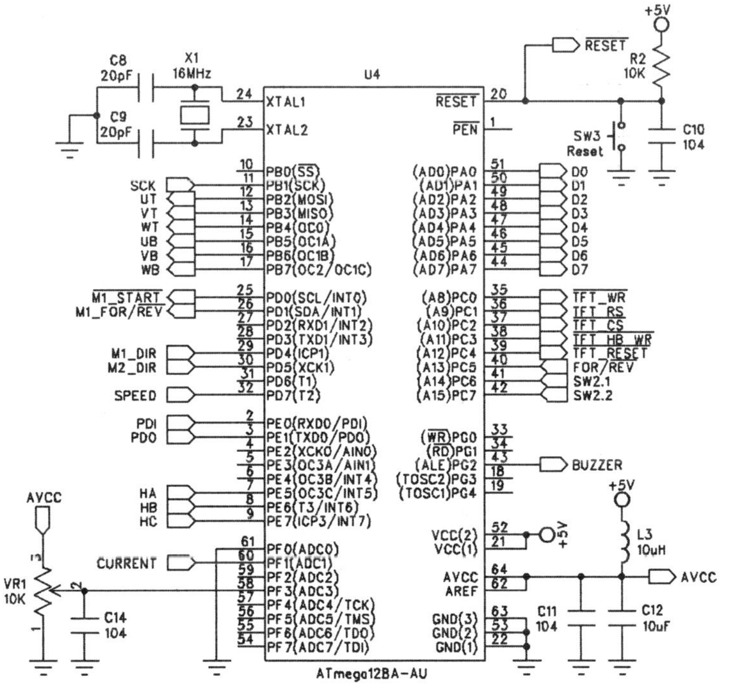

(b) ATmega128A 마이크로컨트롤러 부분

<그림 2.2.16> *OK-128BLDC* 키트에서 MCU가 BLDC 모터를 직접 제어하는 회로도

이렇게 ATmega128A 마이크로컨트롤러를 사용하여 BLDC 모터를 직접 제어하는 회로를 설계할 때는 게이팅 신호의 출력과 홀센서 신호의 입력이 가장 중요하다. 먼저, 6개의 게이팅 신호는 동일한 병렬 I/O 포트에서 출력하도록 핀 배열을 해야 하며, 이 중에서 하위 3개의 MOSFET를 위한 게이팅 신호는 타이머의 PWM 출력을 사용할 수 있도록 할당해야 한다. <그림 2.2.16>의 (b)에서 보듯이 *OK-128BLDC* 키트에서는 포트 B와 타이머1을 사용하여 게이팅 신호를 출력한다.

또한, 홀센서 신호 HA, HB, HC는 상승 및 하강 에지에서 모두 외부 인터럽트를 발생하여 적절한 게이팅 신호를 출력할 수 있도록 INT4~INT7 핀을 할당해야 하는데, *OK-128BLDC* 키트에서는 INT5~INT7 핀을 사용하였다. ATmega128A의 인터럽트 단자 INT0~INT3은 입력신호의 상승 에지나 하강 에지 중에서 1가지에 대해서만 인터럽트를 발생하도록 설정할 수 있으므로 홀센서 신호 검출용으로는 사용하기 어렵다.

2.3 BLDC 모터의 속도제어 이론

이 절에서는 BLDC 모터를 수학적으로 모델링하여 속도제어를 수행하는 방법을 이론적으로 정리하고, 이에 필요한 핵심 기술인 PWM 제어와 PI 제어를 구현하는 하드웨어 및 소프트웨어 기술에 대하여 공부한다.

1. BLDC 모터의 수학적 모델링

이제부터 BLDC 모터를 회로도와 수학적으로 표현하여 전압방정식과 토크식을 유도하고, 이로부터 이 전동기를 속도 제어하는 방법을 공부하기로 한다. 서보제어용으로 널리 사용하는 BLDC 모터는 영구자석형 직류전동기 또는 계자에서 발생하는 자속이 일정한 타려자 직류전동기와 매우 유사한 동작원리를 가지고 있으므로 이러한 직류전동기와 똑같이 생각하고 모델링하면 된다.

(1) 타려자 직류전동기의 전압식 및 토크식

타려자 직류전동기를 회로적으로 표현하면 <그림 2.3.1>과 같이 나타낼 수 있다. 타려자 방식의 계자이므로 전기자측에는 전기자 전압 V_a가 인가되고 계자측에는 이와 다른 계자 전압 V_f가 인가된다. 이 회로에서 R_a와 L_a는 각각 전기자 권선의 등가 저항 및 인덕턴스를 나타내고, R_f와 L_f는 각각 계자 권선의 등가 저항 및 인덕턴스를 나타낸다. 또한, Φ는 계자가 발생하는 자속이며, E_a는 전동기의 역기전력을 나타낸다.

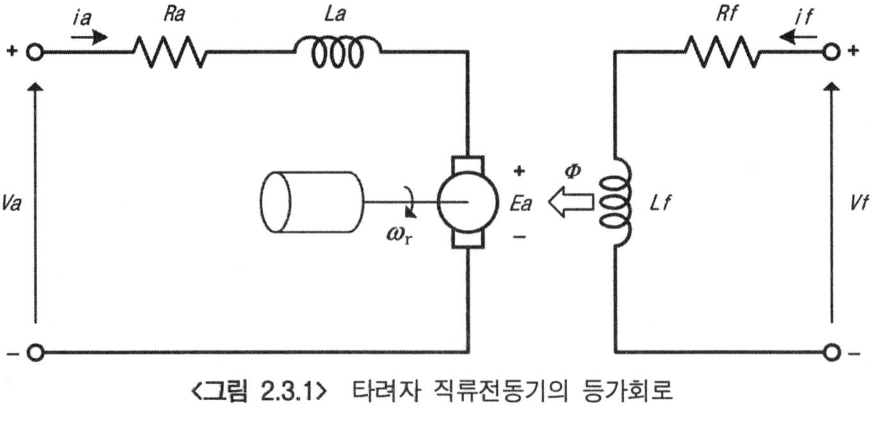

<그림 2.3.1> 타려자 직류전동기의 등가회로

이 타려자 직류전동기의 등가회로에서 전기자 권선의 전압방정식은

$$V_a = R_a i_a + L_a \frac{di_a}{dt} + E_a \tag{2.1}$$

가 되며, 유기전압 또는 역기전력은

$$E_a = K_E \omega_r \tag{2.2}$$

로 표시된다. 여기서 K_E를 유기전압 상수라고 하는데 이는 계자에서 발생된 자속에 비례하고 자속은 다시 계자 전류에 비례하므로

$$K_E = k_1 \Phi = k_2 I_f \tag{2.3}$$

와 같이 나타낼 수 있다.

그런데, 전동기의 회전속도와 부하의 크기가 일정한 정상상태에서는 전기자 전류의 크기도 일정하여 식(2.1)의 미분항이 0으로 되어 전기자 인덕턴스에서의 전압강하가 발생하지 않으므로

$$V_a = R_a I_a + K_E \omega_r \tag{2.4}$$

이 된다. 여기서 I_a는 전기자 전류 i_a의 정상상태 값을 나타낸다. 따라서, 타려자 직류전동기의 회전속도는

$$\omega_r = \frac{V_a - R_a I_a}{K_E} = \frac{V_a - R_a I_a}{k_2 I_f} \tag{2.5}$$

로 표현되므로 이 식으로부터 타려자 직류전동기의 회전속도 제어방법을 3가지로 요약할 수 있다.

① 전기자 권선에 인가하는 전압 V_a를 가변한다. 이 방법에서는 선형 증폭기를 사용할 수도 있고 PWM 제어방식을 사용할 수도 있으나, 디지털 제어가 보편화된 오늘날에는 이러한 PWM 제어방식이 가장 널리 사용되고 있다.

② 전기자 저항 R_a를 가변한다. 그러나, 이는 전기자 권선의 등가저항이므로 가변할 수 없으며, 실제로는 여기에 직렬로 가변저항 R_{as}를 추가하여 전체 합성저항값을 변화시킨다. 현대적인 디지털 제어기술이 발달하기 전에는 이 방법도 많이 사용하였으나 오늘날은 이것이 불편하고 저항에서의 전력손실이 커서 거의 사용되지 않는다.

③ 계자 전류 I_f를 가변한다. 이를 위하여 계자 전압 V_f를 가변하거나 또는 계자 권선에 직렬로 가변저항 R_{fs}를 추가하여 계자 권선의 전체 합성저항값을 변화시키는 방법을 사용한다. 그러나, 이 방법을 사용하면 발생 토크가 감소하여 시스템이 불안정해지거나, 시스템의 오류로 인하여 갑작스럽게 I_f = 0으로 되는 경우에는 무구속 속도에 이르는 위험이 있으므로 이 방법은 잘 사용하지 않는다. 영구자석형 직류전동기나 BLDC 모터에서는 자속이 일정하므로 원천적으로 이 방법을 사용할 수 없다.

한편 직류전동기의 발생 토크는

$$T = K_T I_a \tag{2.6}$$

로 표시되는데, 여기서 K_T를 토크 상수라고 하며 이는 유기전압 정수와 같은 것으로 계자로부터 발생된 자속에 비례하고 자속은 다시 계자 전류에 비례하므로

$$K_T = k_1 \Phi = k_2 I_f \tag{2.7}$$

와 같이 나타낼 수 있다. 따라서, 앞의 식(2.4)에서 전기자 전류를 구하여 식(2.6)에 대입하면

$$T = k_2 I_f I_a = \frac{k_2 I_f (V_a - K_E \omega_r)}{R_a} = \frac{k_2 I_f (V_a - k_2 I_f \omega_r)}{R_a} \tag{2.8}$$

가 된다.

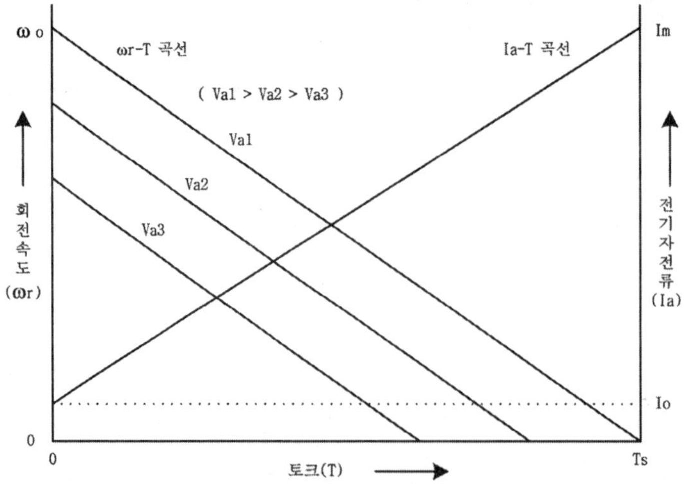

<그림 2.3.2> 타려자 직류전동기의 특성곡선

식(2.6)에서의 토크와 전류 관계 및 식(2.8)에서의 토크와 회전속도의 관계를 그래프로 그리면 <그림 2.3.2>가 되는데 이는 타려자 직류전동기의 특성을 알기 쉽게 나타내는 중요한 특성곡선이다. 여기서, T_s는 기동 토크, ω_o는 무부하 속도, I_o는 무부하 전류, I_m은 최대전류를 나타낸다. 3개의 속도-토크 특성곡선은 전기자 전압을 각각 다르게 인가한 경우를 나타내는데, 이로부터 우리는 동일한 부하에서 전기자 전압을 가변함으로써 타려자 직류전동기의 속도제어가 가능함을 확인할 수 있다.

원리적으로 계자 전류 I_f는 자속발생 전류이며, 일반적으로 이것은 정격값으로 일정하게 제어하여 자속을 일정하게 유지한다. 그런데, 자속이 일정할 경우 식(2.8)에서 보듯이 발생 토크는 전기자 전류 I_a에 비례하므로 전기자 전류를 토크발생 전류라고 한다. 이와 같이 타려자 직류전동기는 계자 전류 I_f와 전기자 전류 I_a의 기능이 명확하게 구분되며, 이것들을 각각 독립적으로 선형 제어할 수 있고, 특히 전동기의 발생 토크가 전기자 전류에 비례하므로 제어성이 우수하여 서보제어에 유용하다.

이에 비하여 전통적으로 유도전동기나 동기전동기와 같은 교류전동기는 토크나 회전속도를 제어하는 것이 매우 어려웠으나, 1970년대에 벡터제어 이론이 처음 제안되고 1980년 중반 이후부터 고성능의 마이크로프로세서가 출현하여 벡터제어를 구현할 수 있게 됨으로써 이제는 교류전동기도 서보제어에 훌륭하게 사용할 수 있게 되었다. 벡터제어는 교류전동기의 고정자 전류를 자속발생 전류성분과 토크발생 전류성분으로 분리하여 이것들을 각각 독립적으로 제어함으로써 교류전동기를 타려자 직류전동기로 등가화시켜 제어 성능을 획기적으로 개선하는 제어 방법이다. 이를 위해서는 실시간으로 많은 실수 연산을 필요로 하기 때문에 벡터제어를 수행하려면 고성능의 부동소수점 연산형 DSP(Digital Signal Processor)가 필수적으로 사용된다. 아주 최근에 들어서는 ARM Cortex-M4/M7과 같은 MCU들도 DSP와 같은 실수연산 기능을 가지게 되어 보다 저렴한 가격으로 벡터제어 시스템을 구현할 수 있게 되었다.

타려자 직류전동기의 운전 영역을 그림으로 설명하면 <그림 2.3.3>과 같다. 타려자 직류전동기를 정격속도 범위에서 운전할 경우에는 위에서도 설명한 것처럼 계자측에서 발생하는 자속이 정격값으로 일정하게 제어한다. 이 범위에서는 일정한 크기의 토크가 발생되고 출력은 회전속도에 비례하므로 정격속도 이하의 운전 영역을 정토크 영역(constant torque region)이라고 한다. 그러나, 정격속도에 이르면 전기자 전압도 정격값이 되므로 전기자에 더 큰 전압을 인가하면 정격용량을 초과하게 되어 바람직하지 않다. 이런 경우에는 계자 전류를 감소시켜 자속을 줄임으로써 토크를 감소시키면서 출력을 일정하게 유지하도록 제어한다. 이와 같이 정격속도 이상의 운전 영역에서는 토크가 감소되는데 비하여 출력을 일정하게 유지하므로 정출력 영역(constant power region)이라고 하며, 계자전류를 감소시키면서 고속으로 운전하는 이러한 제어 방식을 약계자 제어(field-weakening control)라고 부른다.

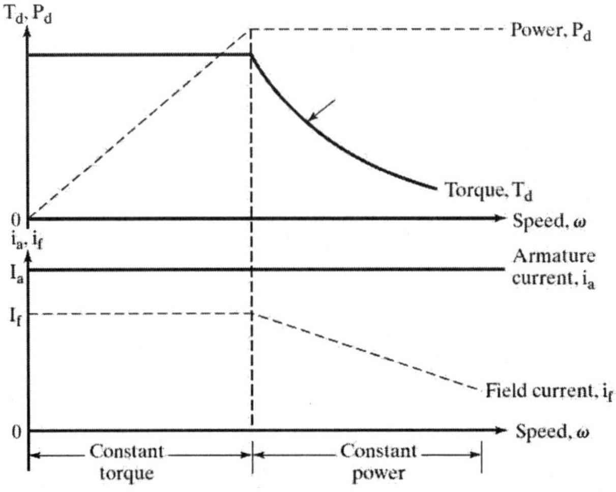

<그림 2.3.3> 타려자 직류전동기의 운전 영역

(2) 타려자 직류전동기의 수학적 모델링

앞에서 살펴본 타려자 직류전동기의 특성은 모두 정상상태의 동작에 국한하여 해석한 것이었다. 그러나, 이 전동기를 사용하여 서보제어를 수행하려면 전압이나 전류와 같은 전기적인 변수와 회전속도나 토크와 같은 기계적인 변수들이 시간에 대하여 수시로 빠르게 변화하고 있으므로, 이러한 정상상태의 해석으로는 정확한 시스템의 모델링이 불가능하며 과도상태까지를 포함하여 모델링하고 해석하여야 한다.

타려자 직류전동기의 전기자 권선에서 시간 함수로 전압방정식을 다시 표현하면

$$\begin{aligned} v_a(t) &= R_a i_a(t) + L_a \frac{di_a(t)}{dt} + e_a(t) \\ &= R_a i_a(t) + L_a \frac{di_a(t)}{dt} + K_E \omega_r(t) \end{aligned} \tag{2.9}$$

이 된다. 또한, 회전자의 회전운동방정식은

$$\begin{aligned} T(t) &= K_T i_a(t) \\ &= J\frac{d\omega_r(t)}{dt} + B\omega_r(t) + T_L(t) \end{aligned} \tag{2.10}$$

로 표시된다. 여기서 J는 전동기 시스템의 관성모멘트이고, B는 마찰계수이며, T_L은 부하 토크이다.

이제 식(2.9)와 (2.10)을 각각 라플라스 변환하여 표시하면

$$V_a(s) = R_a I_a(s) + sL_a I_a(s) + K_E \Omega_r(s) \tag{2.11}$$

$$K_T I_a(s) = sJ\Omega_r(s) + B\Omega_r(s) + T_L(s) \tag{2.12}$$

가 되고, 이로부터 전압에 대한 회전속도는

$$\begin{aligned}\Omega_r(s) = & \frac{K_T}{JL_a s^2 + (JR_a + BL_a)s + BR_a + K_T K_E} V_a(s) \\ & - \frac{L_a s + R_a}{JL_a s^2 + (JR_a + BL_a)s + BR_a + K_T K_E} T_L(s)\end{aligned} \tag{2.13}$$

로 표현된다. 이로부터 타려자 직류전동기의 회전속도는 전기자 전압과 부하 토크에 의하여 결정된다는 것을 알 수 있다.

여기서 외란으로 작용하는 부하 토크가 없다고 가정하면 전기자 전압 입력에 대한 회전속도 출력의 전달함수는

$$G(s) = \frac{\Omega_r(s)}{V_a(s)} = \frac{K_T}{JL_a s^2 + (JR_a + BL_a)s + BR_a + K_T K_E} \tag{2.14}$$

가 된다.

이상과 같은 타려자 직류전동기 속도제어 시스템의 수학적 모델링 결과를 알기 쉽게 블록선도로 표시하면 <그림 2.3.4>와 같다.

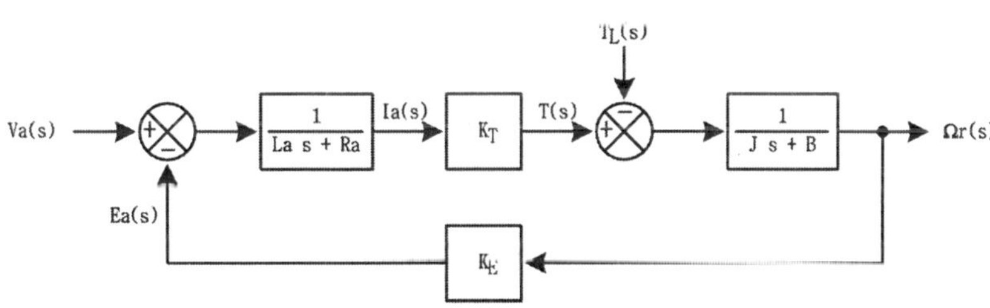

<그림 2.3.4> 타려자 직류전동기 속도제어 시스템의 블록선도

타려자 직류전동기 속도제어 시스템의 시뮬레이션을 위한 시스템 상태방정식은 식(2.9)와 (2.10)으로부터 다음과 같이 정리할 수 있다.

$$\frac{d}{dt} i_a(t) = -\frac{R_a}{L_a} i_a(t) - \frac{K_E}{L_a} \omega_r(t) + \frac{1}{L_a} v_a(t) \tag{2.15}$$

$$\frac{d}{dt} \omega_r(t) = \frac{K_T}{J} i_a(t) - \frac{B}{J} \omega_r(t) - \frac{1}{J} T_L(t) \tag{2.16}$$

컴퓨터를 이용하여 타려자 직류전동기 속도제어 시스템을 디지털 시뮬레이션할 때는 이 미분방정식을 풀어서 상태변수값을 얻기 위하여 Runge-Kutta 알고리즘이 사용된다. 물론 그렇게 하기 위해서는 이 식에 계수로 포함되는 타려자 직류전동기의 전기적 또는 기계적 파라미터 값들이 정확히 주어져야 한다.

2. PWM 제어의 원리 및 응용

앞에서 설명하였듯이 BLDC 모터나 영구자석형 직류전동기의 속도를 제어하려면 전기자 전압을 정격 이하의 범위에서 가변하는 것이 가장 좋다. 이를 위해서는 충분한 전력용량을 가지는 전력변환기로 DC-DC 컨버터가 필요하다. 이 전력변환기는 입력신호에 따라 일정한 크기의 전압을 필요한 크기의 출력전압으로 가변할 수 있어야 하고, 고효율이며 충분한 부하전류를 공급할 능력을 가지고 있어야 한다. 특히 서보제어 시스템에서는 전동기의 급격한 가감속이 빈번하게 수행되므로 이 전력용량은 사용하는 전동기 정격값의 2~4배 정도로 여유있게 선정하는 것이 바람직하다. 이러한 조건을 충족하는 전력변환기는 거의 필수적으로 PWM 제어방식을 사용하고 있다.

(1) PWM 제어의 원리

교류전압은 변압기나 증폭기를 사용하여 아날로그적인 방법으로 비교적 용이하게 크기를 가변할 수 있지만, 직류전압의 경우에는 아날로그 증폭기를 사용하여 전압의 크기를 바꾸게 되면 전력변환회로에서의 손실이 커서 용량이 큰 전동기를 구동하는 회로에서는 적용하기가 매우 어려워진다.

PWM 제어는 일정한 스위칭 주기 T에서 부하에 전압을 공급하는 구간인 펄스폭 t_{on}의 비율 즉 듀티비 $D=t_{on}/T$를 조절함으로써 출력전압의 평균값을 변화시키는 것인데 그 원리를 그림으로 표현하면 <그림 2.3.5>와 같다. 듀티비를 작게 하면 평균 출력전압이 V_{a1}처럼 작아지고, 듀티비를 크게 하면 평균 출력전압이 V_{a2}처럼 커진다. 이렇게 펄스폭을 조절하는 제어신호는 그림에서와 같이 삼각파와 직류전압을 하드웨어적으로 비교하여 만들기도 하지만, 마이크로프로세서를 이용한 디지털 제어에서는 마이크로프로세서에 내장된 타이머를 이용하거나 소프트웨어 알고리즘으로 쉽게 발생시킬 수 있다.

PWM 제어의 스위칭 주파수는 스위칭 주기가 전기적 시정수보다 충분히 작게 되도록 설정하는 것이 좋은데, 대부분의 전동기 제어에서는 보통 수kHz에서 수십kHz 이상으로 선정한다. PWM 제어를 수행하면 필연적으로 부하전류에 리플이 나타나므로 이로 이하여 전기적인 잡음이 발생하고 전기자 권선이 진동하면서 기계적인 잡음도 발생하게 되는데, 이것이 사람에게 들리지 않도록 하려면 스위칭 주파수를 최소한 20kHz 이상으로 높게 선정하는 것이 필요하다. 그러나, 스위칭 주파수가 높아지면 전력용 반도체 소자의 동작속도가 문제가 될 수도 있고, 또한 스위칭 주파수에 비례하여 스위칭 손실이 커지므로 지나치게 스위칭 주파수를 높게 하는 것은 바람직하지 않을 수 있다.

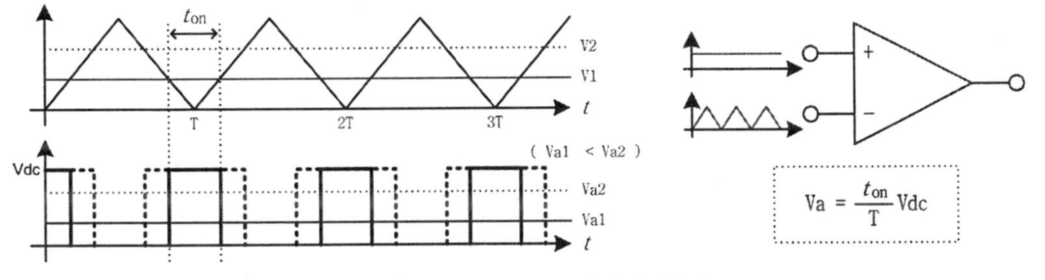

〈그림 2.3.5〉 PWM 제어의 원리

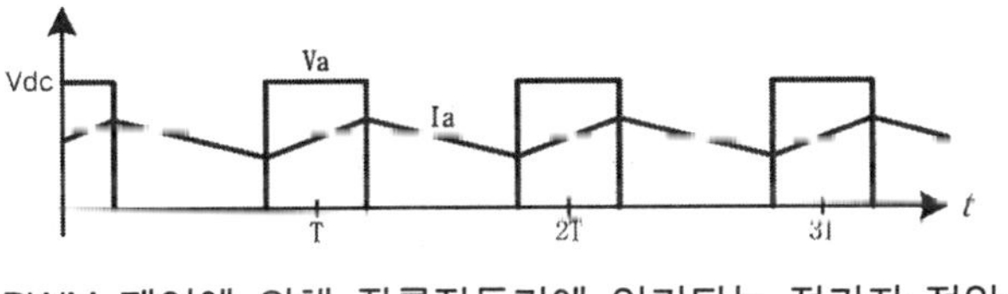

〈그림 2.3.6〉 PWM 제어에 의해 직류전동기에 인가되는 전기자 전압 및 전류 파형

(2) PWM 스위칭 회로에서 프리휠링 다이오드를 사용하는 이유

PWM 제어는 기본적으로 전력용 반도체 소자의 고속 ON/OFF 동작에 의하여 디지털적인 방법으로 수행되며, 따라서 이 회로에서는 반도체 스위칭 소자의 동작이 턴오프(turn-off)될 때 전기자 권선의 인덕턴스 L_a에 의하여 회로에 큰 서지전압이 발생하게 되므로 이를 방지하기 위하여 프리휠링 다이오드(free-wheeling diode 또는 flyback diode, clamp diode)를 반드시 사용해야 한다.

예를 들어 직류전동기를 단방향으로 구동하기 위한 PWM 제어회로에서 전류의 흐름과 프리휠링 다이오드의 역할을 그림으로 설명하면 <그림 2.3.7>과 같다. 그림 (a)처럼 스위치가 ON되어 있는 동안에는 전원전압 +V가 직류전동기에 공급되어 전기자 전류 Ia가 흐른다. 그러나, 그림 (b)처럼 스위치가 OFF되면 전기자 인덕턴스 La에 파라데이 법칙에 따라 아래쪽으로 큰 역방향 전압이 발생하고 이것은 직류전동기의 역기전력 Ea보다 훨씬 크므로 프리휠링 다이오드를 통하여 화살표로 표시한 것과 같은 순환전류가 흐른다. 이 순환전류는 시간이 지남에 따라 점차 감소한다.

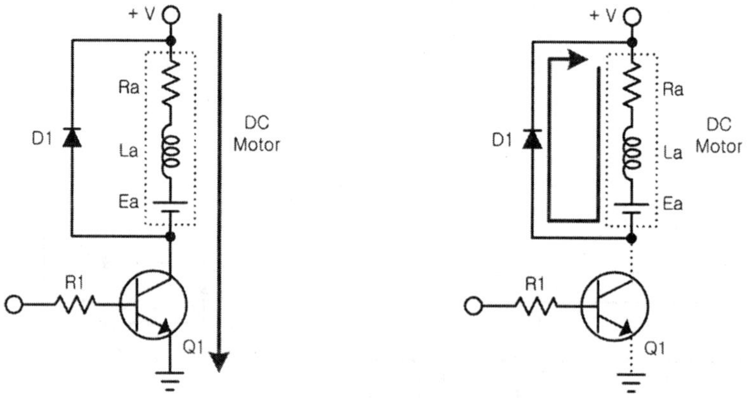

(a) 스위칭 ON 상태일 때 (b) 스위치 OFF 상태일 때

<그림 2.3.7> 직류전동기 단방향 PWM형 구동회로의 동작

한편, 직류전동기를 양방향으로 구동하기 위한 PWM 제어회로에서 전류의 흐름과 프리휠링 다이오드의 역할을 그림으로 설명하면 <그림 2.3.8>과 같다. 이것은 양방향 구동중에서 전동기를 정방향으로 구동하는 경우인데, 그림 (a)처럼 스위치 Q1, Q4가 ON되어 있는 동안에는 전원전압 +V가 직류전동기에 공급되어 전기자 전류 Ia가 흐르면서 전동기는 정방향으로 회전한다. 그러나, 그림 (b)처럼 스위치 Q1, Q4가 OFF되면 전기자 인덕턴스 La에 파라데이 법칙에 따라 오른쪽으로 큰 역방향 전압이 발생하고 이것은 직류전동기의 역기전력 Ea보다 훨씬 크므로 프리휠링 다이오드 D2, D3를 통하여 화살표로 표시한 것과 같은 역방향 전류가 흐른다. 이 전류는 전원을 통하여 흘러서 에너지를 전원으로 되돌리며, 시간이 지남에 따라 점차 감소한다. 전동기를 역방향으로 구동하는 경우에도 이와 유사하게 동작하며 역방향 구동의 경우를 그림으로 설명하면 <그림 2.3.9>와 같다.

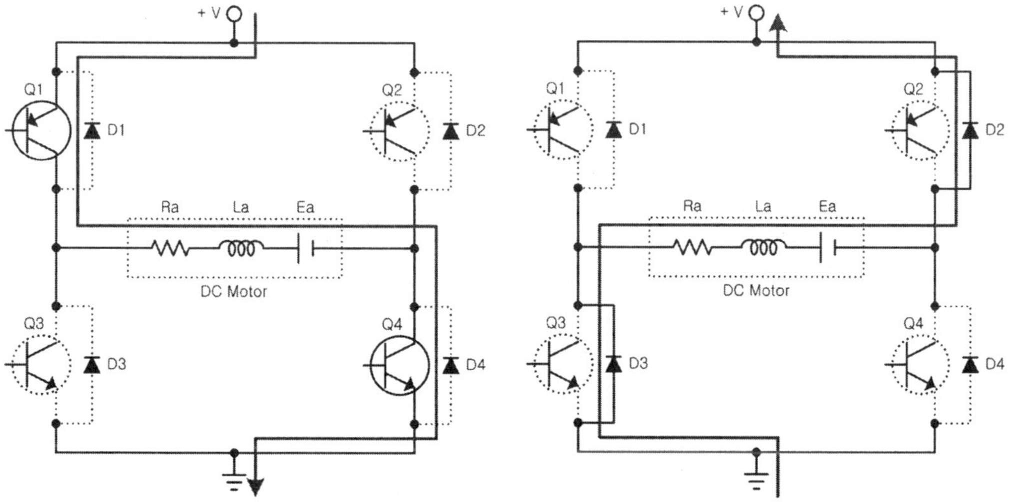

(a) 스위칭 ON 상태일 때 (b) 스위치 OFF 상태일 때

<그림 2.3.8> 직류전동기 양방향 PWM형 구동회로의 동작(정방향 구동의 경우)

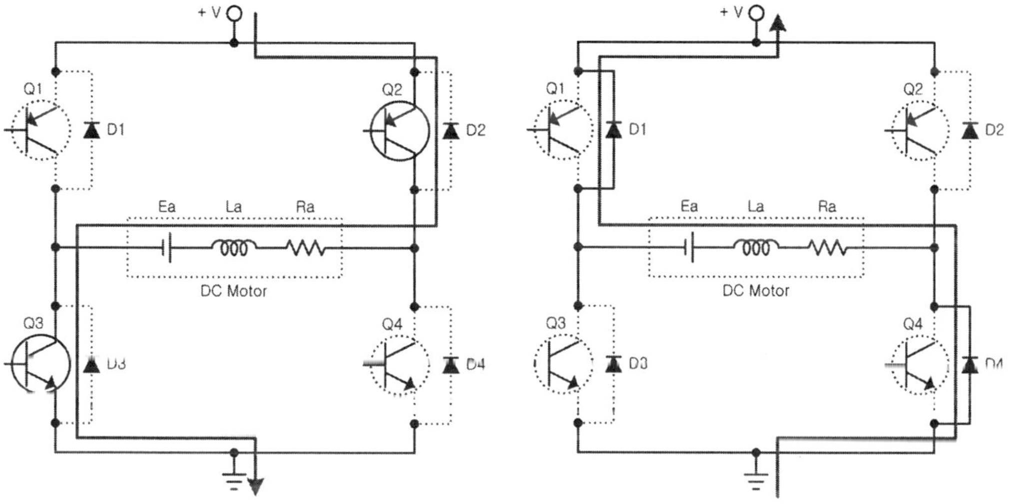

(a) 스위칭 ON 상태일 때 (b) 스위치 OFF 상태일 때

<그림 2.3.9> 직류전동기 양방향 PWM형 구동회로의 동작(역방향 구동의 경우)

3. PI 제어의 원리 및 응용

이 책에서는 소형의 BLDC 모터를 가지고 PI 제어방식을 사용하여 정역 방향의 속도제어 시스템을 구현하는 것을 최종 목표로 하고 있다. 이러한 소형 직류전동기 속도

제어 시스템의 구성은 <그림 2.3.10>과 같다.

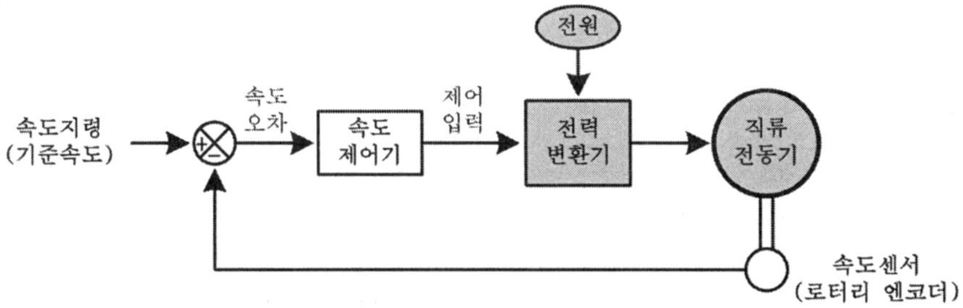

〈그림 2.3.10〉 소형 직류전동기를 사용한 속도제어 시스템의 구성

BLDC 모터나 직류전동기의 속도제어를 위한 서보제어 시스템에서 일반적으로 가장 널리 사용하는 피드백(feedback) 제어기는 비례적분 제어기(Proportional-Integral Controller)이다. PI 제어기는 제어 알고리즘 구조가 매우 간단하면서도 비례제어 부분은 시스템의 과도응답 특성(transient response characteristics)을 개선하고 적분제어 부분은 정상상태 오차(steady-state error)를 제거하므로 이 제어기의 적절한 제어이득을 선정하기만 한다면 상당히 우수한 제어 응답특성을 얻을 수 있다.

PID 제어기(Proportional-Integral-Differential Controller)의 기본 구성 블록도를 보이면 <그림 2.3.11>과 같고, 이를 아날로그 회로로 구현한 예를 <그림 2.3.12>에 보였다. 일반적인 전동기 제어 시스템에서는 미분제어항이 전체적으로 제어기 설계를 좀더 복잡하게 하지만 그 효과는 미미하므로 PID 제어기보다는 설계하기 쉬운 PI 제어기를 더 많이 사용하는 경향이 있다.

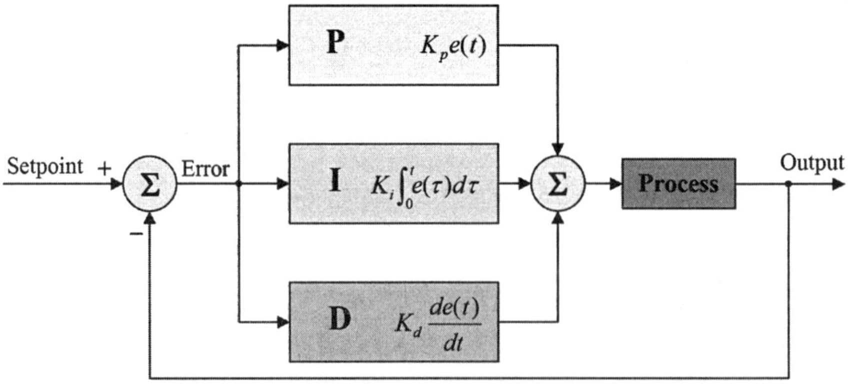

〈그림 2.3.11〉 비례적분미분(PID) 제어기의 구성 블록도

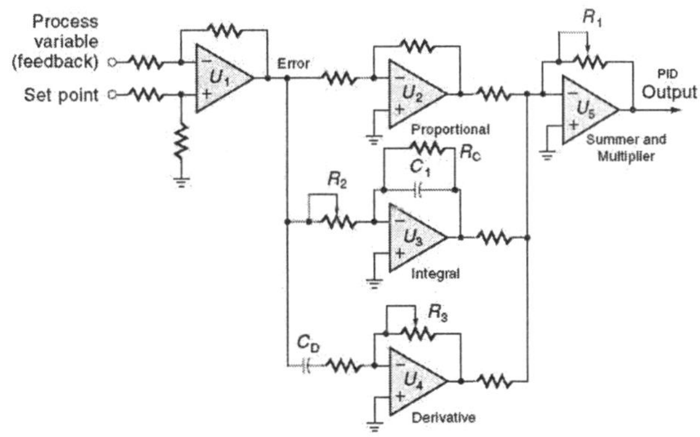

<그림 2.3.12> 비례적분미분(PID) 제어기를 아날로그 회로로 구현한 예

예전에는 주로 OP Amp를 이용한 아날로그 회로로 PI 제어기를 구현하였으나, 마이크로프로세서를 사용한 현대 디지털 제어기에서는 소프트웨어 알고리즘으로 쉽게 PI 제어기를 구현한다. 여기서는 이러한 PI 제어방식의 속도제어 알고리즘을 정리해 보기로 한다. 그러나, 여기서 설명하는 내용은 BLDC 모터나 직류전동기를 사용한 속도제어 시스템을 구현하는 것을 목표로 이에 필요한 실무적인 사항에 중점을 둘 것이므로 보다 자세한 내용을 알고 싶은 독자는 자동제어에 관한 이 분야의 전문서적을 참조하기 바란다.

속도제어 시스템의 지령속도 또는 기준속도(reference speed) $\omega_r^*(t)$에서 전동기의 실제속도(actual speed) $\omega_r(t)$를 뺀 오차가 $e(t)$라고 하면 PI 제어기의 출력은

$$u(t) = K_p e(t) + K_i \int_0^t e(t)\,dt \qquad (2.17)$$

와 같이 표현된다. 여기서, K_p는 제어기의 비례이득(proportional gain)이고 K_i는 적분이득(integral gain)을 나타낸다.

이 제어기의 샘플링 시간(적분시간)을 T_s라고 하면 오차는 <그림 2.3.13>과 같이 오차함수로 나타낼 수 있다. 여기서

$$e_n = e(nT_s) \quad 단, n = 0, 1, 2, 3, \ldots \qquad (2.18)$$

는 속도오차 값이고,

$$u_n = u(nT_s) \quad 단, n = 0, 1, 2, 3, \ldots \qquad (2.19)$$

는 전동기 구동회로인 액튜에이터(actuator)에 대한 제어입력 값을 나타낸다.

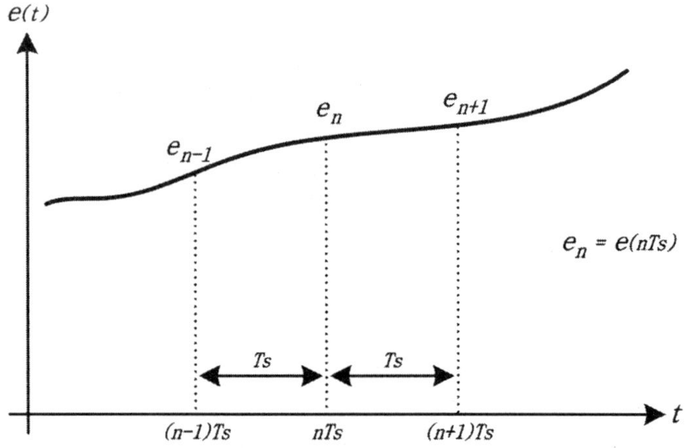

<그림 2.3.13> 오차 함수의 finite difference

일반적으로 디지털 PI 제어기 또는 PID 제어기에서 적분항이나 미분항을 처리하는 방법으로는 finite-difference approximation 방법이 널리 사용되는데, 적분항 보다는 미분항을 사용하는 것이 개념적으로 이해하기 쉬우므로 PI 제어기의 식(2.17)의 양변을 미분하여 다음과 같이 표현할 수 있다.

$$\dot{u}(t) = K_p \dot{e}(t) + K_i e(t) \tag{2.20}$$

여기서 미분항의 $\dot{e}(t)$는 $t = nT_s$에서 오차함수 $e(t)$ 곡선의 기울기가 되며, 여기에 finite-difference approximation을 적용하여 계산하는 것은 다음과 같은 3가지 방법이 있다.

① forward difference : $\dot{e}(t) = \dfrac{e_{n+1} - e_n}{T_s}$ (2.21)

② backward difference : $\dot{e}(t) = \dfrac{e_n - e_{n-1}}{T_s}$ (2.22)

③ central difference : $\dot{e}(t) = \dfrac{e_{n+1} - e_{n-1}}{2T_s}$ (2.23)

만약 $t = nT_s$의 시점에서 오차 e_{n+1}의 값을 미리 알 수만 있다면 위의 3가지 방법 중에서 central difference가 가장 정확하지만, 일반적으로 $t = nT_s$에서는 e_{n+1}을 아직

알 수가 없으므로 ①과 ③의 방법은 사용하기 어렵다. 따라서, 일반적으로 ②의 backward difference 방법을 많이 사용하는데 식(2.20)에 backward difference를 적용하면

$$\frac{u_n - u_{n-1}}{T_s} = K_p \frac{e_n - e_{n-1}}{T_s} + K_i e_n \tag{2.24}$$

가 되고, 따라서 PI 제어기의 계산식은

$$u_n = u_{n-1} + (K_p + K_i T_s) e_n - K_p e_{n-1} \tag{2.25}$$

으로 표현된다. 이 식이 PI 제어기를 구현하는 알고리즘의 핵심 계산식이다.

그러나, 이보다는 다소 복잡하지만 식(2.17)의 적분항을 그대로 사용하여 PI 제어기의 계산식을 유도할 수도 있다. 자동제어에서 제어기의 출력이 u_n이 되도록 설계하는 것을 position algorithm이라 하고, 제어기의 출력이 $\Delta u_n = u_n - u_{n-1}$이 되도록 설계하는 것을 velocity algorithm이라 한다. 식(2.17)의 적분항도 finite-difference approximation으로 처리할 수 있는데, v_{n-1}이 $(n-1)T_s$까지 곡선 아래의 면적 $K_i \int_0^{(n-1)T_s} e(t)\,dt$에 접근한다면 nT_s 까지의 면적 $K_i \int_0^{nT_s} e(t)\,dt$를 구하는 방법에는 다음과 같은 3가지가 있다.

① forward rectangular rule : $v_n = v_{n-1} + T_s e_{n-1}$ (2.26)

② backward rectangular rule : $v_n = v_{n-1} + T_s e_n$ (2.27)

③ trapezoidal rule : $v_n = v_{n-1} + T_s \dfrac{(e_{n-1} + e_n)}{2}$ (2.28)

이중에서 backward rectangular rule을 사용하면

$$u_n = K_p e_n + v_n \tag{2.29}$$

$$v_n = v_{n-1} + K_i T_s e_n \tag{2.30}$$

가 되므로 이를 velocity algorithm 형태로 표현하면

$$\begin{aligned} \Delta u_n = u_n - u_{n-1} &= K_p(e_n - e_{n-1}) + (v_n - v_{n-1}) \\ &= K_p(e_n - e_{n-1}) + K_i T_s e_n \end{aligned} \tag{2.31}$$

으로 되고, 따라서 이를 정리하면 PI 제어기의 계산식은 식(2.25)와 똑같이

$$u_n = u_{n-1} + (K_p + K_i T_s)e_n - K_p e_{n-1} \tag{2.32}$$

으로 된다.

이와 같은 PI 제어기를 설계하거나 PI 제어 소프트웨어 알고리즘을 작성할 때는 제어기의 비례이득 K_p와 적분이득 K_i를 최적값으로 선정하는 것이 매우 중요하다. 이러한 이득값을 결정하는 게인 튜닝(gain tuning) 방법에는 학술적으로 여러 가지가 제안되어 있으나 현실적으로는 이중에서 어느 것도 사용하기에 그다지 쉽지 않기 때문에 실용적으로는 시행착오법(trial-and-error method)의 도움을 받게 된다.

이러한 시행착오법을 사용하여 처음으로 PI 제어기를 설계하는 초보자의 경우에는 비례이득 K_p와 적분이득 K_i의 초기값을 어느 정도에서 시작해야 할지 짐작하기도 어렵지만, 제어기 설계 분야에서 어느 정도의 경험을 쌓으면 어렵지 않게 초기값을 선정하고 이를 시행착오법으로 수정하면서 최적값에 접근해갈 수 있다. 이와 같이 비례이득 K_p와 적분이득 K_i의 값을 변화시켜 가면서 최적치를 찾아내려면 PI 제어 시스템과 각 제어이득의 특성을 개략적으로라도 알아두는 것이 좋다.

직류전동기의 동적 특성은 입력전압에 대한 전동기의 회전 각속도가

$$G(s) = \frac{k\omega_n^2}{s^2 + 2\zeta\omega_n s + \omega_n^2} \tag{2.33}$$

와 같은 형태의 전달함수로 표현되는 것으로부터 설명될 수 있다. 여기서 ω_n은 고유각주파수이며 ζ는 제동비(damping ratio)이다. 이러한 전동기에 PI 제어방식으로 속도제어 시스템을 구현한 경우의 속도 전달함수는

$$\frac{\omega_r(s)}{\omega_r^*(s)} = \frac{K_T(K_p s + K_i)}{Js^2 + K_T K_p s + K_T K_i} \tag{2.34}$$

와 같이 되어 제어이득에 따라 시스템의 응답특성이 달라지게 된다.

이러한 PI 제어기를 사용한 속도제어 시스템의 단위계단응답 특성곡선은 전형적으로 <그림 2.3.14>와 같은 형태로 된다. 그러나, 만약 제어 시스템의 응답특성이 이와 같은 모양으로 된다면 상승시간(rising time) t_r은 짧지만 오버슈트 Mp가 크고 정착시간(settling time) t_s가 길어서 매우 바람직하지 않다. 일반적으로 2차 시스템의 응답특성은 제동비에 따라 <그림 2.3.15>에 보인 바와 같이 여러 가지로 다른 형태를 보이는데, 대부분의 경우에는 제동비가 0.7에서 1.0 사이에 해당하는 정도의 응답특성을 가지

도록 설계하는 것이 좋다. 이렇게 시스템의 제동비를 변화시키는 것은 PI 제어기의 알고리즘에서 비례이득 K_p와 적분이득 K_i를 가변하는 것으로 처리할 수 있다.

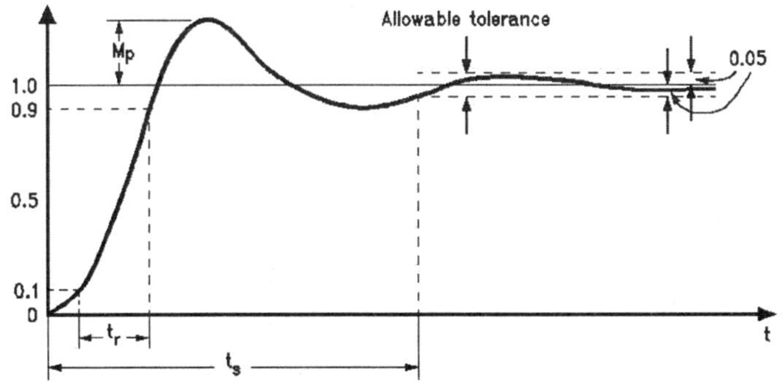

〈그림 2.3.14〉 PI 제어기를 사용한 2차 시스템의 전형적인 단위계단응답 특성곡선

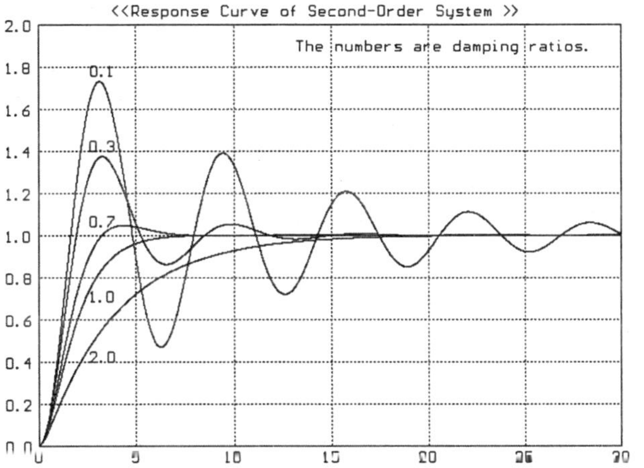

〈그림 2.3.15〉 PI 제어기를 사용한 2차 시스템의 여러 가지 단위계단응답 특성곡선

제어기에서 만약 P제어만을 사용한다면 시스템은 정상상태 오차를 발생할 수 있는 단점을 가지게 되는데, 비례이득을 작게 하면 이 정상상태 오차가 커지며, 비례이득을 크게 하면 정상상태 오차가 작아지고 상승시간이 짧아지지만 오버슈트가 커져서 시스템이 불안정해진다.

I제어는 정상상태의 오차를 제거하는 특징을 가지는데, 적분이득을 작게 하면 과제동으로 되어 시스템의 응답이 늦어지고, 적분이득을 크게 하면 상승시간이 짧아지고 오버슈트가 커져서 시스템이 불안정해진다.

일반적으로 제어 시스템의 응답이 빠르다는 것은 상승시간(rising time)보다는 정착

시간(settling time)을 기준으로 판단하기 때문에 비례이득을 매우 크게 하여 응답의 오버슈트가 커지면 상승시간은 짧아지지만 정착시간이 길어지므로 결국 시스템의 응답은 느려지게 된다. 그러나, PI 제어기에서 비례이득을 너무 작게 하면 부족제동이 되어 오버슈트가 생기고 진동하며, 적분이득을 너무 작게 하면 과제동이 되어 시스템이 느려진다.

PID 제어기에서 각 제어이득을 증가시킬 때 이것이 시스템에 미치는 영향을 요약하면 <표 2.3.1>과 같다. 이 표를 참고하면 시행착오법으로 제어이득을 결정하는 작업에 도움이 될 것이다.

〈표 2.3.1〉 PID 제어기에서 제어이득의 증가가 시스템에 미치는 영향 요약

증가시킬 제어이득의 종류	상승시간	오버슈트	정착시간	정상상태 오차	요약
Kp	감소	증가	약간 변동	감소	- 응답속도가 빨라짐 - 정상상태 오차가 감소함 - 오버슈트가 커져서 불안정해짐
Ki	감소	증가	증가	크게 감소	- 정상상태 오차가 감소함 - 오버슈트가 커져서 불안정해짐 - 와인드업 현상이 발생할 수 있음
Kd	약간 변동	감소	감소	약간 변동	- 오버슈드가 감소함 - 잡음에 민감해짐

제3장

BLDC 모터 제어 관련 실용지식

3.1 전력용 반도체 스위칭 소자의 사용 기술

3.2 전동기의 회전속도 측정 기술

3.3 전류 측정 기술

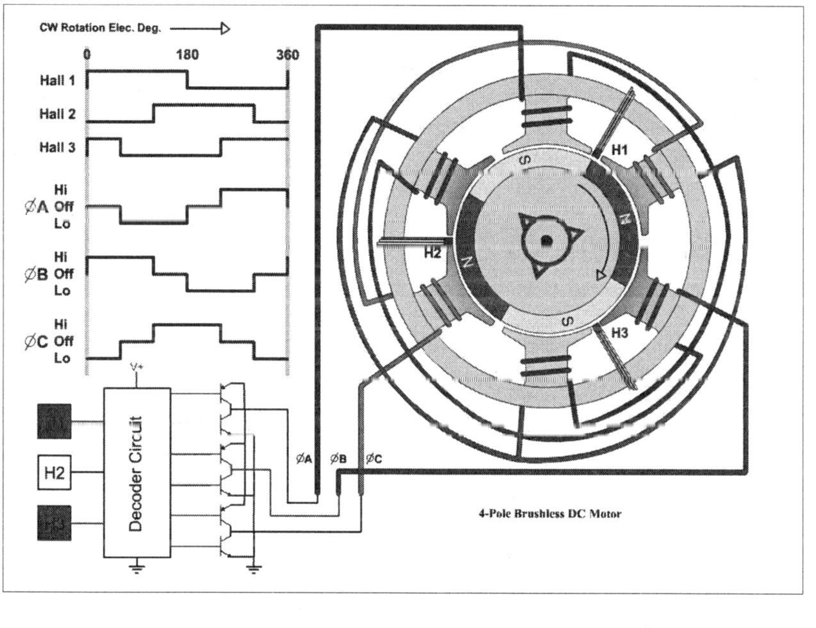

☞

이 장에서는 BLDC 모터를 구동 및 제어하는데 필요한 실용 지식으로서 전력용 반도체 스위칭 소자의 사용 기술, 전동기의 회전속도 측정 기술, 전압 및 전류 측정 기술 등에 대하여 차례로 공부한다.

전력용 반도체 스위칭 소자에는 매우 여러 가지의 종류가 있으나 서보제어용의 중소형 BLDC 모터를 구동하는데 사용되는 것은 거의 대부분 MOSFET나 IGBT이며, 초소형 전동기의 경우에는 간혹 바이폴라 트랜지스터를 사용하기도 한다.

전동기의 회전속도는 대부분 자기식 또는 광학식 로터리 엔코더를 사용하여 발생시킨 디지털 펄스 신호를 마이크로컨트롤러의 카운터로 계수하는 방법으로 측정한다. 그러나, BLDC 모터에서는 회전자의 위치검출을 위한 홀센서의 신호를 회전속도 측정에 사용하기도 한다.

소용량인 서보제어용 전동기의 전류는 대부분의 션트 저항을 사용하여 측정하지만, 좀더 큰 용량의 전동기에 대하여는 홀전류센서를 사용하여 측정하기도 한다.

3.1 전력용 반도체 스위칭 소자의 사용 기술

이 절에서는 먼저 전력용 스위칭 소자의 종류를 알아보고 이중에서 중소용량의 서보용 BLDC 모터 구동에 많이 사용되는 바이폴라 트랜지스터와 MOSFET 및 IGBT 등의 소자에 대하여 공부한다. 특히 MOSFET 소자에 대하여는 게이트 드라이브 방법과 여기에 사용되는 부트스트랩 회로의 구조 및 동작원리를 자세히 설명한다.

1. 전력용 반도체 스위칭 소자의 종류

전력 제어에 사용할 수 있는 스위칭 소자(switching device)로는 릴레이나 마그네트 스위치와 같은 기계적인 접점을 가지는 것과 접점이 없고 동작속도가 빠른 전력용 반도체 소자가 있다. 이중에서 전력용 스위칭 소자로 사용할 수 있는 실리콘 반도체 소자를 반도체의 구조에 따라 분류하여 보면 <그림 3.1.1>과 같다.

- 전력용 반도체
  - 다이오드류
    - 정류용 다이오드
    - 쇼트키 다이오드
    - 고속 역회복 다이오드
    - 제너 다이오드
  - 트랜지스터류
    - 바이폴라 트랜지스터 ---- NPN형, PNP형
    - MOSFET ------------- N채널형, P채널형
    - IGBT
  - 다이리스터류
    - 사이리스터
    - GTO
    - IGCT
    - MCT ---------------- N형, P형

<그림 3.1.1> 전력용 반도체 스위칭 소자의 구조에 따른 분류

이번에는 이 전력용 반도체 소자들을 스위칭 특성으로 다시 분류하여 보면 <그림 3.1.2>와 같다.

- 전력용 반도체
  - 스위칭 제어 기능이 없는 소자 --------------- 다이오드
  - 스위칭 ON 기능만을 갖는 소자
    - 다이리스터
    - TRIAC
  - 스위치 ON/OFF 기능을 갖는 소자
    - 트랜지스터류
      - BJT
      - MOSFET
      - IGBT
    - 다이리스터류
      - GTO
      - IGCT
      - MCT

<그림 3.1.2> 전력용 반도체 스위칭 소자의 스위칭 특성에 따른 분류

이중에서 고속 역회복 다이오드는 BLDC 모터의 구동회로에서 스위치 OFF 동작시에 전동기의 유도성 부하전류를 연속적으로 흐르게 하여 서지(surge) 전압을 억제하도록 해주는 프리휠링 다이오드(freewheeling diode)로 널리 사용된다.

트랜지스터(transistor)로 분류되는 전력용 반도체는 게이트 신호만으로 스위치의 ON/OFF 동작이 가능하므로 빠른 속도의 직류 전류 스위칭에 적합하여 BLDC 모터의 구동회로에 널리 사용된다. 이중에서 바이폴라 트랜지스터는 입력전류 신호로 스위칭 동작이 이루어지는 전류구동 소자로서, 전력손실이 비교적 크고 10kHz 이하의 비교적 느린 스위칭에 적합하다. 이에 비하여 MOSFET는 입력전압 신호로 스위칭 동작이 이루어지는 전압구동 소자로서, 전력손실이 상대적으로 작고 보다 더 빠른 속도의 스위칭에 적합하지만, 바이폴라 트랜지스터에 비하여는 최대 정격이 저전압 저전류인 특성을 가지고 있다. 또한, IGBT는 MOSEFT와 바이폴라 트랜지스터의 장점을 결합한 소자로서 MOSFET처럼 전압구동 소자라는 특성과 바이폴라 트랜지스터와 같이 고전압 대전류 소자가 가능하다는 장점을 가지며, 이것의 스위칭 속도는 바이폴라 트랜지스터보다는 다소 높고 MOSFET보다는 낮아서 약 20kHz 정도까지 사용할 수 있다. 이상을 종합하면 초소형 BLDC 모터에서는 바이폴라 트랜지스터로 쉽게 구동이 가능하지만, 중소용량의 BLDC 모터 서보제어에는 MOSFET가 적합하며, 이보다 용량이 커질수록 IGBT가 더 적합하게 된다.

다이리스터(thyristor)로 분류되는 전력용 소자는 트랜지스터류에 비하여 훨씬 고전압 대전류의 특성을 갖지만 스위칭 속도가 상당히 느리며, 턴온(turn on)에 비하여 턴오프(turn off) 동작이 어렵기 때문에 소자에 역전압이 인가되어 자연적으로 턴오프가 가능한 교류전력 제어 분야에 널리 사용된다. 따라서, BLDC 모터 제어에는 이러한 소

자들이 거의 사용되지 않으며, 이 책에서도 이 소자들은 취급하지 않는다.

이상에서 설명한 모든 전력용 반도체 스위칭 소자들의 동작 특성을 비교 요약하면 <그림 3.1.3>과 같다.

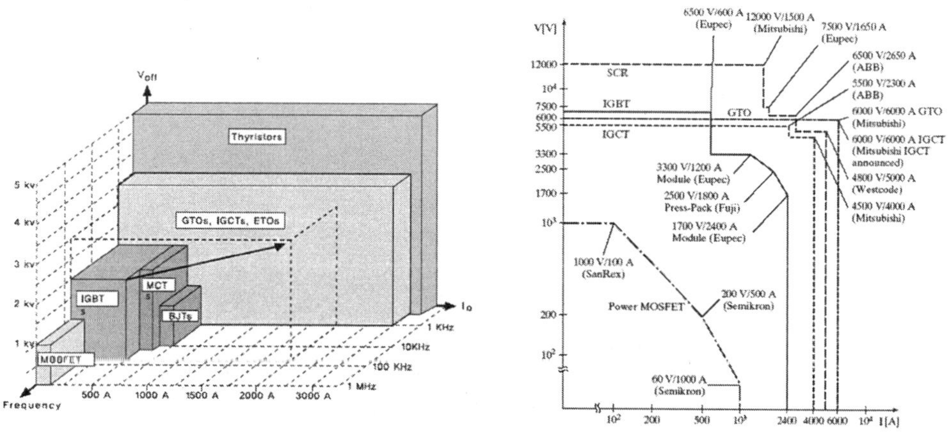

<그림 3.1.3> 전력용 반도체 스위칭 소자의 특성 비교

2. 다이오드

다이오드는 <그림 3.1.4>에 보인 바와 같이 실리콘 재질의 p형 반도체와 n형 반도체가 접합된 구조를 가지는 반도체 소자로서, 이 pn접합부에는 항상 0.6~0.7V의 전위장벽(potential barrier)이 형성된다. 다이오드에서는 기본적으로 p형 반도체쪽의 애노드(anode) 단자와 n형 반도체쪽의 캐소드(cathode) 단자 사이에 이 전위장벽보다 높은 전압을 인가하면 도통되어 전류가 흐르고, 그 반대방향으로는 도통되지 않으므로 교류를 직류로 변환하는 정류작용을 수행한다.

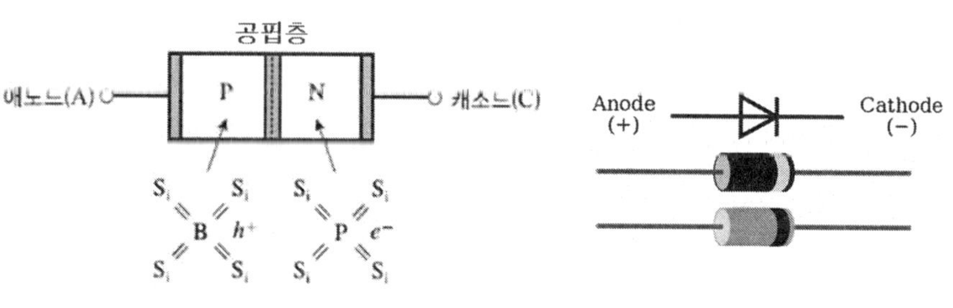

<그림 3.1.4> 다이오드의 구조 및 회로 심볼

만약 다이오드의 역방향으로 전압을 계속 증가시키면 전류가 급증하면서 소자가 파괴되는 전압에 이르게 되는데 이를 브레이크 다운 전압(breakdown voltage) 또는 최대 역저지 전압이라고 한다. 이러한 다이오드의 동작을 VI 동작특성 곡선으로 표현하면 <그림 3.1.5>와 같다.

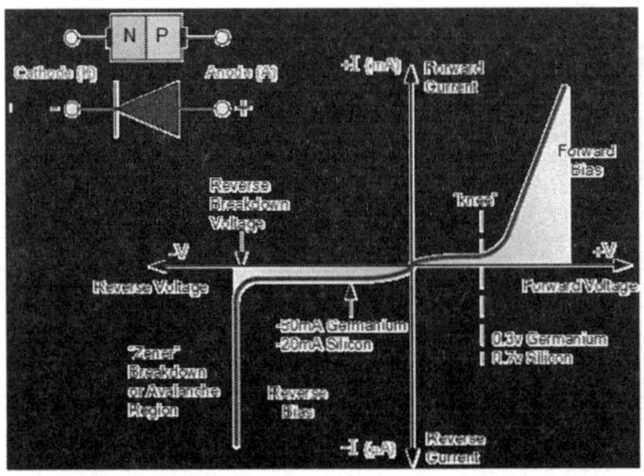

<그림 3.1.5> 다이오드의 VI 특성곡선

다이오드는 <그림 3.1.6>에 보인 것처럼 1개의 소자에 1개의 다이오드만 들어있는 것부터 2개, 4개, 6개가 내장된 팩키지도 있다. 단상 브리지형이나 3상 브리지형은 주로 정류용에서 많이 사용된다.

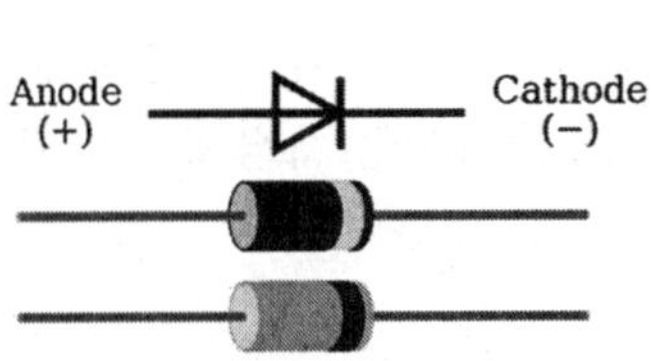

(a) 단일 팩키지 형

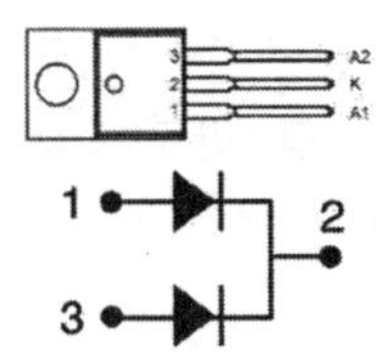

(b) 센터탭 듀얼 패키지형

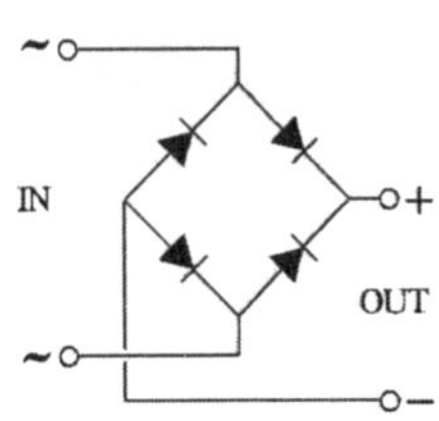

(c) 단상 브리지형

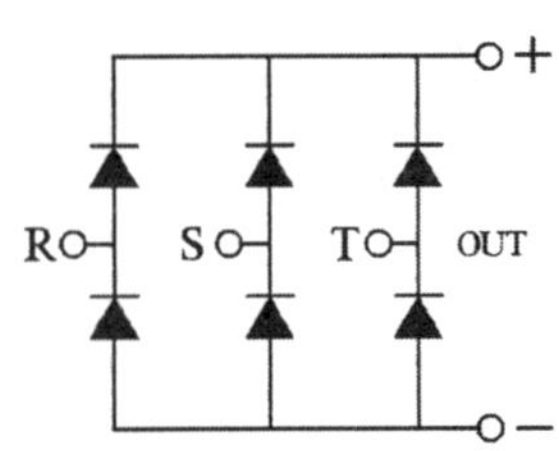

(d) 3상 브리지형

<그림 3.1.6> 팩키지 구조에 따른 다이오드의 종류

다이오드를 동작 특성이나 용도에 따라 분류하여 보면 대체로 <그림 3.1.7>과 같다. 릴레이의 솔레노이드와 같은 유도성 부하를 스위칭하는 회로나 직류전동기 구동회로에서 다이오드를 프리휠링(freewheeling) 용도로 사용하는 경우를 <그림 3.1.8>에 보였는데, 이런 용도에서는 최대 순방향 전류(maximum average forward current) I_F와 최대 역저지 전압(maximum repetitive reverse voltage) V_{RRM}은 물론이고, 순방향 전압강하(maximum forward voltage) V_F와 역회복 시간(reverse recovery time) t_{rr}을 고려하여 다이오드 소자를 선정해야 한다.

- 다이오드
  - 전력용
    - 정류용 다이오드
    - 고속 역회복 다이오드(FRD ; Fast Recovery Diode)
    - 초고속 역회복 다이오드(UFRD ; Ultra-Fast Recovery Diode)
    - 쇼트키 다이오드(SBD ; Schottky Barrier Diode)
  - 특수용
    - 제너 다이오드
    - 포토 다이오드
    - PIN 다이오드
    - 발광 다이오드
      - 디스플레이용 -- 적색.녹색.황색.청색.백색
      - 조명용

<그림 3.1.7> 동작 특성과 용도에 따른 다이오드의 종류

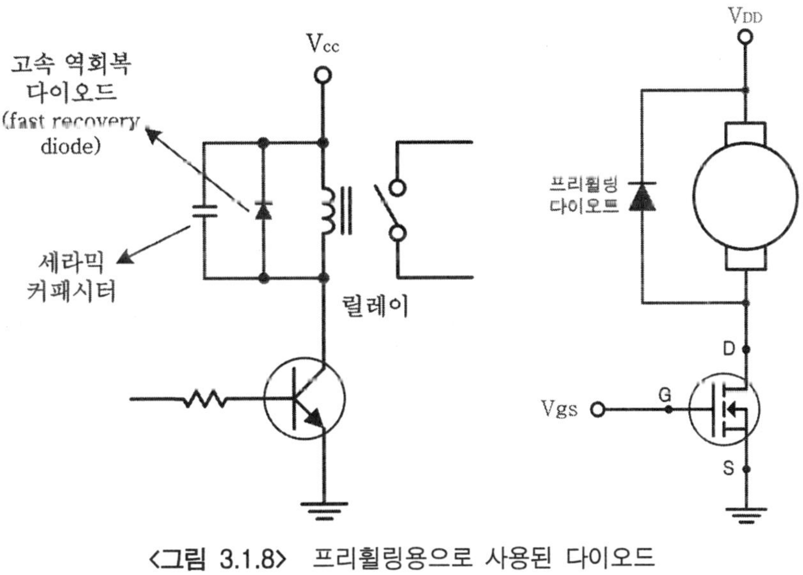

<그림 3.1.8> 프리휠링용으로 사용된 다이오드

다이오드의 순방향 전압강하는 이 소자의 도통손실을 결정하는 중요한 요인이 된다. 일반적으로 신호용 다이오드에서는 순방향 전압강하가 0.6~0.7V 정도에 불과하지만, 전력용 다이오드에서는 이보다 훨씬 커서 1.2V에서 2.0V에 이르는 것도 있다. 쇼트키 다이오드는 순방향 전압강하가 다른 다이오드에 비하여 약 1/2 이하 정도로 낮아서 도통손실이 작다는 장점이 있지만, 최대 역저지 전압과 전류용량이 작아서 저압의 소용량 분야에만 사용할 수 있다.

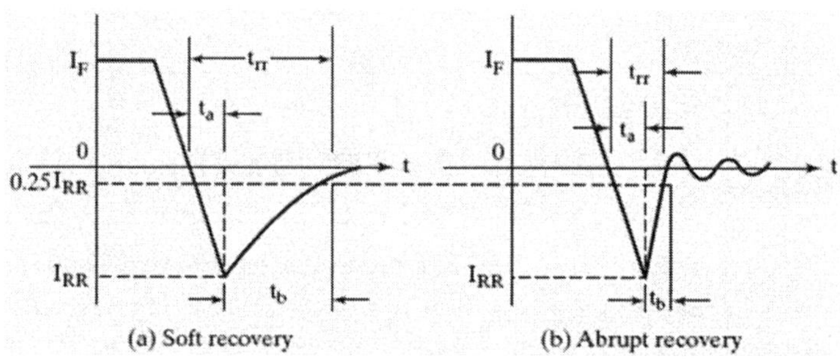

<그림 3.1.9> 다이오드의 역회복 시간

<표 3.1.1> 다이오드의 종류별 특성 비교

항 목	정류용 다이오드	고속 역회복 다이오드	초고속 역회복 다이오드	쇼트키 다이오드
전압/전류 용량	6000V/4500A 이하	3000V/1000A 이하	1200V/400A 이하	150V/100A 이하
순방향 전압강하 V_F	0.6~1.7V	0.6~1.7V	0.6~1.7V	0.1~0.6V
역회복 시간 t_{rr}	수십μs 정도	수백ns 정도	수십ns 정도	수십ns 이하

다이오드의 역회복 시간은 <그림 3.1.9>에 표시한 바와 같이 다이오드가 순방향의 도통상태에서 역전압이 인가되어 저지상태로 변화할 때 순방향의 전류가 0이 되는 순간부터 역방향 전류의 피크치를 지나서 25%까지 감소하는 시간으로 정의된다. 이는 다이오드 내부의 소수 캐리어가 반대 극성의 전하와 재결합하여 중성화하는데 필요한 시간으로서, 다이오드의 스위칭 손실을 결정하는 중요한 요인이 되며, 역회복 시간이 짧을수록 스위칭 손실이 작아진다.

일반 정류용 다이오드는 역회복 시간이 수십μs 정도인데, 스위칭 손실을 줄이기 위하여 역회복 시간을 수백ns 정도로 짧게 만든 것이 고속 역회복 다이오드(FRD ; fast recovery diode)이며, 역회복 시간을 이보다 더욱 짧게 수십ns 정도로 한 것이 초고속 역회복 다이오드(UFRD ; ultra-fast recovery diode)이다. 쇼트키 다이오드는 역회복 시간이 초고속 역회복 다이오드보다 더 짧다.

(1) 고속 역회복 다이오드 FR104

FR104는 정격전류가 1A이고 역회복 시간이 150ns로 빠른 고속 역회복 다이오드이다. 소형 전동기 구동회로, DC-DC 컨버터 회로, 릴레이 구동회로 등에서 프리휠링 다이오드로 널리 사용된다.

FR104의 데이터 시트에서 주요 사항을 발췌하여 <그림 3.1.10>에 보였다.

FR101 THRU FR107

1.0 AMP FAST RECOVERY RECTIFIERS

FMS

FEATURES

* Low forward voltage drop
* High current capability
* High reliability
* High surge current capability

MECHANICAL DATA

* Case: Molded plastic
* Epoxy: UL 94V-0 rate flame retardant
* Lead: Axial leads, solderable per MIL-STD-202, method 208 guranteed
* Polarity: Color band denotes cathode end
* Mounting position: Any
* Weight: 0.34 grams

VOLTAGE RANGE
50 to 1000 Volts
CURRENT
1.0 Ampere

DO-41

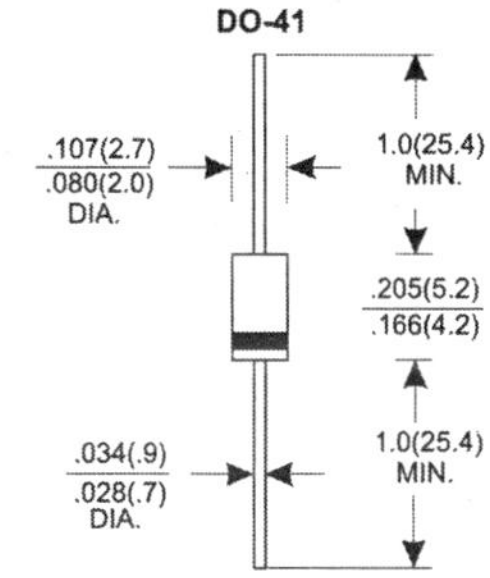

Dimensions in inches and (millimeters)

MAXIMUM RATINGS AND ELECTRICAL CHARACTERISTICS

Rating 25°C ambient temperature uniess otherwies specified.
Single phase half wave, 60Hz, resistive or inductive load. For capacitive load, derate current by 20%.

TYPE NUMBER	FR101	FR102	FR103	FR104	FR105	FR106	FR107	UNITS
Maximum Recurrent Peak Reverse Voltage	50	100	200	400	600	800	1000	V
Maximum RMS Voltage	35	70	140	280	420	560	700	V
Maximum DC Blocking Voltage	50	100	200	400	600	800	1000	V
Maximum Average Forward Rectified Current .375"(9.5mm) Lead Length at Ta=75°C	1.0							A
Peak Forward Surge Current, 8.3 ms single half sine-wave superimposed on rated load (JEDEC method)	30							A
Maximum Instantaneous Forward Voltage at 1.0A	1.3							V
Maximum DC Reverse Current Ta=25°C	5.0							A
at Rated DC Blocking Voltage Ta=100°C	100							A
Maximum Reverse Recovery Time (Note 1)	150				250	500		nS
Typical Junction Capacitance (Note 2)	15							pF
Operating and Storage Temperature Range T_J, T_{STG}	-65 — +150							°C

NOTES: 1. Reverse Recovery Time test condition: IF=0.5A, IR=1.0A, IRR=0.25A
2. Measured at 1MHz and applied reverse voltage of 4.0V D.C.

<그림 3.1.10> 고속 역회복 다이오드 FR104의 데이터 시트(발췌)

(2) 초고속 역회복 다이오드 UF4004

UF4004는 정격전류가 1A이고 역회복 시간이 50ns로 더 빠른 초고속 역회복 다이오드이다. 소형 전동기 구동회로, DC-DC 컨버터 회로, 릴레이 구동회로 등에서 프리휠링 다이오드로 널리 사용된다. 단, 이것은 FR104보다 약간 비싸다.

UF4004의 데이터 시트에서 주요 사항을 발췌하여 <그림 3.1.11>에 보였다.

VISHAY. **UF4001, UF4002, UF4003, UF4004, UF4005, UF4006, UF4007**

www.vishay.com

Vishay General Semiconductor

Ultrafast Plastic Rectifier

DO-204AL (DO-41)

MECHANICAL DATA

Case: DO-204AL (DO-41)
Molding compound meets UL 94 V-0 flammability rating
Base P/N-E3 - RoHS-compliant, commercial grade

Terminals: Matte tin plated leads, solderable per J-STD-002 and JESD 22-B102
E3 suffix meets JESD 201 class 1A whisker test

Polarity: Color band denotes cathode end

FEATURES

- Glass passivated chip junction
- Ultrafast reverse recovery time
- Low forward voltage drop
- Low switching losses, high efficiency
- High forward surge capability
- Solder dip 275 °C max. 10 s, per JESD 22-B106

RoHS COMPLIANT

TYPICAL APPLICATIONS

For use in high frequency rectification and freewheeling application in switching mode converters and inverters for consumer, computer, and telecommunication.

MAXIMUM RATINGS (T_A = 25 °C unless otherwise noted)

PARAMETER	SYMBOL	UF4001	UF4002	UF4003	UF4004	UF4005	UF4006	UF4007	UNIT
Maximum repetitive peak reverse voltage	V_{RRM}	50	100	200	400	600	800	1000	V
Maximum RMS voltage	V_{RMS}	35	70	140	280	420	560	700	V
Maximum DC blocking voltage	V_{DC}	50	100	200	400	600	800	1000	V
Maximum average forward rectified current 0.375" (9.5 mm) lead length at T_A = 55 °C	$I_{F(AV)}$	1.0							A
Peak forward surge current 8.3 ms single half sine-wave superimposed on rated load	I_{FSM}	30							A
Operating junction and storage temperature range	T_J, T_{STG}	- 55 to + 150							°C

ELECTRICAL CHARACTERISTICS (T_A = 25 °C unless otherwise noted)

PARAMETER	TEST CONDITIONS	SYMBOL	UF4001	UF4002	UF4003	UF4004	UF4005	UF4006	UF4007	UNIT
Maximum instantaneous forward voltage	1.0 A	V_F (1)	1.0				1.7			V
Maximum DC reverse current at rated DC blocking voltage	T_A = 25 °C	I_R	10							μA
	T_A = 100 °C		50							
Maximum reverse recovery time	I_F = 0.5 A, I_R = 1.0 A, I_{rr} = 0.25 A	t_{rr}	50				75			ns
Typical junction capacitance	4.0 V, 1 MHz	C_J	17							pF

Note (1) Pulse test: 300 μs pulse width, 1 % duty cycle

<그림 3.1.11> 초고속 역회복 다이오드 UF4004의 데이터 시트(발췌)

(3) 쇼트키 다이오드 1N5818

1N5818은 정격전류가 1A이고 최대 역저지 전압이 30V이며 순방향 전압강하가 낮은 쇼트키 다이오드이다. 스위칭 속도가 매우 빠르기 때문에 *OK-128BLDC* 키트에서는 LM2575를 사용한 정전압 스위칭 레귤레이터 회로에서 출력단의 프리휠링 다이오드로 사용한다.

1N5818의 데이터 시트에서 주요 사항을 발췌하여 <그림 3.1.12>에 보였다.

VISHAY. www.vishay.com

1N5817, 1N5818, 1N5819

Vishay General Semiconductor

Schottky Barrier Plastic Rectifier

DO-204AL (DO-41)

PRIMARY CHARACTERISTICS	
$I_{F(AV)}$	1.0 A
V_{RRM}	20 V, 30 V, 40 V
I_{FSM}	25 A
V_F	0.45 V, 0.55 V, 0.60 V
T_J max.	125 °C
Package	DO-204AL
Diode variations	Single

FEATURES

- Guardring for overvoltage protection
- Very small conduction losses
- Extremely fast switching
- Low forward voltage drop
- High frequency operation
- Solder dip 275 °C max. 10 s, per JESD 22-B106
- Material categorization: For definitions of compliance please see www.vishay.com/doc?99912

RoHS COMPLIANT

TYPICAL APPLICATIONS

For use in low voltage high frequency inverters, freewheeling, DC/DC converters, and polarity protection applications.

MAXIMUM RATINGS (T_A = 25 °C unless otherwise noted)

PARAMETER	SYMBOL	1N5817	1N5818	1N5819	UNIT
Maximum repetitive peak reverse voltage	V_{RRM}	20	30	40	V
Maximum RMS voltage	V_{RMS}	14	21	28	V
Maximum DC blocking voltage	V_{DC}	20	30	40	V
Maximum non-repetitive peak reverse voltage	V_{RSM}	24	36	48	V
Maximum average forward rectified current at 0.375" (9.5 mm) lead length at T_L = 90 °C	$I_{F(AV)}$		1.0		A
Peak forward surge current, 8.3 ms single half sine-wave superimposed on rated load	I_{FSM}		25		A
Voltage rate of change (rated V_R)	dV/dt		10 000		V/μs
Operating junction and storage temperature range	T_J, T_{STG}		- 65 to + 125		°C

ELECTRICAL CHARACTERISTICS (T_A = 25 °C unless otherwise noted)

PARAMETER	TEST CONDITIONS		SYMBOL	1N5817	1N5818	1N5819	UNIT
Maximum instantaneous forward voltage	1.0		V_F (1)	0.450	0.550	0.600	V
Maximum instantaneous forward voltage	3.1		V_F (1)	0.750	0.875	0.900	V
Maximum average reverse current at rated DC blocking voltage		T_A = 25 °C	I_R (1)		1.0		mA
		T_A = 100 °C			10		
Typical junction capacitance	4.0 V, 1.0 MHz		C_J	125	110		pF

(1) Pulse test: 300 μs pulse width, 1 % duty cycle

<그림 3.1.12> 쇼트키 다이오드 1N5818의 데이터 시트(발췌)

3. 바이폴라 트랜지스터

바이폴라 트랜지스터(BJT ; Bipolar Junction Transistor)는 실리콘 재질의 p형 반도체와 n형 반도체가 npn 또는 pnp 구조로 2개의 접합부를 가지는 반도체 소자이다. 바이폴라 트랜지스터는 베이스(base), 컬렉터(collector), 에미터(emitter)의 3개 단자를 가지며, 베이스 전류에 의하여 컬렉터와 에미터 사이의 전류가 조절되는 전류제어형의 소자이다. 이것은 나중에 설명하는 MOSFET가 게이트 전압에 의하여 동작하는 전압제어형 소자라는 것과 대비된다.

트랜지스터의 동작 영역은 차단(cutoff) 영역, 활성(active) 영역, 포화(saturation) 영역의 3가지로 나누어지는데, 증폭기는 이중에서 주로 활성 영역에서의 증폭작용을 이용하며, 디지털 회로는 차단 영역과 포화 영역에서의 스위칭 작용을 이용한다. 바이폴라 트랜지스터는 전자(electron)와 정공(hole)에 의하여 전류가 흐르고 동작하는데, npn형에서는 전자가 다수 캐리어가 되고 정공이 소수 캐리어가 되며, pnp형에서는 반대로 정공이 다수 캐리어가 되고 전자가 소수 캐리어가 된다. 바이폴라 트랜지스터는 스위칭 동작에서 턴오프할 때 소수 캐리어의 재결합에 시간이 걸리므로 MOSFET에 비하여 상대적으로 스위칭 속도가 느리다.

(1) npn형 바이폴라 트랜지스터

npn형의 바이폴라 트랜지스터는 <그림 3.1.13>에 보인 것처럼 p형 반도체와 n형 반도체가 npn 구조로 2개의 접합부를 갖는다. 여기서 베이스와 에미터 사이는 다이오드처럼 동작하여 순방향 전압강하가 V_F=0.7V로 되므로 베이스에 에미터보다 최소한 0.7V 이상이 높은 입력전압을 인가하면 베이스 전류 I_B가 흐르고, 이 베이스 전류가 h_{FE}배 증폭된 컬렉터 전류 I_C가 컬렉터에서 에미터 방향으로 흐르게 된다.

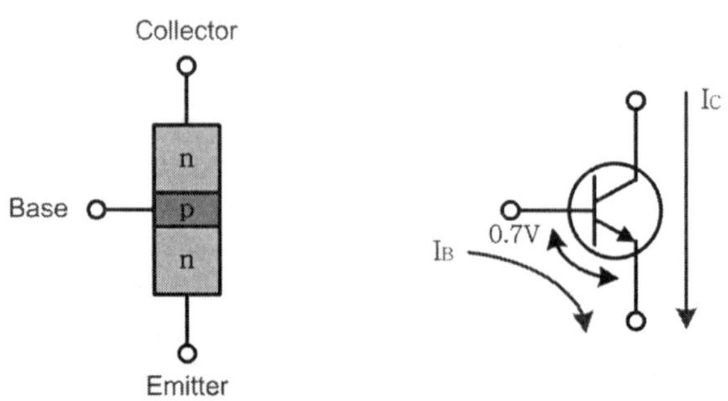

<그림 3.1.13> npn형 바이폴라 트랜지스터의 구조 및 기본 동작

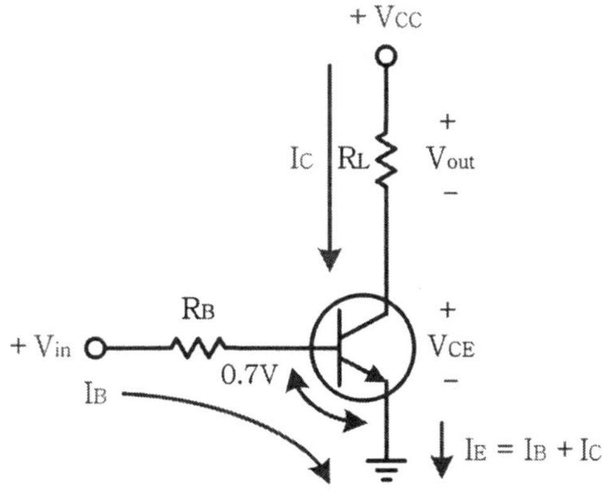

<그림 3.1.14> npn형 바이폴라 트랜지스터의 기본동작 회로

이제 <그림 3.1.14>를 가지고 npn형 바이폴라 트랜지스터의 아날로그 전류 증폭작용과 디지털 스위칭 작용을 좀더 자세하게 설명하면 다음과 같다. 이 회로에 0.7V 이상의 입력전압 V_{in}이 인가되면 다음과 같은 베이스 전류가 흐른다.

$$I_B = \frac{V_{in} - V_{BE}}{R_B} = \frac{V_{in} - 0.7}{R_B}$$

그러면 부하저항 R_L에는 이 베이스 전류가 h_{FE}배만큼 증폭된 컬렉터 전류 I_C가 흐른다. 여기서 h_{FE}를 직류 전류 증폭률(DC current gain)이라고 하는데, 이 값은 트랜지스터 소자의 종류와 동작 조건에 따라 많이 달라지지만 보통 수십에서 수백 정도의 값을 갖는다.

$$I_C = I_B \times h_{FE}$$

그러면 당연히 에미터에는 다음과 같은 에미터 전류가 흐른다.

$$I_E = I_B + I_C \fallingdotseq I_C$$

이러한 npn형 바이폴라 트랜지스터의 동작을 좀더 세부적으로 살펴보면 다음과 같은 3가지의 동작 영역으로 나눌 수 있다.

① 만약 이 회로의 입력전압 V_{in}이 0이거나 베이스 저항 R_B가 무한대로 되어 입력 베이스 전류가 I_B=0인 경우에는 컬렉터 전류도 I_C=0으로 되어 흐르지 않으며, 따라서 출력전압도 V_{out}=0으로 되고, 이 회로의 전원전압은 모두 트랜지스터의 컬렉터와 에미

터의 양단에 걸리게 되어 $V_{CE}=V_{CC}$가 된다. 트랜지스터가 이렇게 동작하는 영역을 차단 영역(cutoff region)이라고 하며, 이는 디지털 회로에서 OFF 상태로 이용된다.

② 입력전압 V_{in}과 베이스 저항 R_B에 의하여 베이스 전류가 흐르는 경우에는 이것이 h_{FE}배만큼 비례적으로 증폭된 컬렉터 전류가 부하에 흐른다. 이때 입력전압을 변동시키거나 베이스 저항을 가변하면 그에 따라 베이스 전류와 컬렉터 전류도 변하며, 이것은 출력전압 V_{out}을 변화시킨다. 베이스 전류가 커지면 출력전압도 커지며, 그만큼 컬렉터와 에미터에 걸리는 전압은 감소한다. 트랜지스터가 이렇게 동작하는 영역을 활성 영역(active region)이라고 하며, 이는 증폭회로에서 널리 이용된다.

③ 입력전압 V_{in}을 더욱 증가시키거나 베이스 저항 R_B를 계속 감소시키면 컬렉터 전류가 더 이상 베이스 전류에 비례하지 않고 $I_{C(max)}$로 포화된다. 베이스 전류가 충분히 커서 이와 같이 트랜지스터의 컬렉터-에미터 전압이 $V_{CE}=V_{CE(sat)}$으로 일정하게 유지되고 컬렉터 전류도 $I_C=I_{C(max)}$로 일정하게 흐르는 동작 영역을 포화 영역(saturation region)이라고 하며, 이는 디지털 회로에서 ON 상태로 이용된다. 컬렉터-에미터 포화전압 $V_{CE(sat)}$는 트랜지스터의 모델이나 동작 조건에 따라 다르지만 신호용의 소용량 트랜지스터에서는 약 0.2V 정도이다. 따라서, 포화 영역에서의 출력전압은 다음과 같이 계산된다.

$$V_{out} = I_{C(max)} \times R_L = V_{CC} - V_{CE(sat)} = V_{CC} - 0.2 \fallingdotseq V_{CC}$$

베이스 전류 I_B가 점점 증가하여 포화 영역이 시작될 때 $I_B \times h_{FE} = I_{C(max)}$를 만족하므로 포화 영역에서 트랜지스터가 확실하게 스위치 ON 상태를 유지할 수 있는 조건은 다음과 같이 계산할 수 있다.

$$I_B \gg \frac{I_{C(max)}}{h_{FE}} = \frac{V_{CC} - V_{CE(sat)}}{h_{FE} \times R_L} = \frac{V_{CC} - 0.2}{h_{FE} \times R_L}$$

이와 같이 베이스 전류 I_B를 충분히 크게 하여 트랜지스터를 확실하게 포화시키고 이를 스위치 ON 상태로 만들려면 입력전압 V_{in}을 충분히 크게 하거나 베이스 저항 R_B를 충분히 작게 선정해야 한다. 물론 직류 전류 증폭률 h_{FE}가 충분히 큰 트랜지스터 모델을 선정하는 것도 필요하다.

바이폴라 트랜지스터의 전류 용량이 커지면 직류 전류 증폭률 h_{FE}는 수십 이하로 작아지는 경향이 있다. 따라서, 전류 용량이 큰 경우 npn형의 바이폴라 트랜지스터를 스위치로 사용하려면 h_{FE}가 너무 작아서 베이스 전류 I_B를 매우 크게 해야 하는 문제가 있는데, 이럴 경우에는 2개의 트랜지스터를 이용하여 <그림 3.1.15>처럼 다알링턴(Darlington) 회로를 구성하여 사용하면 된다. 다알링턴 회로의 전체 전류 증폭률은 각 트랜지스터의 전류 증폭률을 곱한 값이 되어 $h_{FE} = h_{FE1} \times h_{FE2}$로 표현된다. 그러나, 다알링턴 회로를 사용하면 컬렉터-에미터 포화전압 $V_{CE(sat)}$이 커져서 이 스위칭 소자에서의 손실이 커지는 단점이 있다.

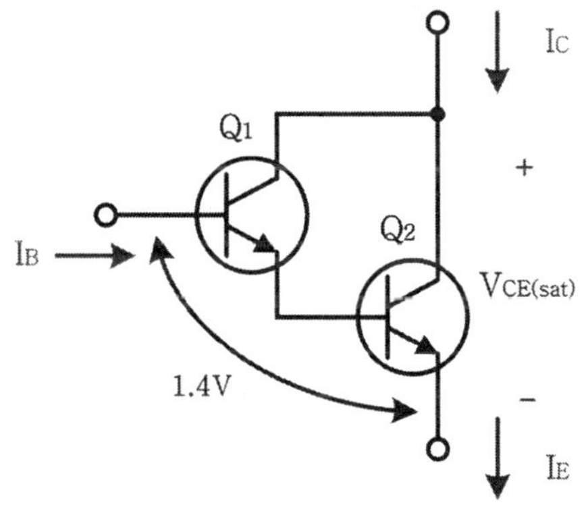

〈그림 3.1.15〉 npn형 바이폴라 트랜지스터를 사용한 다일링턴 회로

(2) pnp형 바이폴라 트랜지스터

pnp형의 바이폴라 트랜지스터는 <그림 3.1.16>에 보인 것처럼 p형 반도체와 n형 반도체가 pnp 구조로 2개의 접합부를 갖는다. 여기서 에미터와 베이스 사이는 다이오드처럼 동작하여 순방향 전압강하가 V_F=0.7V로 되므로 베이스에 에미터보다 최소한 0.7V 이상이 낮은 입력전압을 인가하면 베이스 전류 I_B가 흐르고, 이 베이스 전류가 h_{FE}배 증폭된 컬렉터 전류 I_C가 에미터에서 컬렉터 방향으로 흐르게 된다.

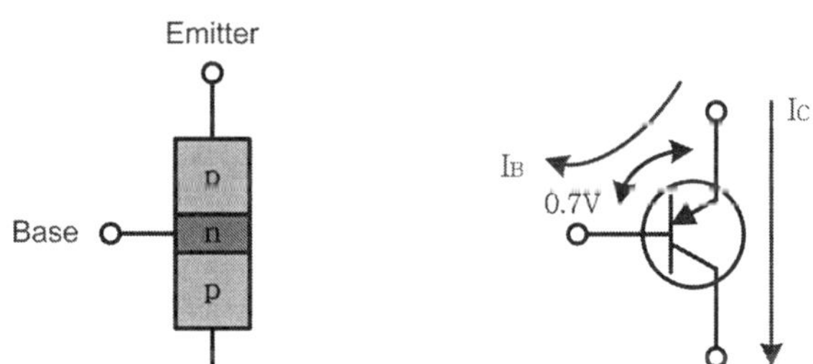

〈그림 3.1.16〉 pnp형 바이폴라 트랜지스터의 구조 및 기본 동작

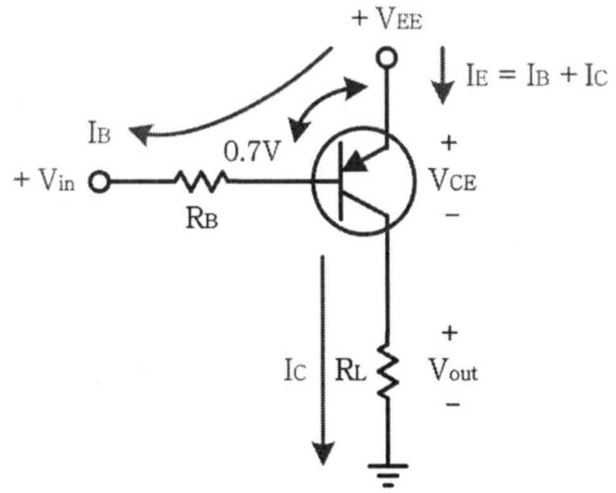

<그림 3.1.17> pnp형 바이폴라 트랜지스터의 기본동작 회로

이제 <그림 3.1.17>을 가지고 pnp형 바이폴라 트랜지스터의 아날로그 전류 증폭작용과 디지털 스위칭 작용을 좀더 자세하게 설명하면 다음과 같다. 이 회로에 전원전압보다 0.7V 이상 낮은 입력전압 V_{in}이 인가되면 다음과 같은 베이스 전류가 흐른다.

$$I_B = \frac{V_{EE} - V_{BE} - V_{in}}{R_B} = \frac{V_{EE} - 0.7 - V_{in}}{R_B}$$

그러면 부하저항 R_L에는 이 베이스 전류가 h_{FE}배만큼 증폭된 컬렉터 전류 I_C가 흐른다. 여기서 h_{FE}를 직류 전류 증폭률(DC current gain)이라고 하는데, 이 값은 트랜지스터 소자의 종류와 동작 조건에 따라 많이 달라지지만 보통 수십에서 수백 정도의 값을 갖는다.

$$I_C = I_B \times h_{FE}$$

그러면 당연히 에미터에는 다음과 같은 에미터 전류가 흐른다.

$$I_E = I_B + I_C \fallingdotseq I_C$$

이러한 pnp형 바이폴라 트랜지스터의 동작을 좀더 세부적으로 살펴보면 다음과 같은 3가지의 동작 영역으로 나눌 수 있다.

① 만약 이 회로의 입력전압 V_{in}이 전원전압과 같거나 베이스 저항 R_B가 무한대로 되어 입력 베이스 전류가 I_B=0인 경우에는 컬렉터 전류도 I_C=0으로 되어 흐르지 않으며, 따라서 출력전압도 V_{out}=0으로 되고, 이 회로의 전원전압은 모두 트랜지스터의 컬

렉터와 에미터의 양단에 걸리게 되어 $V_{CE}=V_{EE}$가 된다. 트랜지스터가 이렇게 동작하는 영역을 차단 영역(cutoff region)이라고 하며, 이는 디지털 회로에서 이용된다.

② 입력전압 V_{in}과 베이스 저항 R_B에 의하여 베이스 전류가 흐르는 경우에는 이것이 h_{FE}배만큼 비례적으로 증폭된 컬렉터 전류가 부하에 흐른다. 이때 입력전압을 변동시키거나 베이스 저항을 가변하면 그에 따라 베이스 전류와 컬렉터 전류도 변하며, 이것은 출력전압 V_{out}을 변화시킨다. 베이스 전류가 커지면 출력전압도 커지며, 그만큼 컬렉터와 에미터에 걸리는 전압은 감소한다. 트랜지스터가 이렇게 동작하는 영역을 활성 영역(active region)이라고 하며, 이는 증폭회로에서 널리 이용된다.

③ 입력전압 V_{in}을 더욱 감소시키거나 베이스 저항 R_B를 계속 감소시키면 컬렉터 전류가 더 이상 베이스 전류에 비례하지 않고 $I_{C(max)}$로 포화된다. 베이스 전류가 충분히 커서 이와 같이 트랜지스터의 컬렉터-에미터 전압이 $V_{CE}=V_{CE(sat)}$으로 일정하게 유지되고 컬렉터 전류도 $I_C=I_{C(max)}$로 일정하게 흐르는 동작 영역을 포화 영역(saturation region)이라고 하며, 이는 디지털 회로에서 이용된다. 컬렉터-에미터 포화전압 $V_{CE(sat)}$는 트랜지스터의 모델이나 동작 조건에 따라 다르지만 신호용의 소용량 트랜지스터에서는 약 0.2V 정도이다. 따라서, 포화 영역에서의 출력전압은 다음과 같이 계산된다.

$$V_{out} = I_{C(max)} \times R_L = V_{EE} - V_{CE(sat)} = V_{EE} - 0.2 \fallingdotseq V_{EE}$$

베이스 전류 I_B가 점점 증가하여 포화 영역이 시작될 때 $I_B \times h_{FE} = I_{C(max)}$를 만족하므로 포화 영역에서 트랜지스터가 확실하게 스위치 ON 상태를 유지할 수 있는 조건은 다음과 같이 계산할 수 있다.

$$I_B \gg \frac{I_{C(max)}}{h_{FE}} = \frac{V_{EE} - V_{CE(sat)}}{h_{FE} \times R_L} = \frac{V_{EE} - 0.2}{h_{FE} \times R_L}$$

이와 같이 베이스 전류 I_B를 충분히 크게 하여 트랜지스터를 확실하게 포화시키고 이를 스위치 ON 상태로 만들려면 입력전압 V_{in}을 충분히 작게 하거나 베이스 저항 R_B를 충분히 작게 선정해야 한다. 물론 직류 전류 증폭률 h_{FE}가 충분히 큰 트랜지스터 모델을 선정하는 것도 필요하다.

바이폴라 트랜지스터의 전류 용량이 커지면 직류 전류 증폭률 h_{FE}는 수십 이하로 작아지는 경향이 있다. 따라서, 전류 용량이 큰 경우 pnp형의 바이폴라 트랜지스터를 스위치로 사용하려면 h_{FE}가 너무 작아서 베이스 전류 I_B를 매우 크게 해야 하는 문제가 있는데, 이럴 경우에는 2개의 트랜지스터를 이용하여 <그림 3.1.18>처럼 다알링턴(Darlington) 회로를 구성하여 사용하면 된다. 다알링턴 회로의 전체 전류 증폭률은 각 트랜지스터의 전류 증폭률을 곱한 값이 되어 $h_{FE} = h_{FE1} \times h_{FE2}$로 표현된다. 그러나, 다알링턴 회로를 사용하면 컬렉터-에미터 포화전압 $V_{CE(sat)}$이 커져서 이 스위칭 소자에서의 손실이 커지는 단점이 있다.

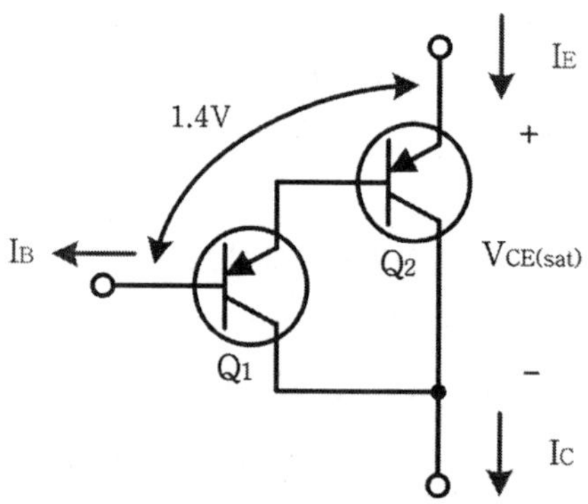

<그림 3.1.18> pnp형 바이폴라 트랜지스터를 사용한 다일링턴 회로

(3) 바이폴라 트랜지스터를 사용한 스위치

바이폴라 트랜지스터를 반도체 스위치로 사용할 때는 스위치를 부하의 하단에 위치하도록 하는 하단 스위치(low-side switch) 방법과 스위치를 부하의 상단에 위치하도록 하는 상단 스위치(high-side switch) 방법이 있다.

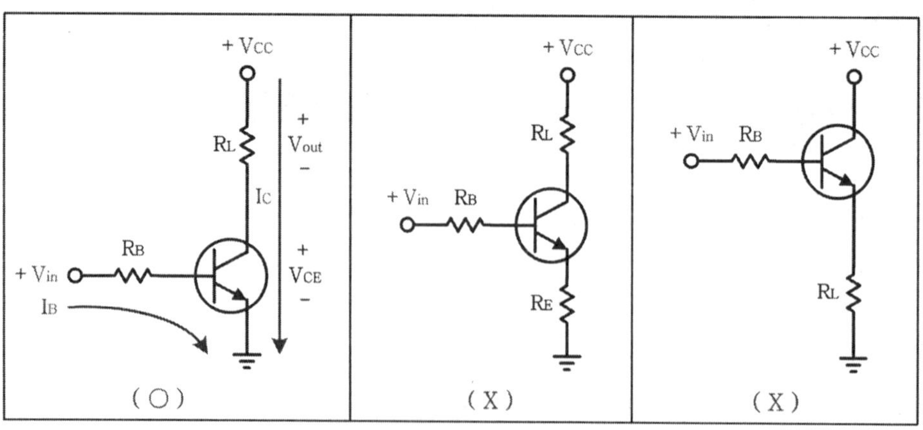

<그림 3.1.19> npn형 바이폴라 트랜지스터를 사용한 하단 스위치 방법

npn형의 바이폴라 트랜지스터를 스위치로 사용할 경우에는 <그림 3.1.19>에 보인 것처럼 반드시 하단 스위치 방법으로 사용해야 한다. 만약 그렇게 사용하지 않는다면 입력 베이스 전류가 부하전류의 영향을 받아서 회로의 설계가 어려워지거나 올바른 스위칭 동작이 수행되지 않을 수 있다.

하단 스위치 방법에서 스위치가 ON되었을 때의 컬렉터 전류 또는 부하전류는 다음과 같이 계산된다.

$$I_C = \frac{V_{CC} - V_{CE(sat)}}{R_L} = \frac{V_{CC} - 0.2}{R_L}$$

이와 같이 스위치 ON 동작이 수행되기 위해서는 $I_B \times h_{FE} \gg I_C$의 조건을 만족하는 베이스 전류를 흘려주어야 하는데, 이 베이스 전류는 다음과 같이 표현되므로 이에 적합한 입력전압 V_{in}과 베이스 저항 R_B를 설계할 수 있다.

$$I_B = \frac{V_{in} - V_{BE}}{R_B} = \frac{V_{in} - 0.7}{R_B}$$

여기서 입력신호 V_{in}이 마이크로프로세서와 같은 디지털 회로의 출력전압일 경우에는 V_{in}=high에서 스위치가 ON되고, V_{in}=low에서 스위치가 OFF된다. 이러한 동작이 잘 수행되도록 베이스 저항 R_B의 값을 적절하게 선정해야 한다.

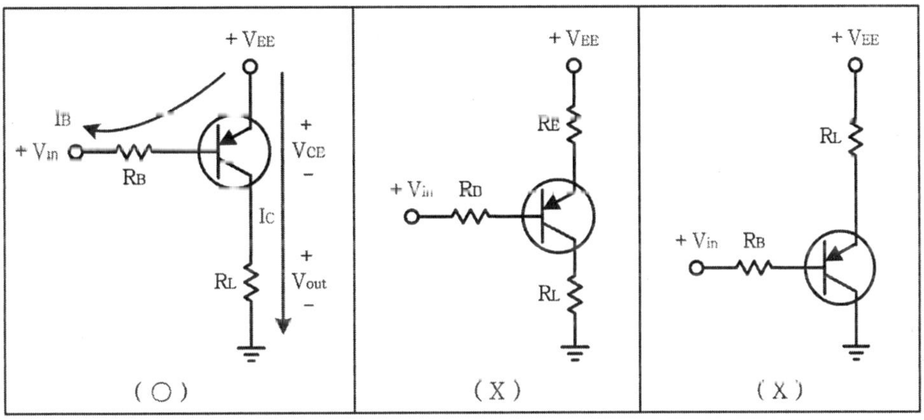

<그림 3.1.20> pnp형 바이폴라 트랜지스터를 사용한 상단 스위치 방법

pnp형의 바이폴라 트랜지스터를 스위치로 사용할 경우에는 <그림 3.1.20>에 보인 것처럼 반드시 상단 스위치 방법으로 사용해야 한다. 만약 그렇게 사용하지 않는다면

입력 베이스 전류가 부하전류의 영향을 받아서 회로의 설계가 어려워지거나 올바른 스위칭 동작이 수행되지 않을 수 있다.

상단 스위치 방법에서 스위치가 ON되었을 때의 컬렉터 전류 또는 부하전류는 다음과 같이 계산된다.

$$I_C = \frac{V_{EE} - V_{CE(sat)}}{R_L} = \frac{V_{EE} - 0.2}{R_L}$$

이와 같이 스위치 ON 동작이 수행되기 위해서는 $I_B \times h_{FE} >> I_C$의 조건을 만족하는 베이스 전류를 흘려주어야 하는데, 이 베이스 전류는 다음과 같이 표현되므로 이에 적합한 입력전압 V_{in}과 베이스 저항 R_B를 설계할 수 있다.

$$I_B = \frac{V_{EE} - V_{BE} - V_{in}}{R_B} = \frac{V_{EE} - 0.7 - V_{in}}{R_B}$$

여기서 입력신호 V_{in}이 마이크로프로세서와 같은 디지털 회로의 출력전압일 경우에는 V_{in}=low에서 스위치가 ON되고, V_{in}=high에서 스위치가 OFF된다. 이러한 동작이 잘 수행되도록 베이스 저항 R_B의 값을 적절하게 선정해야 한다.

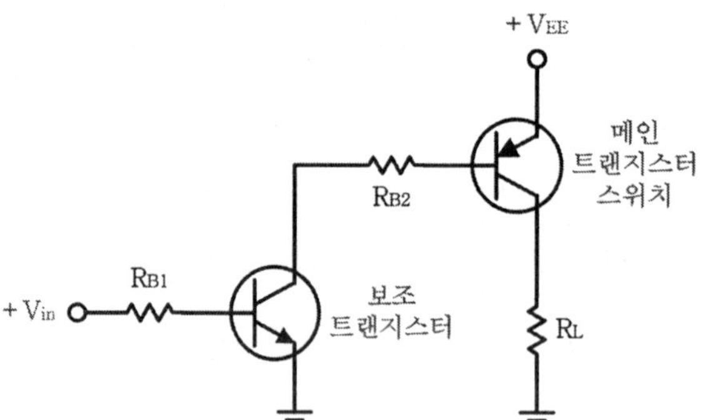

〈그림 3.1.21〉 pnp형 바이폴라 트랜지스터의 상단 스위치를 쉽게 스위칭하는 방법

그런데, 이렇게 pnp형의 바이폴라 트랜지스터를 사용하여 상단 스위치 방법으로 회로를 설계할 때는 주의해야 할 사항이 있다. 만약, 스위치를 구동하는 전원전압 V_{EE}가 입력 신호의 로직 레벨 전압보다 높다면 V_{in}=high에서도 스위치가 완전히 OFF되지 않게 된다는 것이다. 즉, 이렇게 입력전압이 high 레벨로 들어오더라도 이것이 pnp형 바이폴라 트랜지스터의 에미터 전압보다 낮기 때문에 베이스 전류가 흐르게 되고, 이 베

이스 전류는 컬렉터 전류를 흐르게 하여 트랜지스터가 OFF되지 않게 된다. 이런 문제를 해결하고 작은 디지털 로직 레벨의 신호로 상단 스위치를 원활하게 구동하려면 <그림 3.1.21>에서처럼 npn형의 보조 트랜지스터를 1개 사용하면 된다.

(4) 소용량 npn형 트랜지스터 2SC1815

미국의 JEDEC(Joint Electron Device Engineering Council) 규격에 따르면 바이폴라 트랜지스터의 명칭은 2N으로 시작한다. 그러나, 일본의 JIS(Japanese Industrial Standards) 규격에서는 바이폴라 트랜지스터의 명칭을 다음과 같이 4가지로 구분하여 사용한다.

2SA ; high-frequency pnp형
2SB ; low-frequency pnp형
2SC ; high-frequency npn형
2SD ; low-frequency npn형

그리고, 이러한 JIS 규격 트랜지스터의 명칭에서 숫자 다음의 마지막에는 1글자의 알파벳 문자가 붙는 경우가 있는데, 이것은 다음과 같이 직류 전류 증폭률 h_{FE}의 값을 나타낸다.

R ; h_{FE} = 40~80
O ; h_{FE} = 70~140
Y ; h_{FE} = 120~240
G ; h_{FE} = 200~400
L ; h_{FE} = 350~700

우리나라에서는 특별히 트랜지스터의 명칭을 규격으로 정한 것이 없어서 제조사에 따라 미국식을 따르기도 하고 일본식을 따르기도 하며, 일본식의 명칭에서 앞의 2를 K로 바꾸어 KSA, KSB, KSC, KSD로 시작하는 명칭을 사용하는 회사도 있다.

(a) TO-3 (b) TO-5 (c) TO-92 (d) TO-220

〈그림 3.1.22〉 트랜지스터의 대표적인 팩키지

KEC

SEMICONDUCTOR
TECHNICAL DATA

KRC101S~KRC106S
EPITAXIAL PLANAR NPN TRANSISTOR

SWITCHING APPLICATION.
INTERFACE CIRCUIT AND DRIVER CIRCUIT APPLICATION.

FEATURES

· With Built-in Bias Resistors.
· Simplify Circuit Design.
· Reduce a Quantity of Parts and Manufacturing Process.

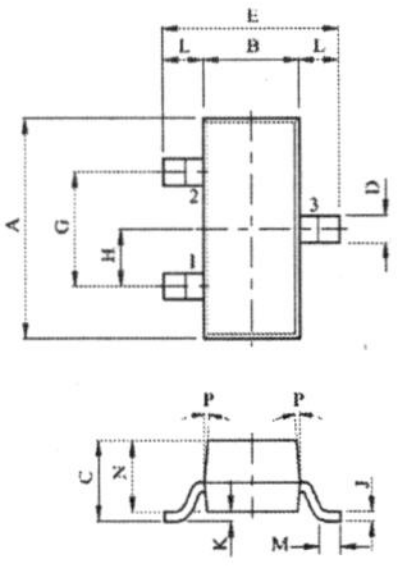

DIM	MILLIMETERS
A	2.93±0.20
B	1.30+0.20/-0.15
C	1.30 MAX
D	0.45+0.15/-0.05
E	2.40+0.30/-0.20
G	1.90
H	0.95
J	0.13+0.10/-0.05
K	0.00 ~ 0.10
L	0.55
M	0.20 MIN
N	1.00+0.20/-0.10
P	7°

1. COMMON (EMITTER)
2. IN (BASE)
3. OUT (COLLECTOR)

SOT-23

EQUIVALENT CIRCUIT

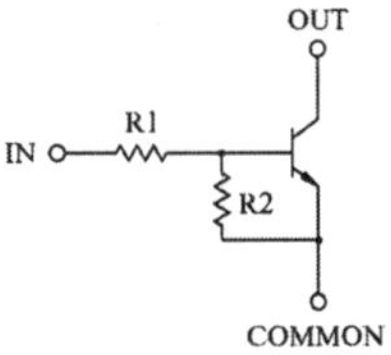

BIAS RESISTOR VALUES

TYPE NO.	R1(kΩ)	R2(kΩ)
KRC101S	4.7	4.7
KRC102S	10	10
KRC103S	22	22
KRC104S	47	47
KRC105S	2.2	47
KRC106S	4.7	47

MAXIMUM RATING (Ta=25℃)

CHARACTERISTIC		SYMBOL	RATING	UNIT
Output Voltage	KRC101S ~106S	V_O	50	V
Input Voltage	KRC101S	V_I	20, -10	V
	KRC102S		30, -10	
	KRC103S		40, -10	
	KRC104S		40, -10	
	KRC105S		12, -5	
	KRC106S		20, -5	
Output Current	KRC101S ~106S	I_O	100	mA
Power Dissipation		P_D	200	mW
Junction Temperature		T_j	150	℃
Storage Temperature Range		T_{stg}	-55 ~ 150	℃

TYPE	KRC101S	KRC102S	KRC103S	KRC104S	KRC105S	KRC106S
MARK	NA	NB	NC	ND	NE	NF

Marking

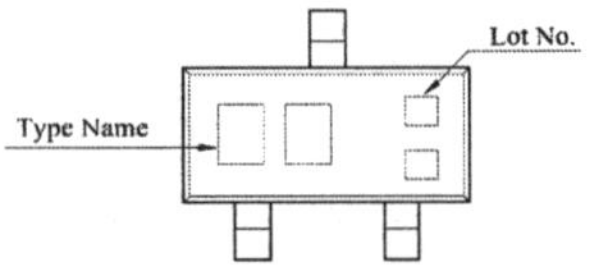

<그림 3.1.23> npn형 바이폴라 트랜지스터 KRC106S의 데이터 시트(발췌, 1/2)

KRC101S~KRC106S

ELECTRICAL CHARACTERISTICS (Ta=25 ℃)

CHARACTERISTIC		SYMBOL	TEST CONDITION	MIN.	TYP.	MAX.	UNIT
Output Cut-off Current	KRC101S ~ 106S	$I_{O(OFF)}$	V_O=50V, V_I=0	-	-	500	nA
DC Current Gain	KRC101S	G_I	V_O=5V, I_O=10mA	30	55	-	
	KRC102S			50	80	-	
	KRC103S			70	120	-	
	KRC104S			80	200	-	
	KRC105S			80	200	-	
	KRC106S			80	200	-	
Output Voltage	KRC101S ~ 106S	$V_{O(ON)}$	I_O=10mA, I_I=0.5mA	-	0.1	0.3	V
Input Voltage (ON)	KRC101S	$V_{I(ON)}$	V_O=0.2V, I_O=5mA	-	1.5	2.0	V
	KRC102S			-	1.8	2.4	
	KRC103S			-	2.1	3.0	
	KRC104S			-	2.8	5.0	
	KRC105S			-	0.8	1.1	
	KRC106S			-	0.9	1.3	
Input Votlage (OFF)	KRC101S ~ 104S	$V_{I(OFF)}$	V_O=5V, I_O=0.1mA	1.0	1.2	-	V
	KRC105S ~ 106S			0.5	0.65	-	
Transition Frequency	KRC101S ~ 106S	f_T *	V_O=10V, I_O=5mA	-	200	-	MHz
Input Current	KRC101S	I_I	V_I=5V	-	-	1.8	mA
	KRC102S			-	-	0.88	
	KRC103S			-	-	0.36	
	KRC104S			-	-	0.18	
	KRC105S			-	-	3.6	
	KRC106S			-	-	1.8	

Note : * Characteristic of Transistor Only.

CHARACTERISTIC			SYMBOL	TEST CONDITION	MIN.	TYP.	MAX.	UNIT
Switching Time	Rise Time	KRC101S	t_r	V_O=5V V_{IN}=5V R_L=1kΩ	-	0.03	-	μS
		KRC102S			-	0.05	-	
		KRC103S			-	0.12	-	
		KRC104S			-	0.22	-	
		KRC105S			-	0.01	-	
		KRC106S			-	0.03	-	
	Fall Time	KRC101S	t_f		-	0.12	-	
		KRC102S			-	0.36	-	
		KRC103S			-	0.35	-	
		KRC104S			-	0.6	-	
		KRC105S			-	0.1	-	
		KRC106S			-	0.19	-	

<그림 3.1.23> npn형 바이폴라 트랜지스터 KRC106S의 데이터 시트(발췌, 2/2)

또한 JEDEC 규격에서는 TO(Transistor Outline Package)라는 머릿글자로 시작하여 트랜지스터의 팩키지를 규정하고 있는데, 대표적인 몇가지의 트랜지스터 팩키지를 도시하면 <그림 3.1.22>와 같다.

KRC106S는 최대 컬렉터-에미터 전압과 컬렉터 전류가 각각 50V 및 100mA이고, 직류 전류 증폭률이 h_{FE} = 200에 이르며, SOT-23형의 SMD(Surface-Mount Devices) 팩키지를 갖는 소용량의 npn형 트랜지스터로서, 4.7kΩ의 베이스 저항과 47kΩ의 풀다운 저항을 내장하고 있어서 매우 편리하다. *OK-128BLDC* 키트에서는 버저를 구동하는 스위칭 소자로 이것을 사용한다. KRC106S의 데이터 시트에서 주요 사항을 발췌하여 <그림 3.1.23>에 보였다.

4. MOSFET

트랜지스터중에서 MOSFET(Metal-Oxide Semiconductor Field Effect Transistor)는 크게 공핍형(depletion type)과 증가형(enhancement type)의 2가지 방식이 있는데, 오늘날은 거의 증가형을 사용하므로 일반적으로 그냥 MOSFET라고 하면 증가형 MOSFET을 가리킨다.

공핍형 MOSFET는 p형 반도체와 n형 반도체가 1개의 pn 접합부를 가지며, 증가형 MOSFET는 p형 반도체와 n형 반도체가 2개의 pn 접합부를 가진다. 그러나, 이것들은 모두 게이트(gate), 드레인(drain), 소스(source)라는 3개의 단자를 가지는데, 이 3단자는 각각 바이폴라 트랜지스터의 베이스(base), 컬렉터(collector), 에미터(emitter) 단자에 비슷하게 대응된다. 드레인과 소스 사이에는 기본적으로 다이오드가 역병렬로 내장된 것과 같은 특징이 있다. 게이트는 드레인이나 소스 단자와 전기적으로 절연 상태를 유지하는 구조로 되어 있으며, 게이트 전압의 크기에 의하여 드레인 전류를 가변할 수 있다. 이 때문에 바이폴라 트랜지스터가 베이스 전류로 제어되는 전류제어형 소자인데 비하여 MOSFET는 게이트 전압에 의하여 동작하는 전압제어형 소자라는 대조적인 특징을 갖는다.

앞에서 이미 설명한 바이폴라 트랜지스터가 전류 증폭작용과 스위칭 작용을 수행할 수 있는 것에 비하여, MOSFET는 전압 증폭작용과 스위칭 작용을 수행할 수 있다. MOSFET는 전자(electron)나 정공(hole) 중에서 1가지의 다수 캐리어로만 동작하는데, n채널형에서는 전자가 다수 캐리어가 되고 p채널형에서는 정공이 다수 캐리어가 된다. 따라서, MOSFET은 스위칭 동작에서 턴오프할 때 바이폴라 트랜지스터에서처럼 소수 캐리어의 재결합 과정이 필요하지 않으므로 턴오프가 빨리 이루어지고 결과적으로 스위칭 속도가 빨라진다. 이 때문에 전력용 스위칭 소자로 사용될 때 바이폴라 트랜지스터는 수십 kHz 정도가 스위칭 속도의 한계지만, MOSFET는 수MHz까지의 고속 스위칭이 가능하다.

(1) 공핍형 MOSFET

오늘날 공핍형 MOSFET 소자는 거의 사용하지 않지만, 증가형 MOSFET의 구조와 동작 원리를 이해하기 위한 전단계로서 이를 공부해두면 좋다. 공핍형 MOSFET는 공핍 모드와 증가 모드의 2가지로 동작할 수 있는데, 이를 n채널형을 기준으로 설명하면 <그림 3.1.24>와 같다.

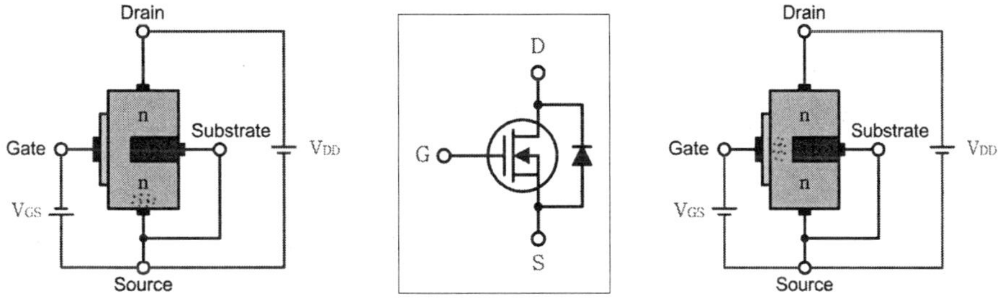

(a) 공핍 모드의 동작 (b) 회로 심볼 (c) 증가 모드의 동작

<그림 3.1.24> 공핍형 MOSFET의 구조 및 동작(n채널형의 경우)

공핍형 n채널 MOSFET의 드레인과 소스 단자 사이는 길게 n형 반도체로 되어 있으므로 다수 캐리어인 전자에 의하여 기본적으로 드레인-소스는 도통 상태로 동작한다. 이때 <그림 3.1.24>의 (a)에서처럼 게이트와 소스 단자 사이에 역전압의 입력을 인가하면 다수 캐리어인 전자가 모두 소스 단자쪽으로 끌려가게 되고, 좁은 채널 형태의 구조를 갖는 게이트 단자 부근에는 전자가 부족하여 드레인-소스 사이에 전류가 흐르는 것이 어려워진다. 게이트와 소스 사이의 역전압을 크게 할수록 이런 현상은 더욱 심화된다. 이와 같이 게이트 단자에 역전압을 입력하여 게이트 단자 부근의 전자 밀도가 낮아지고, 그로 인하여 드레인-소스 단자 사이의 전류 흐름을 제한하는 동작을 공핍 모드(depletion mode)라고 한다.

그러나, <그림 3.1.24>의 (c)에서처럼 게이트와 소스 단자 사이에 정전압의 입력을 인가하면 다수 캐리어인 전자가 모두 게이트 단자쪽으로 끌려가게 되고, 좁은 채널 형태의 구조를 갖는 게이트 단자 부근에는 전자가 더욱 많아져서 드레인-소스 사이에 전류가 흐르는 것이 쉬워진다. 게이트와 소스 사이의 정전압을 크게 할수록 이런 현상은 더욱 심화된다. 이와 같이 게이트 단자에 정전압을 입력하여 게이트 단자 부근의 전자 밀도가 높아지고, 그로 인하여 드레인-소스 단자 사이의 전류 흐름을 더욱 원활하게 하는 동작을 증가 모드(enhancement mode)라고 한다.

공핍형 n채널 MOSFET의 서브스트레이트 단자의 부근에는 p형 반도체로 된 층이 존재하고, 이것 때문에 드레인과 소스 사이에 존재하는 긴 방향의 n형 반도체에는 좁은 채널이 형성된다. 그런데, 서브스트레이트 단자는 소스 단자와 연결되어 있으므로 결국 소스 단자에서 드레인 단자쪽으로 pn접합으로 연결되어 역병렬 다이오드가 내장된 것처럼 동작한다.

이와 같이 공핍형 MOSFET은 기본적으로 드레인과 소스 단자 사이에 전류 I_{DSS}가 흐르면서 ON 상태로 되는 소자이다. 만약, 여기에 음의 게이트 전압 $-V_{GS}$를 입력하면 드레인 전류 I_D가 감소하도록 제어할 수 있고, 양의 게이트 전압 $+V_{GS}$를 입력하면 드레인 전류 I_D가 증가하도록 제어할 수 있다. 이러한 공핍형 MOSFET의 동작을 VI 특성곡선으로 나타내면 <그림 3.1.25>와 같다.

이상에서 n채널형을 중심으로 공핍형 MOSFET의 동작을 설명하였지만 p채널형의 경우에도 다수 캐리어가 정공이라는 것을 적용하여 유사한 방법으로 설명할 수 있다. <그림 3.1.26>에 n채널형과 p채널형의 공핍형 MOSFET 회로 심볼을 보였다.

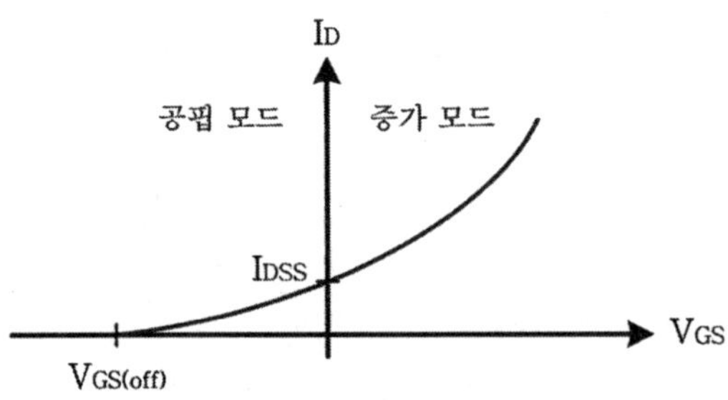

<그림 3.1.25> 공핍형 MOSFET의 VI 특성곡선

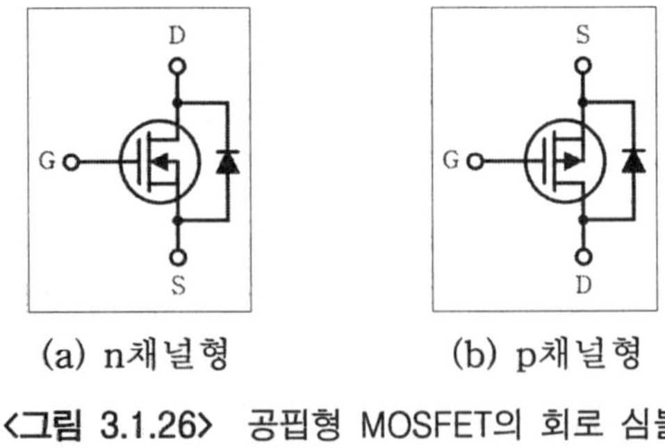

(a) n채널형 (b) p채널형

<그림 3.1.26> 공핍형 MOSFET의 회로 심볼

(2) 증가형 MOSFET

오늘날 우리가 사용하는 전력용 MOSFET 소자는 거의 대부분 증가형 MOSFET로 되어 있다. 증가형 MOSFET의 구조와 동작원리를 n채널형을 기준으로 설명하면 <그림 3.1.27>과 같다.

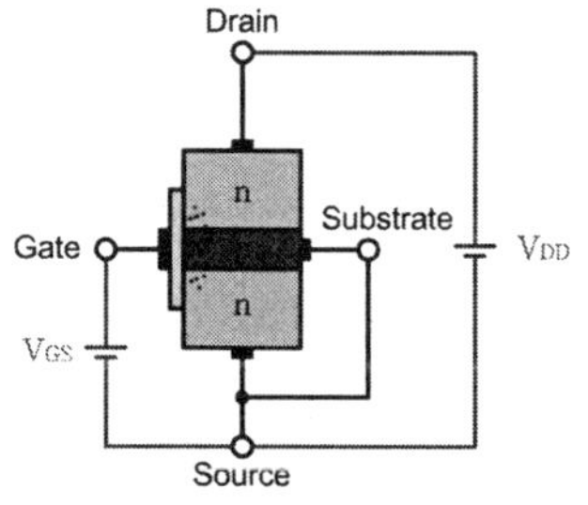

(a) 구조 및 동작

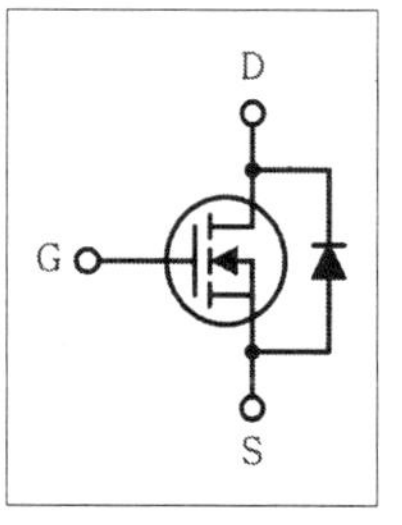

(b) 회로 심볼

<그림 3.1.27> 증가형 MOSFET의 구조 및 동작(n채널형의 경우)

증가형 n채널 MOSFET의 드레인, 게이트, 소스가 차례로 npn형의 반도체로 되어 있어서 2개의 pn접합 구조를 가지므로 기본적으로 드레인-소스 단자는 OFF 상태에 있게 되며, 다수 캐리어인 전자에 의하여 동작한다. 이때 <그림 3.1.27>의 (a)에서처럼 게이트와 소스 단자 사이에 정방향의 전압을 입력을 인가하면 다수 캐리어인 전자가 게이트 단자 부근에 이끌려와서 전자 밀도가 높아지며, 이렇게 되면 드레인 전압에 의하여 전자가 드레인-소스 사이의 pn접합을 넘어서 이동하기 쉬워지므로 전류가 흐를 수 있게 된다. 게이트와 소스 사이의 전압을 크게 할수록 이런 현상은 더욱 심화된다. 이와 같이 증가형 n채널 MOSFET에서는 기본적으로 OFF 상태에 있으나 게이트 단자에 전압을 입력하면 게이트 단자 부근의 전자 밀도가 높아지고, 그로 인하여 드레인-소스 단자 사이에 전류가 흘러 도통할 수 있게 된다.

증가형 n채널 MOSFET의 서브스트레이트 단자는 중앙의 p형 반도체에 연결되어 있고 이것이 소스 단자와도 연결되어 있으므로 결국 소스 단자에서 드레인 단자쪽으로 pn접합으로 연결되어 역병렬 다이오드가 내장된 것처럼 동작한다.

이와 같이 증가형 MOSFET는 기본적으로 드레인과 소스 단자 사이가 OFF되어 있으며, 여기에 양의 게이트 전압 $+V_{GS}$를 입력하면 드레인 전류 I_D가 증가하도록 제어할 수 있다. 이때 드레인 전류가 흐르기 시작하려면 게이트 단자에는 최소한의 문턱전압(threshold voltage) $V_{GS(th)}$ 이상이 인가되어야 하며, 드레인-소스가 스위치 ON 상태로 되려면 게이트 전압이 $V_{GS(on)}$ 이상으로 되어야 한다. 바이폴라 트랜지스터에서는 컬렉터-에미터가 스위치 ON되었을 때 일정한 전압강하 $V_{CE(sat)}$이 나타나는 특징이 있지만, 증가형 MOSFET에서는 드레인-소스가 스위치 ON되었을 때 일정한 도통저항 $R_{DS(on)}$이 나타나는 특징이 있다. 따라서, MOSFET을 스위칭 소자로 사용할 때 도통 손실을 적게 하려면 도통저항 $R_{DS(on)}$이 작은 소자를 선정해야 한다. 이러한 증가형 MOSFET의 동작을 VI 특성곡선으로 나타내면 <그림 3.1.28>과 같다.

이상에서 n채널형을 중심으로 증가형 MOSFET의 동작을 설명하였지만 p채널형의 경우에도 pnp 접합 구조를 가지며 다수 캐리어가 정공이라는 것을 적용하여 유사한 방법으로 설명할 수 있다. <그림 3.1.29>에 n채널형과 p채널형의 증가형 MOSFET 회로 심볼을 보였다.

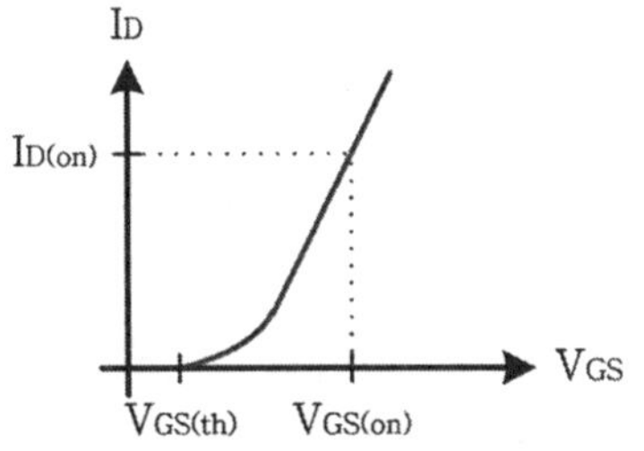

<그림 3.1.28> 증가형 MOSFET의 VI 특성곡선

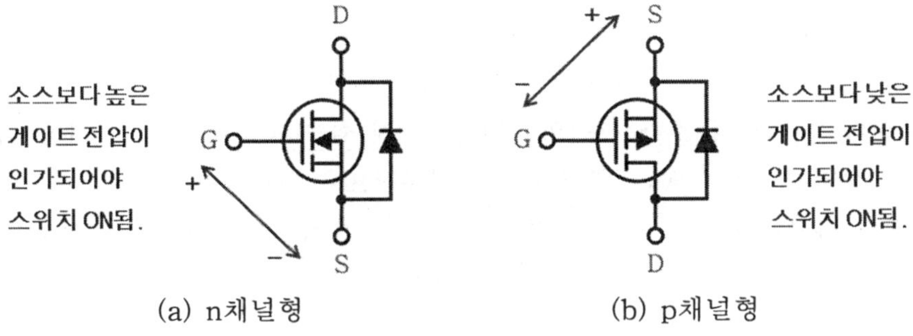

<그림 3.1.29> 증가형 MOSFET의 회로 심볼과 동작

(3) MOSFET를 사용한 스위치

MOSFET를 반도체 스위치로 사용할 때도 역시 바이폴라 트랜지스터의 경우와 마찬가지로 스위치를 부하의 하단에 위치하도록 하는 하단 스위치(low-side switch) 방법과 스위치를 부하의 상단에 위치하도록 하는 상단 스위치(high-side switch) 방법이 있다.

n채널형의 MOSFET를 스위치로 사용할 경우에는 <그림 3.1.30>에 보인 것처럼 반드시 하단 스위치 방법으로 사용해야 한다. 만약 그렇게 사용하지 않는다면 입력 게이트 전압이 부하전압의 영향을 받아서 회로의 설계가 어려워지거나 올바른 스위칭 동작이 수행되지 않을 수 있다.

하단 스위치 방법에서 스위치가 ON되었을 때의 부하전압과 드레인 전류는 각각 다음과 같이 계산할 수 있다.

$$V_{out} = V_{DD} - I_D \times R_{DS(on)}$$

$$I_D = \frac{V_{DD}}{R_L + R_{DS(on)}}$$

이와 같이 스위치 ON 동작이 수행되기 위해서는 게이트 전압을 $V_{GS(on)}$의 이상으로 충분히 크게 주어야 하는데, 대부분의 MOSFET에서 이 전압은 8~12V 정도를 사용한다. 또한, 여기서 스위칭 ON 동작이 일어날 때 커패시턴스 C_{gs}에 충전되는 전류를 제한하고 게이트 회로에서의 발진을 방지하기 위하여 게이트 저항 R_{GS}를 사용해야 하는데, 이 게이트 저항의 저항값은 보통 15Ω 이내에서 선정한다.

여기서 입력신호 V_{in}이 마이크로프로세서와 같은 디지털 회로의 출력전압일 경우에는 이것의 로직 레벨이 대부분 3.3V 또는 5.0V이므로 $V_{GS(on)}$=8~12V보다 훨씬 낮은 저전압이라서 MOSFET가 정상적으로 스위칭되지 않는다. 이 경우에는 <그림 3.1.31>에서처럼 로직 레벨을 높이고, 스위칭 ON/OFF시에 커패시턴스 C_{gs}에 충전 및 방전되는 큰 전류를 감당할 수 있는 MOSFET 드라이버 소자를 사용해야 한다.

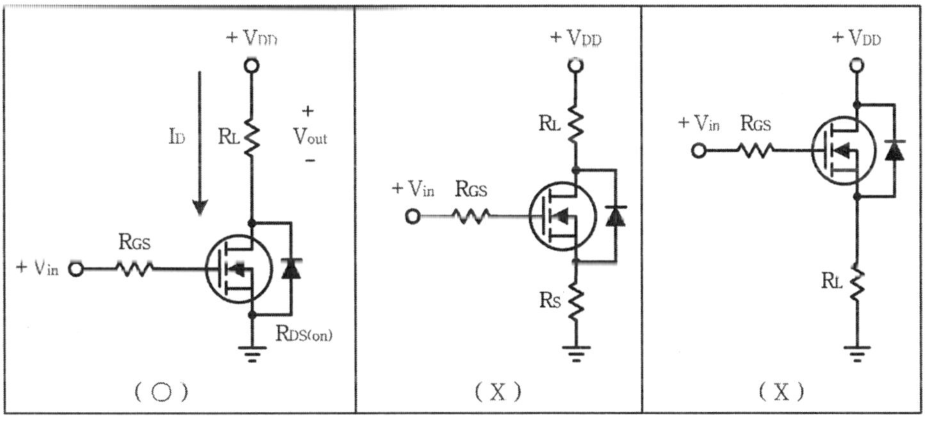

<그림 3.1.30> n채널형 MOSFET를 사용한 하단 스위치 방법

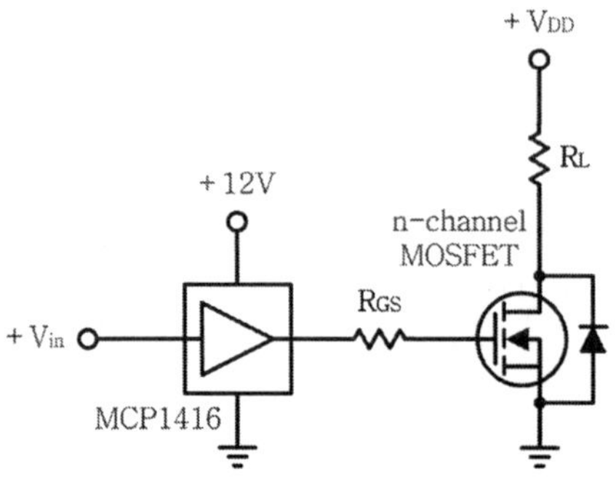

〈그림 3.1.31〉 n채널형 MOSFET의 게이트 드라이브 회로

p채널형의 MOSFET를 스위치로 사용할 경우에는 <그림 3.1.32>에 보인 것처럼 반드시 상단 스위치 방법으로 사용해야 한다. 만약 그렇게 사용하지 않는다면 입력 게이트 전압이 부하전압의 영향을 받아서 회로의 설계가 어려워지거나 올바른 스위칭 동작이 수행되지 않을 수 있다.

상단 스위치 방법에서 스위치가 ON되었을 때의 부하전압과 드레인 전류는 각각 다음과 같이 계산할 수 있다.

$$V_{out} = V_{SS} - I_D \times R_{DS(on)}, \quad I_D = \frac{V_{SS}}{R_L + R_{DS(on)}}$$

이와 같이 스위치 ON 동작이 수행되기 위해서는 입력 게이트 전압을 전원전압 V_{SS}에 비하여 충분히 낮게 주어야 하는데, 대부분의 MOSFET에서 이 전압차는 8~12V 정도가 되어야 한다.

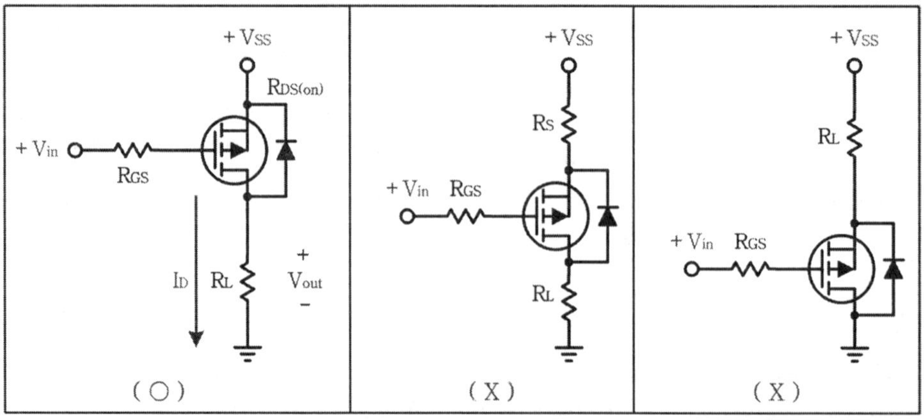

〈그림 3.1.32〉 p채널형 MOSFET를 사용한 상단 스위치 방법

여기서 입력신호 V_{in}이 마이크로프로세서와 같은 디지털 회로의 출력전압일 경우에는 이것의 로직 레벨이 대부분 3.3V 또는 5.0V이므로 이것의 high 또는 low 출력으로는 MOSFET를 정상적으로 스위칭할 수 없게 된다. 이 문제를 해결하고 작은 디지털 로직 레벨의 신호로 p채널형 MOSFET를 사용한 상단 스위치를 원활하게 구동하려면 <그림 3.1.33>에서처럼 npn형의 BJT 보조 트랜지스터와 저항을 사용하면 된다. 여기서는 전원전압 $+V_{SS}$의 크기에 따라 스위치 ON/OFF를 위한 적절한 게이트 전압이 형성되도록 저항 R_{GS}와 R_C의 값을 선정하는 것이 중요하다. 그러나, 이러한 간이형 회로를 사용하여 간단한 ON/OFF 스위칭이 가능하지만, 본격적인 높은 주파수의 PWM 제어가 필요한 경우에는 전용의 게이트 드라이버 소자를 사용하는 것이 바람직하다.

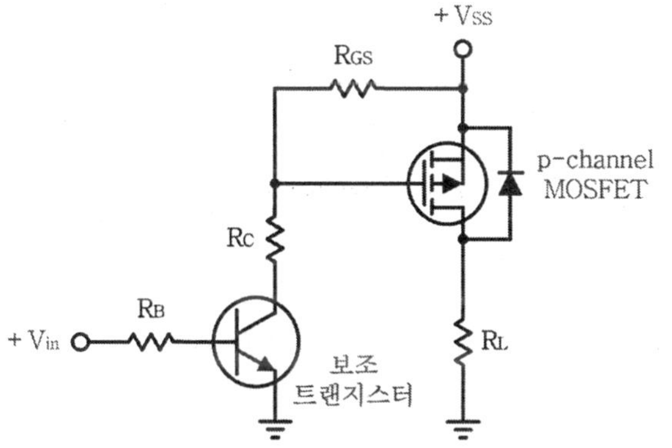

<그림 3.1.33> p채널형 MOSFET의 간이형 게이트 드라이브 회로

MOSFET를 스위칭 소자로 사용할 때의 특징이나 주의 사항을 요약하면 다음과 같다.

① 바이폴라 트랜지스터가 전류제어형 반도체 소자인데 비하여 MOSFET는 전압제어형 반도체 소자이다. 따라서, MOSFET는 게이트 전압으로 스위칭 동작을 제어하며, 바이폴라 트랜지스터에 비하여 게이트 드라이브 회로가 간단해진다.

② MOSFET를 스위칭하려면 게이트 전압을 $V_{GS(on)}$ 이상으로 충분히 큰 전압을 인가해야 한다. $V_{GS(on)}$ 전압은 최대값 게이트 전압 $V_{GS(max)}$의 40~60% 범위에서 사용하는 것이 좋다. 보통 $V_{GS(max)}=\pm 20V$이므로 스위칭을 위한 게이트 전압은 8~12V를 사용하면 된다.

③ 전력용 스위치로 사용할 때 스위치 ON되면 바이폴라 트랜지스터는 컬렉터-에미터 전압 $V_{CE(sat)}$가 일정하게 되는데, MOSFET는 도통 저항 $R_{DS(on)}$이 일정하게 된다. 따라서, MOSFET에서는 $R_{DS(on)}$이 작은 것을 선정해야만 도통 손실이 적어진다.

④ 전력용 스위치로 사용할 때 바이폴라 트랜지스터보다 MOSFET의 스위칭 속도가 훨씬 빠르다. 따라서, MOSFET는 바이폴라 트랜지스터보다 스위칭 손실이 상당히 작다.

⑤ MOSFET 소자에는 기본적으로 역병렬 다이오드가 내장되어 있어서 프리휠링 다이오드로 사용될 수 있다. 그러나, 이 내장 다이오드의 역회복 시간이 느려서 문제가 될 경우에는 외부에 고속 역회복 다이오드를 추가하여 사용하기도 한다.

⑥ n채널형의 MOSFET는 npn형의 바이폴라 트랜지스터와 서로 유사한 특징이 있고, p채널형의 MOSFET는 pnp형의 바이폴라 트랜지스터와 서로 유사한 특징이 있다.

⑦ MOSFET를 스위칭 소자로 사용하는 경우에는 대부분 p채널형보다는 n채널형을 사용한다. 시장에는 n채널형의 MOSFET가 훨씬 많아서 선택에 유리하기도 하고, 일반적으로 n채널형의 MOSFET가 p채널형의 MOSFET보다 스위칭 특성이 우수하며, 게이트 드라이브 회로를 설계하기도 쉽다.

(4) MOSFET 소자 IRFZ44N

IRFZ44N은 최대 드레인-소스 전압과 드레인 전류가 각각 55V 및 49A이고, 스위치 ON 저항이 $R_{DS(on)}$ = 17.5mΩ 정도로 매우 작으며, 스위칭 시간이 수십ns 정도로 짧은 TO-220AB 팩키지의 n채널형 MOSFET이다. 이 소자는 역회복 시간 t_{rr}도 63ns로 매우 짧다. 이와 같이 도통 저항이 작고 스위칭 속도가 빠르면 도통 손실 및 스위칭 손실이 적을 것이므로 이 소자는 저전압용의 BLDC 모터나 직류전동기 구동용으로 적합하다. *OK-128BLDC* 키트에서는 BLDC 모터를 MCU가 직접 제어(M2)하는 경우의 3상 인버터 전력회로에서 스위칭 소자로 이것을 사용한다. IRFZ44N의 데이터 시트에서 주요 사항을 발췌하여 <그림 3.1.34>에 보였다.

또한 이 MOSFET의 게이트 드라이브용으로 널리 사용되는 IC 소자인 IR2101S의 데이터 시트를 발췌하여 <그림 3.1.35>에 보였다.

International
IOR Rectifier

PD - 94053

IRFZ44N

HEXFET® Power MOSFET

- Advanced Process Technology
- Ultra Low On-Resistance
- Dynamic dv/dt Rating
- 175°C Operating Temperature
- Fast Switching
- Fully Avalanche Rated

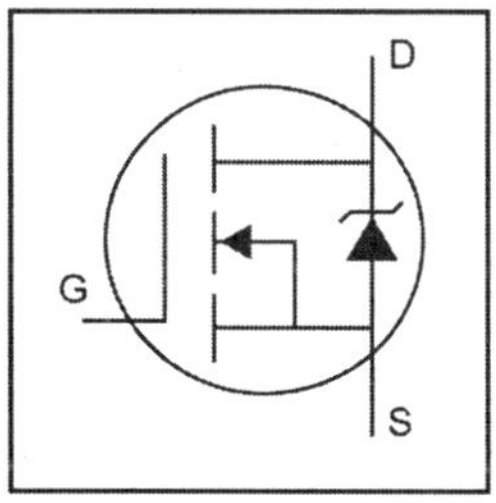

V_{DSS} = 55V

$R_{DS(on)}$ = 17.5mΩ

I_D = 49A

Description

Advanced HEXFET® Power MOSFETs from International Rectifier utilize advanced processing techniques to achieve extremely low on-resistance per silicon area. This benefit, combined with the fast switching speed and ruggedized device design that HEXFET power MOSFETs are well known for, provides the designer with an extremely efficient and reliable device for use in a wide variety of applications.

The TO-220 package is universally preferred for all commercial-industrial applications at power dissipation levels to approximately 50 watts. The low thermal resistance and low package cost of the TO-220 contribute to its wide acceptance throughout the industry.

TO-220AB

Absolute Maximum Ratings

	Parameter	Max.	Units
I_D @ T_C = 25°C	Continuous Drain Current, V_{GS} @ 10V	49	A
I_D @ T_C = 100°C	Continuous Drain Current, V_{GS} @ 10V	35	
I_{DM}	Pulsed Drain Current ①	160	
P_D @T_C = 25°C	Power Dissipation	94	W
	Linear Derating Factor	0.63	W/°C
V_{GS}	Gate-to-Source Voltage	± 20	V
I_{AR}	Avalanche Current①	25	A
E_{AR}	Repetitive Avalanche Energy①	9.4	mJ
dv/dt	Peak Diode Recovery dv/dt ③	5.0	V/ns
T_J T_{STG}	Operating Junction and Storage Temperature Range	-55 to + 175	°C
	Soldering Temperature, for 10 seconds	300 (1.6mm from case)	
	Mounting torque, 6-32 or M3 srew	10 lbf•in (1.1N•m)	

Thermal Resistance

	Parameter	Typ.	Max.	Units
$R_{\theta JC}$	Junction-to-Case	—	1.5	°C/W
$R_{\theta CS}$	Case-to-Sink, Flat, Greased Surface	0.50	—	
$R_{\theta JA}$	Junction-to-Ambient	—	62	

www.irf.com 1

<그림 3.1.34> n채널형 MOSFET 소자 IRFZ44N의 데이터 시트(발췌, 1/2)

IRFZ44N

International
IOR Rectifier

Electrical Characteristics @ T_J = 25°C (unless otherwise specified)

	Parameter	Min.	Typ.	Max.	Units	Conditions
$V_{(BR)DSS}$	Drain-to-Source Breakdown Voltage	55	—	—	V	V_{GS} = 0V, I_D = 250μA
$\Delta V_{(BR)DSS}/\Delta T_J$	Breakdown Voltage Temp. Coefficient	—	0.058	—	V/°C	Reference to 25°C, I_D = 1mA
$R_{DS(on)}$	Static Drain-to-Source On-Resistance	—	—	17.5	mΩ	V_{GS} = 10V, I_D = 25A ④
$V_{GS(th)}$	Gate Threshold Voltage	2.0	—	4.0	V	V_{DS} = V_{GS}, I_D = 250μA
g_{fs}	Forward Transconductance	19	—	—	S	V_{DS} = 25V, I_D = 25A④
I_{DSS}	Drain-to-Source Leakage Current	—	—	25	μA	V_{DS} = 55V, V_{GS} = 0V
		—	—	250		V_{DS} = 44V, V_{GS} = 0V, T_J = 150°C
I_{GSS}	Gate-to-Source Forward Leakage	—	—	100	nA	V_{GS} = 20V
	Gate-to-Source Reverse Leakage	—	—	-100		V_{GS} = -20V
Q_g	Total Gate Charge	—	—	63	nC	I_D = 25A
Q_{gs}	Gate-to-Source Charge	—	—	14		V_{DS} = 44V
Q_{gd}	Gate-to-Drain ("Miller") Charge	—	—	23		V_{GS} = 10V, See Fig. 6 and 13
$t_{d(on)}$	Turn-On Delay Time	—	12	—	ns	V_{DD} = 28V
t_r	Rise Time	—	60	—		I_D = 25A
$t_{d(off)}$	Turn-Off Delay Time	—	44	—		R_G = 12Ω
t_f	Fall Time	—	45	—		V_{GS} = 10V, See Fig. 10 ④
L_D	Internal Drain Inductance	—	4.5	—	nH	Between lead, 6mm (0.25in.) 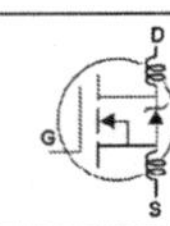
L_S	Internal Source Inductance	—	7.5	—		from package and center of die contact
C_{iss}	Input Capacitance	—	1470	—	pF	V_{GS} = 0V
C_{oss}	Output Capacitance	—	360	—		V_{DS} = 25V
C_{rss}	Reverse Transfer Capacitance	—	88	—		ƒ = 1.0MHz, See Fig. 5
E_{AS}	Single Pulse Avalanche Energy②	—	530⑤	150⑥	mJ	I_{AS} = 25A, L = 0.47mH

Source-Drain Ratings and Characteristics

	Parameter	Min.	Typ.	Max.	Units	Conditions
I_S	Continuous Source Current (Body Diode)	—	—	49	A	MOSFET symbol showing the 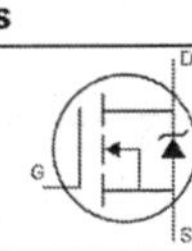
I_{SM}	Pulsed Source Current (Body Diode)①	—	—	160		integral reverse p-n junction diode.
V_{SD}	Diode Forward Voltage	—	—	1.3	V	T_J = 25°C, I_S = 25A, V_{GS} = 0V ④
t_{rr}	Reverse Recovery Time	—	63	95	ns	T_J = 25°C, I_F = 25A
Q_{rr}	Reverse Recovery Charge	—	170	260	nC	di/dt = 100A/μs ④
t_{on}	Forward Turn-On Time	Intrinsic turn-on time is negligible (turn-on is dominated by L_S+L_D)				

Notes:

① Repetitive rating; pulse width limited by max. junction temperature. (See fig. 11)

② Starting T_J = 25°C, L = 0.48mH R_G = 25Ω, I_{AS} = 25A. (See Figure 12)

③ $I_{SD} \leq$ 25A, di/dt $\leq$ 230A/μs, $V_{DD} \leq V_{(BR)DSS}$, $T_J \leq$ 175°C

④ Pulse width $\leq$ 400μs; duty cycle $\leq$ 2%.

⑤ This is a typical value at device destruction and represents operation outside rated limits.

⑥ This is a calculated value limited to T_J = 175°C .

<그림 3.1.34> n채널형 MOSFET 소자 IRFZ44N의 데이터 시트(발췌, 2/2)

International IOR Rectifier

Data Sheet No. PD60043 Rev.O

IR2101(S)/IR2102(S) &(PbF)

HIGH AND LOW SIDE DRIVER

Features

- Floating channel designed for bootstrap operation
  Fully operational to +600V
  Tolerant to negative transient voltage
  dV/dt immune
- Gate drive supply range from 10 to 20V
- Undervoltage lockout
- 3.3V, 5V, and 15V logic input compatible
- Matched propagation delay for both channels
- Outputs in phase with inputs (IR2101) or out of phase with inputs (IR2102)
- Also available LEAD-FREE

Product Summary

V_{OFFSET}	600V max.
I_{O}+/-	130 mA / 270 mA
V_{OUT}	10 - 20V
$t_{on/off}$ (typ.)	160 & 150 ns
Delay Matching	50 ns

Packages

8-Lead SOIC
IR2101S/IR2102S

8-Lead PDIP
IR2101/IR2102

Description

The IR2101(S)/IR2102(S) are high voltage, high speed power MOSFET and IGBT drivers with independent high and low side referenced output channels. Proprietary HVIC and latch immune CMOS technologies enable ruggedized monolithic construction. The logic input is compatible with standard CMOS or LSTTL output, down to 3.3V logic. The output drivers feature a high pulse current buffer stage designed for minimum driver cross-conduction. The floating channel can be used to drive an N-channel power MOSFET or IGBT in the high side configuration which operates up to 600 volts.

Typical Connection

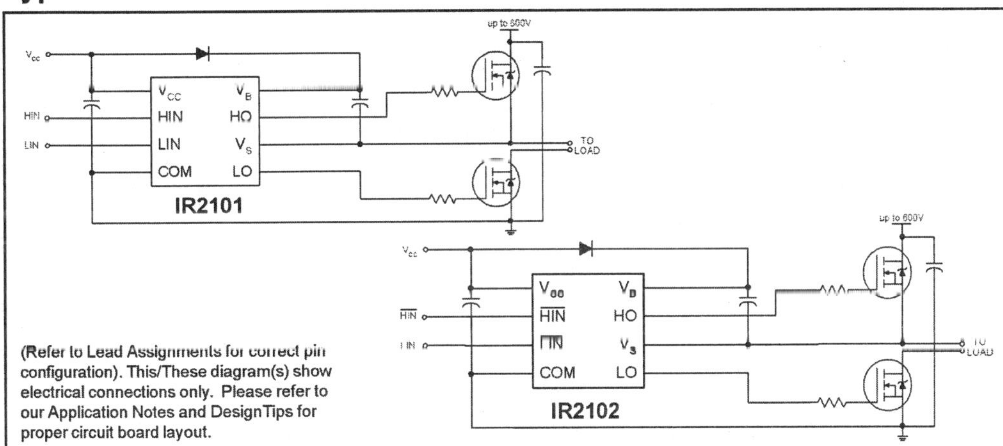

(Refer to Lead Assignments for correct pin configuration). This/These diagram(s) show electrical connections only. Please refer to our Application Notes and DesignTips for proper circuit board layout.

<그림 3.1.35> MOSFET 드라이버 소자 IR2101S의 데이터 시트(발췌, 1/4)

IR2101(S)/IR2102(S) & (PbF)

International IOR Rectifier

Absolute Maximum Ratings

Absolute maximum ratings indicate sustained limits beyond which damage to the device may occur. All voltage parameters are absolute voltages referenced to COM. The thermal resistance and power dissipation ratings are measured under board mounted and still air conditions.

Symbol	Definition		Min.	Max.	Units
V_B	High side floating supply voltage		-0.3	625	V
V_S	High side floating supply offset voltage		V_B - 25	V_B + 0.3	
V_{HO}	High side floating output voltage		V_S - 0.3	V_B + 0.3	
V_{CC}	Low side and logic fixed supply voltage		-0.3	25	
V_{LO}	Low side output voltage		-0.3	V_{CC} + 0.3	
V_{IN}	Logic input voltage (HIN & LIN)		-0.3	V_{CC} + 0.3	
dV_S/dt	Allowable offset supply voltage transient		—	50	V/ns
P_D	Package power dissipation @ $T_A \leq +25°C$	(8 lead PDIP)	—	1.0	W
		(8 lead SOIC)	—	0.625	
Rth_{JA}	Thermal resistance, junction to ambient	(8 lead PDIP)	—	125	°C/W
		(8 lead SOIC)	—	200	
T_J	Junction temperature		—	150	°C
T_S	Storage temperature		-55	150	
T_L	Lead temperature (soldering, 10 seconds)		—	300	

Recommended Operating Conditions

The input/output logic timing diagram is shown in figure 1. For proper operation the device should be used within the recommended conditions. The V_S offset rating is tested with all supplies biased at 15V differential.

Symbol	Definition	Min.	Max.	Units
V_B	High side floating supply absolute voltage	V_S + 10	V_S + 20	V
V_S	High side floating supply offset voltage	Note 1	600	
V_{HO}	High side floating output voltage	V_S	V_B	
V_{CC}	Low side and logic fixed supply voltage	10	20	
V_{LO}	Low side output voltage	0	V_{CC}	
V_{IN}	Logic input voltage (HIN & LIN) (IR2101) & ($\overline{HIN}$ & $\overline{LIN}$) (IR2102)	0	V_{CC}	
T_A	Ambient temperature	-40	125	°C

Note 1: Logic operational for V_S of -5 to +600V. Logic state held for V_S of -5V to $-V_{BS}$. (Please refer to the Design Tip DT97-3 for more details).

2 www.irf.com

<그림 3.1.35> MOSFET 드라이버 소자 IR2101S의 데이터 시트(발췌, 2/4)

International
IOR Rectifier

IR2101(S)/IR2102(S) & (PbF)

Dynamic Electrical Characteristics

V_{BIAS} (V_{CC}, V_{BS}) = 15V, C_L = 1000 pF and T_A = 25°C unless otherwise specified.

Symbol	Definition	Min.	Typ.	Max.	Units	Test Conditions
t_{on}	Turn-on propagation delay	—	160	220	ns	V_S = 0V
t_{off}	Turn-off propagation delay	—	150	220		V_S = 600V
t_r	Turn-on rise time	—	100	170		
t_f	Turn-off fall time	—	50	90		
MT	Delay matching, HS & LS turn-on/off	—	—	50		

Static Electrical Characteristics

V_{BIAS} (V_{CC}, V_{BS}) = 15V and T_A = 25°C unless otherwise specified. The V_{IN}, V_{TH} and I_{IN} parameters are referenced to COM. The V_O and I_O parameters are referenced to COM and are applicable to the respective output leads: HO or LO.

Symbol	Definition	Min.	Typ.	Max.	Units	Test Conditions
V_{IH}	Logic "1" input voltage (IR2101) Logic "0" input voltage (IR2102)	3	—	—	V	V_{CC} = 10V to 20V
V_{IL}	Logic "0" input voltage (IR2101) Logic "1"input voltage (IR2102)	—	—	0.8		V_{CC} = 10V to 20V
V_{OH}	High level output voltage, V_{BIAS} - V_O	—	—	100	mV	I_O = 0A
V_{OL}	Low level output voltage, V_O	—	—	100		I_O = 0A
I_{LK}	Offset supply leakage current	—	—	50	µA	V_B = V_S = 600V
I_{QBS}	Quiescent V_{BS} supply current	—	30	55		V_{IN} = 0V or 5V
I_{QCC}	Quiescent V_{CC} supply current	—	150	270		V_{IN} = 0V or 5V
I_{IN+}	Logic "1" input bias current	—	3	10		V_{IN} = 5V (IR2101) V_{IN} = 0V (IR2102)
I_{IN-}	Logic "0" input bias current	—	—	1		V_{IN} = 0V (IR2101) V_{IN} = 5V (IR2102)
V_{CCUV+}	V_{CC} supply undervoltage positive going threshold	8	8.9	9.8	V	
V_{CCUV-}	V_{CC} supply undervoltage negative going threshold	7.4	8.2	9		
I_{O+}	Output high short circuit pulsed current	130	210	—	mA	V_O = 0V V_{IN} = Logic "1" PW ≤ 10 µs
I_{O-}	Output low short circuit pulsed current	270	360	—		V_O = 15V V_{IN} = Logic "0" PW ≤ 10 µs

<그림 3.1.35> MOSFET 드라이버 소자 IR2101S의 데이터 시트(발췌, 3/4)

IR2101(S)/IR2102(S) & (PbF)

International
IOR Rectifier

Functional Block Diagram

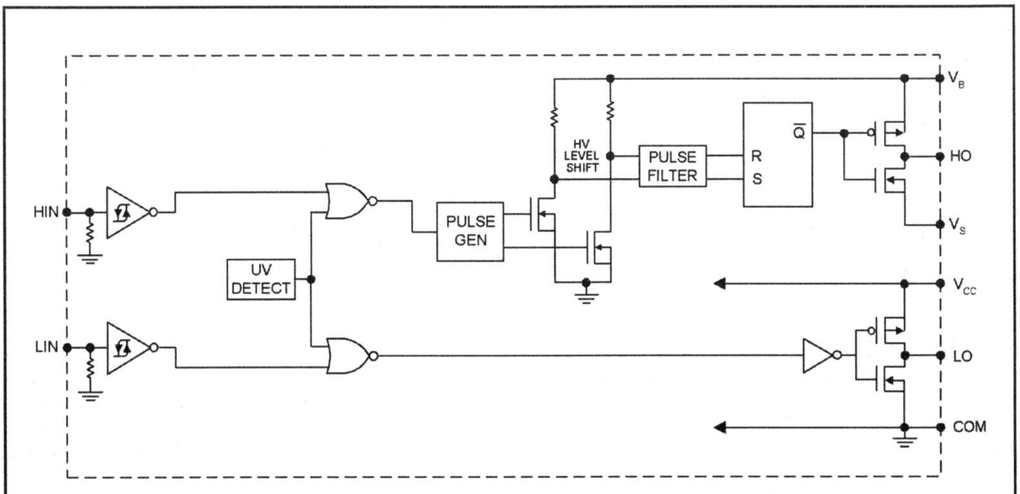

IR2101

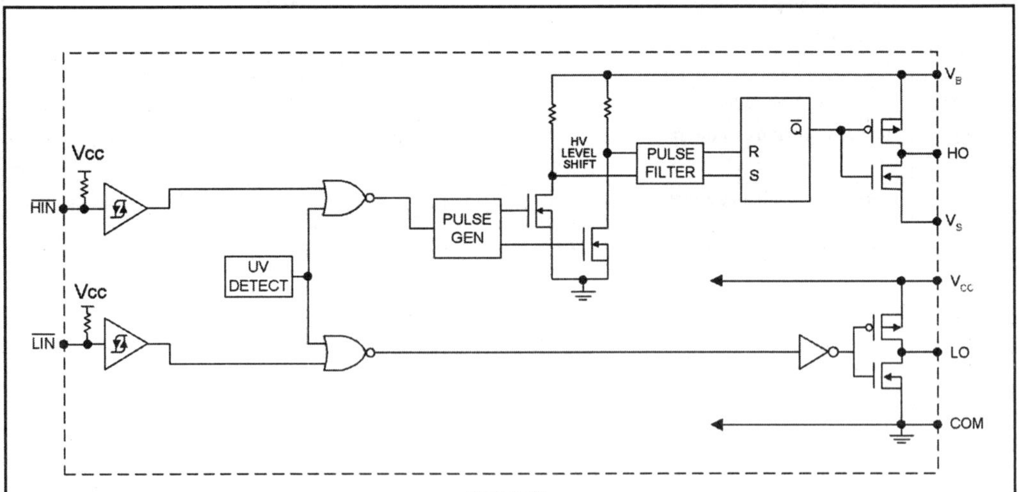

IR2102

4 www.irf.com

<그림 3.1.35> MOSFET 드라이버 소자 IR2101S의 데이터 시트(발췌, 4/4)

5. IGBT

이 책과 *OK-128BLDC* 키트에서는 소형의 BLDC 모터만을 취급하므로 필요 없지만 중용량 이상의 좀더 용량이 큰 BLDC 모터나 직류전동기를 구동하려면 MOSFET보다는 IGBT(Insulated-Gate Bipolar Transistor)가 스위칭 소자로 더 적합하다.

IGBT는 <그림 3.1.36>에 보인 것처럼 기본적으로 pnp형의 바이폴라 트랜지스터에서 베이스 부분을 n채널형의 MOSFET 구조로 변경하여 MOSFET처럼 게이트를 전압구동 방식으로 개선한 반도체 스위칭 소자이다. 따라서, 3개 단자의 이름은 각각 게이트(gate), 컬렉터(collector), 에미터(emitter)라고 하며, 이것의 구동 특성은 n채널형의 MOSFET와 비슷하고 스위칭 특성은 npn형 바이폴라 트랜지스터와 비슷하다.

이와 같이 IGBT는 MOSFET와 바이폴라 트랜지스터를 결합한 전압제어형 소자로서 전압/전류 용량이 MOSFET보다 크며, 스위칭 속도는 바이폴라 트랜지스터보다는 빠르고 MOSFET보다는 느려서 약 20kHz 정도까지 가능하다. 바이폴라 트랜지스터, IGBT, MOSFET의 주요 특성을 서로 비교하여 보면 <표 3.1.2>와 같다.

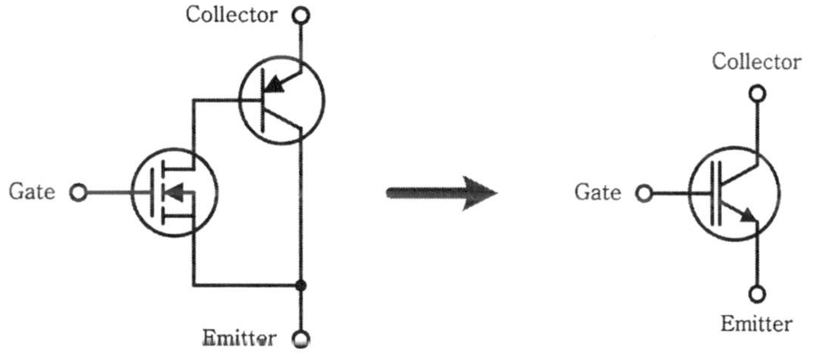

<그림 3.1.36> IGBT의 구조

<표 3.1.2> 주요 반도체 스위칭 소자의 특성 비교

항 목	바이폴라 트랜지스터	IGBT	MOSFET
스위치 ON/OFF 여부	ON/OFF 제어 가능	ON/OFF 제어 가능	ON/OFF 제어 가능
입력 구동방식	베이스 전류 구동	게이트 전압 구동	게이트 전압 구동
입력 임피던스	낮다	높다	높다
스위치 ON 포화 특성	일정 전압 $V_{CE(sat)}$	일정 전압 $V_{CE(sat)}$	일정 저항 $R_{DS(on)}$
스위칭 속도	느리다(μs 정도)	비교적 빠르다 (최고 약 20kHz)	빠르다(ns 정도)

6. MOSFET의 게이트 구동 방법

MOSFET를 스위칭하기 위한 게이트 드라이브 회로는 스위치 ON시에 MOSFET의 커패시턴스 C_{gs}의 충전전류가 크므로 충분한 소스 전류(source current)를 흘릴 수 있어야 하며, 스위치 OFF시에는 커패시턴스 C_{gs}에 충전되어 있던 전압을 빠르게 방전할 수 있도록 충분한 싱크 전류(sink current) 드라이브 기능을 가져야 한다.

그런데, MOSFET를 <그림 3.1.37>의 (a)에서처럼 단독형 상단 스위치로 사용하거나 (b)에서처럼 단상 브리지 회로로 사용할 때 상위의 Q1과 Q2는 제어회로의 접지점과 다른 플로팅(floating)된 상태에서 게이트 신호를 가지고 스위칭 동작을 수행해야 한다. 이처럼 접지점에서 플로팅된 상단 스위치를 구동할 때는 게이트 단자의 신호가 해당 MOSFET 소자의 소스 단자에 비하여 적어도 8~12V 이상으로 인가되어야 하므로 특별한 주의가 필요하다.

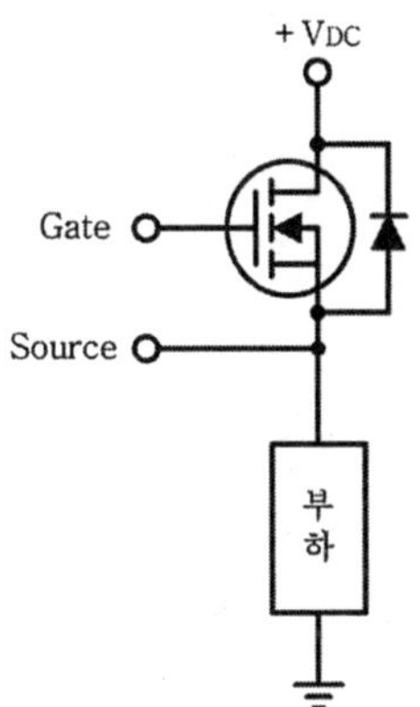

(a) 단독형 스위치

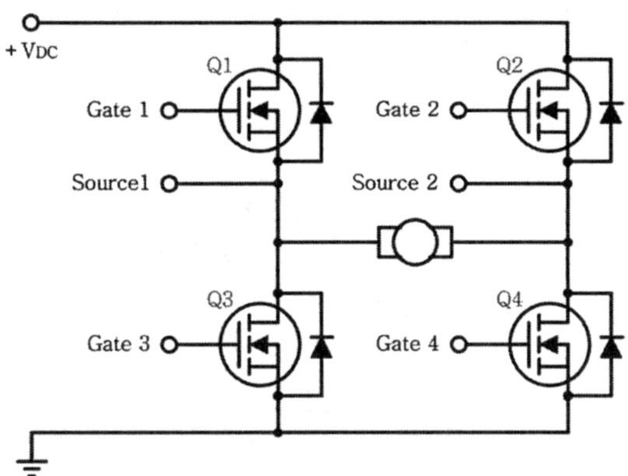

(b) 단상 브리지형 스위치

<그림 3.1.37> MOSFET를 상단 스위치로 사용해야 하는 경우

이렇게 상단 스위치로 사용된 MOSFET를 구동하는 방법은 <그림 3.1.38>에 보인 바와 같이 여러 가지가 있다. IGBT도 MOSFET와 같이 전압제어 소자이므로 이러한 게이트 드라이브 기술이 MOSFET에서와 똑같이 적용된다.

첫번째로 (a)는 독립전원을 사용하는 방식인데, 여기서는 접지가 분리된 독립적인 전원을 사용하고 게이트 신호는 레벨 시프트(level shift) 회로나 포토커플러(photo-coupler)로 절연하여 전달한다. 이 방법은 구현이 용이하지만, 접지가 분리된 별도의 전원을 하나 더 필요로 한다는 점에서 불편하다.

두번째로 (b)는 펄스 트랜스(pulse transformer)를 사용하는 방식인데, 변압기는 교류 신호만을 전달할 수 있기 때문에 게이팅 신호의 사용 조건에 제한이 있게 된다. 따라서, 이 방법은 구조가 간단하기는 하지만 실제 사용은 쉽지 않은 기술이다.

세번째로 (c)는 부트스트랩(bootstrap) 회로를 사용하는 방법인데, 이것은 저항, 다이오드, 커패시터 1개씩으로 손쉽게 구현할 수 있으며, 게이트 신호는 레벨 시프트 회로를 사용하여 상단 스위치까지 전달하여 하단 스위치와 동일한 전원으로 수백V까지 플로팅되어 있는 상단 스위치를 구동할 수 있는 장점이 있다. 이 방법에서는 상단 스위치와 하단 스위치가 반드시 컴플리멘터리(complementary) 방식으로 동작해야 하므로 <그림 3.1.37>의 (a)처럼 단독형 스위치에서는 사용할 수 없으며, 사용 가능한 듀티비와 턴온(turn on) 시간에 제한을 받을 수 있는 단점이 있다.

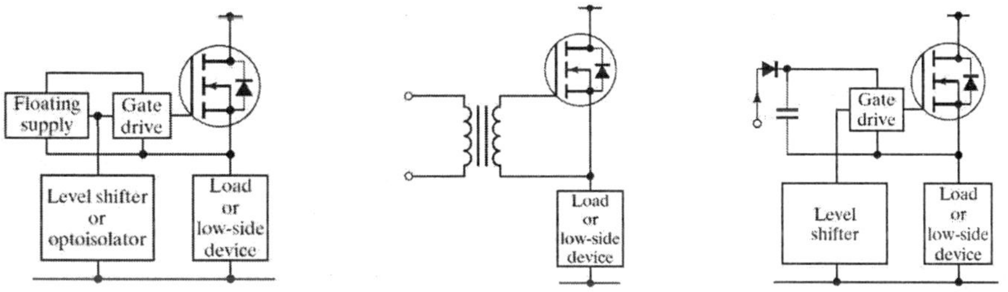

(a) 독립전원 사용 (b) 펄스 트랜스 사용 (c) 부트스트랩 회로 사용

<그림 3.1.38> MOSFET 상단 스위치를 구동하는 방법

(1) 부트스트랩 회로의 구조 및 동작

인버터를 구성하는 브리지 회로에서 상단 스위치로 사용된 MOSFET를 구동하기 위한 부트스트랩 방식의 게이트 구동회로를 <그림 3.1.39>에 보였다. 이러한 부트스트랩 회로는 저항 R1, 다이오드 D1, 커패시터 C1 등으로 간단하게 구성된다. 수백V의 전원을 사용하는 MOSFET 회로에서 상단 스위치와 하단 스위치를 모두 +12V 전원 1개로 구동하는 것에 주목하며, 마이크로컨트롤러, 게이트 드라이브 회로, 전력회로가 모두 같은 접지선으로 연결되어 있다는 점에 주목해야 한다.

우선 회로는 게이트 신호 OUT2를 사용하여 하단 스위치 Q2가 스위치 ON되어야 한다. 그러면 이때 +12V - R1 - D1 - C1 - Q2 경로를 통하여 전류가 흐르면서 커패시터 C1에 12V 전압이 충전된다. 이때 저항 R1은 커패시터 C1에 단락전류가 흐르지 않고 적절한 값의 충전전류가 흐르도록 제한하는 역할을 하므로 수Ω에서 수십Ω 정도로 적절하게 선정해야 한다.

이제 하단 스위치 Q2가 OFF되면 상단 스위치 Q1의 소스 단자(즉 게이트 드라이브 회로의 GND1 단자)의 전위는 거의 $+V_{DC}$ 전원 전압만큼 상승하여 이 단자가 플로팅 상태로 된다. 이때 상단 스위치를 ON하기 위하여 OUT1 신호가 출력되는데 이 상단 스위치를 구동하는 게이트 회로의 전원은 앞에서 커패시터 C1에 충전된 전압으로 동작한다. 충분한 시간동안 커패시터가 게이트 드라이브 신호를 출력할 수 있으려면 커패시터 C1의 정전용량은 수십 μF 정도로 선정해야 한다. 이것은 전해 커패시터보다 주파수 특성이 우수한 탄탈 커패시터를 사용하는 것이 좋으며, 병렬로 0.1 μF 정도의 세라믹 커패시터를 추가하는 것을 권장한다. 이때 다이오드 D1에는 $+V_{DC}$ 전원 전압만큼의 역전압이 걸리면서 역방향 전류가 흐르는 것을 저지하므로 충분히 큰 전압용량을 가져야 하며, 또한 빠른 PWM 신호에도 다이오드로서의 기능을 수행할 수 있도록 고속 역회복 다이오드를 사용해야 한다.

상단 스위치 Q1이 OFF되면 다시 하단 스위치 Q2가 ON되면서 커패시터 C1이 충전되는 동작을 반복한다. 따라서, 상단 스위치와 하단 스위치가 교대로 스위칭되는 컴플리멘터리 방식으로 동작하지 않으면 부트스트랩 회로는 정상적인 기능을 수행하지 못한다. 또한 PWM 제어에서 듀티비를 0% 또는 100%로 구동하게 되면 상단 스위치가 계속 스위치 ON 상태를 유지하고 하단 스위치가 계속 OFF 상태를 유지하는 상황이 발생하므로 C1의 전압이 모두 방전되어 부트스트랩 회로가 정상적으로 동작하지 않을 수 있다. 그러므로 이러한 부트스트랩 회로를 사용한 게이트 구동방식에서는 PWM의 듀티비를 5~95% 정도의 범위에서만 사용하도록 제한하는 것이 좋다.

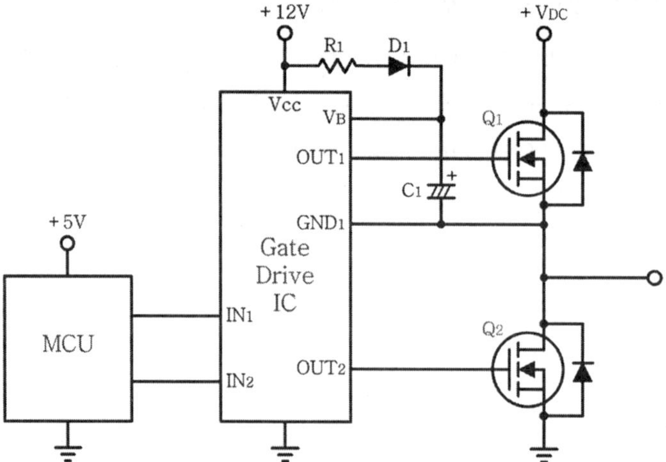

〈그림 3.1.39〉 MOSFET 상단 스위치를 구동하기 위한 부트스트랩 회로

(2) 부트스트랩 회로 사용의 주의 사항 요약

오늘날 부트스트랩 회로를 사용한 게이트 구동 회로는 단일 IC 소자로 만들어져서 판매되고 있으며, 단상 또는 3상 브리지 회로가 내장된 MOSFET 또는 IGBT 모듈에는 이러한 부트스트랩 회로가 함께 내장되는 경우도 많다.

부트스트랩 회로는 저항, 다이오드, 커패시터 1개씩으로 손쉽게 구현되어 수백V까지의 전력회로에서 +12V 또는 +15V 전원 1개로만 모든 스위칭 소자를 게이트 구동할 수 있는 편리한 방법이지만 몇가지의 제한이 있으므로 주의해서 사용해야만 한다. 부트스트랩 회로를 사용할 때의 주의 사항을 요약하면 다음과 같다.

① 부트스트랩 회로의 다이오드는 충분히 속도가 빠른 고속 역회복 다이오드를 사용하며, 전력회로의 전원전압을 견딜 수 있도록 충분한 역내전압을 갖는 소자를 선정해야 한다.

② 부트스트랩 회로의 커패시터는 상단 스위치의 게이트 드라이브에 필요한 전원을 1개의 스위칭 주기동안 공급할 수 있도록 충분한 정전용량을 가져야 한다. PWM 주파수로 빠르게 충반전이 반복되므로 주파수 특성이 양호한 수십μF의 탄탈 커패시터가 바람직하며, 병렬로 0.1μF의 세라믹 커패시터를 연결하여 사용하는 것이 좋다.

③ 부트스트랩 회로의 저항은 커패시터를 충전할 때 +12V 또는 +15V 전원에 의하여 과도한 단락전류가 흐르지 않도록 사용하는 것이므로 수Ω~수십Ω 정도의 범위에서 적절한 저항값을 선정하면 된다.

④ 부트스트랩 커패시터가 원활하게 충전되어 상단 게이트 드라이브 회로에 전원을 공급하려면 반드시 매 스위칭 주기마다 1차례씩 하단 스위치가 ON/OFF되어야 한다. 이를 위해서는 PWM 스위칭 주파수가 너무 낮지 말아야 하며, 각 스위치의 듀티비는 5~95% 정도의 범위에서 사용하는 것이 바람직하다.

7. 전력용 반도체 스위칭 소자의 손실

반도체 스위칭 소자가 OFF되어 있을 때는 차단 영역(cutoff region)에 있어서 스위치에 전류가 흐르지 않으므로 소자에서의 손실이 없다. 그러나, 이것이 스위치 ON되면 이 스위칭 소자를 통하여 전류가 흐르고 소자의 양단에 어느 정도의 전압이 걸리므로 손실이 발생한다. 전력용 반도체 스위칭 소자의 손실은 도통 손실(conduction loss) Pc와 스위칭 손실(switching loss) Psw의 합으로 표시되어 $P = P_c + P_{sw}$가 된다. 낮은 스위칭 주파수에서는 도통 손실이 더 크지만, PWM 동작의 경우처럼 스위칭 주파수가 높아지면 스위칭 손실의 비중이 훨씬 더 커지게 된다.

도통 손실은 반도체 스위칭 소자가 ON되어 있는 상태의 포화 영역에서 발생하는 손실로서, 이 스위칭 소자를 통하여 흐르는 전류와 소자 양단의 전압을 곱한 값으로 표현된다. 전류는 대부분 부하에 따라 결정되므로 사용자에게 선택의 여지가 없으나, 스위치 ON되었을 때 양단의 전압이 작은 소자를 선정하면 도통 손실을 줄일 수 있다. 이상적인 스위칭 소자라면 스위치 ON되었을 때의 양단 전압이 0이므로 도통 손실이 없게 될 것이다. PWM 제어의 경우에는 듀티비(duty ratio)에 따라 스위치 ON되어 있는 시간도 달라지므로 도통 손실의 크기도 듀티비에 따라 달라진다.

스위칭 손실은 반도체 스위칭 소자가 턴온(turn on)되거나 턴오프(turn off)될 때 활성 영역(active region)을 지나가므로 발생하는 손실로서, 역시 스위칭 소자를 통하여 흐르는 전류와 양단의 전압을 곱한 값으로 표현된다. 포화 영역과 달리 활성 영역에서는 전류와 전압값이 모두 크므로 이를 곱한 손실도 크다. 스위칭 손실을 줄이려면 스위칭 속도가 빠른 소자를 선정하여 턴온과 턴오프 동작을 짧은 시간에 수행해야 한다. PWM 제어의 경우에는 스위칭 주파수가 높아지면 단위 시간당 스위칭 횟수가 증가하므로 스위칭 손실도 비례적으로 증가한다.

(1) 다이오드의 손실

다이오드의 손실은 도통 손실과 스위칭 손실의 합으로 표현되는데, 스위칭 손실은 거의 턴오프할 때의 손실이 대부분을 차지한다.

손실 P = 도통 손실 P_c + 스위칭 손실 P_{sw}
≒ 도통 손실 P_c + 턴오프 스위칭 손실 $P_{sw(off)}$

다이오드의 도통 손실은 다이오드의 순방향 전압강하 V_F와 다이오드 전류 I_F의 곱으로 표시된다. 따라서, 다이오드의 도통 손실을 줄이려면 순방향 전압강하가 작은 소자를 선정해야 한다. 쇼트키 다이오드는 다른 다이오드에 비하여 순방향 전압강하가 훨씬 작다.

다이오드의 턴오프 스위칭 손실은 <그림 3.1.40>에 보인 것처럼 다이오드의 역회복 전류 및 역회복 시간에 의해 결정된다. 따라서, 다이오드의 스위칭 손실을 줄이려면 역회복 시간 t_{rr}이 짧은 소자를 선정해야 한다. 다이오드의 역회복 시간은 ①쇼트키 다이오드 < ②초고속 역회복 다이오드 < ③고속 역회복 다이오드의 순서로 짧다.

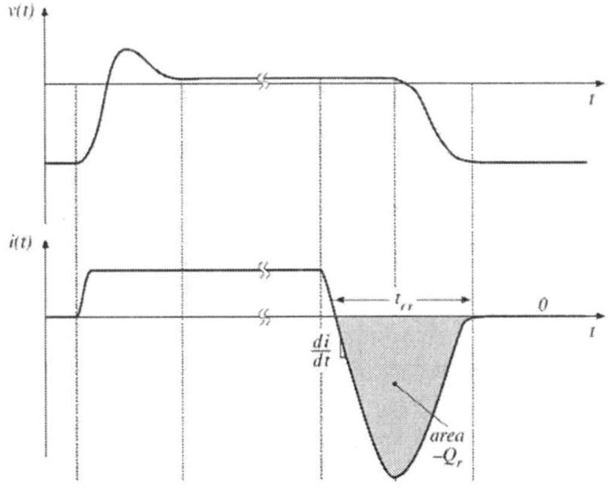

<그림 3.1.40> 다이오드의 스위칭 동작 및 손실

(2) 바이폴라 트랜지스터의 손실

바이폴라 트랜지스터의 손실은 도통 손실과 스위칭 손실의 합으로 표현되는데, 스위칭 손실은 다시 턴온할 때의 손실과 턴오프할 때의 손실의 합으로 된다.

손실 P = 도통 손실 P_c + 스위칭 손실 P_{sw}
= 도통 손실 P_c + 턴온 스위칭 손실 $P_{sw(on)}$ + 턴오프 스위칭 손실 $P_{sw(off)}$

바이폴라 트랜지스터의 도통 손실은 스위치 ON되었을 때의 컬렉터-에미터 포화전압 $V_{CE(sat)}$와 컬렉터 전류 I_C의 곱으로 표시되며, 듀티비나 스위칭 시간에 따라 달라진다. 따라서, 바이폴라 트랜지스터의 도통 손실을 줄이려면 컬렉터-에미터 포화전압 $V_{CE(sat)}$가 작은 소자를 선정해야 한다. 이 값은 소자에 따라 0.2~2.5V로 다양하다.

바이폴라 트랜지스터의 스위칭 손실은 <그림 3.1.41>에 보인 것처럼 턴온 동작의 상승 시간(rising time) t_r과 턴오프 동작의 하강 시간(falling time) t_f에 의해 결정된다. 즉, 스위칭 손실은 다음과 같이 턴온 동작 및 턴오프 동작에서 컬렉터-에미터 전압과 컬렉터 전류의 곱을 시간적으로 적분한 값이 된다.

$$P_{sw} = P_{sw(on)} + P_{sw(off)} = \frac{1}{T}\left\{\int_0^{t_r} V_{CE}(t) \times I_c(t)dt + \int_0^{t_f} V_{CE}(t) \times I_c(t)dt\right\}$$

따라서, 바이폴라 트랜지스터의 스위칭 손실을 줄이려면 턴온 동작의 상승 시간 t_r과 턴오프 동작의 하강 시간 t_f로 표시되는 스위칭 시간이 짧은 소자를 선정해야 한다. 턴온 지연시간 $t_{d(on)}$과 턴오프 지연시간 $t_{d(off)}$는 스위칭 손실과 직접적으로 관계가 없으나 이것들이 짧으면 그 소자의 스위칭 속도는 빨라진다.

바이폴라 트랜지스터의 스위칭 속도를 빠르게 하기 위한 여러 가지의 베이스 구동 방법이 연구되어 왔는데, 그중의 하나는 <그림 3.1.42>와 같이 회로를 구성하고 턴오프할 때 베이스에 역전압을 인가하는 것이다.

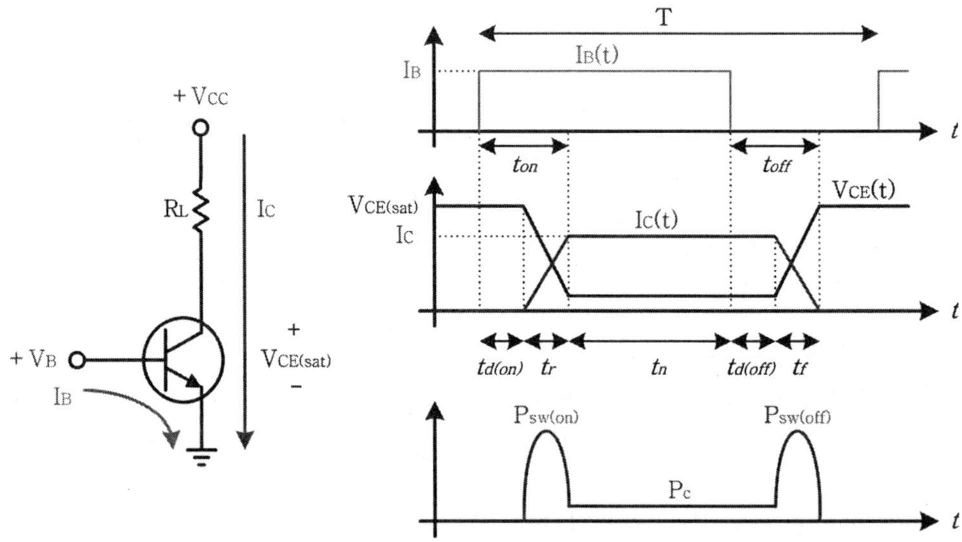

〈그림 3.1.41〉 바이폴라 트랜지스터의 스위칭 동작 및 손실

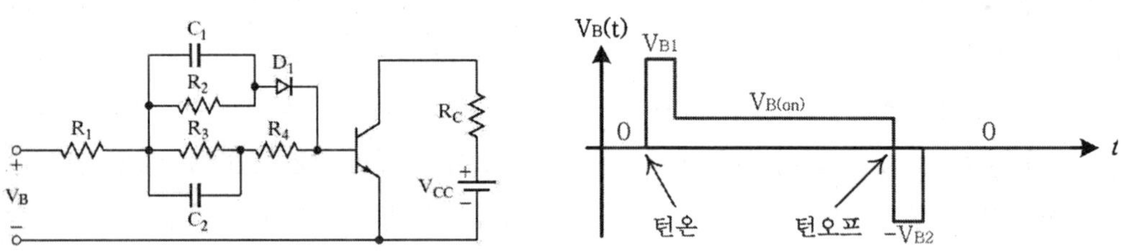

(a) 베이스 구동 회로 (b) 베이스 구동 방법

〈그림 3.1.42〉 바이폴라 트랜지스터의 스위칭 속도를 높이기 위한 방법

(3) MOSFET의 손실

MOSFET의 손실은 도통 손실과 스위칭 손실의 합으로 표현되는데, 스위칭 손실은 다시 턴온할 때의 손실과 턴오프할 때의 손실의 합으로 된다.

손실 P = 도통 손실 P_c + 스위칭 손실 P_{sw}

= 도통 손실 P_c + 턴온 스위칭 손실 $P_{sw(on)}$ + 턴오프 스위칭 손실 $P_{sw(off)}$

MOSFET의 도통 손실은 스위치 ON되었을 때의 드레인-소스 도통저항 $R_{DS(on)}$과 드레인 전류 I_D의 곱으로 표시되며, 듀티비나 스위칭 시간에 따라 달라진다. 따라서, MOSFET의 도통 손실을 줄이려면 드레인-소스 도통저항 $R_{DS(on)}$이 작은 소자를 선정해야 한다. 이 값은 소자에 따라 수mΩ~수Ω의 범위에서 다양하다.

MOSFET의 스위칭 손실은 <그림 3.1.43>에 보인 것처럼 턴온 동작의 상승 시간 t_r 및 전압 하강 시간 t_{vf}와 턴오프 동작의 하강 시간 t_f 및 전압 상승 시간 t_{vr}에 의해 결정된다. 이와 같이 MOSFET에서 턴온 동작의 스위칭 손실과 턴오프 동작의 스위칭 손실은 <그림 3.1.43>에서 보는 것처럼 삼각형의 형태가 되므로 다음과 같이 이 삼각형의 면적을 계산하면 스위칭 손실을 구할 수 있다.

$$P_{sw} = P_{sw(on)} + P_{sw(off)} = \frac{1}{T}\left\{ \frac{(t_r + t_{vf}) \times V_{DS} I_D}{2} + \frac{(t_f + t_{vr}) \times V_{DS} I_D}{2} \right\}$$

따라서, MOSFET의 스위칭 손실을 줄이려면 게이트-소스 단자 사이의 커패시턴스 C_{gs}가 작고 스위칭 시간 t_r 및 t_f가 짧은 소자를 선정해야 한다.

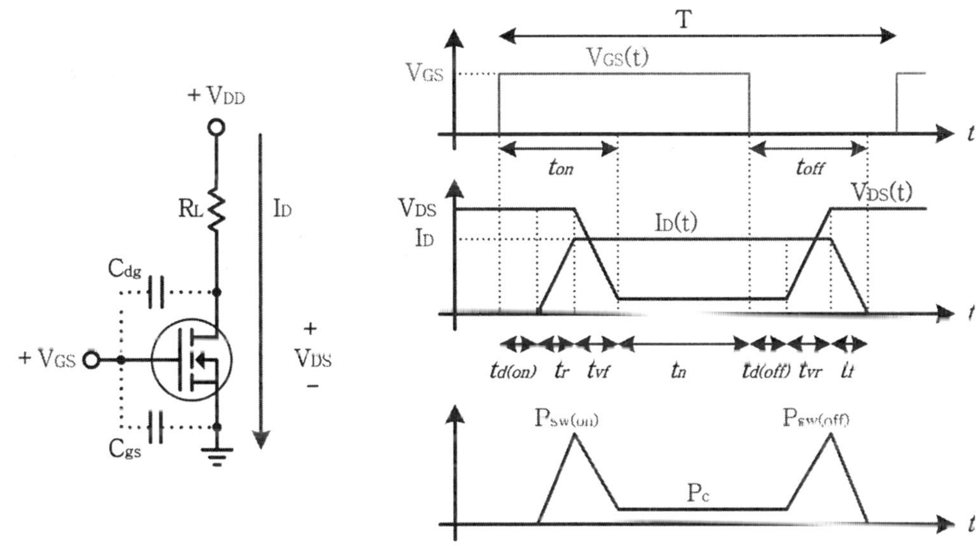

<그림 3.1.43> MOSFET의 스위칭 동작 및 손실

MOSFET나 IGBT의 스위칭 속도를 빠르게 하기 위한 여러 가지의 게이트 구동 방법이 연구되어 왔는데, 그중의 하나는 <그림 3.1.44>와 같이 토템폴(totem-pole) 회로를 구성하여 이를 컴플리멘터리 방식으로 구동하고, 소스 전류(source current)와 싱

크 전류(sink current)의 용량을 충분히 크게 하는 것이다. 이 때문에 MOSFET와 IGBT의 게이트 드라이브 전용 소자들에서 소스 전류와 싱크 전류의 최대 용량은 대략 1~3A 정도인 경우가 많다.

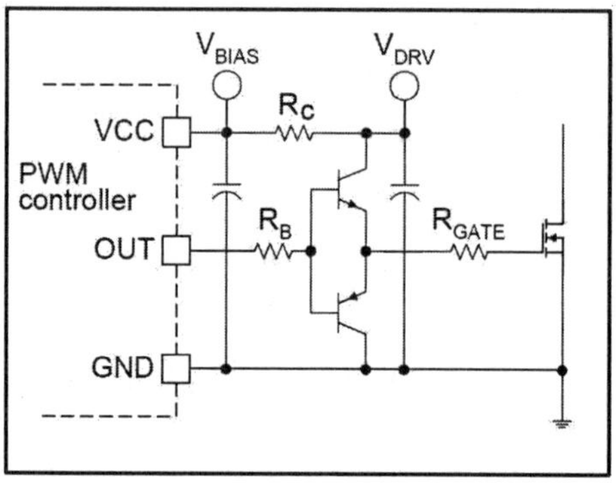

<그림 3.1.44> MOSFET의 스위칭 속도를 높이기 위한 게이트 구동 방법

3.2 전동기의 회전속도 측정 기술

이 절에서는 먼저 전동기의 회전속도를 측정하는 장치의 종류와 동작원리를 알아보고, 이중에서 증분형 로터리 엔코더를 사용하여 전동기의 회전속도를 측정하는 기술을 중점적으로 공부한다.

1. 전동기 회전속도 측정 방법의 분류

전동기의 회전속도를 측정하는 방법은 <그림 3.2.1>과 같이 크게 아날로그 방식과 디지털 방식으로 나눌 수 있다. 오늘날은 전동기 제어 시스템이 대부분 마이크로프로세서를 사용한 디지털 방식이므로 전동기의 회전속도를 디지털 방식으로 측정하는 것이 적합하다.

아날로그 방식은 주변환경의 영향으로 측정 오차를 유발하기 쉽고, 이 회로를 마이크로프로세서에 연결하기 위해서는 디지털 신호로 변환하는 절차를 필요로 하므로 하드웨어 비용 측면에서 불리할 수도 있다.

디지털 방식은 주변환경의 영향을 거의 받지 않고 신뢰성이 높은 장점이 있지만, 속도측정 분해능을 높이는 것이 중요한데 로터리 엔코더의 1회전당 펄스수가 커지면 가격이 급격하게 높아지는 문제가 있다.

어느 방식을 사용하든지 전동기의 회전속도를 측정하는데 요구되는 사항은 ① 입출력 사이의 직선성(linearity)이 좋을 것, ② 입출력 사이의 시간지연이 작을 것, ③ 1회전당 분해능이 높아서 정밀도가 좋을 것, ④ 신호대 잡음비(SN비 ; signal to noisc ratio)가 높을 것, ⑤ 전동기에 영향을 주지 않고 속도를 측정할 것 등이다.

- 회전속도 측정
  - 아날로그 방식
    - 싱크로(synchro)
    - 레졸버(resolver)
    - 타코 제너레이터(tacho-generator)
  - 디지털 방식
    - 자기식 로터리 엔코더
    - 광학식 로터리 엔코더
      - 증분형
      - 절대치형

<그림 3.2.1> 전동기 회전속도 측정 방법의 분류

(1) 싱크로와 레졸버

싱크로(synchro)와 레졸버(resolver)는 모두 아날로그 방식으로 전동기의 회전속도나 절대위치를 검출할 수 있는 서로 유사한 장치이다. 이것들은 기본적으로 회전 변압기(rotary transformer)의 구조를 가지며, 전동기와 회전축으로 연결되어 회전하면서 1차측에서 교류신호를 입력하면 2차측에서는 회전각에 비례하는 교류전압을 출력한다. 싱크로에서는 2차측이 서로 120° 씩의 위상차를 갖는 3상 교류신호가 출력되며, 레졸버에서는 2차측이 서로 90° 의 위상차를 갖는 $\sin\theta$ 및 $\cos\theta$의 교류신호가 출력되므로 이로부터 회전각 θ를 구할 수 있으며, 이들 파형을 구형파 신호로 변환하여 카운트하면 회전속도를 측정할 수도 있다.

레졸버의 1차측 및 2차측 권선의 구조를 보이면 <그림 3.2.2>와 같다. 싱크로와 레졸버는 내환경성이 우수하고 견고하며, 회전각 및 회전속도를 모두 측정할 수 있다는 장점이 있으나, 구조가 복잡하여 가격이 비싸고 디지털화하는 과정이 복잡하고 어렵다는 단점이 있다.

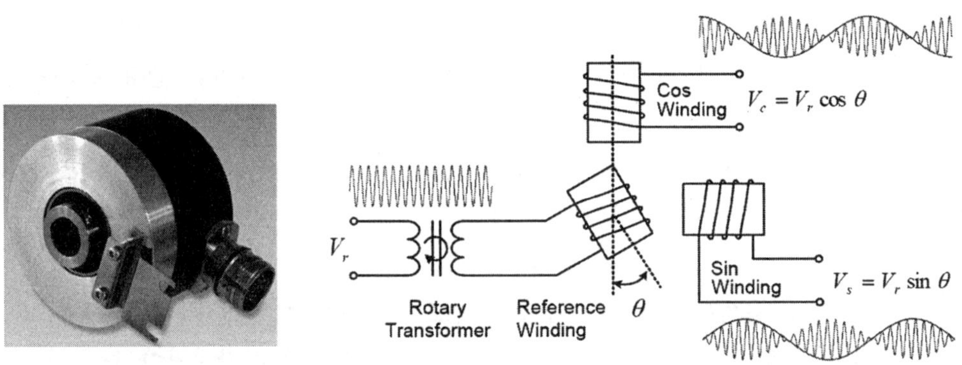

(a) 외형 (b) 권선 구조 및 입출력 신호

<그림 3.2.2> 레졸버

(2) 타코 제너레이터

타코 제너레이터(TG ; tacho-generator)는 회전속도에 비례하는 신호를 발생하는 발전기이다. AC 타코 제너레이터와 DC 타코 제너레이터가 있는데, AC 타코 제너레이터는 회전속도에 비례하는 주파수의 교류전압을 발생하고, DC 타코 제너레이터는 회전속도에 비례하는 직류전압을 발생한다. 일반적으로 DC 타코 제너레이터가 널리 사용되는데, 이를 디지털 제어기에서 사용하려면 직류전압을 A/D 변환하여 읽어들인 후에 속도값으로 환산하여 사용한다.

타코 제너레이터는 회전자의 관성 모멘트와 마찰 토크가 적어서 전동기에 주는 영향이 적도록 설계해야 하며, DC 타코 제너레이터의 경우에는 출력전압의 리플이 적어야 한다는 것도 중요한 사항이다.

<그림 3.2.3> 타코 제너레이터

(3) 로터리 엔코더

로터리 엔코더(rotary encoder)는 PG(pulse generator)라고도 많이 부르며, 전동기의 회전속도에 비례하는 주파수의 디지털 펄스 신호(pulse train)를 출력하는 장치이다. 이러한 방식의 로터리 엔코더를 증분형(incremental type)이라고 하는데, 이것은 전동기의 회전속도를 검출하는데 유용하다. 이밖에 전동기의 회전각 위치를 2진수 절대값으로 나타내는 절대치형(absolute type) 로터리 엔코더도 있는데, 이것은 전동기의 회전각을 검출하여 위치를 제어하는데 유용하다.

전동기의 회전속도 검출에 널리 사용되는 증분형 로터리 엔코더는 다시 디지털 펄스를 발생하는 원리에 따라 자기식(magnetic type)과 광학식(optical type)으로 나눌 수 있다. 자기식 로터리 엔코더는 원편형의 자기 드럼(magnetic drum) 주변에 N극과 S극의 미소 자극을 교대로 착자하고, 이 자극을 검출하기 위하여 드럼의 외부 가까이에 홀센서(Hall sensor)를 설치하는 구조를 가진다. 자기식 로터리 엔코더는 원판에 자극을 미세하게 많이 착자하는 것이 쉽지 않기 때문에 일반적으로 광학식에 비하여 1회전당 펄스수가 적어서 분해능이 나쁘다.

광학식 로터리 엔코더에는 <그림 3.2.4>와 같이 증분형과 절대치형이 있다. 증분형은 회전속도와 회전각을 검출하는데 모두 사용할 수 있지만, 절대치형은 회전각을 검출하는데 적합하다. 광학식 엔코더는 기본적으로 LED의 빛이 슬릿(slit)을 통과하여 포토 트랜지스터와 같은 수광 소자에 전달되는지 여부를 디지털 값으로 표현하는 원리로 동작한다. 이것의 분해능을 높이려면 슬릿의 크기나 LED의 위치를 미세하게 가공 처리해야 하므로 가격이 비싸진다.

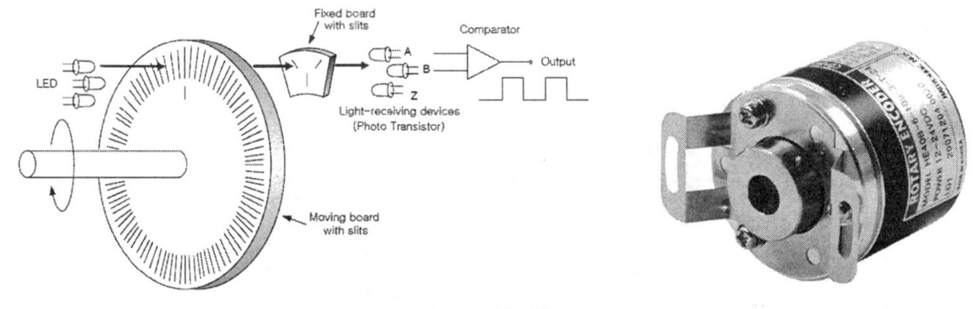

(a) 증분형

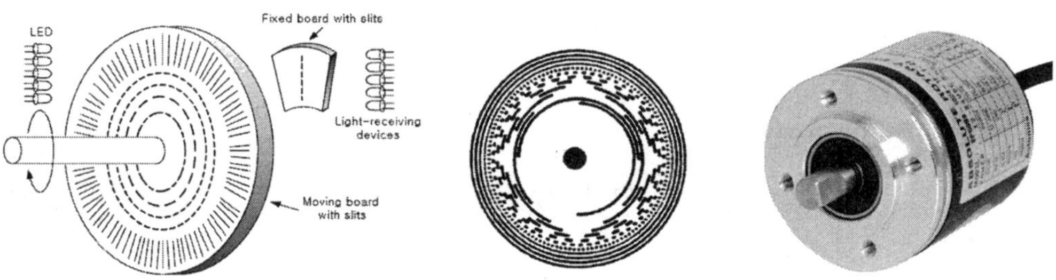

(b) 절대치형

<그림 3.2.4> 광학식 로터리 엔코더

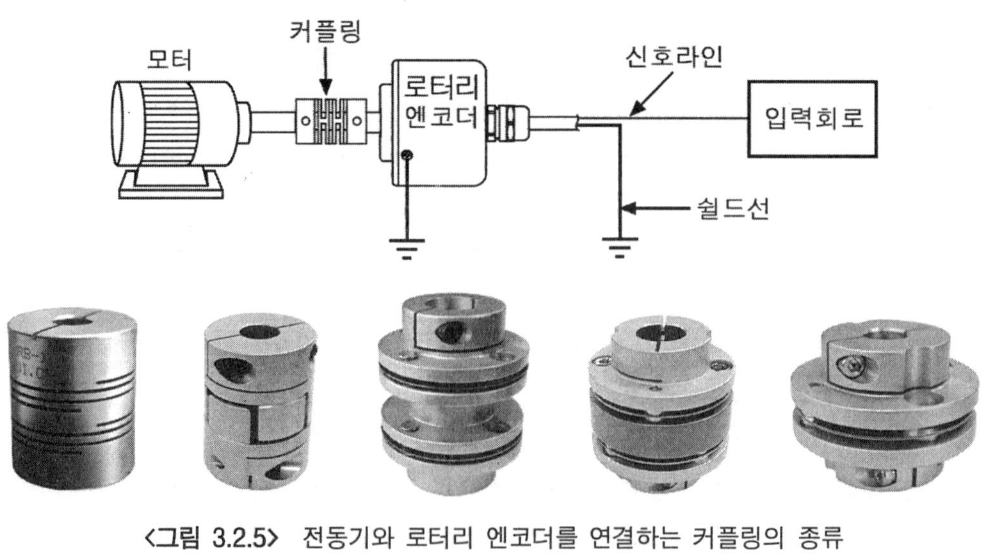

<그림 3.2.5> 전동기와 로터리 엔코더를 연결하는 커플링의 종류

광학식 로터리 엔코더에는 전동기와 기계적으로 커플링하기 위하여 회전축을 가지는 회전축형(shaft type)과 전동기의 회전축을 끼워서 사용할 수 있도록 구멍이 뚫려있는 중공축형(hollow type)이 있다. 회전축형 로터리 엔코더를 전동기와 연결할 때는 <그림 3.2.5>와 같이 여러 가지 형태의 플렉시블 커플링(flexible coupling)이 상품화되어 있으니 적절한 것을 선정하여 사용하면 된다.

2. 증분형 로터리 엔코더를 사용한 회전속도 측정

(1) 로터리 엔코더의 출력신호

광학식 증분형 로터리 엔코더는 A, B의 2상 출력만 가지는 것과 A, B, Z의 3개 출력신호를 갖는 것이 있다. 3출력 방식의 신호는 <그림 3.2.6>과 같은데, A상 및 B상은 회전속도와 회선방향을 검출하는데 사용하고, Z상은 1회전당 1번씩만 출력되는 신호로서 위치제어의 경우에 출발 원점을 표시하는 용도로 사용된다.

전동기가 정방향(CW ; clockwise)으로 회전할 때는 B상 출력신호가 90° 앞서며, 전동기가 역방향(CCW ; counter-clockwise)으로 회전할 때는 A상 출력신호가 90° 앞선다. 이를 이용하여 전동기의 회전방향을 검출할 수 있다.

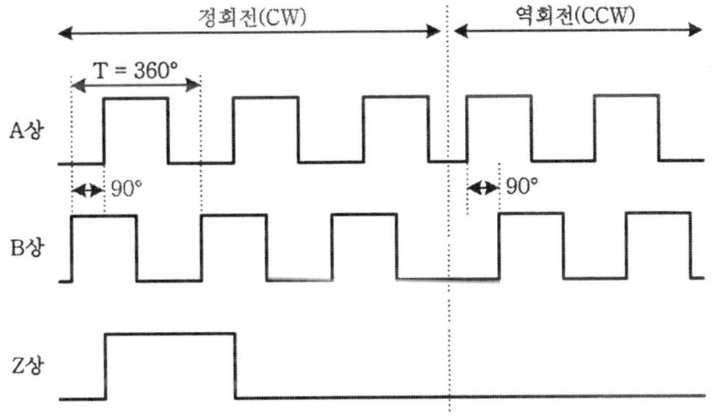

<그림 3.2.6> 광학식 증분형 로터리 엔코더의 출력신호

그런데, 로터리 엔코더가 이러한 신호를 출력하는 방식은 <그림 3.2.7>과 같이 크게 4가지가 있다. 먼저, 토템폴(totem pole) 출력방식은 일반적인 디지털 회로에서처럼 high와 low 신호를 출력한다.

오픈 컬렉터(open collector) 출력방식에서는 low 출력만 가능하므로 high 상태일 때 출력신호가 플로팅(floating)되지 않도록 외부에 풀업저항을 사용해야 하며, 이러한 오픈 컬렉터 출력방식은 로터리 엔코더의 전원전압과 전동기 제어회로의 전원전압이 서로 달라서 디지털 로직 레벨을 변환해야 할 때 유리하다.

전압 출력방식은 오픈 컬렉터 출력방식의 풀업저항이 로터리 엔코더에 내장되어 있다고 생각하면 된다. 따라서, 이 경우는 사용자가 외부에 풀업저항을 붙여줄 필요가 없지만, 디지털 로직 레벨이 로터리 엔코더의 전원전압으로 고정된다.

라인 드라이버(line driver) 출력방식은 차동신호가 출력되므로 노이즈에 강한 특성을 가지며, 신호를 멀리 보내는데 유리하다.

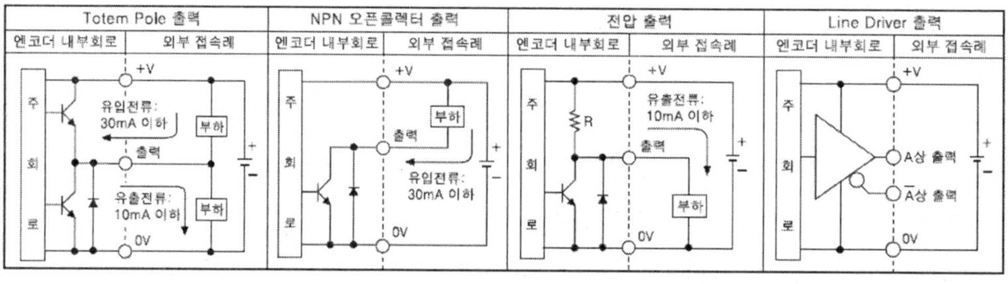

<그림 3.2.7> 광학식 증분형 로터리 엔코더의 신호 출력방식

(2) 전동기 회전방향의 검출

광학식 증분형 로터리 엔코더의 A상 및 B상 출력신호를 사용하여 전동기의 회전 방향을 검출하려면 <그림 3.2.8>과 같이 D형 플립플롭을 사용하면 된다. B상 신호를 플립플롭의 D 입력으로 사용하고 A상 신호를 상승 에지로 동작하는 클록 신호로 사용하면 그림처럼 $\mathrm{FOR}/\overline{\mathrm{REV}}$ 신호를 얻을 수 있다. 그러나, A상 및 B상 신호를 반대로 바꾸어 연결하면 $\overline{\mathrm{FOR}}/\mathrm{REV}$ 신호를 얻을 수 있다.

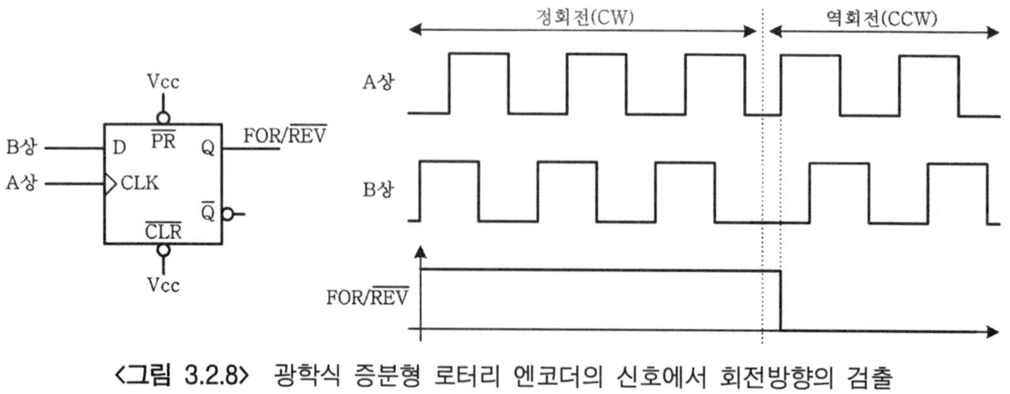

<그림 3.2.8> 광학식 증분형 로터리 엔코더의 신호에서 회전방향의 검출

(3) 로터리 엔코더 출력주파수의 체배

광학식 증분형 로터리 엔코더의 1회전당 펄스수(PPR ; Pulses per Revolution)가 작아서 속도측정 분해능인 낮은 경우에는 이를 간단히 2체배 또는 4체배하여 사용할 수 있다. 즉, 일반적으로는 A상 또는 B상 출력신호를 카운터로 카운트하여 회전속도를 측정하지만, 이 2개의 신호를 하드웨어적으로 조합하여 2배 또는 4배의 주파수 신호로 변환하여 카운터로 카운트하면 보다 정밀하게 회전속도를 측정할 수 있다.

로터리 엔코더의 출력주파수를 2체배하려면 <그림 3.2.9>와 배타적 논리합(exclusive OR) 게이트 소자를 사용하며, 여기에 다시 2체배 기능을 추가하여 4체배된 출력신호를 얻으려면 배타적 논리합 게이트와 R, C 소자를 조합하여 사용하며 된다. 원래 A상 및 B상 신호는 듀티비가 50%인 신호이므로 2체배된 출력신호도 듀티비가 50%를 유지하지만, 최종적으로 4체배된 출력신호는 듀티비가 가변적이며 R, C 소자의 값에 따라 펄스폭이 결정되므로 전동기의 최대 회전속도 및 로터리 엔코더의 1회전당 펄스수를 고려하여 적절한 R, C 소자값을 선정하여야 한다.

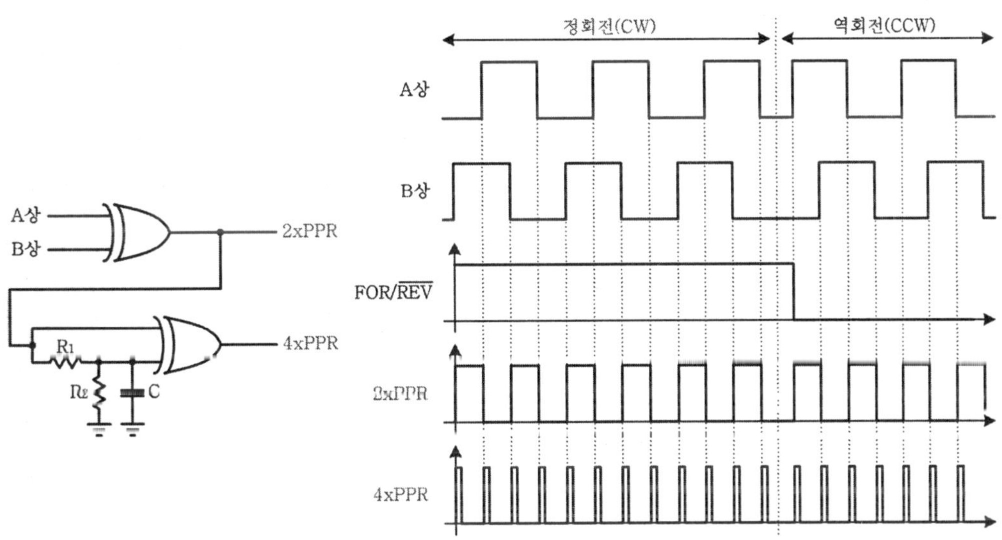

<그림 3.2.9> 광학식 증분형 로터리 엔코더의 출력주파수 체배

(4) 증분형 로터리 엔코더를 이용한 전동기의 회전속도 측정

이제 증분형 로터리 엔코더의 출력주파수 신호를 이용하여 직접적으로 전동기의 회전속도를 측정하는 방법에 대하여 알아보기로 한다. 일반적으로 전동기의 회전속도 ω_r은 전동기 회전축의 분당 회전수(RPM 또는 rpm ; Revolutions per Minute)를 단위

로 사용하여 나타낸다.

먼저 전동기의 회전 각속도는 다음과 같이 어느 시간 t[s] 동안에 회전한 각 변위 θ[rad]의 변화율이라고 나타낼 수 있다.

$$\omega_r = \frac{\Theta}{t} \text{ [rad]}$$

기계적인 1회전은 2π[rad]에 해당하므로 이와 같은 전동기의 회전 각속도를 1분당의 회전수, 즉 RPM 단위의 전동기 회전속도로 바꾸어 표현하면 다음과 같이 된다.

$$\omega_r = \frac{60}{2\pi}\frac{\Theta}{t} \text{ [rpm]}$$

로터리 엔코더의 출력주파수를 측정하여 샘플링 시간(sampling time)과 회전각을 이 식에 대입하면 전동기의 회전속도를 rpm 단위로 계산하여 얻을 수 있다. 그런데, 로터리 엔코더의 출력 펄스를 측정하여 측정 시간과 회전각을 얻는 방법에는 다음과 같이 3가지가 있다.

▣ M 방식

이것은 <그림 3.2.10>에서처럼 일정한 샘플링 시간 T_s[s] 동안에 출력되는 로터리 엔코더의 펄스수를 카운트하여 전동기의 회전속도를 측정하는 방법이다. 일정한 샘플링 시간 T_s[s]는 마이크로컨트롤러에서 타이머를 이용하여 주기적인 인터럽트로 처리하며, 이 샘플링 시간 동안에 측정한 로터리 엔코더의 펄스수가 m_1개라고 하면 이 시간 동안에 회전한 각 변위는 다음과 같다. 단, 여기서 PPR은 전동기 1회전당 로터리 엔코더의 출력 펄스수를 나타낸다.

$$\Theta = \frac{m_1}{PPR} \times 2\pi \text{ [rad]}$$

따라서, 전동기의 회전속도는 다음과 같이 계산할 수 있다.

$$\omega_r = \frac{60}{2\pi}\frac{\Theta}{t} = \frac{60}{2\pi} \times \frac{m_1}{PPR} \times \frac{2\pi}{T_s} = \frac{60}{PPR}\frac{m_1}{T_s} \text{ [rpm]}$$

이러한 M 방식은 구현이 매우 간단하고 회전속도 측정시간이 일정하여 일정한 샘플링 시간마다 속도제어를 수행하는 속도제어기 설계에 유리하다. 그러나, 샘플링 시간과 로터리 엔코더의 펄스 사이에 동기가 유지되는 것이 아니고, 또한 일정한 샘플링 시간에 정확한 정수개의 펄스수가 입력되는 것이 아니라 자투리 시간이 남을 수 있기 때문에 샘플링 시간을 어느 순간부터 시작하느냐에 따라 최대 ±1개의 펄스 측정 오차가 발생할 수 있는데, 전동기의 회전속도가 낮은 저속영역에서는 m_1이 작은 값이 되므로 이러한 ±1개의 펄스 측정 오차는 전동기의 회전속도에 큰 오차를 유발하게 된다. 따라서, M 방식은 고속영역에서는 유리하지만 저속영역에서는 측정오차가 커서 불리하며, 이러한 속도측정 오차를 줄이려면 로터리 엔코더의 1회전당 펄스수 PPR 값이 큰 것을 사용하거나 샘플링 시간 T_s를 크게 하여 m_1의 값을 늘려야 한다. 그러나, 로터리 엔코더의 PPR 값이 커지면 가격이 비싸지며, 샘플링 시간 T_s를 크게 하면 속도 제어기의 성능이 나빠진다.

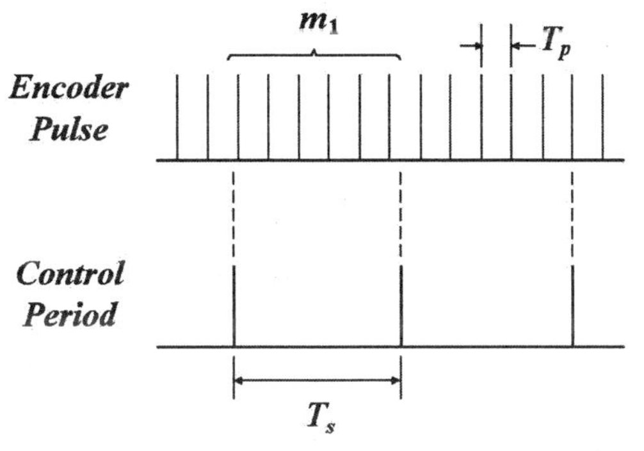

<그림 3.2.10> M 방식의 전동기 회전속도 측정 원리

▣ T 방식

이것은 <그림 3.2.11>에서처럼 로터리 엔코더의 출력신호 펄스 사이의 시간을 측정하여 전동기의 회전속도를 얻어내는 방법이다. 이것은 보통 로터리 엔코더의 펄스를 마이크로컨트롤러의 인터럽트 신호로 사용하여 첫번째 인터럽트에서부터 다음의 인터럽트가 발생할 때까지의 시간을 측정하여 구현하는데, 이러한 시간을 측정하는 것은 내부 타이머를 사용하여 높은 주파수의 시스템 클록을 카운트하는 방법으로 쉽게 처리할 수 있다. 여기서, 로터리 엔코더 펄스 사이의 회전각은 다음과 같다.

$$\theta = \frac{2\pi}{PPR} \text{ [rad]}$$

또한, 로터리 엔코더의 펄스와 펄스 사이의 시간 T_p[s] 동안에 측정한 내부 클록의 펄스수가 m_2개이고 이 내부 클록의 주파수가 f_c라고 하면 이 시간 T_p는 다음과 같이 계산할 수 있다.

$$T_p = \frac{m_2}{f_c} \text{ [s]}$$

따라서, 전동기의 회전속도는 다음과 같이 계산할 수 있다.

$$\omega_r = \frac{60}{2\pi}\frac{\Theta}{t} = \frac{60}{2\pi} \times \frac{2\pi}{PPR} \times \frac{f_c}{m_2} = \frac{60}{PPR}\frac{f_c}{m_2} \text{ [rpm]}$$

이러한 T 방식도 구현이 매우 간단하고 저속영역에서 전동기 회전속도의 측정 정밀도가 높다. 그러나, 역시 로터리 엔코더의 펄스와 내부 시스템 클록 신호 사이에 동기가 유지되는 것이 아니고, 또한 엔코더 펄스 사이에 정확한 정수개의 시스템 클록수가 입력되는 것이 아니라 자투리 시간이 남을 수 있기 때문에 최대 ±1개의 펄스 측정 오차가 발생할 수 있는데, 전동기의 회전속도가 높은 고속영역에서는 m_2가 작은 값이 되므로 이러한 ±1개의 펄스 측정 오차는 전동기의 회전속도에 큰 오차를 유발하게 된다. 따라서, T 방식은 저속영역에서는 유리하지만 고속영역에서는 측정오차가 커서 불리하며, 이러한 속도측정 오차를 줄이려면 로터리 엔코더의 1회전당 펄스수 PPR 값이 작은 것을 사용하거나 내부 시스템 클록의 주파수 f_c를 크게 해야 한다. 그러나, 내부 시스템 클록의 주파수 f_c를 크게 하면 이를 카운트하기 위한 카운터의 비트수가 높아야 하는 문제가 있다. 또한, T 방식에서는 로터리 엔코더의 펄스 주기가 샘플링 시간이 되므로 전동기의 회전속도에 따라 이 샘플링 시간이 변하게 되어 속도제어기를 설계하는데 불리해진다.

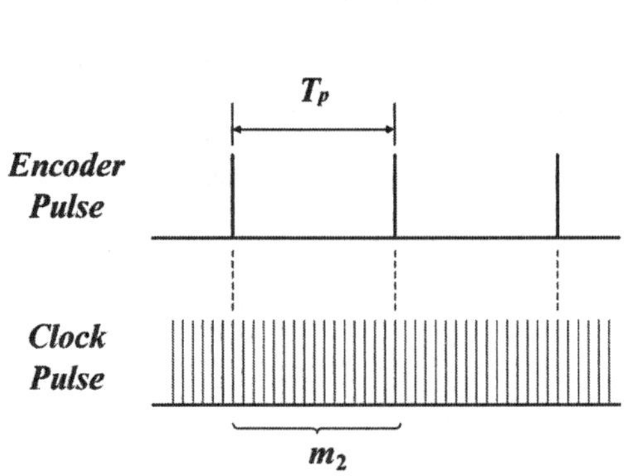

〈그림 3.2.11〉 T 방식의 전동기 회전속도 측정 원리

▣ M/T 방식

앞의 회전속도 측정 방식에서 M방식은 고속영역에서 유리한데 비하여 저속영역에서 오차가 크다는 단점이 있고, 반대로 T방식은 저속영역에서 유리한데 비하여 고속영역에서 오차가 크다는 단점이 있었다. 그러나, 이 방식들은 1개의 카운터만을 사용하여 간단하게 구현할 수 있다는 것이 장점이다.

M/T 방식은 이상의 2가지의 회전속도 측정방식을 결합하여 전체 회전속도 영역에서 높은 측정 정밀도를 얻을 수 있는 방법으로서 이를 <그림 3.2.12>에 설명하였다. 여기서는 2개의 카운터를 사용하며, 기본적으로는 M 방식에서처럼 일정한 시간 T_c[s] 동안에 로터리 엔코더의 펄스수 m_1을 카운트한다. 그러나, 여기서 이 시간 T_c가 끝나면 로터리 엔코더의 펄스수 m_1을 카운트하면서 즉시 로터리 엔코더의 펄스에 의한 인터럽트를 허용 상태로 설정한다. 추가 시간 ΔT[s]가 지나서 첫번째 로터리 엔코더 펄스신호에 의한 인터럽트가 발생하면 전체 측정시간 $T_s = T_c + \Delta T$ 동안의 내부 시스템 클록 펄스수 m_2를 또다른 카운터로 카운트함으로써 실제 샘플링 주기가 종료된다.

여기서 전체 측정시간 $T_s = T_c + \Delta T$ 동안에 측정한 로터리 엔코더의 펄스수는 m_1이므로 그 동안의 회전각은 다음과 같다.

$$\theta = \frac{2\pi}{PPR} \times m_1 \ [\text{rad}]$$

또한, 전체의 측정시간 T_s는 일정한 시간 T_c와 전동기 회전속도에 따라 달라지는 시간 ΔT가 합해져서 다음과 같이 표현할 수 있다. 여기서, m_2는 전체 측정시간 동안에 측정한 내부 시스템 클록의 펄스수이고, f_c는 내부 시스템 클록의 주파수이다.

$$T_s = T_c + \Delta T = \frac{m_2}{f_c} \ [\text{s}]$$

따라서, 전동기의 회전속도는 다음과 같이 계산할 수 있다.

$$\omega_r = \frac{60}{2\pi}\frac{\theta}{t} = \frac{60}{2\pi} \times \frac{2\pi \times m_1}{PPR} \times \frac{f_c}{m_2} = \frac{60 \times f_c}{PPR}\frac{m_1}{m_2} \ [\text{rpm}]$$

이러한 M/T 방식은 2개의 카운터가 필요하고 인터럽트 처리 기능이 요구되므로 앞의 M 방식이나 T 방식에 비하여 구현하기가 다소 복잡하고 까다롭다. 그러나, 로터리 엔코더의 자투리 시간까지를 고려하여 정확한 속도 측정을 수행하므로 앞의 2가지 방식에 비하여 저속 영역에서 고속 영역까지 비교적 정확한 전동기 회전속도의 측정이 가능하다. 하지만, 전동기의 회전속도에 따라 ΔT가 가변적이므로 역시 전체 측정시간 T_s도 변동하게 되는 단점이 있다.

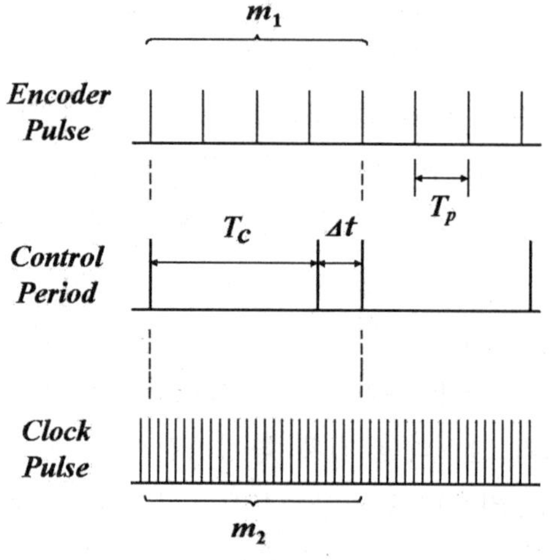

〈그림 3.2.12〉 M/T 방식의 전동기 회전속도 측정 원리

◀참고▶ M/T 방식은 이와 같이 속도 측정의 정밀도가 높은 방식이라서 유리하지만 이를 현실적으로 적용하는데 2가지의 문제점이 있으므로 각별히 주의하여 사용해야 한다.

첫째는 일정한 시간 T_c가 지난 다음에 로터리 엔코더의 신호에 의한 인터럽트를 허용하고 이 외부 인터럽트의 발생을 기다리게 되는데, 만약 현재 전동기가 정지 상태에 있다면 로터리 엔코더의 신호가 만들어지지 않고 따라서 이것에 의한 외부 인터럽트도 발생되지 않으므로 속도 측정이 수행되지 않는다. 보통은 이 외부 인터럽트 처리 함수에서 속도가 측정되면 곧바로 PI 제어 알고리즘을 수행하도록 하는데, 만약 전동기가 정지되어 있으면 외부 인터럽트가 발생되지 않으므로 이 인터럽트 처리 함수가 실행되지 않고 따라서 PI 제어 알고리즘이 수행되지 않는다. 이 때문에 회전속도 측정으로 M/T 방식을 사용하는 전동기 서보 제어 시스템에서는 처음에 전동기가 기동이 되지 않거나 전동기의 회전속도가 0으로 되는 순간 제어 시스템이 멈추어 버리는 일이 발생하는 경우가 종종 있다.

둘째는 M/T 방식을 사용할 때의 속도 샘플링 주기는 일정한 시간 T_c에 인터럽트 대기 시간 ΔT가 합해진 형태이므로 $T_s = T_c + \Delta T$가 된다. 그런데, 여기서 ΔT가 일정하지 않으므로 샘플링 주기 T_s도 일정하지 않으며, T_s는 항상 T_c보다 크게 된다. 전동기가 저속으로 회전하는 경우에는 ΔT가 T_c보다 커지는 경우도 있어서 전체 샘플링 주기가 상당히 길어진다. 그런데, 속도 샘플링 주기는 제어 주기로도 사용되는 경우가 대부분이므로 이와 같이 속도 샘플링 주기가 일정하지 않고 수시로 길어지면 제어 시스템에게는 바람직하지 않다.

따라서, 전동기의 가장 바람직한 회전속도 측정 방법은 분해능이 높은 로터리 엔코더를 선정하고 샘플링 주기가 일정한 M 방식을 사용하여 측정하는 것이다. 그러나, 이렇게 하면 분해능이 높은 로터리 엔코더의 가격이 비싸다는 것이 문제다.

3.3 전류 측정 기술

이 절에서는 전동기나 전동기 구동회로의 전류를 측정하는 방법과 기술에 대하여 공부한다. 중대용량의 직류전동기를 제어할 때는 외부에 속도제어 루프를 하고 내부에 전류제어 루프를 사용하는 것이 일반적이지만, 소형 BLDC 모터의 경우에는 전류제어 루프를 생략하고 사용하지 않는 경우도 많다. 이와 같이 BLDC 모터 제어에서 전류제어를 수행하려면 전동기의 전류 측정이 필수적이며, 때로는 단지 전류값을 모니터링(monitoring)하기 위하여 전동기의 전류를 측정하기도 한다.

1. 전류 측정 방법의 분류

전동기나 전동기 구동회로의 전류를 측정하는 방법은 <그림 3.3.1>과 같이 크게 3가지로 나눌 수 있다. 이들 3가지 전류측정 방법의 주요 특징을 <표 3.3.1>에 비교하여 설명하였는데, 소용량의 전류를 측정할 때는 션트저항(shunt resistor) 방법도 많이 사용하지만, 대용량으로 가면 션트저항에서의 손실이 커지므로 이것은 사용하기 어렵고 대신에 C/T(Current Transformer) 방법을 더 선호한다.

전류 측정
- 션트저항을 사용하는 방식
- C/T를 사용하는 방식
- 홀전류센서를 사용하는 방식
  - 단선원형
  - 양선원형

<그림 3.3.1> 전류 측정 방법의 분류

<표 3.3.1> 3가지 전류측정 방식의 특징 비교

항 목	션트저항 사용 방법	홀전류센서 사용 방법	C/T 사용 방법
측정 파형 및 주파수	모든 DC/AC 전류파형 교류는 모든 주파수	모든 DC/AC 전류파형 교류는 100kHz 이하	AC 전류파형 상용 주파수 정도
외형	용량에 따라 매우 다름	소형화 가능	홀전류센서보다 큼
입력과 출력의 절연	비절연	절연	절연
선형성	매우 우수	매우 우수	파형 및 코어 특성에 의존
응답속도	빠름	비교적 빠름	느림
공급 전원	필요 없음	필요함	필요 없음
가격	가장 저렴(대용량은 고가)	가장 비쌈	홀전류센서보다 저렴

어느 방식을 사용하든지 전류를 측정하는데 요구되는 사항은 ① 입출력 사이의 직선성(linearity)이 좋을 것, ② 입출력 사이의 시간지연이 작을 것, ③ 측정 정밀도가 좋을 것, ④ 신호대 잡음비(SN비 ; signal-to-noise ratio)가 높을 것, ⑤ 회로에 영향을 주지 않고 전류를 측정할 것 등이다.

2. 션트저항을 사용하는 방법

션트저항(shunt resistor)이란 원래 전류계의 최대 측정값 이상을 측정하기 위하여 피측정 전류중에서 일정 비율의 전류만이 전류계에 흐르도록 전류계와 병렬로 연결해 주는 저항을 말한다. 그러나, 오늘날은 의미가 확대되어 어느 회로의 전류를 전압으로 변환하여 측정하기 위하여 이 회로에 직렬로 연결해주는 저항을 션트저항이라고 부르는 경우가 많다.

이러한 션트저항은 저항값이 크면 전압강하가 너무 크고 손실이 발생하며 회로의 동작에 영향을 줄 수 있다. 따라서, 션트저항은 수mΩ에서 수백mΩ 정도로 저항값이 작고 정밀하며, 온도에 따른 저항값의 변동이 적어 안정적으로 동작하고, 충분한 소비 전력량을 갖는 제품이어야 한다.

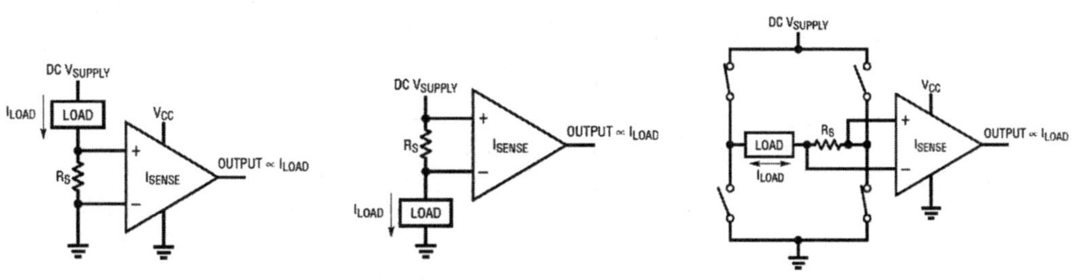

(a) 하단 전류 측정　　(b) 상단 전류 측정　　(c) 양방향 전류 측정

<그림 3.3.2> 션트저항을 사용하는 전류측정 회로의 여러 가지 경우

션트저항을 사용하여 전동기나 구동회로의 전류를 측정하는 것은 <그림 3.3.2>에 보인 것처럼 여러 가지의 경우가 있다. 그림의 (a)와 같은 하단 전류 측정(low side current sensing) 방법은 주로 단방향의 직류 전류의 측정에 사용되는데, 전력회로와 제어회로의 접지가 공통이므로 전류측정 회로의 구성이 용이하다. 이에 비하여 그림의 (b)와 같은 상단 전류 측정(high side current sensing) 방법도 역시 단방향의 직류 전류의 측정에 주로 사용되는데, 전력회로와 제어회로의 접지가 서로 같지 않으므로 전

력회로의 전원전압이 높은 경우에는 신호를 레벨 시프트(level shift)하여 전류측정용의 차동증폭기 회로에 인가해주어야 하는 문제가 있다. 그림의 (c)와 같은 직류전동기를 양방향으로 구동하기 위한 H 브리지(H-bridge) 회로의 경우에는 양방향의 직류 전류를 측정해야 하는데, 이 경우에도 전력회로와 제어회로의 접지가 서로 같지 않으므로 전력회로의 전원전압이 높다면 신호를 레벨 시프트하여 전류측정용의 차동증폭기 회로에 인가해주어야 한다.

(1) 하단 전류 측정

션트저항을 사용하여 직류전동기 구동회로의 하단 전류를 측정하는 경우에는 전력회로와 제어회로의 접지가 공통이므로 전류측정 회로의 구성이 용이하다. 이 방법은 <그림 3.3.3>에 보인 것처럼 *OK-128BLDC* 키트의 3상 인버터 회로에서도 사용하는데, 보통은 스위칭 잡음을 제거하기 위한 저역통과 필터(LPF ; Low-Pass Filter)와 증폭기를 거쳐서 마이크로컨트롤러의 A/D 컨버터로 션트저항의 전압을 읽어들인 후에 전류값으로 환산하게 된다.

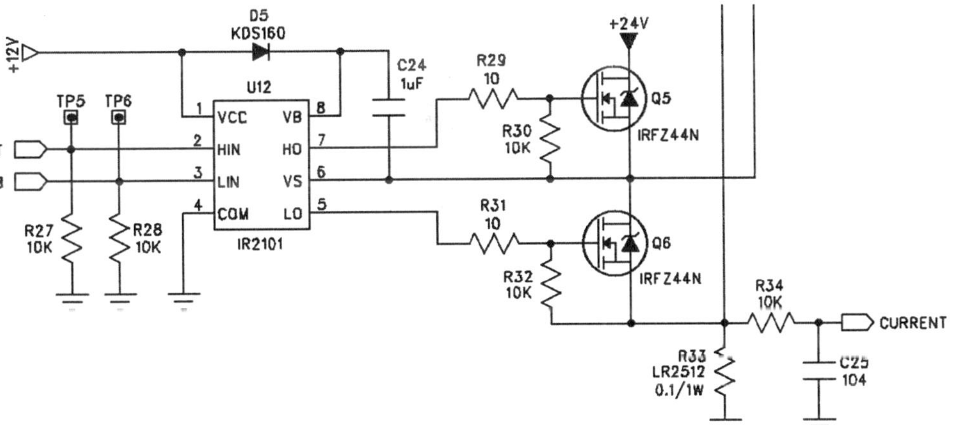

〈그림 3.3.3〉 션트저항을 이용한 하단 전류 측정의 예(*OK-128BLDC* 키트)

(2) 상단 전류 측정 및 양단 전류 측정

션트저항을 사용하여 직류전동기 구동회로의 상단 전류 또는 양방향 전류를 측정하는 경우에는 전력회로와 제어회로의 접지가 다르므로 전류측정 회로의 구성이 어려워진다. 특히 전력회로의 전원전압이 매우 높은 경우에는 측정신호의 전위가 전류측정 회로의 입력 범위를 초과하게 되므로 측정신호의 전위가 낮아지도록 레벨 시프트 회로를 거쳐서 입력해야 한다.

이러한 방법은 <그림 3.3.4>에 보인 것처럼 3상 인버터의 출력단에서 교류전동기의 상전류를 직접 측정하고자 할 때 사용하는 경우가 많다. 여기서는 션트저항 양단(A점 및 B점)의 전위가 매우 높으므로 저항 분압을 통하여 입력신호를 레벨 시프트함으로써 전위를 낮춘 후에 Op Amp를 사용한 차동증폭기 회로에 입력한다. 이때 분압용으로 사용하는 저항 R_1~R_4에는 오차가 작은 정밀 저항을 사용해야 한다.

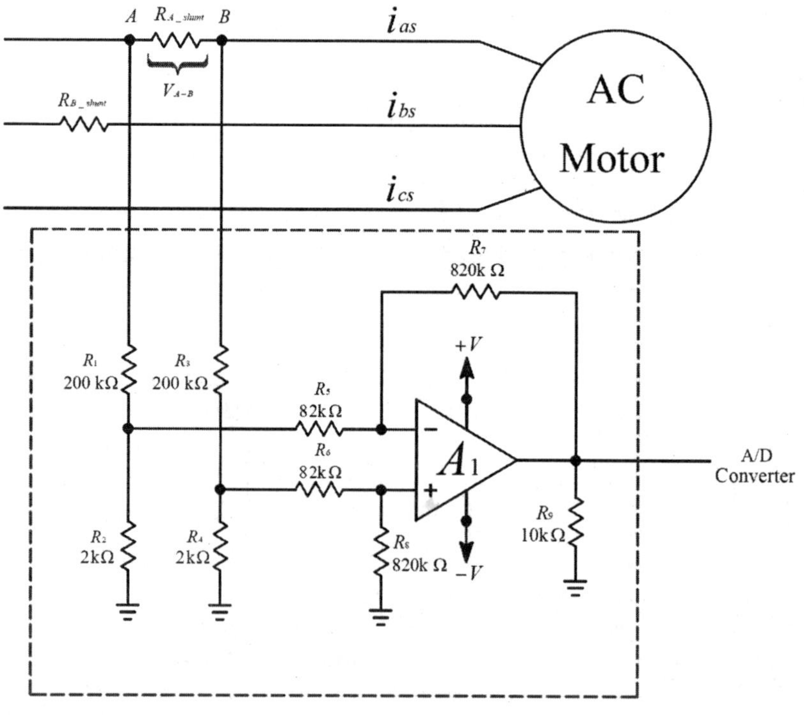

〈그림 3.3.4〉 션트저항을 이용한 양방향 전류 측정의 예(교류전동기의 상전류)

BLDC 모터나 직류전동기 제어 시스템의 경우에도 <그림 3.3.5>에 보인 것처럼 H 브리지 회로에서 전동기의 전기자 전류를 직접 측정하려면 역시 이러한 방법을 사용한다. 여기서는 좀더 편리하게 분압저항을 사용한 레벨 시프트 회로까지 내장한 전류 측정 전용의 IC 소자 LT1990을 사용하였다. Linear Technology사의 LT1990은 션트저항을 사용한 양방향 전류 검출 소자로서 ±15V나 그 이하의 낮은 전압 전원으로 동작하지만 내부에 저항 분압회로를 가지고 있어서 입력신호의 전위는 -250~+250V의 넓은 범위까지 사용할 수 있다.

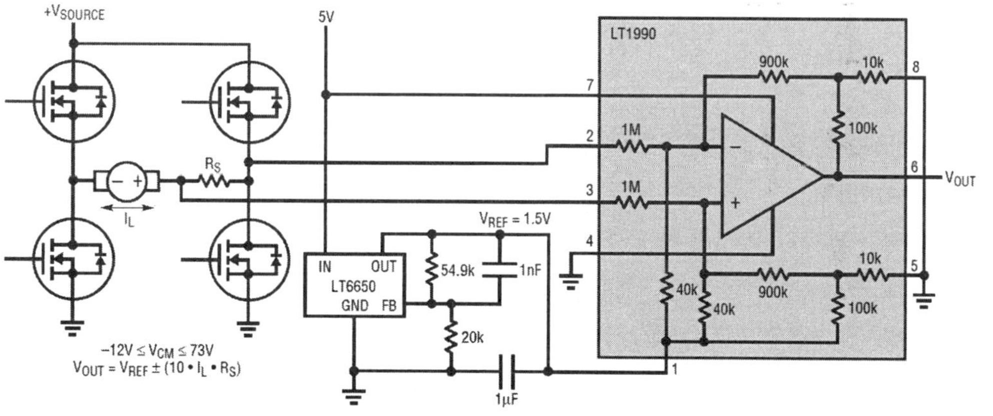

<그림 3.3.5> 션트저항을 이용한 양방향 전류 측정의 예(직류전동기의 전기자 전류)

3. C/T를 사용하는 방법

1차측과 2차측을 절연하여 교류전압의 크기를 바꾸면서 전력을 전달하는 소자를 변압기(voltage transformer)라고 하며, 특별히 높은 전압을 측정하기 위하여 1차측의 전압을 2차측의 작은 전압으로 변환하는 변압기를 계기용 변압기(PT ; Potential Transformer)라고 한다. 이에 비하여 대전류를 측정하기 위하여 1차측의 전류를 2차측의 작은 전류로 변환하는 소자를 변류기(CT ; Current Transformer)라고 한다.

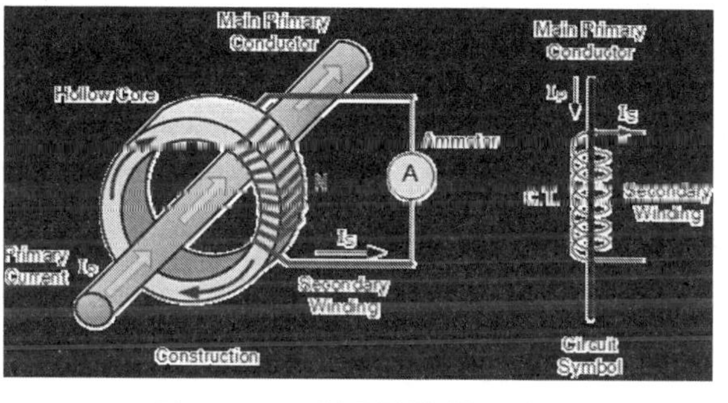

<그림 3.3.6> 변류기의 구조와 심볼

변류기는 <그림 3.3.6>과 같이 1차측은 기본적으로 1턴으로 하고 2차측에서는 코어에 여러 턴을 감아서 다음과 같은 관계가 성립하도록 한다. 여기서 아래첨자 P는 1차측(primary side)을 나타내고, 아래첨자 S는 2차측(secondary side)을 나타낸다.

$$\frac{N}{1} = \frac{I_p}{I_s} \qquad \therefore \ I_s = \frac{I_p}{N}$$

즉, 1차측을 1턴으로 하고 2차측을 N턴으로 하면 변류기의 2차측 전류는 1차측 전류의 1/N이 된다.

대부분의 변류기 제품들은 2차측 정격전류를 5A로 설계하는데, 간혹 2차측 정격전류를 1A로 만든 제품도 있다. 예를 들어 정격 1차측 전류가 200A이고 정격 2차측 전류가 5A인 변류기는 200/5A로 표시한다. 여러 가지 형태의 변류기 제품들을 <그림 3.3.7>에 보였다.

〈그림 3.3.7〉 여러 가지 변류기의 제품 사진

이러한 변류기를 사용하면 1차측의 큰 전류와 절연된 상태에서 2차측의 작은 전류로 이를 환산하여 측정할 수 있다. 1차측 전류의 크기는 물론이고 파형까지도 측정할 수 있다. 그런데, 이렇게 변환된 2차측 전류는 전류원(current source)이므로 반드시 적절한 저항을 부하(load 또는 burden)로 연결하여 전압으로 변환해야 한다. 예를 들어 200/5A짜리 변류기에 부하로 1Ω의 저항을 연결하면 1차측의 전류가 200A_{rms}일 때 2차측 전류는 5A_{rms}가 되고 이 저항의 양단에 발생하는 전압은 5V_{rms}로 된다.

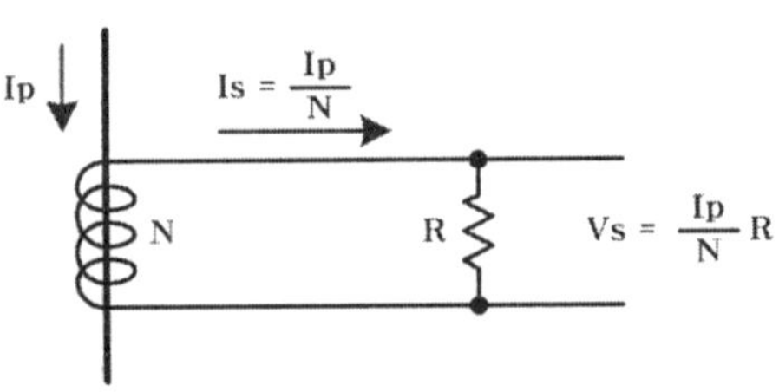

〈그림 3.3.8〉 변류기의 2차측 전류를 전압으로 바꾸는 회로

변류기 2차측의 전류를 전압으로 바꾸어 읽어들일 때는 교류인 형태로 직접 읽기도 하지만, 마이크로프로세서에 내장된 A/D 컨버터를 사용하여 읽어들일 때는 이를 직류로 정류하고 평균값(MAV ; Mean Absolute Value)으로 만들어 읽어들이는 경우가 많다. 그런데, 이때 변류기의 부하저항에서 발생한 전압을 다이오드 정류기로 정류하게 되면 다이오드에서의 순방향 전압강하 때문에 정류된 출력전압이 상당한 오차를 갖게 되고, 이는 곧 1차측 측정 전류의 오차로 연결된다. 따라서, 이러한 경우에는 다이오드에서의 전압강하 없이 수행되는 정밀 전파정류 회로가 필요한데 이러한 기능을 갖는 MAV 회로의 예를 보이면 <그림 3.3.9>와 같다.

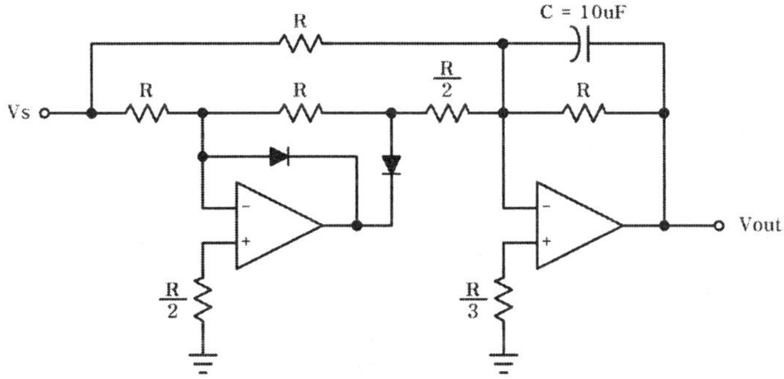

<그림 3.3.9> 다이오드의 전압강하가 없는 정밀한 MAV 회로

4. 홀전류센서를 사용하는 방법

자계 속에 반도체를 두고 여기에 전류를 흘리면 반도체 내부에서의 전류이동 특성이 자계의 영향을 받아서 반도체의 단면에 기전력이 발생하는데, 이를 홀효과(Hall effect)라고 하며, 이것은 1879년에 미국의 물리학자 Edwin Hall에 의해 발견되었다. 홀효과를 이용하면 자계의 세기나 극성을 측정할 수 있는데, 이렇게 만든 반도체 소자를 홀소자라고 한다. 또한, 전류가 자계를 발생하도록 하고 홀소자로 이 자계의 세기를 측정하면 결과적으로 전류를 측정할 수 있는데, 이런 용도로 만든 소자가 홀전류센서(Hall current sensor)이다.

<그림 3.3.10>에서 홀효과를 도식적으로 설명하였다. 자계 속에 반도체를 두고 여기에 전류를 흘리면 플레밍의 왼손법칙에 따라서 전류와 자계에 직각인 방향(아래쪽)으로 로렌츠의 힘을 받아서 전자가 편향되므로 이 반도체의 단면에는 위와 아래쪽 사이에 기전력이 발생하게 된다. 이 기전력은 전류와 자계의 세기에 각각 비례한다.

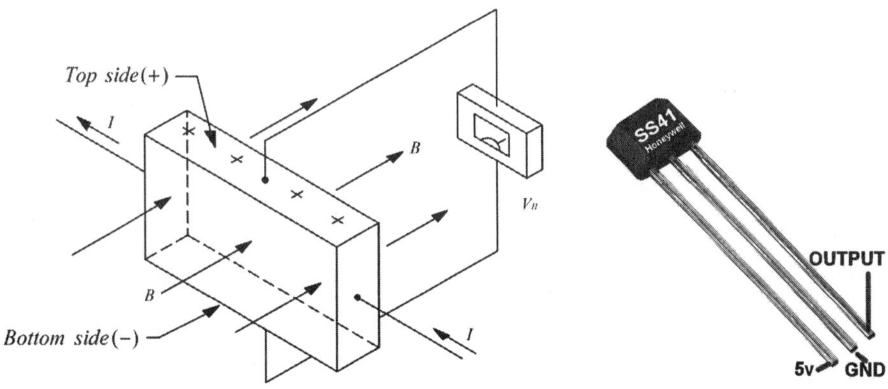

<그림 3.3.10> 홀효과의 원리 및 홀센서 소자

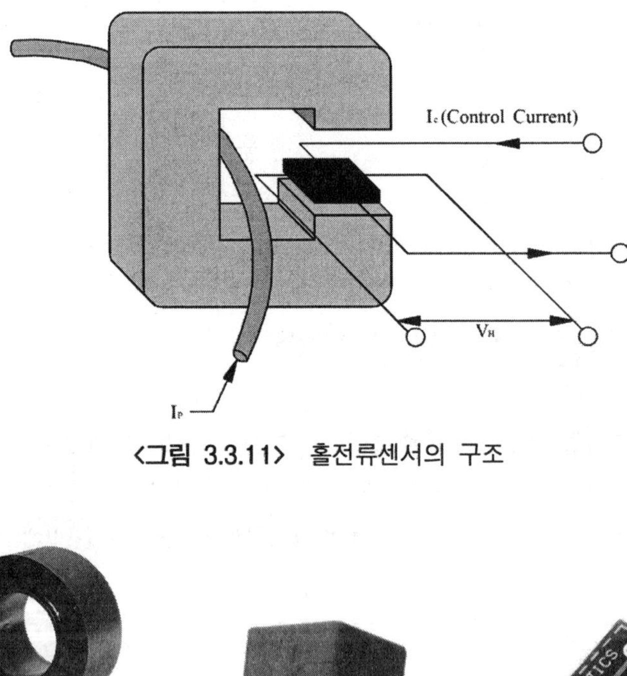

<그림 3.3.11> 홀전류센서의 구조

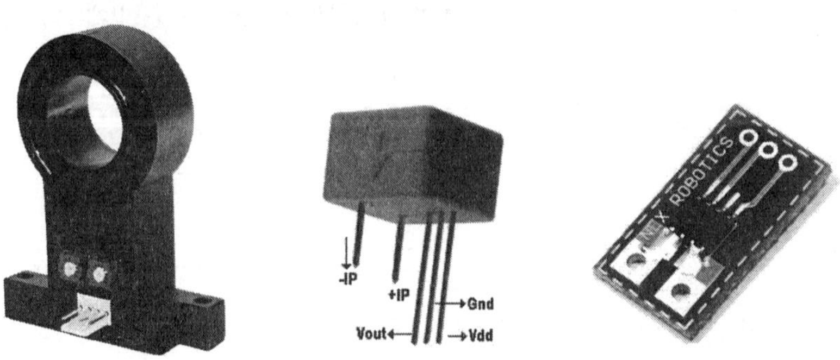

(a) 관통형 (b) PCB 장착형 (c) IC형

<그림 3.3.12> 홀전류센서의 종류

홀전류센서에서는 <그림 3.3.11>에서처럼 마그네틱 코어에 1차측 전류 I_p에 비례하는 자속을 발생시키고, 이 코어의 공극에 홀소자를 위치시켜 자속을 측정한다. 이 자속값을 1차측 전류값으로 환산하면 홀전압을 사용하여 1차측 전류를 측정할 수 있게 되는 것이다.

홀전류센서 소자에는 <그림 3.3.12>에 보인 것처럼 관통형, PCB 장착형, 반도체형 등 여러 가지의 형태가 있다. 대전류용은 관통형이 많고, 소전류용에서는 PCB 장착형이나 IC형도 많이 사용한다.

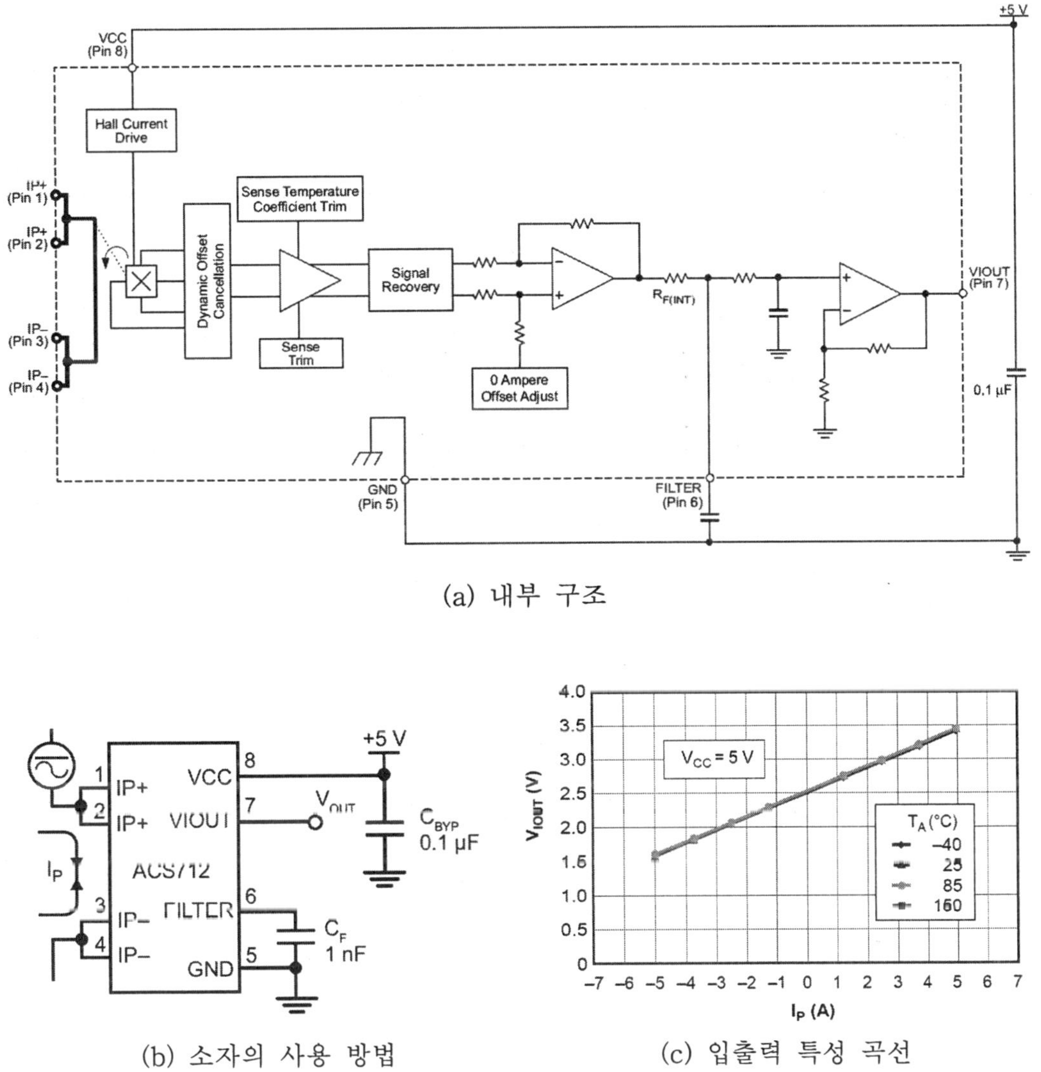

(a) 내부 구조

(b) 소자의 사용 방법

(c) 입출력 특성 곡선

<그림 3.3.13> IC형 홀전류센서 ACS712

이러한 홀전류센서에는 1차측 전류에 비례하는 홀소자의 전압 신호를 증폭하여 출력하는 회로가 내장되어 있는데, 여기에는 양전원(dual power) 방식과 단전원(single power) 방식이 있다. 단전원 방식에서는 전원전압의 1/2에 해당하는 값을 출력할 때 피측정 전류가 0인 것으로 기준을 정하고, 출력 전압이 이보다 작으면 1차측에 음의 전류(negative current)가 흐른다는 것을 나타내며, 이보다 크면 1차측에 양의 전류(positive current)가 흐르는 것을 나타내는 방식으로 동작한다. <그림 3.3.12>에 반도체형 홀전류센서 ACS712의 구조 및 출력전압 특성을 보였다. 또한, <그림 3.3.13>에는 PCB 장착형 홀전류센서 WCS2705의 구조 및 출력전압 특성을 보였다.

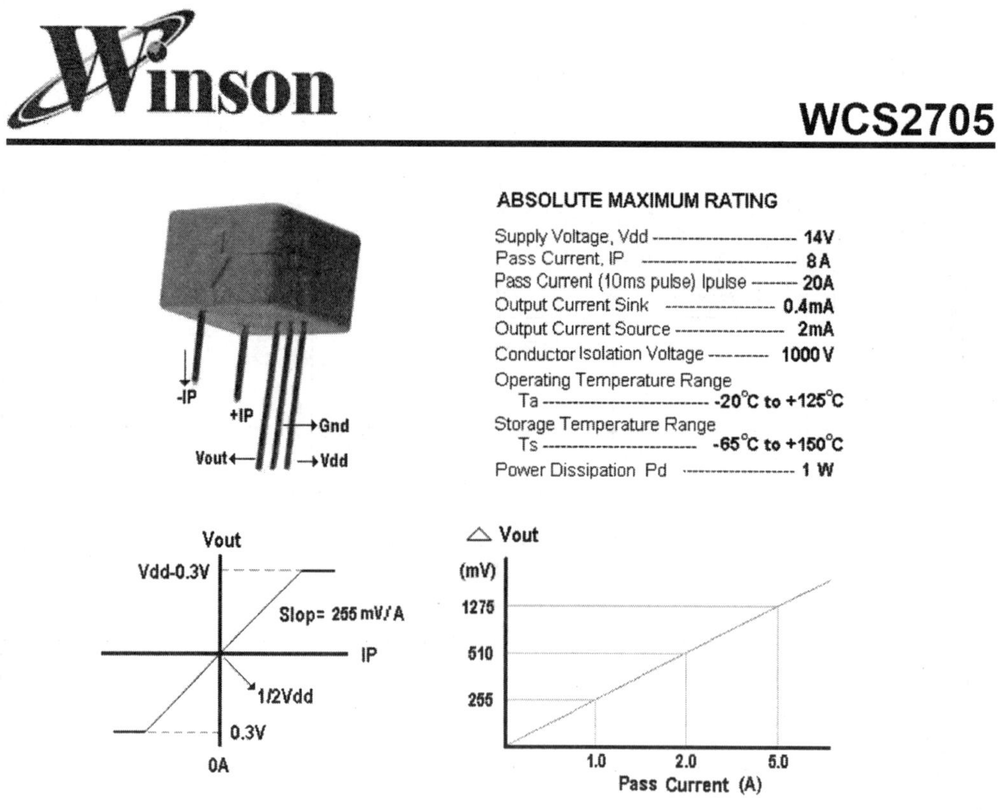

<그림 3.3.14> PCB 장착형 홀전류센서 WCS2705

제4장

전용 IC를 사용하는 BLDC 모터 속도제어 기술

4.1 BLDC 모터 및 전용 IC
4.2 전용 IC를 사용한 단방향 속도제어 프로그램
4.3 전용 IC를 사용한 양방향 속도제어 프로그램

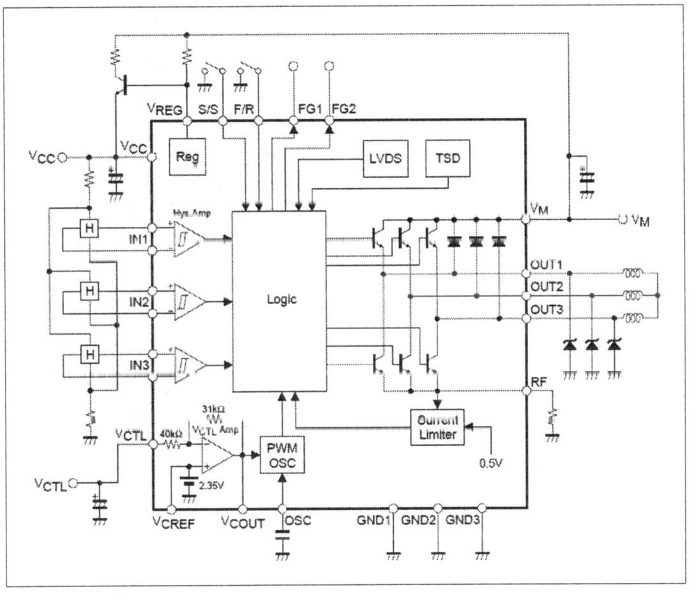

☞

이 장에서는 BLDC 모터 BL42S-24026N을 단방향 및 양방향으로 속도 제어하는 프로그램 작성 기술에 대하여 공부한다. 이번 제4장에서는 먼저 BLDC 제어 전용 IC인 ON Semiconductor사의 LB11920을 사용하여 제어한다. 이와 같이 BLDC 제어 전용 IC를 사용하면 ATmega128A 마이크로컨트롤러는 전용 IC에게 기동/정지와 정회전/역회전 신호를 출력하며, 전동기의 회전속도를 검출하고 그에 따라 PWM 신호를 출력하는 것으로 모든 제어를 수행하기 때문에 상대적으로 제어가 쉽다. 홀센서의 신호를 받아서 인버터의 6개 스위칭 소자를 구동하고 PWM 제어신호에 따라서 인버터의 출력전압을 가변하는 모든 하드웨어적인 처리는 전용 IC인 LB11920이 수행한다.

BLDC 모터의 속도제어는 단방향과 양방향으로 나누어 수행하며, 주기적인 시간 간격으로 기준속도를 변경하는 자동 모드와 임의의 시간에 가변저항 VR1로 기준속도를 변경할 수 있는 수동 모드를 선택적으로 사용할 수 있도록 한다. PI 제어를 수행할 때는 TFT-LCD 화면에 실시간 그래픽으로 보여주는 속도응답 곡선을 보면서 제어이득 Kp와 Ki를 시행착오법으로 구한다.

BLDC 모터의 회전속도는 3개의 홀센서 신호를 XOR하여 주파수가 3체배된 신호를 구하며, 이를 다시 RC 시간지연 회로를 사용하여 2체배함으로써 총 6체배 주파수의 신호를 얻고 이를 마이크로컨트롤러의 카운터로 계수하여 측정한다. 이렇게 하면 BLDC 모터 BL42S-24026N은 8극기이므로 전동기 1회전당 24개의 펄스가 출력된다. 또한, BLDC 모터의 회전방향은 홀센서 신호 HA와 HB가 들어오는 순서에 따라 D플립플롭으로 판단한다.

4.1 BLDC 모터 및 전용 IC

1. BLDC 모터 BL42S-24026N

OK-128BLDC 키트에서 사용하는 BLDC 모터는 D&J WITH사의 BL42S-24026N 모델인데, 이것은 24V/1.7A/26W의 정격을 가지며, 3상 8극기이고 홀센서를 내장하고 있다. *OK-128BLDC* 키트에서는 홀센서 신호를 6체배하여 사용하므로 전동기 1회전당 24개의 신호를 얻을 수 있다. 이 전동기는 정격 회전속도가 4000rpm이고, 정격토크는 0.063N·m이며, 무부하에서는 0.3A 전류에 5000rpm의 회전속도를 갖는다.

이 BLDC 모터의 외형은 <그림 4.1.1>에 보인 바와 같다. 이 제품의 기본 모델은 감속기를 가지고 있지 않으나, 사용자가 필요하면 1/4~1/864 범위의 감속기를 선택적으로 장착하여 사용할 수도 있다.

(a) 감속기가 없는 경우 (b) 감속기가 있는 경우

<그림 4.1.1> BLDC 모터 BL42S-24026N의 외형

BLDC 모터 BL42S-24026N의 데이터 시트를 <그림 4.1.2>에 보였다. 이 BLDC 모터의 정격이 24V/1.7A이므로 *OK-128BLDC*에서는 적어도 24V/2A 정도의 전원을 사용해야 하며, 0.1Ω의 션트저항을 사용하여 만들어진 전압을 ATmega128A의 A/D 컨버터에서 10배하여 0~5V 범위로 읽어들이면 0~5A의 전류를 측정할 수 있다. 8핀짜리 컨넥터는 전기자 권선 단자 U, V, W와 홀센서 출력신호 HA, HB, HC 및 홀센서를 위한 전원 +5V, GND 단자로 구성된다.

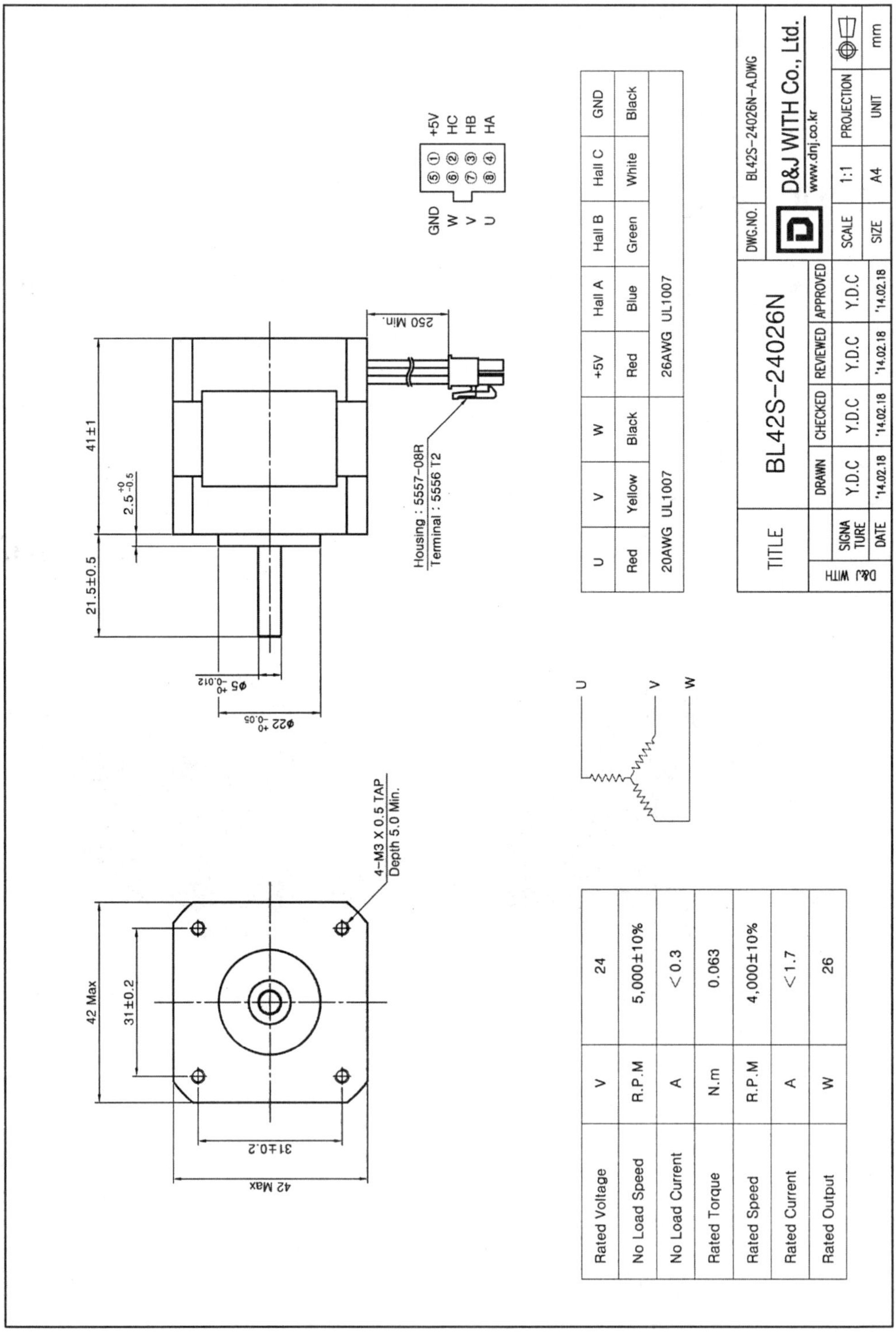

〈그림 4.1.2〉 BLDC 모터 BL42S-24026N의 데이터 시트

2. BLDC 모터 제어 전용 IC 소자 LB11920

(1) *OK-128BLDC* 키트의 관련 회로

OK-128BLDC 키트에서는 BLDC 모터를 제어하는 전용 IC 소자로서 LB11920을 사용하며, 이때 BLDC 모터는 컨넥터 CN5(M1)에 연결한다. *OK-128BLDC* 키트에서 LB11920을 사용하는 BLDC 모터 제어회로는 <그림 4.1.3>과 같다. LB11920 소자는 외부에서 기동/정지($\overline{\text{START}}$/STOP), 정방향/역방향 회전(F/$\overline{\text{R}}$), PWM 듀티비 ($\overline{\text{PWMIN}}$)를 지령할 수 있는 단자를 가지는데, 이것들은 각각 ATmega128A의 병렬 I/O 포트(PD0, PD1) 및 PWM 출력단자(OC1A)와 연결한다. 또한, LB11920에는 홀센서 신호를 3체배하여 출력하는 단자(HP)를 가지는데, *OK-128BLDC* 키트에서는 이를 다시 74HC86 XOR 게이트를 사용하여 2체배한 후에 최종적으로 SPEED 신호를 만들어 ATmega128A의 카운터 클록 입력단자(T2)에 연결힘으로써 회진속도를 측정할 수 있도록 한다.

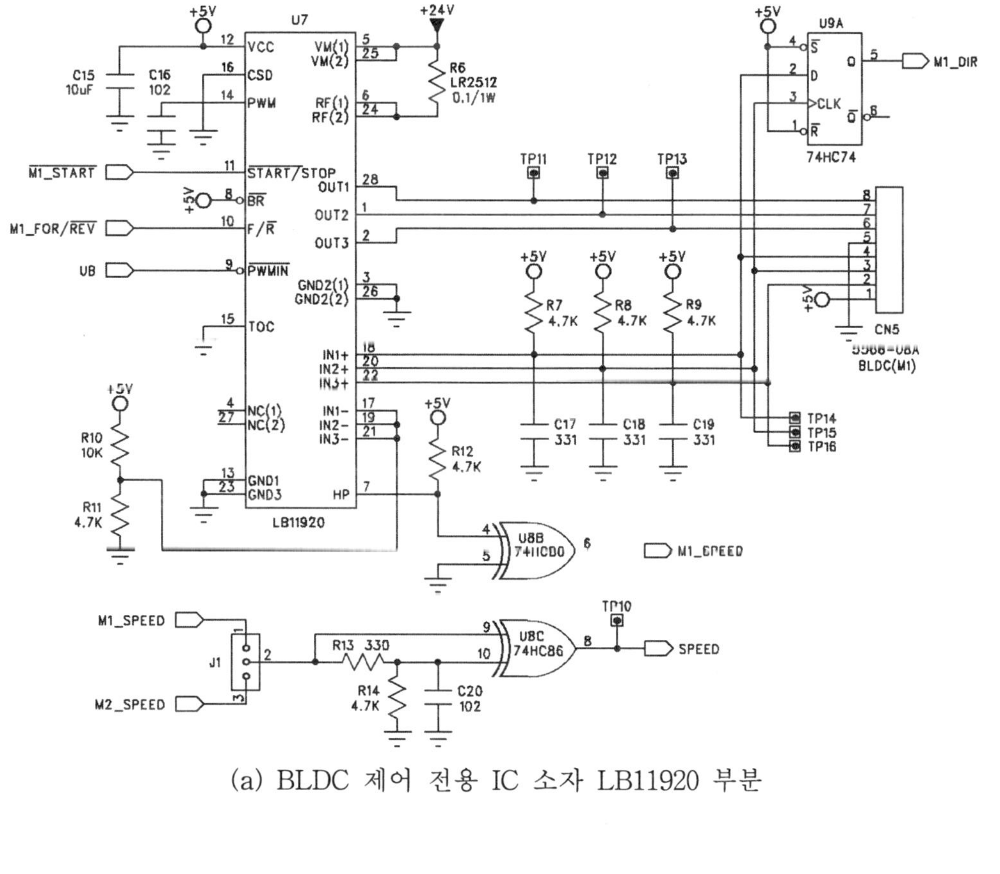

(a) BLDC 제어 전용 IC 소자 LB11920 부분

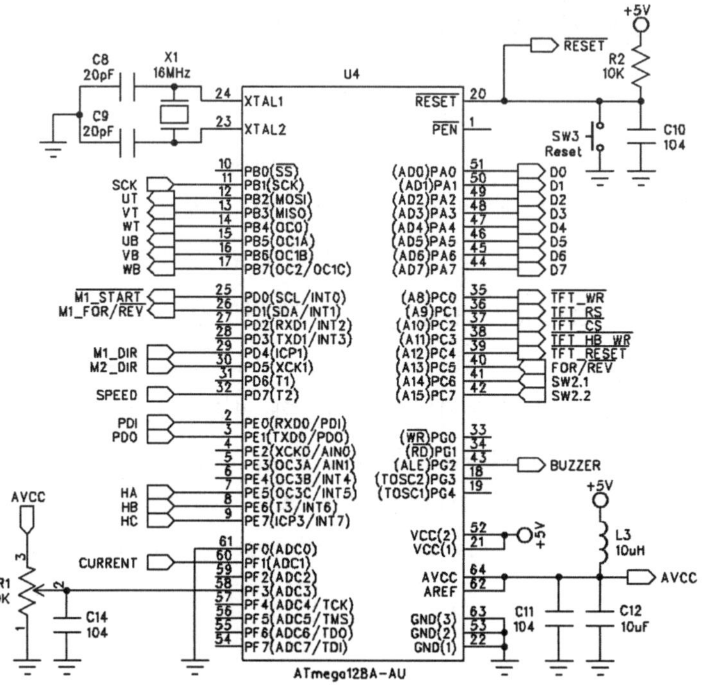

(b) ATmega128A 마이크로컨트롤러 부분

〈그림 4.1.3〉 *OK-128BLDC* 키트에서 LB11920을 사용한 BLDC 모터(M1) 제어회로

BLDC 모터의 회전방향은 홀센서 신호 HA, HB를 가지고 74HC74 D플립플롭으로 M1_DIR 신호를 만들어 ATmega128A의 병렬 포트(PD4)로 읽어들인다.

LB11920은 3상 인버터 회로를 내장하고 있어서 이것이 만든 3상 교류전원을 출력하여 BLDC 모터의 U, V, W단자로 출력하며, BLDC 모터로부터 3개의 홀센서 신호를 입력받아 3상 인버터의 6개 MOSFET 스위치를 구동한다. 그리고, 이 홀센서 신호들을 3체배하여 HP 신호를 출력한다. BLDC 모터의 홀센서 신호와 LB11920이 출력하는 HP 신호는 모두 오픈 컬렉터(open collector) 구조로 출력되므로 외부에 4.7kΩ의 풀업 저항을 달아주었다. 홀센서 신호에 접지쪽으로 330pF의 커패시터를 달아준 것은 PWM 방식으로 구동되는 전기자 권선의 전류에 의하여 홀센서 신호에 많은 잡음이 포함되는 것을 필터링하기 위함이다.

(2) LB11920 소자

LB11920은 ON Semiconductor사의 BLDC 모터 제어 전용 IC 소자로서 BLDC 모터의 컨트롤 회로와 6개의 MOSFET로 구성되는 3상 인버터 전력회로를 내부에 포함하고 있다. 이 소자의 외부 패키지는 <그림 4.1.4>처럼 DIP형으로 되어 있으며, 이 소자의 내부 구성 블록도는 <그림 4.1.5>와 같다.

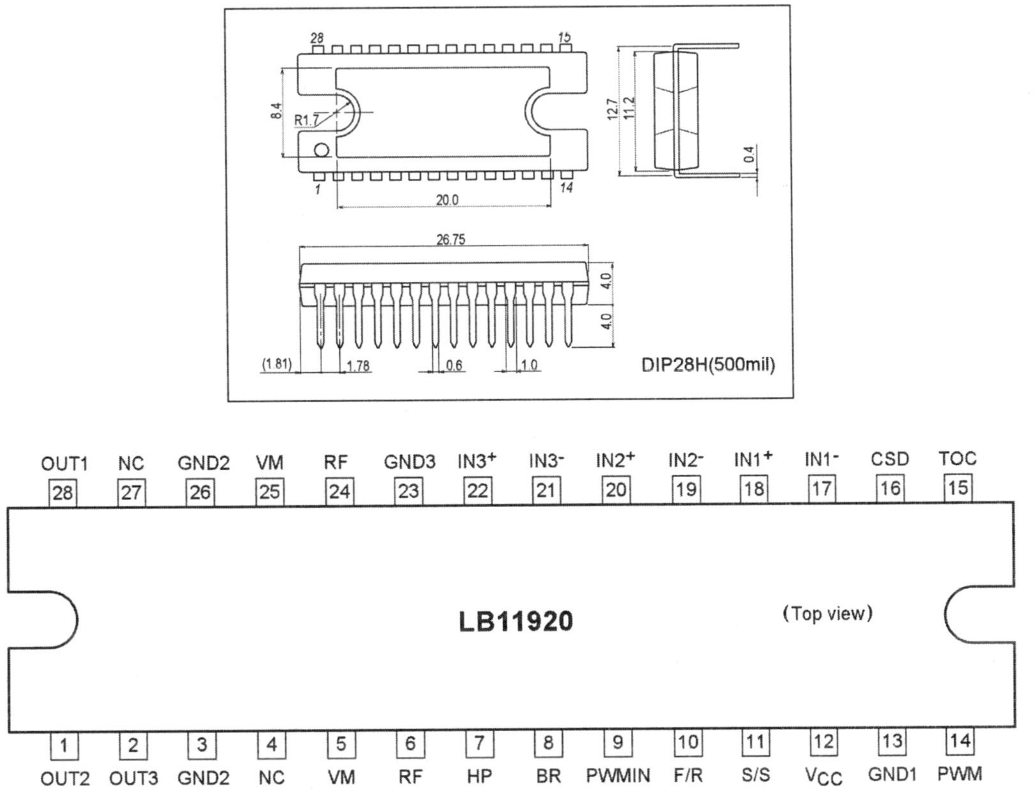

<그림 4.1.4> LB11920의 외부 패키지 구조 및 핀 배열

BLDC 모터의 전원전압 VM은 9.5~30V 범위에서 사용할 수 있고, 컨트롤 전원 전압 VCC는 4.5~5.5V 범위에서 사용할 수 있으며, 인버터의 출력전류는 500ms 이하의 짧은 시간동안 최대 3.5A까지 허용된다. 내부 발진기에 의한 PWM 신호의 스위칭 주파수는 20kHz이며, 외부에서 PWM 제어 신호를 입력하는 경우에는 스위칭 주파수가 50kHz 이하라야 한다.

이 소자에는 인버터의 과전류, VCC 전원의 저전압, 소자 내부의 과열 등에 대한 보호기능을 가지고 있으며, 이러한 보호기능이 작동되면 인버터의 하위 스위치들을 모두 차단하고 사용자가 지정하는 시간동안 모든 전동기 제어동작이 금지(lock)되도록 하는 기능을 갖는다.

LB11920 소자에서 VM 단자(5번 및 25번 핀)와 RF 단자(6번 및 24번 핀)의 사이에 저항을 연결하여 과전류 차단 기능을 갖도록 하는 내부 회로를 보이면 <그림 4.1.6>과 같다.

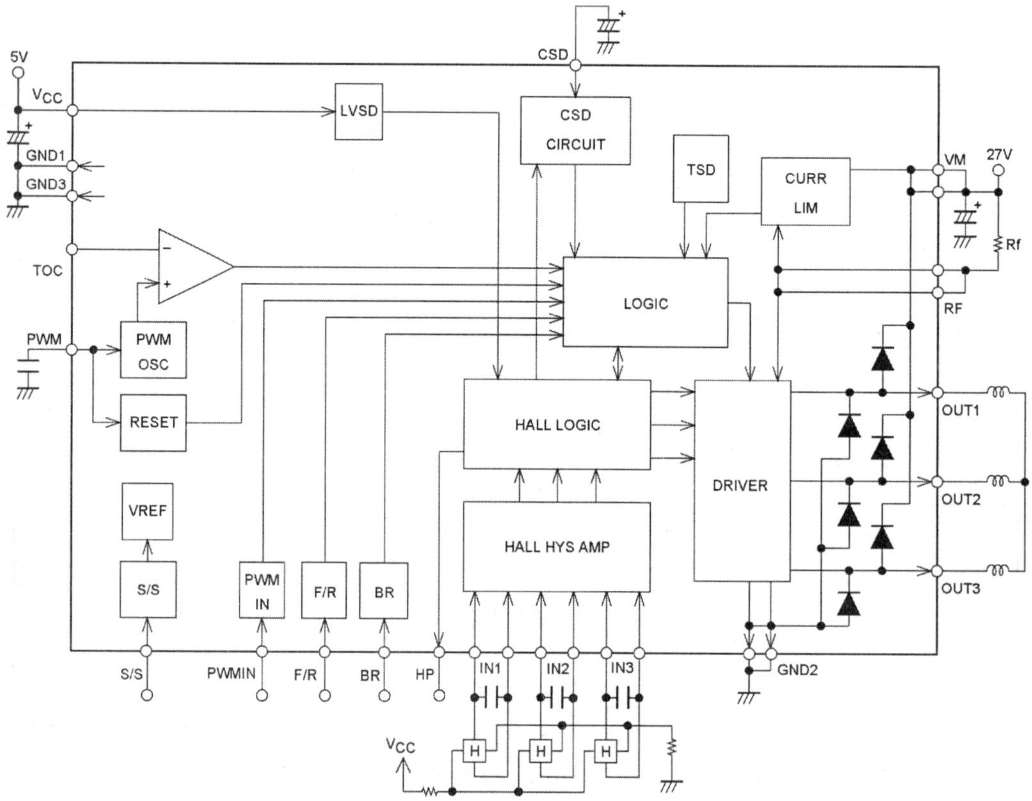

<그림 4.1.5> LB11920의 내부 구성 블록도

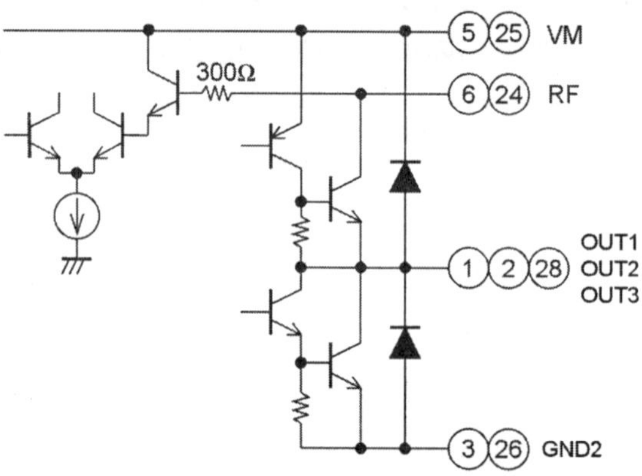

<그림 4.1.6> LB11920에서 과전류 차단 기능을 위한 내부 회로

LB11920 소자의 외부 핀 이름과 기능을 요약하면 <표 4.1.1>과 같다.

〈표 4.1.1〉 LB11920 외부 핀의 기능 요약

신호 이름	핀번호	기 능
VM GND2	5, 25 3, 26	Motor Power : 전동기의 전원이 되는 9.5~30V의 전원 전압을 인가하는 단자. (*OK-128BLDC* 키트에서는 24V를 사용한다.) Output Ground : VM 전원의 접지 단자.
RF	6, 24	Output Tr Power : 인버터 회로의 전원 단자. VM 전원 단자에서 작은 저항 R_f를 거쳐서 여기에 전압을 입력하면 과전류 차단기능을 구현할 수 있다. 이 저항에서의 전압강하가 0.5V이면 차단 기능이 수행되므로 차단전류는 I_{OUT} = V_{RF}/R_f = $0.5/R_f$가 된다.(*OK-128BLDC* 키트에서는 R_f = 0.1Ω을 사용하므로 차단전류는 5A이다.)
OUT1 OUT2 OUT3	28 1 2	Motor Drive Output(U) : 인버터의 출력으로서 BLDC 모터의 U상 입력에 해당한다. Motor Drive Output(V) : 인버터의 출력으로서 BLDC 모터의 V상 입력에 해당한다. Motor Drive Output(W) : 인버터의 출력으로서 BLDC 모터의 W상 입력에 해당한다.
VCC GND1 GND3	12 13 23	Control Circuit Power : 제어회로의 전원이 되는 4.5~5.5V의 전압을 인가하는 단자. (*OK-128BLDC* 키트에서는 5V를 사용한다.) Control Circuit Ground : VCC 전원의 접지 단자. SUBGND : 내부에서 제어회로의 접지 GND1에 연결되어 있는 접지 단자.
NC	4, 27	No Connection : 사용하지 않는 단자이다.
$\overline{S}$/S	11	−Start/+Stop Input : L신호를 입력하면 전동기를 구동하고, H신호를 입력하면 전동기를 정지시킨다.
F/$\overline{R}$	10	+Forward/−Reverse Input : H신호를 입력하면 전동기가 정방향으로 회전하고, L신호를 입력하면 역방향으로 회전한다.
$\overline{BR}$	8	Brake Input : L신호를 입력하면 인버터의 상위 스위치를 모두 ON하고 하위 스위치를 모두 OFF하여 전동기를 급정지시킨다. (*OK-128BLDC* 키트에서는 여기에 5V에 연결하여 브레이크 기능을 사용하지 않도록 하였다.)
$\overline{PWMIN}$	9	PWM Pulse Input : 50kHz 이하의 PWM 입력 신호 단자. L 신호일 때 출력을 구동하므로 low active 신호이다. 전동기 속도제어 입력으로 이것을 사용할 경우에는 아날로그 입력신호 TOC를 접지시켜야 하며, 반대로 속도제어 입력으로 TOC를 사용하는 경우에는 이 신호를 접지시켜야 한다.(*OK-128BLDC* 키트에서는 이것을 사용한다.)
TOC PWM	15 14	PWM Waveform Comparator Input : 비교기를 사용하여 PWM 신호를 만들기 위한 아날로그 입력신호 단자. 전동기 속도제어 입력으로 이것을 사용할 경우에는 PWM 펄스 입력신호 $\overline{PWMIN}$을 접지시켜야 하며, 반대로 속도제어 입력으로 $\overline{PWMIN}$을 사용하는 경우에는 이 신호를 접지시켜야 한다. PWM Oscillator Capacitor Input : 내부에서 아날로그 비교기로 PWM 신호를 만들기 위한 발진회로에 사용되는 커패시터 입력 단자. 발진주파수는 f_{PWM} = 1/(50000×C)이며, 15kHz~25kHz를 사용하는 것이 권장된다. C=1000pF를 사용하면 20kHz가 된다.
CSD	16	Operation Time Setting of Motor Lock Protection : 전동기 록(lock) 보호기능을 위한 시간설정 단자. 전동기의 보호기능이 작동하면 지정된 시간동안 인버터의 하위 스위치를 모두 차단하여 전동기를 lock시키는데, 이 시간은 CSD 단자와 접지 사이에 연결되는 커패시터에 의하여 차단시간[s] = 0.35×C[μF]로 결정된다. 따라서, 만약 커패시터로 10μF를 사용하면 보호시간은 3.5초가 된다. 만약, 이러한 전동기 보호기능을 사용하지 않으려면 이 단자를 접지시키면 된다.
IN1+ IN2+ IN3+ IN1− IN2− IN3−	18 20 22 17 19 21	Hall Sensor Positive Input : 3개 홀센서의 차동출력 신호 중에서 (+)신호 단자. 만약 홀센서가 차동출력이 아니고 디지털 출력이면 이들 +신호에 연결한다. 이 신호의 전압 범위는 0~V_{CC} = 0~5.0[V]라는데 유의해야 한다. Hall Sensor Negative Input : 3개 홀센서의 차동출력 신호 중에서 (−)신호 단자. 만약 홀센서가 차동출력이 아니고 디지털 출력이면 이 단자들에는 지정된 전압을 인가해야 한다. 이 신호의 전압 범위는 0.5~V_{CC}−2.0 = 0.5~3.0[V]라는데 유의해야 한다.
HP	7	Hall Signal Composite Output : 3개의 홀센서 신호를 가지고 3체배한 신호 출력. 출력단 구조가 오픈 컬렉터 방식이라는데 유의해야 한다. 이것은 전동기의 회전속도를 측정하는데 사용할 수 있다

◀참고▶ LB11920에서 3개의 홀센서 입력 신호는 차동신호인 것을 요구하며, 이중에서 (-)입력 단자는 전압 레벨이 0.5~3.0[V]의 범위라야 한다. 그러나, 대부분의 BLDC 모터에서 홀센서는 single-ended signal 형태로 출력된다. 이 때문에 *OK-128BLDC* 키트에서는 LB11920의 홀센서 (-)입력 단자에 10kΩ과 4.7kΩ의 분압 저항을 사용하여 약 1.6[V]의 전압을 걸어주었다.

4.2 전용 IC를 사용한 단방향 속도제어 프로그램

여기서는 BLDC 모터 제어 전용 IC인 LB11920을 사용하는 방법으로 BLDC 모터 BL42S-24026N을 단방향으로 가변속 제어하는 프로그램을 C언어로 작성하여 보기로 한다. 전동기의 전압은 ATmega128A의 타이머1을 사용한 PWM 제어방식으로 가변하며, 속도 피드백 제어에는 PI 제어 알고리즘을 사용한다.

1. 단방향 개루프 속도제어 프로그램

일정한 시간 간격으로 PWM 듀티비를 자동 가변하여 BLDC 모터 BL42S-24026N을 몇가지의 속도로 변화시키면서 반복 구동하는 프로그램을 작성하여 보기로 한다. 이 책에서는 이러한 구동방식을 자동 모드(auto mode)라고 부른다. 이에 비하여 가변저항 VR1을 사용하여 사용자가 수동으로 전동기의 속도를 임의 가변하는 방식을 수동 모드(manual mode)라고 부른다.

PWM 신호는 ATmega128A의 타이머1에서 OC1A 신호를 사용하며, 스위칭 주파수를 20kHz로 사용하였다. LB11920에서는 PWM 스위칭 주파수를 약 20kHz 정도로 사용하도록 권장하고 있으며, 최고 50kHz 이하를 사용하라고 규정하고 있다.

3상 인버터의 PWM 듀티비를 자동 모드에서 3초 간격으로 25%→55%→85%→100%→70%→40%→ 의 순서로 가변하면서 BLDC 모터를 구동하는 예제 프로그램을 작성하여 보면 다음과 같다.

<프로그램 Chap4_01.c> 자동 모드로 BLDC 모터를 구동하는 프로그램

```
/* ========================================================================== */
/*        Chap4_01_auto.c : BLDC 모터(M1) 단방향 오픈루프 제어 프로그램        */
/* ========================================================================== */
/*                      Designed and programmed by Duck-Yong Yoon in 2015.  */

// ***** 이 프로그램의 사용 조건 *********************************************
//
// (1) 컨넥터 CN5(M1)에 BLDC 모터 BL42S-24026N을 연결할 것.
// (2) 점퍼 스위치 J1을 1-2 위치로 연결할 것.
//
// ****************************************************************************

#include <avr/io.h>
```

```
#include "OK-128BLDC.h"

int main(void)
{
  MCU_initialize();                            // initialize MCU and kit
  Delay_ms(50);                                // wait for system stabilization
  TFT_initialize();                            // initialize TFT-LCD module
  Beep();

  TFT_string(0, 0,Green,  Black,"*******************************************");
  TFT_string(0, 2,White,Magenta,"   BLDC 모터(M1) 단방향 오픈루프 제어    ");
  TFT_string(0, 4,Green,  Black,"*******************************************");
  TFT_string(0, 9,White,  Black,"  (1) SW2.1 = START 지령 : L(동작)        ");
  TFT_string(0,12,White,  Black,"  (2) SW2.2 = (not used)                  ");
  TFT_string(0,15,White,  Black,"  (3) SW1   = F/-R 지령  : H(정방향)      ");
  TFT_string(0,18,White,  Black,"  (4) VR1   = PWM 듀티비 :   000 %        ");
  TFT_string(0,25,White,  Black,"      (3초 간격으로 듀티비를 가변)        ");
  TFT_string(0,28,Green,  Black,"*******************************************");

  TCCR1A = 0xC2;                               // Timer1 = fast PWM mode(14), output -OC1A
  TCCR1B = 0x19;                               // 16MHz/1/(1+799) = 20kHz
  TCCR1C = 0x00;
  ICR1 = 799;
  OCR1A = 0;

  cbi(PORTD,0);                                // -M1_START = 0(동작)
  sbi(PORTD,1);                                // M1_FOR/-REV = 1(정방향)

  while(1)
    { OCR1A = 200;                             // duty ratio = 25 %
      TFT_string(29,18,Magenta,Black," 25");   // (200 = 799*25/100)
      Delay_ms(3000);

      OCR1A = 439;                             // duty ratio = 55 %
      TFT_string(29,18,Magenta,Black," 55");   // (439 = 799*55/100)
      Delay_ms(3000);

      OCR1A = 679;                             // duty ratio = 85 %
      TFT_string(29,18,Magenta,Black," 85");   // (679 = 799*85/100)
      Delay_ms(3000);

      OCR1A = 799;                             // duty ratio = 100 %
      TFT_string(29,18,Magenta,Black,"100");   // (799 = 799*100/100)
      Delay_ms(3000);

      OCR1A = 559;                             // duty ratio = 70 %
      TFT_string(29,18,Magenta,Black," 70");   // (559 = 799*70/100)
      Delay_ms(3000);

      OCR1A = 320;                             // duty ratio = 40 %
      TFT_string(29,18,Magenta,Black," 40");   // (320 = 799*40/100)
      Delay_ms(3000);
    }
}
```

☞ ATmega128A의 타이머1에서 PWM 주기를 ICR1 = 799로 지정하였으므로 출력비교 레지스터 OCR1A의 설정값을 0~799의 범위에서 가변해야만 PWM의 듀티비를 0~100%로 제어할 수 있다.

OK-128BLDC 키트에는 사용자가 수동으로 데이터를 입력하기 위하여 가변저항 VR1을 가지고 있다. 이를 이용하면 전동기의 PWM 듀티비를 0~100%로 수동 입력할 수 있다. 이러한 방법으로 BLDC 모터의 회전속도를 수동 제어하는 예제 프로그램을 작성하여 보면 다음과 같다.

<프로그램 Chap4_02.c> 수동 모드로 BLDC 모터를 구동하는 프로그램

```
/* ============================================================================ */
/*       Chap4_02_manual.c : BLDC 모터(M1) 단방향 오픈루프 제어 프로그램      */
/* ============================================================================ */
/*                        Designed and programmed by Duck-Yong Yoon in 2015.   */

// ***** 이 프로그램의 사용 조건 ***********************************************
//
// (1) 컨넥터 CN5(M1)에 BLDC 모터 BL42S-24026N을 연결할 것.
// (2) 점퍼 스위치 J1을 1-2 위치로 연결할 것.
//
// (3) SW2.1로 동작/정지를 선택할 것.
// (4) 가변저항 VR1로 속도를 설정할 것.
//
// ****************************************************************************

#include <avr/io.h>
#include "OK-128BLDC.h"

int main(void)
{
  unsigned int result;                          // A/D converter result

  MCU_initialize();                             // initialize MCU and kit
  Delay_ms(50);                                 // wait for system stabilization
  TFT_initialize();                             // initialize TFT-LCD module
  Beep();

  TFT_string(0, 0,Green,  Black,"****************************************");
  TFT_string(0, 2,White,Magenta,"  BLDC 모터(M1) 단방향 오픈루프 제어   ");
  TFT_string(0, 4,Green,  Black,"****************************************");
  TFT_string(0, 9,White,  Black," (1) SW2.1 = START 지령 : H(정지)       ");
  TFT_string(0,12,White,  Black," (2) SW2.2 = (not used)                 ");
  TFT_string(0,15,White,  Black," (3) SW1   = F/-R 지령  : H(정방향)     ");
  TFT_string(0,18,White,  Black," (4) VR1   = PWM 듀티비 :   000.0 %     ");
  TFT_string(0,25,White,  Black,"   (가변저항 VR1으로 듀티비를 가변)     ");
  TFT_string(0,28,Green,  Black,"****************************************");

  TCCR1A = 0xC2;                                // Timer1 = fast PWM mode(14), output -OC1A
  TCCR1B = 0x19;                                // 16MHz/1/(1+799) = 20kHz
  TCCR1C = 0x00;
  ICR1 = 799;
  OCR1A = 0;

  ADCSRA = 0x84;                                // ADC 1MHz, right adjust
  ADMUX = 0x03;                                 // select ADC3 with AREF

  sbi(PORTD,1);                                 // M1_FOR/-REV = 1(정방향)

  while(1)
    { if((PINC & 0x40) == 0x40)                 // ***** check -START/STOP
```

```
        { TFT_string(27,9,Cyan,Black,"H(정지) ");
          sbi(PORTD,0);
        }
      else
        { TFT_string(27,9,Magenta,Black,"L(동작)");
          cbi(PORTD,0);
        }

      ADCSRA = 0xD4;                           // read ADC3(VR1)
      while((ADCSRA & 0x10) != 0x10);
      result = ADCW;
      OCR1A = (float)result*799./1023. + 0.5;  // output PWM

      TFT_xy(29,18);                           // display duty ratio(xxx.x %)
      TFT_color(Magenta,Black);
      TFT_unsigned_float((float)result*100./1023.,3,1);
    }
}
```

이 프로그램을 *OK-128BLDC* 키트에서 실행하고 SW2.1을 ON/OFF하여 BLDC 모터의 동작을 동작 및 정지시켜보라. 또한, 가변저항 VR1을 사용하여 BLDC 모터의 회전속도를 가변시켜보라.

2. 단방향 회전속도 측정 프로그램

이번에는 BLDC 모터를 개루프로 수동 제어하면서 홀센서 신호를 6체배한 펄스 신호를 계수하여 이 전동기의 회전속도를 rpm 단위로 측정하고, 이를 TFT-LCD 화면에 실시간으로 표시하는 프로그램을 작성하여 보기로 한다. 펄스 신호를 계수하여 회전속도를 측정하는 것은 M 방식을 사용하며, 속도 샘플링 주기는 40ms로 한다.

<프로그램 Chap4_03.c> BLDC 모터의 회전속도를 측정하여 표시하는 프로그램

```
/* ========================================================================== */
/*       Chap4_03_speed.c : BLDC 모터(M1) 단방향 오픈루프 제어 프로그램         */
/* ========================================================================== */
/*                    Designed and programmed by Duck-Yong Yoon in 2015.      */

// ***** 이 프로그램의 사용 조건 ***********************************************
//
// (1) 컨넥터 CN5(M1)에 BLDC 모터 BL42S-24026N을 연결할 것.
// (2) 점퍼 스위치 J1을 1-2 위치로 연결할 것.
//
// (3) SW2.1로 동작/정지를 선택할 것.
// (4) 가변저항 VR1로 속도를 설정할 것.
//
// ****************************************************************************

#include <avr/io.h>
```

```
#include <avr/interrupt.h>
#include "OK-128BLDC.h"

volatile unsigned char m1, count, count0 = 0;   // pulse count
volatile float Wr = 0.;                         // motor speed

ISR(TIMER3_COMPA_vect)                          /* OC3A interrupt function(0.04s period) */
{
  count = TCNT2;                                // read TCNT2
  m1 = count - count0;                          // calculate m1(encoder pulse)
  count0 = count;

  Wr = (float)m1*60./24./0.04;                  // calculate Wr[rpm]
}

int main(void)
{
  unsigned int result;                          // A/D converter result

  MCU_initialize();                             // initialize MCU and kit
  Delay_ms(50);                                 // wait for system stabilization
  TFT_initialize();                             // initialize TFT-LCD module
  Beep();

  TFT_string(0, 0,Green,  Black,"*******************************************");
  TFT_string(0, 2,White,Magenta,"   BLDC 모터(M1) 단방향 오픈루프 제어    ");
  TFT_string(0, 4,Green,  Black,"*******************************************");
  TFT_string(0, 9,White,  Black,"  (1) SW2.1 = START 지령  : H(정지)       ");
  TFT_string(0,12,White,  Black,"  (2) SW2.2 = (not used)                  ");
  TFT_string(0,15,White,  Black,"  (3) SW1   = F/-R 지령   : H(정방향)     ");
  TFT_string(0,18,White,  Black,"  (4) VR1   = PWM 듀티비  :   000.0 %     ");
  TFT_string(0,21,White,  Black,"  (5) BLDC 모터 회전속도 : +0000.0 rpm   ");
  TFT_string(0,28,Green,  Black,"*******************************************");

  TCCR1A = 0xC2;                                // Timer1 = fast PWM mode(14), output -OC1A
  TCCR1B = 0x19;                                // 16MHz/1/(1+799) = 20kHz
  TCCR1C = 0x00;
  ICR1 = 799;
  OCR1A = 0;

  TCCR2 = 0x06;                                 // Timer2 = Normal mode(0), T2 input
  TCNT2 = 0;                                    // clear Timer/Counter2

  TCCR3A = 0x00;                                // Timer3 = CTC mode(4), don't output OC3A
  TCCR3B = 0x0C;                                // 16MHz/256/(1+2499) = 25Hz
  TCCR3C = 0x00;
  OCR3A = 2499;
  TCNT3 = 0x0000;                               // clear Timer/Counter3

  ETIFR = 0x10;                                 // clear OC3A interrupt flag
  ETIMSK = 0x10;                                // enable OC3A interrupt
  sei();                                        // global interrupt enable

  ADCSRA = 0x84;                                // ADC 1MHz, right adjust
  ADMUX = 0x03;                                 // select ADC3 with AREF

  sbi(PORTD,1);                                 // M1_FOR/-REV = 1(정방향)

  while(1)
    { if((PINC & 0x40) == 0x40)                 // ***** check -START/STOP
        { TFT_string(27,9,Cyan,Black,"H(정지) ");
          sbi(PORTD,0);
        }
```

```
      else
        { TFT_string(27,9,Magenta,Black,"L(동작)");
          cbi(PORTD,0);
        }

      ADCSRA = 0xD4;                              // read ADC3(VR1)
      while((ADCSRA & 0x10) != 0x10);
      result = ADCW;
      OCR1A = (float)result*799./1023. + 0.5;     // output PWM

      TFT_xy(29,18);                              // display duty ratio(xxx.x %)
      TFT_color(Magenta,Black);
      TFT_unsigned_float((float)result*100./1023.,3,1);

      TFT_color(Magenta,Black);                   // display motor speed(xxxx.x rpm)
      TFT_xy(28,21);
      TFT_unsigned_float(Wr,4,1);
    }
}
```

☞ 속도 샘플링 주기는 16비트 구조의 타이머3을 사용하여 40ms로 처리하였으며, 펄스는 8비트 구조의 타이머2로 계수하였다. BLDC 모터가 8극기이므로 홀센서 신호를 6체배하면 전동기의 1회전당 펄스수는 24개로 동작한다. 만약 현재 전동기가 최고속도인 5000rpm으로 회전하고 있다면 40ms 동안 측정된 펄스 수는 m1 = (5000×24)×0.04/60 = 80 이 된다. 따라서, 이 전동기의 회전속도를 측정하기 위하여 m1을 계수하는 카운터는 8비트 구조인 타이머2를 사용하는 것으로 충분하다.

이 BLDC 모터 BL42S-24026N의 사양에서 보면 이 전동기는 24V 전원을 사용할 경우 무부하에서 회전속도가 약 5000rpm이라고 되어 있지만, 위의 프로그램을 실행시켜보면 최고 회전속도가 대략 4700rpm 정도로 낮게 표시된다. 왜 이렇게 회전속도가 낮아질까? 그것은 BLDC 모터 제어 전용 IC인 LB11920의 내부에서 인버터를 구성하는 MOSFET 소자의 도통 전압이 커서 실제로 전동기에는 24V보다 상당히 낮은 전압이 인가되기 때문이다. 이 소자의 데이터 시트에 보면 MOSFET의 도통 전압은 출력전류가 1A일 때 1.7V이고, 출력전류가 2A와 3A일 때는 각각 도통 전압이 2.0V와 2.4V이다. 미루어 짐작하건데 무부하에서 전류가 0.3A일 때는 도통 전압이 대략 1V 정도일 것으로 보인다. 그렇다면 인버터는 항상 2개의 스위칭 소자가 직렬로 동작하여 전동기에 전원을 공급하므로 2개의 MOSFET에서 2V 정도의 전압강하가 발생하게 되고, 따라서 BLDC 모터에는 전원전압 24V가 아니라 불과 약 22V 정도로 낮은 전압이 공급되기 때문에 전동기의 회전속도는 5000rpm보다 훨씬 낮은 4700rpm 정도로 되는 것이다.

그러나, 제5장에서 공부하는 것처럼 BLDC 모터(M2) 제어의 경우에는 MOSFET 소자 IRFZ44N에서의 도통 전압이 매우 낮으므로 BLDC 모터에는 거의 24V가 그대로 인가되고, 따라서 이 전동기의 무부하 회전속도는 거의 5000rpm 정도로 측정되는 것을 확인할 수 있다.

3. 단방향 제어의 실시간 그래픽 프로그램

이번에는 BLDC 모터를 개루프로 제어하면서 이 전동기의 회전속도를 rpm 단위로 측정하고, 이를 오실로스코프 화면처럼 TFT-LCD 화면에 실시간 그래픽으로 표시하는 프로그램을 작성하여 보기로 한다.

이러한 실시간 그래픽 처리 프로그램을 작성할 때 유의사항을 요약하여 보면 다음과 같다.

① 우선 x축은 시간축으로 사용하고 y축은 전동기 회전속도를 나타내는 축으로 사용해야 하므로 320×240 픽셀의 전체 화면에서 그래픽 부분과 눈금 표시 부분을 어떻게 분할하여 사용할 것인지를 정한다.

② x축과 y축에 눈금을 표시하고 눈금마다 값을 표시할 때는 기존의 일반적인 TFT-LCD 문자출력 함수로는 정확하게 글씨의 위치를 지정하여 표시할 수 없으므로 픽셀 단위로 글자의 위치를 지정할 수 있는 TFT_English_pixel() 함수를 사용한다.

③ x축의 시간 스케일은 반드시 실제의 시간과 맞아야 하는데, 이를 어떻게 처리할 것인지 정한다. 여기서는 x방향으로 속도 샘플링 주기에 해당하는 40ms마다 1개씩의 점을 지나가면서 그래프를 그릴 것이므로 50개의 점이 2초를 나타내도록 한다. 그 결과 x방향으로 총 250개의 점에 10초 동안의 그래프를 그리도록 할 것이다.

④ 절대로 동일한 장치를 메인 함수에서도 액세스하고 인터럽트 처리함수에서도 액세스하면 안된다. TFT-LCD도 역시 그러하므로 여기에 문자나 그래픽을 출력하는 것은 반드시 메인 함수에서 처리하도록 한다. 속도측정을 위한 인터럽트에서 회전속도를 측정할 때마다 플랙을 1로 표시하면 메인 함수에서는 이를 확인하여 실시간으로 그래픽 작업을 수행한다.

⑤ y축의 스케일은 어떻게 처리할지 정한다. 여기서는 y방향으로 40개의 점을 지날 때마다 1000rpm이 증가하도록 하여 총 200개의 점으로 5000rpm까지 표시한다.

⑥ 그래프는 이전 시간의 값(old value)과 현재 시간의 값(current value)을 직선으로 이어나가는 방식으로 그린다. 그러나, 화면의 첫번째 시간축에서 그래프를 그리는 경우에는 이전 시간의 값이 없게 되므로 현재 값을 이전 값으로 동일하게 복사한 후에 그래프를 그리면 된다.

⑦ x방향으로 오른쪽 끝에 이르면 그래픽 화면을 지우고 왼쪽 처음부터 다시 시작해야 한다. 그런데, 이처럼 화면을 빨리 지우고 새 화면을 시작하는 방법에는 여러 가지의 프로그램 테크닉이 있다. 여기서는 그래픽 화면에서 x축과 y축의 내부 직사각형 부분만 지우고 다시 그리는 방법을 사용하였으며, 이렇게 화면의 일부를 지우는 작업에도 가장 빠르게 처리하는 특별한 프로그래밍 기법을 적용하였다.

⑧ 이와 같이 실시간 그래픽 처리를 수행할 경우에는 회전속도 곡선을 그리는 일 이외에도 여러 가지의 처리를 실시간으로 수행해야 하기 때문에 마이크로컨트롤러가 매우 바쁘다. 만약 이러한 모든 처리가 40ms 이내에 완료되지 않으면 그래픽 처리가

올바르게 수행될 수가 없다. 이 때문에 A/D 컨버터로 가변저항 VR1을 읽어들이는 작업도 최대한 시간을 단축하였고, 그래픽 화면에 회전속도 값을 수치 데이터로 표시할지 여부는 스위치 SW2.2를 사용하여 선택할 수 있도록 하였다.

이와 같은 방법으로 TFT-LCD에 표시할 그래픽 화면을 설계한 내용을 도시하면 <그림 4.2.1>과 같다.

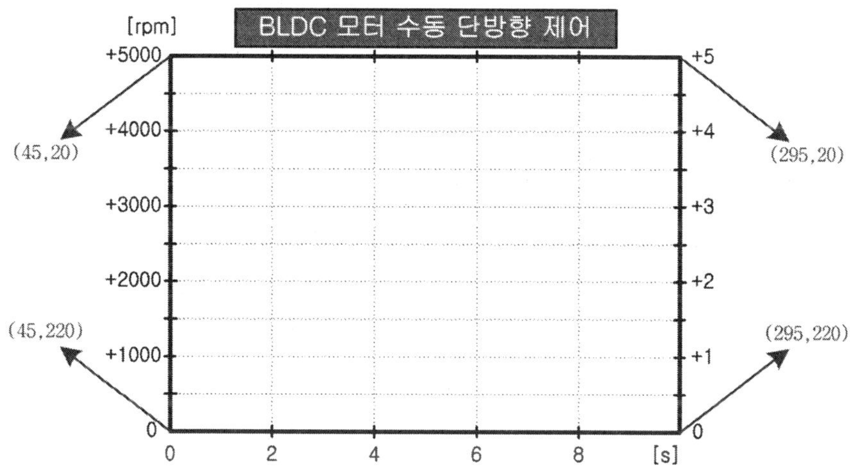

<그림 4.2.1> BLDC 모터를 단방향 제어하는 그래픽 화면의 구성

<프로그램 Chap4_04.c> BLDC 모터의 회전속도를 그래픽으로 표시하는 프로그램

```
/* ========================================================================== */
/*      Chap4_04_graph.c : BLDC 모터(M1) 단방향 회전속도 그래픽 프로그램      */
/* ========================================================================== */
/*                        Designed and programmed by Duck-Yong Yoon in 2015.  */

// ***** 이 프로그램의 사용 조건 ************************************************
//
// (1) 컨넥터 CN5(M1)에 BLDC 모터 BL42S-24026N을 연결할 것.
// (2) 점퍼 스위치 J1을 1-2 위치로 연결할 것.
//
// (3) SW2.1로 동작/정지를 선택할 것.
// (4) SW2.2로 회전속도를 그래픽 화면에 숫자로 표시할 것인지 여부를 선택할 것.
// (5) 가변저항 VR1로 속도를 설정할 것.
//
// ****************************************************************************

#include <avr/io.h>
#include <avr/interrupt.h>
#include "OK-128BLDC.h"

void Graphic_line(void);                        /* draw line of graphic screen */
void Graphic_scale(void);                       /* display graphic scale */
```

```
void Graphic_clear(void);                              /* clear graphic screen */

volatile unsigned char m1, count, count0 = 0;          // pulse count
volatile float Wr, Wrx;                                // motor speed
volatile unsigned int step = 0;                        // graphic step count
volatile unsigned char flag = 0;                       // graphic flag

ISR(TIMER3_COMPA_vect)                                 /* OC3A interrupt function(0.04s period) */
{
  count = TCNT2;                                       // read TCNT2
  m1 = count - count0;                                 // calculate m1(encoder pulse)
  count0 = count;

  Wr = (float)m1*60./24./0.04;                         // calculate Wr[rpm]

  flag = 1;                                            // set graphic flag
  step++;                                              // increment graphic step
  Wrx = Wr;                                            // store value of Wr
}

int main(void)
{
  unsigned int result;                                 // A/D converter result
  unsigned int y, y0 = 0;                              // graphic variable

  MCU_initialize();                                    // initialize MCU and kit
  Delay_ms(50);                                        // wait for system stabilization
  TFT_initialize();                                    // initialize TFT-LCD module
  Beep();

  Graphic_line();                                      // draw line of graphic screen
  Graphic_scale();                                     // display graphic scale

  TCCR1A = 0xC2;                                       // Timer1 = fast PWM mode(14), output -OC1A
  TCCR1B = 0x19;                                       // 16MHz/1/(1+799) = 20kHz
  TCCR1C = 0x00;
  ICR1 = 799;
  OCR1A = 0;

  TCCR2 = 0x06;                                        // Timer2 = Normal mode(0), T2 input
  TCNT2 = 0;                                           // clear Timer/Counter2

  TCCR3A = 0x00;                                       // Timer3 = CTC mode(4), don't output OC3A
  TCCR3B = 0x0C;                                       // 16MHz/256/(1+2499) = 25Hz
  TCCR3C = 0x00;
  OCR3A = 2499;
  TCNT3 = 0x0000;                                      // clear Timer/Counter3

  ETIFR = 0x10;                                        // clear OC3A interrupt flag
  ETIMSK = 0x10;                                       // enable OC3A interrupt
  sei();                                               // global interrupt enable

  ADCSRA = 0x84;                                       // ADC 1MHz, right adjust
  ADMUX = 0x03;                                        // select ADC3 with AREF

  while(1)
    { if((PINC & 0x40) == 0x40)                        // ***** check -START/STOP
        sbi(PORTD,0);                                  // (1 = STOP)
      else
        cbi(PORTD,0);                                  // (0 = -START)

      ADCSRA = 0xD4;                                   // read ADC3(VR1)
      while((ADCSRA & 0x10) != 0x10);
```

```
      result = ADCW;
      OCR1A = (float)result*799./1023. + 0.5;     // output PWM

      if(flag == 1)                               // graphic time ?
        { flag = 0;

          if((PINC & 0x80) == 0x00)               // display motor speed(xxxx.x rpm)
            { TFT_string(6,3,White,Black,"Wr=");
              TFT_signed_decimal(Wrx + 0.5,0,4);
            }

          if(Wrx > 5000.) Wrx = 5000.;            // limit Wr graph
          y = 220. - Wrx*200./5000. + 0.5;        // draw Wr
          if(step == 1) y0 = y;
          Line(45+step-1,y0, 45+step,y, Green);
          y0 = y;

          if(step >= 250)                         // new screen ?
            { Graphic_clear();                    // if yes, clear screen
              Graphic_line();
              flag = 0;
              step = 0;
            }
        }
    }
}

// ===== Graphic Display Function ==============================================

void Graphic_line(void)                           /* draw line of graphic screen */
{
  unsigned int x, y;

  Rectangle(45,20, 295,220, Cyan);                // outline

  for(x = 95; x <= 245; x += 50)                  // x-axis scale
    { Line(x,18, x,22, Cyan);
      Line(x,218, x,222, Cyan);

      for(y = 25; y <= 215; y += 5)               // vertical line
        TFT_pixel(x,y, Silver);
    }

  for(y = 40; y <= 200; y += 20)                  // y-axis scale
    { Line(43,y, 47,y, Cyan);
      Line(293,y, 297,y, Cyan);

      for(x = 50; x <= 290; x += 5)               // horizontal line
        TFT_pixel(x,y, Silver);
    }
}

void Graphic_scale(void)                          /* display graphic scale */
{
  TFT_string(7,0,White,Magenta," BLDC 모터 수동 단방향 제어 ");

  TFT_string(1,0,Yellow,Black,"[rpm]");           // speed scale
  TFT_color(Green,Black);
  TFT_English_pixel(32,213, '0');                 // 0 rpm
  TFT_English_pixel(0,173, '+');                  // 1000 rpm
  TFT_English_pixel(8,173, '1');
  TFT_English_pixel(16,173, '0');
  TFT_English_pixel(24,173, '0');
```

```
  TFT_English_pixel(32,173, '0');
  TFT_English_pixel(0,133, '+');                        // 2000 rpm
  TFT_English_pixel(8,133, '2');
  TFT_English_pixel(16,133, '0');
  TFT_English_pixel(24,133, '0');
  TFT_English_pixel(32,133, '0');
  TFT_English_pixel(0,93, '+');                         // 3000 rpm
  TFT_English_pixel(8,93, '3');
  TFT_English_pixel(16,93, '0');
  TFT_English_pixel(24,93, '0');
  TFT_English_pixel(32,93, '0');
  TFT_English_pixel(0,53, '+');                         // 4000 rpm
  TFT_English_pixel(8,53, '4');
  TFT_English_pixel(16,53, '0');
  TFT_English_pixel(24,53, '0');
  TFT_English_pixel(32,53, '0');
  TFT_English_pixel(0,13, '+');                         // 5000 rpm
  TFT_English_pixel(8,13, '5');
  TFT_English_pixel(16,13, '0');
  TFT_English_pixel(24,13, '0');
  TFT_English_pixel(32,13, '0');

  TFT_color(Green,Black);                               // auxilliary scale
  TFT_English_pixel(301,213, '0');                      // 0
  TFT_English_pixel(301,173, '+');                      // 1
  TFT_English_pixel(308,173, '1');
  TFT_English_pixel(301,133, '+');                      // 2
  TFT_English_pixel(308,133, '2');
  TFT_English_pixel(301,93, '+');                       // 3
  TFT_English_pixel(308,93, '3');
  TFT_English_pixel(301,53, '+');                       // 4
  TFT_English_pixel(308,53, '4');
  TFT_English_pixel(301,13, '+');                       // 5
  TFT_English_pixel(308,13, '5');

  TFT_string(34,28,Cyan,Black,"[s]");                   // time scale
  TFT_English_pixel(41,224, '0');                       // 0 sec
  TFT_English_pixel(91,224, '2');                       // 2 sec
  TFT_English_pixel(141,224, '4');                      // 4 sec
  TFT_English_pixel(191,224, '6');                      // 6 sec
  TFT_English_pixel(241,224, '8');                      // 8 sec
}

void Graphic_clear(void)                                /* clear graphic screen */
{
  unsigned int x, y;

  for(y = 21; y <= 219; y++)
    { TFT_GRAM_address(46,y);
      for(x = 46; x <= 294; x++)
        TFT_data(Black);
    }
}
```

☞ TFT-LCD의 그래픽 화면에서 오른쪽의 y축에 눈금과 값을 0~+5로 표시한 것은 단방향 제어에서 rpm을 1000단위로 표시하는 것이지만, 나중에 BLDC 모터(M2) 제어에서는 전동기의 전류를 측정하여 표시하게 되므로 그래픽 화면의 포맷을 잡기 위하여 미리 표시한 것이다.

인터럽트 함수에서 flag을 1로 설정하면 그래픽을 처리할 때가 되었다는 의미이므로 메인 함수는 이를 확인하여 그래픽 라인을 그린다. x방향으로 시간을 따라 이동하는 스텝수는 step으로 관리하며, step이 250에 이르면 10초가 되어 그래픽 화면이 끝났으므로 그래픽을 지우고 왼쪽 처음부터 다시 시작한다.

SW2.2를 ON시키면 그래픽 화면의 좌측 상단에 전동기 회전속도를 실시간 값으로도 표시하며, SW2.2를 OFF시키면 이를 표시하지 않는다.

4. 단방향 PI 제어 프로그램

이제 BLDC 모터 단방향 제어 프로그램의 마지막 단계로 이를 PI 제어 알고리즘을 사용하여 피드백 제어하는 프로그램을 작성해 보기로 한다. 여기서는 속도 샘플링 주기와 PI 제어 주기를 동일하게 유지시킬 수 있는 M 방식의 속도측정을 사용하는 것으로 한다. 이 주기는 40ms로 한다.

아래의 예제 프로그램에서는 저자가 비교적 양호한 비례이득 Kp와 적분이득 Ki의 값을 지정하였으나, 이것의 최적치는 사용자 여러분이 시행착오법으로 찾아야 한다.

<프로그램 Chap4_05.c> PI 제어 방식에 의한 BLDC 모터의 속도제어 프로그램

```
/* ========================================================================== */
/*      Chap4_05_PIcontrol.c : BLDC 모터(M1) 단방향 PI 속도제어 프로그램       */
/* ========================================================================== */
/*                    Designed and programmed by Duck-Yong Yoon in 2015.       */

// ***** 이 프로그램의 사용 조건 *************************************************
//
// (1) 컨넥터 CN5(M1)에 BLDC 모터 BL42S-24026N을 연결할 것.
// (2) 점퍼 스위치 J1을 1-2 위치로 연결할 것.
//
// (3) SW2.1로 동작/정지를 선택할 것.
// (4) SW2.2로 Ki, Kp 값을 그래픽 화면에 표시할 것인지 여부를 선택할 것.
// (5) SW1로 자동/수동 모드를 선택할 것.
//
// (6) 자동 모드에서는 테이블에 저장된 기준속도가 3초 간격으로 변경됨.
// (7) 수동 모드에서는 가변저항 VR1로 기준속도를 설정할 것.
//
// ******************************************************************************

#include <avr/io.h>
#include <avr/interrupt.h>
#include "OK-128BLDC.h"

void Graphic_line(void);                        /* draw line of graphic screen */
void Graphic_scale(void);                       /* display graphic scale */
void Graphic_clear(void);                       /* clear graphic screen */

#define  Ts      0.04                           // speed sampling time[sec]

#define  Kp      0.02                           // P gain
#define  Ki      0.40                           // I gain

volatile unsigned char m1, count, count0 = 0;   // pulse count
```

```
volatile float Wr, Wrx, Werr, Werr0;               // motor speed
volatile float Wref = 0., Wrefx;                   // reference speed
volatile unsigned int step = 0;                    // graphic step count
volatile unsigned char flag = 0;                   // graphic flag

volatile float PIconstant, PI = 0.;                // PI variables
volatile unsigned int PWM;                         // PWM output data
volatile unsigned int  Wref_time = 0;              // time counter for Wref setting
unsigned char tableindex = 0;                      // Wref data table
float Wref_table[10] = {2000., 4000., 0., 3000., 0., 4000., 0., 4500., 2500., 500.};

ISR(TIMER3_COMPA_vect)                             /* OC3A interrupt function(0.04s period) */
{
  count = TCNT2;                                   // read TCNT2
  m1 = count - count0;                             // calculate m1(encoder pulse)
  count0 = count;

  Wr = (float)m1*60./24./0.04;                     // calculate Wr[rpm]

  Werr = Wref - Wr;                                // PI controller
  PI = PI + PIconstant*Werr - Kp*Werr0;
  Werr0 = Werr;

  if(PI > 799.)    PI = 799.;                      // PI control limiter
  else if(PI < 0.) PI = 0.;
  PWM = PI + 0.5;                                  // output PWM
  OCR1A = PWM;

  Wref_time++;

  flag = 1;                                        // set graphic flag
  step++;                                          // increment graphic step
  Wrefx = Wref;                                    // store value of Wref
  Wrx = Wr;                                        // store value of Wr
}

int main(void)
{
  unsigned int result;                             // A/D converter result
  unsigned int y1, y10 = 0, y2, y20 = 0;           // graphic variable

  MCU_initialize();                                // initialize MCU and kit
  Delay_ms(50);                                    // wait for system stabilization
  TFT_initialize();                                // initialize TFT-LCD module
  Beep();

  Graphic_line();                                  // draw line of graphic screen
  Graphic_scale();                                 // display graphic scale

  Wref = Wref_table[0];                            // get initial Wref from table
  tableindex = 1;
  PIconstant = Kp + Ki*Ts;                         // calculate PI constant

  TCCR1A = 0xC2;                                   // Timer1 = fast PWM mode(14), output -OC1A
  TCCR1B = 0x19;                                   // 16MHz/1/(1+799) = 20kHz
  TCCR1C = 0x00;
  ICR1 = 799;
  OCR1A = 0;

  TCCR2 = 0x06;                                    // Timer2 = Normal mode(0), T2 input
  TCNT2 = 0;                                       // clear Timer/Counter2

  TCCR3A = 0x00;                                   // Timer3 = CTC mode(4), don't output OC3A
```

```
TCCR3B = 0x0C;                          // 16MHz/256/(1+2499) = 25Hz
TCCR3C = 0x00;
OCR3A = 2499;
TCNT3 = 0x0000;                         // clear Timer/Counter3

ETIFR = 0x10;                           // clear OC3A interrupt flag
ETIMSK = 0x10;                          // enable OC3A interrupt
sei();                                  // global interrupt enable

ADCSRA = 0x84;                          // ADC 1MHz, right adjust
ADMUX = 0x03;                           // select ADC3 with AREF

while(1)
  { if((PINC & 0x40) == 0x40)           // ***** check -START/STOP
      sbi(PORTD,0);                     // (1 = STOP)
    else
      cbi(PORTD,0);                     // (0 = -START)

    if((PINC & 0x20) == 0x20)           // ***** check auto/-manual
      { TFT_string(33,0,White,Black,"(자동)");
        if(Wref_time >= 75)             // 3 sec ?
          { Wref_time = 0;
            Wref = Wref_table[tableindex];     // if yes, get Wref from table
            tableindex++;
            tableindex %= 10;
          }
      }
    else
      { TFT_string(33,0,White,Black,"(수동)");
        ADCSRA = 0xD4;                  // read ADC3(VR1)
        while((ADCSRA & 0x10) != 0x10);
        result = ADCW;
        Wref = (float)result*5000./1023.;      // get Wref
      }

    if(flag == 1)                       // graphic time ?
      { flag = 0;

        if((PINC & 0x80) == 0x00)       // display PI gain(x.xx)
          { TFT_string(6,3,White,Black,"Kp=");
            TFT_unsigned_float(Kp,1,2);
            TFT_string(6,5,White,Black,"Ki=");
            TFT_unsigned_float(Ki,1,2);
          }

        if(Wrefx > 5000.) Wrefx = 5000.;       // limit Wref graph
        y1 = 220. - Wrefx*200./5000. + 0.5;    // draw Wref
        if(step == 1) y10 = y1;
        Line(45+step-1,y10, 45+step,y1, White);
        y10 = y1;

        if(Wrx > 5000.) Wrx = 5000.;           // limit Wr graph
        y2 = 220. - Wrx*200./5000. + 0.5;      // draw Wr
        if(step == 1) y20 = y2;
        Line(45+step-1,y20, 45+step,y2, Green);
        y20 = y2;

        if(step >= 250)                 // new screen ?
          { Graphic_clear();            // if yes, clear screen
            Graphic_line();
            flag = 0;
            step = 0;
          }
```

```
        }
    }
}

// ===== Graphic Display Function ==============================================

void Graphic_line(void)                          /* draw line of graphic screen */
{
  unsigned int x, y;

  Rectangle(45,20, 295,220, Cyan);               // outline

  for(x = 95; x <= 245; x += 50)                 // x-axis scale
    { Line(x,18, x,22, Cyan);
      Line(x,218, x,222, Cyan);

      for(y = 25; y <= 215; y += 5)              // vertical line
        TFT_pixel(x,y, Silver);
    }

  for(y = 40; y <= 200; y += 20)                 // y-axis scale
    { Line(43,y, 47,y, Cyan);
      Line(293,y, 297,y, Cyan);

      for(x = 50; x <= 290; x += 5)              // horizontal line
        TFT_pixel(x,y, Silver);
    }
}

void Graphic_scale(void)                         /* display graphic scale */
{
  TFT_string(7,0,White,Magenta," BLDC 모터 단방향 PI 제어 ");

  TFT_string(1,0,Yellow,Black,"[rpm]");          // speed scale
  TFT_color(Green,Black);
  TFT_English_pixel(32,213, '0');                // 0 rpm
  TFT_English_pixel(0,173, '+');                 // 1000 rpm
  TFT_English_pixel(8,173, '1');
  TFT_English_pixel(16,173, '0');
  TFT_English_pixel(24,173, '0');
  TFT_English_pixel(32,173, '0');
  TFT_English_pixel(0,133, '+');                 // 2000 rpm
  TFT_English_pixel(8,133, '2');
  TFT_English_pixel(16,133, '0');
  TFT_English_pixel(24,133, '0');
  TFT_English_pixel(32,133, '0');
  TFT_English_pixel(0,93, '+');                  // 3000 rpm
  TFT_English_pixel(8,93, '3');
  TFT_English_pixel(16,93, '0');
  TFT_English_pixel(24,93, '0');
  TFT_English_pixel(32,93, '0');
  TFT_English_pixel(0,53, '+');                  // 4000 rpm
  TFT_English_pixel(8,53, '4');
  TFT_English_pixel(16,53, '0');
  TFT_English_pixel(24,53, '0');
  TFT_English_pixel(32,53, '0');
  TFT_English_pixel(0,13, '+');                  // 5000 rpm
  TFT_English_pixel(8,13, '5');
  TFT_English_pixel(16,13, '0');
  TFT_English_pixel(24,13, '0');
  TFT_English_pixel(32,13, '0');

  TFT_color(Green,Black);                        // auxilliary scale
```

```
  TFT_English_pixel(301,213, '0');                    // 0
  TFT_English_pixel(301,173, '+');                    // 1
  TFT_English_pixel(308,173, '1');
  TFT_English_pixel(301,133, '+');                    // 2
  TFT_English_pixel(308,133, '2');
  TFT_English_pixel(301,93, '+');                     // 3
  TFT_English_pixel(308,93, '3');
  TFT_English_pixel(301,53, '+');                     // 4
  TFT_English_pixel(308,53, '4');
  TFT_English_pixel(301,13, '+');                     // 5
  TFT_English_pixel(308,13, '5');

  TFT_string(34,28,Cyan,Black,"[s]");                 // time scale
  TFT_English_pixel(41,224, '0');                     // 0 sec
  TFT_English_pixel(91,224, '2');                     // 2 sec
  TFT_English_pixel(141,224, '4');                    // 4 sec
  TFT_English_pixel(191,224, '6');                    // 6 sec
  TFT_English_pixel(241,224, '8');                    // 8 sec
}

void Graphic_clear(void)                              /* clear graphic screen */
{
  unsigned int x, y;

  for(y = 21; y <= 219; y++)
    { TFT_GRAM_address(46,y);
      for(x = 46; x <= 294; x++)
        TFT_data(Black);
    }
}
```

☞ SW2.1을 ON시키면 자동 모드가 되어 배열 Wref_table[]에 지정된 10가지의 기준 속도를 3초 간격으로 불러다가 전동기의 회전속도 제어를 수행하고, SW2.1을 OFF하면 수동 모드가 되어 사용자가 가변저항 VR1으로 입력한 기준 속도에 따라 회전속도를 제어한다. 자동 모드에서 기준속도를 변경하는 3초의 시간은 인터럽트 함수에서 변수 Wref_time을 증가시켜서 만든다.

PI 제어 알고리즘에서 만들어진 제어입력 PI는 PWM 제어를 위한 출력비교 레지스터 값으로 사용되는데, 이 레지스터 값은 0~799 범위로 설정해야 하므로 만약 PI값이 799보다 크면 799로 제한하고, 0보다 작으면 0으로 제한해야 한다.

비례이득 Kp와 적분이득 Ki의 최적치는 오직 1가지만 존재하는 것이 아니다. 적절한 응답 파형은 시스템의 운용 목적에 따라 달라지기도 하고 사람의 취향에 따라서도 다를 수 있으며, 동일한 응답 파형을 얻기 위한 비례이득 Kp와 적분이득 Ki의 조합도 여러 가지가 있을 수 있다. 그러므로 자신이 원하는 제어응답 파형을 얻기 위한 비례이득 Kp와 적분이득 Ki의 값은 시스템 설계자가 직접 수고하여 찾고 결정해야 한다.

4.3 전용 IC를 사용한 양방향 속도제어 프로그램

여기서는 BLDC 모터 제어 전용 IC인 LB11920을 사용하는 방법으로 BLDC 모터 BL42S-24026N을 양방향으로 가변속 제어하는 프로그램을 C언어로 작성하여 보기로 한다. 전동기의 전압은 ATmega128A의 타이머1을 사용한 PWM 제어방식으로 가변하며, 속도 피드백 제어에는 PI 제어 알고리즘을 사용한다.

1. 양방향 개루프 속도제어 프로그램

일정한 시간 간격으로 PWM 듀티비를 자동 가변하여 BLDC 모터 BL42S-24026N을 몇가지의 속도로 변화시키면서 반복 구동하는 프로그램을 작성하여 보기로 한다. 이 책에서는 이러한 구동방식을 자동 모드(auto mode)라고 부른다. 이에 비하여 가변저항 VR1을 사용하여 사용자가 수동으로 전동기의 속도를 임의 가변하는 방식을 수동 모드(manual mode)라고 부른다.

PWM 신호는 ATmega128A의 타이머1에서 OC1A 신호를 사용하며, 스위칭 주파수를 20kHz로 사용하였다. LB11920에서는 PWM 스위칭 주파수를 약 20kHz 정도로 사용하도록 권장하고 있으며, 최고 50kHz 이하를 사용하라고 규정하고 있다.

3상 인버터의 PWM 듀티비를 자동 모드에서 3초 간격으로 25%→55%→85%→100%→70%→40%→ 의 순서로 가변하면서 각각 정방향 및 역방향을 교대로 BLDC 모터를 구동하는 예제 프로그램을 작성하여 보면 다음과 같다.

<프로그램 Chap4_06.c> 자동 모드로 BLDC 모터를 구동하는 프로그램

```
/* ========================================================================== */
/*      Chap4_06_FR_auto.c : BLDC 모터(M1) 양방향 오픈루프 제어 프로그램      */
/* ========================================================================== */
/*                       Designed and programmed by Duck-Yong Yoon in 2015.   */

// ***** 이 프로그램의 사용 조건 ***********************************************
//
// (1) 컨넥터 CN5(M1)에 BLDC 모터 BL42S-24026N을 연결할 것.
// (2) 점퍼 스위치 J1을 1-2 위치로 연결할 것.
//
// ****************************************************************************

#include <avr/io.h>
```

```
#include "OK-128BLDC.h"

int main(void)
{
  MCU_initialize();                            // initialize MCU and kit
  Delay_ms(50);                                // wait for system stabilization
  TFT_initialize();                            // initialize TFT-LCD module
  Beep();

  TFT_string(0, 0,Green,  Black,"*******************************************");
  TFT_string(0, 2,White,Magenta,"   BLDC 모터(M1) 양방향 오픈루프 제어   ");
  TFT_string(0, 4,Green,  Black,"*******************************************");
  TFT_string(0, 9,White,  Black,"  (1) SW2.1 = START 지령 : L(동작)      ");
  TFT_string(0,12,White,  Black,"  (2) SW2.2 = (not used)                ");
  TFT_string(0,15,White,  Black,"  (3) SW1   = F/-R 지령  : H(정방향)    ");
  TFT_string(0,18,White,  Black,"  (4) VR1   = PWM 듀티비 :   000 %      ");
  TFT_string(0,25,White,  Black,"      (3초 간격으로 듀티비를 가변)      ");
  TFT_string(0,28,Green,  Black,"*******************************************");

  TCCR1A = 0xC2;                               // Timer1 = fast PWM mode(14), output -OC1A
  TCCR1B = 0x19;                               // 16MHz/1/(1+799) = 20kHz
  TCCR1C = 0x00;
  ICR1 = 799;
  OCR1A = 0;

  cbi(PORTD,0);                                // -M1_START = 0(동작)

  while(1)
    { TFT_string(27,15,Magenta,Black,"H(정방향)"); // ***** 정방향 *****
      sbi(PORTD,1);

      OCR1A = 200;                             // duty ratio = 25 %
      TFT_string(29,18,Magenta,Black," 25");   // (200 = 799*25/100)
      Delay_ms(3000);

      OCR1A = 439;                             // duty ratio = 55 %
      TFT_string(29,18,Magenta,Black," 55");   // (439 = 799*55/100)
      Delay_ms(3000);

      OCR1A = 679;                             // duty ratio = 85 %
      TFT_string(29,18,Magenta,Black," 85");   // (679 = 799*85/100)
      Delay_ms(3000);

      OCR1A = 799;                             // duty ratio = 100 %
      TFT_string(29,18,Magenta,Black,"100");   // (799 = 799*100/100)
      Delay_ms(3000);

      OCR1A = 559;                             // duty ratio = 70 %
      TFT_string(29,18,Magenta,Black," 70");   // (559 = 799*70/100)
      Delay_ms(3000);

      OCR1A = 320;                             // duty ratio = 40 %
      TFT_string(29,18,Magenta,Black," 40");   // (320 = 799*40/100)
      Delay_ms(3000);

      TFT_string(27,15,Cyan,Black,"L(역방향)"); // ***** 역방향 *****
      cbi(PORTD,1);

      OCR1A = 200;                             // duty ratio = 25 %
      TFT_string(29,18,Magenta,Black," 25");   // (200 = 799*25/100)
      Delay_ms(3000);

      OCR1A = 439;                             // duty ratio = 55 %
```

```
      TFT_string(29,18,Magenta,Black," 55");      // (439 = 799*55/100)
      Delay_ms(3000);

      OCR1A = 679;                                // duty ratio = 85 %
      TFT_string(29,18,Magenta,Black," 85");      // (679 = 799*85/100)
      Delay_ms(3000);

      OCR1A = 799;                                // duty ratio = 100 %
      TFT_string(29,18,Magenta,Black,"100");      // (799 = 799*100/100)
      Delay_ms(3000);

      OCR1A = 559;                                // duty ratio = 70 %
      TFT_string(29,18,Magenta,Black," 70");      // (559 = 799*70/100)
      Delay_ms(3000);

      OCR1A = 320;                                // duty ratio = 40 %
      TFT_string(29,18,Magenta,Black," 40");      // (320 = 799*40/100)
      Delay_ms(3000);
    }
}
```

☞ ATmega128A의 타이머1에서 PWM 주기를 ICR1 = 799로 지정하였으므로 출력비교 레지스터 OCR1A의 설정값을 0~799의 범위에서 가변해야만 PWM의 듀티비를 0~100%로 제어할 수 있다. 마이크로컨트롤러 ATmega128A의 병렬 I/O 포트에서 PD1 = 1을 출력하면 BLDC 모터는 정방향으로 회전하며, PD1 = 0을 출력하면 BLDC 모터는 역방향으로 회전한다.

OK-128BLDC 키트에는 사용자가 수동으로 데이터를 입력하기 위하여 가변저항 VR1을 가지고 있다. 이를 이용하면 전동기의 PWM 듀티비를 0~100%로 수동 입력할 수 있다. 이러한 방법으로 BLDC 모터의 회전속도를 수동 제어하는 예제 프로그램을 작성하여 보면 다음과 같다.

<프로그램 Chap4_07.c> 수동 모드로 BLDC 모터를 구동하는 프로그램

```
/* ========================================================================== */
/*     Chap4_07_FR_manual.c : BLDC 모터(M1) 양방향 오픈루프 제어 프로그램     */
/* ========================================================================== */
/*                     Designed and programmed by Duck-Yong Yoon in 2015.    */

// ***** 이 프로그램의 사용 조건 *************************************************
//
// (1) 컨넥터 CN5(M1)에 BLDC 모터 BL42S-24026N을 연결할 것.
// (2) 점퍼 스위치 J1을 1-2 위치로 연결할 것.
//
// (3) SW2.1로 동작/정지를 선택할 것.
// (4) SW1로 정방향/역방향을 선택할 것.
// (5) 가변저항 VR1로 속도를 설정할 것.
//
// ****************************************************************************

#include <avr/io.h>
```

```
#include "OK-128BLDC.h"

int main(void)
{
  unsigned int result;                          // A/D converter result

  MCU_initialize();                             // initialize MCU and kit
  Delay_ms(50);                                 // wait for system stabilization
  TFT_initialize();                             // initialize TFT-LCD module
  Beep();

  TFT_string(0, 0,Green,  Black,"********************************************");
  TFT_string(0, 2,White,Magenta,"   BLDC 모터(M1) 양방향 오픈루프 제어    ");
  TFT_string(0, 4,Green,  Black,"********************************************");
  TFT_string(0, 9,White,  Black,"  (1) SW2.1 = START 지령  : H(정지)       ");
  TFT_string(0,12,White,  Black,"  (2) SW2.2 = (not used)                  ");
  TFT_string(0,15,White,  Black,"  (3) SW1   = F/-R 지령   : H(정방향)     ");
  TFT_string(0,18,White,  Black,"  (4) VR1   = PWM 듀티비 :   000.0 %      ");
  TFT_string(0,25,White,  Black,"    (가변저항 VR1으로 듀티비를 가변)      ");
  TFT_string(0,28,Green,  Black,"********************************************");

  TCCR1A = 0xC2;                                // Timer1 = fast PWM mode(14), output -OC1A
  TCCR1B = 0x19;                                // 16MHz/1/(1+799) = 20kHz
  TCCR1C = 0x00;
  ICR1 = 799;
  OCR1A = 0;

  ADCSRA = 0x84;                                // ADC 1MHz, right adjust
  ADMUX = 0x03;                                 // select ADC3 with AREF

  while(1)
    { if((PINC & 0x40) == 0x40)                 // ***** check -START/STOP
        { TFT_string(27,9,Cyan,Black,"H(정지) ");
          sbi(PORTD,0);
        }
      else
        { TFT_string(27,9,Magenta,Black,"L(동작)");
          cbi(PORTD,0);
        }

      if((PINC & 0x20) == 0x20)                 // ***** check FOR/-REV
        { TFT_string(27,15,Magenta,Black,"H(정방향)");
          sbi(PORTD,1);
        }
      else
        { TFT_string(27,15,Cyan,Black,"L(역방향)");
          cbi(PORTD,1);
        }

      ADCSRA = 0xD4;                            // read ADC3(VR1)
      while((ADCSRA & 0x10) != 0x10);
      result = ADCW;
      OCR1A = (float)result*799./1023. + 0.5;   // output PWM

      TFT_xy(29,18);                            // display duty ratio(xxx.x %)
      TFT_color(Magenta,Black);
      TFT_unsigned_float((float)result*100./1023.,3,1);
    }
}
```

이 프로그램을 *OK-128BLDC* 키트에서 실행하고 SW2.1을 ON/OFF하여 BLDC 모터의 동작을 동작 및 정지시켜보라. 또한, 가변저항 VR1을 사용하여 BLDC 모터의 회전속도를 가변시키고, SW1을 사용하여 회전방향을 정/역으로 가변시켜보라.

2. 양방향 회전속도 측정 프로그램

이번에는 BLDC 모터를 개루프로 수동 제어하면서 홀센서 신호를 6체배한 펄스 신호를 계수하여 이 전동기의 회전속도를 rpm 단위로 측정하고, 이를 TFT-LCD 화면에 실시간으로 표시하는 프로그램을 작성하여 보기로 한다. 펄스 신호를 계수하여 회전속도를 측정하는 것은 M 방식을 사용하며, 속도 샘플링 주기는 40ms로 한다.

BLDC 모터의 회전방향은 ATmega128A의 병렬 I/O 포트에서 PD4 = 1로 입력되면 정회전이고 PD4 = 0으로 입력되면 역회전이다. BLDC 모터가 정방향(시계 방향)으로 회전하는 경우에는 회전속도 값을 양(+)으로 표시하고, 역방향(반시계 방향)으로 회전하는 경우에는 회전속도 값을 음(-)으로 표시한다.

<프로그램 Chap4_08.c> BLDC 모터의 회전속도를 측정하여 표시하는 프로그램

```
/* ============================================================================ */
/*      Chap4_08_FR_speed.c : BLDC 모터(M1) 양방향 오픈루프 제어 프로그램      */
/* ============================================================================ */
/*                       Designed and programmed by Duck-Yong Yoon in 2015.     */

// ***** 이 프로그램의 사용 조건 ***********************************************
//
// (1) 컨넥터 CN5(M1)에 BLDC 모터 BL42S-24026N을 연결할 것.
// (2) 점퍼 스위치 J1을 1-2 위치로 연결할 것.
//
// (3) SW2.1로 동작/정지를 선택할 것.
// (4) SW1로 정방향/역방향을 선택할 것.
// (5) 가변저항 VR1로 속도를 설정할 것.
//
// ****************************************************************************

#include <avr/io.h>
#include <avr/interrupt.h>
#include "OK-128BLDC.h"

volatile unsigned char m1, count, count0 = 0;    // pulse count
volatile float Wr = 0.;                          // motor speed

ISR(TIMER3_COMPA_vect)                           /* OC3A interrupt function(0.04s period) */
{
  count = TCNT2;                                 // read TCNT2
  m1 = count - count0;                           // calculate m1(encoder pulse)
  count0 = count;

  Wr = (float)m1*60./24./0.04;                   // calculate Wr[rpm]
```

```
  if((PIND & 0x10) == 0x00) Wr = -Wr;
}

int main(void)
{
  unsigned int result;                          // A/D converter result

  MCU_initialize();                             // initialize MCU and kit
  Delay_ms(50);                                 // wait for system stabilization
  TFT_initialize();                             // initialize TFT-LCD module
  Beep();

  TFT_string(0, 0,Green,  Black,"******************************************");
  TFT_string(0, 2,White,Magenta,"   BLDC 모터(M1) 양방향 오픈루프 제어    ");
  TFT_string(0, 4,Green,  Black,"******************************************");
  TFT_string(0, 9,White,  Black,"  (1) SW2.1 = START 지령  : H(정지)       ");
  TFT_string(0,12,White,  Black,"  (2) SW2.2 = (not used)                  ");
  TFT_string(0,15,White,  Black,"  (3) SW1   = F/-R 지령   : H(정방향)     ");
  TFT_string(0,18,White,  Black,"  (4) VR1   = PWM 듀티비 :   000.0 %      ");
  TFT_string(0,21,White,  Black,"  (5) BLDC 모터 회전속도 : +0000.0 rpm    ");
  TFT_string(0,28,Green,  Black,"******************************************");

  TCCR1A = 0xC2;                                // Timer1 = fast PWM mode(14), output -OC1A
  TCCR1B = 0x19;                                // 16MHz/1/(1+799) = 20kHz
  TCCR1C = 0x00;
  ICR1 = 799;
  OCR1A = 0;

  TCCR2 = 0x06;                                 // Timer2 = Normal mode(0), T2 input
  TCNT2 = 0;                                    // clear Timer/Counter2

  TCCR3A = 0x00;                                // Timer3 = CTC mode(4), don't output OC3A
  TCCR3B = 0x0C;                                // 16MHz/256/(1+2499) = 25Hz
  TCCR3C = 0x00;
  OCR3A = 2499;
  TCNT3 = 0x0000;                               // clear Timer/Counter3

  ETIFR = 0x10;                                 // clear OC3A interrupt flag
  ETIMSK = 0x10;                                // enable OC3A interrupt
  sei();                                        // global interrupt enable

  ADCSRA = 0x84;                                // ADC 1MHz, right adjust
  ADMUX = 0x03;                                 // select ADC3 with AREF

  while(1)
    { if((PINC & 0x40) == 0x40)                 // ***** check -START/STOP
        { TFT_string(27,9,Cyan,Black,"H(정지) ");
          sbi(PORTD,0);
        }
      else
        { TFT_string(27,9,Magenta,Black,"L(동작)");
          cbi(PORTD,0);
        }

      if((PINC & 0x20) == 0x20)                 // ***** check FOR/-REV
        { TFT_string(27,15,Magenta,Black,"H(정방향)");
          sbi(PORTD,1);
        }
      else
        { TFT_string(27,15,Cyan,Black,"L(역방향)");
          cbi(PORTD,1);
        }
```

```
      ADCSRA = 0xD4;                              // read ADC3(VR1)
      while((ADCSRA & 0x10) != 0x10);
      result = ADCW;
      OCR1A = (float)result*799./1023. + 0.5;     // output PWM

      TFT_xy(29,18);                              // display duty ratio(xxx.x %)
      TFT_color(Magenta,Black);
      TFT_unsigned_float((float)result*100./1023.,3,1);

      if(Wr >= 0.)                                // display motor speed(+/-xxxx.x rpm)
        TFT_color(Magenta,Black);
      else
        TFT_color(Cyan,Black);
      TFT_xy(27,21);
      TFT_signed_float(Wr,4,1);
    }
}
```

☞ 속도 샘플링 주기는 16비트 구조의 타이머3을 사용하여 40ms로 처리하였으며, 펄스는 8비트 구조의 타이머2로 계수하였다. BLDC 모터가 8극기이므로 홀센서 신호를 6체배하면 전동기의 1회전당 펄스수는 24개로 동작한다. 만약 현재 전동기가 최고속도인 5000rpm으로 회전하고 있다면 40ms 동안 측정된 펄스수는 m1 = (5000×24)×0.04/60 = 80 이 된다. 따라서, 이 전동기의 회전속도를 측정하기 위하여 m1을 계수하는 카운터는 8비트 구조인 타이머2를 사용하는 것으로 충분하다.

M 방식으로 회전속도를 측정하고 나서 BLDC 모터의 회전방향을 검출하여 만약 역방향이면 회전속도값에 -1을 곱하여 음수로 만들어 준다.

3. 양방향 제어의 실시간 그래픽 프로그램

이번에는 BLDC 모터를 개루프로 양방향 제어하면서 이 전동기의 회전속도를 rpm 단위로 측정하고, 이를 오실로스코프 화면처럼 TFT-LCD 화면에 실시간 그래픽으로 표시하는 프로그램을 작성하여 보기로 한다.

이러한 실시간 그래픽 처리 프로그램을 작성할 때 유의사항을 요약하여 보면 다음과 같다.

① 우선 x축은 시간축으로 사용하고 y축은 전동기 회전속도를 나타내는 축으로 사용해야 하므로 320×240 픽셀의 전체 화면에서 그래픽 부분과 눈금 표시 부분을 어떻게 분할하여 사용할 것인지를 정한다.

② x축과 y축에 눈금을 표시하고 눈금마다 값을 표시할 때는 기존의 일반적인 TFT-LCD 문자출력 함수로는 정확하게 글씨의 위치를 지정하여 표시할 수 없으므로 픽셀 단위로 글자의 위치를 지정할 수 있는 TFT_English_pixel() 함수를 사용한다.

③ x축의 시간 스케일은 반드시 실제의 시간과 맞아야 하는데, 이를 어떻게 처리할

것인지 정한다. 여기서는 x방향으로 속도 샘플링 주기에 해당하는 40ms마다 1개씩의 점을 지나가면서 그래프를 그릴 것이므로 50개의 점이 2초를 나타내도록 한다. 그 결과 x방향으로 총 250개의 점에 10초 동안의 그래프를 그리도록 할 것이다.

④ 절대로 동일한 장치를 메인 함수에서도 액세스하고 인터럽트 처리함수에서도 액세스하면 안된다. TFT-LCD도 역시 그러하므로 여기에 문자나 그래픽을 출력하는 것은 반드시 메인 함수에서 처리하도록 한다. 속도측정을 위한 인터럽트에서 회전속도를 측정할 때마다 플랙을 1로 표시하면 메인 함수에서는 이를 확인하여 실시간으로 그래픽 작업을 수행한다.

⑤ y축의 스케일은 어떻게 처리할지 정한다. 여기서는 y방향으로 20개의 점을 지날 때마다 1000rpm이 증가하도록 하여 총 200개의 점으로 -5000rpm ~ +5000rpm까지 표시한다.

⑥ 그래프는 이전 시간의 값(old value)과 현재 시간의 값(current value)을 직선으로 이어나가는 방식으로 그린다. 그러나, 화면의 첫번째 시간축에서 그래프를 그리는 경우에는 이전 시간의 값이 없게 되므로 현재 값을 이전 값으로 동일하게 복사한 후에 그래프를 그리면 된다.

⑦ x방향으로 오른쪽 끝에 이르면 그래픽 화면을 지우고 왼쪽 처음부터 다시 시작해야 한다. 그런데, 이처럼 화면을 빨리 지우고 새 화면을 시작하는 방법에는 여러 가지의 프로그램 테크닉이 있다. 여기서는 그래픽 화면에서 x축과 y축의 내부 직사각형 부분만 지우고 다시 그리는 방법을 사용하였으며, 이렇게 화면의 일부를 지우는 작업에도 가장 빠르게 처리하는 특별한 프로그래밍 기법을 적용하였다.

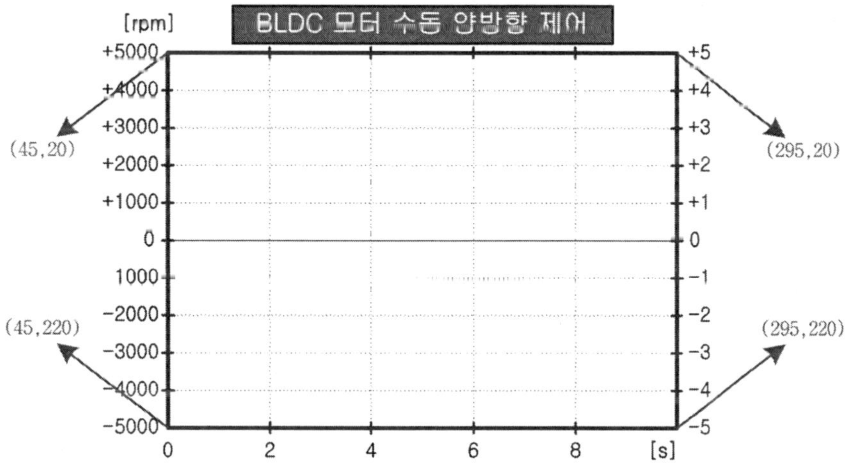

〈그림 4.3.1〉 BLDC 모터를 양방향 제어하는 그래픽 화면의 구성

⑧ 이와 같이 실시간 그래픽 처리를 수행할 경우에는 회전속도 곡선을 그리는 일 이외에도 여러 가지의 처리를 실시간으로 수행해야 하기 때문에 마이크로컨트롤러가 매우 바쁘다. 만약 이러한 모든 처리가 40ms 이내에 완료되지 않으면 그래픽 처리가 올바르게 수행될 수가 없다. 이 때문에 A/D 컨버터로 가변저항 VR1을 읽어들이는 작업도 최대한 시간을 단축하였고, 그래픽 화면에 회전속도 값을 수치 데이터로 표시할지 여부는 스위치 SW2.2를 사용하여 선택할 수 있도록 하였다.

이와 같은 방법으로 TFT-LCD에 표시할 그래픽 화면을 설계한 내용을 도시하면 <그림 4.3.1>과 같다.

여기서는 2가지 방법으로 회전속도를 그래픽 화면에 표시하는 프로그램을 작성하여 보기로 한다. 먼저 아래의 예제 프로그램 Chap4_09.c에서는 단방향 구동에서와 같은 방법으로 그래픽 화면을 0~+5000rpm으로 표시한다. 단, 역방향의 경우에는 화면의 y축 눈금을 0~-5000rpm으로 수정하여 표시한다.

<프로그램 Chap4_09.c> BLDC 모터의 회전속도를 그래픽으로 표시하는 프로그램(1)

```
/* ============================================================================ */
/*    Chap4_09_FR_graph1.c : BLDC 모터(M1) 양방향 회전속도 그래픽 프로그램      */
/* ============================================================================ */
/*                         Designed and programmed by Duck-Yong Yoon in 2015.   */

// ***** 이 프로그램의 사용 조건 *********************************************
//
// (1) 컨넥터 CN5(M1)에 BLDC 모터 BL42S-24026N을 연결할 것.
// (2) 점퍼 스위치 J1을 1-2 위치로 연결할 것.
//
// (3) SW2.1로 동작/정지를 선택할 것.
// (4) SW2.2로 회전속도를 그래픽 화면에 숫자로 표시할 것인지 여부를 선택할 것.
// (5) SW1로 정방향/역방향을 선택할 것.
// (6) 가변저항 VR1로 속도를 설정할 것.
//
// ****************************************************************************

#include <avr/io.h>
#include <avr/interrupt.h>
#include "OK-128BLDC.h"

void Graphic_line(void);                        /* draw line of graphic screen */
void Graphic_scale(void);                       /* display graphic scale */
void Graphic_direction(U08 sign);               /* display direction of motor speed */
void Graphic_clear(void);                       /* clear graphic screen */

volatile unsigned char m1, count, count0 = 0;   // pulse count
volatile float Wr, Wrx;                         // motor speed
volatile unsigned int step = 0;                 // graphic step count
volatile unsigned char flag = 0;                // graphic flag

ISR(TIMER3_COMPA_vect)                          /* OC3A interrupt function(0.04s period) */
```

```
{
  count = TCNT2;                              // read TCNT2
  m1 = count - count0;                        // calculate m1(encoder pulse)
  count0 = count;

  Wr = (float)m1*60./24./0.04;                // calculate Wr[rpm]
  if((PIND & 0x10) == 0x00) Wr = -Wr;

  flag = 1;                                   // set graphic flag
  step++;                                     // increment graphic step
  Wrx = Wr;                                   // store value of Wr
}

int main(void)
{
  unsigned int result;                        // A/D converter result
  unsigned int y, y0 = 0;                     // graphic variable

  MCU_initialize();                           // initialize MCU and kit
  Delay_ms(50);                               // wait for system stabilization
  TFT_initialize();                           // initialize TFT-LCD module
  Beep();

  Graphic_line();                             // draw line of graphic screen
  Graphic_scale();                            // display graphic scale

  TCCR1A = 0xC2;                              // Timer1 = fast PWM mode(14), output -OC1A
  TCCR1B = 0x19;                              // 16MHz/1/(1+799) = 20kHz
  TCCR1C = 0x00;
  ICR1 = 799;
  OCR1A = 0;

  TCCR2 = 0x06;                               // Timer2 = Normal mode(0), T2 input
  TCNT2 = 0;                                  // clear Timer/Counter2

  TCCR3A = 0x00;                              // Timer3 = CTC mode(4), don't output OC3A
  TCCR3B = 0x0C;                              // 16MHz/256/(1+2499) = 25Hz
  TCCR3C = 0x00;
  OCR3A = 2499;
  TCNT3 = 0x0000;                             // clear Timer/Counter3

  ETIFR = 0x10;                               // clear OC3A interrupt flag
  ETIMSK = 0x10;                              // enable OC3A interrupt
  sei();                                      // global interrupt enable

  ADCSRA = 0x84;                              // ADC 1MHz, right adjust
  ADMUX = 0x03;                               // select ADC3 with AREF

  while(1)
    { if((PINC & 0x40) == 0x40)               // ***** check -START/STOP
        sbi(PORTD,0);                         // (1 = STOP)
      else
        cbi(PORTD,0);                         // (0 = -START)

      if(PINC & 0x20)                         // ***** check FOR/-REV
        { sbi(PORTD,1);                       // (1 = forward)
          Graphic_direction('+');
          TFT_string(35,0,White,Black,"(정)");
        }
      else
        { cbi(PORTD,1);                       // (0 = reverse)
          Graphic_direction('-');
          TFT_string(35,0,White,Black,"(역)");
```

```
        }

      ADCSRA = 0xD4;                                  // read ADC3(VR1)
      while((ADCSRA & 0x10) != 0x10);
      result = ADCW;
      OCR1A = (float)result*799./1023. + 0.5;         // output PWM

      if(flag == 1)                                   // graphic time ?
        { flag = 0;

          if((PINC & 0x80) == 0x00)                   // display motor speed(xxxx.x rpm)
            { TFT_string(6,3,White,Black,"Wr=");
              TFT_signed_decimal(Wrx + 0.5,0,4);
            }

          if(Wrx < 0.) Wrx = -Wrx;
          if(Wrx > 5000.) Wrx = 5000.;                // limit Wr graph
          y = 220. - Wrx*200./5000. + 0.5;            // draw Wr
          if(step == 1) y0 = y;
          Line(45+step-1,y0, 45+step,y, Green);
          y0 = y;

          if(step >= 250)                             // new screen ?
            { Graphic_clear();                        // if yes, clear screen
              Graphic_line();
              flag = 0;
              step = 0;
            }
        }
    }
}

// ===== Graphic Display Function ============================================

void Graphic_line(void)                               /* draw line of graphic screen */
{
  unsigned int x, y;

  Rectangle(45,20, 295,220, Cyan);                    // outline

  for(x = 95; x <= 245; x += 50)                      // x-axis scale
    { Line(x,18, x,22, Cyan);
      Line(x,218, x,222, Cyan);

      for(y = 25; y <= 215; y += 5)                   // vertical line
        TFT_pixel(x,y, Silver);
    }

  for(y = 40; y <= 200; y += 20)                      // y-axis scale
    { Line(43,y, 47,y, Cyan);
      Line(293,y, 297,y, Cyan);

      for(x = 50; x <= 290; x += 5)                   // horizontal line
        TFT_pixel(x,y, Silver);
    }
}

void Graphic_scale(void)                              /* display graphic scale */
{
  TFT_string(7,0,White,Magenta," BLDC 모터 수동 양방향 제어 ");

  TFT_string(1,0,Yellow,Black,"[rpm]");               // speed scale
  TFT_color(Green,Black);
```

```
  TFT_English_pixel(32,213, '0');                       // 0 rpm
  TFT_English_pixel(0,173, '+');                        // 1000 rpm
  TFT_English_pixel(8,173, '1');
  TFT_English_pixel(16,173, '0');
  TFT_English_pixel(24,173, '0');
  TFT_English_pixel(32,173, '0');
  TFT_English_pixel(0,133, '+');                        // 2000 rpm
  TFT_English_pixel(8,133, '2');
  TFT_English_pixel(16,133, '0');
  TFT_English_pixel(24,133, '0');
  TFT_English_pixel(32,133, '0');
  TFT_English_pixel(0,93, '+');                         // 3000 rpm
  TFT_English_pixel(8,93, '3');
  TFT_English_pixel(16,93, '0');
  TFT_English_pixel(24,93, '0');
  TFT_English_pixel(32,93, '0');
  TFT_English_pixel(0,53, '+');                         // 4000 rpm
  TFT_English_pixel(8,53, '4');
  TFT_English_pixel(16,53, '0');
  TFT_English_pixel(24,53, '0');
  TFT_English_pixel(32,53, '0');
  TFT_English_pixel(0,13, '+');                         // 5000 rpm
  TFT_English_pixel(8,13, '5');
  TFT_English_pixel(16,13, '0');
  TFT_English_pixel(24,13, '0');
  TFT_English_pixel(32,13, '0');

  TFT_color(Green,Black);                               // auxilliary scale
  TFT_English_pixel(301,213, '0');                      // 0
  TFT_English_pixel(301,173, '+');                      // 1
  TFT_English_pixel(308,173, '1');
  TFT_English_pixel(301,133, '+');                      // 2
  TFT_English_pixel(308,133, '2');
  TFT_English_pixel(301,93, '+');                       // 3
  TFT_English_pixel(308,93, '3');
  TFT_English_pixel(301,53, '+');                       // 4
  TFT_English_pixel(308,53, '4');
  TFT_English_pixel(301,13, '+');                       // 5
  TFT_English_pixel(308,13, '5');

  TFT_string(34,28,Cyan,Black,"[s]");                   // time scale
  TFT_English_pixel(41,224, '0');                       // 0 sec
  TFT_English_pixel(91,224, '2');                       // 2 sec
  TFT_English_pixel(141,224, '4');                      // 4 sec
  TFT_English_pixel(191,224, '6');                      // 6 sec
  TFT_English_pixel(241,224, '8');                      // 8 sec
}

void Graphic_direction(U08 sign)                        /* display direction of motor speed */
{
  TFT_color(Green,Black);
  TFT_English_pixel(0,173, sign);
  TFT_English_pixel(0,133, sign);
  TFT_English_pixel(0,93, sign);
  TFT_English_pixel(0,53, sign);
  TFT_English_pixel(0,13, sign);
  TFT_English_pixel(301,173, sign);
  TFT_English_pixel(301,133, sign);
  TFT_English_pixel(301,93, sign);
  TFT_English_pixel(301,53, sign);
  TFT_English_pixel(301,13, sign);
}
```

```
void Graphic_clear(void)                                    /* clear graphic screen */
{
  unsigned int x, y;

  for(y = 21; y <= 219; y++)
    { TFT_GRAM_address(46,y);
      for(x = 46; x <= 294; x++)
        TFT_data(Black);
    }
}
```

☞ TFT-LCD의 그래픽 화면에서 오른쪽의 y축에 눈금과 값을 0~+5로 표시한 것은 단방향 제어에서 rpm을 1000단위로 표시하는 것이지만, 나중에 BLDC 모터(M2) 제어에서는 전동기의 전류를 측정하여 표시하게 되므로 그래픽 화면의 포맷을 잡기 위하여 미리 표시한 것이다.

인터럽트 함수에서 flag을 1로 설정하면 그래픽을 처리할 때가 되었다는 의미이므로 메인 함수는 이를 확인하여 그래픽 라인을 그린다. x방향으로 시간을 따라 이동하는 스텝수는 step으로 관리하며, step이 250에 이르면 10초가 되어 그래픽 화면이 끝났으므로 그래픽을 지우고 왼쪽 처음부터 다시 시작한다.

SW2.2를 ON시키면 그래픽 화면의 좌측 상단에 전동기 회전속도를 실시간 값으로도 표시하며, SW2.2를 OFF시키면 이를 표시하지 않는다.

이번에는 그래픽 화면을 -5000rpm ~ +5000rpm의 범위로 표시하는 프로그램을 작성하여 보기로 한다. 이렇게 하면 굳이 정방향/역방향을 명시하지 않더라도 회전속도 값을 보고 바로 전동기의 회전방향을 알 수 있으므로 편리하다.

<프로그램 Chap4_10.c> BLDC 모터의 회전속도를 그래픽으로 표시하는 프로그램(2)

```
/* ============================================================================ */
/*    Chap4_10_FR_graph2.c : BLDC 모터(M1) 양방향 회전속도 그래픽 프로그램    */
/* ============================================================================ */
/*                        Designed and programmed by Duck-Yong Yoon in 2015.   */

// ***** 이 프로그램의 사용 조건 ***********************************************
//
// (1) 컨넥터 CN5(M1)에 BLDC 모터 BL42S-24026N을 연결할 것.
// (2) 점퍼 스위치 J1을 1-2 위치로 연결할 것.
//
// (3) SW2.1로 동작/정지를 선택할 것.
// (4) SW2.2로 회전속도를 그래픽 화면에 숫자로 표시할 것인지 여부를 선택할 것.
// (5) 가변저항 VR1로 방향 및 속도를 설정할 것.
//
// ******************************************************************************

#include <avr/io.h>
#include <avr/interrupt.h>
#include "OK-128BLDC.h"

void Graphic_line(void);                          /* draw line of graphic screen */
void Graphic_scale(void);                         /* display graphic scale */
void Graphic_clear(void);                         /* clear graphic screen */
```

```
volatile unsigned char m1, count, count0 = 0;    // pulse count
volatile float Wr, Wrx;                          // motor speed
volatile unsigned int step = 0;                  // graphic step count
volatile unsigned char flag = 0;                 // graphic flag

ISR(TIMER3_COMPA_vect)                           /* OC3A interrupt function(0.04s period) */
{
  count = TCNT2;                                 // read TCNT2
  m1 = count - count0;                           // calculate m1(encoder pulse)
  count0 = count;

  Wr = (float)m1*60./24./0.04;                   // calculate Wr[rpm]
  if((PIND & 0x10) == 0x00) Wr = -Wr;

  flag = 1;                                      // set graphic flag
  step++;                                        // increment graphic step
  Wrx = Wr;                                      // store value of Wr
}

int main(void)
{
  unsigned int result;                           // A/D converter result
  unsigned int y, y0 = 0;                        // graphic variable

  MCU_initialize();                              // initialize MCU and kit
  Delay_ms(50);                                  // wait for system stabilization
  TFT_initialize();                              // initialize TFT-LCD module
  Beep();

  Graphic_line();                                // draw line of graphic screen
  Graphic_scale();                               // display graphic scale

  TCCR1A = 0xC2;                                 // Timer1 = fast PWM mode(14), output -OC1A
  TCCR1B = 0x19;                                 // 16MHz/1/(1+799) = 20kHz
  TCCR1C = 0x00;
  ICR1 = 799;
  OCR1A = 0;

  TCCR2 = 0x06;                                  // Timer2 = Normal mode(0), T2 input
  TCNT2 = 0;                                     // clear Timer/Counter2

  TCCR3A = 0x00;                                 // Timer3 = CTC mode(4), don't output OC3A
  TCCR3B = 0x0C;                                 // 16MHz/256/(1+2499) = 25Hz
  TCCR3C = 0x00;
  OCR3A = 2499;
  TCNT3 = 0x0000;                                // clear Timer/Counter3

  ETIFR = 0x10;                                  // clear OC3A interrupt flag
  ETIMSK = 0x10;                                 // enable OC3A interrupt
  sei();                                         // global interrupt enable

  ADCSRA = 0x84;                                 // ADC 1MHz, right adjust
  ADMUX = 0x03;                                  // select ADC3 with AREF

  while(1)
    { if((PINC & 0x40) == 0x40)                  // ***** check -START/STOP
        sbi(PORTD,0);                            // (1 = STOP)
      else
        cbi(PORTD,0);                            // (0 = -START)

      ADCSRA = 0xD4;                             // read ADC3(VR1)
      while((ADCSRA & 0x10) != 0x10);
      result = ADCW;
```

```
      if(result >= 512)                         // check motor direction and speed reverence
        { sbi(PORTD,1);
          result = result - 512;
        }
      else
        { cbi(PORTD,1);
          result = 512 - result;
          if(result > 511) result = 511;
        }
      OCR1A = (float)result*799./511. + 0.5;    // output PWM

      if(flag == 1)                             // graphic time ?
        { flag = 0;

          if((PINC & 0x80) == 0x00)             // display motor speed(xxxx.x rpm)
            { TFT_string(6,3,White,Black,"Wr=");
              TFT_signed_decimal(Wrx + 0.5,0,4);
            }

          if(Wrx > 5000.) Wrx = 5000.;          // limit Wr graph
          y = 120. - Wrx*100./5000. + 0.5;      // draw Wr
          if(step == 1) y0 = y;
          Line(45+step-1,y0, 45+step,y, Green);
          y0 = y;

          if(step >= 250)                       // new screen ?
            { Graphic_clear();                  // if yes, clear screen
              Graphic_line();
              flag = 0;
              step = 0;
            }
        }
    }
}

// ===== Graphic Display Function ==============================================

void Graphic_line(void)                         /* draw line of graphic screen */
{
  unsigned int x, y;

  Rectangle(45,20, 295,220, Cyan);              // outline

  for(x = 95; x <= 245; x += 50)                // x-axis scale
    { Line(x,18, x,22, Cyan);
      Line(x,218, x,222, Cyan);

      for(y = 25; y <= 215; y += 5)             // vertical line
        TFT_pixel(x,y, Silver);
    }

  for(y = 40; y <= 200; y += 20)                // y-axis scale
    { Line(43,y, 47,y, Cyan);
      Line(293,y, 297,y, Cyan);

      for(x = 50; x <= 290; x += 5)             // horizontal line
        TFT_pixel(x,y, Silver);
    }

  Line(45,120, 295,120, Cyan);                  // x-axis line
}
```

```
void Graphic_scale(void)                              /* display graphic scale */
{
  TFT_string(7,0,White,Magenta," BLDC 모터 수동 양방향 제어 ");

  TFT_string(1,0,Yellow,Black,"[rpm]");               // speed scale
  TFT_color(Green,Black);
  TFT_English_pixel(0,213,  '-');                     // -5000 rpm
  TFT_English_pixel(8,213,  '5');
  TFT_English_pixel(16,213,  '0');
  TFT_English_pixel(24,213,  '0');
  TFT_English_pixel(32,213,  '0');
  TFT_English_pixel(0,193,  '-');                     // -4000 rpm
  TFT_English_pixel(8,193,  '4');
  TFT_English_pixel(16,193,  '0');
  TFT_English_pixel(24,193,  '0');
  TFT_English_pixel(32,193,  '0');
  TFT_English_pixel(0,173,  '-');                     // -3000 rpm
  TFT_English_pixel(8,173,  '3');
  TFT_English_pixel(16,173,  '0');
  TFT_English_pixel(24,173,  '0');
  TFT_English_pixel(32,173,  '0');
  TFT_English_pixel(0,153,  '-');                     // -2000 rpm
  TFT_English_pixel(8,153,  '2');
  TFT_English_pixel(16,153,  '0');
  TFT_English_pixel(24,153,  '0');
  TFT_English_pixel(32,153,  '0');
  TFT_English_pixel(0,133,  '-');                     // -1000 rpm
  TFT_English_pixel(8,133,  '1');
  TFT_English_pixel(16,133,  '0');
  TFT_English_pixel(24,133,  '0');
  TFT_English_pixel(32,133,  '0');
  TFT_English_pixel(32,113,  '0');                    // 0 rpm
  TFT_English_pixel(0,93,  '+');                      // +1000 rpm
  TFT_English_pixel(8,93,  '1');
  TFT_English_pixel(16,93,  '0');
  TFT_English_pixel(24,93,  '0');
  TFT_English_pixel(32,93,  '0');
  TFT_English_pixel(0,73,  '+');                      // +2000 rpm
  TFT_English_pixel(8,73,  '2');
  TFT_English_pixel(16,73,  '0');
  TFT_English_pixel(24,73,  '0');
  TFT_English_pixel(32,73,  '0');
  TFT_English_pixel(0,53,  '+');                      // +3000 rpm
  TFT_English_pixel(8,53,  '3');
  TFT_English_pixel(16,53,  '0');
  TFT_English_pixel(24,53,  '0');
  TFT_English_pixel(32,53,  '0');
  TFT_English_pixel(32,73,  '0');
  TFT_English_pixel(0,33,  '+');                      // +4000 rpm
  TFT_English_pixel(8,33,  '4');
  TFT_English_pixel(16,33,  '0');
  TFT_English_pixel(24,33,  '0');
  TFT_English_pixel(32,33,  '0');
  TFT_English_pixel(0,13,  '+');                      // +5000 rpm
  TFT_English_pixel(8,13,  '5');
  TFT_English_pixel(16,13,  '0');
  TFT_English_pixel(24,13,  '0');
  TFT_English_pixel(32,13,  '0');

  TFT_color(Green,Black);                             // auxilliary scale
  TFT_English_pixel(301,213,  '-');                   // -5
  TFT_English_pixel(308,213,  '5');
  TFT_English_pixel(301,193,  '-');                   // -4
```

```
  TFT_English_pixel(308,193, '4');
  TFT_English_pixel(301,173, '-');                // -3
  TFT_English_pixel(308,173, '3');
  TFT_English_pixel(301,153, '-');                // -2
  TFT_English_pixel(308,153, '2');
  TFT_English_pixel(301,133, '-');                // -1
  TFT_English_pixel(308,133, '1');
  TFT_English_pixel(301,113, '0');                // 0
  TFT_English_pixel(301,93, '+');                 // +1
  TFT_English_pixel(308,93, '1');
  TFT_English_pixel(301,73, '+');                 // +2
  TFT_English_pixel(308,73, '2');
  TFT_English_pixel(301,53, '+');                 // +3
  TFT_English_pixel(308,53, '3');
  TFT_English_pixel(301,33, '+');                 // +4
  TFT_English_pixel(308,33, '4');
  TFT_English_pixel(301,13, '+');                 // +5
  TFT_English_pixel(308,13, '5');

  TFT_string(34,28,Cyan,Black,"[s]");             // time scale
  TFT_English_pixel(41,224, '0');                 // 0 sec
  TFT_English_pixel(91,224, '2');                 // 2 sec
  TFT_English_pixel(141,224, '4');                // 4 sec
  TFT_English_pixel(191,224, '6');                // 6 sec
  TFT_English_pixel(241,224, '8');                // 8 sec
}

void Graphic_clear(void)                          /* clear graphic screen */
{
  unsigned int x, y;

  for(y = 21; y <= 219; y++)
    { TFT_GRAM_address(46,y);
      for(x = 46; x <= 294; x++)
        TFT_data(Black);
    }
}
```

☞ 이 프로그램에서는 전동기의 회전속도 값을 +/-실수로 표시하여 그래픽 화면의 y축 방향으로 회전속도를 -5000rpm ~ +5000rpm의 범위에서 표시하였다.

4. 양방향 PI 제어 프로그램

이제 BLDC 모터 양방향 제어 프로그램의 마지막 단계로 이를 PI 제어 알고리즘을 사용하여 피드백 제어하는 프로그램을 작성해 보기로 한다. 여기서는 속도 샘플링 주기와 PI 제어 주기를 동일하게 유지시킬 수 있는 M 방식의 속도측정을 사용하는 것으로 한다. 이 주기는 40ms로 한다.

아래의 예제 프로그램에서는 저자가 비교적 양호한 비례이득 Kp와 적분이득 Ki의 값을 지정하였으나, 이것의 최적치는 사용자 여러분이 시행착오법으로 찾아야 한다.

<프로그램 Chap4_11.c> PI 제어 방식에 의한 BLDC 모터의 속도제어 프로그램

```
/* ============================================================================ */
/*     Chap4_11_FR_PIcontrol.c : BLDC 모터(M1) 양방향 PI 속도제어 프로그램      */
/* ============================================================================ */
/*                       Designed and programmed by Duck-Yong Yoon in 2015.     */

// ***** 이 프로그램의 사용 조건 *************************************************
//
// (1) 컨넥터 CN5(M1)에 BLDC 모터 BL42S-24026N을 연결할 것.
// (2) 점퍼 스위치 J1을 1-2 위치로 연결할 것.
//
// (3) SW2.1로 동작/정지를 선택할 것.
// (4) SW2.2로 Ki, Kp 값을 그래픽 화면에 표시할 것인지 여부를 선택할 것.
// (5) SW1로 자동/수동 모드를 선택할 것.
//
// (6) 자동 모드에서는 테이블에 저장된 기준속도가 3초 간격으로 변경됨.
// (7) 수동 모드에서는 가변저항 VR1로 방향 및 기준속도를 설정할 것.
//
// ******************************************************************************

#include <avr/io.h>
#include <avr/interrupt.h>
#include "OK-128BLDC.h"

void Graphic_line(void);                          /* draw line of graphic screen */
void Graphic_scale(void);                         /* display graphic scale */
void Graphic_clear(void);                         /* clear graphic screen */

#define Ts      0.04                              // speed sampling time[sec]

#define Kp      0.02                              // P gain
#define Ki      0.40                              // I gain

volatile unsigned char m1, count, count0 = 0;     // pulse count
volatile float Wr, Wrx, Werr, Werr0;              // motor speed
volatile float Wref = 0., Wrefx;                  // reference speed
volatile unsigned int step = 0;                   // graphic step count
volatile unsigned char flag = 0;                  // graphic flag

volatile float PIconstant, PI = 0.;               // PI variables
volatile unsigned int PWM;                        // PWM output data
volatile unsigned int  Wref_time = 0;             // time counter for Wref setting
unsigned char tableindex = 0;                     // Wref data table
float Wref_table[10] = {+2000., -2000., +4000., -4000., 0., +4500., +2500., -4500., -2500., 0.};

ISR(TIMER3_COMPA_vect)                            /* OC3A interrupt function(0.04s period) */
{
  count = TCNT2;                                  // read TCNT2
  m1 = count - count0;                            // calculate m1(encoder pulse)
  count0 = count;

  Wr = (float)m1*60./24./0.04;                    // calculate Wr[rpm]
  if((PIND & 0x10) == 0x00) Wr = -Wr;

  Werr = Wref - Wr;                               // PI controller
  PI = PI + PIconstant*Werr - Kp*Werr0;
  Werr0 = Werr;

  if(PI > 799.)        PI = 799.;                 // PI control limiter
  else if(PI < -799.) PI = -799.;
```

```
  if(PI >= 0.)                                   // output PWM value for forward
    { PWM = PI + 0.5;
      OCR1A = PWM;
      sbi(PORTD,1);
    }
  else                                           // output PWM value for reverse
    { PWM = -PI + 0.5;
      OCR1A = PWM;
      cbi(PORTD,1);
    }

  Wref_time++;

  flag = 1;                                      // set graphic flag
  step++;                                        // increment graphic step
  Wrefx = Wref;                                  // store value of Wref
  Wrx = Wr;                                      // store value of Wr
}

int main(void)
{
  unsigned int result;                           // A/D converter result
  unsigned int y1, y10 = 0, y2, y20 = 0;         // graphic variable

  MCU_initialize();                              // initialize MCU and kit
  Delay_ms(50);                                  // wait for system stabilization
  TFT_initialize();                              // initialize TFT-LCD module
  Beep();

  Graphic_line();                                // draw line of graphic screen
  Graphic_scale();                               // display graphic scale

  Wref = Wref_table[0];                          // get initial Wref from table
  tableindex = 1;
  PIconstant = Kp + Ki*Ts;                       // calculate PI constant

  TCCR1A = 0xC2;                                 // Timer1 = fast PWM mode(14), output -OC1A
  TCCR1B = 0x19;                                 // 16MHz/1/(1+799) = 20kHz
  TCCR1C = 0x00;
  ICR1 = 799;
  OCR1A = 0;

  TCCR2 = 0x06;                                  // Timer2 = Normal mode(0), T2 input
  TCNT2 = 0;                                     // clear Timer/Counter2

  TCCR3A = 0x00;                                 // Timer3 = CTC mode(4), don't output OC3A
  TCCR3B = 0x0C;                                 // 16MHz/256/(1+2499) = 25Hz
  TCCR3C = 0x00;
  OCR3A = 2499;
  TCNT3 = 0x0000;                                // clear Timer/Counter3

  ETIFR = 0x10;                                  // clear OC3A interrupt flag
  ETIMSK = 0x10;                                 // enable OC3A interrupt
  sei();                                         // global interrupt enable

  ADCSRA = 0x84;                                 // ADC 1MHz, right adjust
  ADMUX = 0x03;                                  // select ADC3 with AREF

  while(1)
    { if((PINC & 0x40) == 0x40)                  // ***** check -START/STOP
        sbi(PORTD,0);                            // (1 = STOP)
      else
        cbi(PORTD,0);                            // (0 = -START)
```

```
    if((PINC & 0x20) == 0x20)                   // ***** check auto/-manual
      { TFT_string(33,0,White,Black,"(자동)");
        if(Wref_time >= 75)                     // 3 sec ?
          { Wref_time = 0;
            Wref = Wref_table[tableindex];      // if yes, get Wref from table
            tableindex++;
            tableindex %= 10;
          }
      }
    else
      { TFT_string(33,0,White,Black,"(수동)");
        ADCSRA = 0xD4;                          // read ADC3(VR1)
        while((ADCSRA & 0x10) != 0x10);
        result = ADCW;

        if(result >= 512)
          { result = result - 512;
            Wref = (float)result*5000./511.;    // get forward Wref
          }
        else
          { result = 512 - result;
            if(result > 511) result = 511;
            Wref = -(float)result*5000./511.;   // get reverse Wref
          }
      }

    if(flag == 1)                               // graphic time ?
      { flag = 0;

        if((PINC & 0x80) == 0x00)               // display PI gain(x.xx)
          { TFT_string(6,3,White,Black,"Kp=");
            TFT_unsigned_float(Kp,1,2);
            TFT_string(6,5,White,Black,"Ki=");
            TFT_unsigned_float(Ki,1,2);
          }

        if(Wrefx > 5000.) Wrefx = 5000.;        // limit Wref graph
        if(Wrefx < -5000.) Wrefx = -5000.;
        y1 = 120. - Wrefx*100./5000. + 0.5;     // draw Wref
        if(step == 1) y10 = y1;
        Line(45+step-1,y10, 45+step,y1, White);
        y10 = y1;

        if(Wrx > 5000.) Wrx = 5000.;            // limit Wr graph
        if(Wrx < -5000.) Wrx = -5000.;
        y2 = 120. - Wrx*100./5000. + 0.5;       // draw Wr
        if(step == 1) y20 = y2;
        Line(45+step-1,y20, 45+step,y2, Green);
        y20 = y2;

        if(step >= 250)                         // new screen ?
          { Graphic_clear();                    // if yes, clear screen
            Graphic_line();
            flag = 0;
            step = 0;
          }
      }
  }
}

// ===== Graphic Display Function ==========================================
```

```
void Graphic_line(void)                             /* draw line of graphic screen */
{
  unsigned int x, y;

  Rectangle(45,20, 295,220, Cyan);                  // outline

  for(x = 95; x <= 245; x += 50)                    // x-axis scale
    { Line(x,18, x,22, Cyan);
      Line(x,218, x,222, Cyan);

      for(y = 25; y <= 215; y += 5)                 // vertical line
        TFT_pixel(x,y, Silver);
    }

  for(y = 40; y <= 200; y += 20)                    // y-axis scale
    { Line(43,y, 47,y, Cyan);
      Line(293,y, 297,y, Cyan);

      for(x = 50; x <= 290; x += 5)                 // horizontal line
        TFT_pixel(x,y, Silver);
    }

  Line(45,120, 295,120, Cyan);                      // x-axis line
}

void Graphic_scale(void)                            /* display graphic scale */
{
  TFT_string(7,0,White,Magenta," BLDC 모터 양방향 PI 제어 ");

  TFT_string(1,0,Yellow,Black,"[rpm]");             // speed scale
  TFT_color(Green,Black);
  TFT_English_pixel(0,213, '-');                    // -5000 rpm
  TFT_English_pixel(8,213, '5');
  TFT_English_pixel(16,213, '0');
  TFT_English_pixel(24,213, '0');
  TFT_English_pixel(32,213, '0');
  TFT_English_pixel(0,193, '-');                    // -4000 rpm
  TFT_English_pixel(8,193, '4');
  TFT_English_pixel(16,193, '0');
  TFT_English_pixel(24,193, '0');
  TFT_English_pixel(32,193, '0');
  TFT_English_pixel(0,173, '-');                    // -3000 rpm
  TFT_English_pixel(8,173, '3');
  TFT_English_pixel(16,173, '0');
  TFT_English_pixel(24,173, '0');
  TFT_English_pixel(32,173, '0');
  TFT_English_pixel(0,153, '-');                    // -2000 rpm
  TFT_English_pixel(8,153, '2');
  TFT_English_pixel(16,153, '0');
  TFT_English_pixel(24,153, '0');
  TFT_English_pixel(32,153, '0');
  TFT_English_pixel(0,133, '-');                    // -1000 rpm
  TFT_English_pixel(8,133, '1');
  TFT_English_pixel(16,133, '0');
  TFT_English_pixel(24,133, '0');
  TFT_English_pixel(32,133, '0');
  TFT_English_pixel(32,113, '0');                   // 0 rpm
  TFT_English_pixel(0,93, '+');                     // +1000 rpm
  TFT_English_pixel(8,93, '1');
  TFT_English_pixel(16,93, '0');
  TFT_English_pixel(24,93, '0');
  TFT_English_pixel(32,93, '0');
  TFT_English_pixel(0,73, '+');                     // +2000 rpm
```

```
  TFT_English_pixel(8,73, '2');
  TFT_English_pixel(16,73, '0');
  TFT_English_pixel(24,73, '0');
  TFT_English_pixel(32,73, '0');
  TFT_English_pixel(0,53, '+');                    // +3000 rpm
  TFT_English_pixel(8,53, '3');
  TFT_English_pixel(16,53, '0');
  TFT_English_pixel(24,53, '0');
  TFT_English_pixel(32,53, '0');
  TFT_English_pixel(32,73, '0');
  TFT_English_pixel(0,33, '+');                    // +4000 rpm
  TFT_English_pixel(8,33, '4');
  TFT_English_pixel(16,33, '0');
  TFT_English_pixel(24,33, '0');
  TFT_English_pixel(32,33, '0');
  TFT_English_pixel(0,13, '+');                    // +5000 rpm
  TFT_English_pixel(8,13, '5');
  TFT_English_pixel(16,13, '0');
  TFT_English_pixel(24,13, '0');
  TFT_English_pixel(32,13, '0');

  TFT_color(Green,Black);                          // auxilliary scale
  TFT_English_pixel(301,213, '-');                 // -5
  TFT_English_pixel(308,213, '5');
  TFT_English_pixel(301,193, '-');                 // -4
  TFT_English_pixel(308,193, '4');
  TFT_English_pixel(301,173, '-');                 // -3
  TFT_English_pixel(308,173, '3');
  TFT_English_pixel(301,153, '-');                 // -2
  TFT_English_pixel(308,153, '2');
  TFT_English_pixel(301,133, '-');                 // -1
  TFT_English_pixel(308,133, '1');
  TFT_English_pixel(301,113, '0');                 // 0
  TFT_English_pixel(301,93, '+');                  // +1
  TFT_English_pixel(308,93, '1');
  TFT_English_pixel(301,73, '+');                  // +2
  TFT_English_pixel(308,73, '2');
  TFT_English_pixel(301,53, '+');                  // +3
  TFT_English_pixel(308,53, '3');
  TFT_English_pixel(301,33, '+');                  // +4
  TFT_English_pixel(308,33, '4');
  TFT_English_pixel(301,13, '+');                  // +5
  TFT_English_pixel(308,13, '5');

  TFT_string(34,28,Cyan,Black,"[s]");              // time scale
  TFT_English_pixel(41,224, '0');                  // 0 sec
  TFT_English_pixel(91,224, '2');                  // 2 sec
  TFT_English_pixel(141,224, '4');                 // 4 sec
  TFT_English_pixel(191,224, '6');                 // 6 sec
  TFT_English_pixel(241,224, '8');                 // 8 sec
}

void Graphic_clear(void)                           /* clear graphic screen */
{
  unsigned int x, y;

  for(y = 21; y <= 219; y++)
    { TFT_GRAM_address(46,y);
      for(x = 46; x <= 294; x++)
        TFT_data(Black);
    }
}
```

☞ SW2.1을 ON시키면 자동 모드가 되어 배열 Wref_table[]에 지정된 10가지의 기준 속도를 3초 간격으로 불러다가 전동기의 회전속도 제어를 수행하고, SW2.1을 OFF하면 수동 모드가 되어 사용자가 가변저항 VR1으로 입력한 기준 속도에 따라 회전속도를 제어한다. 자동 모드에서 기준속도를 변경하는 3초의 시간은 인터럽트 함수에서 변수 Wref_time을 증가시켜서 만든다.

PI 제어 알고리즘에서 만들어진 제어입력 PI는 PWM 제어를 위한 출력비교 레지스터 값으로 사용되는데, 이 레지스터 값은 0~799 범위로 설정해야 한다. 만약 PI값이 799보다 크면 799로 제한하고, -799보다 작으면 -799로 제한하여 이 값을 -799~+799 범위로 만든 다음에, 이것이 양수일 경우에는 그대로 출력비교 레지스터에 출력하면서 PD1 = 1로 설정하여 BLDC 모터를 정방향으로 구동하고, 이것이 음수일 경우에는 이것의 절대값을 출력비교 레지스터에 출력하면서 PD1 = 0으로 설정하여 BLDC 모터를 역방향으로 구동해야 한다.

비례이득 Kp와 적분이득 Ki의 최적치는 오직 1가지만 존재하는 것이 아니다. 적절한 응답 파형은 시스템의 응용 목적에 따라 달라지기도 하고 사람의 취향에 따라서도 다를 수 있으며, 동일한 응답 파형을 얻기 위한 비례이득 Kp와 적분이득 Ki의 조합도 여러 가지가 있을 수 있다. 그러므로 자신이 원하는 제어응답 파형을 얻기 위한 비례이득 Kp와 적분이득 Ki의 값은 시스템 설계자가 직접 수고하여 찾고 결정해야 한다.

제5장

MCU가 직접 처리하는 BLDC 모터 속도제어 기술

5.1 *OK-128BLDC* 키트의 관련 회로

5.2 MCU가 직접 처리하는 단방향 속도제어 프로그램

5.3 MCU가 직접 처리하는 양방향 속도제어 프로그램

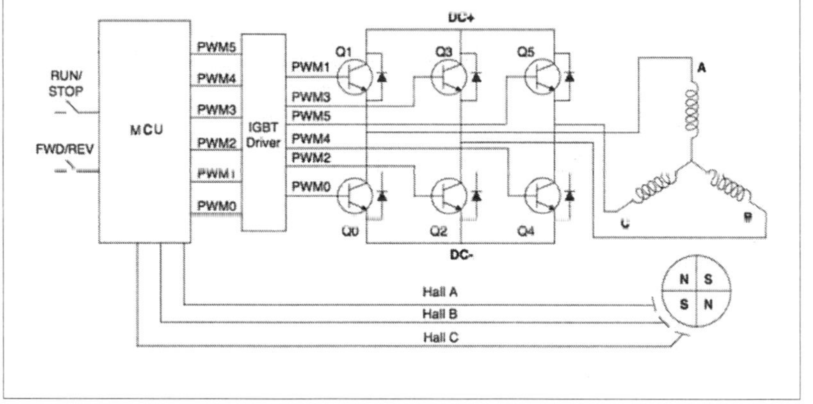

☞

이 장에서는 BLDC 모터 BL42S-24026N을 단방향 및 양방향으로 속도 제어하는 프로그램 작성 기술에 대하여 공부한다. 앞의 제4장에서는 BLDC 제어 전용 IC를 사용하여 제어를 수행하였지만, 이번 제5장에서는 모든 구동 및 제어기능을 ATmega128A 마이크로컨트롤러가 직접 처리한다. 이렇게 하면 전용 IC를 사용하는 경우에 비하여 상대적으로 제어는 어렵지만 BLDC 모터의 동작원리를 좀더 자세히 이해할 수 있게 되는 장점이 있다.

BLDC 모터의 속도제어는 단방향과 양방향으로 나누어 수행하며, 주기적인 시간 간격으로 기준속도를 변경하는 자동 모드와 임의의 시간에 가변저항 VR1로 기준속도를 변경할 수 있는 수동 모드를 선택적으로 사용할 수 있도록 한다. PI 제어를 수행할 때는 TFT-LCD 화면에 실시간 그래픽으로 보여주는 속도응답 곡선을 보면서 제어이득 Kp와 Ki를 시행착오법으로 구한다.

BLDC 모터의 회전속도는 3개의 홀센서 신호를 XOR하여 주파수가 3체배된 신호를 구하며, 이를 다시 RC 시간지연 회로를 사용하여 2체배함으로써 총 6체배 주파수의 신호를 얻고 이를 마이크로컨트롤러의 카운터로 계수하여 측정한다. 이렇게 하면 BLDC 모터 BL42S-24026N은 8극기이므로 전동기 1회전당 24개의 펄스가 출력된다. 또한, BLDC 모터의 회전방향은 홀센서 신호 HA와 HB가 들어오는 순서에 따라 D플립플롭으로 판단한다.

5.1 *OK-128BLDC* 키트의 관련 회로

1. MCU가 직접 처리하는 BLDC 모터 제어회로

앞의 제4장에서는 BLDC 모터 제어 전용 IC인 LB11920 소자를 사용하여 BLDC 모터(M1)를 제어하는 하드웨어 및 소프트웨어 기술에 대하여 공부하였다. 이번 장에서는 3상 BLDC 모터(M2) 제어에 필요한 모든 기능을 ATmega128A 마이크로컨트롤러가 직접 처리하도록 설계되어 있는 *OK-128BLDC* 키트의 관련 부분 회로를 이해하고, 이와 관련된 제어 프로그램을 작성하는 기술을 공부한다.

ATmega128A는 특별히 BLDC 모터 제어용으로 만들어진 마이크로컨트롤러는 아니지만 병렬 I/O 포트뿐만 아니라 3상 PWM 출력 기능과 충분한 외부 인터럽트를 가지고 있어서, 홀센서 신호를 인터럽트로 받고 이를 바탕으로 게이트 구동 신호 및 PWM 신호를 출력하여 BLDC 모터를 구동 및 제어할 수 있다. 이때 인터럽트는 홀센서 신호의 상승 에지와 하강 에지에서 모두 발생되어야 한다는 점이 중요하다.

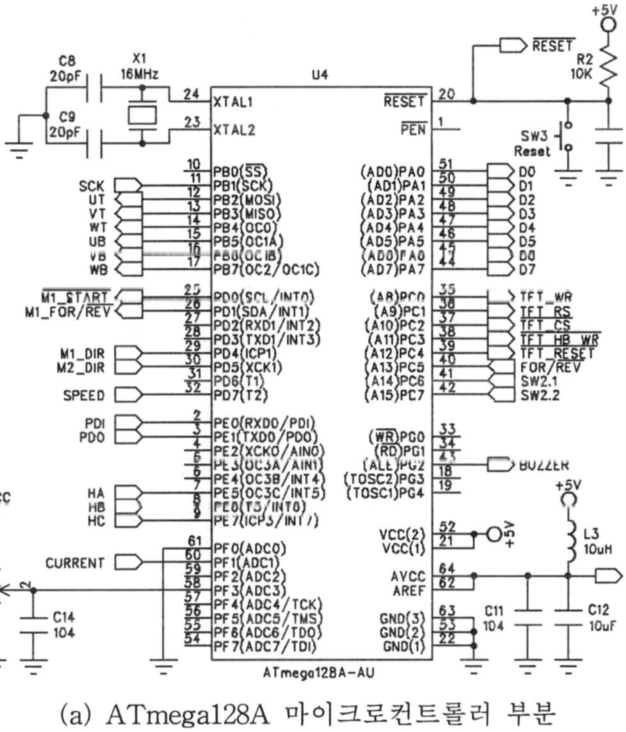

(a) ATmega128A 마이크로컨트롤러 부분

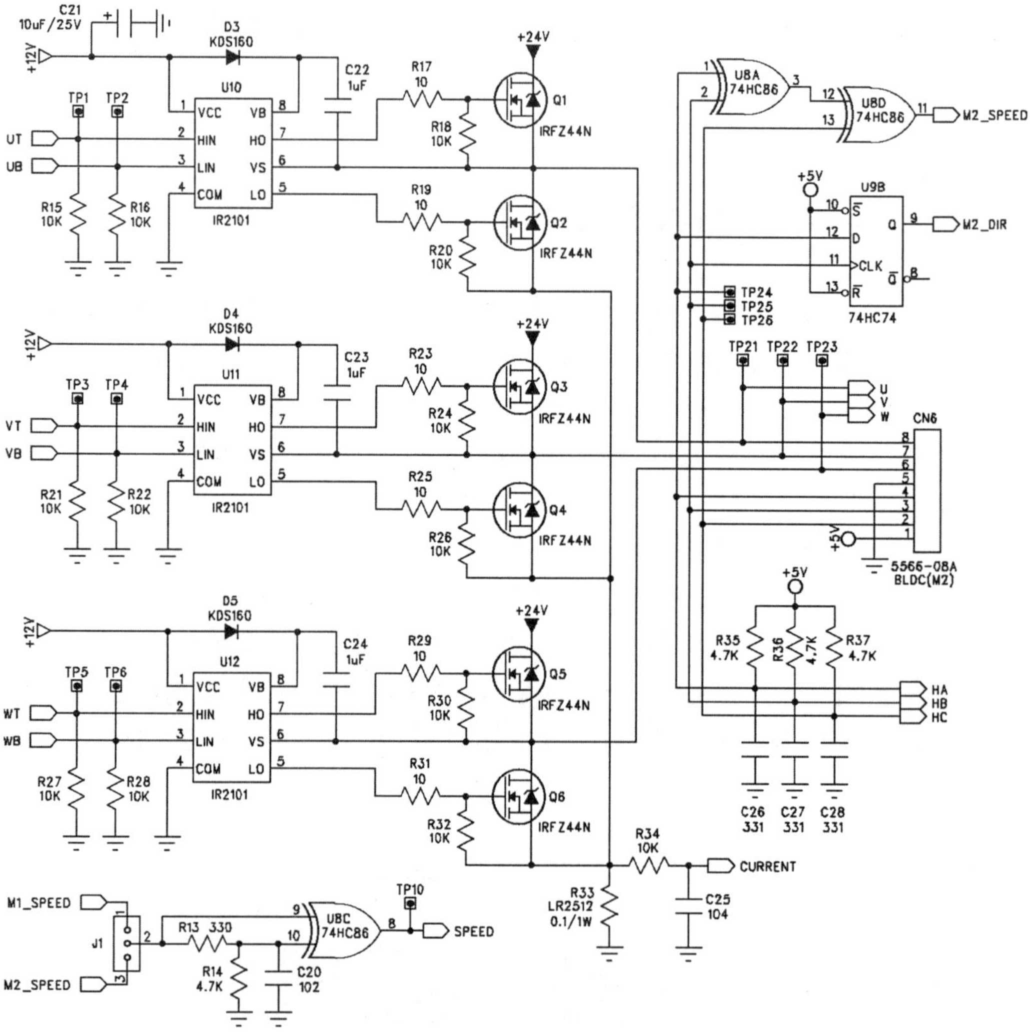

(b) 인버터 전력회로 부분

<그림 5.1.1> *OK-128BLDC* 키트에서 MCU가 BLDC 모터를 직접 제어하는 회로도

OK-128BLDC 키트에서 ATmega128A 마이크로컨트롤러를 사용하여 BLDC 모터(M2)의 모든 기능을 직접 제어하는 부분의 회로도를 보이면 <그림 5.1.1>과 같다. 마이크로컨트롤러가 직접 BLDC 모터를 구동 및 제어할 때 필수적으로 요구되는 사항은 홀센서 신호의 입력 부분과 외부에 별도로 MOSFET나 IGBT를 사용한 3상 인버터 전력회로를 구성하고 이것들을 게이트 드라이브하는 소자를 사용해야 하는 것인데, *OK-128BLDC* 키트에서는 International Rectifier사의 MOSFET 소자 IRFZ44N과 게이트 드라이브 소자 IR2101S를 사용하였다.

이렇게 외부에 인버터 전력회로를 구성할 때는 인버터의 하단에 션트저항을 사용하여 전동기의 전류를 측정하는 것도 가능한데, *OK-128BLDC* 키트에서는 0.1Ω/1W의 션트저항을 사용하여 전류를 전압으로 변환하고 이를 ATmega128A의 A/D 컨버터에서 이를 차동변환 모드로 10배 증폭하여 A/D 변환하도록 설계하였다.

또한, BLDC 모터의 회전속도는 자극 위치 검출용의 홀센서 신호를 6체배하여 만든 신호를 카운터로 계수하여 측정하며, 회전방향은 2개의 홀센서 신호를 가지고 D플립플롭으로 검출한다.

(1) 인버터의 게이트 구동

OK-128BLDC 키트에서 ATmega128A 마이크로컨트롤러는 3개의 홀센서 신호 HA, HB, HC를 각각 외부 인터럽트 신호 INT5, INT6, INT7로 검출하여 인버터의 6개 게이드 드라이브 신호 UT, UB, VT, VB, WT, WB를 만든다. 이와 같이 BLDC 모터를 정방향으로 구동할 때와 역방향으로 구동할 때 각각에 대하여 홀센서 신호를 가지고 인버터 게이트 드라이브 신호를 만드는 내용을 그림으로 보이면 <그림 5.1.2>와 같고, 이를 표로 정리하면 <표 5.1.1>과 같다.

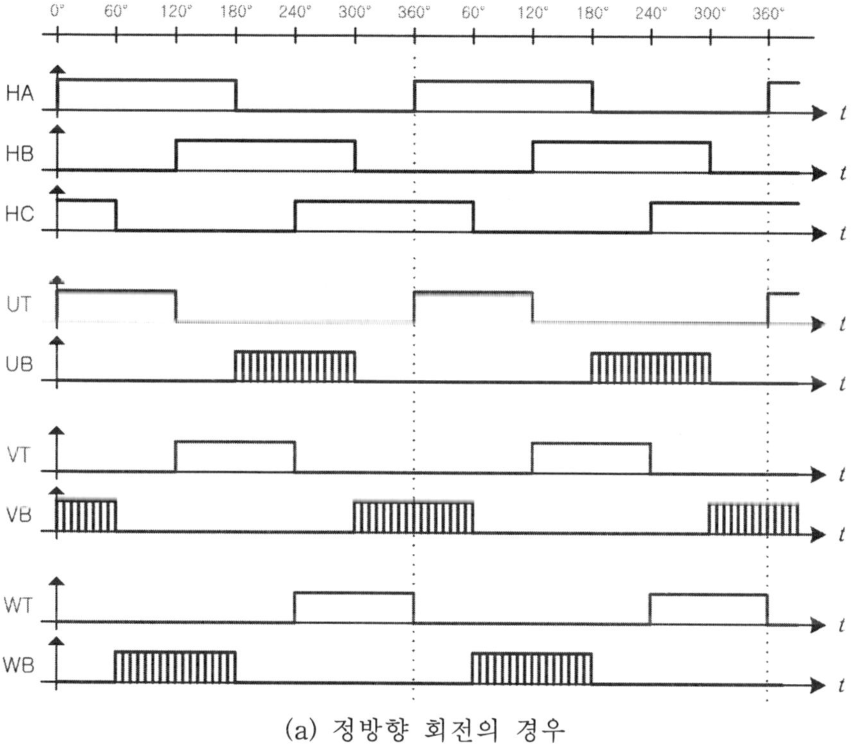

(a) 정방향 회전의 경우

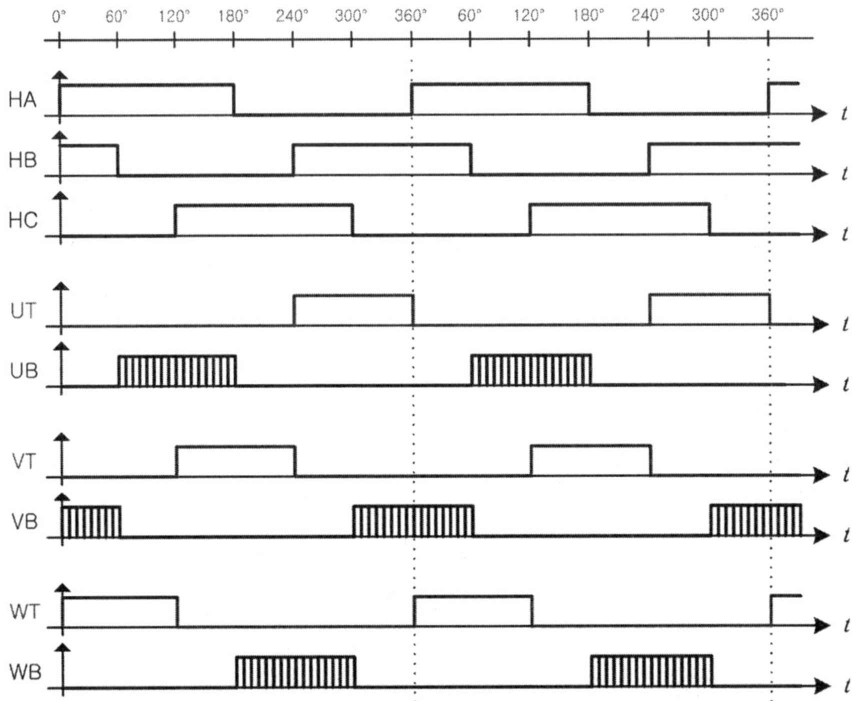

(b) 역방향 회전의 경우

<그림 5.1.2> 3상 BLDC 모터의 홀센서 신호를 사용한 인버터의 게이팅 파형

<표 5.1.1> 3상 BLDC 모터의 홀센서 신호를 사용한 인버터의 게이팅 파형 요약

회전 방향	동작 영역		홀센서 신호			게이트 드라이브 신호					
	회전각	인터럽트	HA	HB	HC	UT	VT	WT	UB	VB	WB
정방향	0° ~ 60°	HA↑	1	0	1	PB2=1	PB3=0	PB4=0	PB5=0	OC1B	PB7=0
	60° ~ 120°	HC↓	1	0	0	PB2=1	PB3=0	PB4=0	PB5=0	PB6=0	OC1C
	120° ~ 180°	HB↑	1	1	0	PB2=0	PB3=1	PB4=0	PB5=0	PB6=0	OC1C
	180° ~ 240°	HA↓	0	1	0	PB2=0	PB3=1	PB4=0	OC1A	PB6=0	PB7=0
	240° ~ 300°	HC↑	0	1	1	PB2=0	PB3=0	PB4=1	OC1A	PB6=0	PB7=0
	300° ~ 360°	HB↓	0	0	1	PB2=0	PB3=0	PB4=1	PB5=0	OC1B	PB7=0
역방향	0° ~ 60°	HA↑	1	1	0	PB2=0	PB3=0	PB4=1	PB5=0	OC1B	PB7=0
	60° ~ 120°	HB↓	1	0	0	PB2=0	PB3=0	PB4=1	OC1A	PB6=0	PB7=0
	120° ~ 180°	HC↑	1	0	1	PB2=0	PB3=1	PB4=0	OC1A	PB6=0	PB7=0
	180° ~ 240°	HA↓	0	0	1	PB2=0	PB3=1	PB4=0	PB5=0	PB6=0	OC1C
	240° ~ 300°	HB↑	0	1	1	PB2=1	PB3=0	PB4=0	PB5=0	PB6=0	OC1C
	300° ~ 360°	HC↓	0	1	0	PB2=1	PB3=0	PB4=0	PB5=0	OC1B	PB7=0

앞의 <그림 5.1.2>에서 보듯이 *OK-128BLDC* 키트의 BLDC 모터(M2) 제어에서는 하위 스위치 PWM 제어방식을 사용한다. 즉, 인버터의 6개 MOSFET 중에서 상위의 Q1, Q3, Q5는 각각 ATmega128A의 병렬 I/O 포트 PD2, PD3, PD4 신호로 구동하고,

하위의 Q2, Q4, Q6은 각각 ATmega128A의 타이머 PWM 출력 OC1A, OC1B, OC1C 신호로 구동한다. 그러나, 하위 스위치 Q2, Q4, Q6이 PWM 동작을 하지 않을 경우에는 출력값 0을 유지해야 하기 때문에 병렬 I/O 포트로 설정을 바꾸어야 한다는 점을 잊지 말아야 한다.

OK-128BLDC 키트에서 BLDC 모터(M2)를 구동하기 위한 게이트 드라이브 파형을 오실로스코프 사진으로 보이면 <그림 5.1.3>과 같다. 이 사진의 파형은 정방향 회전의 경우이며, 위로부터 UT, UB, VT, VB이다.

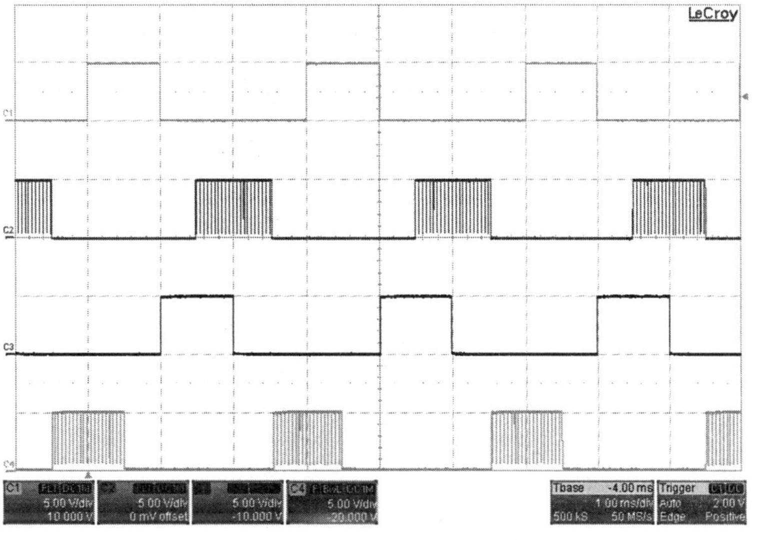

<그림 5.1.3> *OK-128BLDC* 키트에서 BLDC 모터(M2)를 구동하는 게이트 신호 파형

(2) 홀센서 신호를 이용한 회전속도 측정

OK-128BLDC 키트에서 BLDC 모터(M2)를 제어할 때 전동기의 회전속도는 자극 위치 검출용의 홀센서 신호를 6체배(= 3체배 + 2체배)하여 만든 신호를 카운터로 계수하여 M방식으로 측정하며, 회전방향은 2개의 홀센서 신호를 가지고 D플립플롭으로 검출한다. 홀센서 신호를 그대로 사용하면 속도측정 분해능이 낮으므로 홀센서 신호 HA, HB, HC를 XOR하면 주파수가 3체배된 신호를 얻을 수 있으며, XOR 게이트의 RC 시간지연 회로를 이용하여 이를 다시 2체배함으로써 최종적으로 6체배된 펄스 신호를 얻을 수 있다.

이러한 속도측정 주파수 신호를 만드는 과정을 그림으로 보이면 <그림 5.1.4>와 같고 이를 실제 오실로스코프 파형으로 보면 <그림 5.1.5>와 같다.

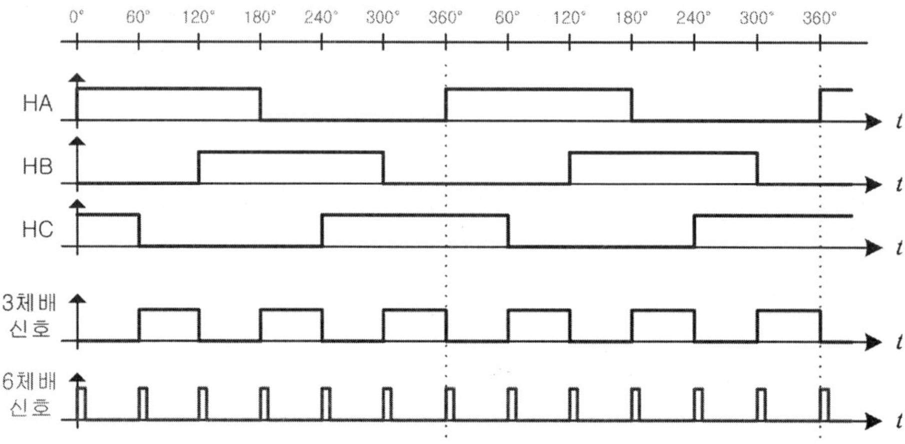

<그림 5.1.4> BLDC 모터에서 홀센서 신호를 6체배한 회전속도 측정 파형의 생성

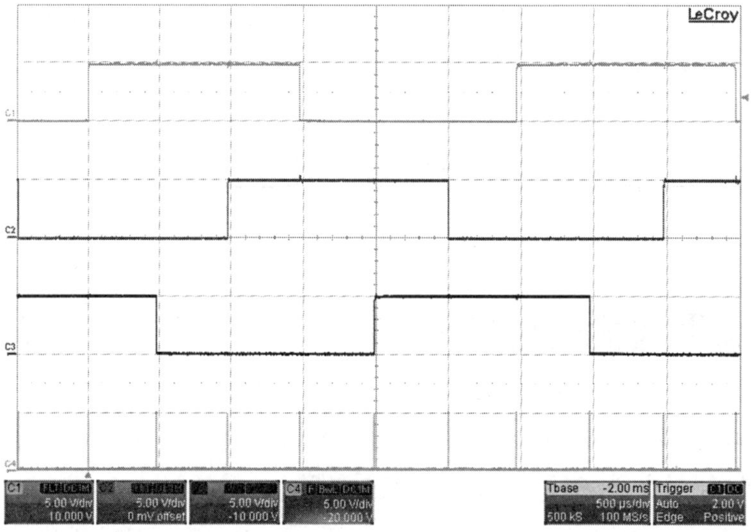

<그림 5.1.5> *OK-128BLDC* 키트에서 홀센서 신호를 6체배한 주파수 신호 파형

2. 센서리스 제어 관련 회로

BLDC 모터의 센서리스 제어는 매우 전문적인 기술분야로서 이 책의 범위를 넘으므로 이 책에서는 사용하지 않지만, *OK-128BLDC* 키트에서는 역기전력 파형을 이용한 BLDC 모터의 센서리스 제어를 학습하는데 도움이 될 수 있도록 <그림 5.1.6>과 같은 역기전력 검출회로를 가지고 있다.

이 회로에서는 BLDC 모터에서 각 전기자 권선 단자의 전압과 전동기의 중성점 전압을 Op Amp를 사용한 아날로그 비교기로 비교하여 제로 크로싱(zero-crossing) 파형 ZC1, ZC2, ZC3을 얻는다. 그런데, 이들 전압은 Op Amp의 입력범위를 넘는 큰 값이므로 미리 저항으로 분압하며, 또한 이들 신호에는 PWM 동작에 의한 20kHz의 극심한 잡음이 포함되므로 RC 소자를 사용한 저역통과필터(LPF ; Low-Pass Filter)로 잡음을 제거한 후에 아날로그 비교기에 입력된다.

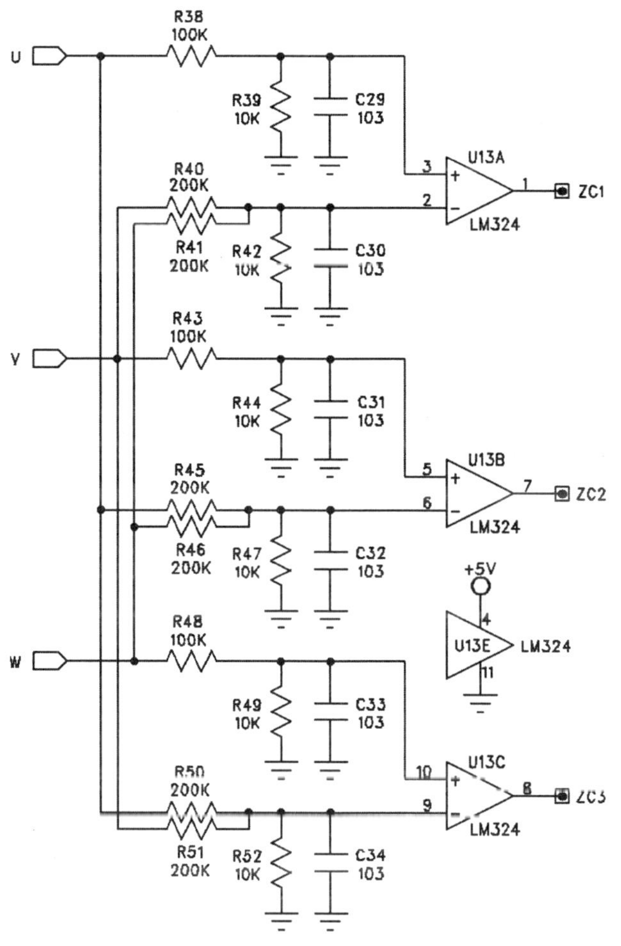

<그림 5.1.6> *OK-128BLDC* 키트에 내장된 BLDC 모터의 역기전력 검출 회로

OK-128BLDC 키트에서 실제로 측정한 BLDC 모터의 전기자 권선 전압 파형을 보이면 <그림 5.1.7>과 같다. 여기서는 PWM 동작을 수행하지 않는 경우의 깨끗한 파형과 PWM 동작 때문에 20kHz의 고주파 잡음이 포함된 파형을 함께 보였다. 그림은 위로부터 차례로 홀센서 신호 HA, HB, HC와 전기자 권선 전압 U의 파형을 나타낸

다. <그림 5.1.7> (a)에서 역기전력 파형이 사다리꼴인 것을 볼 수 있는데, 여기에 큰 서지 전압이 포함되는 것은 MOSFET가 턴오프되면서 전기자 권선이 OFF 상태로 될 때 해당 상의 전기자 전류가 프리휠링 다이오드를 통하여 흐르기 때문이다. 이로부터 제로 크로싱 신호를 만들 때는 이 서지 전압 신호를 필터링하여 제거하는 것이 중요하다.

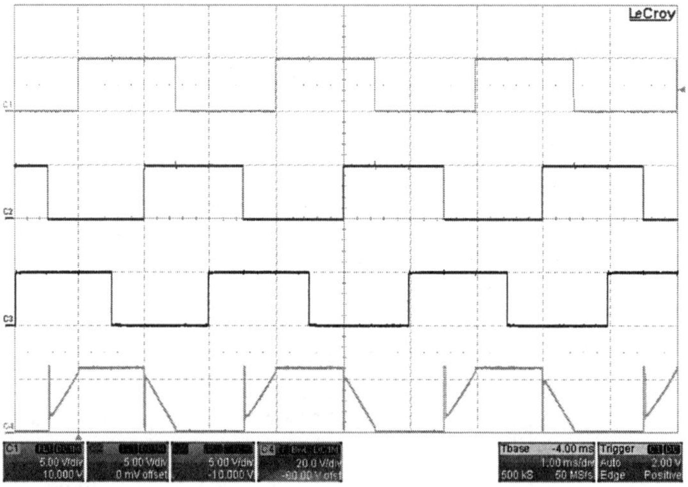

(a) PWM 동작을 수행하지 않는 경우

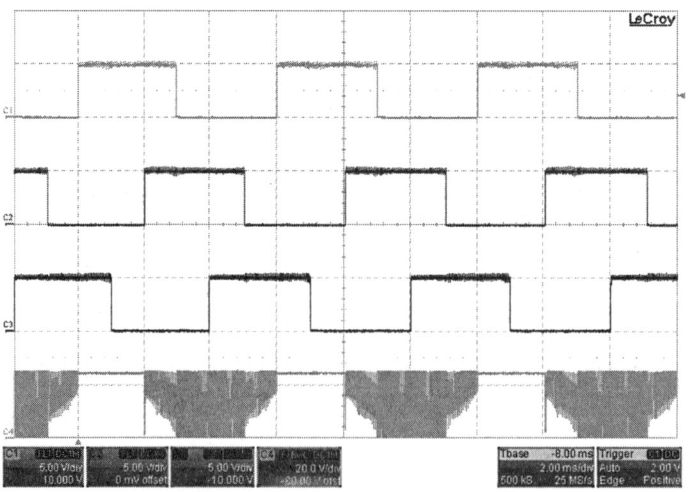

(b) PWM 동작을 수행하는 경우

<그림 5.1.7> *OK-128BLDC* 키트에서 BLDC 모터의 전기자 권선 역기전력 파형

BLDC 모터의 역기전력 파형을 저역통과필터로 필터링하고 아날로그 비교기로 중성점 전압과 비교하여 얻은 제로 크로싱 파형을 보이면 <그림 5.1.8>과 같다. 그림은 위로부터 홀센서 신호 HA, 필터링된 U상의 역기전력 파형, 중성점 전압 파형, 제로 크로싱 파형을 나타내는데, 최종적으로 얻어낸 제로 크로싱 파형은 홀센서 신호보다 30° 정도가 앞서므로 이를 뒤로 시프트하기 위한 보정 기술이 필요하다.

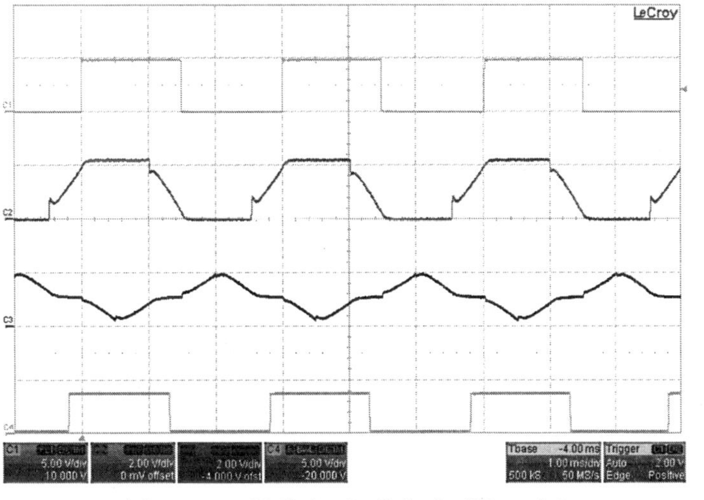

(a) PWM 동작을 수행하지 않는 경우

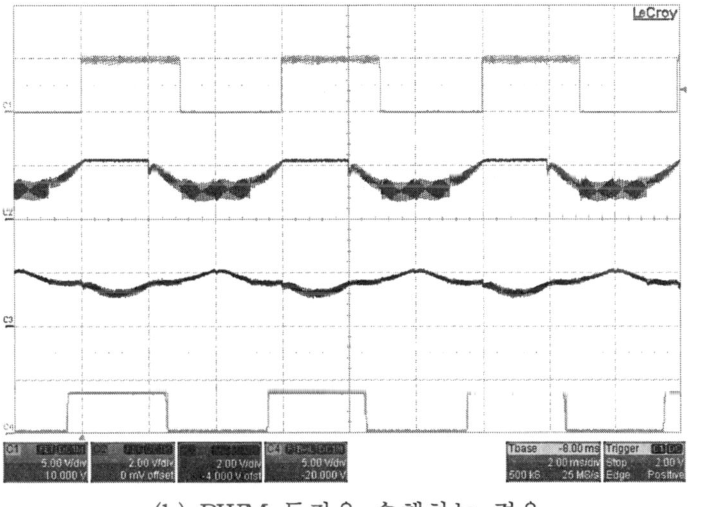

(b) PWM 동작을 수행하는 경우

<그림 5.1.8> BLDC 모터의 센서리스 제어를 위한 역기전력 제로 크로싱 파형

5.2 MCU가 직접 처리하는 단방향 속도제어 프로그램

여기서는 ATmega128A 마이크로컨트롤러가 직접 처리하는 방법으로 BLDC 모터 BL42S-24026N을 단방향으로 가변속 제어하는 프로그램을 C언어로 작성하여 보기로 한다. 전동기의 전압은 ATmega128A의 타이머1을 사용한 PWM 제어방식으로 가변하며, 속도 피드백 제어에는 PI 제어 알고리즘을 사용한다.

1. 단방향 개루프 속도제어 프로그램

마이크로컨트롤러가 직접 처리하는 방법으로 BLDC 모터를 구동 및 제어하는 프로그램을 작성할 때 가장 유의해야 하는 사항은 다음과 같은 3가지가 있다.

첫째는, 프로그램 초기에 3개의 홀센서 신호를 읽어서 현재의 회전자의 위치를 검출하고 여기에 맞도록 6개의 MOSFET 소자를 구동하기 위한 게이트 드라이브 신호를 출력하는 일이다. 이때는 먼저 필수적으로 상위 MOSFET 소자를 구동하는 부트스트랩 회로의 커패시터를 충전시켜주어야 한다. 초기에 이 커패시터에 충분한 전압이 충전되지 않으면 상위 MOSFET들이 구동되지 않으므로 BLDC 모터를 기동할 수 없게 된다.

둘째는, 홀센서 신호의 상승 에지(rising edge) 및 하강 에지(falling edge)에서 인터럽트가 걸리면 정회전과 역회전의 각 경우에 대하여 현재 회전자의 위치에 맞도록 6개의 MOSFET 소자를 구동하는 게이트 드라이브 신호를 만들어주어야 한다.

셋째는, 전동기의 회전속도가 0일 경우에는 상위 MOSFET 소자를 구동하는 부트스트랩 회로의 커패시터를 다시 충전시켜주어야 한다. 회전속도가 0이 되어 전동기가 정지되면 당연히 하위 MOSFET가 턴온되지 않으므로 상위 MOSFET를 위한 부트스트랩 커패시터에 충전이 되지 않는다. 이런 상태가 오랜 시간동안 지속되면 부트 스트랩 커패시터의 전압이 모두 방전되고, 이렇게 되면 나중에 게이트 신호가 들어와도 상위 MOSFET가 구동되지 않으므로 BLDC 모터는 정지 상태를 벗어나지 못하고 멈추어 있게 된다.

일정한 시간 간격으로 PWM 듀티비를 자동 가변하여 BLDC 모터 BL42S-24026N을 몇가지의 속도로 변화시키면서 반복 구동하는 프로그램을 작성하여 보기로 한다.

이 책에서는 이러한 구동방식을 자동 모드(auto mode)라고 부른다. 이에 비하여 가변저항 VR1을 사용하여 사용자가 수동으로 전동기의 속도를 임의 가변하는 방식을 수동 모드(manual mode)라고 부른다.

인버터 MOSFET의 하위 스위치들을 구동하는 PWM 신호는 ATmega128A의 타이머1에서 OC1A, OC1B, OC1C 신호를 사용하며, 스위칭 주파수는 제4장의 LB11920처럼 20kHz로 사용하였다.

3상 인버터의 PWM 듀티비를 자동 모드에서 3초 간격으로 25%→55%→85%→100%→70%→40%→ 의 순서로 가변하면서 BLDC 모터를 구동하는 예제 프로그램을 작성하여 보면 다음과 같다.

<프로그램 Chap5_01.c> 자동 모드로 BLDC 모터를 구동하는 프로그램

```
/* ========================================================================== */
/*        Chap5_01_auto.c : BLDC 모터(M2) 단방향 오픈루프 제어 프로그램        */
/* ========================================================================== */
/*                        Designed and programmed by Duck-Yong Yoon in 2015.  */

// ***** 이 프로그램의 사용 조건 ***********************************************
//
// (1) 컨넥터 CN6(M2)에 BLDC 모터 BL42S-24026N을 연결할 것.
// (2) 점퍼 스위치 J1을 2-3 위치로 연결할 것.
//
// ****************************************************************************

#include <avr/io.h>
#include <avr/interrupt.h>
#include "OK-128BLDC.h"

volatile unsigned char m1, count, count0 = 0;    // pulse count
volatile float Wr = 0.;                          // motor speed

volatile unsigned char TCCR1A_temp, PORTB_temp; // I/O register store data
volatile unsigned char Hall_data;                // Hall sensor signal data

volatile unsigned int duty_time = 75;            // time counter for duty ratio setting
unsigned char tableindex = 0;                    // duty ratio data table
float duty_table[6] = {25., 55., 85., 100., 70., 40.};
float duty;                                      // duty ratio

ISR(TIMER3_COMPA_vect)                           /* OC3A interrupt function(0.04s period) */
{
  count = TCNT2;                                 // read TCNT2
  m1 = count - count0;                           // calculate m1(encoder pulse)
  count0 = count;
  sei();                                         // global interrupt enable

  if(m1 == 0)                                    // BLDC 모터가 정지상태인지 확인
    { TCCR1A_temp = TCCR1A;                      // store I/O registers
      PORTB_temp = PORTB;

      TCCR1A = 0x02;                             // UB = VB = WB = PORTB
      PORTB = 0xE0;                              // 부트스트랩 커패시터 충전
```

```
      Delay_ms(1);                              // (UB = VB = WB = 1, UT = VT = WT = 0)
      PORTB = 0x00;

      TCCR1A = TCCR1A_temp;                     // restore I/O registers
      PORTB = PORTB_temp;
    }

  Wr = (float)m1*60./24./0.04;                  // calculate Wr[rpm]

  duty_time++;
}

ISR(INT5_vect)                                  /* INT5 interrupt function(rising/falling) */
{
  Hall_data = PINE & 0xE0;
  if(Hall_data == 0xA0)                         // if position angle = 0~60 degree
    { PORTB = 0x04;                             // UT = 1
      TCCR1A = 0x22;                            // VB = PWM
    }
  else if(Hall_data == 0x40)                    // if position angle = 180~240 degree
    { PORTB = 0x08;                             // VT = 1
      TCCR1A = 0x82;                            // UB = PWM
    }
}

ISR(INT6_vect)                                  /* INT6 interrupt function(rising/falling) */
{
  Hall_data = PINE & 0xE0;
  if(Hall_data == 0x60)                         // if position angle = 120~180 degree
    { PORTB = 0x08;                             // VT = 1
      TCCR1A = 0x0A;                            // WB = PWM
    }
  else if(Hall_data == 0x80)                    // if position angle = 300~360 degree
    { PORTB = 0x10;                             // WT = 1
      TCCR1A = 0x22;                            // VB = PWM
    }
}

ISR(INT7_vect)                                  /* INT7 interrupt function(rising/falling) */
{
  Hall_data = PINE & 0xE0;
  if(Hall_data == 0x20)                         // if position angle = 60~120 degree
    { PORTB = 0x04;                             // UT = 1
      TCCR1A = 0x0A;                            // WB = PWM
    }
  else if(Hall_data == 0xC0)                    // if position angle = 240~300 degree
    { PORTB = 0x10;                             // WT = 1
      TCCR1A = 0x82;                            // UB = PWM
    }
}

int main(void)
{
  unsigned int PWM;                             // output compare register value for PWM

  MCU_initialize();                             // initialize MCU and kit
  Delay_ms(50);                                 // wait for system stabilization
  TFT_initialize();                             // initialize TFT-LCD module
  Beep();

  TFT_string(0, 0,Green,  Black,"****************************************");
  TFT_string(0, 2,White,Magenta,"   BLDC 모터(M2) 단방향 오픈루프 제어    ");
  TFT_string(0, 4,Green,  Black,"****************************************");
```

```
  TFT_string(0, 8,White,  Black,"  (1) SW2.1 = START 지령  : L(동작)       ");
  TFT_string(0,11,White,  Black,"  (2) SW2.2 = (not used)                  ");
  TFT_string(0,14,White,  Black,"  (3) SW1   = F/-R 지령  : H(정방향)      ");
  TFT_string(0,17,White,  Black,"  (4) VR1   = PWM 듀티비 :   000.0 %      ");
  TFT_string(0,20,White,  Black,"  (5) BLDC 모터 회전속도 : +0000.0 rpm    ");
  TFT_string(0,25,White,  Black,"      (3초 간격으로 듀티비를 가변)        ");
  TFT_string(0,28,Green,  Black,"****************************************");

// ***** 타이머 및 인터럽트 초기화 ******************************************

  TCCR1A = 0x02;                         // Timer1 = fast PWM mode(14)
  TCCR1B = 0x19;                         // don't output OC1A, OC1B, OC1C
  TCCR1C = 0x00;                         // 16MHz/1/(1+799) = 20kHz
  ICR1 = 799;
  OCR1A = 0;
  OCR1B = 0;
  OCR1C = 0;

  TCCR2 = 0x06;                          // Timer2 = Normal mode(0), T2 input
  TCNT2 = 0;                             // clear Timer/Counter2

  TCCR3A = 0x00;                         // Timer3 = CTC mode(4), don't output OC3A
  TCCR3B = 0x0C;                         // 16MHz/256/(1+2499) = 25Hz
  TCCR3C = 0x00;
  OCR3A = 2499;
  TCNT3 = 0x0000;                        // clear Timer/Counter3

  ETIFR = 0x10;                          // clear OC3A interrupt flag
  ETIMSK = 0x10;                         // enable OC3A interrupt

  DDRE  = 0x00;                          // initialize PORTE
  EICRB = 0x54;                          // INT5/6/7 = rising and falling edge
  EIFR = 0xE0;
  EIMSK = 0xE0;
  sei();                                 // global interrupt enable

// ***** 게이트 드라이브 신호 초기화 ***************************************

  DDRB  = 0xFC;                          // (1) PORTB 초기화
  PORTB = 0x00;                          //     (all gate signals are 0)

  PORTB = 0xE0;                          // (2) 부트스트랩 커패시터 충전
  Delay_ms(1);                           //     (UB = VB = WB = 1, UT = VT = WT = 0)
  PORTB = 0x00;

  Hall_data = PINE & 0xE0;               // (3) 회전자 초기 위치 검출
  if(Hall_data == 0xA0)                  // if position angle = 0~60 degree
    { PORTB = 0x04;                      // UT = 1
      TCCR1A = 0x22;                     // VB = PWM
    }
  else if(Hall_data == 0x20)             // if position angle = 60~120 degree
    { PORTB = 0x04;                      // UT = 1
      TCCR1A = 0x0A;                     // WB = PWM
    }
  else if(Hall_data == 0x60)             // if position angle = 120~180 degree
    { PORTB = 0x08;                      // VT = 1
      TCCR1A = 0x0A;                     // WB = PWM
    }
  else if(Hall_data == 0x40)             // if position angle = 180~240 degree
    { PORTB = 0x08;                      // VT = 1
      TCCR1A = 0x82;                     // UB = PWM
    }
  else if(Hall_data == 0xC0)             // if position angle = 240~300 degree
```

```
    { PORTB = 0x10;                              // WT = 1
      TCCR1A = 0x82;                             // UB = PWM
    }
  else if(Hall_data == 0x80)                     // if position angle = 300~360 degree
    { PORTB = 0x10;                              // WT = 1
      TCCR1A = 0x22;                             // VB = PWM
    }

// ***** 주 제어 루틴 ****************************************************

  while(1)
    { if(duty_time >= 75)                        // 3 sec ?
        { duty_time = 0;
          duty = duty_table[tableindex];         // if yes, get duty ratio from table
          tableindex++;
          tableindex %= 6;

          PWM = 799.*duty/100.;                  // get OCR1x value from duty ratio
          OCR1A = PWM;
          OCR1B = PWM;
          OCR1C = PWM;

          TFT_xy(29,17);                         // display duty ratio(xxx.x %)
          TFT_color(Magenta,Black);
          TFT_unsigned_float(duty,3,1);
        }

      TFT_color(Magenta,Black);                  // display motor speed(xxxx.x rpm)
      TFT_xy(28,20);
      TFT_unsigned_float(Wr,4,1);
    }
}
```

☞ 이 프로그램에서는 40ms 주기로 속도측정 인터럽트가 발생하는 횟수를 75회 카운트하여 3초의 주기를 만들고, PWM 듀티비를 변경하면서 실시간의 회전속도 값을 TFT-LCD 화면에 표시해야 하므로 미리 만들어져 있는 테이블에서 3초 간격으로 듀티비 데이터를 불러오는 방법을 사용하였다.

부트스트랩 커패시터를 충전하려면 6개의 게이트 드라이브 신호 출력을 모두 병렬 I/O 포트로 출력하도록 설정을 바꾼 후에 상위 MOSFET 스위치에 해당하는 UT(PB2), VT(PB3), WT(PB4)에는 0을 출력하여 OFF시키고, 하위 MOSFET 스위치에 해당하는 UB(PB5), VB(PB6), WB(PB7)에는 1을 출력하여 ON시키면 된다. 이 시간은 1ms 정도면 충분하며, 이와 같이 부트스트랩 커패시터를 충전하고 나면 하위 MOSFET 스위치 중에서 1개는 다시 UB(OC1A), VB(OC1B), WB(OC1C)로 동작하도록 설정을 바꾸어 놓아야 한다. 이러한 부트스트랩 커패시터의 충전 동작은 속도측정 인터럽트 함수에서 회전속도가 0으로 검출된 경우에도 필요하다.

홀센서 신호 HA, HB, HC는 각각 외부 인터럽트 INT5, INT6, INT7 단자에 연결되어 상승 에지 및 하강 에지에서 모두 인터럽트를 발생한다. 그러면 이들 인터럽트 처리 함수에서는 홀센서 신호가 상승 에지인지 하강 에지인지를 구분하여 그에 알맞은 게이트 드라이브 신호를 출력한다.

OK-128BLDC 키트에는 사용자가 수동으로 데이터를 입력하기 위하여 가변저항 VR1을 가지고 있다. 이를 이용하면 전동기의 PWM 듀티비를 0~100%로 수동 입력할

수 있다. 이러한 방법으로 BLDC 모터의 회전속도를 수동 제어하는 예제 프로그램을 작성하여 보면 다음과 같다.

<프로그램 Chap5_02.c> 수동 모드로 BLDC 모터를 구동하는 프로그램

```
/* ============================================================================ */
/*      Chap5_02_manual.c : BLDC 모터(M2) 단방향 오픈루프 제어 프로그램          */
/* ============================================================================ */
/*                       Designed and programmed by Duck-Yong Yoon in 2015.     */

// ***** 이 프로그램의 사용 조건 ***********************************************
//
// (1) 컨넥터 CN6(M2)에 BLDC 모터 BL42S-24026N을 연결할 것.
// (2) 점퍼 스위치 J1을 2-3 위치로 연결할 것.
//
// (3) SW2.1로 동작/정지를 선택할 것.
// (4) 가변저항 VR1로 속도를 설정할 것.
//
// ****************************************************************************

#include <avr/io.h>
#include <avr/interrupt.h>
#include "OK-128BLDC.h"

volatile unsigned char m1, count, count0 = 0;   // pulse count
volatile float Wr = 0.;                         // motor speed

volatile unsigned char TCCR1A_temp, PORTB_temp; // I/O register store data
volatile unsigned char Hall_data;               // Hall sensor signal data

ISR(TIMER3_COMPA_vect)                          /* OC3A interrupt function(0.04s period) */
{
  count = TCNT2;                                // read TCNT2
  m1 = count - count0;                          // calculate m1(encoder pulse)
  count0 = count;
  sei();                                        // global interrupt enable

  if(m1 == 0)                                   // BLDC 모터가 정지상태인지 확인
    { TCCR1A_temp = TCCR1A;                     // store I/O registers
      PORTB_temp = PORTB;

      TCCR1A = 0x02;                            // UB = VB = WB = PORTB
      PORTB = 0xE0;                             // 부트스트랩 커패시터 충전
      Delay_ms(1);                              // (UB = VB = WB = 1, UT = VT = WT = 0)
      PORTB = 0x00;

      TCCR1A = TCCR1A_temp;                     // restore I/O registers
      PORTB = PORTB_temp;
    }

  Wr = (float)m1*60./24./0.04;                  // calculate Wr[rpm]
}

ISR(INT5_vect)                                  /* INT5 interrupt function(rising/falling) */
{
  Hall_data = PINE & 0xE0;
  if(Hall_data == 0xA0)                         // if position angle = 0~60 degree
    { PORTB = 0x04;                             // UT = 1
      TCCR1A = 0x22;                            // VB = PWM
```

```
    }
  else if(Hall_data == 0x40)                        // if position angle = 180~240 degree
    { PORTB = 0x08;                                 // VT = 1
      TCCR1A = 0x82;                                // UB = PWM
    }
}

ISR(INT6_vect)                                      /* INT6 interrupt function(rising/falling) */
{
  Hall_data = PINE & 0xE0;
  if(Hall_data == 0x60)                             // if position angle = 120~180 degree
    { PORTB = 0x08;                                 // VT = 1
      TCCR1A = 0x0A;                                // WB = PWM
    }
  else if(Hall_data == 0x80)                        // if position angle = 300~360 degree
    { PORTB = 0x10;                                 // WT = 1
      TCCR1A = 0x22;                                // VB = PWM
    }
}

ISR(INT7_vect)                                      /* INT7 interrupt function(rising/falling) */
{
  Hall_data = PINE & 0xE0;
  if(Hall_data == 0x20)                             // if position angle = 60~120 degree
    { PORTB = 0x04;                                 // UT = 1
      TCCR1A = 0x0A;                                // WB = PWM
    }
  else if(Hall_data == 0xC0)                        // if position angle = 240~300 degree
    { PORTB = 0x10;                                 // WT = 1
      TCCR1A = 0x82;                                // UB = PWM
    }
}

int main(void)
{
  unsigned int result;                              // A/D converter result
  unsigned int PWM;                                 // output compare register value for PWM

  MCU_initialize();                                 // initialize MCU and kit
  Delay_ms(50);                                     // wait for system stabilization
  TFT_initialize();                                 // initialize TFT-LCD module
  Beep();

  TFT_string(0, 0,Green,  Black,"****************************************");
  TFT_string(0, 2,White,Magenta,"   BLDC 모터(M2) 단방향 오픈루프 제어   ");
  TFT_string(0, 4,Green,  Black,"****************************************");
  TFT_string(0, 8,White,  Black," (1) SW2.1 = START 지령 : H(정지)       ");
  TFT_string(0,11,White,  Black," (2) SW2.2 = (not used)                 ");
  TFT_string(0,14,White,  Black," (3) SW1   = F/-R 지령  : H(정방향)     ");
  TFT_string(0,17,White,  Black," (4) VR1   = PWM 듀티비 :    000.0 %    ");
  TFT_string(0,20,White,  Black," (5) BLDC 모터 회전속도 : +0000.0 rpm   ");
  TFT_string(0,25,White,  Black,"    (가변저항 VR1으로 듀티비를 가변)    ");
  TFT_string(0,28,Green,  Black,"****************************************");

// ***** 타이머 및 인터럽트 초기화 ******************************************

  TCCR1A = 0x02;                                    // Timer1 = fast PWM mode(14)
  TCCR1B = 0x19;                                    // don't output OC1A, OC1B, OC1C
  TCCR1C = 0x00;                                    // 16MHz/1/(1+799) = 20kHz
  ICR1 = 799;
  OCR1A = 0;
  OCR1B = 0;
  OCR1C = 0;
```

```
  TCCR2 = 0x06;                                 // Timer2 = Normal mode(0), T2 input
  TCNT2 = 0;                                    // clear Timer/Counter2

  TCCR3A = 0x00;                                // Timer3 = CTC mode(4), don't output OC3A
  TCCR3B = 0x0C;                                // 16MHz/256/(1+2499) = 25Hz
  TCCR3C = 0x00;
  OCR3A = 2499;
  TCNT3 = 0x0000;                               // clear Timer/Counter3

  ETIFR = 0x10;                                 // clear OC3A interrupt flag
  ETIMSK = 0x10;                                // enable OC3A interrupt

  DDRE  = 0x00;                                 // initialize PORTE
  EICRB = 0x54;                                 // INT5/6/7 = rising and falling edge
  EIFR = 0xE0;
  EIMSK = 0xE0;
  sei();                                        // global interrupt enable

// ***** 게이트 드라이브 신호 초기화 ******************************************

  DDRB  = 0xFC;                                 // (1) PORTB 초기화
  PORTB = 0x00;                                 //     (all gate signals are 0)

  PORTB = 0xE0;                                 // (2) 부트스트랩 커패시터 충전
  Delay_ms(1);                                  //     (UB = VB = WB = 1, UT = VT = WT = 0)
  PORTB = 0x00;

  Hall_data = PINE & 0xE0;                      // (3) 회전자 초기 위치 검출
  if(Hall_data == 0xA0)                         // if position angle = 0~60 degree
    { PORTB = 0x04;                             // UT = 1
      TCCR1A = 0x22;                            // VB = PWM
    }
  else if(Hall_data == 0x20)                    // if position angle = 60~120 degree
    { PORTB = 0x04;                             // UT = 1
      TCCR1A = 0x0A;                            // WB = PWM
    }
  else if(Hall_data == 0x60)                    // if position angle = 120~180 degree
    { PORTB = 0x08;                             // VT = 1
      TCCR1A = 0x0A;                            // WB = PWM
    }
  else if(Hall_data == 0x40)                    // if position angle = 180~240 degree
    { PORTB = 0x08;                             // VT = 1
      TCCR1A = 0x82;                            // UB = PWM
    }
  else if(Hall_data == 0xC0)                    // if position angle = 240~300 degree
    { PORTB = 0x10;                             // WT = 1
      TCCR1A = 0x82;                            // UB = PWM
    }
  else if(Hall_data == 0x80)                    // if position angle = 300~360 degree
    { PORTB = 0x10;                             // WT = 1
      TCCR1A = 0x22;                            // VB = PWM
    }

// ***** 주 제어 루틴 ********************************************************

  ADCSRA = 0x84;                                // ADC 1MHz, right adjust
  ADMUX = 0x03;                                 // select ADC3 with AREF

  while(1)
    { if((PINC & 0x40) == 0x40)                 // ***** check -START/STOP
        { TFT_string(27,8,Cyan,Black,"H(정지) ");
          cli();
```

```
          TCCR1A = 0x02;
          PORTB = 0x00;
        }
      else
        { TFT_string(27,8,Magenta,Black,"L(동작)");
          sei();
        }

      ADCSRA = 0xD4;                              // read ADC3(VR1)
      while((ADCSRA & 0x10) != 0x10);
      result = ADCW;

      PWM = (float)result*799./1023. + 0.5;       // output PWM
      OCR1A = PWM;
      OCR1B = PWM;
      OCR1C = PWM;

      TFT_xy(29,17);                              // display duty ratio(xxx.x %)
      TFT_color(Magenta,Black);
      TFT_unsigned_float((float)result*100./1023.,3,1);

      TFT_color(Magenta,Black);                   // display motor speed(xxxx.x rpm)
      TFT_xy(28,20);
      TFT_unsigned_float(Wr,4,1);
    }
}
```

☞ 이 프로그램에서 가변저항 VR1을 최대로 설정하여 보면 TFT-LCD에 회전속도가 약 5000rpm까지 표시되는 것을 볼 수 있다. 제4장에서 BLDC 모터 제어 전용 IC 소자 LB11920을 사용한 경우에는 이 소자 내부에서의 전압강하 때문에 전동기의 최고 회전속도가 약 4700rpm 정도에 불과하였지만, 마이크로컨트롤러가 직접 처리하는 방식에서는 MOSFET 스위칭 소자 IRFZ44N에서의 전압강하가 거의 없기 때문에 전동기에 24V가 공급되어 전동기의 회전속도가 사양대로 동작하는 것이다.

이 프로그램을 *OK-128BLDC* 키트에서 실행하고 SW2.1을 ON/OFF하여 BLDC 모터를 동작 및 정지시켜보라. 또한, 가변저항 VR1을 사용하여 BLDC 모터의 회전속도를 가변시켜보라.

2. 단방향 속도제어에서 전류 측정 프로그램

이번에는 6개의 MOSFET로 구성되는 인버터 전력회로의 하단에 설치되어 있는 R31=0.1[Ω]/1[W]의 션트저항을 사용하여 전동기에 흐르는 전류를 측정하여 보기로 한다. 만약, 이 BLDC 모터에 정격전류 1.7[A]가 흐르더라도 이 션트 저항에 걸리는 전압은 V_{R31} = 1.7×0.1 = 0.17[V]에 불과하므로 ATmega128A의 A/D 컨버터에서는 이를 내부에서 이를 10배 증폭하여 차동변환 모드로 읽어들이도록 하였다.

<프로그램 Chap5_03.c> BLDC 모터의 전류를 측정하여 표시하는 프로그램

```
/* ============================================================================ */
/*      Chap5_03_current.c : BLDC 모터(M2) 단방향 오픈루프 제어 프로그램        */
/* ============================================================================ */
/*                       Designed and programmed by Duck-Yong Yoon in 2015.   */

// ***** 이 프로그램의 사용 조건 ***********************************************
//
// (1) 컨넥터 CN6(M2)에 BLDC 모터 BL42S-24026N을 연결할 것.
// (2) 점퍼 스위치 J1을 2-3 위치로 연결할 것.
//
// (3) SW2.1로 동작/정지를 선택할 것.
// (4) 가변저항 VR1로 속도를 설정할 것.
//
// ****************************************************************************

#include <avr/io.h>
#include <avr/interrupt.h>
#include "OK-128BLDC.h"

volatile unsigned char m1, count, count0 = 0;   // pulse count
volatile float Wr = 0.;                          // motor speed

volatile unsigned char TCCR1A_temp, PORTB_temp; // I/O register store data
volatile unsigned char Hall_data;                // Hall sensor signal data

ISR(TIMER3_COMPA_vect)                           /* OC3A interrupt function(0.04s period) */
{
  count = TCNT2;                                 // read TCNT2
  m1 = count - count0;                           // calculate m1(encoder pulse)
  count0 = count;
  sei();                                         // global interrupt enable

  if(m1 == 0)                                    // BLDC 모터가 정지상태인지 확인
    { TCCR1A_temp = TCCR1A;                      // store I/O registers
      PORTB_temp = PORTB;

      TCCR1A = 0x02;                             // UB = VB = WB = PORTB
      PORTB = 0xE0;                              // 부트스트랩 커패시터 충전
      Delay_ms(1);                               // (UB = VB = WB = 1, UT = VT = WT = 0)
      PORTB = 0x00;

      TCCR1A = TCCR1A_temp;                      // restore I/O registers
      PORTB = PORTB_temp;
    }

  Wr = (float)m1*60./24./0.04;                   // calculate Wr[rpm]
}

ISR(INT5_vect)                                   /* INT5 interrupt function(rising/falling) */
{
  Hall_data = PINC & 0xE0;
  if(Hall_data == 0xA0)                          // if position angle = 0~60 degree
    { PORTB = 0x04;                              // UT = 1
      TCCR1A = 0x22;                             // VB = PWM
    }
  else if(Hall_data == 0x40)                     // if position angle = 180~240 degree
    { PORTB = 0x08;                              // VT = 1
      TCCR1A = 0x82;                             // UB = PWM
    }
}
```

```
ISR(INT6_vect)                                  /* INT6 interrupt function(rising/falling) */
{
  Hall_data = PINE & 0xE0;
  if(Hall_data == 0x60)                         // if position angle = 120~180 degree
    { PORTB = 0x08;                             // VT = 1
      TCCR1A = 0x0A;                            // WB = PWM
    }
  else if(Hall_data == 0x80)                    // if position angle = 300~360 degree
    { PORTB = 0x10;                             // WT = 1
      TCCR1A = 0x22;                            // VB = PWM
    }
}

ISR(INT7_vect)                                  /* INT7 interrupt function(rising/falling) */
{
  Hall_data = PINE & 0xE0;
  if(Hall_data == 0x20)                         // if position angle = 60~120 degree
    { PORTB = 0x04;                             // UT = 1
      TCCR1A = 0x0A;                            // WB = PWM
    }
  else if(Hall_data == 0xC0)                    // if position angle = 240~300 degree
    { PORTB = 0x10;                             // WT = 1
      TCCR1A = 0x82;                            // UB = PWM
    }
}

int main(void)
{
  signed int result;                            // A/D converter result
  unsigned int PWM;                             // output compare register value for PWM

  MCU_initialize();                             // initialize MCU and kit
  Delay_ms(50);                                 // wait for system stabilization
  TFT_initialize();                             // initialize TFT-LCD module
  Beep();

  TFT_string(0, 0,Green,  Black,"******************************************");
  TFT_string(0, 2,White,Magenta,"   BLDC 모터(M2) 단방향 오픈루프 제어    ");
  TFT_string(0, 4,Green,  Black,"******************************************");
  TFT_string(0, 8,White,  Black,"  (1) SW2.1 = START 지령 : H(정지)       ");
  TFT_string(0,11,White,  Black,"  (2) SW2.2 = (not used)                 ");
  TFT_string(0,14,White,  Black,"  (3) SW1   = F/-R 지령  : H(정방향)     ");
  TFT_string(0,17,White,  Black,"  (4) VR1   = PWM 듀티비 :   000.0 %     ");
  TFT_string(0,20,White,  Black,"  (5) BLDC 모터 회전속도 : +0000.0 rpm   ");
  TFT_string(0,23,White,  Black,"  (6) BLDC 모터 전류     :    0.00 A     ");
  TFT_string(0,28,Green,  Black,"******************************************");

// ***** 타이머 및 인터럽트 초기화 *******************************************

  TCCR1A = 0x02;                                // Timer1 = fast PWM mode(14)
  TCCR1B = 0x19;                                // don't output OC1A, OC1B, OC1C
  TCCR1C = 0x00;                                // 16MHz/1/(1+799) = 20kHz
  ICR1 = 799;
  OCR1A = 0;
  OCR1B = 0;
  OCR1C = 0;

  TCCR2 = 0x06;                                 // Timer2 = Normal mode(0), T2 input
  TCNT2 = 0;                                    // clear Timer/Counter2

  TCCR3A = 0x00;                                // Timer3 = CTC mode(4), don't output OC3A
  TCCR3B = 0x0C;                                // 16MHz/256/(1+2499) = 25Hz
  TCCR3C = 0x00;
```

```
  OCR3A = 2499;
  TCNT3 = 0x0000;                              // clear Timer/Counter3

  ETIFR = 0x10;                                // clear OC3A interrupt flag
  ETIMSK = 0x10;                               // enable OC3A interrupt

  DDRE  = 0x00;                                // initialize PORTE
  EICRB = 0x54;                                // INT5/6/7 = rising and falling edge
  EIFR = 0xE0;
  EIMSK = 0xE0;
  sei();                                       // global interrupt enable

// ***** 게이트 드라이브 신호 초기화 ****************************************

  DDRB  = 0xFC;                                // (1) PORTB 초기화
  PORTB = 0x00;                                //    (all gate signals are 0)

  PORTB = 0xE0;                                // (2) 부트스트랩 커패시터 충전
  Delay_ms(1);                                 //    (UB = VB = WB = 1, UT = VT = WT = 0)
  PORTB = 0x00;

  Hall_data = PINE & 0xE0;                     // (3) 회전자 초기 위치 검출
  if(Hall_data == 0xA0)                        // if position angle = 0~60 degree
    { PORTB = 0x04;                            // UT = 1
      TCCR1A = 0x22;                           // VB = PWM
    }
  else if(Hall_data == 0x20)                   // if position angle = 60~120 degree
    { PORTB = 0x04;                            // UT = 1
      TCCR1A = 0x0A;                           // WB = PWM
    }
  else if(Hall_data == 0x60)                   // if position angle = 120~180 degree
    { PORTB = 0x08;                            // VT = 1
      TCCR1A = 0x0A;                           // WB = PWM
    }
  else if(Hall_data == 0x40)                   // if position angle = 180~240 degree
    { PORTB = 0x08;                            // VT = 1
      TCCR1A = 0x82;                           // UB = PWM
    }
  else if(Hall_data == 0xC0)                   // if position angle = 240~300 degree
    { PORTB = 0x10;                            // WT = 1
      TCCR1A = 0x82;                           // UB = PWM
    }
  else if(Hall_data == 0x80)                   // if position angle = 300~360 degree
    { PORTB = 0x10;                            // WT = 1
      TCCR1A = 0x22;                           // VB = PWM
    }

// ***** 주 제어 루틴 ********************************************************

  while(1)
    { if((PINC & 0x40) == 0x40)                // ***** check -START/STOP
        { TFT_string(27,8,Cyan,Black,"H(정지) ");
          cli();
          TCCR1A = 0x02;
          PORTB = 0x00;
        }
      else
        { TFT_string(27,8,Magenta,Black,"L(동작)");
          sei();
        }

      ADCSRA = 0x84;                           // ADC 1MHz, right adjust
      ADMUX = 0x03;                            // select ADC3 with AREF
      Delay_us(150);
```

```
        ADCSRA = 0xD4;                              // read ADC3(VR1)
        while((ADCSRA & 0x10) != 0x10);
        result = ADCW;

        PWM = (float)result*799./1023. + 0.5;       // output PWM
        OCR1A = PWM;
        OCR1B = PWM;
        OCR1C = PWM;

        TFT_xy(29,17);                              // display duty ratio(xxx.x %)
        TFT_color(Magenta,Black);
        TFT_unsigned_float((float)result*100./1023.,3,1);

        TFT_color(Magenta,Black);                   // display motor speed(xxxx.x rpm)
        TFT_xy(28,20);
        TFT_unsigned_float(Wr,4,1);

        ADCSRA = 0x87;                              // ADC 125kHz, left adjust
        ADMUX = 0x29;                               // select ADC1 x 10 with AREF
        Delay_us(150);
        ADCSRA = 0xD7;                              // read ADC1(current)
        while((ADCSRA & 0x10) != 0x10);
        result = ADCW;
        result >>= 6;
        if(result < 0) result = 0;

        TFT_xy(30,23);                              // display volume value(x.xxA)
        TFT_color(Magenta,Black);
        TFT_unsigned_float((float)result*5./511.,1,2);
    }
}
```

☞ 이 프로그램을 실행시켜 보면 이 BLDC 모터를 무부하 운전할 때 전류가 대략 0.2~0.3[A] 정도로 측정되는 것을 볼 수 있다. 이 BLDC 모터 BL42S-24026N의 사양서에는 무부하 전류가 0.3[A] 이하라고 명시되어 있으므로 이와 같은 측정 전류값은 합리적인 것으로 간주할 수 있다.

3. 단방향 제어의 실시간 그래픽 프로그램

이번에는 BLDC 모터를 개루프로 제어하면서 회전속도[rpm]와 전류[A]를 측정하고, 이를 오실로스코프 화면처럼 TFT-LCD 화면에 실시간 그래픽으로 표시하는 프로그램을 작성하여 보기로 한다.

이러한 실시간 그래픽 처리 프로그램을 작성할 때 유의사항을 요약하여 보면 다음과 같다.

① 우선 x축은 시간축으로 사용하고 y축은 전동기 회전속도를 나타내는 축으로 사용해야 하므로 320×240 픽셀의 전체 화면에서 그래픽 부분과 눈금 표시 부분을 어떻게 분할하여 사용할 것인지를 정한다.

② x축과 y축에 눈금을 표시하고 눈금마다 값을 표시할 때는 기존의 일반적인 TFT-LCD 문자출력 함수로는 정확하게 글씨의 위치를 지정하여 표시할 수 없으므로 픽셀 단위로 글자의 위치를 지정할 수 있는 TFT_English_pixel() 함수를 사용한다.

③ x축의 시간 스케일은 반드시 실제의 시간과 맞아야 하는데, 이를 어떻게 처리할 것인지 정한다. 여기서는 x방향으로 속도 샘플링 주기에 해당하는 40ms마다 1개씩의 점을 지나가면서 그래프를 그릴 것이므로 50개의 점이 2초를 나타내도록 한다. 그 결과 x방향으로 총 250개의 점에 10초 동안의 그래프를 그리도록 할 것이다.

④ 절대로 동일한 장치를 메인 함수에서도 액세스하고 인터럽트 처리함수에서도 액세스하면 안된다. TFT-LCD도 역시 그러하므로 여기에 문자나 그래픽을 출력하는 것은 반드시 메인 함수에서 처리하도록 한다. 속도측정을 위한 인터럽트에서 회전속도를 측정할 때마다 플랙을 1로 표시하면 메인 함수에서는 이를 확인하여 실시간으로 그래픽 작업을 수행한다.

⑤ y축의 스케일은 어떻게 처리할지 정한다. 여기서는 y방향으로 40개의 점을 지날 때마다 1000rpm이 증가하도록 하여 총 200개의 점으로 5000rpm까지 표시한다. 한편, 오른쪽의 y축에는 전류값의 스케일을 0~2.5[A] 범위에서 표시한다.

⑥ 그래프는 이전 시간의 값(old value)과 현재 시간의 값(current value)을 직선으로 이어나가는 방식으로 그린다. 그러나, 화면의 첫번째 시간축에서 그래프를 그리는 경우에는 이전 시간의 값이 없게 되므로 현재 값을 이전 값으로 동일하게 복사한 후에 그래프를 그리면 된다.

⑦ x방향으로 오른쪽 끝에 이르면 그래픽 화면을 지우고 왼쪽 처음부터 다시 시작해야 한다. 그런데, 이처럼 화면을 빨리 지우고 새 화면을 시작하는 방법에는 여러 가지의 프로그램 테크닉이 있다. 여기서는 그래픽 화면에서 x축과 y축의 내부 직사각형 부분만 지우고 다시 그리는 방법을 사용하였으며, 이렇게 화면의 일부를 지우는 작업에도 가장 빠르게 처리하는 특별한 프로그래밍 기법을 적용하였다.

⑧ 이와 같이 실시간 그래픽 처리를 수행할 경우에는 회전속도 곡선을 그리는 일 이외에도 여러 가지의 처리를 실시간으로 수행해야 하기 때문에 마이크로컨트롤러가 매우 바쁘다. 만약 이러한 모든 처리가 40ms 이내에 완료되지 않으면 그래픽 처리가 올바르게 수행될 수가 없다. 이 때문에 A/D 컨버터로 가변저항 VR1을 읽어들이는 작업도 최대한 시간을 단축하였고, 그래픽 화면에 회전속도 값을 수치 데이터로 표시할지 여부는 스위치 SW2.2를 사용하여 선택할 수 있도록 하였다.

이와 같은 방법으로 TFT-LCD에 표시할 그래픽 화면을 설계한 내용을 도시하면

<그림 5.2.1>과 같다.

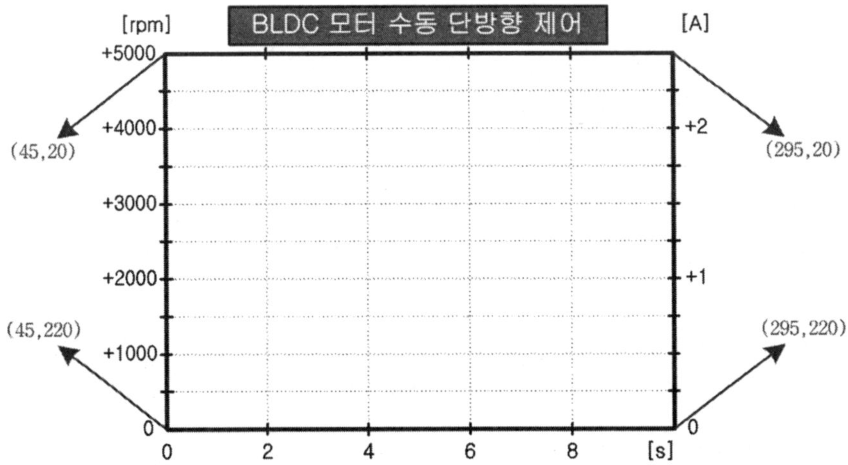

<그림 5.2.1> BLDC 모터를 단방향 제어하는 그래픽 화면의 구성

<프로그램 Chap5_04.c> BLDC 모터의 회전속도를 그래픽으로 표시하는 프로그램

```
/* ============================================================================ */
/*      Cahp5_04_graph.c : BLDC 모터(M2) 단방향 회전속도 그래픽 프로그램        */
/* ============================================================================ */
/*                     Designed and programmed by Duck-Yong Yoon in 2015.   */

// ***** 이 프로그램의 사용 조건 ************************************************
//
// (1) 컨넥터 CN6(M2)에 BLDC 모터 BL42S-24026N을 연결할 것.
// (2) 점퍼 스위치 J1을 2-3 위치로 연결할 것.
//
// (3) SW2.1로 동작/정지를 선택할 것.
// (4) 가변저항 VR1로 속도를 설정할 것.
//
// ******************************************************************************

#include <avr/io.h>
#include <avr/interrupt.h>
#include "OK-128BLDC.h"

void Graphic_line(void);                        /* draw line of graphic screen */
void Graphic_scale(void);                       /* display graphic scale */
void Graphic_clear(void);                       /* clear graphic screen */

volatile unsigned char m1, count, count0 = 0;   // pulse count
volatile float Wr, Wrx;                         // motor speed
volatile float current;                         // motor current
volatile unsigned int step = 0;                 // graphic step count
volatile unsigned char flag = 0;                // graphic flag

volatile unsigned char TCCR1A_temp, PORTB_temp; // I/O register store data
volatile unsigned char Hall_data;               // Hall sensor signal data
```

```
ISR(TIMER3_COMPA_vect)                       /* OC3A interrupt function(0.04s period) */
{
  count = TCNT2;                             // read TCNT2
  m1 = count - count0;                       // calculate m1(encoder pulse)
  count0 = count;
  sei();                                     // global interrupt enable

  if(m1 == 0)                                // BLDC 모터가 정지상태인지 확인
    { TCCR1A_temp = TCCR1A;                  // store I/O registers
      PORTB_temp = PORTB;

      TCCR1A = 0x02;                         // UB = VB = WB = PORTB
      PORTB = 0xE0;                          // 부트스트랩 커패시터 충전
      Delay_ms(1);                           // (UB = VB = WB = 1, UT = VT = WT = 0)
      PORTB = 0x00;

      TCCR1A = TCCR1A_temp;                  // restore I/O registers
      PORTB = PORTB_temp;
    }

  Wr = (float)m1*60./24./0.04;               // calculate Wr[rpm]

  flag = 1;                                  // set graphic flag
  step++;                                    // increment graphic step
  Wrx = Wr;                                  // store value of Wr
}

ISR(INT5_vect)                               /* INT5 interrupt function(rising/falling) */
{
  Hall_data = PINE & 0xE0;
  if(Hall_data == 0xA0)                      // if position angle = 0~60 degree
    { PORTB = 0x04;                          // UT = 1
      TCCR1A = 0x22;                         // VB = PWM
    }
  else if(Hall_data == 0x40)                 // if position angle = 180~240 degree
    { PORTB = 0x08;                          // VT = 1
      TCCR1A = 0x82;                         // UB = PWM
    }
}

ISR(INT6_vect)                               /* INT6 interrupt function(rising/falling) */
{
  Hall_data = PINE & 0xE0;
  if(Hall_data == 0x60)                      // if position angle = 120~180 degree
    { PORTB = 0x08;                          // VT = 1
      TCCR1A = 0x0A;                         // WB = PWM
    }
  else if(Hall_data == 0x80)                 // if position angle = 300~360 degree
    { PORTB = 0x10;                          // WT = 1
      TCCR1A = 0x22;                         // VB = PWM
    }
}

ISR(INT7_vect)                               /* INT7 interrupt function(rising/falling) */
{
  Hall_data = PINE & 0xE0;
  if(Hall_data == 0x20)                      // if position angle = 60~120 degree
    { PORTB = 0x04;                          // UT = 1
      TCCR1A = 0x0A;                         // WB = PWM
    }
  else if(Hall_data == 0xC0)                 // if position angle = 240~300 degree
    { PORTB = 0x10;                          // WT = 1
      TCCR1A = 0x82;                         // UB = PWM
```

```
    }
}

int main(void)
{
  signed int result;                          // A/D converter result
  unsigned int PWM;                           // output compare register value for PWM
  unsigned int y1, y10 = 0, y2, y20 = 0;      // graphic variable

  MCU_initialize();                           // initialize MCU and kit
  Delay_ms(50);                               // wait for system stabilization
  TFT_initialize();                           // initialize TFT-LCD module
  Beep();

  Graphic_line();                             // draw line of graphic screen
  Graphic_scale();                            // display graphic scale

// ***** 타이머 초기화 ********************************************************

  TCCR1A = 0x02;                              // Timer1 = fast PWM mode(14)
  TCCR1B = 0x19;                              // don't output OC1A, OC1B, OC1C
  TCCR1C = 0x00;                              // 16MHz/1/(1+799) = 20kHz
  ICR1 = 799;
  OCR1A = 0;
  OCR1B = 0;
  OCR1C = 0;

  TCCR2 = 0x06;                               // Timer2 = Normal mode(0), T2 input
  TCNT2 = 0;                                  // clear Timer/Counter2

  TCCR3A = 0x00;                              // Timer3 = CTC mode(4), don't output OC3A
  TCCR3B = 0x0C;                              // 16MHz/256/(1+2499) = 25Hz
  TCCR3C = 0x00;
  OCR3A = 2499;
  TCNT3 = 0x0000;                             // clear Timer/Counter3

  ETIFR = 0x10;                               // clear OC3A interrupt flag
  ETIMSK = 0x10;                              // enable OC3A interrupt

  DDRE  = 0x00;                               // initialize PORTE
  EICRB = 0x54;                               // INT5/6/7 = rising and falling edge
  EIFR = 0xE0;
  EIMSK = 0xE0;
  sei();                                      // global interrupt enable

// ***** 게이트 드라이브 신호 초기화 ***************************************

  DDRB  = 0xFC;                               // (1) PORTB 초기화
  PORTB = 0x00;                               //     (all gate signals are 0)

  PORTB = 0xE0;                               // (2) 부트스트랩 커패시터 충전
  Delay_ms(1);                                //     (UB = VB = WB = 1, UT = VT = WT = 0)
  PORTB = 0x00;

  Hall_data = PINE & 0xE0;                    // (3) 회전자 초기 위치 검출
  if(Hall_data == 0xA0)                       // if position angle = 0~60 degree
    { PORTB = 0x04;                           // UT = 1
      TCCR1A = 0x22;                          // VB = PWM
    }
  else if(Hall_data == 0x20)                  // if position angle = 60~120 degree
    { PORTB = 0x04;                           // UT = 1
      TCCR1A = 0x0A;                          // WB = PWM
    }
```

```
  else if(Hall_data == 0x60)                    // if position angle = 120~180 degree
    { PORTB = 0x08;                             // VT = 1
      TCCR1A = 0x0A;                            // WB = PWM
    }
  else if(Hall_data == 0x40)                    // if position angle = 180~240 degree
    { PORTB = 0x08;                             // VT = 1
      TCCR1A = 0x82;                            // UB = PWM
    }
  else if(Hall_data == 0xC0)                    // if position angle = 240~300 degree
    { PORTB = 0x10;                             // WT = 1
      TCCR1A = 0x82;                            // UB = PWM
    }
  else if(Hall_data == 0x80)                    // if position angle = 300~360 degree
    { PORTB = 0x10;                             // WT = 1
      TCCR1A = 0x22;                            // VB = PWM
    }

// ***** 주 제어 루틴 *****************************************************

  while(1)
    { if((PINC & 0x40) == 0x40)                 // ***** check -START/STOP
        { cli();
          TCCR1A = 0x02;
          PORTB = 0x00;
        }
      else
        sei();

      ADCSRA = 0x84;                            // ADC 1MHz, right adjust
      ADMUX = 0x03;                             // select ADC3 with AREF
      Delay_us(150);
      ADCSRA = 0xD4;                            // read ADC3(VR1)
      while((ADCSRA & 0x10) != 0x10);
      result = ADCW;

      PWM = (float)result*799./1023. + 0.5;     // output PWM
      OCR1A = PWM;
      OCR1B = PWM;
      OCR1C = PWM;

      ADCSRA = 0x87;                            // ADC 125kHz, left adjust
      ADMUX = 0x29;                             // select ADC1 x 10 with AREF
      Delay_us(150);
      ADCSRA = 0xD7;                            // read ADC1(current)
      while((ADCSRA & 0x10) != 0x10);
      result = ADCW;
      result >>= 6;
      if(result < 0) result = 0;
      current = (float)result*5./511.;

      if(flag == 1)                             // graphic time ?
        { flag = 0;

          if((PINC & 0x80) == 0x00)             // display motor speed(xxxx.x rpm)
            { TFT_string(6,3,White,Black,"Wr=");
              TFT_signed_decimal(Wrx + 0.5,0,4);
              TFT_string(6,5,Red,Black,"Ia=");
              TFT_signed_float(current,1,2);
            }

          if(Wrx > 5000.) Wrx = 5000.;          // limit Wr graph
          y1 = 220. - Wrx*200./5000. + 0.5;     // draw Wr
          if(step == 1) y10 = y1;
```

```
          Line(45+step-1,y10, 45+step,y1, Green);
          y10 = y1;

          if(current > 2.5) current = 2.5;       // limit current graph
          y2 = 220. - current*200./2.5 + 0.5;    // draw current
          if(step == 1) y20 = y2;
          Line(45+step-1,y20, 45+step,y2, Red);
          y20 = y2;

          if(step >= 250)                        // new screen ?
            { Graphic_clear();                   // if yes, clear screen
              Graphic_line();
              flag = 0;
              step = 0;
            }
        }
    }
}

// ===== Graphic Display Function ==============================================

void Graphic_line(void)                          /* draw line of graphic screen */
{
  unsigned int x, y;

  Rectangle(45,20, 295,220, Cyan);               // outline

  for(x = 95; x <= 245; x += 50)                 // x-axis scale
    { Line(x,18, x,22, Cyan);
      Line(x,218, x,222, Cyan);

      for(y = 25; y <= 215; y += 5)              // vertical line
        TFT_pixel(x,y, Silver);
    }

  for(y = 40; y <= 200; y += 20)                 // y-axis scale
    { Line(43,y, 47,y, Cyan);
      Line(293,y, 297,y, Cyan);

      for(x = 50; x <= 290; x += 5)              // horizontal line
        TFT_pixel(x,y, Silver);
    }
}

void Graphic_scale(void)                         /* display graphic scale */
{
  TFT_string(7,0,White,Magenta," BLDC 모터 수동 단방향 제어 ");

  TFT_string(1,0,Yellow,Black,"[rpm]");          // speed scale
  TFT_color(Green,Black);
  TFT_English_pixel(32,213, '0');                // 0 rpm
  TFT_English_pixel(0,173, '+');                 // 1000 rpm
  TFT_English_pixel(8,173, '1');
  TFT_English_pixel(16,173, '0');
  TFT_English_pixel(24,173, '0');
  TFT_English_pixel(32,173, '0');
  TFT_English_pixel(0,133, '+');                 // 2000 rpm
  TFT_English_pixel(8,133, '2');
  TFT_English_pixel(16,133, '0');
  TFT_English_pixel(24,133, '0');
  TFT_English_pixel(32,133, '0');
  TFT_English_pixel(0,93, '+');                  // 3000 rpm
  TFT_English_pixel(8,93, '3');
```

```
  TFT_English_pixel(16,93, '0');
  TFT_English_pixel(24,93, '0');
  TFT_English_pixel(32,93, '0');
  TFT_English_pixel(0,53, '+');                       // 4000 rpm
  TFT_English_pixel(8,53, '4');
  TFT_English_pixel(16,53, '0');
  TFT_English_pixel(24,53, '0');
  TFT_English_pixel(32,53, '0');
  TFT_English_pixel(0,13, '+');                       // 5000 rpm
  TFT_English_pixel(8,13, '5');
  TFT_English_pixel(16,13, '0');
  TFT_English_pixel(24,13, '0');
  TFT_English_pixel(32,13, '0');

  TFT_string(37,0,Yellow,Black,"[A]");                // auxiliary scale
  TFT_color(Red,Black);
  TFT_English_pixel(301,213, '0');                    // 0
  TFT_English_pixel(301,133, '+');                    // 1
  TFT_English_pixel(308,133, '1');
  TFT_English_pixel(301,53, '+');                     // 2
  TFT_English_pixel(308,53, '2');

  TFT_string(34,28,Cyan,Black,"[s]");                 // time scale
  TFT_English_pixel(41,224, '0');                     // 0 sec
  TFT_English_pixel(91,224, '2');                     // 2 sec
  TFT_English_pixel(141,224, '4');                    // 4 sec
  TFT_English_pixel(191,224, '6');                    // 6 sec
  TFT_English_pixel(241,224, '8');                    // 8 sec
}

void Graphic_clear(void)                              /* clear graphic screen */
{
  unsigned int x, y;

  for(y = 21; y <= 219; y++)
    { TFT_GRAM_address(46,y);
      for(x = 46; x <= 294; x++)
        TFT_data(Black);
    }
}
```

☞ 인터럽트 함수에서 flag을 1로 설정하면 그래픽을 처리할 때가 되었다는 의미이므로 메인 함수는 이를 확인하여 그래픽 라인을 그린다. x방향으로 시간을 따라 이동하는 스텝수는 step으로 관리하며, step이 250에 이르면 10초가 되어 그래픽 화면이 끝났으므로 그래픽을 지우고 왼쪽 처음부터 다시 시작한다.

SW2.2를 ON시키면 그래픽 화면의 좌측 상단에 전동기 회전속도와 전류를 실시간 값으로도 표시하며, SW2.2를 OFF시키면 이를 표시하지 않는다.

4. 단방향 PI 제어 프로그램

이제 BLDC 모터 단방향 제어 프로그램의 마지막 단계로 이를 PI 제어 알고리즘을 사용하여 피드백 제어하는 프로그램을 작성해 보기로 한다. 여기서는 속도 샘플링 주기와 PI 제어 주기를 동일하게 유지시킬 수 있는 M 방식의 속도측정을 사용하는 것으로 한다. 이 주기는 40ms로 한다.

아래의 예제 프로그램에서는 저자가 비교적 양호한 비례이득 Kp와 적분이득 Ki의 값을 지정하였으나, 이것의 최적치는 사용자 여러분이 시행착오법으로 찾아야 한다.

<프로그램 Chap5_05.c> PI 제어 방식에 의한 BLDC 모터의 속도제어 프로그램

```
/* ========================================================================== */
/*     Cahp5_05_PIcontrol.c : BLDC 모터(M2) 단방향 PI 속도제어 프로그램      */
/* ========================================================================== */
/*                     Designed and programmed by Duck-Yong Yoon in 2015.    */

// ***** 이 프로그램의 사용 조건 ********************************************
//
// (1) 컨넥터 CN6(M2)에 BLDC 모터 BL42S-24026N을 연결할 것.
// (2) 점퍼 스위치 J1을 2-3 위치로 연결할 것.
//
// (3) SW2.1로 동작/정지를 선택할 것.
// (4) 가변저항 VR1로 속도를 설정할 것.
//
// **************************************************************************

#include <avr/io.h>
#include <avr/interrupt.h>
#include "OK-128BLDC.h"

void Graphic_line(void);                      /* draw line of graphic screen */
void Graphic_scale(void);                     /* display graphic scale */
void Graphic_clear(void);                     /* clear graphic screen */

#define  Ts      0.04                         // speed sampling time[sec]

#define  Kp      0.02                         // P gain
#define  Ki      0.40                         // I gain

volatile unsigned char m1, count, count0 = 0;   // pulse count
volatile float Wr, Wrx, Werr, Werr0;            // motor speed
volatile float Wref = 0., Wrefx;                // reference speed
volatile float current;                         // motor current
volatile unsigned int step = 0;                 // graphic step count
volatile unsigned char flag = 0;                // graphic flag

volatile float PIconstant, PI = 0.;             // PI variables
volatile unsigned int PWM;                      // PWM output data
volatile unsigned int  Wref_time = 0;           // time counter for Wref setting
unsigned char tableindex = 0;                   // Wref data table
float Wref_table[10] = {2000., 4000., 0., 3000., 0., 4000., 0., 4500., 2500., 500.};

volatile unsigned char TCCR1A_temp, PORTB_temp; // I/O register store data
volatile unsigned char Hall_data;               // Hall sensor signal data
volatile unsigned char direction = '+';         // motor direction command

ISR(TIMER3_COMPA_vect)                          /* OC3A interrupt function(0.04s period) */
{
  count = TCNT2;                                // read TCNT2
  m1 = count - count0;                          // calculate m1(encoder pulse)
  count0 = count;
  sei();                                        // global interrupt enable
```

```
  if(m1 == 0)                                 // BLDC 모터가 정지상태인지 확인
    { TCCR1A_temp = TCCR1A;                   // store I/O registers
      PORTB_temp = PORTB;

      TCCR1A = 0x02;                          // UB = VB = WB = PORTB
      PORTB = 0xE0;                           // 부트스트랩 커패시터 충전
      Delay_ms(1);                            // (UB = VB = WB = 1, UT = VT = WT = 0)
      PORTB = 0x00;

      TCCR1A = TCCR1A_temp;                   // restore I/O registers
      PORTB = PORTB_temp;
    }

  Wr = (float)m1*60./24./0.04;                // calculate Wr[rpm]

  Werr = Wref - Wr;                           // PI controller
  PI = PI + PIconstant*Werr - Kp*Werr0;
  Werr0 = Werr;

  if(PI > 799.)     PI = 799.;                // PI control limiter
  else if(PI < 0.) PI = 0.;
  PWM = PI + 0.5;                             // output PWM
  OCR1A = PWM;
  OCR1B = PWM;
  OCR1C = PWM;

  Wref_time++;

  flag = 1;                                   // set graphic flag
  step++;                                     // increment graphic step
  Wrefx = Wref;                               // store value of Wref
  Wrx = Wr;                                   // store value of Wr
}

ISR(INT5_vect)                                /* INT5 interrupt function(rising/falling) */
{
  Hall_data = PINE & 0xE0;
  if(Hall_data == 0xA0)                       // if position angle = 0~60 degree
    { PORTB = 0x04;                           // UT = 1
      TCCR1A = 0x22;                          // VB = PWM
    }
  else if(Hall_data == 0x40)                  // if position angle = 180~240 degree
    { PORTB = 0x08;                           // VT = 1
      TCCR1A = 0x82;                          // UB = PWM
    }
}

ISR(INT6_vect)                                /* INT6 interrupt function(rising/falling) */
{
  Hall_data = PINE & 0xE0;
  if(Hall_data == 0x60)                       // if position angle = 120~180 degree
    { PORTB = 0x08;                           // VT = 1
      TCCR1A = 0x0A;                          // WB = PWM
    }
  else if(Hall_data == 0x80)                  // if position angle = 300~360 degree
    { PORTB = 0x10;                           // WT = 1
      TCCR1A = 0x22;                          // VB = PWM
    }
}

ISR(INT7_vect)                                /* INT7 interrupt function(rising/falling) */
{
  Hall_data = PINE & 0xE0;
```

```
  if(Hall_data == 0x20)                          // if position angle = 60~120 degree
    { PORTB = 0x04;                              // UT = 1
      TCCR1A = 0x0A;                             // WB = PWM
    }
  else if(Hall_data == 0xC0)                     // if position angle = 240~300 degree
    { PORTB = 0x10;                              // WT = 1
      TCCR1A = 0x82;                             // UB = PWM
    }
}

int main(void)
{
  signed int result;                             // A/D converter result
  unsigned int y1, y10 = 0, y2, y20 = 0, y3, y30 = 0;   // graphic variable

  MCU_initialize();                              // initialize MCU and kit
  Delay_ms(50);                                  // wait for system stabilization
  TFT_initialize();                              // initialize TFT-LCD module
  Beep();

  Graphic_line();                                // draw line of graphic screen
  Graphic_scale();                               // display graphic scale

  Wref = Wref_table[0];                          // get initial Wref from table
  tableindex = 1;
  PIconstant = Kp + Ki*Ts;                       // calculate PI constant

// ***** 타이머 초기화 ********************************************************

  TCCR1A = 0x02;                                 // Timer1 = fast PWM mode(14)
  TCCR1B = 0x19;                                 // don't output OC1A, OC1B, OC1C
  TCCR1C = 0x00;                                 // 16MHz/1/(1+799) = 20kHz
  ICR1 = 799;
  OCR1A = 0;
  OCR1B = 0;
  OCR1C = 0;

  TCCR2 = 0x06;                                  // Timer2 = Normal mode(0), T2 input
  TCNT2 = 0;                                     // clear Timer/Counter2

  TCCR3A = 0x00;                                 // Timer3 = CTC mode(4), don't output OC3A
  TCCR3B = 0x0C;                                 // 16MHz/256/(1+2499) = 25Hz
  TCCR3C = 0x00;
  OCR3A = 2499;
  TCNT3 = 0x0000;                                // clear Timer/Counter3

  ETIFR = 0x10;                                  // clear OC3A interrupt flag
  ETIMSK = 0x10;                                 // enable OC3A interrupt

  DDRE  = 0x00;                                  // initialize PORTE
  EICRB = 0x54;                                  // INT5/6/7 = rising and falling edge
  EIFR = 0xE0;
  EIMSK = 0xE0;
  sei();                                         // global interrupt enable

// ***** 게이트 드라이브 신호 초기화 ***************************************

  DDRB  = 0xFC;                                  // (1) PORTB 초기화
  PORTB = 0x00;                                  //     (all gate signals are 0)

  PORTB = 0xE0;                                  // (2) 부트스트랩 커패시터 충전
  Delay_ms(1);                                   //     (UB = VB = WB = 1, UT = VT = WT = 0)
  PORTB = 0x00;
```

```
  Hall_data = PINE & 0xE0;                       // (3) 회전자 초기 위치 검출
  if(Hall_data == 0xA0)                          // if position angle = 0~60 degree
    { PORTB = 0x04;                              // UT = 1
      TCCR1A = 0x22;                             // VB = PWM
    }
  else if(Hall_data == 0x20)                     // if position angle = 60~120 degree
    { PORTB = 0x04;                              // UT = 1
      TCCR1A = 0x0A;                             // WB = PWM
    }
  else if(Hall_data == 0x60)                     // if position angle = 120~180 degree
    { PORTB = 0x08;                              // VT = 1
      TCCR1A = 0x0A;                             // WB = PWM
    }
  else if(Hall_data == 0x40)                     // if position angle = 180~240 degree
    { PORTB = 0x08;                              // VT = 1
      TCCR1A = 0x82;                             // UB = PWM
    }
  else if(Hall_data == 0xC0)                     // if position angle = 240~300 degree
    { PORTB = 0x10;                              // WT = 1
      TCCR1A = 0x82;                             // UB = PWM
    }
  else if(Hall_data == 0x80)                     // if position angle = 300~360 degree
    { PORTB = 0x10;                              // WT = 1
      TCCR1A = 0x22;                             // VB = PWM
    }

// ***** 주 제어 루틴 ******************************************************

  while(1)
    { if((PINC & 0x40) == 0x40)                  // ***** check -START/STOP
        { cli();
          TCCR1A = 0x02;
          PORTB = 0x00;
        }
      else
        sei();

      if((PINC & 0x20) == 0x20)                  // ***** check auto/-manual
        { TFT_string(33,0,White,Black,"(자동)");
          if(Wref_time >= 75)                    // 3 sec ?
            { Wref_time = 0;
              Wref = Wref_table[tableindex];     // if yes, get Wref from table
              tableindex++;
              tableindex %= 10;
            }
        }
      else
        { TFT_string(33,0,White,Black,"(수동)");
          ADCSRA = 0x84;                         // ADC 1MHz, right adjust
          ADMUX = 0x03;                          // select ADC3 with AREF
          Delay_us(150);
          ADCSRA = 0xD4;                         // read ADC3(VR1)
          while((ADCSRA & 0x10) != 0x10);
          result = ADCW;
          result = ADCW;
          Wref = (float)result*5000./1023.;      // get Wref
        }

      ADCSRA = 0x87;                             // ADC 125kHz, left adjust
      ADMUX = 0x29;                              // select ADC1 x 10 with AREF
      Delay_us(150);
      ADCSRA = 0xD7;                             // read ADC1(current)
```

```
      while((ADCSRA & 0x10) != 0x10);
      result = ADCW;
      result >>= 6;
      if(result < 0) result = 0;
      current = (float)result*5./511.;

      if(flag == 1)                              // graphic time ?
        { flag = 0;

          if((PINC & 0x80) == 0x00)              // display PI gain(x.xx)
            { TFT_string(6,3,White,Black,"Kp=");
              TFT_unsigned_float(Kp,1,2);
              TFT_string(6,5,White,Black,"Ki=");
              TFT_unsigned_float(Ki,1,2);
            }

          if(Wrefx > 5000.) Wrefx = 5000.;       // limit Wref graph
          y1 = 220. - Wrefx*200./5000. + 0.5;    // draw Wref
          if(step == 1) y10 = y1;
          Line(45+step-1,y10, 45+step,y1, White);
          y10 = y1;

          if(Wrx > 5000.) Wrx = 5000.;           // limit Wr graph
          if(Wrx < 0.)    Wrx = 0.;
          y2 = 220. - Wrx*200./5000. + 0.5;      // draw Wr
          if(step == 1) y20 = y2;
          Line(45+step-1,y20, 45+step,y2, Green);
          y20 = y2;

          if(current > 2.5) current = 2.5;       // limit current graph
          y3 = 220. - current*200./2.5 + 0.5;    // draw current
          if(step == 1) y30 = y3;
          Line(45+step-1,y30, 45+step,y3, Red);
          y30 = y3;

          if(step >= 250)                        // new screen ?
            { Graphic_clear();                   // if yes, clear screen
              Graphic_line();
              flag = 0;
              step = 0;
            }
        }
    }
}

// ===== Graphic Display Function ==============================================

void Graphic_line(void)                          /* draw line of graphic screen */
{
  unsigned int x, y;

  Rectangle(45,20, 295,220, Cyan);               // outline

  for(x = 95; x <= 245; x += 50)                 // x-axis scale
    { Line(x,18, x,22, Cyan);
      Line(x,218, x,222, Cyan);

      for(y = 25; y <= 215; y += 5)              // vertical line
        TFT_pixel(x,y, Silver);
    }

  for(y = 40; y <= 200; y += 20)                 // y-axis scale
    { Line(43,y, 47,y, Cyan);
```

```
      Line(293,y, 297,y, Cyan);

      for(x = 50; x <= 290; x += 5)            // horizontal line
        TFT_pixel(x,y, Silver);
    }
}

void Graphic_scale(void)                       /* display graphic scale */
{
  TFT_string(7,0,White,Magenta," BLDC 모터 단방향 PI 제어 ");

  TFT_string(1,0,Yellow,Black,"[rpm]");        // speed scale
  TFT_color(Green,Black);
  TFT_English_pixel(32,213, '0');              // 0 rpm
  TFT_English_pixel(0,173, '+');               // 1000 rpm
  TFT_English_pixel(8,173, '1');
  TFT_English_pixel(16,173, '0');
  TFT_English_pixel(24,173, '0');
  TFT_English_pixel(32,173, '0');
  TFT_English_pixel(0,133, '+');               // 2000 rpm
  TFT_English_pixel(8,133, '2');
  TFT_English_pixel(16,133, '0');
  TFT_English_pixel(24,133, '0');
  TFT_English_pixel(32,133, '0');
  TFT_English_pixel(0,93, '+');                // 3000 rpm
  TFT_English_pixel(8,93, '3');
  TFT_English_pixel(16,93, '0');
  TFT_English_pixel(24,93, '0');
  TFT_English_pixel(32,93, '0');
  TFT_English_pixel(0,53, '+');                // 4000 rpm
  TFT_English_pixel(8,53, '4');
  TFT_English_pixel(16,53, '0');
  TFT_English_pixel(24,53, '0');
  TFT_English_pixel(32,53, '0');
  TFT_English_pixel(0,13, '+');                // 5000 rpm
  TFT_English_pixel(8,13, '5');
  TFT_English_pixel(16,13, '0');
  TFT_English_pixel(24,13, '0');
  TFT_English_pixel(32,13, '0');

  TFT_string(37,2,Yellow,Black,"[A]");         // auxilliary scale
  TFT_color(Red,Black);
  TFT_English_pixel(301,213, '0');             // 0
  TFT_English_pixel(301,133, '+');             // 1
  TFT_English_pixel(308,133, '1');
  TFT_English_pixel(301,53, '+');              // 2
  TFT_English_pixel(308,53, '2');

  TFT_string(34,28,Cyan,Black,"[s]");          // time scale
  TFT_English_pixel(41,224, '0');              // 0 sec
  TFT_English_pixel(91,224, '2');              // 2 sec
  TFT_English_pixel(141,224, '4');             // 4 sec
  TFT_English_pixel(191,224, '6');             // 6 sec
  TFT_English_pixel(241,224, '8');             // 8 sec
}

void Graphic_clear(void)                       /* clear graphic screen */
{
  unsigned int x, y;

  for(y = 21; y <= 219; y++)
    { TFT_GRAM_address(46,y);
      for(x = 46; x <= 294; x++)
```

```
        TFT_data(Black);
    }
}
```

☞ SW2.1을 ON시키면 자동 모드가 되어 배열 Wref_table[]에 지정된 10가지의 기준 속도를 3초 간격으로 불러다가 전동기의 회전속도 제어를 수행하고, SW2.1을 OFF하면 수동 모드가 되어 사용자가 가변저항 VR1으로 입력한 기준 속도에 따라 회전속도를 제어한다. 자동 모드에서 기준속도를 변경하는 3초의 시간은 인터럽트 함수에서 변수 Wref_time을 증가시켜서 만든다.

PI 제어 알고리즘에서 만들어진 제어입력 PI는 PWM 제어를 위한 출력비교 레지스터 값으로 사용되는데, 이 레지스터 값은 0~799 범위로 설정해야 하므로 만약 PI값이 799보다 크면 799로 제한하고, 0보다 작으면 0으로 제한해야 한다.

비례이득 Kp와 적분이득 Ki의 최적치는 오직 1가지만 존재하는 것이 아니다. 적절한 응답 파형은 시스템의 응용 목적에 따라 달라지기도 하고 사람의 취향에 따라서도 다를 수 있으며, 동일한 응답 파형을 얻기 위한 비례이득 Kp와 적분이득 Ki의 조합도 여러 가지가 있을 수 있다. 그러므로 자신이 원하는 제어응답 파형을 얻기 위한 비례이득 Kp와 적분이득 Ki의 값은 시스템 설계자가 직접 수고하여 찾고 결정해야 한다.

5.3 MCU가 직접 처리하는 양방향 속도제어 프로그램

여기서는 ATmega128A 마이크로컨트롤러가 직접 처리하는 방법으로 BLDC 모터 BL42S-24026N을 양방향으로 가변속 제어하는 프로그램을 C언어로 작성하여 보기로 한다. 전동기의 전압은 ATmega128A의 타이머1을 사용한 PWM 제어방식으로 가변하며, 속도 피드백 제어에는 PI 제어 알고리즘을 사용한다.

1. 양방향 개루프 속도제어 프로그램

일정한 시간 간격으로 PWM 듀티비를 자동 가변하여 BLDC 모터 BL42S-24026N을 몇가지의 속도로 변화시키면서 반복 구동하는 프로그램을 작성하여 보기로 한다. 이 책에서는 이러한 구동방식을 자동 모드(auto mode)라고 부른다. 이에 비하여 가변저항 VR1을 사용하여 사용자가 수동으로 전동기의 속도를 임의 가변하는 방식을 수동 모드(manual mode)라고 부른다.

인버터 MOSFET의 하위 스위치들을 구동하는 PWM 신호는 ATmega128A의 타이머1에서 OC1A, OC1B, OC1C 신호를 사용하며, 스위칭 주파수는 제4장의 LB11920처럼 20kHz로 사용하였다.

3상 인버터의 PWM 듀티비를 자동 모드에서 3초 간격으로 25%→55%→85%→100%→70%→40%→ 의 순서로 가변하면서 각각 정방향 및 역방향을 교대로 BLDC 모터를 구동하는 예제 프로그램을 작성하여 보면 다음과 같다.

<프로그램 Chap5_06.c> 자동 모드로 BLDC 모터를 구동하는 프로그램

```
/* ========================================================================== */
/*      Chap5_06_FR_auto.c : BLDC 모터(M2) 양방향 오픈루프 제어 프로그램        */
/* ========================================================================== */
/*                      Designed and programmed by Duck-Yong Yoon in 2015.    */

// ***** 이 프로그램의 사용 조건 *********************************************
//
// (1) 컨넥터 CN6(M2)에 BLDC 모터 BL42S-24026N을 연결할 것.
// (2) 점퍼 스위치 J1을 2-3 위치로 연결할 것.
//
// ***************************************************************************

#include <avr/io.h>
```

```
#include <avr/interrupt.h>
#include "OK-128BLDC.h"

volatile unsigned char m1, count, count0 = 0;    // pulse count
volatile float Wr = 0.;                          // motor speed

volatile unsigned char TCCR1A_temp, PORTB_temp; // I/O register store data
volatile unsigned char Hall_data;                // Hall sensor signal data
volatile unsigned char direction = '+';          // motor direction command

volatile unsigned int duty_time = 75;            // time counter for duty ratio setting
unsigned char tableindex = 0;                    // duty ratio data table
float duty_table[12] = {25., 55., 85., 100., 70., 40., 25., 55., 85., 100., 70., 40.};
float duty;                                      // duty ratio

ISR(TIMER3_COMPA_vect)                           /* OC3A interrupt function(0.04s period) */
{
  count = TCNT2;                                 // read TCNT2
  m1 = count - count0;                           // calculate m1(encoder pulse)
  count0 = count;
  sei();                                         // global interrupt enable

  if(m1 == 0)                                    // BLDC 모터가 정지상태인지 확인
    { TCCR1A_temp = TCCR1A;                      // store I/O registers
      PORTB_temp = PORTB;

      TCCR1A = 0x02;                             // UB = VB = WB = PORTB
      PORTB = 0xE0;                              // 부트스트랩 커패시터 충전
      Delay_ms(1);                               // (UB = VB = WB = 1, UT = VT = WT = 0)
      PORTB = 0x00;

      TCCR1A = TCCR1A_temp;                      // restore I/O registers
      PORTB = PORTB_temp;
    }

  Wr = (float)m1*60./24./0.04;                   // calculate Wr[rpm]
  if((PIND & 0x20) == 0x00) Wr = -Wr;

  duty_time++;
}

ISR(INT5_vect)                                   /* INT5 interrupt function(rising/falling) */
{
  Hall_data = PINE & 0xE0;
  if(direction == '+')                           // 정방향 회전
    { if(Hall_data == 0xA0)                      // if forward and position = 0~60 degree
        { PORTB = 0x04;                          // UT = 1
          TCCR1A = 0x22;                         // VB = PWM
        }
      else if(Hall_data == 0x40)                 // if forward and position = 180~240 degree
        { PORTB = 0x08;                          // VT = 1
          TCCR1A = 0x82;                         // UB = PWM
        }
    }
  else                                           // 역방향 회전
    { if(Hall_data == 0x60)                      // if reverse and position = 0~60 degree
        { PORTB = 0x10;                          // WT = 1
          TCCR1A = 0x22;                         // VB = PWM
        }
      else if(Hall_data == 0x80)                 // if reverse and position = 180~240 degree
        { PORTB = 0x08;                          // VT = 1
          TCCR1A = 0x0A;                         // WB = PWM
        }
```

```
    }
}

ISR(INT6_vect)                                  /* INT6 interrupt function(rising/falling) */
{
  Hall_data = PINE & 0xE0;
  if(direction == '+')                          // 정방향 회전
    { if(Hall_data == 0x60)                     // if forward and position = 120~180 degree
        { PORTB = 0x08;                         // VT = 1
          TCCR1A = 0x0A;                        // WB = PWM
        }
      else if(Hall_data == 0x80)                // if forward and position = 300~360 degree
        { PORTB = 0x10;                         // WT = 1
          TCCR1A = 0x22;                        // VB = PWM
        }
    }
  else                                          // 역방향 회전
    { if(Hall_data == 0x20)                     // if reverse and position = 60~120 degree
        { PORTB = 0x10;                         // WT = 1
          TCCR1A = 0x82;                        // UB = PWM
        }
      else if(Hall_data == 0xC0)                // if reverse and position = 240~300 degree
        { PORTB = 0x04;                         // UT = 1
          TCCR1A = 0x0A;                        // WB = PWM
        }
    }
}

ISR(INT7_vect)                                  /* INT7 interrupt function(rising/falling) */
{
  Hall_data = PINE & 0xE0;
  if(direction == '+')                          // 정방향 회전
    { if(Hall_data == 0x20)                     // if forward and position = 60~120 degree
        { PORTB = 0x04;                         // UT = 1
          TCCR1A = 0x0A;                        // WB = PWM
        }
      else if(Hall_data == 0xC0)                // if forward and position = 240~300 degree
        { PORTB = 0x10;                         // WT = 1
          TCCR1A = 0x82;                        // UB = PWM
        }
    }
  else                                          // 역방향 회전
    { if(Hall_data == 0xA0)                     // if reverse and position = 120~180 degree
        { PORTB = 0x08;                         // VT = 1
          TCCR1A = 0x82;                        // UB = PWM
        }
      else if(Hall_data == 0x40)                // if reverse and position = 300~360 degree
        { PORTB = 0x04;                         // UT = 1
          TCCR1A = 0x22;                        // VB = PWM
        }
    }
}

int main(void)
{
  unsigned int PWM;                             // output compare register value for PWM

  MCU_initialize();                             // initialize MCU and kit
  Delay_ms(50);                                 // wait for system stabilization
  TFT_initialize();                             // initialize TFT-LCD module
  Beep();

  TFT_string(0, 0,Green,  Black,"******************************************");
```

```
  TFT_string(0, 2,White,Magenta,"   BLDC 모터(M2) 양방향 오픈루프 제어   ");
  TFT_string(0, 4,Green,  Black,"****************************************");
  TFT_string(0, 8,White,  Black,"  (1) SW2.1 = START 지령 : L(동작)       ");
  TFT_string(0,11,White,  Black,"  (2) SW2.2 = (not used)                 ");
  TFT_string(0,14,White,  Black,"  (3) SW1   = F/-R 지령  : H(정방향)     ");
  TFT_string(0,17,White,  Black,"  (4) VR1   = PWM 듀티비 :   000.0 %     ");
  TFT_string(0,20,White,  Black,"  (5) BLDC 모터 회전속도 : +0000.0 rpm   ");
  TFT_string(0,25,White,  Black,"        (3초 간격으로 듀티비를 가변)     ");
  TFT_string(0,28,Green,  Black,"****************************************");

// ***** 타이머 및 인터럽트 초기화 ****************************************

  TCCR1A = 0x02;                              // Timer1 = fast PWM mode(14)
  TCCR1B = 0x19;                              // don't output OC1A, OC1B, OC1C
  TCCR1C = 0x00;                              // 16MHz/1/(1+799) = 20kHz
  ICR1 = 799;
  OCR1A = 0;
  OCR1B = 0;
  OCR1C = 0;

  TCCR2 = 0x06;                               // Timer2 = Normal mode(0), T2 input
  TCNT2 = 0;                                  // clear Timer/Counter2

  TCCR3A = 0x00;                              // Timer3 = CTC mode(4), don't output OC3A
  TCCR3B = 0x0C;                              // 16MHz/256/(1+2499) = 25Hz
  TCCR3C = 0x00;
  OCR3A = 2499;
  TCNT3 = 0x0000;                             // clear Timer/Counter3

  ETIFR = 0x10;                               // clear OC3A interrupt flag
  ETIMSK = 0x10;                              // enable OC3A interrupt

  DDRE  = 0x00;                               // initialize PORTE
  EICRB = 0x54;                               // INT5/6/7 = rising and falling edge
  EIFR = 0xE0;
  EIMSK = 0xE0;
  sei();                                      // global interrupt enable

// ***** 게이트 드라이브 신호 초기화 ***************************************

  DDRB  = 0xFC;                               // (1) PORTB 초기화
  PORTB = 0x00;                               //     (all gate signals are 0)

  PORTB = 0xE0;                               // (2) 부트스트랩 커패시터 충전
  Delay_ms(1);                                //     (UB = VB = WB = 1, UT = VT = WT = 0)
  PORTB = 0x00;

  Hall_data = PINE & 0xE0;                    // (3) 회전자 초기 위치 검출
  if(direction == '+')                        // 정방향 회전의 경우
    { if(Hall_data == 0xA0)                   // if position angle = 0~60 degree
        { PORTB = 0x04;                       // UT = 1
          TCCR1A = 0x22;                      // VB = PWM
        }
      else if(Hall_data == 0x20)              // if position angle = 60~120 degree
        { PORTB = 0x04;                       // UT = 1
          TCCR1A = 0x0A;                      // WB = PWM
        }
      else if(Hall_data == 0x60)              // if position angle = 120~180 degree
        { PORTB = 0x08;                       // VT = 1
          TCCR1A = 0x0A;                      // WB = PWM
        }
      else if(Hall_data == 0x40)              // if position angle = 180~240 degree
        { PORTB = 0x08;                       // VT = 1
```

```
          TCCR1A = 0x82;                        // UB = PWM
        }
      else if(Hall_data == 0xC0)                // if position angle = 240~300 degree
        { PORTB = 0x10;                         // WT = 1
          TCCR1A = 0x82;                        // UB = PWM
        }
      else if(Hall_data == 0x80)                // if position angle = 300~360 degree
        { PORTB = 0x10;                         // WT = 1
          TCCR1A = 0x22;                        // VB = PWM
        }
    }
  else                                          // 역방향 회전의 경우
    { if(Hall_data == 0x60)                     // if position angle = 0~60 degree
        { PORTB = 0x10;                         // WT = 1
          TCCR1A = 0x22;                        // VB = PWM
        }
      else if(Hall_data == 0x20)                // if position angle = 60~120 degree
        { PORTB = 0x10;                         // WT = 1
          TCCR1A = 0x82;                        // UB = PWM
        }
      else if(Hall_data == 0xA0)                // if position angle = 120~180 degree
        { PORTB = 0x08;                         // VT = 1
          TCCR1A = 0x82;                        // UB = PWM
        }
      else if(Hall_data == 0x80)                // if position angle = 180~240 degree
        { PORTB = 0x08;                         // VT = 1
          TCCR1A = 0x0A;                        // WB = PWM
        }
      else if(Hall_data == 0xC0)                // if position angle = 240~300 degree
        { PORTB = 0x04;                         // UT = 1
          TCCR1A = 0x0A;                        // WB = PWM
        }
      else if(Hall_data == 0x40)                // if position angle = 300~360 degree
        { PORTB = 0x04;                         // UT = 1
          TCCR1A = 0x22;                        // VB = PWM
        }
    }

// ***** 주 제어 루틴 *****************************************************

  while(1)
    { if(duty_time >= 75)                       // 3 sec ?
        { duty_time = 0;
          duty = duty_table[tableindex];        // if yes, get duty ratio from table
          if(tableindex < 6)
            { TFT_string(27,14,Magenta,Black,"H(정방향)");
              direction = '+';
            }
          else
            { TFT_string(27,14,Cyan,Black,"L(역방향)");
              direction = '-';
            }
          tableindex++;
          tableindex %= 12;

          PWM = 799.*duty/100.;                 // get OCR1x value from duty ratio
          OCR1A = PWM;
          OCR1B = PWM;
          OCR1C = PWM;

          TFT_xy(29,17);                        // display duty ratio(xxx.x %)
          TFT_color(Magenta,Black);
          TFT_unsigned_float(duty,3,1);
```

```
          }

        if(Wr >= 0.)                                    // display motor speed(+/-xxxx.x rpm)
          TFT_color(Magenta,Black);
        else
          TFT_color(Cyan,Black);
        TFT_xy(27,20);
        TFT_signed_float(Wr,4,1);
      }
}
```

☞ BLDC 모터의 양방향 제어의 경우에도 초기에 부트스트랩 커패시터를 충전하고, 회전자의 위치를 검출하여 적절한 게이트 드라이브 신호를 출력해야 한다.

ATmega128A의 타이머1에서 PWM 주기를 ICR1 = 799로 지정하였으므로 출력비교 레지스터 OCR1A, OCR1B, OCR1C의 설정값을 0~799의 범위에서 가변해야만 PWM의 듀티비를 0~100%로 제어할 수 있다. BLDC 모터를 정방향 또는 역방향으로 제어하려면 각각 direction = '+' 및 direction = '-'로 설정하여 홀센서 신호에 의한 인터럽트가 발생하였을 때 정방향 또는 역방향 제어에 적합한 시퀀스의 게이트 드라이브 신호를 출력할 수 있도록 해야 한다.

속도측정 인터럽트 함수에서 회전속도가 0으로 검출되면 부트스트랩 커패시터를 충전함으로써 이 상태에서 장시간 머무를 경우 부트스트랩 커패시터가 방전되어 전동기의 구동이 불가능하게 되는 것을 방지해야 한다.

부트스트랩 커패시터를 충전하려면 6개의 게이트 드라이브 신호 출력을 모두 병렬 I/O 포트로 출력하도록 설정을 바꾼 후에 상위 MOSFET 스위치에 해당하는 UT(PB2), VT(PB3), WT(PB4)에는 0을 출력하여 OFF시키고, 하위 MOSFET 스위치에 해당하는 UB(PB5), VB(PB6), WB(PB7)에는 1을 출력하여 ON시키면 된다. 이 시간은 1ms 정도면 충분하며, 이와 같이 부트스트랩 커패시터를 충전하고 나면 하위 MOSFET 스위치 중에서 1개는 다시 UB(OC1A), VB(OC1B), WB(OC1C)로 동작하도록 설정을 바꾸어 놓아야 한다.

OK-128BLDC 키트에는 사용자가 수동으로 데이터를 입력하기 위하여 가변저항 VR1을 가지고 있다. 이를 이용하면 전동기의 PWM 듀티비를 0~100%로 수동 입력할 수 있다. 이러한 방법으로 BLDC 모터의 회전속도를 수동 제어하는 예제 프로그램을 작성하여 보면 다음과 같다.

<프로그램 Chap5_07.c> 수동 모드로 BLDC 모터를 구동하는 프로그램

```
/* ========================================================================== */
/*     Chap5_07_FR_manual.c : BLDC 모터(M2) 양방향 오픈루프 제어 프로그램      */
/* ========================================================================== */
/*                      Designed and programmed by Duck-Yong Yoon in 2015.    */

// ***** 이 프로그램의 사용 조건 *********************************************
//
// (1) 컨넥터 CN6(M2)에 BLDC 모터 BL42S-24026N을 연결할 것.
// (2) 점퍼 스위치 J1을 2-3 위치로 연결할 것.
//
```

```
// (3) SW2.1로 동작/정지를 선택할 것.
// (4) SW1로 정방향/역방향을 선택할 것.
// (5) 가변저항 VR1로 속도를 설정할 것.
//
// ******************************************************************************

#include <avr/io.h>
#include <avr/interrupt.h>
#include "OK-128BLDC.h"

volatile unsigned char m1, count, count0 = 0;   // pulse count
volatile float Wr = 0.;                          // motor speed

volatile unsigned char TCCR1A_temp, PORTB_temp; // I/O register store data
volatile unsigned char Hall_data;                // Hall sensor signal data
volatile unsigned char direction = '+';          // motor direction command

ISR(TIMER3_COMPA_vect)                           /* OC3A interrupt function(0.04s period) */
{
  count = TCNT2;                                 // read TCNT2
  m1 = count - count0;                           // calculate m1(encoder pulse)
  count0 = count;
  sei();                                         // global interrupt enable

  if(m1 == 0)                                    // BLDC 모터가 정지상태인지 확인
    { TCCR1A_temp = TCCR1A;                      // store I/O registers
      PORTB_temp = PORTB;

      TCCR1A = 0x02;                             // UB = VB = WB = PORTB
      PORTB = 0xE0;                              // 부트스트랩 커패시터 충전
      Delay_ms(1);                               // (UB = VB = WB = 1, UT = VT = WT = 0)
      PORTB = 0x00;

      TCCR1A = TCCR1A_temp;                      // restore I/O registers
      PORTB = PORTB_temp;
    }

  Wr = (float)m1*60./24./0.04;                   // calculate Wr[rpm]
  if((PIND & 0x20) == 0x00) Wr = -Wr;
}

ISR(INT5_vect)                                                          /* INT5 interrupt
function(rising/falling) */
{
  Hall_data = PINE & 0xE0;
  if(direction == '+')                           // 정방향 회전
    { if(Hall_data == 0xA0)                      // if forward and position = 0~60 degree
        { PORTB = 0x04;                          // UT = 1
          TCCR1A = 0x22;                         // VB = PWM
        }
      else if(Hall_data == 0x40)                 // if forward and position = 180~240 degree
        { PORTB = 0x08;                          // VT = 1
          TCCR1A = 0x82;                         // UB = PWM
        }
    }
  else                                           // 역방향 회전
    { if(Hall_data == 0x60)                      // if reverse and position = 0~60 degree
        { PORTB = 0x10;                          // WT = 1
          TCCR1A = 0x22;                         // VB = PWM
        }
      else if(Hall_data == 0x80)                 // if reverse and position = 180~240 degree
        { PORTB = 0x08;                          // VT = 1
          TCCR1A = 0x0A;                         // WB = PWM
```

```
        }
    }
}

ISR(INT6_vect)                              /* INT6 interrupt function(rising/falling) */
{
  Hall_data = PINE & 0xE0;
  if(direction == '+')                      // 정방향 회전
    { if(Hall_data == 0x60)                 // if forward and position = 120~180 degree
        { PORTB = 0x08;                     // VT = 1
          TCCR1A = 0x0A;                    // WB = PWM
        }
      else if(Hall_data == 0x80)            // if forward and position = 300~360 degree
        { PORTB = 0x10;                     // WT = 1
          TCCR1A = 0x22;                    // VB = PWM
        }
    }
  else                                      // 역방향 회전
    { if(Hall_data == 0x20)                 // if reverse and position = 60~120 degree
        { PORTB = 0x10;                     // WT = 1
          TCCR1A = 0x82;                    // UB = PWM
        }
      else if(Hall_data == 0xC0)            // if reverse and position = 240~300 degree
        { PORTB = 0x04;                     // UT = 1
          TCCR1A = 0x0A;                    // WB = PWM
        }
    }
}

ISR(INT7_vect)                              /* INT7 interrupt function(rising/falling) */
{
  Hall_data = PINE & 0xE0;
  if(direction == '+')                      // 정방향 회전
    { if(Hall_data == 0x20)                 // if forward and position = 60~120 degree
        { PORTB = 0x04;                     // UT = 1
          TCCR1A = 0x0A;                    // WB = PWM
        }
      else if(Hall_data == 0xC0)            // if forward and position = 240~300 degree
        { PORTB = 0x10;                     // WT = 1
          TCCR1A = 0x82;                    // UB = PWM
        }
    }
  else                                      // 역방향 회전
    { if(Hall_data == 0xA0)                 // if reverse and position = 120~180 degree
        { PORTB = 0x08;                     // VT = 1
          TCCR1A = 0x82;                    // UB = PWM
        }
      else if(Hall_data == 0x40)            // if reverse and position = 300~360 degree
        { PORTB = 0x04;                     // UT = 1
          TCCR1A = 0x22;                    // VB = PWM
        }
    }
}

int main(void)
{
  unsigned int result;                      // A/D converter result
  unsigned int PWM;                         // output compare register value for PWM

  MCU_initialize();                         // initialize MCU and kit
  Delay_ms(50);                             // wait for system stabilization
  TFT_initialize();                         // initialize TFT-LCD module
  Beep();
```

```
  TFT_string(0, 0,Green,  Black,"*********************************************");
  TFT_string(0, 2,White,Magenta,"   BLDC 모터(M2) 양방향 오픈루프 제어    ");
  TFT_string(0, 4,Green,  Black,"*********************************************");
  TFT_string(0, 8,White,  Black,"  (1) SW2.1 = START 지령  : H(정지)       ");
  TFT_string(0,11,White,  Black,"  (2) SW2.2 = (not used)                  ");
  TFT_string(0,14,White,  Black,"  (3) SW1   = F/-R 지령  : H(정방향)      ");
  TFT_string(0,17,White,  Black,"  (4) VR1   = PWM 듀티비 :   000.0 %      ");
  TFT_string(0,20,White,  Black,"  (5) BLDC 모터 회전속도 : +0000.0 rpm    ");
  TFT_string(0,25,White,  Black,"    (가변저항 VR1으로 듀티비를 가변)      ");
  TFT_string(0,28,Green,  Black,"*********************************************");

// ***** 타이머 및 인터럽트 초기화 ******************************************

  TCCR1A = 0x02;                          // Timer1 = fast PWM mode(14)
  TCCR1B = 0x19;                          // don't output OC1A, OC1B, OC1C
  TCCR1C = 0x00;                          // 16MHz/1/(1+799) = 20kHz
  ICR1 = 799;
  OCR1A = 0;
  OCR1B = 0;
  OCR1C = 0;

  TCCR2 = 0x06;                           // Timer2 = Normal mode(0), T2 input
  TCNT2 = 0;                              // clear Timer/Counter2

  TCCR3A = 0x00;                          // Timer3 = CTC mode(4), don't output OC3A
  TCCR3B = 0x0C;                          // 16MHz/256/(1+2499) = 25Hz
  TCCR3C = 0x00;
  OCR3A = 2499;
  TCNT3 = 0x0000;                         // clear Timer/Counter3

  ETIFR = 0x10;                           // clear OC3A interrupt flag
  ETIMSK = 0x10;                          // enable OC3A interrupt

  DDRE  = 0x00;                           // initialize PORTE
  EICRB = 0x54;                           // INT5/6/7 = rising and falling edge
  EIFR = 0xE0;
  EIMSK = 0xE0;
  sei();                                  // global interrupt enable

// ***** 게이트 드라이브 신호 초기화 ****************************************

  DDRB  = 0xFC;                           // (1) PORTB 초기화
  PORTB = 0x00;                           //     (all gate signals are 0)

  PORTB = 0xE0;                           // (2) 부트스트랩 커패시터 충전
  Delay_ms(1);                            //     (UB = VB = WB = 1, UT = VT = WT = 0)
  PORTB = 0x00;

  if((PINC & 0x20) == 0x20)               // (3) 초기 회전방향 지령 검출
    { TFT_string(27,14,Magenta,Black,"H(정방향)");
      direction = '+';
    }
  else
    { TFT_string(27,14,Cyan,Black,"L(역방향)");
      direction = '-';
    }

  Hall_data = PINE & 0xE0;                // (4) 회전자 초기 위치 검출
  if(direction == '+')                    // 정방향 회전의 경우
    { if(Hall_data == 0xA0)               // if position angle = 0~60 degree
        { PORTB = 0x04;                   // UT = 1
          TCCR1A = 0x22;                  // VB = PWM
```

```
        }
      else if(Hall_data == 0x20)                 // if position angle = 60~120 degree
        { PORTB = 0x04;                          // UT = 1
          TCCR1A = 0x0A;                         // WB = PWM
        }
      else if(Hall_data == 0x60)                 // if position angle = 120~180 degree
        { PORTB = 0x08;                          // VT = 1
          TCCR1A = 0x0A;                         // WB = PWM
        }
      else if(Hall_data == 0x40)                 // if position angle = 180~240 degree
        { PORTB = 0x08;                          // VT = 1
          TCCR1A = 0x82;                         // UB = PWM
        }
      else if(Hall_data == 0xC0)                 // if position angle = 240~300 degree
        { PORTB = 0x10;                          // WT = 1
          TCCR1A = 0x82;                         // UB = PWM
        }
      else if(Hall_data == 0x80)                 // if position angle = 300~360 degree
        { PORTB = 0x10;                          // WT = 1
          TCCR1A = 0x22;                         // VB = PWM
        }
    }
  else                                           // 역방향 회전의 경우
    { if(Hall_data == 0x60)                      // if position angle = 0~60 degree
        { PORTB = 0x10;                          // WT = 1
          TCCR1A = 0x22;                         // VB = PWM
        }
      else if(Hall_data == 0x20)                 // if position angle = 60~120 degree
        { PORTB = 0x10;                          // WT = 1
          TCCR1A = 0x82;                         // UB = PWM
        }
      else if(Hall_data == 0xA0)                 // if position angle = 120~180 degree
        { PORTB = 0x08;                          // VT = 1
          TCCR1A = 0x82;                         // UB = PWM
        }
      else if(Hall_data == 0x80)                 // if position angle = 180~240 degree
        { PORTB = 0x08;                          // VT = 1
          TCCR1A = 0x0A;                         // WB = PWM
        }
      else if(Hall_data == 0xC0)                 // if position angle = 240~300 degree
        { PORTB = 0x04;                          // UT = 1
          TCCR1A = 0x0A;                         // WB = PWM
        }
      else if(Hall_data == 0x40)                 // if position angle = 300~360 degree
        { PORTB = 0x04;                          // UT = 1
          TCCR1A = 0x22;                         // VB = PWM
        }
    }

// ***** 주 제어 루틴 ******************************************************

  ADCSRA = 0x84;                                 // ADC 1MHz, right adjust
  ADMUX = 0x03;                                  // select ADC3 with AREF

  while(1)
    { if((PINC & 0x40) == 0x40)                  // ***** check -START/STOP
        { TFT_string(27,8,Cyan,Black,"H(정지) ");
          cli();
          TCCR1A = 0x02;
          PORTB = 0x00;
        }
      else
        { TFT_string(27,8,Magenta,Black,"L(동작)");
```

```
        sei();
      }

    if((PINC & 0x20) == 0x20)                    // ***** check FOR/-REV
      { TFT_string(27,14,Magenta,Black,"H(정방향)");
        direction = '+';
      }
    else
      { TFT_string(27,14,Cyan,Black,"L(역방향)");
        direction = '-';
      }

    ADCSRA = 0xD4;                               // read ADC3(VR1)
    while((ADCSRA & 0x10) != 0x10);
    result = ADCW;

    PWM = (float)result*799./1023. + 0.5;       // output PWM
    OCR1A = PWM;
    OCR1B = PWM;
    OCR1C = PWM;

    TFT_xy(29,17);                               // display duty ratio(xxx.x %)
    TFT_color(Magenta,Black);
    TFT_unsigned_float((float)result*100./1023.,3,1);

    if(Wr >= 0.)                                 // display motor speed(+/-xxxx.x rpm)
      TFT_color(Magenta,Black);
    else
      TFT_color(Cyan,Black);
    TFT_xy(27,20);
    TFT_signed_float(Wr,4,1);
  }
}
```

☞ 속도 샘플링 주기는 16비트 구조의 타이머3을 사용하여 40ms로 처리하였으며, 펄스는 8비트 구조의 타이머2로 계수하였다. BLDC 모터가 8극기이므로 홀센서 신호를 6체배하면 전동기의 1회전당 펄스수는 24개로 동작한다. 만약 현재 전동기가 최고속도인 5000rpm으로 회전하고 있다면 40ms 동안 측정된 펄스수는 m1 = (5000×24)×0.04/60 = 80 이 된다. 따라서, 이 전동기의 회전속도를 측정하기 위하여 m1을 계수하는 카운터는 8비트 구조인 타이머2를 사용하는 것으로 충분하다.

M 방식으로 회전속도를 측정하고 나서 BLDC 모터의 회전방향을 검출하여 만약 역방향이면 회전속도 값에 -1을 곱하여 음수로 만들어 준다.

이 프로그램을 *OK-128BLDC* 키트에서 실행하고 SW2.1을 ON/OFF하여 BLDC 모터를 동작 및 정지시켜보라. 또한, 가변저항 VR1을 사용하여 BLDC 모터의 회전속도를 가변시키고, SW1을 사용하여 회전방향을 정/역으로 가변시켜보라.

2. 양방향 속도제어에서 전류 측정 프로그램

이번에는 6개의 MOSFET로 구성되는 인버터 전력회로의 하단에 설치되어 있는

R31=0.1[Ω]/1[W]의 션트저항을 사용하여 전동기에 흐르는 전류를 측정하여 보기로 한다. 만약, 이 BLDC 모터에 정격전류 1.7[A]가 흐르더라도 이 션트 저항에 걸리는 전압은 V_{R31} = 1.7×0.1 = 0.17[V]에 불과하므로 ATmega128A의 A/D 컨버터에서는 이를 내부에서 이를 10배 증폭하여 차동변환 모드로 읽어들이도록 하였다.

<프로그램 Chap5_08.c> BLDC 모터의 전류를 측정하여 표시하는 프로그램

```
/* ========================================================================== */
/*     Cahp5_08_FR_current.c : BLDC 모터(M2) 양방향 오픈루프 제어 프로그램     */
/* ========================================================================== */
/*                          Designed and programmed by Duck-Yong Yoon in 2015.  */

// ***** 이 프로그램의 사용 조건 ***********************************************
//
// (1) 컨넥터 CN6(M2)에 BLDC 모터 BL42S-24026N을 연결할 것.
// (2) 점퍼 스위치 J1을 2-3 위치로 연결할 것.
//
// (3) SW2.1로 동작/정지를 선택할 것.
// (4) SW1로 정방향/역방향을 선택할 것.
// (5) 가변저항 VR1로 속도를 설정할 것.
//
// ****************************************************************************

#include <avr/io.h>
#include <avr/interrupt.h>
#include "OK-128BLDC.h"

volatile unsigned char m1, count, count0 = 0;   // pulse count
volatile float Wr = 0.;                         // motor speed

volatile unsigned char TCCR1A_temp, PORTB_temp; // I/O register store data
volatile unsigned char Hall_data;               // Hall sensor signal data
volatile unsigned char direction = '+';         // motor direction command

ISR(TIMER3_COMPA_vect)                          /* OC3A interrupt function(0.04s period) */
{
  count = TCNT2;                                // read TCNT2
  m1 = count - count0;                          // calculate m1(encoder pulse)
  count0 = count;
  sei();                                        // global interrupt enable

  if(m1 == 0)                                   // BLDC 모터가 정지상태인지 확인
    { TCCR1A_temp = TCCR1A;                     // store I/O registers
      PORTB_temp = PORTB;

      TCCR1A = 0x02;                            // UB = VB = WB = PORTB
      PORTB = 0xE0;                             // 부트스트랩 커패시터 충전
      Delay_ms(1);                              // (UB = VB = WB = 1, UT = VT = WT = 0)
      PORTB = 0x00;

      TCCR1A = TCCR1A_temp;                     // restore I/O registers
      PORTB = PORTB_temp;
    }

  Wr = (float)m1*60./24./0.04;                  // calculate Wr[rpm]
  if((PIND & 0x20) == 0x00) Wr = -Wr;
}
```

```
ISR(INT5_vect)                                  /* INT5 interrupt function(rising/falling) */
{
  Hall_data = PINE & 0xE0;
  if(direction == '+')                          // 정방향 회전
    { if(Hall_data == 0xA0)                     // if forward and position = 0~60 degree
        { PORTB = 0x04;                         // UT = 1
          TCCR1A = 0x22;                        // VB = PWM
        }
      else if(Hall_data == 0x40)                // if forward and position = 180~240 degree
        { PORTB = 0x08;                         // VT = 1
          TCCR1A = 0x82;                        // UB = PWM
        }
    }
  else                                          // 역방향 회전
    { if(Hall_data == 0x60)                     // if reverse and position = 0~60 degree
        { PORTB = 0x10;                         // WT = 1
          TCCR1A = 0x22;                        // VB = PWM
        }
      else if(Hall_data == 0x80)                // if reverse and position = 180~240 degree
        { PORTB = 0x08;                         // VT = 1
          TCCR1A = 0x0A;                        // WB = PWM
        }
    }
}

ISR(INT6_vect)                                  /* INT6 interrupt function(rising/falling) */
{
  Hall_data = PINE & 0xE0;
  if(direction == '+')                          // 정방향 회전
    { if(Hall_data == 0x60)                     // if forward and position = 120~180 degree
        { PORTB = 0x08;                         // VT = 1
          TCCR1A = 0x0A;                        // WB = PWM
        }
      else if(Hall_data == 0x80)                // if forward and position = 300~360 degree
        { PORTB = 0x10;                         // WT = 1
          TCCR1A = 0x22;                        // VB = PWM
        }
    }
  else                                          // 역방향 회전
    { if(Hall_data == 0x20)                     // if reverse and position = 60~120 degree
        { PORTB = 0x10;                         // WT = 1
          TCCR1A = 0x82;                        // UB = PWM
        }
      else if(Hall_data == 0xC0)                // if reverse and position = 240~300 degree
        { PORTB = 0x04;                         // UT = 1
          TCCR1A = 0x0A;                        // WB = PWM
        }
    }
}

ISR(INT7_vect)                                  /* INT7 interrupt function(rising/falling) */
{
  Hall_data = PINE & 0xE0;
  if(direction == '+')                          // 정방향 회전
    { if(Hall_data == 0x20)                     // if forward and position = 60~120 degree
        { PORTB = 0x04;                         // UT = 1
          TCCR1A = 0x0A;                        // WB = PWM
        }
      else if(Hall_data == 0xC0)                // if forward and position = 240~300 degree
        { PORTB = 0x10;                         // WT = 1
          TCCR1A = 0x82;                        // UB = PWM
        }
    }
```

```
  else                                        // 역방향 회전
    { if(Hall_data == 0xA0)                   // if reverse and position = 120~180 degree
        { PORTB = 0x08;                       // VT = 1
          TCCR1A = 0x82;                      // UB = PWM
        }
      else if(Hall_data == 0x40)              // if reverse and position = 300~360 degree
        { PORTB = 0x04;                       // UT = 1
          TCCR1A = 0x22;                      // VB = PWM
        }
    }
}

int main(void)
{
  signed int result;                          // A/D converter result
  unsigned int PWM;                           // output compare register value for PWM

  MCU_initialize();                           // initialize MCU and kit
  Delay_ms(50);                               // wait for system stabilization
  TFT_initialize();                           // initialize TFT-LCD module
  Beep();

  TFT_string(0, 0,Green,  Black,"*******************************************");
  TFT_string(0, 2,White,Magenta,"   BLDC 모터(M2) 양방향 오픈루프 제어   ");
  TFT_string(0, 4,Green,  Black,"*******************************************");
  TFT_string(0, 8,White,  Black,"  (1) SW2.1 = START 지령 : H(정지)        ");
  TFT_string(0,11,White,  Black,"  (2) SW2.2 = (not used)                  ");
  TFT_string(0,14,White,  Black,"  (3) SW1   = F/-R 지령  : H(정방향)      ");
  TFT_string(0,17,White,  Black,"  (4) VR1   = PWM 듀티비 :   000.0 %      ");
  TFT_string(0,20,White,  Black,"  (5) BLDC 모터 회전속도 : +0000.0 rpm    ");
  TFT_string(0,23,White,  Black,"  (6) BLDC 모터 전류     :    0.00 A      ");
  TFT_string(0,28,Green,  Black,"*******************************************");

// ***** 타이머 초기화 ****************************************************

  TCCR1A = 0x02;                              // Timer1 = fast PWM mode(14)
  TCCR1B = 0x19;                              // don't output OC1A, OC1B, OC1C
  TCCR1C = 0x00;                              // 16MHz/1/(1+799) = 20kHz
  ICR1 = 799;
  OCR1A = 0;
  OCR1B = 0;
  OCR1C = 0;

  TCCR2 = 0x06;                               // Timer2 = Normal mode(0), T2 input
  TCNT2 = 0;                                  // clear Timer/Counter2

  TCCR3A = 0x00;                              // Timer3 = CTC mode(4), don't output OC3A
  TCCR3B = 0x0C;                              // 16MHz/256/(1+2499) = 25Hz
  TCCR3C = 0x00;
  OCR3A = 2499;
  TCNT3 = 0x0000;                             // clear Timer/Counter3

  ETIFR = 0x10;                               // clear OC3A interrupt flag
  ETIMSK = 0x10;                              // enable OC3A interrupt

  DDRE  = 0x00;                               // initialize PORTE
  EICRB = 0x54;                               // INT5/6/7 = rising and falling edge
  EIFR = 0xE0;
  EIMSK = 0xE0;
  sei();                                      // global interrupt enable

// ***** 게이트 드라이브 신호 초기화 ****************************************

  DDRB  = 0xFC;                               // (1) PORTB 초기화
```

```
PORTB = 0x00;                                  //    (all gate signals are 0)

PORTB = 0xE0;                                  // (2) 부트스트랩 커패시터 충전
Delay_ms(1);                                   //    (UB = VB = WB = 1, UT = VT = WT = 0)
PORTB = 0x00;

if((PINC & 0x20) == 0x20)                      // (3) 초기 회전방향 지령 검출
  { TFT_string(27,14,Magenta,Black,"H(정방향)");
    direction = '+';
  }
else
  { TFT_string(27,14,Cyan,Black,"L(역방향)");
    direction = '-';
  }

Hall_data = PINE & 0xE0;                       // (4) 회전자 초기 위치 검출
if(direction == '+')                           // 정방향 회전의 경우
  { if(Hall_data == 0xA0)                      // if position angle = 0~60 degree
      { PORTB = 0x04;                          // UT = 1
        TCCR1A = 0x22;                         // VB = PWM
      }
    else if(Hall_data == 0x20)                 // if position angle = 60~120 degree
      { PORTB = 0x04;                          // UT = 1
        TCCR1A = 0x0A;                         // WB = PWM
      }
    else if(Hall_data == 0x60)                 // if position angle = 120~180 degree
      { PORTB = 0x08;                          // VT = 1
        TCCR1A = 0x0A;                         // WB = PWM
      }
    else if(Hall_data == 0x40)                 // if position angle = 180~240 degree
      { PORTB = 0x08;                          // VT = 1
        TCCR1A = 0x82;                         // UB = PWM
      }
    else if(Hall_data == 0xC0)                 // if position angle = 240~300 degree
      { PORTB = 0x10;                          // WT = 1
        TCCR1A = 0x82;                         // UB = PWM
      }
    else if(Hall_data == 0x80)                 // if position angle = 300~360 degree
      { PORTB = 0x10;                          // WT = 1
        TCCR1A = 0x22;                         // VB = PWM
      }
  }
else                                           // 역방향 회전의 경우
  { if(Hall_data == 0x60)                      // if position angle = 0~60 degree
      { PORTB = 0x10;                          // WT = 1
        TCCR1A = 0x22;                         // VB = PWM
      }
    else if(Hall_data == 0x20)                 // if position angle = 60~120 degree
      { PORTB = 0x10;                          // WT = 1
        TCCR1A = 0x82;                         // UB = PWM
      }
    else if(Hall_data == 0xA0)                 // if position angle = 120~180 degree
      { PORTB = 0x08;                          // VT = 1
        TCCR1A = 0x82;                         // UB = PWM
      }
    else if(Hall_data == 0x80)                 // if position angle = 180~240 degree
      { PORTB = 0x08;                          // VT = 1
        TCCR1A = 0x0A;                         // WB = PWM
      }
    else if(Hall_data == 0xC0)                 // if position angle = 240~300 degree
      { PORTB = 0x04;                          // UT = 1
        TCCR1A = 0x0A;                         // WB = PWM
      }
    else if(Hall_data == 0x40)                 // if position angle = 300~360 degree
```

```
        { PORTB = 0x04;                          // UT = 1
          TCCR1A = 0x22;                         // VB = PWM
        }
    }

// ***** 주 제어 루틴 ******************************************************

  while(1)
    { if((PINC & 0x40) == 0x40)                  // ***** check -START/STOP
        { TFT_string(27,8,Cyan,Black,"H(정지) ");
          cli();
          TCCR1A = 0x02;
          PORTB = 0x00;
        }
      else
        { TFT_string(27,8,Magenta,Black,"L(동작)");
          sei();
        }

      if((PINC & 0x20) == 0x20)                  // ***** check FOR/-REV
        { TFT_string(27,14,Magenta,Black,"H(정방향)");
          direction = '+';
        }
      else
        { TFT_string(27,14,Cyan,Black,"L(역방향)");
          direction = '-';
        }

      ADCSRA = 0x84;                             // ADC 1MHz, right adjust
      ADMUX = 0x03;                              // select ADC3 with AREF
      Delay_us(150);
      ADCSRA = 0xD4;                             // read ADC3(VR1)
      while((ADCSRA & 0x10) != 0x10);
      result = ADCW;

      PWM = (float)result*799./1023. + 0.5;      // output PWM
      OCR1A = PWM;
      OCR1B = PWM;
      OCR1C = PWM;

      TFT_xy(29,17);                             // display duty ratio(xxx.x %)
      TFT_color(Magenta,Black);
      TFT_unsigned_float((float)result*100./1023.,3,1);

      if(Wr >= 0.)                               // display motor speed(+/-xxxx.x rpm)
        TFT_color(Magenta,Black);
      else
        TFT_color(Cyan,Black);
      TFT_xy(27,20);
      TFT_signed_float(Wr,4,1);

      ADCSRA = 0x87;                             // ADC 125kHz, left adjust
      ADMUX = 0x29;                              // select ADC1 x 10 with AREF
      Delay_us(150);
      ADCSRA = 0xD7;                             // read ADC1(current)
      while((ADCSRA & 0x10) != 0x10);
      result = ADCW;
      result >>= 6;
      if(result < 0) result = 0;

      TFT_xy(30,23);                             // display volume value(x.xxA)
      TFT_color(Magenta,Black);
      TFT_unsigned_float((float)result*5./511.,1,2);
    }
```

```
}
```

☞ 속도 샘플링 주기는 16비트 구조의 타이머3을 사용하여 40ms로 처리하였으며, 펄스는 8비트 구조의 타이머2로 계수하였다. BLDC 모터가 8극기이므로 홀센서 신호를 6체배하면 전동기의 1회전당 펄스수는 24개로 동작한다. 만약 현재 전동기가 최고속도인 5000rpm으로 회전하고 있다면 40ms 동안 측정된 펄스수는 m1 = (5000×24)×0.04/60 = 80 이 된다. 따라서, 이 전동기의 회전속도를 측정하기 위하여 m1을 계수하는 카운터는 8비트 구조인 타이머2를 사용하는 것으로 충분하다.

M 방식으로 회전속도를 측정하고 나서 BLDC 모터의 회전방향을 검출하여 만약 역방향이면 회전속도 값에 -1을 곱하여 음수로 만들어 준다.

3. 양방향 제어의 실시간 그래픽 프로그램

이번에는 BLDC 모터를 개루프로 양방향 제어하면서 이 전동기의 회전속도[rpm]와 전류[A]를 측정하고, 이를 오실로스코프 화면처럼 TFT-LCD 화면에 실시간 그래픽으로 표시하는 프로그램을 작성하여 보기로 한다.

이러한 실시간 그래픽 처리 프로그램을 작성할 때 유의사항을 요약하여 보면 다음과 같다.

① 우선 x축은 시간축으로 사용하고 y축은 전동기 회전속도를 나타내는 축으로 사용해야 하므로 320×240 픽셀의 전체 화면에서 그래픽 부분과 눈금 표시 부분을 어떻게 분할하여 사용할 것인지를 정한다.

② x축과 y축에 눈금을 표시하고 눈금마다 값을 표시할 때는 기존의 일반적인 TFT-LCD 문자출력 함수로는 정확하게 글씨의 위치를 지정하여 표시할 수 없으므로 픽셀 단위로 글자의 위치를 지정할 수 있는 TFT_English_pixel() 함수를 사용한다.

③ x축의 시간 스케일은 반드시 실제의 시간과 맞아야 하는데, 이를 어떻게 처리할 것인지 정한다. 여기서는 x방향으로 속도 샘플링 주기에 해당하는 40ms마다 1개씩의 점을 지나가면서 그래프를 그릴 것이므로 50개의 점이 2초를 나타내도록 한다. 그 결과 x방향으로 총 250개의 점에 10초 동안의 그래프를 그리도록 할 것이다.

④ 절대로 동일한 장치를 메인 함수에서도 액세스하고 인터럽트 처리함수에서도 액세스하면 안된다. TFT-LCD도 역시 그러하므로 여기에 문자나 그래픽을 출력하는 것은 반드시 메인 함수에서 처리하도록 한다. 속도측정을 위한 인터럽트에서 회전속도를 측정할 때마다 플랙을 1로 표시하면 메인 함수에서는 이를 확인하여 실시간으로 그래픽 작업을 수행한다.

⑤ y축의 스케일은 어떻게 처리할지 정한다. 여기서는 y방향으로 20개의 점을 지날 때마다 1000rpm이 증가하도록 하여 총 200개의 점으로 -5000rpm ~ +5000rpm까지 표시한다. 한편, 오른쪽의 y축에는 전류값의 스케일을 -2.5[A] ~ +2.5[A] 범위에서 표시한다.

⑥ 그래프는 이전 시간의 값(old value)과 현재 시간의 값(current value)을 직선으로 이어나가는 방식으로 그린다. 그러나, 화면의 첫번째 시간축에서 그래프를 그리는 경우에는 이전 시간의 값이 없게 되므로 현재 값을 이전 값으로 동일하게 복사한 후에 그래프를 그리면 된다.

⑦ x방향으로 오른쪽 끝에 이르면 그래픽 화면을 지우고 왼쪽 처음부터 다시 시작해야 한다. 그런데, 이처럼 화면을 빨리 지우고 새 화면을 시작하는 방법에는 여러 가지의 프로그램 테크닉이 있다. 여기서는 그래픽 화면에서 x축과 y축의 내부 직사각형 부분만 지우고 다시 그리는 방법을 사용하였으며, 이렇게 화면의 일부를 지우는 작업에도 가장 빠르게 처리하는 특별한 프로그래밍 기법을 적용하였다.

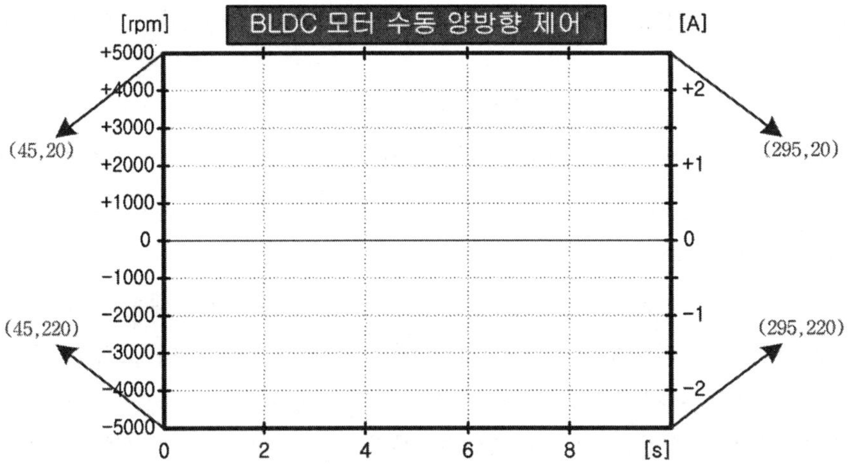

<그림 5.3.1> BLDC 모터를 양방향 제어하는 그래픽 화면의 구성

⑧ 이와 같이 실시간 그래픽 처리를 수행할 경우에는 회전속도 곡선을 그리는 일 이외에도 여러 가지의 처리를 실시간으로 수행해야 하기 때문에 마이크로컨트롤러가 매우 바쁘다. 만약 이러한 모든 처리가 40ms 이내에 완료되지 않으면 그래픽 처리가 올바르게 수행될 수가 없다. 이 때문에 A/D 컨버터로 가변저항 VR1을 읽어들이는 작업도 최대한 시간을 단축하였고, 그래픽 화면에 회전속도 값을 수치 데이터로 표시할지 여부는 스위치 SW2.2를 사용하여 선택할 수 있도록 하였다.

이와 같은 방법으로 TFT-LCD에 표시할 그래픽 화면을 설계한 내용을 도시하면 <그림 5.3.1>과 같다.

BLDC 모터를 양방향으로 구동하면서 회전속도를 측정하여 TFT-LCD의 화면에 그래픽으로 -5000rpm ~ +5000rpm 범위에서 표시하고, 전류는 -2.5A ~ +2.5A 범위로 표시하는 프로그램을 작성하여 보기로 한다. 이렇게 하면 굳이 정방향/역방향을 명시하지 않더라도 회전속도 값을 보고 바로 전동기의 회전방향을 알 수 있으므로 편리하다.

<프로그램 Chap5_09.c> BLDC 모터의 회전속도를 그래픽으로 표시하는 프로그램

```
/* ============================================================================ */
/*     Cahp5_09_FR_graph.c : BLDC 모터(M2) 양방향 회전속도 그래픽 프로그램     */
/* ============================================================================ */
/*                      Designed and programmed by Duck-Yong Yoon in 2015.     */

// ***** 이 프로그램의 사용 조건 **************************************************
//
// (1) 컨넥터 CN6(M2)에 BLDC 모터 BL42S-24026N을 연결할 것.
// (2) 점퍼 스위치 J1을 2-3 위치로 연결할 것.
//
// (3) SW2.1로 동작/정지를 선택할 것.
// (4) SW1로 정방향/역방향을 선택할 것.
// (5) 가변저항 VR1로 속도를 설정할 것.
//
// ******************************************************************************

#include <avr/io.h>
#include <avr/interrupt.h>
#include "OK-128BLDC.h"

void Graphic_line(void);                        /* draw line of graphic screen */
void Graphic_scale(void);                       /* display graphic scale */
void Graphic_clear(void);                       /* clear graphic screen */

volatile unsigned char m1, count, count0 = 0;   // pulse count
volatile float Wr, Wrx;                         // motor speed
volatile float current;                         // motor current
volatile unsigned int step = 0;                 // graphic step count
volatile unsigned char flag = 0;                // graphic flag

volatile unsigned char TCCR1A_temp, PORTB_temp; // I/O register store data
volatile unsigned char Hall_data;               // Hall sensor signal data
volatile unsigned char direction = '+';         // motor direction command

ISR(TIMER3_COMPA_vect)                          /* OC3A interrupt function(0.04s period) */
{
  count = TCNT2;                                // read TCNT2
  m1 = count - count0;                          // calculate m1(encoder pulse)
  count0 = count;
  sei();                                        // global interrupt enable

  if(m1 == 0)                                   // BLDC 모터가 정지상태인지 확인
    { TCCR1A_temp = TCCR1A;                     // store I/O registers
      PORTB_temp = PORTB;
```

```
      TCCR1A = 0x02;                           // UB = VB = WB = PORTB
      PORTB = 0xE0;                            // 부트스트랩 커패시터 충전
      Delay_ms(1);                             // (UB = VB = WB = 1, UT = VT = WT = 0)
      PORTB = 0x00;

      TCCR1A = TCCR1A_temp;                    // restore I/O registers
      PORTB = PORTB_temp;
    }

  Wr = (float)m1*60./24./0.04;                 // calculate Wr[rpm]
  if((PIND & 0x20) == 0x00) Wr = -Wr;

  flag = 1;                                    // set graphic flag
  step++;                                      // increment graphic step
  Wrx = Wr;                                    // store value of Wr
}

ISR(INT5_vect)                                 /* INT5 interrupt function(rising/falling) */
{
  Hall_data = PINE & 0xE0;
  if(direction == '+')                         // 정방향 회전
    { if(Hall_data == 0xA0)                    // if forward and position = 0~60 degree
        { PORTB = 0x04;                        // UT = 1
          TCCR1A = 0x22;                       // VB = PWM
        }
      else if(Hall_data == 0x40)               // if forward and position = 180~240 degree
        { PORTB = 0x08;                        // VT = 1
          TCCR1A = 0x82;                       // UB = PWM
        }
    }
  else                                         // 역방향 회전
    { if(Hall_data == 0x60)                    // if reverse and position = 0~60 degree
        { PORTB = 0x10;                        // WT = 1
          TCCR1A = 0x22;                       // VB = PWM
        }
      else if(Hall_data == 0x80)               // if reverse and position = 180~240 degree
        { PORTB = 0x08;                        // VT = 1
          TCCR1A = 0x0A;                       // WB = PWM
        }
    }
}

ISR(INT6_vect)                                 /* INT6 interrupt function(rising/falling) */
{
  Hall_data = PINE & 0xE0;
  if(direction == '+')                         // 정방향 회전
    { if(Hall_data == 0x60)                    // if forward and position = 120~180 degree
        { PORTB = 0x08;                        // VT = 1
          TCCR1A = 0x0A;                       // WB = PWM
        }
      else if(Hall_data == 0x80)               // if forward and position = 300~360 degree
        { PORTB = 0x10;                        // WT = 1
          TCCR1A = 0x22;                       // VB = PWM
        }
    }
  else                                         // 역방향 회전
    { if(Hall_data == 0x20)                    // if reverse and position = 60~120 degree
        { PORTB = 0x10;                        // WT = 1
          TCCR1A = 0x82;                       // UB = PWM
        }
      else if(Hall_data == 0xC0)               // if reverse and position = 240~300 degree
        { PORTB = 0x04;                        // UT = 1
          TCCR1A = 0x0A;                       // WB = PWM
```

```
        }
    }
}

ISR(INT7_vect)                                    /* INT7 interrupt function(rising/falling) */
{
  Hall_data = PINE & 0xE0;
  if(direction == '+')                            // 정방향 회전
    { if(Hall_data == 0x20)                       // if forward and position = 60~120 degree
        { PORTB = 0x04;                           // UT = 1
          TCCR1A = 0x0A;                          // WB = PWM
        }
      else if(Hall_data == 0xC0)                  // if forward and position = 240~300 degree
        { PORTB = 0x10;                           // WT = 1
          TCCR1A = 0x82;                          // UB = PWM
        }
    }
  else                                            // 역방향 회전
    { if(Hall_data == 0xA0)                       // if reverse and position = 120~180 degree
        { PORTB = 0x08;                           // VT = 1
          TCCR1A = 0x82;                          // UB = PWM
        }
      else if(Hall_data == 0x40)                  // if reverse and position = 300~360 degree
        { PORTB = 0x04;                           // UT = 1
          TCCR1A = 0x22;                          // VB = PWM
        }
    }
}

int main(void)
{
  signed int result;                              // A/D converter result
  unsigned int PWM;                               // output compare register value for PWM
  unsigned int y1, y10 = 0, y2, y20 = 0;          // graphic variable

  MCU_initialize();                               // initialize MCU and kit
  Delay_ms(50);                                   // wait for system stabilization
  TFT_initialize();                               // initialize TFT-LCD module
  Beep();

  Graphic_line();                                 // draw line of graphic screen
  Graphic_scale();                                // display graphic scale

// ***** 타이머 초기화 ******************************************************

  TCCR1A = 0x02;                                  // Timer1 = fast PWM mode(14)
  TCCR1B = 0x19;                                  // don't output OC1A, OC1B, OC1C
  TCCR1C = 0x00;                                  // 16MHz/1/(1+799) = 20kHz
  ICR1 = 799;
  OCR1A = 0;
  OCR1B = 0;
  OCR1C = 0;

  TCCR2 = 0x06;                                   // Timer2 = Normal mode(0), T2 input
  TCNT2 = 0;                                      // clear Timer/Counter2

  TCCR3A = 0x00;                                  // Timer3 = CTC mode(4), don't output OC3A
  TCCR3B = 0x0C;                                  // 16MHz/256/(1+2499) = 25Hz
  TCCR3C = 0x00;
  OCR3A = 2499;
  TCNT3 = 0x0000;                                 // clear Timer/Counter3

  ETIFR = 0x10;                                   // clear OC3A interrupt flag
  ETIMSK = 0x10;                                  // enable OC3A interrupt
```

```
  DDRE  = 0x00;                                   // initialize PORTE
  EICRB = 0x54;                                   // INT5/6/7 = rising and falling edge
  EIFR = 0xE0;
  EIMSK = 0xE0;
  sei();                                          // global interrupt enable

// ***** 게이트 드라이브 신호 초기화 **************************************

  DDRB  = 0xFC;                                   // (1) PORTB 초기화
  PORTB = 0x00;                                   //    (all gate signals are 0)

  PORTB = 0xE0;                                   // (2) 부트스트랩 커패시터 충전
  Delay_ms(1);                                    //    (UB = VB = WB = 1, UT = VT = WT = 0)
  PORTB = 0x00;

  if((PINC & 0x20) == 0x20)                       // (3) 초기 회전방향 지령 검출
    direction = '+';
  else
    direction = '-';

  Hall_data = PINE & 0xE0;                        // (4) 회전자 초기 위치 검출
  if(direction == '+')                            // 정방향 회전의 경우
    { if(Hall_data == 0xA0)                       // if position angle = 0~60 degree
        { PORTB = 0x04;                           // UT = 1
          TCCR1A = 0x22;                          // VB = PWM
        }
      else if(Hall_data == 0x20)                  // if position angle = 60~120 degree
        { PORTB = 0x04;                           // UT = 1
          TCCR1A = 0x0A;                          // WB = PWM
        }
      else if(Hall_data == 0x60)                  // if position angle = 120~180 degree
        { PORTB = 0x08;                           // VT = 1
          TCCR1A = 0x0A;                          // WB = PWM
        }
      else if(Hall_data == 0x40)                  // if position angle = 180~240 degree
        { PORTB = 0x08;                           // VT = 1
          TCCR1A = 0x82;                          // UB = PWM
        }
      else if(Hall_data == 0xC0)                  // if position angle = 240~300 degree
        { PORTB = 0x10;                           // WT = 1
          TCCR1A = 0x82;                          // UB = PWM
        }
      else if(Hall_data == 0x80)                  // if position angle = 300~360 degree
        { PORTB = 0x10;                           // WT = 1
          TCCR1A = 0x22;                          // VB = PWM
        }
    }
  else                                            // 역방향 회전의 경우
    { if(Hall_data == 0x60)                       // if position angle = 0~60 degree
        { PORTB = 0x10;                           // WT = 1
          TCCR1A = 0x22;                          // VB = PWM
        }
      else if(Hall_data == 0x20)                  // if position angle = 60~120 degree
        { PORTB = 0x10;                           // WT = 1
          TCCR1A = 0x82;                          // UB = PWM
        }
      else if(Hall_data == 0xA0)                  // if position angle = 120~180 degree
        { PORTB = 0x08;                           // VT = 1
          TCCR1A = 0x82;                          // UB = PWM
        }
      else if(Hall_data == 0x80)                  // if position angle = 180~240 degree
        { PORTB = 0x08;                           // VT = 1
          TCCR1A = 0x0A;                          // WB = PWM
```

```
          }
        else if(Hall_data == 0xC0)                    // if position angle = 240~300 degree
          { PORTB = 0x04;                             // UT = 1
            TCCR1A = 0x0A;                            // WB = PWM
          }
        else if(Hall_data == 0x40)                    // if position angle = 300~360 degree
          { PORTB = 0x04;                             // UT = 1
            TCCR1A = 0x22;                            // VB = PWM
          }
      }

// ***** 주 제어 루틴 ******************************************************

    while(1)
      { if((PINC & 0x40) == 0x40)                     // ***** check -START/STOP
          { cli();
            TCCR1A = 0x02;
            PORTB = 0x00;
          }
        else
          sei();

        ADCSRA = 0x84;                                // ADC 1MHz, right adjust
        ADMUX = 0x03;                                 // select ADC3 with AREF
        Delay_us(150);
        ADCSRA = 0xD4;                                // read ADC3(VR1)
        while((ADCSRA & 0x10) != 0x10);
        result = ADCW;

        if(result >= 512)                             // check motor direction and speed reverence
          { direction = '+';
            result = result - 512;
          }
        else
          { direction = '-';
            result = 512 - result;
            if(result > 511) result = 511;
          }
        PWM = (float)result*799./511. + 0.5;          // output PWM
        OCR1A = PWM;
        OCR1B = PWM;
        OCR1C = PWM;

        ADCSRA = 0x87;                                // ADC 125kHz, left adjust
        ADMUX = 0x29;                                 // select ADC1 x 10 with AREF
        Delay_us(150);
        ADCSRA = 0xD7;                                // read ADC1(current)
        while((ADCSRA & 0x10) != 0x10);
        result = ADCW;
        result >>= 6;
        if(result < 0) result = 0;
        current = (float)result*5./511.;

        if(flag == 1)                                 // graphic time ?
          { flag = 0;

            if((PINC & 0x80) == 0x00)                 // display motor speed(xxxx.x rpm)
              { TFT_string(6,3,White,Black,"Wr=");
                TFT_signed_decimal(Wrx + 0.5,0,4);
                TFT_string(6,5,Red,Black,"Ia=");
                TFT_signed_float(current,1,2);
              }

            if(Wrx > 5000.)  Wrx = 5000.;             // limit Wr graph
```

```
          if(Wrx < -5000.) Wrx = -5000.;
          y1 = 120. - Wrx*100./5000. + 0.5;      // draw Wr
          if(step == 1) y10 = y1;
          Line(45+step-1,y10, 45+step,y1, Green);
          y10 = y1;

          if(current > 2.5) current = 2.5;       // limit current graph
          y2 = 120. - current*100./2.5 + 0.5;    // draw current
          if(step == 1) y20 = y2;
          Line(45+step-1,y20, 45+step,y2, Red);
          y20 = y2;

          if(step >= 250)                        // new screen ?
            { Graphic_clear();                   // if yes, clear screen
              Graphic_line();
              flag = 0;
              step = 0;
            }
        }
    }
}

// ===== Graphic Display Function ==============================================

void Graphic_line(void)                          /* draw line of graphic screen */
{
  unsigned int x, y;

  Rectangle(45,20, 295,220, Cyan);               // outline

  for(x = 95; x <= 245; x += 50)                 // x-axis scale
    { Line(x,18, x,22, Cyan);
      Line(x,218, x,222, Cyan);

      for(y = 25; y <= 215; y += 5)              // vertical line
        TFT_pixel(x,y, Silver);
    }

  for(y = 40; y <= 200; y += 20)                 // y-axis scale
    { Line(43,y, 47,y, Cyan);
      Line(293,y, 297,y, Cyan);

      for(x = 50; x <= 290; x += 5)              // horizontal line
        TFT_pixel(x,y, Silver);
    }

  Line(45,120, 295,120, Cyan);                   // x-axis line
}

void Graphic_scale(void)                         /* display graphic scale */
{
  TFT_string(7,0,White,Magenta," BLDC 모터 수동 양방향 제어 ");

  TFT_string(1,0,Yellow,Black,"[rpm]");          // speed scale
  TFT_color(Green,Black);
  TFT_English_pixel(0,213, '-');                 // -5000 rpm
  TFT_English_pixel(8,213, '5');
  TFT_English_pixel(16,213, '0');
  TFT_English_pixel(24,213, '0');
  TFT_English_pixel(32,213, '0');
  TFT_English_pixel(0,193, '-');                 // -4000 rpm
  TFT_English_pixel(8,193, '4');
  TFT_English_pixel(16,193, '0');
  TFT_English_pixel(24,193, '0');
```

```
    TFT_English_pixel(32,193, '0');
    TFT_English_pixel(0,173, '-');                    // -3000 rpm
    TFT_English_pixel(8,173, '3');
    TFT_English_pixel(16,173, '0');
    TFT_English_pixel(24,173, '0');
    TFT_English_pixel(32,173, '0');
    TFT_English_pixel(0,153, '-');                    // -2000 rpm
    TFT_English_pixel(8,153, '2');
    TFT_English_pixel(16,153, '0');
    TFT_English_pixel(24,153, '0');
    TFT_English_pixel(32,153, '0');
    TFT_English_pixel(0,133, '-');                    // -1000 rpm
    TFT_English_pixel(8,133, '1');
    TFT_English_pixel(16,133, '0');
    TFT_English_pixel(24,133, '0');
    TFT_English_pixel(32,133, '0');
    TFT_English_pixel(32,113, '0');                   // 0 rpm
    TFT_English_pixel(0,93, '+');                     // +1000 rpm
    TFT_English_pixel(8,93, '1');
    TFT_English_pixel(16,93, '0');
    TFT_English_pixel(24,93, '0');
    TFT_English_pixel(32,93, '0');
    TFT_English_pixel(0,73, '+');                     // +2000 rpm
    TFT_English_pixel(8,73, '2');
    TFT_English_pixel(16,73, '0');
    TFT_English_pixel(24,73, '0');
    TFT_English_pixel(32,73, '0');
    TFT_English_pixel(0,53, '+');                     // +3000 rpm
    TFT_English_pixel(8,53, '3');
    TFT_English_pixel(16,53, '0');
    TFT_English_pixel(24,53, '0');
    TFT_English_pixel(32,53, '0');
    TFT_English_pixel(32,73, '0');
    TFT_English_pixel(0,33, '+');                     // +4000 rpm
    TFT_English_pixel(8,33, '4');
    TFT_English_pixel(16,33, '0');
    TFT_English_pixel(24,33, '0');
    TFT_English_pixel(32,33, '0');
    TFT_English_pixel(0,13, '+');                     // +5000 rpm
    TFT_English_pixel(8,13, '5');
    TFT_English_pixel(16,13, '0');
    TFT_English_pixel(24,13, '0');
    TFT_English_pixel(32,13, '0');

    TFT_string(37,0,Yellow,Black,"[A]");              // auxilliary scale
    TFT_color(Red,Black);
    TFT_English_pixel(301,193, '-');                  // -2
    TFT_English_pixel(308,193, '2');
    TFT_English_pixel(301,153, '-');                  // -1
    TFT_English_pixel(308,153, '1');
    TFT_English_pixel(301,113, '0');                  // 0
    TFT_English_pixel(301,73, '+');                   // +1
    TFT_English_pixel(308,73, '1');
    TFT_English_pixel(301,33, '+');                   // +2
    TFT_English_pixel(308,33, '2');

    TFT_string(35,28,Cyan,Black,"[s]");               // time scale
    TFT_English_pixel(41,224, '0');                   // 0 sec
    TFT_English_pixel(91,224, '2');                   // 2 sec
    TFT_English_pixel(141,224, '4');                  // 4 sec
    TFT_English_pixel(191,224, '6');                  // 6 sec
    TFT_English_pixel(241,224, '8');                  // 8 sec
}
```

```
void Graphic_clear(void)                                    /* clear graphic screen */
{
  unsigned int x, y;

  for(y = 21; y <= 219; y++)
    { TFT_GRAM_address(46,y);
      for(x = 46; x <= 294; x++)
        TFT_data(Black);
    }
}
```

☞ 이 프로그램에서는 전동기의 회전속도 값을 +/-실수로 표시하여 그래픽 화면의 y축 방향으로 회전속도를 -5000rpm ~ +5000rpm의 범위에서 표시하였다.

인터럽트 함수에서 flag을 1로 설정하면 그래픽을 처리할 때가 되었다는 의미이므로 메인 함수는 이를 확인하여 그래픽 라인을 그린다. x방향으로 시간을 따라 이동하는 스텝수는 step으로 관리하며, step이 250에 이르면 10초가 되어 그래픽 화면이 끝났으므로 그래픽을 지우고 왼쪽 처음부터 다시 시작한다.

SW2.2를 ON시키면 그래픽 화면의 좌측 상단에 전동기 회전속도를 실시간 값으로도 표시하며, SW2.2를 OFF시키면 이를 표시하지 않는다.

4. 양방향 PI 제어 프로그램

이제 BLDC 모터 양방향 제어 프로그램의 마지막 단계로 이를 PI 제어 알고리즘을 사용하여 피드백 제어하는 프로그램을 작성해 보기로 한다. 여기서는 속도 샘플링 주기와 PI 제어 주기를 동일하게 유지시킬 수 있는 M 방식의 속도측정을 사용하는 것으로 한다. 이 주기는 40ms로 한다.

아래의 예제 프로그램에서는 저자가 비교적 양호한 비례이득 Kp와 적분이득 Ki의 값을 지정하였으나, 이것의 최적치는 사용자 여러분이 시행착오법으로 찾아야 한다.

<프로그램 Chap5_10.c> PI 제어 방식에 의한 BLDC 모터의 속도제어 프로그램

```
/* ============================================================================ */
/*      Cahp5_10_FR_PIcontrol.c : BLDC 모터(M2) 양방향 PI 속도제어 프로그램      */
/* ============================================================================ */
/*                          Designed and programmed by Duck-Yong Yoon in 2015.  */

// ***** 이 프로그램의 사용 조건 ************************************************
//
// (1) 컨넥터 CN6(M2)에 BLDC 모터 BL42S-24026N을 연결할 것.
// (2) 점퍼 스위치 J1을 2-3 위치로 연결할 것.
//
// (3) SW2.1로 동작/정지를 선택할 것.
// (4) SW1로 정방향/역방향을 선택할 것.
// (5) 가변저항 VR1로 속도를 설정할 것.
//
// ******************************************************************************
```

```
#include <avr/io.h>
#include <avr/interrupt.h>
#include "OK-128BLDC.h"

void Graphic_line(void);                        /* draw line of graphic screen */
void Graphic_scale(void);                       /* display graphic scale */
void Graphic_clear(void);                       /* clear graphic screen */

#define  Ts      0.04                           // speed sampling time[sec]

#define  Kp      0.02                           // P gain
#define  Ki      0.40                           // I gain

volatile unsigned char m1, count, count0 = 0;   // pulse count
volatile float Wr, Wrx, Werr, Werr0;            // motor speed
volatile float Wref = 0., Wrefx;                // reference speed
volatile float current;                         // motor current
volatile unsigned int step = 0;                 // graphic step count
volatile unsigned char flag = 0;                // graphic flag

volatile float PIconstant, PI = 0.;             // PI variables
volatile unsigned int PWM;                      // PWM output data
volatile unsigned int  Wref_time = 0;           // time counter for Wref setting
unsigned char tableindex = 0;                   // Wref data table
float Wref_table[10] = {+2000., -2000., +4000., -4000., 0., +4500., +2500., -4500., -2500., 0.};

volatile unsigned char TCCR1A_temp, PORTB_temp; // I/O register store data
volatile unsigned char Hall_data;               // Hall sensor signal data
volatile unsigned char direction = '+';         // motor direction command

ISR(TIMER3_COMPA_vect)                          /* OC3A interrupt function(0.04s period) */
{
  count = TCNT2;                                // read TCNT2
  m1 = count - count0;                          // calculate m1(encoder pulse)
  count0 = count;
  sei();                                        // global interrupt enable

  if(m1 == 0)                                   // BLDC 모터가 정지상태인지 확인
    { TCCR1A_temp = TCCR1A;                     // store I/O registers
      PORTB_temp = PORTB;

      TCCR1A = 0x02;                            // UB = VB = WB = PORTB
      PORTB = 0xE0;                             // 부트스트랩 커패시터 충전
      Delay_ms(1);                              // (UB = VB = WB = 1, UT = VT = WT = 0)
      PORTB = 0x00;

      TCCR1A = TCCR1A_temp;                     // restore I/O registers
      PORTB = PORTB_temp;
    }

  Wr = (float)m1*60./24./0.04;                  // calculato Wr[rpm]
  if((PIND & 0x20) == 0x00) Wr = -Wr;

  Werr = Wref - Wr;                             // PI controller
  PI = PI + PIconstant*Werr - Kp*Werr0;
  Werr0 = Werr;

  if(PI > 799.)        PI = 799.;               // PI control limiter
  else if(PI < -799.) PI = -799.;

  if(PI >= 0.)                                  // output PWM value for forward
    { PWM = PI + 0.5;
      OCR1A = PWM;
```

```
      OCR1B = PWM;
      OCR1C = PWM;
      direction = '+';
    }
  else                                          // output PWM value for reverse
    { PWM = -PI + 0.5;
      OCR1A = PWM;
      OCR1B = PWM;
      OCR1C = PWM;
      direction = '-';
    }

  Wref_time++;

  flag = 1;                                     // set graphic flag
  step++;                                       // increment graphic step
  Wrefx = Wref;                                 // store value of Wref
  Wrx = Wr;                                     // store value of Wr
}

ISR(INT5_vect)                                  /* INT5 interrupt function(rising/falling) */
{
  Hall_data = PINE & 0xE0;
  if(direction == '+')                          // 정방향 회전
    { if(Hall_data == 0xA0)                     // if forward and position = 0~60 degree
        { PORTB = 0x04;                         // UT = 1
          TCCR1A = 0x22;                        // VB = PWM
        }
      else if(Hall_data == 0x40)                // if forward and position = 180~240 degree
        { PORTB = 0x08;                         // VT = 1
          TCCR1A = 0x82;                        // UB = PWM
        }
    }
  else                                          // 역방향 회전
    { if(Hall_data == 0x60)                     // if reverse and position = 0~60 degree
        { PORTB = 0x10;                         // WT = 1
          TCCR1A = 0x22;                        // VB = PWM
        }
      else if(Hall_data == 0x80)                // if reverse and position = 180~240 degree
        { PORTB = 0x08;                         // VT = 1
          TCCR1A = 0x0A;                        // WB = PWM
        }
    }
}

ISR(INT6_vect)                                  /* INT6 interrupt function(rising/falling) */
{
  Hall_data = PINE & 0xE0;
  if(direction == '+')                          // 정방향 회전
    { if(Hall_data == 0x60)                     // if forward and position = 120~180 degree
        { PORTB = 0x08;                         // VT = 1
          TCCR1A = 0x0A;                        // WB = PWM
        }
      else if(Hall_data == 0x80)                // if forward and position = 300~360 degree
        { PORTB = 0x10;                         // WT = 1
          TCCR1A = 0x22;                        // VB = PWM
        }
    }
  else                                          // 역방향 회전
    { if(Hall_data == 0x20)                     // if reverse and position = 60~120 degree
        { PORTB = 0x10;                         // WT = 1
          TCCR1A = 0x82;                        // UB = PWM
        }
      else if(Hall_data == 0xC0)                // if reverse and position = 240~300 degree
```

```
        { PORTB = 0x04;                          // UT = 1
          TCCR1A = 0x0A;                         // WB = PWM
        }
    }
}

ISR(INT7_vect)                                   /* INT7 interrupt function(rising/falling) */
{
  Hall_data = PINE & 0xE0;
  if(direction == '+')                           // 정방향 회전
    { if(Hall_data == 0x20)                      // if forward and position = 60~120 degree
        { PORTB = 0x04;                          // UT = 1
          TCCR1A = 0x0A;                         // WB = PWM
        }
      else if(Hall_data == 0xC0)                 // if forward and position = 240~300 degree
        { PORTB = 0x10;                          // WT = 1
          TCCR1A = 0x82;                         // UB = PWM
        }
    }
  else                                           // 역방향 회전
    { if(Hall_data == 0xA0)                      // if reverse and position = 120~180 degree
        { PORTB = 0x08;                          // VT = 1
          TCCR1A = 0x82;                         // UB = PWM
        }
      else if(Hall_data == 0x40)                 // if reverse and position = 300~360 degree
        { PORTB = 0x04;                          // UT = 1
          TCCR1A = 0x22;                         // VB = PWM
        }
    }
}

int main(void)
{
  signed int result;                             // A/D converter result
  unsigned int y1, y10 = 0, y2, y20 = 0, y3, y30 = 0;   // graphic variable

  MCU_initialize();                              // initialize MCU and kit
  Delay_ms(50);                                  // wait for system stabilization
  TFT_initialize();                              // initialize TFT-LCD module
  Beep();

  Graphic_line();                                // draw line of graphic screen
  Graphic_scale();                               // display graphic scale

  Wref = Wref_table[0];                          // get initial Wref from table
  tableIndex = 1;
  PIconstant = Kp + Ki*Ts;                       // calculate PI constant

// ***** 타이머 초기화 ******************************************************

  TCCR1A = 0x02;                                 // Timer1 = fast PWM mode(14)
  TCCR1B = 0x19;                                 // don't output OC1A, OC1B, OC1C
  TCCR1C = 0x00;                                 // 16MHz/1/(1+799) = 20kHz
  ICR1 = 799;
  OCR1A = 0;
  OCR1B = 0;
  OCR1C = 0;

  TCCR2 = 0x06;                                  // Timer2 = Normal mode(0), T2 input
  TCNT2 = 0;                                     // clear Timer/Counter2

  TCCR3A = 0x00;                                 // Timer3 = CTC mode(4), don't output OC3A
  TCCR3B = 0x0C;                                 // 16MHz/256/(1+2499) = 25Hz
  TCCR3C = 0x00;
```

```
  OCR3A = 2499;
  TCNT3 = 0x0000;                              // clear Timer/Counter3

  ETIFR = 0x10;                                // clear OC3A interrupt flag
  ETIMSK = 0x10;                               // enable OC3A interrupt

  DDRE  = 0x00;                                // initialize PORTE
  EICRB = 0x54;                                // INT5/6/7 = rising and falling edge
  EIFR = 0xE0;
  EIMSK = 0xE0;
  sei();                                       // global interrupt enable

// ***** 게이트 드라이브 신호 초기화 ****************************************

  DDRB  = 0xFC;                                // (1) PORTB 초기화
  PORTB = 0x00;                                //    (all gate signals are 0)

  PORTB = 0xE0;                                // (2) 부트스트랩 커패시터 충전
  Delay_ms(1);                                 //    (UB = VB = WB = 1, UT = VT = WT = 0)
  PORTB = 0x00;

  if((PINC & 0x20) == 0x20)                    // (3) 초기 회전방향 지령 검출
    direction = '+';
  else
    direction = '-';

  Hall_data = PINE & 0xE0;                     // (4) 회전자 초기 위치 검출
  if(direction == '+')                         // 정방향 회전의 경우
    { if(Hall_data == 0xA0)                    // if position angle = 0~60 degree
        { PORTB = 0x04;                        // UT = 1
          TCCR1A = 0x22;                       // VB = PWM
        }
      else if(Hall_data == 0x20)               // if position angle = 60~120 degree
        { PORTB = 0x04;                        // UT = 1
          TCCR1A = 0x0A;                       // WB = PWM
        }
      else if(Hall_data == 0x60)               // if position angle = 120~180 degree
        { PORTB = 0x08;                        // VT = 1
          TCCR1A = 0x0A;                       // WB = PWM
        }
      else if(Hall_data == 0x40)               // if position angle = 180~240 degree
        { PORTB = 0x08;                        // VT = 1
          TCCR1A = 0x82;                       // UB = PWM
        }
      else if(Hall_data == 0xC0)               // if position angle = 240~300 degree
        { PORTB = 0x10;                        // WT = 1
          TCCR1A = 0x82;                       // UB = PWM
        }
      else if(Hall_data == 0x80)               // if position angle = 300~360 degree
        { PORTB = 0x10;                        // WT = 1
          TCCR1A = 0x22;                       // VB = PWM
        }
    }
  else                                         // 역방향 회전의 경우
    { if(Hall_data == 0x60)                    // if position angle = 0~60 degree
        { PORTB = 0x10;                        // WT = 1
          TCCR1A = 0x22;                       // VB = PWM
        }
      else if(Hall_data == 0x20)               // if position angle = 60~120 degree
        { PORTB = 0x10;                        // WT = 1
          TCCR1A = 0x82;                       // UB = PWM
        }
      else if(Hall_data == 0xA0)               // if position angle = 120~180 degree
        { PORTB = 0x08;                        // VT = 1
```

```
        TCCR1A = 0x82;                          // UB = PWM
      }
    else if(Hall_data == 0x80)                  // if position angle = 180~240 degree
      { PORTB = 0x08;                           // VT = 1
        TCCR1A = 0x0A;                          // WB = PWM
      }
    else if(Hall_data == 0xC0)                  // if position angle = 240~300 degree
      { PORTB = 0x04;                           // UT = 1
        TCCR1A = 0x0A;                          // WB = PWM
      }
    else if(Hall_data == 0x40)                  // if position angle = 300~360 degree
      { PORTB = 0x04;                           // UT = 1
        TCCR1A = 0x22;                          // VB = PWM
      }
  }

// ***** 주 제어 루틴 ****************************************************

  while(1)
    { if((PINC & 0x40) == 0x40)                 // ***** check -START/STOP
      { cli();
        TCCR1A = 0x02;
        PORTB = 0x00;
      }
    else
      sei();

    if((PINC & 0x20) == 0x20)                   // ***** check auto/-manual
      { TFT_string(33,0,White,Black,"(자동)");
        if(Wref_time >= 75)                     // 3 sec ?
          { Wref_time = 0;
            Wref = Wref_table[tableindex];      // if yes, get Wref from table
            tableindex++;
            tableindex %= 10;
          }
      }
    else
      { TFT_string(33,0,White,Black,"(수동)");
        ADCSRA = 0x84;                          // ADC 1MHz, right adjust
        ADMUX = 0x03;                           // select ADC3 with AREF
        Delay_us(150);
        ADCSRA = 0xD4;                          // read ADC3(VR1)
        while((ADCSRA & 0x10) != 0x10);
        result = ADCW;

        if(result >= 512)
          { result = result - 512;
            Wref = (float)result*5000./511.;    // get forward Wref
          }
        else
          { result = 512 - result;
            if(result > 511) result = 511;
            Wref = -(float)result*5000./511.;   // get reverse Wref
          }
      }

    ADCSRA = 0x87;                              // ADC 125kHz, left adjust
    ADMUX = 0x29;                               // select ADC1 x 10 with AREF
    Delay_us(150);
    ADCSRA = 0xD7;                              // read ADC1(current)
    while((ADCSRA & 0x10) != 0x10);
    result = ADCW;
    result >>= 6;
    if(result < 0) result = 0;
```

```
      current = (float)result*5./511.;

      if(flag == 1)                               // graphic time ?
        { flag = 0;

          if((PINC & 0x80) == 0x00)               // display PI gain(x.xx)
            { TFT_string(6,3,White,Black,"Kp=");
              TFT_unsigned_float(Kp,1,2);
              TFT_string(6,5,White,Black,"Ki=");
              TFT_unsigned_float(Ki,1,2);
            }

          if(Wrefx > 5000.) Wrefx = 5000.;        // limit Wref graph
          y1 = 120. - Wrefx*100./5000. + 0.5;     // draw Wref
          if(step == 1) y10 = y1;
          Line(45+step-1,y10, 45+step,y1, White);
          y10 = y1;

          if(Wrx > 5000.) Wrx = 5000.;            // limit Wr graph
          y2 = 120. - Wrx*100./5000. + 0.5;       // draw Wr
          if(step == 1) y20 = y2;
          Line(45+step-1,y20, 45+step,y2, Green);
          y20 = y2;

          if(current > 2.5) current = 2.5;        // limit current graph
          y3 = 120. - current*100./2.5 + 0.5;     // draw current
          if(step == 1) y30 = y3;
          Line(45+step-1,y30, 45+step,y3, Red);
          y30 = y3;

          if(step >= 250)                         // new screen ?
            { Graphic_clear();                    // if yes, clear screen
              Graphic_line();
              flag = 0;
              step = 0;
            }
        }
    }
}

// ===== Graphic Display Function ===============================================

void Graphic_line(void)                           /* draw line of graphic screen */
{
  unsigned int x, y;

  Rectangle(45,20, 295,220, Cyan);                // outline

  for(x = 95; x <= 245; x += 50)                  // x-axis scale
    { Line(x,18, x,22, Cyan);
      Line(x,218, x,222, Cyan);

      for(y = 25; y <= 215; y += 5)               // vertical line
        TFT_pixel(x,y, Silver);
    }

  for(y = 40; y <= 200; y += 20)                  // y-axis scale
    { Line(43,y, 47,y, Cyan);
      Line(293,y, 297,y, Cyan);

      for(x = 50; x <= 290; x += 5)               // horizontal line
        TFT_pixel(x,y, Silver);
    }
```

```
  Line(45,120, 295,120, Cyan);                      // x-axis line
}

void Graphic_scale(void)                            /* display graphic scale */
{
  TFT_string(7,0,White,Magenta," BLDC 모터 양방향 PI 제어 ");

  TFT_string(1,0,Yellow,Black,"[rpm]");             // speed scale
  TFT_color(Green,Black);
  TFT_English_pixel(0,213, '-');                    // -5000 rpm
  TFT_English_pixel(8,213, '5');
  TFT_English_pixel(16,213, '0');
  TFT_English_pixel(24,213, '0');
  TFT_English_pixel(32,213, '0');
  TFT_English_pixel(0,193, '-');                    // -4000 rpm
  TFT_English_pixel(8,193, '4');
  TFT_English_pixel(16,193, '0');
  TFT_English_pixel(24,193, '0');
  TFT_English_pixel(32,193, '0');
  TFT_English_pixel(0,173, '-');                    // -3000 rpm
  TFT_English_pixel(8,173, '3');
  TFT_English_pixel(16,173, '0');
  TFT_English_pixel(24,173, '0');
  TFT_English_pixel(32,173, '0');
  TFT_English_pixel(0,153, '-');                    // -2000 rpm
  TFT_English_pixel(8,153, '2');
  TFT_English_pixel(16,153, '0');
  TFT_English_pixel(24,153, '0');
  TFT_English_pixel(32,153, '0');
  TFT_English_pixel(0,133, '-');                    // -1000 rpm
  TFT_English_pixel(8,133, '1');
  TFT_English_pixel(16,133, '0');
  TFT_English_pixel(24,133, '0');
  TFT_English_pixel(32,133, '0');
  TFT_English_pixel(32,113, '0');                   // 0 rpm
  TFT_English_pixel(0,93, '+');                     // +1000 rpm
  TFT_English_pixel(8,93, '1');
  TFT_English_pixel(16,93, '0');
  TFT_English_pixel(24,93, '0');
  TFT_English_pixel(32,93, '0');
  TFT_English_pixel(0,73, '+');                     // +2000 rpm
  TFT_English_pixel(8,73, '2');
  TFT_English_pixel(16,73, '0');
  TFT_English_pixel(24,73, '0');
  TFT_English_pixel(32,73, '0');
  TFT_English_pixel(0,53, '+');                     // +3000 rpm
  TFT_English_pixel(8,53, '3');
  TFT_English_pixel(16,53, '0');
  TFT_English_pixel(24,53, '0');
  TFT_English_pixel(32,53, '0');
  TFT_English_pixel(32,73, '0');
  TFT_English_pixel(0,33, '+');                     // +4000 rpm
  TFT_English_pixel(8,33, '4');
  TFT_English_pixel(16,33, '0');
  TFT_English_pixel(24,33, '0');
  TFT_English_pixel(32,33, '0');
  TFT_English_pixel(0,13, '+');                     // +5000 rpm
  TFT_English_pixel(8,13, '5');
  TFT_English_pixel(16,13, '0');
  TFT_English_pixel(24,13, '0');
  TFT_English_pixel(32,13, '0');

  TFT_string(37,2,Yellow,Black,"[A]");              // auxilliary scale
  TFT_color(Red,Black);
```

```
  TFT_English_pixel(301,193, '-');                    // -2
  TFT_English_pixel(308,193, '2');
  TFT_English_pixel(301,153, '-');                    // -1
  TFT_English_pixel(308,153, '1');
  TFT_English_pixel(301,113, '0');                    // 0
  TFT_English_pixel(301,73, '+');                     // +1
  TFT_English_pixel(308,73, '1');
  TFT_English_pixel(301,33, '+');                     // +2
  TFT_English_pixel(308,33, '2');

  TFT_string(34,28,Cyan,Black,"[s]");                 // time scale
  TFT_English_pixel(41,224, '0');                     // 0 sec
  TFT_English_pixel(91,224, '2');                     // 2 sec
  TFT_English_pixel(141,224, '4');                    // 4 sec
  TFT_English_pixel(191,224, '6');                    // 6 sec
  TFT_English_pixel(241,224, '8');                    // 8 sec
}

void Graphic_clear(void)                              /* clear graphic screen */
{
  unsigned int x, y;

  for(y = 21; y <= 219; y++)
    { TFT_GRAM_address(46,y);
      for(x = 46; x <= 294; x++)
        TFT_data(Black);
    }
}
```

☞ SW2.1을 ON시키면 자동 모드가 되어 배열 Wref_table[]에 지정된 10가지의 기준 속도를 3초 간격으로 불러다가 전동기의 회전속도 제어를 수행하고, SW2.1을 OFF하면 수동 모드가 되어 사용자가 가변저항 VR1으로 입력한 기준 속도에 따라 회전속도를 제어한다. 자동 모드에서 기준속도를 변경하는 3초의 시간은 인터럽트 함수에서 변수 Wref_time을 증가시켜서 만든다.

PI 제어 알고리즘에서 만들어진 제어입력 PI는 PWM 제어를 위한 출력비교 레지스터 값으로 사용되는데, 이 레지스터 값은 0~799 범위로 설정해야 한다. 만약 PI값이 799보다 크면 799로 제한하고, -799보다 작으면 -799로 제한하여 이 값을 -799~+799 범위로 만든 다음에, 이것이 양수일 경우에는 그대로 출력비교 레지스터에 출력하면서 PD1 = 1로 설정하여 BLDC 모터를 정방향으로 구동하고, 이것이 음수일 경우에는 이것의 절대값을 출력비교 레지스터에 출력하면서 PD1 = 0으로 설정하여 BLDC 모터를 역방향으로 구동해야 한다.

비례이득 Kp와 적분이득 Ki의 최적치는 오직 1가지만 존재하는 것이 아니다. 적절한 응답 파형은 시스템의 응용 목적에 따라 달라지기도 하고 사람의 취향에 따라서도 다를 수 있으며, 동일한 응답 파형을 얻기 위한 비례이득 Kp와 적분이득 Ki의 조합도 여러 가지가 있을 수 있다. 그러므로 자신이 원하는 제어응답 파형을 얻기 위한 비례이득 Kp와 적분이득 Ki의 값은 시스템 설계자가 직접 수고하여 찾고 결정해야 한다.

제6장

OK-128BLDC 트레이닝 키트

6.1 *OK-128BLDC* 키트의 구조와 기능
6.2 AVR ISP 다운로드 케이블
6.3 프로그램 개발환경의 구축
6.4 WinAVR C컴파일러의 기능 정리

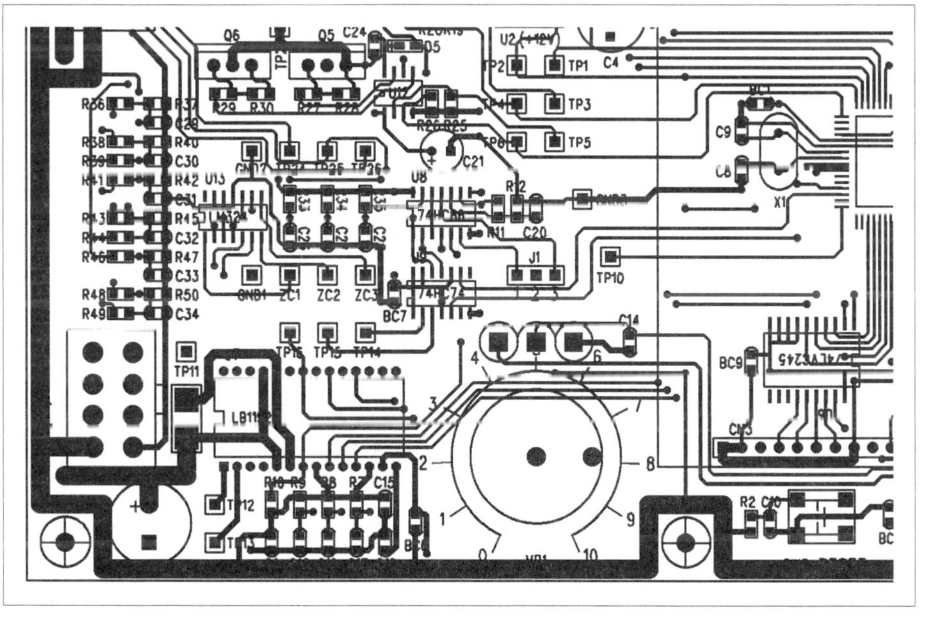

☞

이 장에서는 먼저 저자가 설계한 BLDC 모터 제어용 트레이닝 키트 *OK-128BLDC* V1.0A의 구조와 기능을 살펴보고, 여기에 사용자가 프로그램을 다운로드하는 USB 포트형 AVR ISP 케이블의 사용 방법을 설명한다. 다운로드 프로그램으로는 Atmel사에서 무료로 제공하는 AVR Studio를 사용한다.

이 키트에 사용된 회로 및 설계 개념들을 철저히 분석하여 이해하는 것은 이 키트를 올바르게 사용하여 BLDC 모터 제어기술을 공부하는데 필수적일 뿐만아니라, 앞으로 독자 여러분이 자신에게 필요한 BLDC 모터 제어 시스템을 설계하는 능력을 기르는 데에도 크게 도움이 될 것이다.

또한, 이 장에서는 ATmega128A 마이크로컨트롤러를 사용하는데 필요한 소프트웨어 개발 툴을 설치하고 사용하는 방법을 설명한다. 본서에서는 Atmel사에서 무료로 제공하는 AVR Studio와 WinAVR C컴파일러를 기본으로 사용한다. 이것들은 모두 무료이며, 전 세계적으로 가장 사랑받는 AVR용 소프트웨어중의 하나이므로 성능면에서도 독자 여러분이 사용하는데 아무런 불편이 없을 것이다.

6.1 *OK-128BLDC* 키트의 구조와 기능

1. *OK-128BLDC* 키트의 사양 및 개요

OK-128BLDC 키트는 미국 Atmel사의 유명한 AVR 시리즈의 8비트 마이크로컨트롤러인 ATmega128A를 사용하여 BLDC 모터 제어 학습용으로 설계된 아주 작은 규모의 단일 보드 트레이닝 키트(training kit)로서 그 기본 구조는 <그림 6.1.1>과 같고, 이에 대한 자세한 기술적인 사양은 <표 6.1.1>과 같다.

〈표 6.1.1〉 *OK-128BLDC* 키트 V1.0A의 설계 사양

항 목	사 양	비 고
1. MCU	ATmega128A-AU(16 MHz)	16 MHz 수정발진자 사용
2. ROM	MCU에 내장된 128KB의 플래시 메모리	프로그램 저장용
3. RAM	MCU에 내장된 4KB	스택 및 사용자 데이터 저장용
4. 프로그램 입력/실행	1. 표준 USB형 AVRISP mkII 다운로드 케이블 2. 병렬포트형 AVR ISP 다운로드 케이블	본 키트에서는 JTAG 에뮬레이터를 사용하지 못함
5. I/O	1. MCU 프로그램용 6핀 컨넥터 2. MCU가 직접 제어하는 기본 I/O 기능 ① 3.2인치 240×320 픽셀 TFT-LCD 모듈 ② +5V용 버저 ③ 모터 방향 설정용 토글 스위치(SW1) ④ 동작모드 설정용 2비트 DIP 스위치(SW2) ⑤ 기준속도 입력용 가변저항(VR1) ⑥ 모터 구동용 게이트 신호(UT, VT, WT) ⑦ 모터 구동용 PWM 신호(UB, VB, WB) 3. 모터제어를 위한 I/O 기능 ① BLDC 모터 제어 전용 IC 소자 LB11920을 사용한 모터 M1 접속 컨넥터(CN5) ② ATmega128A MCU가 직접 처리하는 모터 M2 접속 컨넥터(CN6) ③ 모터 회전속도 검출을 위한 홀센서 신호 4체배 회로(U8, 74HC86) ④ 모터 회선방향 검출을 위한 플립플롭 회로(U9, 74HC74) ⑤ 모터 전류 검출용 션트저항(R33)	Atmel사의 AVR ISP 표준 BLDC 모터 BL42S-24026N 사용 BLDC 모터 BL42S-24026N 사용 0.1Ω/1W/1%
6. 전원	+24V(2A 이상)	키트 내부에서 +12V, +5V, +3.3V를 만들어 사용함
7. PCB 외형	168×107mm 양면 에폭시 기판	

OK-128BLDC 키트는 <그림 6.1.1>에서 보는 바와 같이 8비트의 마이크로컨트롤러인 ATmega128A(16MHz)를 중심으로 하여 MCU에 내장된 여러 가지 기본 I/O 기능을 가지고 있다. 키트의 기본 출력장치로 3.2인치 크기에 320×240 픽셀 해상도의 65536 컬러 TFT-LCD 모듈을 장착하고 있어서 영문 ASCII 문자는 물론이고 미려한 글씨체의 한글과 다양한 그래픽 화면을 표시할 수 있다.

OK-128BLDC 키트에서는 2가지 방식으로 BLDC 모터를 제어할 수 있다. 첫째는 BLDC 모터 제어 전용의 IC 소자 LB11920을 사용하는 것인데, 이 경우에는 BLDC 모터를 컨넥터 CN5(M1)에 접속하며 마이크로컨트롤러는 스타트/스톱 신호, 정/역 구동 신호, PWM 신호을 사용하므로 제어가 용이하다. 둘째는 마이크로컨트롤러가 모든 BLDC 모터 제어기능을 직접 처리하는 것인데, 이 경우에는 BLDC 모터를 컨넥터 CN6(M2)에 접속하며 마이크로컨트롤러가 홀센서 신호를 받아 처리하고 모든 게이트 구동신호를 직접 출력해야 하므로 제어가 좀더 까다롭다.

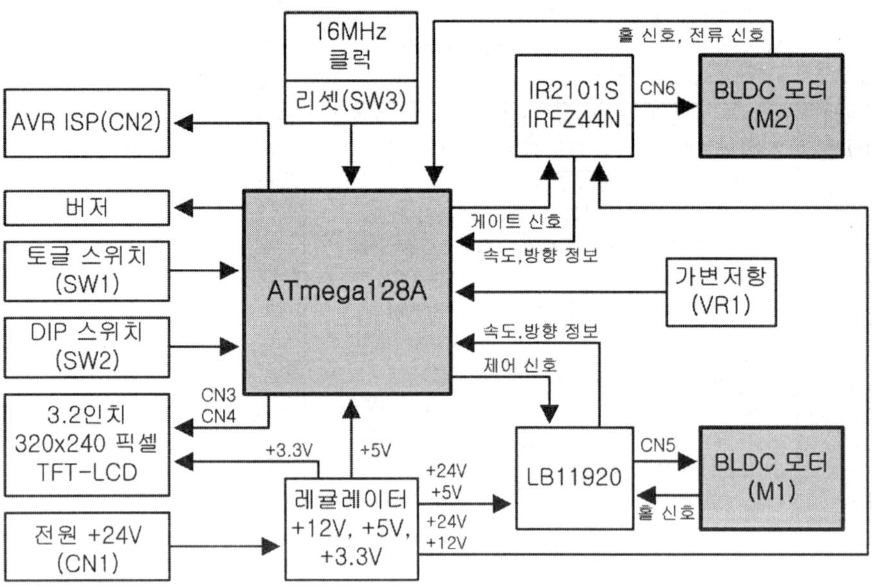

<그림 6.1.1> *OK-128BLDC* 키트 V1.0A의 하드웨어 구성 블록도

2. *OK-128BLDC* 키트의 하드웨어 구조

OK-128BLDC 키트 V1.0A의 전체 회로도와 PCB 부품 배치도는 각각 <그림 6.1.2>와 <그림 6.1.3>에 보였고, PCB의 부품의 리스트를 <표 6.1.2>에 정리하였다.

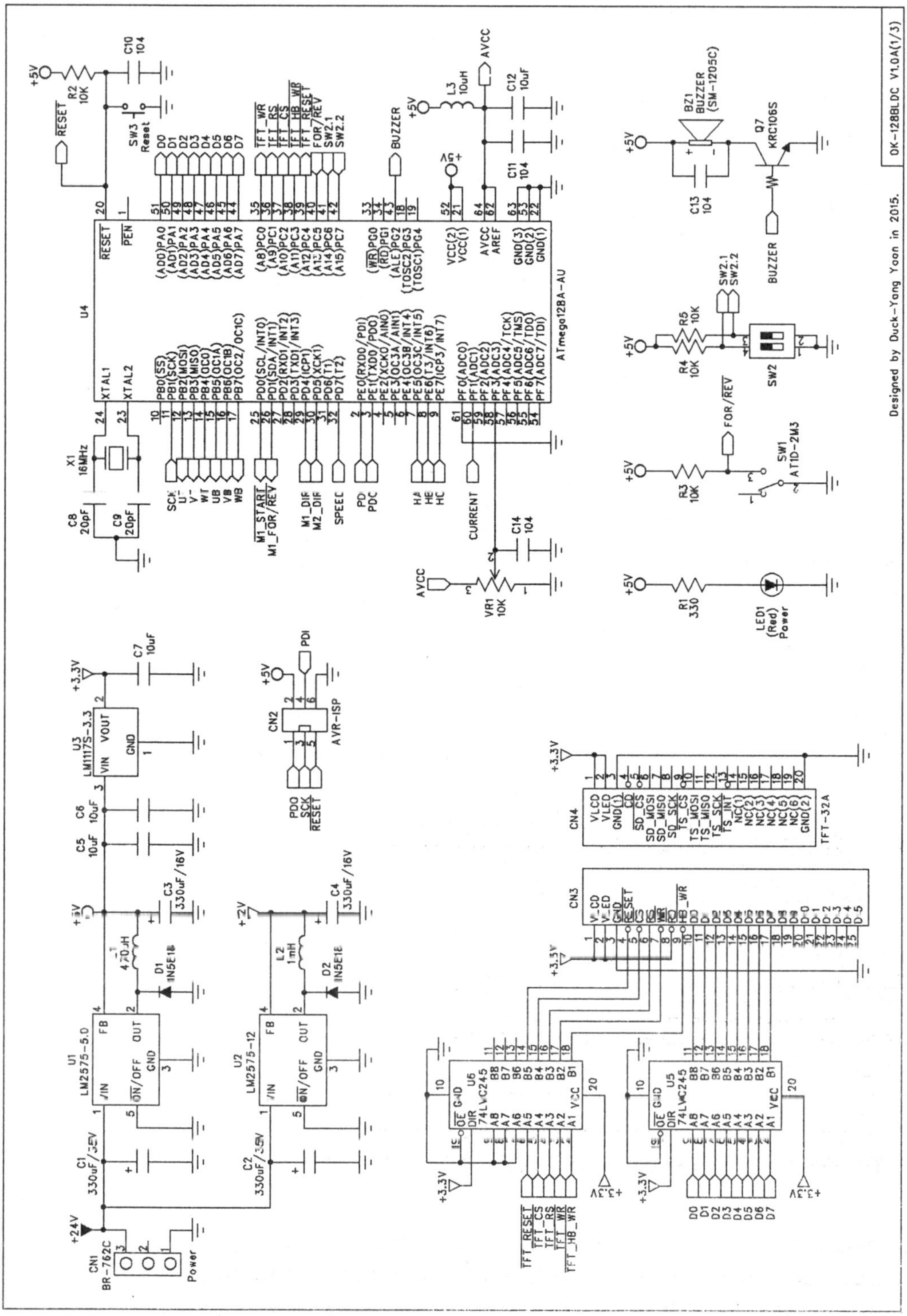

〈그림 6.1.2〉 *OK-128BLDC* 키트 V1.0A의 전체 회로도(1/3)

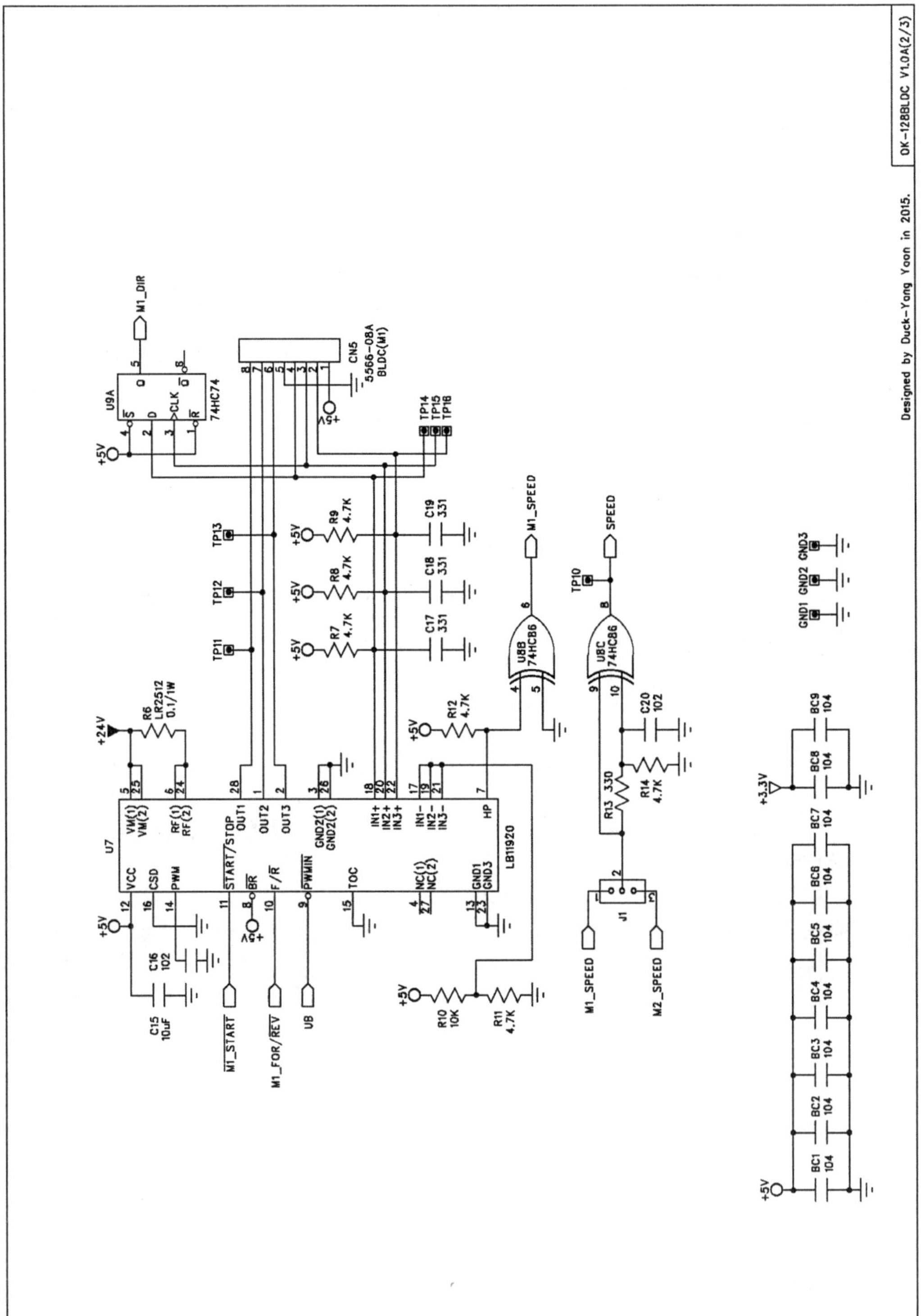

〈그림 6.1.2〉 *OK-128BLDC* 키트 V1.0A의 전체 회로도(2/3)

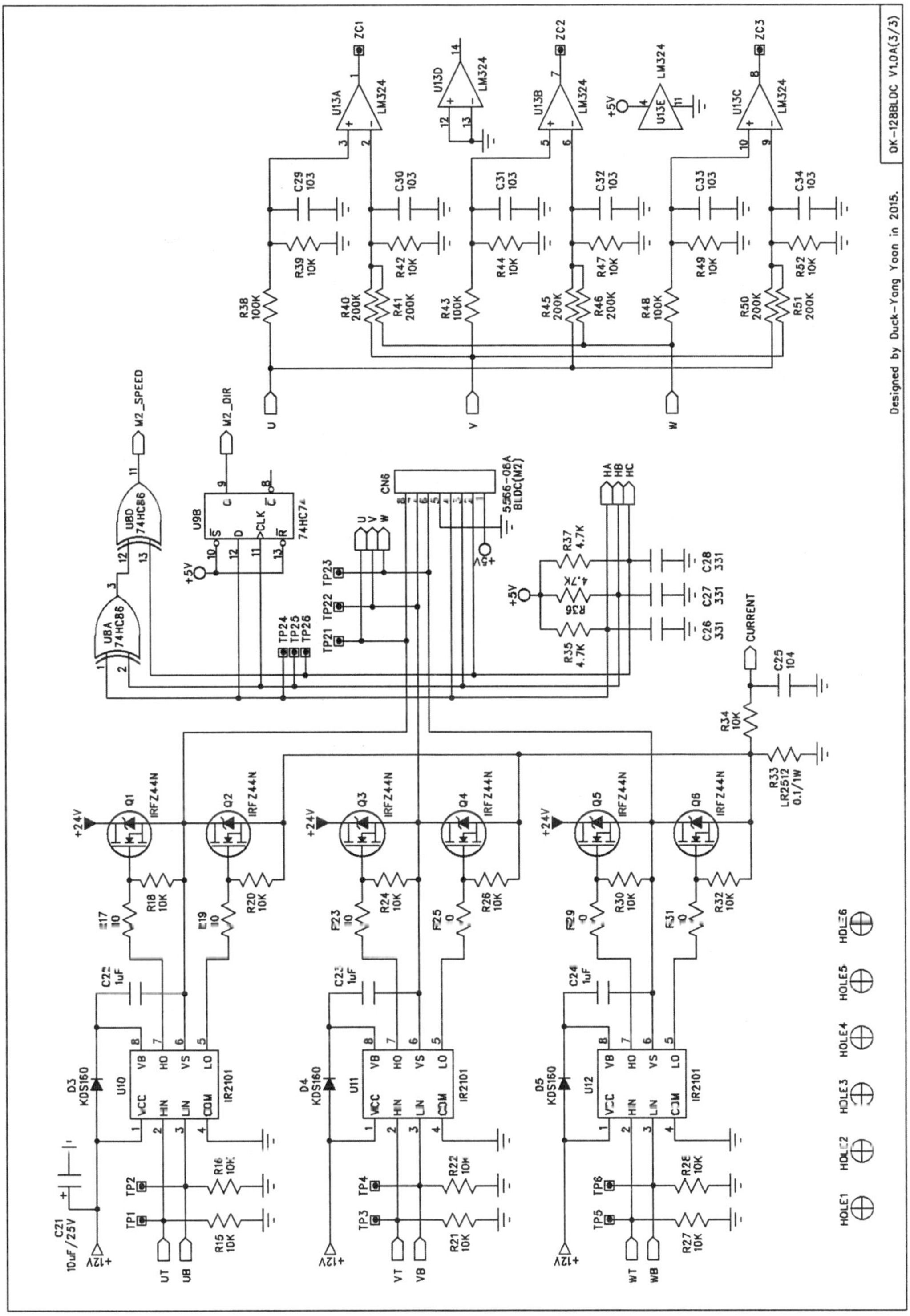

〈그림 6.1.2〉 *OK-128BLDC* 키트 V1.0A의 전체 회로도(3/3)

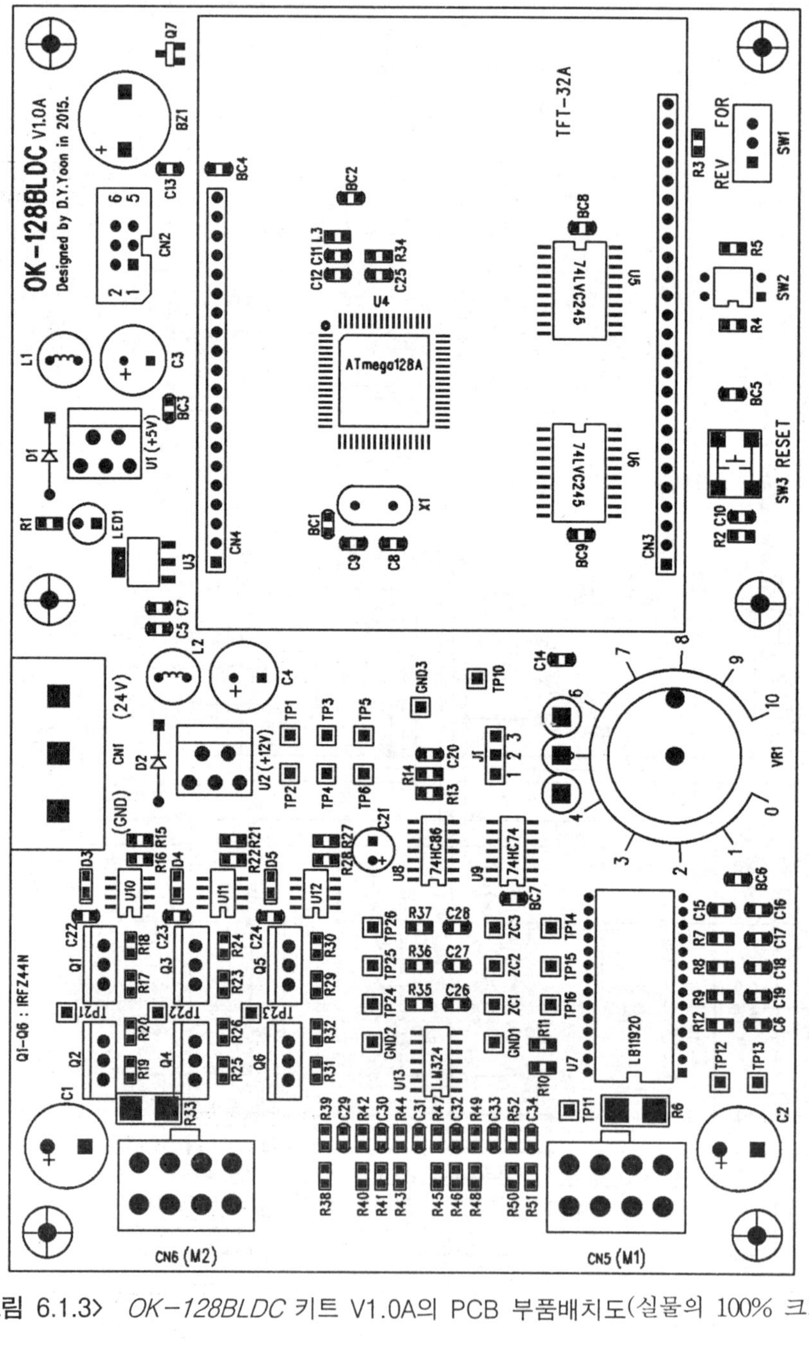

〈그림 6.1.3〉 *OK-128BLDC* 키트 V1.0A의 PCB 부품배치도(실물의 100% 크기)

◀참고▶ 이 키트에서 IC 소자 U13, 저항 R38~R52, 커패시터 C29~C34는 BLDC 모터 센서리스 제어를 위한 기초 스터디용으로 넣어둔 회로이며 실습에서는 사용하지 않으므로 조립하지 않아도 된다. 또한, 테스트 핀 GND1~GND3, TP1~TP6, TP10~TP16, TP21~TP26은 필요 없으면 조립하지 않아도 된다.

<표 6.1.2> *OK-128BLDC* 키트 V1.0A의 전체 부품 리스트

부품 번호	수량	부품명	비고
U1	1	LM2575-5.0 (TO-220)	
U2	1	LM2575-12 (TO-220)	
U3	1	LM1117S-3.3	
U4	1	ATmega128A-AU	
U5, 6	2	SN74LVC245ADWR (SOIC20)	
U7	1	LB11920 (DIP28H)	
U8	1	74HC86D (SO14)	
U9	1	74HC74D (SO14)	
U10, 11, 12	3	IR2101S (SO8)	
U13	1	LM324 (SO14)	
Q1~6	6	IRFZ44N (TO-220AB)	
Q7	1	KRC106S(10개)	
X1	1	X-TAL 16M (ATS Type) Fundamental	
D1, 2	2	1N5818 (DO-41)	
D3, 4, 5	3	KDS160 (USC)	
LED1	1	5AR3PD00 (빨강색 LED, 5파이)	
R1, 11	2	칩저항 2012사이즈 J급 330Ω	
R2~5, 10, 15, 16, 18, 20~22, 24, 26~28, 30, 32, 34, 39, 42, 44, 47, 49, 52	24	칩저항 2012사이즈 J급 10KΩ	
R6, 33	2	LR2512-21R100F2 정밀 션트저항 0.1Ω/1%/2W	
R7~9, 11, 14, 35~37	8	칩저항 2012사이즈 J급 4.7KΩ	
R17, 19, 23, 25, 29, 31	6	칩저항 2012사이즈 J급 10Ω	
R38, 43, 48	3	칩저항 2012사이즈 J급 100KΩ	
R40, 41, 45, 46, 50, 51	6	칩저항 2012사이즈 J급 200KΩ	
VR1	1	RV1601-15SP 10KΩ 및 RV 가변저항 노브(신형-3)	
L1	1	Radial인덕터 400mA/470uH(6.5*7.5)	
L2	1	Radial인덕터 400mA/1mH(6.5*7.5)	
L3	1	MLZ2012M100H (2012 사이즈 10μH)	
C1, 2	2	E/C 35V 330uF (85℃) (200MIL 간격 전해커패시터)	
C3, 4	2	E/C 16V 330uF (85℃) (200MIL 간격 전해커패시터)	
C5, 6, 7, 12, 15	5	칩세라믹 2012사이즈 10uF K급 (SMD 10uF/10V)	
C8, 9	2	칩세라믹 2012사이즈 20pF K급 (SMD 20pF)	
C10, 11, 13, 14, 25, BC1~9	14	칩세라믹 2012사이즈 100nF K급 (SMD 0.1uF)	
C16, 20	2	칩세라믹 2012사이즈 1nF K급 (SMD 1000pF)	
C17~19, 26~28	6	칩세라믹 2012사이즈 330pF K급 (SMD 330pF)	
C21	1	E/C 25V 10uF (85℃) (100MIL 간격 전해커패시터)	
C22, 23, 24	3	칩세라믹 2012사이즈 1uF K급 (SMD 1uF)	
C29~34	6	칩세라믹 2012사이즈 10nF K급 (SMD 0.01uF)	
BZ1	1	SM-1205C	
SW1	1	AT1D-2M3	
SW2	1	BSD-102	
SW3	1	ITS-1102T	
CN1	1	BR-762C (3핀)	
CN2	1	일반박스헤더 Dual 2x3pin Straight(2.54mm)	
CN3	1	핀헤더소켓 Single 1x40 Straight(2.54mm)	
CN4	1	핀헤더소켓 Single 1x20 Straight(2.54mm)	
CN5, 6	2	5566-08A(무색)	
J1	1 1	핀헤더 Single 1x40Pin Straight(2.54mm) 2.54mm Pitch 점퍼(Shunt)	
TP1~6, 10~16, 21~26, GND1~3	1	핀헤더 Single 1x40Pin Straight(2.54mm)	
HOLE1~6	6	PCB서포트 금속 F-10mm(10개)	
기타	12 1	둥근머리 십자볼트 머신스크류 M3*5 *OK-128BLDC* 키트 PCB(168×107mm, 양면 에폭시)	
SMPS	1 1 1 4	UP50S24 또는 UP50S24N (50W, 24V/2A) 하네스 와이어 (HW26-200)-검정 100개 (GND) 하네스 와이어 (HW26-200)-빨강 100개 (+24V) 터미날 1.5-3Y (소포장) 100개	
BLDC 모터	1	BL42S-24026N (브라켓 NT-MMT-02 포함)	
전원플러그 및 전원선	1	P6151 둥근 ㄱ자형(2P, 15A, 250V)	
전원스위치	1	옥내용 중간스위치	

(1) ATmega128A의 주변 기본회로 설명

ATmega128A의 주변회로는 <그림 6.1.2>의 회로도에서 보는 바와 같이 마이크로 컨트롤러와 이에 기본적으로 추가되는 클록 발생회로, 리셋 회로, AVR ISP 인터페이스 회로, MCU 소자에 내장된 I/O 관련회로 등으로 구성된다.

▣ 시스템 클록 발생회로

ATmega128A-AU는 최고 16MHz의 시스템 클록을 사용할 수 있도록 되어 있으므로 기본적으로 *OK-128BLDC* 키트에서는 최고 주파수에 해당하는 16MHz의 수정발진자를 XTAL1 및 XTAL2 단자에 연결하여 사용한다. 이들 각 단자와 접지 사이에는 12pF~22pF 범위의 세라믹 커패시터를 접속한다.

▣ 시스템 리셋 회로

ATmega128A-AU에는 내부에 전원 투입 리셋(power-on reset) 회로를 가지고 있으므로 외부의 시스템 리셋회로는 스위치 SW3과 R2, C10의 소자로 간단히 구성된다. 이러한 리셋 스위치는 키트의 사용자가 매우 빈번하게 사용하므로 PCB를 설계할 때 사용하기 편리한 위치에 두도록 고려하였다.

시스템 리셋 신호는 SW3 뿐만 아니라 AVR ISP에서도 나올 수 있어야 하므로 서로 모두 연결한다.

▣ AVR ISP 인터페이스 회로

ATmega128A는 직렬통신 방식으로 플래시 메모리에 사용자 프로그램을 다운로드하는 기능을 가지고 있는데 이를 AVR ISP라고 한다. Atmel사 표준의 다운로드 케이블 AVRISP mkII 또는 그 호환기종을 위한 컨넥터는 6핀짜리 CN2를 사용한다. 퍼스널컴퓨터의 병렬포트(프린터 포트)를 통하여 ISP를 구현하였던 예전의 10핀짜리 컨넥터는 *OK-128BLDC* 키트에서 더 이상 사용하지 않는다.

(2) ATmega128A의 병렬 I/O포트에 연결된 기능 요약

ATmega128A 마이크로컨트롤러에는 여러 가지의 I/O 디바이스를 내장하고 있는데 *OK-128BLDC* 키트에서는 이것들을 활용하여 여러가지의 하드웨어를 설계하였다. *OK-128BLDC* 키트에서 사용하는 병렬 I/O 포트 연결 기능을 요약하면 <표 6.1.3>과 같다.

<표 6.1.3> *OK-128BLDC* 키트 V1.0A에서 MCU의 병렬 I/O 포트에 접속된 기능

병렬 I/O 포트		부수적인 기능	*OK-128BLDC* 키트에서 사용하는 기능
포트A	PA0~PA7		TFT-LCD 모듈의 데이터 버스 D0~D7
포트B	PB0		(사용하지 않음)
	PB1	SCK	AVR ISP를 위한 SCK 신호
	PB2		모터(M2)에서 U상 상위 MOSFET의 게이트 출력 신호
	PB3		모터(M2)에서 V상 상위 MOSFET의 게이트 출력 신호
	PB4		모터(M2)에서 W상 상위 MOSFET의 게이트 출력 신호
	PB5	OC1A	모터(M1)에서 -PWM 출력 신호 모터(M2)에서 U상 하위 MOSFET의 게이트 출력 신호(PWM)
	PB6	OC1B	모터(M2)에서 V상 하위 MOSFET의 게이트 출력 신호(PWM)
	PB7	OC1C	모터(M2)에서 W상 하위 MOSFET의 게이트 출력 신호(PWM)
포트C	PC0		TFT-LCD 모듈의 $\overline{WR}$ 출력 신호
	PC1		TFT-LCD 모듈의 RS 출력 신호
	PC2		TFT-LCD 모듈의 $\overline{CS}$ 출력 신호
	PC3		TFT-LCD 모듈의 $\overline{HB\_WR}$ 출력 신호
	PC4		TFT-LCD 모듈의 $\overline{RESET}$ 출력 신호
	PC5		토글 스위치(SW1)의 정/역 방향 지령 입력 신호
	PC6		DIP 스위치(SW2)의 비트1 입력 신호
	PC7		DIP 스위치(SW2)의 비트2 입력 신호
포트D	PD0		BLDC 모터(M1)의 -START 출력 신호
	PD1		BLDC 모터(M1)의 정/-역 방향 출력 신호
	PD2		(사용하지 않음)
	PD3		(사용하지 않음)
	PD4		BLDC 모터(M1)의 정/-역 방향 검출 입력 신호
	PD5		BLDC 모터(M2)의 정/-역 방향 검출 입력 신호
	PD6		(사용하지 않음)
	PD7	T2	BLDC 모터(M1, M2)의 회전속도 측정을 위한 주파수 입력 신호
포트E	PE0	PDI	AVR ISP를 위한 PDI 출력 신호(MOSI에 해당)
	PE1	PDO	AVR ISP를 위한 PDO 입력 신호(MISO에 해당)
	PE2		(사용하지 않음)
	PE3		(사용하지 않음)
	PE4		(사용하지 않음)
	PE5	INT5	BLDC 모터(M2)의 홀센서 A상(U상) 입력 신호
	PE6	INT6	BLDC 모터(M2)의 홀센서 B상(V상) 입력 신호
	PE7	INT7	BLDC 모터(M2)의 홀센서 C상(W상) 입력 신호
포트F	PF0	ADC0	GND
	PF1	ADC1	ADC1 아날로그 입력 신호(션트저항 전압)
	PF2		(사용하지 않음)
	PF3	ADC3	ADC3 아날로그 입력 신호(VR1 전압)
	PF4		(사용하지 않음)
	PF5		(사용하지 않음)
	PF6		(사용하지 않음)
	PF7		(사용하지 않음)
포트G	PG0		(사용하지 않음)
	PG1		(사용하지 않음)
	PG2		BUZZER 출력 신호
	PG3		(사용하지 않음)
	PG4		(사용하지 않음)

(3) *OK-128BLDC* 키트 V1.0A의 컨넥터 요약

OK-128BLDC 키트에는 기판에서 외부로 접속하기 위한 컨넥터가 모두 6개 있고, 전동기의 속도 측정을 선택하기 위한 점퍼 스위치 1개, 토글 스위치 1개, DIP 스위치 2비트, 테스트 포인트 22개를 가지고 있는데 이것을 요약하면 <표 6.1.4>와 같다.

<표 6.1.4> *OK-128BLDC* 키트 V1.0A의 외부 접속 컨넥터 요약

컨 넥 터		기	능		
CN1	전원 컨넥터 (BR-762C, 3핀)	1 2 3	GND (사용 안함) +24V(2A 이상)		
CN2	AVR ISP용 (3FB-6P-S/T)	1 2 3	MISO VTG SCK	4 5 6	MISO /RST GND
CN3	TFT-LCD 보드 접속용 - 좌측 (25핀 SIP male header)	1 2 3 4 5 6 7 8 9 10 11 12 13	VLCD(+3.3V) VLED(+3.3V) GND -RESET -CS RS -WR -RD -HB_WR D0 D1 D2 D3	14 15 16 17 18 19 20 21 22 23 24 25	D4 D5 D6 D7 (사용 안함) (사용 안함) (사용 안함) (사용 안함) (사용 안함) (사용 안함) (사용 안함) (사용 안함)
CN4	TFT-LCD 보드 접속용 - 우측 (20핀 SIP male header)	1 2 3 4 5 6 7 8 9 10	VLCD(+3.3V) VLED(+3.3V) GND (사용 안함) (사용 안함) (사용 안함) (사용 안함) (사용 안함) (사용 안함) (사용 안함)	11 12 13 14 15 16 17 18 19 20	(사용 안함) (사용 안함) (사용 안함) (사용 안함) (사용 안함) (사용 안함) (사용 안함) (사용 안함) (사용 안함) GND
CN5	BLDC 모터(M1) 접속용 (몰렉스 5566-08A)	1 2 3 4	+5V 홀센서 HC 홀센서 HB 홀센서 HA	5 6 7 8	GND 모터 W상 모터 V상 모터 U상
CN6	BLDC 모터(M2) 접속용 (몰렉스 5566-08A)	1 2 3 4	+5V 홀센서 HC 홀센서 HB 홀센서 HA	5 6 7 8	GND 모터 W상 모터 V상 모터 U상
J1	전동기 속도측정 선택용 (3핀 SIP male header)	1-2 2-3	모터(M1)을 선택 모터(M2)를 선택		
SW1	회전방향 설정용 (AT1D-2M3)	우측 좌측	정방향 역방향		
SW2	시스템 기능 설정용 (BSD-102)	1 2	SW2.1 SW2.2		
TP1 ~ TP26, ZC1 ~ ZC3	전동기 제어 관련 입출력 신호 테스트용	TP1 TP2 TP3 TP4 TP5 TP6 TP10 TP11 TP12 TP13 TP14 TP15 TP16	게이트 신호 UT 게이트 신호 UB 게이트 신호 VT 게이트 신호 VB 게이트 신호 WT 게이트 신호 WB M1/M2 속도 신호 모터(M1)의 U상 모터(M1)의 V상 모터(M1)의 W상 모터(M1)의 HA 모터(M1)의 HB 모터(M1)의 HC	TP21 TP22 TP23 TP24 TP25 TP26 ZC1 ZC2 ZC3 GND1 GND2 GND3	모터(M2)의 U상 모터(M2)의 V상 모터(M2)의 W상 모터(M2)의 HA 모터(M2)의 HB 모터(M2)의 HC 모터(M2)의 U상 역기전력 모터(M2)의 V상 역기전력 모터(M2)의 W상 역기전력 GND GND GND

3. *TFT-32A* 보드의 하드웨어 구조

TFT-32A 보드 V1.0은 320x240 픽셀의 해상도와 터치 스크린을 가지고 있는 3.2인치 262,144 컬러의 TFT-LCD 모듈 FL320QVC18-A0에 사용자가 이를 사용하기 쉽도록 8/16비트 병렬 인터페이스 회로와 터치 스크린 컨트롤러 및 SD 카드를 포함하는 PCB를 부착하여 TFT-LCD 응용 보드로 만든 것이다.

이 TFT-LCD 모듈은 원래 16비트 병렬 인터페이스만 가능하도록 만들어져 있어서 8비트 마이크로컨트롤러에서는 사용하기가 불편하였으나 TFT-LCD 모듈을 이처럼 전용 보드에 장착하여 만들면 이를 편리하게 8비트 또는 16비트 인터페이스 방법을 사용자가 임의로 선택하여 사용할 수 있으며, 커넥터를 사용하여 쉽게 마이크로프로세서에 접속할 수 있다. 74HC574 8비트 래치를 사용하여 사용자는 이와 같이 8비트 또는 16비트로 편리하게 인터페이스할 수 있으나 TFT-LCD 모듈의 입장에서 보면 항상 데이터 액세스는 16비트 단위로 수행된다.

OK-128BLDC 키트에서는 ATmega128A가 8비트 방식으로 TFT-LCD를 인터페이스하므로 *TFT-32A* 보드에서 반드시 U2(74HC574)를 조립하고 점퍼 스위치 J1을 ON 시켜야 한다.

TFT-32A 보드에서는 터치 스크린 컨트롤러로서 SPI 인터페이스형인 ADS7846을 사용한다. 그러나, 이 보드에서는 사용하지 않지만 터치 스크린 컨트롤러에는 I^2C 통신 방식의 TSC2003도 있으며, 필요하다면 터치 스크린에서 나오는 X+, Y+, X-, Y- 신호를 직접 A/D 컨버터로 읽어들일 수도 있다.

TFT-32A 보드 V1.0의 주요 사양을 요약하면 <표 6.1.5>와 같다.

<표 6.1.5> *TFT-32A* 보드 V1.0의 사양

항 목	사 양	비 고
1. TFT-LCD 모듈	FL320QVC18-A0(CN4) 3.2인치, 터치 스크린 내장형	컨트롤러 HX8347-A
2. 인터페이스 방식	① 8비트 인터페이스 방식 (J1 =ON) ② 16비트 인터페이스 방식(J1 = OFF)	*OK-128BLDC* 키트에서는 8비트 방식을 사용함
3. 터치 스크린	SPI 인터페이스(ADS7846N 또는 ADS7846E 사용)	*OK-128BLDC* 키트에서는 터치스크린을 사용하지 않음
4. SD 카드	SD 카드 (CN3)	
5. 접속 커넥터	CN1(25핀) 및 CN2(20핀)	
6. 백라이트	TFT-LCD 소자 내부에 5개의 LED 내장	
7. 전원	① LCD 전원 : +3.3V(+2.8V도 사용 가능) ② LED 전원 : +3.3V(백라이트용)	*OK-128BLDC* 키트에서는 모두 +3.3V를 사용함
8. PCB 크기	66×80mm 양면 에폭시 기판	

(1) *TFT-32A* 보드의 구조

TFT-32A 보드 V1.0의 PCB 외형 및 부품 배치도는 <그림 6.1.4>와 같다. 또한, 이것의 회로도는 <그림 6.1.5>와 같고, 부품 리스트는 <표 6.1.6>과 같다. 외부 접속 커넥터 CN1과 CN2의 각 핀 기능을 요약하면 <표 6.1.7>과 같다.

이러한 확장 보드를 연결할 때는 보드의 상하 방향을 반대로 하거나 커넥터의 핀을 하나씩 시프트하여 잘못 꽂는 사고가 종종 발생하는데, 이렇게 되면 키트의 하드웨어에 치명적인 고장을 일으킬 수 있다. *TFT-32A* 보드에서는 이러한 사고를 예방하기 위하여 커넥터 CN1과 CN2의 핀 개수를 25개와 20개로 서로 다르게 하였는데, 이렇게 하면 이 보드를 메인 PCB와 접속할 때 방향을 반대로 잘못 꽂거나 커넥터 위치가 어긋나도록 잘못 꽂는 사고를 훨씬 줄일 수 있다.

TFT-LCD 모듈을 조립할 때는 FPCB의 37개 핀을 *TFT-32A* 보드의 PCB 패턴과 정확하게 일치시키고, FPCB에 붙어있는 양면 접착 테이프로 위치를 잘 고정시킨 후에 납땜하는 것이 좋다. 납땜 후에는 TFT-LCD 패널의 뒷면에 붙어있는 양면 접착 테이프를 이용하여 TFT-LCD 모듈의 패널을 *TFT-32A* 보드의 PCB에 붙여주면 되는데, 이때 TFT-LCD 모듈의 3군데 모서리에 있는 돌기가 PCB의 구멍에 일치하도록 위치를 정확히 잘 맞추어야 한다.

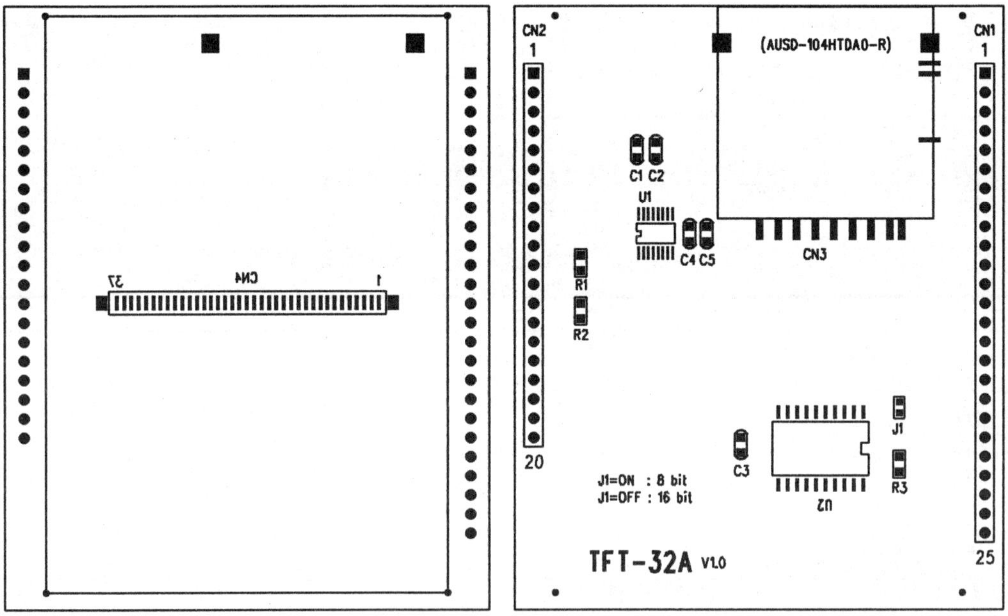

(a) 보드의 앞면(TFT-LCD 모듈 부착면)　　　(b) 보드의 뒷면

<그림 6.1.4> *TFT-32A* 보드 V1.0의 PCB 부품배치도(실물의 100% 크기)

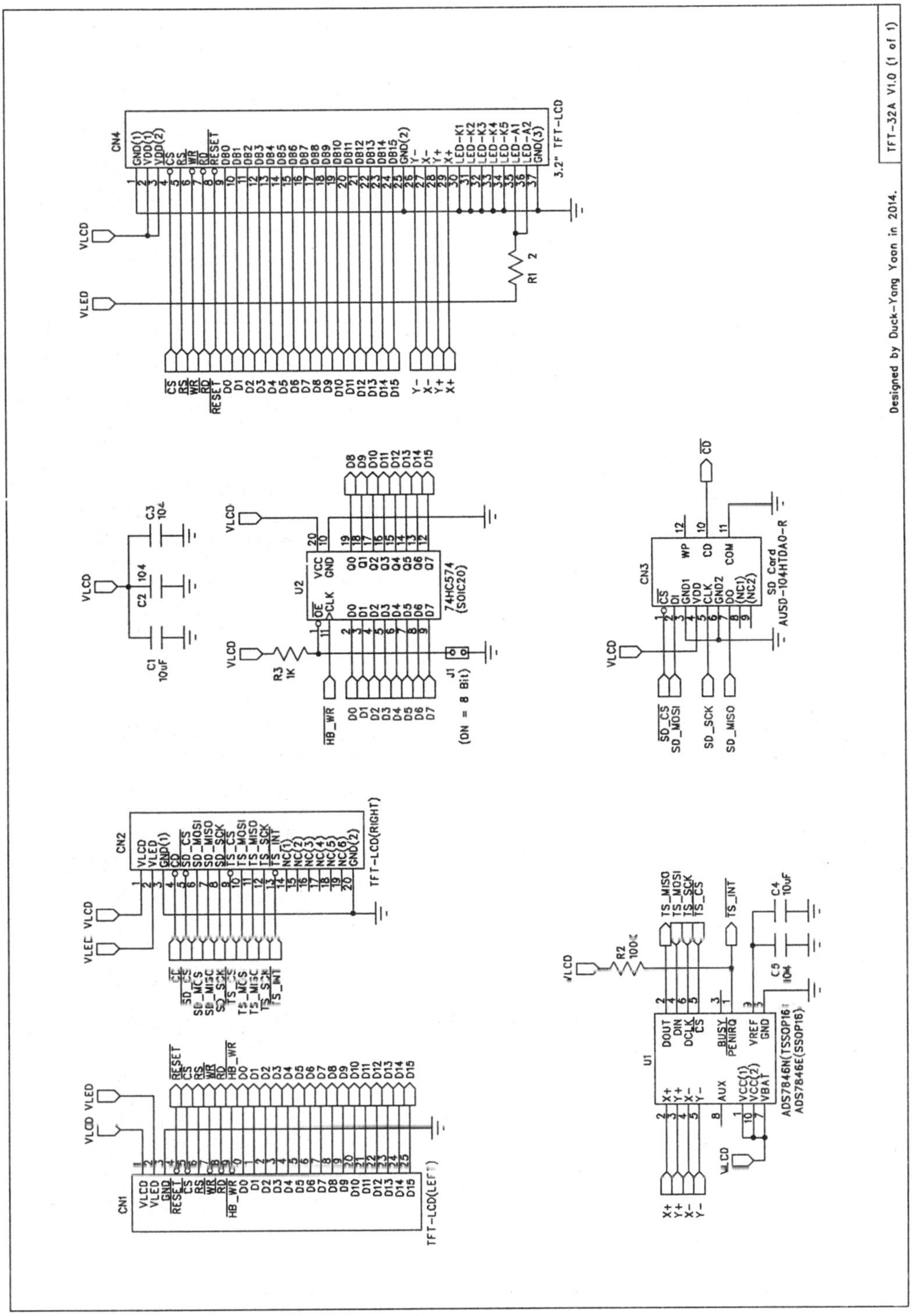

〈그림 6.1.5〉 *TFT-32A* 보드 V1.0의 회로도

<표 6.1.6> *TFT-32A* 보드 V1.0의 부품 리스트

부품 번호	수량	부품명 및 규격	대표적인 구입처
CN4	1	FL320QVC18-A0 (3.2인치 HX8347-A 컨트롤러형)	http://www.ohm.co.kr
U1	1	ADS7846N(16핀 TSSOP형) 또는 ADS7846E(16핀 SSOP형)	http://www.findlcd.com http://www.devicemart.co.kr
U2	1	74HC574 (20핀 SOIC형)	http://www.devicemart.co.kr
R1	1	2 1/8W(SMD 2012형)	http://www.devicemart.co.kr
R2	1	100K 1/8W(SMD 2012형)	
R3	1	1K 1/8W(SMD 2012형)	
C1, 4	2	10μF/10V 세라믹(SMD 2012형)	
C2, 3, 5	3	104(0.1μF) 세라믹(SMD 2012형)	
CN1	1	25핀 SIP male header	http://www.devicemart.co.kr
CN2	1	20핀 SIP male header	
CN3	1	AUSD-104HTDA0-R SD 카드 커넥터	
PCB	1	*TFT-32A* V1.0(66×80mm 양면 에폭시)	http://www.ohm.co.kr

<표 6.1.7> *TFT-32A* 보드 V1.0의 외부 접속 커넥터 핀 기능

커넥터	신호명	핀번호	기 능
CN1	VLCD	1	TFT-LCD 모듈 전원(3.3V 사용 권장)
	VLED	2	LED 백라이트 전원(3.3V 사용 권장)
	GND	3	전원 VLCD 및 VLED의 접지 단자
	-RESET	4	TFT-LCD 모듈 리셋 신호(최소 10μs 이상의 펄스로 리셋 동작)
	-CS	5	TFT-LCD 모듈 칩선택 신호
	RS	6	커맨드와 파라미터를 구분하는 신호(0=커맨드, 1=파라미터)
	-WR	7	TFT-LCD 모듈의 라이트 스트로브 신호
	-RD	8	TFT-LCD 모듈의 리드 스트로브 신호
	-HB_WR	9	8비트 인터페이스 방식에서 상위 바이트를 라이트하는 스트로브 신호
	D0~D7	10~17	16비트 데이터 버스의 하위 바이트
	D8~D15	18~25	16비트 데이터 버스의 상위 바이트(사용하지 않음)
CN2	VLCD	1	TFT-LCD 모듈 전원(모듈 내부에서 커넥터 CN1의 1번 핀과 연결됨)
	VLED	2	LED 백라이트 전원(모듈 내부에서 커넥터 CN1의 2번 핀과 연결됨)
	GND	3	전원의 접지 단자(모듈 내부에서 커넥터 CN1의 3번 핀과 연결됨)
	-CD	4	(사용하지 않음)
	-SD_CS	5	(사용하지 않음)
	SD_MOSI	6	(사용하지 않음)
	SD_MISO	7	(사용하지 않음)
	SD_SCK	8	(사용하지 않음)
	-TS_CS	9	터치 스크린 컨트롤러 ADS7846의 칩선택 신호
	TS_MOSI	10	터치 스크린 컨트롤러 ADS7846의 SPI 통신 데이터 입력 신호
	TS_MISO	11	터치 스크린 컨트롤러 ADS7846의 SPI 통신 데이터 출력 신호
	TS_SCK	12	터치 스크린 컨트롤러 ADS7846의 SPI 통신 클록 입력 신호
	-TS_INT	13	터치 스크린 컨트롤러 ADS7846의 인터럽트 출력 신호
	NC(1)	14	(사용하지 않음)
	NC(2)	15	(사용하지 않음)
	NC(3)	16	(사용하지 않음)
	NC(4)	17	(사용하지 않음)
	NC(5)	18	(사용하지 않음)
	NC(6)	19	(사용하지 않음)
	GND	20	전원의 접지 단자(모듈 내부에서 커넥터 CN1의 3번 핀과 연결됨)

만약 TFT-LCD 모듈에 붙어있는 양면 테이프로 이것을 *TFT-32A* 보드의 PCB에 접착시키는데 부족함이 있다면 TFT-LCD와 PCB 사이에 강력 본드를 1~2방울 떨어뜨려 보다 확실하게 접착시켜주는 방법도 있다.

TFT-LCD 모듈을 먼저 조립하고 나면 커넥터 CN1과 CN2를 납땜하는 것이 불편하므로, 가급적이면 커넥터 CN1과 CN2를 가장 먼저 납땜하고 그 이후에 나머지 부품들을 조립하는 것이 바람직하다.

(2) *TFT-32A* 보드의 동작 타이밍

3.2인치 TFT-LCD 모듈 FL320QVC18-A0에 사용된 컨트롤러 HX8347-A의 동작 타이밍은 <그림 6.1.6>과 같다. 따라서, 이를 컨트롤러로 사용한 *TFT-32A* 보드 V1.0의 동작 타이밍도 이와 동일하다.

OK 128BLDC 키트에서처럼 *TFT-32A* 보드를 마이크로컨트롤러에 8비트 인터페이스 방식으로 접속하려면 74HC574를 사용한다. 8비트 방식에서는 74HC574의 클록 입력 신호인 -HB_WR를 사용하여 먼저 16비트 데이터의 상위 바이트를 D7~D0에 라이트하고, 다음에는 -CS, RS, -WR 신호를 사용하여 16비트 데이터의 하위 바이트를 D7~D0에 라이트한다. 그러면 실제로 TFT-LCD 모듈에는 이렇게 하위 바이트를 라이트하는 순간에 74HC574에 미리 저장되어 있던 8비트를 포함한 16비트의 데이터 전체가 동시에 라이트된다. 이때 *TFT-32A* 보드의 D15~D8 신호는 74HC574의 출력신호 Q7~Q0에 해당하므로 사용하지 말고 오픈시켜 놓아야 한다.

마이크로컨트롤러와 *TFT-32A* 보드를 8비트 인터페이스 방식 및 16비트 인터페이스 방식으로 사용하는 방법을 요약하면 <표 6.1.8>과 같다. *OK-128BLDC* 키트에서는 8비트 인터페이스 방식으로 사용하므로 점퍼 스위치 J1을 ON시켜야 한다.

<표 6.1.8> *TFT-32A* 보드 V1.0의 외부 인터페이스 방식 요약

인터페이스	점퍼 스위치 J1	사용 방법
8비트 방식	J1 = ON	① 점퍼 스위치 J1을 ON시킴. ② D7~D0 버스를 통하여 상위 바이트를 -HB_WR 신호로 라이트하고, 하위 바이트를 -CS, RS, -WR 신호로 라이트함. ③ 사용하지 않는 -RD 신호는 +3.3V에 접속함. ④ 사용하지 않는 D15~D8은 오픈시켜두어야 함.
16비트 방식	J1 = OFF	① 점퍼 스위치 J1을 OFF시킴. ② D15~D8에 상위 바이트, D7~D0에 하위 바이트를 접속함. ③ 사용하지 않는 -RD 및 -HB_WR 신호는 +3.3V에 접속함. ④ U2와 R3을 조립하지 않아도 됨.

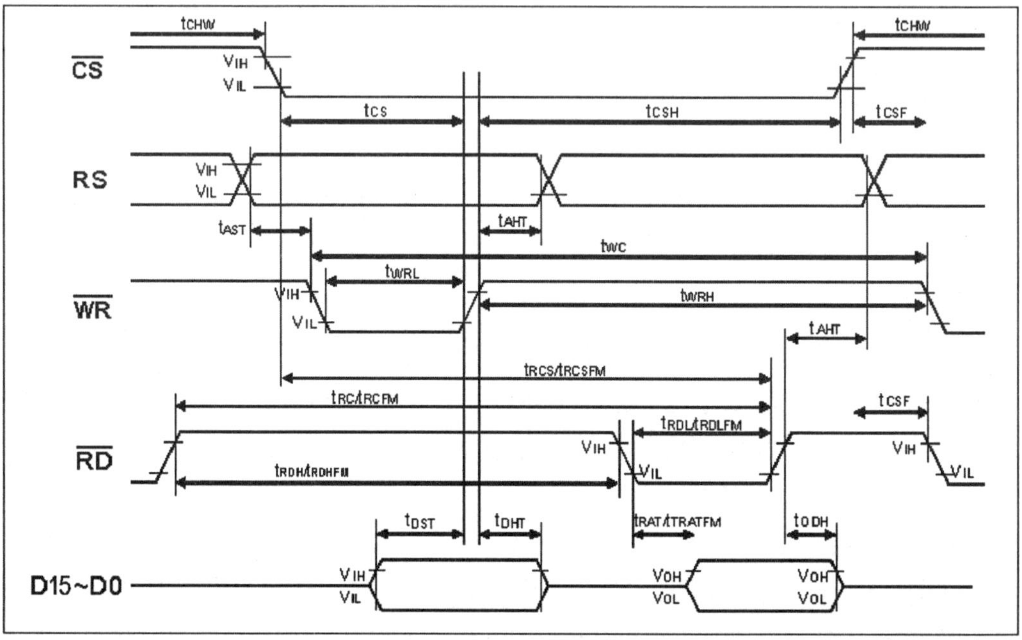

(VCC=1.65V to 2.9V, Ta = -30 to 70°C)

Signal	Symbol	Parameter	Min.	Max.	Unit	Description
RS	t_{AST}	Address setup time	10	-	ns	-
	t_{AHT}	Address hold time (Write/Read)	10	-		
$\overline{CS}$	t_{CHW}	Chip select "H" pulse width	0	-	ns	-
	t_{CS}	Chip select setup time (Write)	35	-		
	t_{RCSFM}	Chip select setup time	355	-		
	t_{CSF}	Chip select wait time (Write/Read)	10	-		
	t_{CSH}	Chip select hold time	10	-		
$\overline{WR}$	t_{WC}	Write cycle	100	-	ns	-
	t_{WRH}	Control pulse "H" duration	35	-		
	t_{WRL}	Control pulse "L" duration	35	-		
$\overline{RD}$	t_{RCFM}	Read cycle	450	-	ns	When read from GRAM
	t_{RDHFM}	Control pulse "H" duration	90	-		
	t_{RDLFM}	Control pulse "L" duration	355	-		
D15~D0	t_{DST}	Data setup time	15	-	ns	For maximum C_L=30pF For minimum C_L=8pF
	t_{DHT}	Data hold time	10	-		
	t_{RATFM}	Read access time	-	340		
	t_{ODH}	Output disable time	20	80		

〈그림 6.1.6〉 HX8347-A의 동작 타이밍

◀참고▶ TFT-LCD 모듈의 화면은 유리로 덮여 있는데 이 유리는 생각보다 매우 약하여 깨지기 쉬우니 주의가 필요하다. 사용 중에 이를 떨어뜨리거나 충격을 주지 말아야 하는 것은 물론이고, *TFT-32A* 보드를 *OK-128BLDC* 키트에 끼우거나 뺄 때도 주의가 필요하다. 특히 *TFT-32A* 보드를 *OK-128BLDC* 키트에 끼울 때 화면의 중앙 부분을 누르는 것은 매우 위험하므로 반드시 화면의 좌우 외곽부 즉, CN1과 CN2 컨넥터가 있는 부분의 변두리 쪽을 눌러서 끼워야 한다.

4. *OK-128BLDC* 키트의 조립 및 테스트

이제 만약 *OK-128BLDC* 키트 V1.0A를 사용자가 직접 조립하고자 하면 <그림 6.1.2>의 회로도와 <그림 6.1.3>의 PCB 부품 배치도, 그리고 <표 6.1.2>의 전체 부품 리스트를 참조하면서 반드시 다음 설명을 읽고 작업하라.

(1) *OK-128BLDC* 키트를 조립할 때의 유의 사항

이 키트를 납땜 및 조립할 때의 주의 사항들을 요약하면 다음과 같다.

① 사전에 어느 정도 수준까지 납땜 기술을 숙달시킨 후에 납땜하라. 이 키트에서 사용하는 소자들은 대부분 SMD형이기 때문에 납땜 기술이 부족한 초보자는 납땜이 어렵거나 납땜중에 부품 또는 PCB를 망가뜨릴 수 있다.

② 납땜은 신속하고 확실히 하라. 1개의 핀을 납땜하는데 수초 이상이 걸리면 부품이 과열되어 손상될 수 있다. 또한, IC 소자의 경우 같은 소자에 있는 여러 개의 핀들을 연속하여 납땜하지 말고, 다른 소자를 번갈아 돌아가면서 납땜하라. 이와 같이 하면 납땜중에 부품의 온도가 높아졌던 것이 다른 부품을 납땜하는 동안에 냉각되어 다시 돌아와서 납땜하더라도 보다 안전해진다.

③ 부품이 서로 바뀌지 않도록 철저히 체크하며, PCB에 표시되어 있는 부품의 방향이나 극성 표시를 올바르게 확인하고 삽입하라. 만약, 극성이 있는 소자가 반대 방향으로 조립되면 정상적으로 동작이 수행되지 않음은 물론이고 부품이 소손될 수 있으며, 나중에 이를 교체하려면 부품은 물론 PCB를 망가뜨릴 우려가 있다.

④ ATmega128A MCU를 가장 먼저 조립하라. 이것은 핀 간격이 매우 좁은 QFP형의 소자이므로 전용의 솔더크림과 정밀한 인두를 사용하여 납땜하며, 상당히 숙달된 납땜 기술을 필요로 한다. 납땜이 부실하면 자칫 기판을 망가뜨리거나 나중에 기판이 오동작하는 가장 큰 원인이 되므로 주의해야 한다.

⑤ 부품을 PCB 홀에 삽입할 때는 이를 PCB의 바닥면에 완전히 밀착시킨 후에 납땜하라. 부품이 PCB의 바닥면에 밀착되지 않고 위로 들떠 있으면 뒷면에서 납땜이 확실하게 되지 않거나 부품이 기계적으로 단단히 고정되지 않을 수도 있으며, 미관상으로도 좋지 않다.

⑥ TFT-LCD 모듈은 직접 기판에 고정되도록 조립하지 말고 컨넥터를 사용하여 착탈식으로 처리하라. 반드시 메인 보드측에 암컷 컨넥터(female header)를 사용하고, TFT-LCD 보드측에 수컷 컨넥터(male header)를 사용하도록 조립해야 한다.

⑦ 키트의 전원은 반드시 지정된 SMPS를 사용하라. 이 키트에서는 기본적으로는 +24V/2A 이상의 전류용량을 갖는 전원이라면 충분히 잘 동작한다.

(2) *OK-128BLDC* 키트를 조립하고 나서 동작을 테스트하는 방법

이제 *OK-128BLDC* 키트의 조립이 끝났으면 작업하던 주변을 좀 깨끗하게 정리한 후에 차분하게 다음과 같은 순서로 키트의 동작 테스트를 수행한다.

① 조립이 끝났으면 작업하던 테이블 위를 깨끗이 청소하고 다시 한번 조립상태를 세밀하게 점검하라. 부품이 바뀌지 않고 올바르게 선정되었는지, 극성이 바르게 조립되었는지, 납땜 상태는 양호한지 등을 중점적으로 체크한다.

② 가급적이면 처음에는 *OK-128BLDC* 키트에 전동기를 연결하지 말고 테스트하는 것이 좋다. 키트의 기본 동작이 정상이라고 판단되면 CN5 또는 CN6에 BLDC 모터 BL42S-24026N을 연결하고 해당 키트 테스트 프로그램으로 테스트를 실시한다.

③ 전원을 넣기 전에 키트에 전원이 올바르게 공급되는지 다시 한번 점검하라. 전원 전압은 올바른지, 전원의 극성을 올바르게 연결하였는지 등을 확실히 체크한다.

④ 조립이 끝나면 *OK-128BLDC* 키트에는 아무 프로그램도 들어있지 않으므로 전원을 넣어봐야 프로그램이 실행되지 않으며 아무 동작도 수행되지 않는다. 그러나, 전원을 투입하고 나서 LED1이 점등되는지, 그리고 +24V, +12V, +5V, +3.3V의 전압이 각각 올바르게 측정되는지를 확인하는 것이 좋다.

⑤ 아직은 사용자가 직접 프로그램을 작성하는 것은 어려우므로 예제 프로그램에 함께 제공되는 키트 테스트 프로그램을 다운로드하여 실행한다. 그러기 위해서는 먼저 제9.2절에서 설명하는 AVR ISP 다운로드 케이블의 사용방법을 익혀야 한다.
 이 책에서 제공하는 키트 테스트 프로그램은 2개가 있는데, BLDC 모터를 컨넥터 CN5에 연결하였을 경우에는 kit_test_M1.hex 파일을 다운로드하여 실행하고, BLDC 모터를 컨넥터 CN6에 연결하였을 경우에는 kit_test_M2.hex 파일을 다운로드하여 실행해야 한다.

⑥ 위의 ⑤에서 수행한 키트 테스트 프로그램이 모두 올바르게 실행된다면 이제 여러분이 조립한 *OK-128BLDC* 키트는 거의 정상적으로 동작하는 것으로 봐도 좋다. 그러나, 부분적으로 동작하지 않는 기능이 발견되면 회로도를 보면서 해당 부분의 하드웨어를 체크하여 문제를 해결해야 한다.

예제 프로그램에 함께 제공되는 kit_test_M1.hex 및 kit_test_M2.hex 프로그램은 *OK-128BLDC* 키트의 각 부분 동작을 점검하기 테스트 프로그램으로서, 이것은 C언어로 작성하였으며, 그 소스는 아래에 보였다.

<프로그램 kit_test_M1.c> *OK-128BLDC* 키트의 동작(모터 M1)을 테스트하는 프로그램

```
/* ============================================================================ */
/*   kit_test_M1.c : OK-128BLDC 키트 하드웨어 동작 테스트 프로그램(M1 사용)   */
/* ============================================================================ */
/*                         Designed and programmed by Duck-Yong Yoon in 2015.  */

// ATmega128A 퓨즈비트 설정 : 0xFF 0xCF 0x3F

// ***** 이 프로그램의 사용 조건 ************************************************
//
// (1) 컨넥터 CN5(M1)에 BLDC 모터 BL42S-24026N을 연결할 것.
// (2) 점퍼 스위치 J1을 1-2 위치로 연결할 것.
//
// ****************************************************************************

#include <avr/io.h>
#include <avr/interrupt.h>
#include "OK-128BLDC.h"

volatile unsigned char m1, count, count0 = 0;    // pulse count
volatile float Wr = 0.;                          // motor speed

ISR(TIMER3_COMPA_vect)                           /* OC3A interrupt function(0.04s period) */
{
  count = TCNT2;                                 // read TCNT2
  m1 = count - count0;                           // calculate m1(encoder pulse)
  count0 = count;

  Wr = (float)m1*60./24./0.04;                   // calculate Wr[rpm]
  if((PIND & 0x10) == 0x00) Wr = -Wr;
}

int main(void)
{
  unsigned int result;                           // A/D converter result

  MCU_initialize();                              // initialize MCU and kit
  Delay_ms(50);                                  // wait for system stabilization
  TFT_initialize();                              // initialize TFT-LCD module
  Beep();

  TFT_string(0, 0,Green,  Black,"****************************************");
  TFT_string(0, 2,White,Magenta,"  OK-128BLDC 키트 테스트 프로그램 (M1)  ");
  TFT_string(0, 4,Green,  Black,"****************************************");
  TFT_string(0, 6,Yellow, Black,"    (컨넥터 CN5에 모터를 연결하시오)    ");
```

```
TFT_string(0,10,White,  Black," (1) SW1 입력 테스트    : FOR(정방향)    ");
TFT_string(0,13,White,  Black," (2) SW2 입력 테스트    : SW2.1 = OFF    ");
TFT_string(0,15,White,  Black,"                          SW2.2 = OFF    ");
TFT_string(0,18,White,  Black," (3) VR1 입력 테스트    :    0.00 V      ");
TFT_string(0,20,White,  Black,"     PWM 출력 듀티비    :   000.0 %      ");
TFT_string(0,23,White,  Black," (4) BLDC 모터 회전속도 : +0000.0 rpm    ");
TFT_string(0,28,Green,  Black,"****************************************");

TCCR1A = 0xC2;                          // Timer1 = fast PWM mode(14), output -OC1A
TCCR1B = 0x19;                          // 16MHz/1/(1+799) = 20kHz
TCCR1C = 0x00;
ICR1 = 799;
OCR1A = 0;

TCCR2 = 0x06;                           // Timer2 = Normal mode(0), T2 input
TCNT2 = 0;                              // clear Timer/Counter2

TCCR3A = 0x00;                          // Timer3 = CTC mode(4), don't output OC3A
TCCR3B = 0x0C;                          // 16MHz/256/(1+2499) = 25Hz
TCCR3C = 0x00;
OCR3A = 2499;
TCNT3 = 0x0000;                         // clear Timer/Counter3

ETIFR = 0x10;                           // clear OC3A interrupt flag
ETIMSK = 0x10;                          // enable OC3A interrupt
sei();                                  // global interrupt enable

cbi(PORTD,0);                           // -M1_START = 0(동작)

ADCSRA = 0x84;                          // ADC 1MHz, right adjust
ADMUX = 0x03;                           // select ADC3 with AREF

while(1)
  { if((PINC & 0x20) == 0x20)           // test (1) ***************
      { TFT_string(26,10,Magenta,Black,"FOR(정방향)");
        sbi(PORTD,1);
      }
    else
      { TFT_string(26,10,Cyan,   Black,"REV(역방향)");
        cbi(PORTD,1);
      }

    if((PINC & 0x40) == 0x40)           // test (2) ***************
      TFT_string(34,13,Cyan,   Black,"OFF");
    else
      TFT_string(34,13,Magenta,Black,"ON ");
    if((PINC & 0x80) == 0x80)
      TFT_string(34,15,Cyan,   Black,"OFF");
    else
      TFT_string(34,15,Magenta,Black,"ON ");

    ADCSRA = 0xD4;                      // test (3) ***************
    while((ADCSRA & 0x10) != 0x10);     // read ADC3(VR1)
    result = ADCW;
    OCR1A = (float)result*799./1023. + 0.5;  // output PWM

    TFT_xy(29,18);                      // display volume value(x.xxV)
    TFT_color(Magenta,Black);
    TFT_unsigned_float((float)result*5./1023.,1,2);
    TFT_xy(28,20);                      // display volume value(xxx.x%)
    TFT_color(Magenta,Black);
    TFT_unsigned_float((float)result*100./1023.,3,1);

    if(Wr >= 0.)                        // test (4) ***************
      TFT_color(Magenta,Black);
```

```
    else
      TFT_color(Cyan,Black);
    TFT_xy(26,23);                             // display Wr(+/-xxxx.x rpm)
    TFT_signed_float(Wr,4,1);
  }
}
```

<프로그램 kit_test_M2.c> *OK-128BLDC* 키트의 동작(모터 M2)을 테스트하는 프로그램

```
/* ============================================================================ */
/*   kit_test_M2.c : OK-128BLDC 키트 하드웨어 동작 테스트 프로그램(M2 사용)    */
/* ============================================================================ */
/*                      Designed and programmed by Duck-Yong Yoon in 2015.   */

// ATmega128A 퓨즈비트 설정 : 0xFF 0xCF 0x3F

// ***** 이 프로그램의 사용 조건 *************************************************
//
// (1) 컨넥터 CN6(M2)에 BLDC 모터 BL42S-24026N을 연결할 것.
// (2) 점퍼 스위치 J1을 2-3 위치로 연결할 것.
//
// ******************************************************************************

#include <avr/io.h>
#include <avr/interrupt.h>
#include "OK-128BLDC.h"

volatile unsigned char m1, count, count0 = 0;   // pulse count
volatile float Wr = 0.;                          // motor speed

volatile unsigned char TCCR1A_temp, PORTB_temp; // I/O register store data
volatile unsigned char Hall_data;                // Hall sensor signal data
volatile unsigned char direction = '+';          // motor direction command

ISR(TIMER3_COMPA_vect)                           /* OC3A interrupt function(0.04s period) */
{
  count = TCNT2;                                 // read TCNT2
  m1 = count - count0;                           // calculate m1(encoder pulse)
  count0 = count;
  sei();                                         // global interrupt enable

  if(m1 == 0)                                    // BLDC 모터가 정지상태인지 확인
    { TCCR1A_temp = TCCR1A;                      // store I/O registers
      PORTB_temp = PORTB;

      TCCR1A = 0x02;                             // UB = VB = WB = PORTB
      PORTB = 0xE0;                              // 부트스트랩 커패시터 충전
      Delay_ms(1);                               // (UB = VB = WB = 1, UT = VT = WT = 0)
      PORTB = 0x00;

      TCCR1A = TCCR1A_temp;                      // restore I/O registers
      PORTB = PORTB_temp;
    }

  Wr = (float)m1*60./24./0.04;                   // calculate Wr[rpm]
  if((PIND & 0x20) == 0x00) Wr = -Wr;
}

ISR(INT5_vect)                                   /* INT5 interrupt function(rising/falling) */
{
  Hall_data = PINE & 0xE0;
```

```
  if(direction == '+')                          // 정방향 회전
    { if(Hall_data == 0xA0)                     // if forward and position = 0~60 degree
        { PORTB = 0x04;                         // UT = 1
          TCCR1A = 0x22;                        // VB = PWM
        }
      else if(Hall_data == 0x40)                // if forward and position = 180~240 degree
        { PORTB = 0x08;                         // VT = 1
          TCCR1A = 0x82;                        // UB = PWM
        }
    }
  else                                          // 역방향 회전
    { if(Hall_data == 0x60)                     // if reverse and position = 0~60 degree
        { PORTB = 0x10;                         // WT = 1
          TCCR1A = 0x22;                        // VB = PWM
        }
      else if(Hall_data == 0x80)                // if reverse and position = 180~240 degree
        { PORTB = 0x08;                         // VT = 1
          TCCR1A = 0x0A;                        // WB = PWM
        }
    }
}

ISR(INT6_vect)                                  /* INT6 interrupt function(rising/falling) */
{
  Hall_data = PINE & 0xE0;
  if(direction == '+')                          // 정방향 회전
    { if(Hall_data == 0x60)                     // if forward and position = 120~180 degree
        { PORTB = 0x08;                         // VT = 1
          TCCR1A = 0x0A;                        // WB = PWM
        }
      else if(Hall_data == 0x80)                // if forward and position = 300~360 degree
        { PORTB = 0x10;                         // WT = 1
          TCCR1A = 0x22;                        // VB = PWM
        }
    }
  else                                          // 역방향 회전
    { if(Hall_data == 0x20)                     // if reverse and position = 60~120 degree
        { PORTB = 0x10;                         // WT = 1
          TCCR1A = 0x82;                        // UB = PWM
        }
      else if(Hall_data == 0xC0)                // if reverse and position = 240~300 degree
        { PORTB = 0x04;                         // UT = 1
          TCCR1A = 0x0A;                        // WB = PWM
        }
    }
}

ISR(INT7_vect)                                  /* INT7 interrupt function(rising/falling) */
{
  Hall_data = PINE & 0xE0;
  if(direction == '+')                          // 정방향 회전
    { if(Hall_data == 0x20)                     // if forward and position = 60~120 degree
        { PORTB = 0x04;                         // UT = 1
          TCCR1A = 0x0A;                        // WB = PWM
        }
      else if(Hall_data == 0xC0)                // if forward and position = 240~300 degree
        { PORTB = 0x10;                         // WT = 1
          TCCR1A = 0x82;                        // UB = PWM
        }
    }
  else                                          // 역방향 회전
    { if(Hall_data == 0xA0)                     // if reverse and position = 120~180 degree
        { PORTB = 0x08;                         // VT = 1
          TCCR1A = 0x82;                        // UB = PWM
        }
      else if(Hall_data == 0x40)                // if reverse and position = 300~360 degree
```

```
        { PORTB = 0x04;                          // UT = 1
          TCCR1A = 0x22;                         // VB = PWM
        }
    }
}

int main(void)
{
  signed int result;                             // A/D converter result
  unsigned int PWM;                              // output compare register value for PWM

  MCU_initialize();                              // initialize MCU and kit
  Delay_ms(50);                                  // wait for system stabilization
  TFT_initialize();                              // initialize TFT-LCD module
  sbi(PORTD,0);                                  // -M1_START = 1(정지)
  Beep();

  TFT_string(0, 0,Green,  Black,"****************************************");
  TFT_string(0, 2,White,Magenta,"  OK-128BLDC 키트 테스트 프로그램 (M2)  ");
  TFT_string(0, 4,Green,  Black,"****************************************");
  TFT_string(0, 6,Yellow, Black,"    (컨넥터 CN6에 모터를 연결하시오)    ");
  TFT_string(0,10,White,  Black," (1) SW1 입력 테스트    : FOR(정방향)   ");
  TFT_string(0,13,White,  Black," (2) SW2 입력 테스트    : SW2.1 = OFF   ");
  TFT_string(0,15,White,  Black,"                          SW2.2 = OFF   ");
  TFT_string(0,18,White,  Black," (3) VR1 입력/PWM 듀티비: 0.00V /000.0% ");
  TFT_string(0,21,White,  Black," (4) BLDC 모터 회전속도 : +0000.0 rpm   ");
  TFT_string(0,24,White,  Black," (5) BLDC 모터 전류     : 0.00A         ");
  TFT_string(0,28,Green,  Black,"****************************************");

// ***** 타이머 및 인터럽트 초기화 ****************************************

  TCCR1A = 0x02;                                 // Timer1 = fast PWM mode(14)
  TCCR1B = 0x19;                                 // don't output OC1A, OC1B, OC1C
  TCCR1C = 0x00;                                 // 16MHz/1/(1+799) = 20kHz
  ICR1 = 799;
  OCR1A = 0;
  OCR1B = 0;
  OCR1C = 0;

  TCCR2 = 0x06;                                  // Timer2 = Normal mode(0), T2 input
  TCNT2 = 0;                                     // clear Timer/Counter2

  TCCR3A = 0x00;                                 // Timer3 = CTC mode(4), don't output OC3A
  TCCR3B = 0x0C;                                 // 16MHz/256/(1+2499) = 25Hz
  TCCR3C = 0x00;
  OCR3A = 2499;
  TCNT3 = 0x0000;                                // clear Timer/Counter3

  ETIFR = 0x10;                                  // clear OC3A interrupt flag
  ETIMSK = 0x10;                                 // enable OC3A interrupt

  DDRE  = 0x00;                                  // initialize PORTE
  EICRB = 0x54;                                  // INT5/6/7 = rising and falling edge
  EIFR = 0xE0;
  EIMSK = 0xE0;
  sei();                                         // global interrupt enable

// ***** 게이트 드라이브 신호 초기화 **************************************

  DDRB  = 0xFC;                                  // (1) PORTB 초기화
  PORTB = 0x00;                                  //     (all gate signals are 0)

  PORTB = 0xE0;                                  // (2) 부트스트랩 커패시터 충전
  Delay_ms(1);                                   //     (UB = VB = WB = 1, UT = VT = WT = 0)
  PORTB = 0x00;
```

```
  if((PINC & 0x20) == 0x20)                           // (3) 초기 회전방향 지령 검출
    { TFT_string(26,10,Magenta,Black,"FOR(정방향)");
      direction = '+';
    }
  else
    { TFT_string(26,10,Cyan,    Black,"REV(역방향)");
      direction = '-';
    }

  Hall_data = PINE & 0xE0;                            // (4) 회전자 초기 위치 검출
  if(direction == '+')                                // 정방향 회전의 경우
    { if(Hall_data == 0xA0)                           // if position angle = 0~60 degree
        { PORTB = 0x04;                               // UT = 1
          TCCR1A = 0x22;                              // VB = PWM
        }
      else if(Hall_data == 0x20)                      // if position angle = 60~120 degree
        { PORTB = 0x04;                               // UT = 1
          TCCR1A = 0x0A;                              // WB = PWM
        }
      else if(Hall_data == 0x60)                      // if position angle = 120~180 degree
        { PORTB = 0x08;                               // VT = 1
          TCCR1A = 0x0A;                              // WB = PWM
        }
      else if(Hall_data == 0x40)                      // if position angle = 180~240 degree
        { PORTB = 0x08;                               // VT = 1
          TCCR1A = 0x82;                              // UB = PWM
        }
      else if(Hall_data == 0xC0)                      // if position angle = 240~300 degree
        { PORTB = 0x10;                               // WT = 1
          TCCR1A = 0x82;                              // UB = PWM
        }
      else if(Hall_data == 0x80)                      // if position angle = 300~360 degree
        { PORTB = 0x10;                               // WT = 1
          TCCR1A = 0x22;                              // VB = PWM
        }
    }
  else                                                // 역방향 회전의 경우
    { if(Hall_data == 0x60)                           // if position angle = 0~60 degree
        { PORTB = 0x10;                               // WT = 1
          TCCR1A = 0x22;                              // VB = PWM
        }
      else if(Hall_data == 0x20)                      // if position angle = 60~120 degree
        { PORTB = 0x10;                               // WT = 1
          TCCR1A = 0x82;                              // UB = PWM
        }
      else if(Hall_data == 0xA0)                      // if position angle = 120~180 degree
        { PORTB = 0x08;                               // VT = 1
          TCCR1A = 0x82;                              // UB = PWM
        }
      else if(Hall_data == 0x80)                      // if position angle = 180~240 degree
        { PORTB = 0x08;                               // VT = 1
          TCCR1A = 0x0A;                              // WB = PWM
        }
      else if(Hall_data == 0xC0)                      // if position angle = 240~300 degree
        { PORTB = 0x04;                               // UT = 1
          TCCR1A = 0x0A;                              // WB = PWM
        }
      else if(Hall_data == 0x40)                      // if position angle = 300~360 degree
        { PORTB = 0x04;                               // UT = 1
          TCCR1A = 0x22;                              // VB = PWM
        }
    }

// ***** 주 제어 루틴 *******************************************************

  while(1)
```

```
     { if((PINC & 0x20) == 0x20)                  // test (1) ***************
         { TFT_string(26,10,Magenta,Black,"FOR(정방향)");
           direction = '+';
         }
       else
         { TFT_string(26,10,Cyan,    Black,"REV(역방향)");
           direction = '-';
         }

       if((PINC & 0x40) == 0x40)                  // test (2) ***************
         TFT_string(34,13,Cyan,    Black,"OFF");
       else
         TFT_string(34,13,Magenta,Black,"ON ");
       if((PINC & 0x80) == 0x80)
         TFT_string(34,15,Cyan,    Black,"OFF");
       else
         TFT_string(34,15,Magenta,Black,"ON ");

       ADCSRA = 0x84;                             // test (3) ***************
       ADMUX = 0x03;                              // ADC 1MHz, right adjust
       Delay_us(150);                             // select ADC3 with AREF
       ADCSRA = 0xD4;                             // read ADC3(VR1)
       while((ADCSRA & 0x10) != 0x10);
       result = ADCW;

       PWM = (float)result*799./1023. + 0.5;      // output PWM
       OCR1A = PWM;
       OCR1B = PWM;
       OCR1C = PWM;

       TFT_xy(26,18);                             // display volume value(x.xxV)
       TFT_color(Magenta,Black);
       TFT_unsigned_float((float)result*5./1023.,1,2);
       TFT_xy(33,18);                             // display volume value(xxx.x%)
       TFT_color(Magenta,Black);
       TFT_unsigned_float((float)result*100./1023.,3,1);

       if(Wr >= 0.)                               // test (4) ***************
         TFT_color(Magenta,Black);
       else
         TFT_color(Cyan,Black);
       TFT_xy(26,21);                             // display Wr(+/-xxxx.x rpm)
       TFT_signed_float(Wr,4,1);

       ADCSRA = 0x87;                             // test (5) ***************
       ADMUX = 0x29;                              // ADC 125kHz, left adjust
       Delay_us(150);                             // select ADC1 x 10 with AREF
       ADCSRA = 0xD7;                             // read ADC1(current)
       while((ADCSRA & 0x10) != 0x10);
       result = ADCW;
       result >>= 6;
       if(result < 0) result = 0;

       TFT_xy(26,24);                             // display volume value(x.xxA)
       TFT_color(Magenta,Black);
       TFT_unsigned_float((float)result*5./511.,1,2);
     }
}
```

6.2 AVR ISP 다운로드 케이블

이 절에서는 AVR ATmega128A 마이크로컨트롤러에서 사용자가 프로그램을 작성하고 실행하는데 필요한 하드웨어 개발 툴(development tool)로서 AVR ISP 다운로드 케이블의 사용 방법을 설명한다.

1. AVRISP mkII 다운로드 케이블

Atmel사의 AVR 마이크로컨트롤러는 그 역사가 매우 짧은데도 불구하고 오늘날처럼 많은 사용자를 확보하면서 크게 인기를 얻게 된 것은 그 성능이 뛰어나고 사용하기 편리한 ISP(In-System Programming) 기능을 가지고 있는 등의 장점 때문이며, 또 한편으로는 여기에서 필요로 하는 개발 툴을 대부분 무료 또는 매우 저렴한 가격으로 사용할 수 있다는 점 때문이기도 하다.

사용자가 매우 저렴하게 사용할 수 있는 Atmel사의 AVR용 하드웨어 개발툴에는 AVR ISP 다운로드 케이블과 JTAG 에뮬레이터가 있다. 또한, Atmel사는 통합 개발환경(IDE ; Integrated Development Environment) 소프트웨어인 AVR Studio와 매크로 어셈블러, 그리고 WinAVR을 기반으로 하는 C컴파일러까지 무료로 제공한다.

(1) 초창기의 AVR ISP 다운로드 케이블

AVR은 SPI 통신을 사용한 ISP 기능을 가지고 있어서 마이크로컨트롤러 내부의 플래시 프로그램 메모리에 사용자 프로그램을 쉽게 다운로드할 수 있다는 장점을 갖는다. 초창기에 Atmel사에서는 AVR의 플래시 메모리에 사용자 프로그램을 다운로드할 수 있는 직렬포트형의 AVR ISP를 판매하였다. 이것은 <그림 6.2.1>과 같은 모양인데 얼핏 보면 JTAG ICE와 비슷하게 생겼지만 이것의 크기가 다소 작으며 가격이 수만원 정도에 불과하여 인기를 끌었다. 이 제품은 퍼스널컴퓨터의 RS-232C 직렬포트에 연결하여 AVR Studio와 함께 사용하며, 타겟 보드에 접속하는 커넥터는 10핀 및 6핀 표준 커넥터를 모두 사용할 수 있었다. 이 제품에는 타겟 보드 접속용의 플랫 케이블(flat cable)이 2가지가 있어서 10핀 커넥터를 사용하거나 6핀 커넥터를 사용하려면 사용자가 각각 그에 맞는 케이블로 갈아 끼울 수 있도록 되어 있었다.

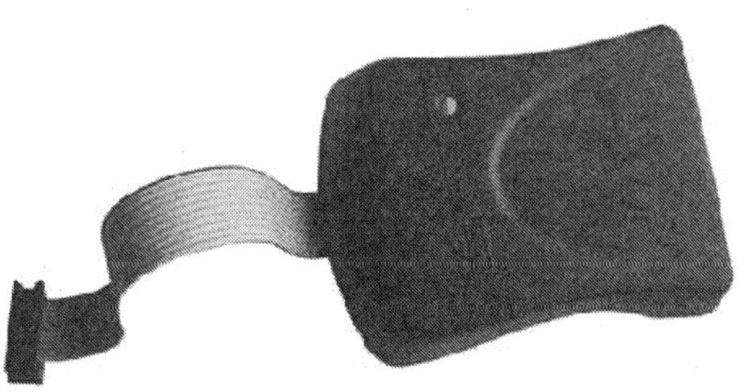

<그림 6.2.1> Atmel사의 직렬포트형 AVR ISP

이러한 Atmel사의 정품 AVR ISP는 수많은 호환 기종을 만들어 냈다. Atmel사에서는 AVR ISP에서 사용하는 통신 프로토콜을 공개하고 있으므로 누구라도 어렵지 않게 AVR ISP 다운로드 케이블을 만들 수 있기 때문이다. 이러한 호환형 다운로드 케이블에는 퍼스널컴퓨터의 병렬포트(프린터 포트)에 접속하여 사용하는 방식과 RS-232C 직렬포트에 접속하여 사용하는 방식 또는 USB 포트에 접속하여 사용하는 3가지로 나눌 수 있다. 이것들은 어느 것이나 궁극적으로는 AVR에 내장된 SPI 직렬통신을 이용하여 ISP를 구현하고 있다.

그러나, 퍼스널컴퓨터에서 USB 포트가 기본 하드웨어로 널리 사용되는 추세에 따라 Atmel사에서도 기존의 직렬포트형의 AVR ISP를 단종하고 새로운 USB 포트형의 6핀짜리 AVRISP mkII를 출시하였으며, 여기서도 다운로드 프로그램은 AVR Studio를 사용한다. 이 다운로드 케이블에 대해서도 현재는 많은 회사의 호환제품이 있다.

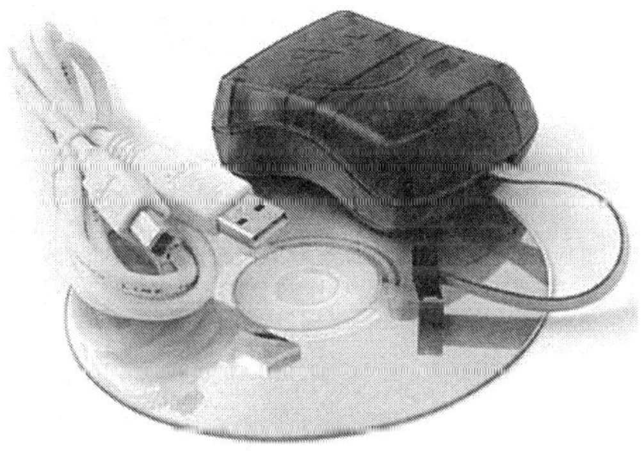

<그림 6.2.2> AVRISP mkII 다운로드 케이블의 구성품

(2) USB형의 AVRISP mkII 다운로드 케이블

AVRISP mkII는 Atmel사의 USB 포트형 다운로드 케이블로서 모든 AVR 마이크로컨트롤러를 지원한다. 이것은 종래의 직렬포트형 AVR ISP 다운로드 케이블의 후속 모델에 해당한다. <그림 6.2.2>에 AVRISP mkII의 구성품을 사진으로 보였으며, <그림 6.2.3>에는 이 다운로드 케이블의 연결방법을 도시하였다.

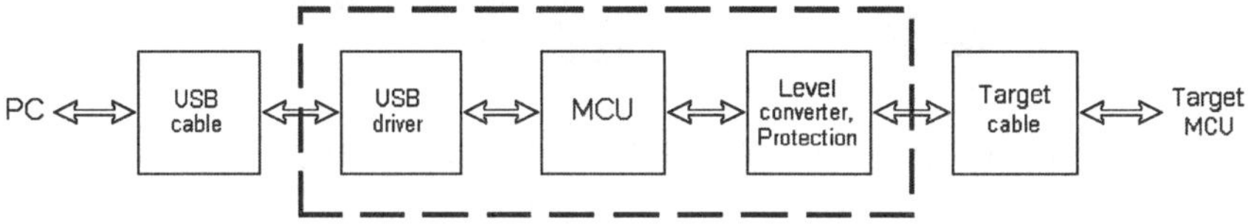

<그림 6.2.3> 퍼스널컴퓨터와 AVRISP mkII의 연결도

AVRISP mkII는 이전의 직렬포트형 AVR ISP에서처럼 펌웨어 업그레이드 기능을 가지고 있으므로 새로운 버전의 AVR Studio가 새로운 펌웨어를 포함하는 경우에는 이 소프트웨어에서 자동으로 다운로드 케이블의 펌웨어를 업그레이드할 수 있다. 그러나, 종래의 직렬포트형 AVR ISP에서는 타겟보드 측에 연결되는 플랫 케이블에 표준 10핀짜리 커넥터와 6핀짜리 커넥터를 모두 지원하였던데 비하여, 새로운 USB 포트형 AVRISP mkII에서는 타겟보드 측에 연결되는 플랫 케이블에 6핀짜리 커넥터 1가지만을 지원한다. 따라서, *OK-128BLDC* 키트에서도 6핀짜리 다운로드 케이블 커넥터 CN2를 사용하여 AVRISP mkII를 접속하고 다운로드를 수행한다.

2. AVR Studio를 사용한 프로그램 다운로드

ISP 다운로드 프로그램은 AVR ISP 다운로드 케이블을 통하여 퍼스널컴퓨터로부터 AVR 타겟 보드로 사용자 프로그램을 전송하여 플래시 메모리에 라이트하는 프로그램이다. 이러한 다운로드 프로그램은 AVR Studio 소프트웨어에 내장되어 있다. 사용자가 다운로드할 오브젝트 파일의 형식으로는 인텔 HEX 파일을 사용한다.

이와 같이 *OK-128BLDC* 키트에서 다운로드 케이블을 Atmel사의 AVRISP mkII로 사용하면 사용자 프로그램의 작성이나 번역은 물론이고 이를 타겟 보드에 다운로드하여 실행하는 기능까지 모든 프로그램 개발과정을 AVR Studio에서 직접 수행하므로 매우 편리하다.

(1) 퓨즈 비트의 설정

AVR Studio에서 AVRISP mkII 다운로드 케이블을 사용하여 *OK-128BLDC* 키트

의 사양에 맞도록 ATmega128A 마이크로컨트롤러의 퓨즈 비트를 설정하는 방법은 다음과 같다.

① 바탕 화면에 만들어 놓은 바로가기 아이콘을 클릭하여 AVR Studio 프로그램을 실행한다.

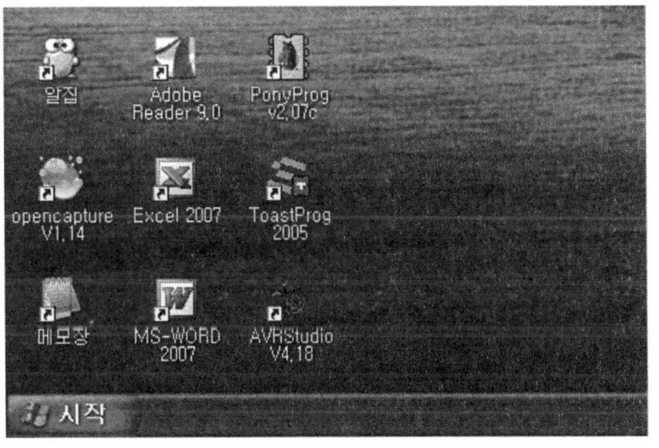

<그림 6.2.4> AVR Studio의 바로가기 아이콘

② 먼저 <그림 6.2.5>에서처럼 먼저 Device를 ATmega128A로 선택해야 한다. 낮은 버전의 AVR Studio를 사용하는 경우에는 리스트에 ATmega128A 모델이 없을 수 있는데 이 경우에는 ATmega128을 선택하면 된다.

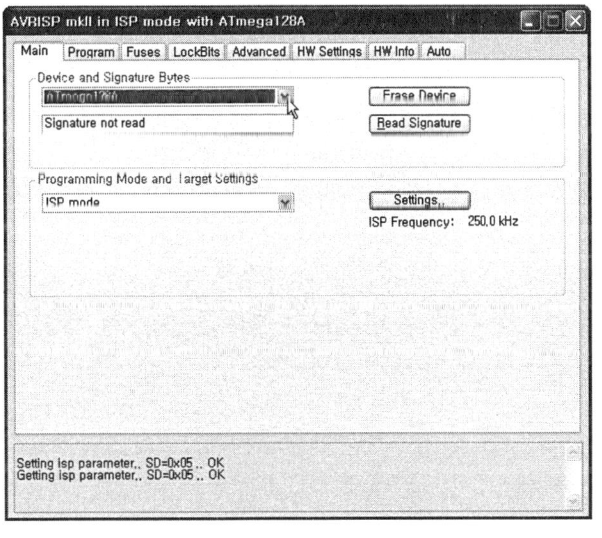

<그림 6.2.5> 디바이스로 ATmega128A를 선택하는 화면

③ 만약 *OK-128BLDC* 키트를 조립하고 처음으로 다운로드 케이블을 접속한 것이라면 ATmega128A는 1MHz의 내부 시스템 클록으로 동작하므로 다운로드 케이블의 전송속도를 이것의 1/4 이하로 낮게 설정해야만 다운로드 케이블이 올바르게 동작한다. <그림 6.2.5>에서 Settings.. 버튼을 누르면 <그림 6.2.6>과 같이 다운로드 케이블의 전송속도를 변경할 수 있는데, 여기서 250kHz를 선택하고 Write 버튼을 누른다.

(☞ 퓨즈 비트의 설정이 완료되면 ATmega128A는 16MHz의 시스템 클록으로 동작하므로 이 클록을 다시 4MHz로 높여준다. 그렇게 하지 않으면 다운로드 케이블이 계속하여 250kHz의 낮은 속도로 동작하므로 다운로드 동작이 느려서 불편하다.)

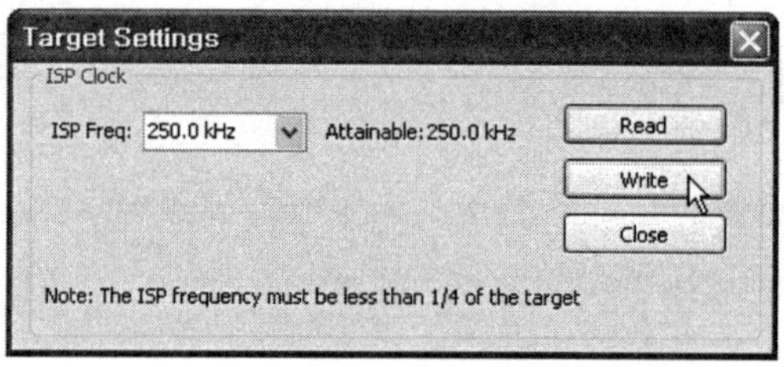

<그림 6.2.6> 다운로드 케이블의 전송속도 설정

④ AVR Studio 프로그램에서 *OK-128BLDC* 키트에 맞도록 ATmega128A 마이크로컨트롤러의 퓨즈 비트를 설정하는 화면은 <그림 6.2.7>과 같다.

먼저 기본적인 체크 항목에서는 SPIEN, CKOPT, BODEN 등의 3가지만을 ☑로 체크하고 나머지 항목들은 모두 □로 비워둔다. 그리고, 선택창에 나열된 여러가지 기능 중에서 1가지를 선택해야 하는 항목들은 아래와 같이 선택한다.

BOOTSZ	Boot Flash size=512 words start address=$1FE00
BODLEVEL	Brown-out detection level at VCC=4.0 V
SUT_CKSEL	Ext. Crystal/Resonator High Freq.; Start-up time: 16K CK + 64 ms

이렇게 선택하고 나면 최종적으로 퓨즈 비트의 설정값은 화면에 다음과 같이 표시되어야 한다. 만약 3바이트의 퓨즈 비트값이 이렇게 나오지 않으면 위에서 설정을 잘못한 것이니 설정 내용을 다시 수정해야 한다.

EXTENDED	0xFF
HIGH	0xCF
LOW	0x3F

⑤ 위와 같이 설정하였으면 <그림 6.2.7>의 화면에서 Program 버튼을 눌러 퓨즈 비트 설정값을 ATmega128A 소자에 라이트한다. 그리고 Read 버튼을 눌러 확인해보면 퓨즈 비트들이 방금 설정한 값으로 읽혀져야 한다.

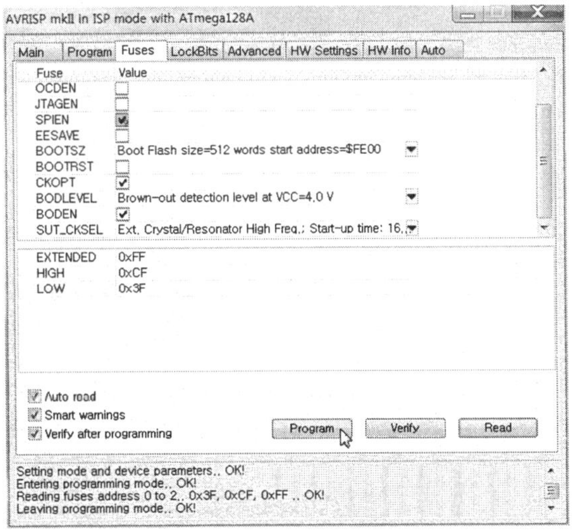

<그림 6.2.7> 퓨즈 비트를 설정하는 화면

⑥ 타겟 보드에 있는 AVR 마이크로컨트롤러에 메모리 록 비트를 설정하는 화면은 <그림 6.2.8>과 같다. 원하는 항목을 선택하고 Program 버튼을 누르면 되는데, 메모리 록 비트를 설정하지 않으면 화면에서 LOCKBIT의 값이 0xFF로 표시된다.

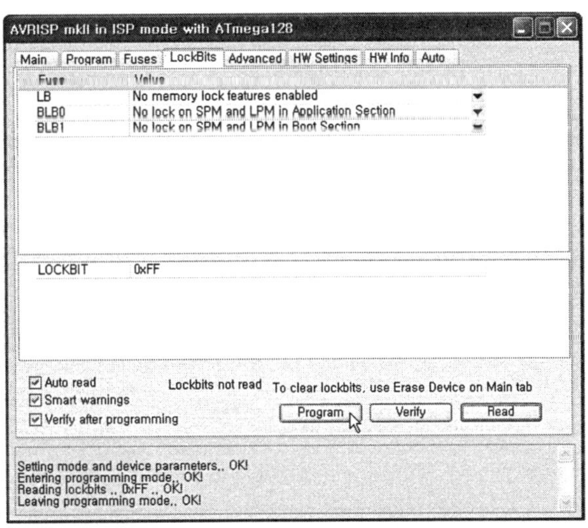

<그림 6.2.8> 메모리 록 비트를 설정하는 화면

(2) 사용자 프로그램의 다운로드

AVR Studio 프로그램에서 AVRISP mkII 다운로드 케이블을 사용하여 사용자 프로그램의 HEX 파일을 *OK-128BLDC* 키트에 다운로드하는 방법은 다음과 같다.

① 바탕 화면에 만들어 놓은 바로가기 아이콘을 클릭하여 AVR Studio 프로그램을 실행한다.

② 퍼스널컴퓨터와 *OK-128BLDC* 키트의 다운로드 커넥터 CN2 사이에 다운로드 케이블 AVRISP mkII를 접속하고 키트의 전원을 켠다. **이렇게 다운로드 케이블을 CN2에 접속하거나 뺄 때는 항상 *OK-128BLDC* 키트의 전원을 끄고 실시해야 한다.**

③ AVR Studio에서 Tools → Program AVR → Connect... 메뉴를 선택하면 <그림 6.2.9>와 같이 다운로드 케이블의 종류와 접속할 포트를 선택하도록 하는 창이 나타나는데, 여기서 Platform 항목에서는 AVRISP mkII를 선택하고 Port 항목에서는 USB를 선택한 후에 Connect... 아이콘을 누르면 다운로드 프로그램으로 들어간다.

또 다른 방법으로는 Tools → Program AVR → Auto Connect 메뉴를 선택하면 AVR Studio가 자동으로 다운로드 케이블이 연결된 포트를 찾아서 인식한다.

이 경우 아주 드물게 AVR Studio가 다운로드 케이블을 인식하지 못하는 경우가 있는데, 이때는 퍼스널컴퓨터, AVRISP mkII 다운로드 케이블, *OK-128BLDC* 키트가 올바르게 접속되어 있는지, 그리고 키트의 전원이 켜져 있는지를 확인하고 다시 시도해 보면 된다.

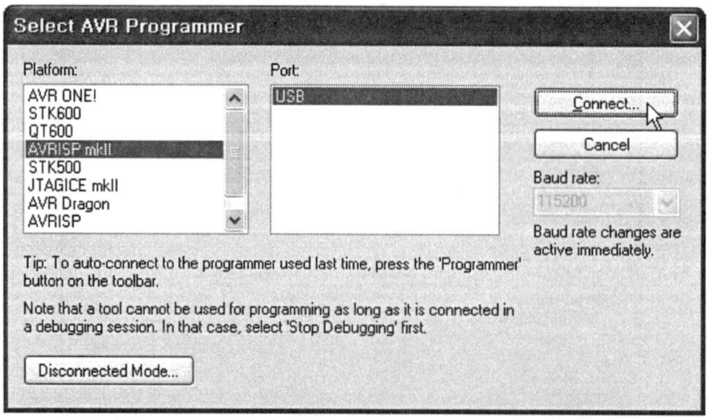

<그림 6.2.9> 다운로드 케이블의 종류와 접속할 포트를 선택하는 화면

④ 처음에 AVR Studio에서 다운로드 케이블을 구동하는 프로그램으로 들어갈 때는 항상 내부적으로 AVR Studio가 AVRISP mkII 다운로드 케이블의 펌웨어(소프트웨어) 버전을 체크하여 이것이 낮으면 <그림 6.2.10>에 보인 바와 같이 업그레이드할 것인지를 물어보는데 만약 업그레이드하려면 [확인] 버튼을 선택하고 그냥 사용하려면 [취소] 버튼을 누르면 된다.

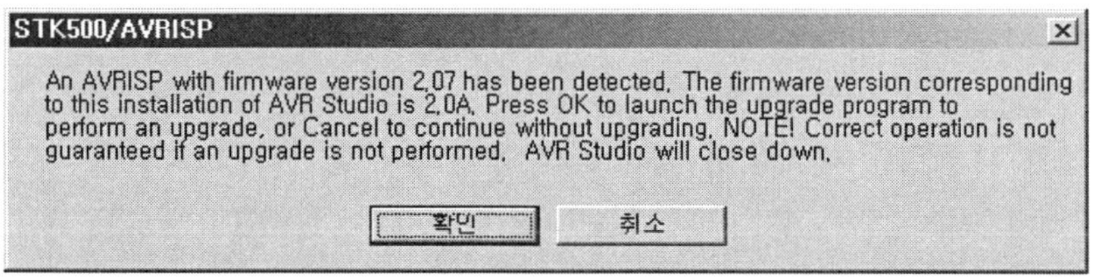

<그림 6.2.10> 나운로드 케이블의 펌웨어를 업그레이드할 것인지를 묻는 화면

⑤ 이제 AVRISP mkII 다운로드 케이블이 올바르게 컨넥터에 접속되고 인식되었으면 <그림 6.2.11>과 같은 화면이 나타난다. 그러면 먼저 Device를 ATmega128A 모델로 지정하고, Settings..에서 ISP Frequency를 4.000 MHz로 선택한다.

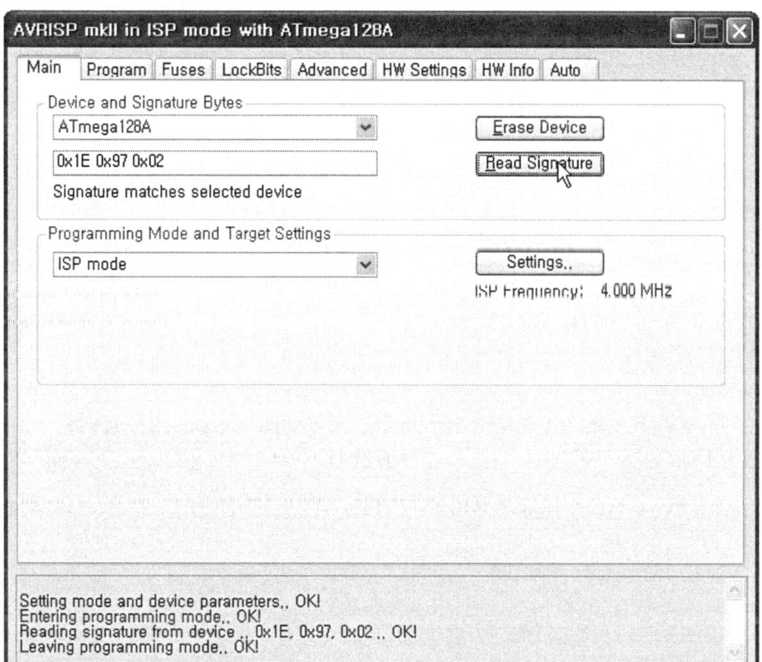

<그림 6.2.11> AVR Studio에서 디바이스의 제품 표시 바이트를 읽어보는 화면

<그림 6.2.12> 다운로드 케이블을 제대로 인식하지 못하였을 때의 에러 메시지

여기서 타겟 보드에 있는 AVR 모델의 제품표시 바이트(signature byte)를 확인하려면 Read Signature 버튼을 누르면 된다. 그러면 *OK-128BLDC* 키트에서 사용하는 ATmega128A의 경우 제품 표시 바이트가 0x1E 0x97 0x02로 읽혀진다. 그러나, 만약 AVRISP mkII 다운로드 케이블이 올바르게 동작하지 않는다면 화면에 <그림 6.2.12>과 같은 에러 메시지 창이 뜬다. 이때는 퍼스널컴퓨터, AVRISP mkII 다운로드 케이블, *OK-128BLDC* 키트가 올바르게 접속되어 있는지, 그리고 키트의 전원이 켜져 있는지를 확인하고 다시 시도해 보면 된다.

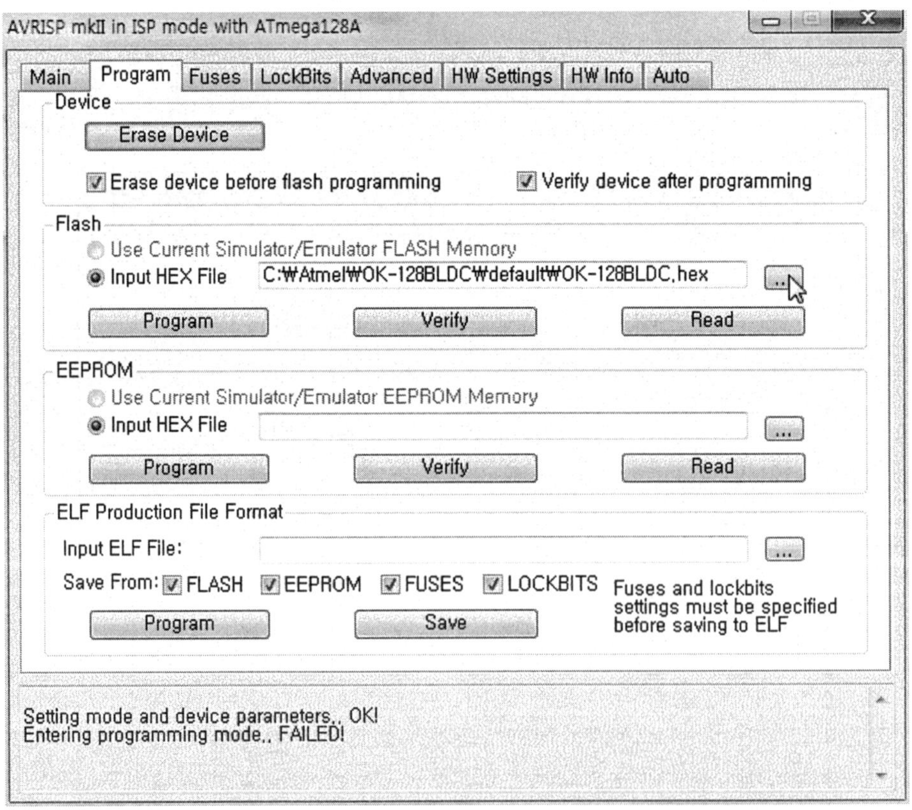

<그림 6.2.13> AVR Studio에서 다운로드할 파일을 지정하기 위한 화면

⑥ 이제 사용자 프로그램을 Flash 메모리에 다운로드하려면 Program 메뉴를 선택하여 <그림 6.2.13>의 화면이 나타나도록 하고, 여기서 Flash 메모리의 Input HEX File 선택창의 아이콘을 눌러서 <그림 6.2.14>와 같이 파일을 읽어들인다. <그림 6.2.13>의 화면에서 반드시 Erase device before flash programming 항목에 체크해야 하며, 프로그래밍 후에 검증을 실시하려면 Verify device after programming 항목에도 체크한다.

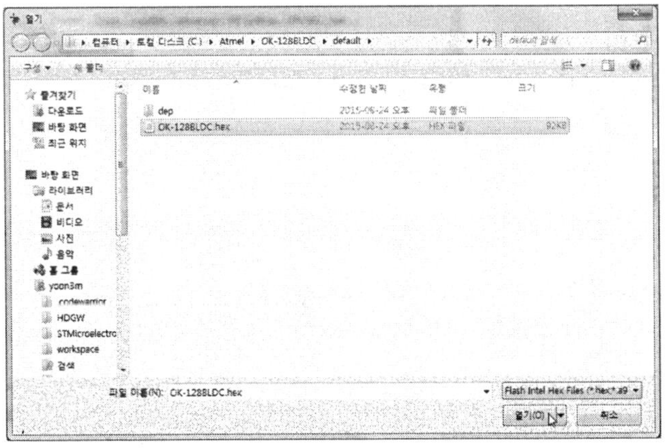

<그림 6.2.14> 다운로드할 HEX 파일의 선택

⑦ HEX 파일이 지정되었으면 <그림 6.2.15>에서와 같이 Program 버튼을 눌러 다운로드를 수행한다. HEX 파일의 다운로드가 완료되면 이 프로그램이 즉시 실행된다.

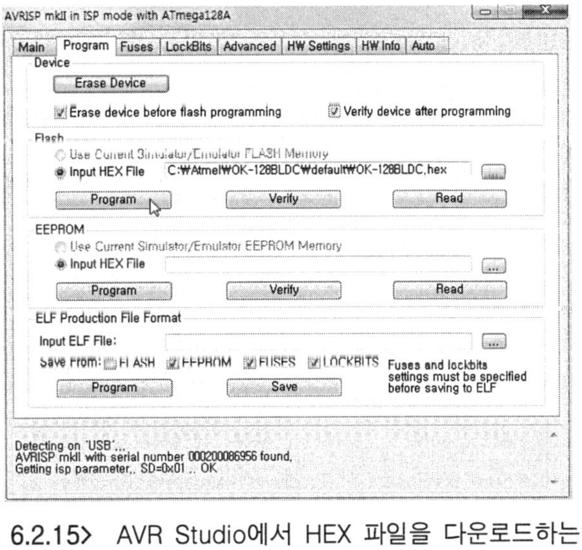

<그림 6.2.15> AVR Studio에서 HEX 파일을 다운로드하는 화면

6.3 프로그램 개발환경의 구축

이 절에서는 ATmega128A 마이크로컨트롤러를 사용하는데 필요한 소프트웨어 개발 툴의 설치 및 사용 방법에 대하여 공부한다. 먼저 Atmel사에서 무료로 제공하는 IDE 소프트웨어인 AVR Studio를 퍼스널컴퓨터에 설치하는 방법을 설명하며, 이어서 GCC 계열의 무료 C컴파일러인 WinAVR을 설치하는 방법을 설명한다. 또한, 이 책에서 제공하는 C언어 예제 프로그램을 설치하는 방법을 설명하고, C언어로 사용자 프로그램을 작성하는 절차에 대하여 요약 정리한다.

1. AVR Studio와 WinAVR의 설치

(1) AVR Studio의 설치

Atmel사의 AVR Studio를 설치하는 방법은 다음과 같다. 여기서는 Windows 7 운영체제를 기준으로 설명하지만 그 외의 운영체제에서도 거의 이와 유사한 방법으로 설치할 수 있다. 또한 나중에 Atmel에 의하여 이 소프트웨어가 새로운 버전으로 업그레이드되면 그에 맞도록 새로 설치하면 되며, 때로는 추가로 제공되는 서비스팩을 함께 설치해야 하는 경우도 있다.

① Atmel사의 인터넷 홈페이지 http://www.atmel.com에서 AVR Studio V4.18 파일인 AvrStudio4Setup.exe를 다운로드하여 가져온다.

② 이 파일을 실행하면 스스로 압축을 풀면서 곧바로 프로그램이 퍼스널컴퓨터에 설치되기 시작한다.

③ 이 프로그램을 설치하기 시작하면 <그림 6.3.1>에 보인 바와 같이 컴퓨터에 설치할 디렉토리가 디폴트로 C:\Program Files\Atmel\AVR Tools로 지정되는데, 이 책의 설명대로 실습하려면 Change 버튼을 눌러서 <그림 6.3.2>와 같이 이를 반드시 C:\Atmel\AVR Tools로 수정하고 확인 버튼을 눌러 주어야 한다.

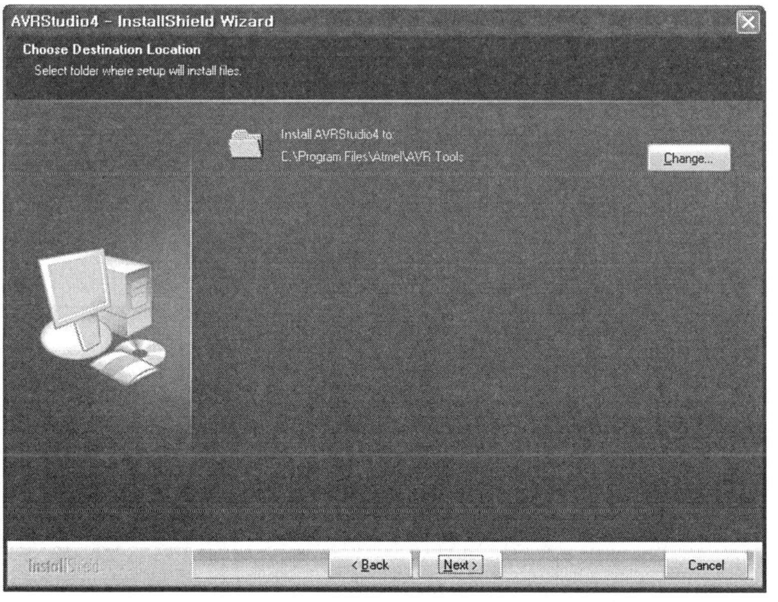

〈그림 6.3.1〉 AVR Studio를 설치할 기본 디렉토리 표시

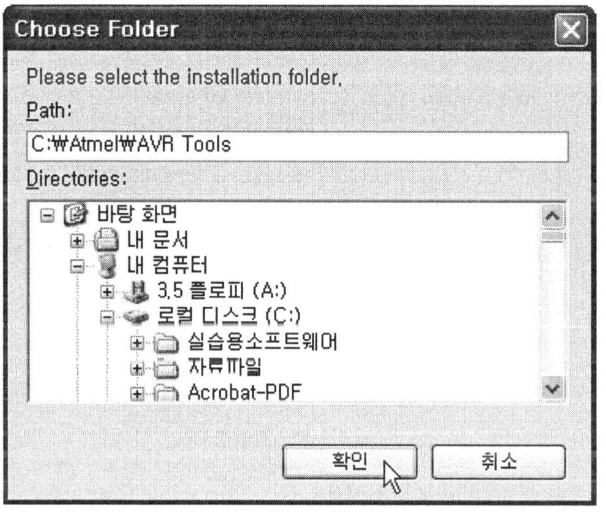

〈그림 6.3.2〉 AVR Studio를 실시할 디렉토리의 번경

④ 이와 같이 AVR Studio 프로그램을 설치하고 나면 바탕화면에 바로가기 아이콘이 자동적으로 생성되지 않는다. 따라서 이제부터 이 프로그램을 좀더 편리하게 사용하려면 C:\Atmel\AVR Tools\AvrStudio4\ 디렉토리에 있는 AVRStudio.exe의 바로가기 아이콘을 <그림 6.3.3>과 같이 바탕화면에 만들어 놓는 것이 좋다.

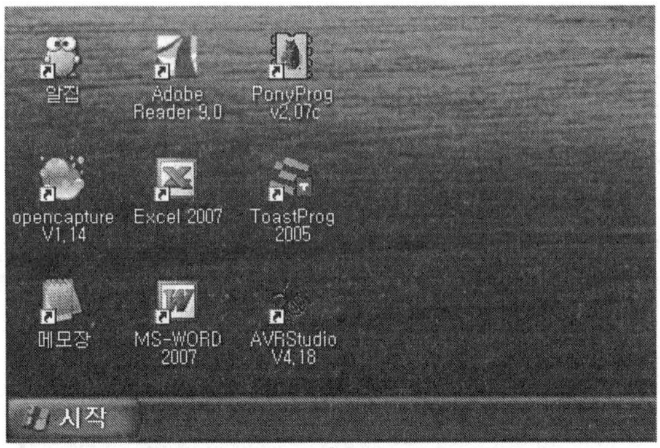

<그림 6.3.3> 바탕 화면에 만든 AVR Studio의 바로가기 아이콘

⑤ 이상과 같이 하여 AVR Studio 소프트웨어를 설치하였으면 하드디스크 드라이브 C:\에 만들어진 이 프로그램의 디렉토리 구조는 <그림 6.3.4>와 같게 된다. 단, 여기서 사용자 C언어 예제 폴더인 C:\Atmel\OK-128BLDC는 이 책에서 제공하는 예제 프로그램 파일을 가지고 사용자가 별도로 설치해 주어야 한다.

```
C:\─┬─ . . .
    ├─ . . .
    └─IAR Systems─┬─AVR Tools─┬─AVR Battery Studio
                  │           ├─AVR Wireless Studio
                  │           ├─AvrAssembler──Appnotes
                  │           ├─AvrAssembler2─Appnotes
                  │           ├─AVRDragon
                  │           ├─AVRONE
                  │           ├─AvrProg
                  │           ├─AvrSimulatormk2
                  │           ├─AvrStudio4───┬─bin
                  │           │              ├─dll
                  │           │              ├─edit
                  │           │              ├─resources
                  │           │              └─skins
                  │           ├─AvrStudioPlugin
                  │           ├─Compilers
                  │           ├─Help
                  │           ├─ICE50
                  │           ├─ICE200
                  │           ├─JTAGICE
                  │           ├─JTAGICEmkII
                  │           ├─Parsers
                  │           ├─Partdescriptionfiles
                  │           ├─STK500
                  │           └─STK600
                  └─OK-128BLDC
```

<그림 6.3.4> AVR Studio를 모두 설치한 후의 디렉토리 구조

(2) WinAVR의 설치

AVR Studio에 이어서 이번에는 WinAVR을 설치한다. 여기서도 Windows 7을 기준으로 설명하지만 그 외의 운영체제에서도 거의 이와 유사한 방법으로 설치할 수 있다. 또한 나중에 이 소프트웨어가 새로운 버전으로 업그레이드되면 그에 맞도록 새로 설치하면 된다.

① 인터넷 홈페이지 http://sourceforge.net/projects/winavr/에서 WinAVR의 가장 최근 버전인 WinAVR-20100110-install.exe 파일을 다운로드하여 가져온다. 이것은 2010년 1월 10일자 버전의 설치 파일이다.

② 이 파일을 실행하면 스스로 압축을 풀면서 곧바로 프로그램이 퍼스널컴퓨터에 설치되기 시작한다.

③ 이 프로그램을 설치하기 시작하면 <그림 6.3.5>에 보인 바와 같이 컴퓨터에 설치할 디렉토리가 디폴트로 C:\WinAVR-20100110\으로 지정되는데, 특별한 이유가 없다면 이 폴더에 그대로 설치한다.

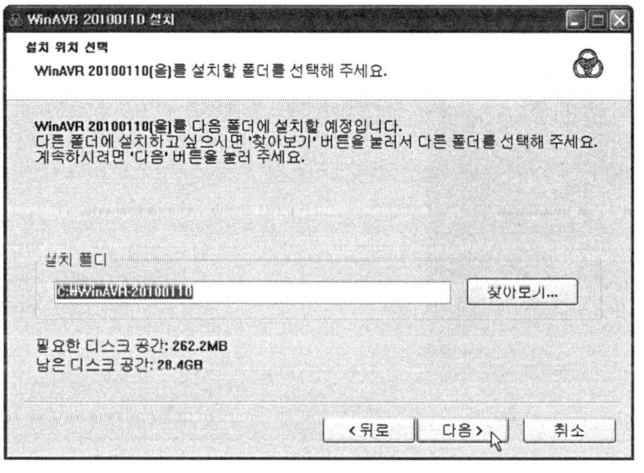

<그림 6.3.5> WinAVR을 설치할 기본 디렉토리 표시

④ 다음에 <그림 6.3.6>과 같이 설치할 요소를 선택하는 화면이 나타나면 그대로 설치 버튼을 누른다.

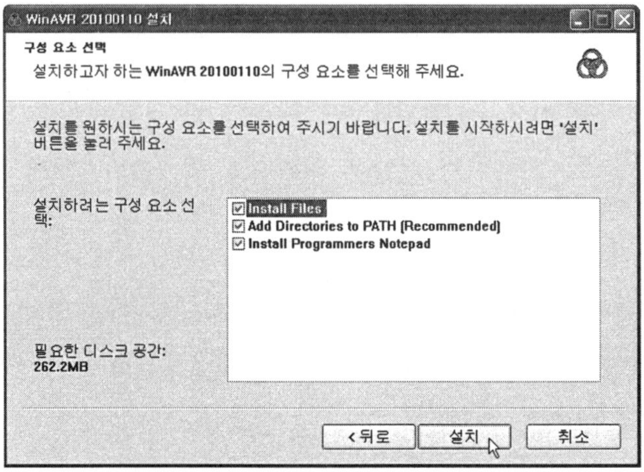

<그림 6.3.6> WinAVR의 설치 구성요소를 선택하는 화면

⑤ WinAVR 소프트웨어가 모두 설치되면 마지막에 <그림 6.3.7>처럼 설치 완료 화면이 나타나는데, 이때 마침 버튼을 눌러서 설치를 종료한다. 이와 같이 WinAVR을 설치하더라도 외부적으로는 별다른 표시가 나타나지 않지만, 내부적으로는 환경변수에 C:\WinAVR-20100110\bin; C:\WinAVR-20100110\utils\bin의 경로명(path)이 지정된다.

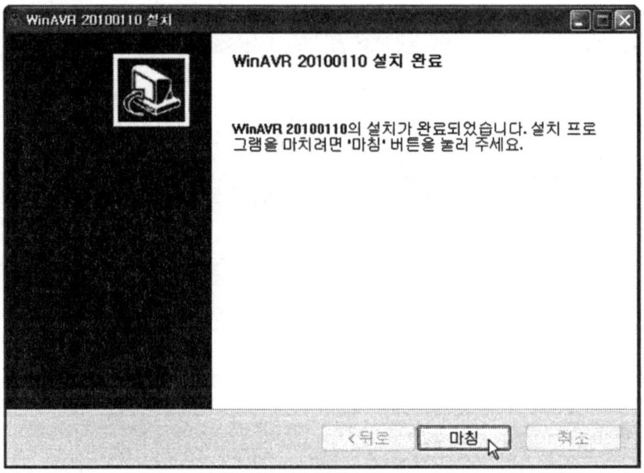

<그림 6.3.7> WinAVR의 설치를 종료하는 화면

⑥ 이상과 같이 WinAVR을 설치하였으면 하드디스크 드라이브 C:\에 만들어진 이 프로그램의 디렉토리 구조는 <그림 6.3.8>과 같게 된다. 이와 같이 WinAVR이 설치되면 이제부터 AVR Studio는 내부적으로 이를 자동으로 인식하여 사용한다.

```
C:\─┬
    ├─. . .
    └─WinAVR-20100110──┬─avr────────┬─bin
                       │            ├─include──┬─avr
                       │            │          ├─compat
                       │            │          └─util
                       │            └─lib──────┬─avr3
                       │                       ├─avr4
                       │                       ├─. . .
                       │                       ├─avrxmega2
                       │                       ├─. . .
                       │                       ├─avrxmega7
                       │                       └─ldscripts
                       ├─avr32──────┬─bin
                       │            ├─include
                       │            ├─lib
                       │            └─sys-include
                       ├─bin
                       ├─doc────────┬─avarice
                       │            ├─avrdude
                       │            ├─avr-libc   . . .
                       │            ├─binutils   . . .
                       │            ├─gcc
                       │            ├─gdb
                       │            ├─simulavr
                       │            └─srecord
                       ├─lib────────┬─dde1.2
                       │            ├─gcc──────avr────4.1.2─┬─avr3
                       │            │                       ├─avr4
                       │            │                       ├─avr5
                       │            │                       ├─avr6
                       │            │                       ├─include
                       │            │                       └─install-tools
                       │            ├─insight1.0
                       │            ├─itcl3.2
                       │            ├─itk3.2
                       │            ├─reg1.1
                       │            ├─stb43464
                       │            └─tk8.4
                       ├─libexec────gcc────┬─avr────4.3.3───install-tools
                       │                   └─avr32──4.3.2───install-tools
                       ├─mfile
                       ├─pn─────────┬─clips
                       │            ├─help
                       │            ├─Microsoft.VC80.CRT
                       │            ├─presets
                       │            ├─schemes
                       │            ├─taggers
                       │            └─tools
                       ├─sample
                       ├─share──────┬─doc
                       │            ├─info
                       │            │ . . .
                       │            ├─tcl8.4
                       │            └─tk8.4
                       ├─source─────┬─avr
                       │            ├─avr32
                       │            ├─avr-libc
                       │            └─mingw
                       └─utils──────┬─bin
                                    └─libusb────bin
```

<그림 6.3.8> WinAVR을 모두 설치한 후의 디렉토리 구조

2. 예제 프로그램의 설치

이 책에서 사용하는 C언어 예제 프로그램은 Ohm사와 저자의 홈페이지 자료실에 OK-128BLDC.zip 파일로 제공된다. 여러분이 AVR Studio를 이용하여 프로그램을 작성하려면 이것들을 다운받아서 다음과 같이 설치해야 한다.

① C언어로 예제 프로그램을 작성하기 위해서는 사용자가 작업할 디렉토리로서 C:\Atmel\OK-128BLDC\ 디렉토리를 만들고 여기에 OK-128BLDC.zip 파일의 압축을 풀어 모두 복사하라.

② 이와 같이 하면 여러분이 가지고 있는 컴퓨터에서 AVR Studio에 관련된 전체 디렉토리 구조는 <그림 6.3.4>와 같게 된다. 그러면 이제 여러분의 컴퓨터에서 AVR Studio와 WinAVR을 이용하여 C언어로 프로그램을 작성할 준비는 모두 완료되었다.

3. C언어 프로그램의 작성 과정

AVR Studio와 WinAVR에서 C컴파일러를 사용하여 사용자가 AVR용의 프로그램을 작성하고 이를 AVR 마이크로컨트롤러에 다운로드하여 실행하는 과정은 소프트웨어 개발의 기본적인 흐름이지만, 이 체계를 전체적으로 정리하여 정확히 파악하지 않으면 초보자에게는 헷갈릴 수도 있다.

프로그램을 정확하고 효율적으로 작성하기 위해서는 먼저 이러한 개발 과정을 이해하고 해당 소프트웨어의 매뉴얼을 숙지하여 올바른 사용법을 잘 알아두는 것이 중요하다. 그러나, 아무리 잘 만들어진 소프트웨어 매뉴얼이나 도움말이라도 그 소프트웨어의 모든 기능을 완벽하게 설명하지는 못하므로 사용자 스스로 많은 프로그래밍 경험을 통하여 자신이 사용하는 매크로 어셈블러나 C컴파일러의 특성을 정확하게 파악하고 있는 것이 좋다.

AVR Studio에서 WinAVR의 C컴파일러 AVR-GCC를 사용하여 C언어로 프로그램을 작성하고 이를 *OK-128BLDC* 키트에 다운로드하여 실행하는 전체 과정을 요약하면 <그림 6.3.9>와 같다.

사용자는 AVR Studio에 내장된 텍스트 에디터를 사용하여 소스 파일을 작성하고, WinAVR의 C컴파일러를 사용하여 이를 재배치 가능 오브젝트 파일로 컴파일하며, WinAVR의 링커를 사용하여 이 오브젝트 파일과 필요하면 다른 오브젝트 파일 또는 라이브러리 파일을 링크함으로써 최종적으로 1개의 실행 파일을 생성한다. 이렇게 하여 만들어진 인텔 HEX 형식의 실행 파일은 AVR ISP 다운로드 케이블을 사용하여 *OK-128BLDC* 키트에 다운로드하고 실행할 수 있다.

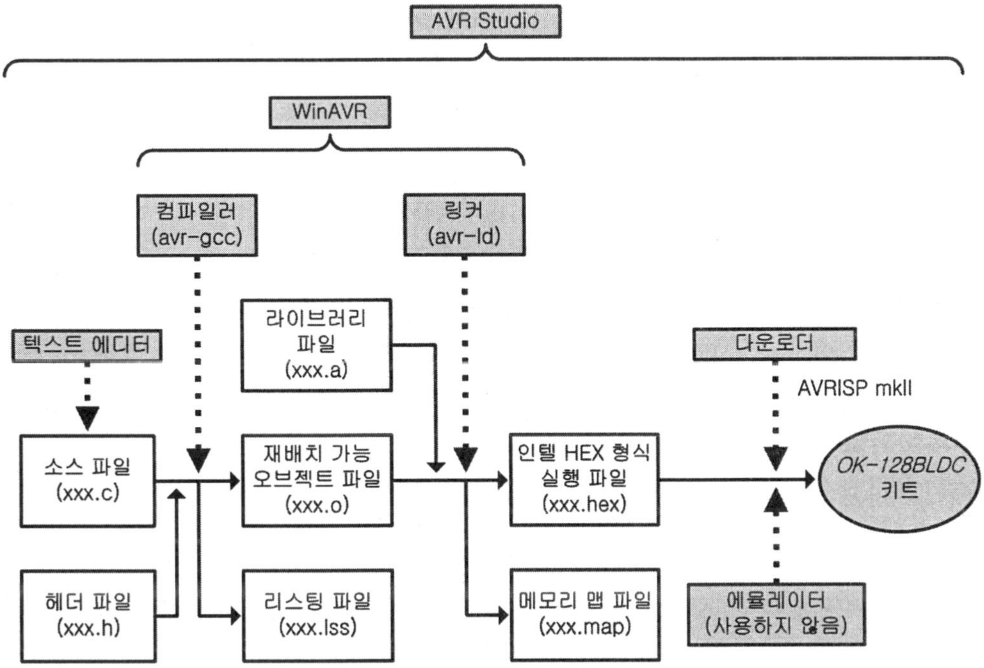

〈그림 6.3.9〉 AVR Studio에서 WinAVR을 이용한 프로그램 작성 체계

이러한 각 단계의 처리 과정은 모두 WinAVR에서 처리할 수도 있으나, AVR Studio의 IDE 환경을 사용하면 훨씬 사용하기에 편리하다. 뿐만 아니라 AVR Studio의 IDE 환경을 사용하여 C언어 프로그램을 작성하면 이러한 프로그램 작성과 다운로드 과정 이외에 에뮬레이터 또는 시뮬레이터를 사용할 수 있는 장점도 있다.

6.4 WinAVR C컴파일러의 기능 정리

이 절에서는 WinAVR 소프트웨어 패키지에 포함되는 AVR-GCC 컴파일러의 주요 기능에 대하여 설명한다. 여기서 우리가 사용하는 WinAVR은 2010년 1월 10일자로 발표된 버전이며, 모든 설명은 이 소프트웨어에 포함된 AVR-GCC V4.3.3 및 avr-libc V1.6.7을 기준으로 한다. 이 WinAVR은 원래 Windows 운영체제에서 독립적으로 사용하도록 만들어진 소프트웨어지만, AVR Studio V4.12부터는 이것이 WinAVR의 IDE 기능을 지원하므로 훨씬 사용하기가 편리해졌다. AVR Studio와 WinAVR의 설치 방법에 관해서는 앞의 제6.3절에서 설명하였으니 참조하라.

1. WinAVR의 주요 기능 요약

WinAVR은 ANSI 표준의 C 및 C++ 컴파일러이므로 여기서 이 컴파일러의 기능을 자세하게 설명하지 않는다. 여기서는 일반 ANSI C가 아니라 AVR용으로서의 C언어를 사용할 때 알아야 하는 중요한 특징과 기능만을 알아보기로 한다. 더 이상의 자세한 사항에 대하여는 WinAVR 소프트웨어 패키지의 각 매뉴얼 특히 avr-libc의 매뉴얼을 참조하기 바란다.

(1) SRAM에서의 변수 및 상수

WinAVR에서 특별히 속성을 지정하지 않고 변수(variable)를 정의하면 이는 AVR 마이크로컨트롤러 내부의 SRAM 영역에 저장된다. 이것들은 외부 메모리에 저장되는 경우에 비하여 빠르게 액세스할 수 있다는 것이 장점이다.

WinAVR에서는 <표 6.4.1>과 같이 일반적으로 사용하는 데이터의 형 표현 방법 이외에도 데이터형을 축약하여 표현하는 전용의 방법을 추가로 더 사용하고 있다. 이러한 데이터의 표현은 헤더파일 <stdint.h>에 정의되어 있다. 그러나, <io.h>를 인클루드하면 내부적으로 <stdint.h> 파일을 자동 인클루드하도록 연결되어 있으므로 사용자가 별도로 이를 인클루드해줄 필요는 없다.

변수는

```
uint8_t val = 10;
```

과 같이 정의하며,

```
val = 20;
```

과 같이 나중에 그 값을 변경할 수도 있다. 그러나,

```
const uint8_t conval = 10;
```

처럼 상수(constant)로 정의한 것은 SRAM에 저장되더라도 읽는 것만 가능하고 나중에 그 값을 수정할 수는 없다. 또한,

```
register uint8_t regval asm("r3");
```

처럼 변수를 레지스터에 할당하면 이는 액세스 속도가 더욱 빠르므로 자주 사용하는 변수에 유용하다.

<표 6.4.1> WinAVR에서 데이터의 형 및 이를 축약하여 표현 방법

일반적인 데이터형의 표현	WinAVR의 데이터형 축약 표현	바이트 수	표현 범위
signed char	int8_t	1	-128 ~ +127
unsigned char	uint8_t	1	0 ~ 255
signed int	int16_t	2	-32768 ~ +32767
unsigned int	uint16_t	2	0 ~ 65535
signed long	int32_t	4	-2147483648 ~ +2147483647
unsigned long	uint32_t	4	0 ~ 4294967295
signed long long	int64_t	8	-9.22×10^18 ~ +9.22×10^18
unsigned long long	uint64_t	8	0 ~ 1.844×10^19
	intptr_t	2	int16_t와 같음
	uintptr_t	2	uint16_t와 같음
float		4	±3.4×10^-37 ~ ±3.4×10^38
double		8	±2.2×10^-308 ~ ±1.8×10^308

◀참고▶ 그러나, 이 책의 예제에서는 1행이 너무 길어져서 불편해지는 특별한 경우가 아니면 이런 WinAVR 전용의 데이터형 축약 표현법보다는 가급적이면 일반적인 데이터형의 표현 방법을 사용한다. 대부분의 C언어 프로그래머들에게는 그것이 더 알아보기 편하기 때문이다.

(2) 프로그램 메모리에서의 상수

WinAVR에서는 프로그램 메모리에서 상수를 지정하는 여러 가지 방법을 제공하고 있다. AVR의 프로그램 메모리인 플래시 메모리에는 프로그램이나 상수를 정의할 수 있는데, 이 상수는 당연히 읽는 것만 가능하지만 LCD 화면에 표시할 문자열 등의 데이터를 저장하는데 매우 유용하다. 물론 이러한 상수 데이터는 SRAM에 저장할 수도

있지만 플래시 메모리는 SRAM에 비하여 용량이 훨씬 크므로 여기에 저장하는 것이 유리한 것이다.

<표 6.4.2> WinAVR에서 프로그램 메모리 상수를 정의하는 방법

데이터의 형	WinAVR에서 프로그램 메모리 상수	바이트 수	표현 범위
signed char	prog_char prog_int8_t	1	-128 ~ +127
unsigned char	prog_uchar prog_uint8_t	1	0 ~ 255
signed int	prog_int16_t	2	-32768 ~ +32767
unsigned int	prog_uint16_t	2	0 ~ 65535
signed long	prog_int32_t	4	-2147483648 ~ +2147483647
unsigned long	prog_uint32_t	4	0 ~ 4294967295
signed long long	prog_int64_t	8	-9.22×10^18 ~ +9.22×10^18
unsigned long long	prog_uint64_t	8	0 ~ 1.844×10^19

<표 6.4.3> WinAVR에서 프로그램 메모리 상수를 읽는 방법

프로그램 메모리 상수의 형	16비트 어드레스를 사용하여 읽기	32비트 어드레스를 사용하여 읽기
prog_char prog_uchar prog_int8_t prog_uint8_t	pgm_read_byte(address_short) pgm_read_byte_near(address_long)	pgm_read_byte_far(address_long)
prog_int16_t prog_uint16_t	pgm_read_word(address_short) pgm_read_word_near(address_long)	pgm_read_word_far(address_long)
prog_int32_t prog_uint32_t	pgm_read_dword(address_short) pgm_read_dword_near(address_long)	pgm_read_dword_far(address_long)

이러한 상수 데이터의 표현을 사용하려면 헤더파일 <pgmspace.h>를 인클루드해 주어야 한다. 이 헤더파일에 의하여 프로그램 메모리에서 상수를 정의할 때는 8, 16, 32, 64 비트 데이터의 형을 <표 6.4.2>와 같이 정의하며, 이러한 프로그램 메모리 상수를 읽을 때는 <표 6.4.3>과 같은 함수를 사용한다.

예를 들어

```
prog_int8_t aaa = {1};
```

이라고 하면 1이라는 데이터가 프로그램 메모리에 바이트 상수로 저장되며, aaa는 이 데이터가 저장되는 번지가 된다. 이 데이터를 읽어내려면

```
int8_t value;
value = pgm_read_byte(&aaa);
```

와 같이 처리한다. 마찬가지로 프로그램 메모리에 바이트 상수 배열을 정의하려면 다음과 같이 2가지가 가능하다.

```
prog_int8_t array1[10] = {0,1,2,3,4,5,6,7,8,9};
prog_int8_t array2[ ] = {0,1,2,3,4,5,6,7,8,9};
```

이중에서 어느 하나의 원소를 읽어내려면 다음과 같이 처리하면 된다.

```
int8_t element;
element = pgm_read_byte(&array1[3]);
```

프로그램 메모리에 문자열을 정의하는 것은

```
int8_t *str1 = PSTR("OK-128BLDC V1.0");
```

와 같이 수행하는데, 여기서 포인터 *str1은 문자열의 첫번째 번지를 가리킨다. 이 문자열에 포함된 어느 문자를 읽으려면

```
int8_t letter;
letter = pgm_read_byte(str1 + 7);
```

와 같이 처리할 수 있다. 프로그램 메모리에 문자열을 정의하는 또다른 방법으로는

```
int8_t str2[ ] __attribute__ ((progmem)) = "OK-128BLDC V1.0";
```

이 있으며, 이를 읽어내려면

```
int8_t letter;
letter = pgm_read_byte(&str2[7]);
```

와 같이 처리한다.

(3) EEPROM에서의 변수

AVR에서 EEPROM을 액세스하는 것은 I/O 레지스터를 사용하여 특별하게 수행해야 하므로 WinAVR에서는 EEPROM을 액세스하기 위한 특별한 함수들을 제공하는데, 이것들은 헤더파일 <eeprom.h>에 정의되어 있다.

〈표 6.4.4〉 WinAVR에서 EEPROM의 데이터를 액세스하는 방법

데이터의 종류	EEPROM 읽기	EEPROM 쓰기
8비트 바이트	eeprom_read_byte() _EEGET()	eeprom_write_byte() _EEPUT()
16비트 워드	eeprom_read_word()	eeprom_write_word()
바이트 블록	eeprom_read_block()	eeprom_write_block()

여기에 정의되어 있는 주요 함수들을 요약하면 〈표 6.4.4〉와 같고, 이것들의 사용 방법을 좀더 자세히 설명하면 다음과 같다.

```
eeprom_is_ready();
```

는 EEPROM의 상태를 조사하는 매크로로서 리턴값이 1이면 ready, 0이면 busy 상태를 나타낸다.

```
void eeprom_write_byte(uint8_t *addr, uint8_t value);
void eeprom_write_word(uint16_t *addr, uint16_t value);
```

은 EEPROM의 지정된 어드레스에 8비트 바이트 또는 16비트 워드의 데이터를 저장한다. 반대로

```
uint8_t  eeprom_read_byte(const uint8_t *addr);
uint16_t eeprom_read_word(const uint16_t *addr);
```

은 EEPROM의 지정된 어드레스에서 8비트 바이트 또는 16비트 워드의 데이터를 읽어온다. 또한,

```
void eeprom_write_block(const void *addr, void *buf, size_t n);
```

은 SRAM에 있는 n바이트의 *buf 버퍼값을 EEPROM의 지정된 어드레스에 저장하며

```
void eeprom_read_block(void *buf, const void *addr, size_t n);
```

은 EEPROM의 지정된 어드레스 *add에서 n바이트의 값을 읽어서 SRAM의 *buf 버퍼에 저장한다.

한편, IAR C컴파일러와의 호환성 때문에 헤더파일 <eeprom.h>에는

```
#define _EEGET(val, addr)  (avr) = eeprom_read_byte((uint8_t *)addr)
#define _EEPUT(addr, val)  eeprom_write_byte((uint8_t *)addr, (uint8_t)(val))
```

와 같이 정의되어 있기 때문에 _EEGET()과 _EEPUT() 함수도 사용할 수 있다.

(4) I/O 레지스터 및 병렬 I/O 포트의 액세스

WinAVR에서는 I/O 레지스터 또는 확장 I/O 레지스터를 액세스하기 위한 여러 가지의 함수나 매크로를 지원한다. 병렬 I/O 포트도 역시 이 영역에 있는 SFR(special function register)에 해당하므로 이 방법을 사용하여 액세스한다.

이러한 데이터의 표현은 헤더파일 <sfr_defs.h>에 정의되어 있다. 그러나, <io.h>를 인클루드하면 내부적으로 <sfr_defs.h> 파일을 자동 인클루드하도록 연결되어 있으므로 사용자가 별도로 이를 인클루드해줄 필요는 없다.

8비트 I/O 레지스터 또는 확장 I/O 레지스터는 다음과 같이 MCU에서 일반적인 입출력 방법을 사용하여 액세스한다.

```
unsigned char a;
PORTB = 0x80;
a = PINB;
```

그러나, 16비트의 I/O 레지스터 또는 확장 I/O 레지스터는 8비트 단위로 액세스할 수도 있고, 한번에 16비트를 처리하도록 명령을 사용해도 C컴파일러가 이를 8비트씩 2차례에 액세스하도록 번역한다.

```
unsigned char a, b;
unsigned int c;
TCNT1H = 0x10;
TCNT1L = 0x20;
a = TCNT1L;
b = TCNT1H;
c = b + a*256;
TCNT1 = 0x1020;
c = TCNT1;
```

◀참고▶ 16비트 I/O 레지스터 또는 확장 I/O 레지스터를 액세스할 때는 각 바이트를 액세스하는 순서가 중요하다. 즉, 라이트 동작의 경우에는 반드시 상위 바이트를 먼저 라이트하고 하위 바이트를 나중에 라이트해야 하며, 리드 동작의 경우에는 반드시 하위 바이트를 먼저 리드하고 상위 바이트를 나중에 리드해야 한다. 그러나, C언어에서 이와 같이 편리하게 16비트 액세스 명령을 사용하면 C컴파일러가 이 액세스 순서에 맞도록 어셈블리 언어로 컴파일하므로 아무 문제없이 액세스 동작이 처리된다.

헤더파일 <sfr_defs.h>에는

```
#define _BV(bit)  (1 << (bit))
```

가 정의되어 있어서 비트 단위의 처리에 유용하게 사용된다. 예를 들어 I/O 레지스터 또는 확장 I/O 레지스터의 특정 비트를 세트 또는 리셋시키는데 다음과 같이 활용할 수 있다.

```
PORTB = PORTB | _BV(1);          // sbi(PORTB, 1)
PORTB = PORTB & ~_BV(3);         // cbi(PORTB, 3)
```

그리고, 이 헤더파일에는 또한 레지스터의 특정 비트가 세트되어 있는지 리셋되어 있는지를 조사하는 매크로

```
#define bit_is_set(sfr, bit)     (_SFR_BYTE(sfr) & _BV(bit))
#define bit_is_clear(sfr, bit)   (!(_SFR_BYTE(sfr) & _BV(bit)))
```

와 레지스터의 특정 비트가 세트되거나 또는 리셋될 때까지 기다리는 매크로

```
#define loop_until_bit_is_set(sfr, bit)    do { } while (bit_is_clear(sfr, bit))
#define loop_until_bit_is_clear(sfr, bit)  do { } while (bit_is_set(sfr, bit))
```

가 정의되어 있어서 유용하다.

예전에는 WinAVR에서 sbi(), cbi(), inp(), outp(), inb(), outb(), inw(), outw()와 같은 함수를 사용하였으나 2005년 2월 14일자의 WinAVR에 포함된 avr-libc v1.2.3에서 부터는 이것들을 모두 폐지하고 사용하지 않는다. 따라서, 이제부터 이것들은 사용하지 않는 것이 바람직하지만 굳이 이러한 기능들을 필요로 한다면 다음과 같이 직접 정의하고 사용하면 된다.

```
#define sbi(sfr, bit)       (_SFR_BYTE(sfr) |= _BV(bit))
#define cbi(sfr, bit)       (_SFR_BYTE(sfr) &= ~_BV(bit))
#define inp(sfr)            inb(sfr)
#define outp(val, sfr)      outb(sfr, val)
#define inb(sfr)            _SFR_BYTE(sfr)
#define outb(sfr, val)      (_SFR_BYTE(sfr) = (val))
#define inw(sfr)            _SFR_WORD(sfr)
#define outw(sfr, val)      (_SFR_WORD(sfr) = (val))
```

(5) 외부 I/O나 메모리의 절대번지 액세스

ATmega128A의 외부 데이터 메모리 구조와 이를 사용하는 예는 <그림 6.4.1>과 같다. 이와 같이 ATmega128A의 외부에 데이터 메모리와 I/O를 확장하는 경우에는 반드시 MCUCR 레지스터에서 SRE 비트를 1로 설정하고, MCUCR, XMCRA, XMCRB

레지스터 등을 사용하여 외부 어드레스 영역을 액세스하기 위한 버스 신호들의 동작을 올바르게 초기화해 주어야 한다.

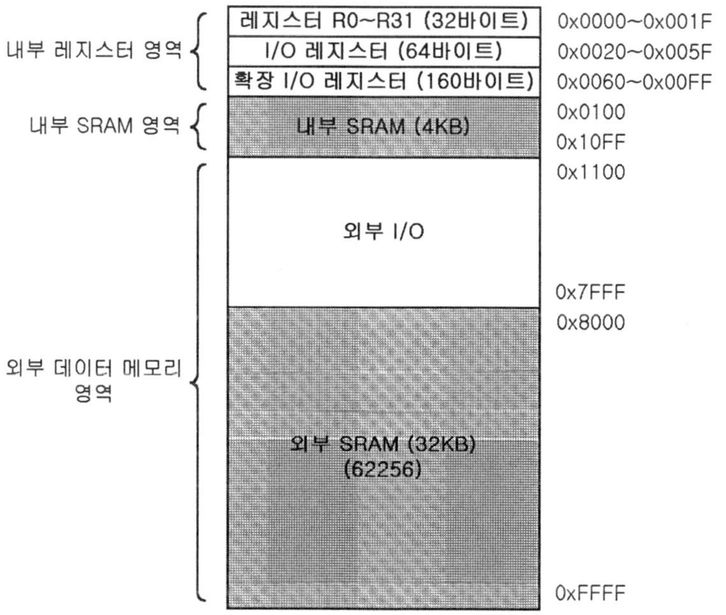

<그림 6.4.1> ATmega128A 데이터 메모리 맵

WinAVR에서 외부의 I/O나 메모리와 같은 절대번지를 액세스하려면 일반적인 C언어에서처럼 포인터를 사용한다.

```
#define LED7_data        (*(volatile unsigned char *)0x2000) // external I/O
#define LED7_digit       (*(volatile unsigned char *)0x2200)
#define ext_data1        (*(volatile unsigned char *)0x8000) // external memory
#define ext_data2        (*(volatile unsigned int *)0x9000)
unsigned char i;
unsigned int j;

   ext_data1 = 0x20;
   i = ext_data1;

   ext_data2 = 0x2040;
   j = ext_data2;
```

(6) 인터럽트 프로그래밍

WinAVR에서는 반드시 지정된 형식으로 인터럽트 서비스 루틴(interrupt service routine 또는 interrupt handler) 함수를 작성하여야만 C컴파일러가 이를 인식할 수 있도록 되어 있다. 즉, 이것은 헤더파일 <interrupt.h>의 정의에 따라

```
ISR(vector)
{
    // interrupt service routine
}
```

과 같이 작성하면 된다. 여기서 vector는 각 AVR 마이크로컨트롤러 모델마다 인터럽트의 종류에 따라 정해지는 심볼로서 ATmega128A의 경우에는 반드시 <표 6.4.5>와 같이 사용해야 한다.

AVR에서는 인터럽트 처리가 시작되면 SREG의 글로벌 인터럽트 플랙 I가 자동적으로 0이 되기 때문에 이 인터럽트 함수가 실행되는 동안에는 인터럽트 금지 상태가 된다. 그러나, 이때 인터럽트를 허용 상태로 설정하려면 인터럽트 함수의 서두에서 sei() 함수를 실행하여 주면 된다. 반대로 인터럽트를 금지하는 함수는 cli() 함수이다.

WinAVR에서는 프로그램의 오류를 방지하기 위하여 프로그래머가 사용하지 않는 인터럽트가 발생하면 리셋 벡터로 점프하도록 내부에서 처리하고 있다. 그러나, 다음과 같이 지정하면 이는 모든 사용하지 않는 인터럽트에 대한 인터럽트 처리 함수가 된다.

```
ISR(__vector_default)
{
    // interrupt service routine
}
```

인터럽트 서비스 루틴 함수는 이밖에도

```
SIGNAL(signame)
{
    // interrupt service routine
}
```

의 형식을 사용할 수도 있으나 이는 나중에 폐지될 예정이므로 사용하지 않는 것이 좋다. 예전에 사용하던 INTERRUPT(signame) 형식은 폐지되었으므로 현재는 사용하지 않는다.

<표 6.4.5> ATmega128A의 인터럽트 처리 함수를 정의하는 vector 및 signame

번호	vector (새로운 방식)	signame (옛 방식)	인터럽트 발생 조건
1	INT0_vect	SIG_INTERRUPT0	External Interrupt Request 0
2	INT1_vect	SIG_INTERRUPT1	External Interrupt Request 1
3	INT2_vect	SIG_INTERRUPT2	External Interrupt Request 2
4	INT3_vect	SIG_INTERRUPT3	External Interrupt Request 3
5	INT4_vect	SIG_INTERRUPT4	External Interrupt Request 4
6	INT5_vect	SIG_INTERRUPT5	External Interrupt Request 5
7	INT6_vect	SIG_INTERRUPT6	External Interrupt Request 6
8	INT7_vect	SIG_INTERRUPT7	External Interrupt Request 7
9	TIMER2_COMP_vect	SIG_OUTPUT_COMPARE2	Timer/Counter2 Compare Match
10	TIMER2_OVF_vect	SIG_OVERFLOW2	Timer/Counter2 Overflow
11	TIMER1_CAPT_vect	SIG_INPUT_CAPTURE1	Timer/Counter1 Capture Event
12	TIMER1_COMPA_vect	SIG_OUTPUT_COMPARE1A	Timer/Counter1 Compare Match A
13	TIMER1_COMPB_vect	SIG_OUTPUT_COMPARE1B	Timer/Counter1 Compare Match B
14	TIMER1_OVF_vect	SIG_OVERFLOW1	Timer/Counter1 Overflow
15	TIMER0_COMP_vect	SIG_OUTPUT_COMPARE0	Timer/Counter0 Compare Match
16	TIMER0_OVF_vect	SIG_OVERFLOW0	Timer/Counter0 Overflow
17	SPI_STC_vect	SIG_SPI	SPI Serial Transfer Complete
18	USART0_RX_vect	SIG_UART0_RECV	USART0, Rx Complete
19	USART0_UDRE_vect	SIG_UART0_DATA	USART0 Data Register Empty
20	USART0_TX_vect	SIG_UART0_TRANS	USART0, Tx Complete
21	ADC_vect	SIG_ADC	ADC Conversion Complete
22	EE_READY_vect	SIG_EEPROM_READY	EEPROM Ready
23	ANALOG_COMP_vect	SIG_COMPARATOR	Analog Comparator
24	TIMER1_COMPC_vect	SIG_OUTPUT_COMPARE1C	Timer/Counter1 Compare Match C
25	TIMER3_CAPT_vect	SIG_INPUT_CAPTURE3	Timer/Counter3 Capture Event
26	TIMER3_COMPA_vect	SIG_OUTPUT_COMPARE3A	Timer/Counter3 Compare Match A
27	TIMER3_COMPB_vect	SIG_OUTPUT_COMPARE3B	Timer/Counter3 Compare Match B
28	TIMER3_COMPC_vect	SIG_OUTPUT_COMPARE3C	Timer/Counter3 Compare Match C
29	TIMER3_OVF_vect	SIG_OVERFLOW3	Timer/Counter3 Overflow
30	USART1_RX_vect	SIG_UART1_RECV	USART1, Rx Complete
31	USART1_UDRE_vect	SIG_UART1_DATA	USART1 Data Register Empty
32	USART1_TX_vect	SIG_UART1_TRANS	USART1, Tx Complete
33	TWI_vect	SIG_2WIRE_SERIAL	Two-wire Serial Interface
34	SPM_READY_vect	SIG_SPM_READY	Store Program Memory Ready

(7) 인라인 어셈블 프로그래밍

WinAVR을 이용하여 프로그램을 작성하다 보면 때로는 C언어 소스에서 어셈블리 명령을 사용하고 싶을 경우가 있다. 이때는 인라인 어셈블(inline assemble) 기능으로 어셈블리 명령을 C소스에 포함시킬 수 있다.

인라인 어셈블 명령을 사용하는 기본 형식은 다음과 같다.

```
asm volatile("assembly instruction \n\t"
             "assembly instruction \n\t"
                   . . .
             "assembly instruction \n\t");
```

여기서 assembly instruction은 1개 또는 여러 개의 어셈블리 명령인데 각 어셈블리 명령들은 큰 인용부호로 묶어져야 하며, 각 어셈블리 명령의 끝에는 줄을 바꾸는 표시로 \n\t 가 놓여야 한다.

인라인 어셈블 루틴에서 점프를 위한 라벨을 사용하는 것도 가능하다.

```
val1 = 1;
val2 = 2;
asm volatile("      LDS    R16, val1    \n\t"
            "       LDS    R17, val2    \n\t"
            "       ADD    R16, R17     \n\t"
            "       BRCC   over         \n\t"
            "       LDI    R16, 0xFF    \n\t"
            "over:  STS    val1, R16    \n\t");
```

단, 이와 같이 인라인 어셈블 루틴에서 C소스의 변수명을 사용하려면 이는 반드시 글로벌 변수이어야만 한다. 이는 물론 다음과 같이 사용하는 것도 가능하다.

```
val1 = 1;
val2 = 2;
asm volatile("      LDS    R16, val1   ");
asm volatile("      LDS    R17, val2   ");
asm volatile("      ADD    R16, R17    ");
asm volatile("      BRCC   over        ");
asm volatile("      LDI    R16, 0xFF   ");
asm volatile("over: STS    val1, R16   ");
```

<표 6.4.6> 인라인 어셈블 루틴에서 사용 가능한 특별한 레지스터

심볼	레지스터의 기능
__SREG__	상태 레지스터 SREG (0x3F 번지)
__SP_H__	스택 포인터의 상위 바이트(0x3E 번지)
__SP_L__	스택 포인터의 하위 바이트(0x3D 번지)
__tmp_reg__	임시 레지스터로 사용되는 R0 레지스터
__zero_reg__	항상 0의 값을 가지는 레지스터로 사용되는 R1 레지스터

인라인 어셈블 루틴에서는 <표 6.4.6>처럼 몇 개의 특별한 레지스터를 사용할 수 있다. 이것들은 C언어를 컴파일한 어셈블리 소스에서도 자주 사용되는 것이므로 때로는 인라인 어셈블 루틴에서 필요한 경우도 있다.

인라인 어셈블에 대한 여러 가지 기술적인 사항들은 이 책에서 더 이상 자세하게 설명하지 않으므로 보다 자세한 설명은 avr-libc Reference Manual의 제8.4절을 참조하라. 인라인 어셈블 루틴은 C컴파일러가 직접 처리하지 않고 거의 그대로 어셈블러에게 전달하므로 소스의 구문에 명백한 에러가 있더라도 에러 메시지를 발생하지 않는 경우가 많다. 따라서, 사용자가 세심하게 처리하지 않으면 프로그램이 뜻하지 않은 결과를 초래할 수도 있으니 주의해야 한다.

(8) 레지스터의 사용

C언어의 중요한 특징중의 하나는 함수 중심의 언어라는 것이며, 일반적으로 함수를 호출할 때는 입력 파라미터가 전달되고, 함수가 수행되고 나서 리턴될 때는 출력 파라미터를 전달하게 된다. 이 함수를 어떻게 전달하고 그것이 함수 안에서 어떤 방법으로 사용되는지는 C컴파일러의 성능에 중요한 영향을 준다. 종래의 C컴파일러들은 이러한 파라미터를 대부분 스택을 통하여 전달함으로써 일반성은 있었으나 처리성능이 낮았다. 그러나, AVR은 R0~R31의 32개 레지스터를 가지고 있으므로 이러한 파라미터 전달에 주로 레지스터를 사용하며, 이는 C언어로 작성된 사용자 프로그램의 실행속도를 높여주므로 그만큼 AVR이 C언어에 적합한 구조의 마이크로컨트롤러라는 것을 말해준다.

모든 함수를 컴파일할 때 이들 사이에는 입출력 파라미터들이 서로 잘 매칭이 되어야 하므로 C컴파일러에서 이러한 함수 처리 방법은 매우 규칙적으로 정해져 있다. WinAVR에서 함수를 호출할 때 입력 파라미터에는 R25~R8이 사용되는데, 이것들은 파라미터의 순서대로 뒤쪽인 R25부터 차례로 사용된다. 예를 들어 입력 파라미터가 int형이라면 레지스터가 2개씩, long형이라면 레지스터가 4개씩 역워드순으로 사용된다. 단, 파라미터가 char형인 경우에는 짝수 번호의 레지스터만이 사용된다. 만약 입력 파라미터가 너무 많아서 이들 레지스터로 모두 표현할 수 없는 경우에는 초과되는 부분이 스택으로 전달된다. 한편, 함수의 리턴값을 전달하는 레지스터는 char형은 R24, int형은 R25~R24, long형은 R25~R22, long long형은 R25~R18이 사용된다.

호출된 함수내에서는 지역변수로서 R18~R27 및 R30~R31을 자유롭게 사용한다. 따라서, 레지스터들의 값이 보존되어야 한다면 그것은 호출하는 쪽에서 처리해 주어야 한다. 그러나, R2~R17 및 R28~R29는 함수내에서 사용할 때 값이 변경되지 않도록 보존하여야 한다. 이밖에 R0은 임시 레지스터(temporary register)로 사용되며, R1은 항상 0의 값을 가지는 제로 레지스터(zero register)로 사용된다.

2. 기본적인 헤더파일 및 라이브러리 함수의 요약

WinAVR 소프트웨어 패키지의 avr-libc에는 AVR-GCC의 C언어 라이브러리 함수(library function)가 들어있다. 이는 사용자가 소스 프로그램을 작성할 때 항상 참조해야 하는 사항이므로 여기서 요약하여 정리한다.

(1) 헤더파일

WinAVR의 C컴파일러에서 사용하는 헤더파일을 모두 요약하면 <표 6.4.7>과 같다. 여기서 ①②③④로 표시된 헤더파일은 각각 아래와 같은 폴더에 위치하는 것을 나타낸다.

① C:\WinAVR-20100110\avr\include\ 폴더에 위치
② C:\WinAVR-20100110\avr\include\avr\ 폴더에 위치
③ C:\WinAVR-20100110\avr\include\compat\ 폴더에 위치
④ C:\WinAVR-20100110\avr\include\util\ 폴더에 위치

<표 6.4.7> WinAVR에 제공하는 헤더파일

헤더파일	파일의 내용	비고
assert.h	Diagnostics	①
boot.h	Bootloader support utilities	②
crc16.h	CRC-16 computations	②④
ctype.h	Character operations	①
delay.h	Busy-wait delay loops	②④
eeprom.h	EEPROM handling	②
errno.h	System errors	①
ina90.h	Compatibility header for IAR C compiler EWB 3.x	③
interrupt.h	Interrupt handling	②
inttypes.h	Integer type conversions	①
io.h	AVR device-specific I/O definitions	②
iom128.h 등	I/O definitions for various AVR microcontrollers	②
math.h	Mathematics	①
parity.h	Parity bit generation	②④
pgmspace.h	Program space string utilities	②
portpins.h	I/O port bit number definitions	②
setjmp.h	Non-local goto	①
sfr-defs.h	Special function registers	②
signal.h	기능이 모두 interrupt.h 파일로 흡수되어 사용하지 않음	②
sleep.h	Power management and sleep modes	②
stdint.h	Standard integer types	①
stdio.h	Standard I/O facilities	①
stdlib.h	General utilities	①
string.h	More string manipulation routines	①
twi.h	TWI bit mask definitions	③④
version.h	avr-libc version macros	②
wdt.h	Watchdog timer handling	②

사용자 프로그램에서 헤더파일의 기본 폴더인 C:\WinAVR-20100110\avr\include\에 위치하는 헤더파일을 인클루드할 때는

```
#include <stdio.h>
```

와 같이 사용한다. 그러나, 그 이하의 다른 폴더에 위치하는 헤더파일을 인클루드할 때는

```
#include <avr/io.h>
#include <compat/ina90.h>
#include <util/delay.h>
```

와 같이 그 경로를 밝혀 표시해야 한다.

(2) 함수 리스트

WinAVR의 헤더파일에 정의되어 있는 모든 C언어 라이브러리 함수를 요약 정리하면 <표 6.4.8>과 같다. 각 함수는 어느 헤더파일에 정의되어 있는지를 함께 표시하였다. 헤더파일의 구성은 소프트웨어 버전에 따라 조금씩 달라지는데, 이 표에서 ★로 표시한 것은 현재 폐지되어 사용하지 않는 것을 나타내며 ☆는 앞으로 폐지될 예정이므로 가급적이면 사용하지 말라는 것을 나타낸다.

〈표 6.4.8〉 WinAVR에서 사용하는 C언어 함수 및 그것이 정의되어 있는 헤더파일

함수의 형	함수	헤더파일
void	abort(void);	stdlib.h
int	abs(int x);	stdlib.h
double	acos(double x);	math.h
double	asin(double x);	math.h
double	atan(double x);	math.h
double	atan2(double y, double x);	math.h
long	atoi(char *p);	stdlib.h
long	atol(char *p);	stdlib.h
	bit_is_clear(sfr, bit);	sfr_defs.h
	bit_is_set(sfr, bit);	sfr_defs.h
	_BV(bit);	sfr_defs.h
	cbi(port, bit); ★	sfr_defs.h
double	ceil(double x);	math.h
	cli(void);	interrupt.h
void	*calloc(size_t nele, size_t size);	stdlib.h
double	cos(double x);	math.h
double	cosh(double x);	math.h
div_t	div(int x, int y);	stdlib.h
void	_delay_loop_1(unsigned char count);	delay.h
void	_delay_loop_2(unsigned int count);	delay.h
void	_delay_us(double us);	delay.h
void	_delay_ms(double ms);	delay.h
	eeprom_is_ready();	eeprom.h

unsigned char	eeprom_rb(unsigned int addr); ★	eeprom.h
unsigned int	eeprom_rw(unsigned int addr); ★	eeprom.h
unsigned char	eeprom_read_byte(const unsigned char *addr);	eeprom.h
unsigned int	eeprom_read_word(const unsigned int *addr);	eeprom.h
void	eeprom_read_block(void *buf, const void *addr, size_t n);	eeprom.h
void	eeprom_wb(unsigned int addr, unsigned char val); ★	eeprom.h
void	eeprom_write_byte(unsigned char *addr, unsigned char val);	eeprom.h
void	eeprom_write_word(unsigned int *addr, unsigned int val);	eeprom.h
void	eeprom_write_block(const void *addr, void *buf, size_t n);	eeprom.h
	_EEGET(val, addr);	eeprom.h
	_EEPUT(addr, val);	eeprom.h
	enable_external_int(unsigned char ints); ★	interrupt.h
double	exp(double x);	math.h
double	fabs(double x);	math.h
int	fclose(FILE *__stream);	stdio.h
	fdev_close(void);	stdio.h
FILE*	fdevopen(int(*put)(char,FILE*), int(*get)(FILE*));	stdio.h
int	fgetc(FILE *__stream);	stdio.h
double	floor(double x);	math.h
double	fmod(double x, double y);	math.h
int	fputc(int __c, FILE *__stream);	stdio.h
void	free(void *ptr);	stdlib.h
double	frexp(double x, int *exp);	math.h
	getchar(void);	stdio.h
	inp(port); ★	sfr_defs.h
	inb(port); ★	sfr_defs.h
	inw(port); ★	sfr_defs.h
	INTERRUPT(signame); ★	signal.h
double	inverse(double x); ★	math.h
	ISR(vector);	interrupt.h
int	isalnum(int __c);	ctype.h
int	isalpha(int __c);	ctype.h
int	isascii(int __c);	ctype.h
int	iscntrl(int __c);	ctype.h
int	isdigit(int __c);	ctype.h
int	isgraph(int __c);	ctype.h
int	islower(int __c);	ctype.h
int	isprint(int __c);	ctype.h
int	ispunct(int __c);	ctype.h
int	isspace(int __c);	ctype.h
int	isupper(int __c);	ctype.h
int	isxdigit(int __c);	ctype.h
int	isnan(double x);	math.h
int	isinf(double x);	math.h
char	*itoa(int value, char *string, int radix);	stdlib.h
long	labs(long x);	stdlib.h
double	ldexp(double x, int exp);	math.h
ldiv_t	ldiv(lomg x, long y);	stdlib.h
double	log(double x);	math.h
double	log10(double x);	math.h
void	longjmp(jmp_buf env, int val);	setjmp.h
	loop_until_bit_is_clear(sfr, bit);	sfr_defs.h
	loop_until_bit_is_set(sfr, bit);	sfr_defs.h
char	*ltoa(long int value, char *string, int radix);	stdlib.h
void	*malloc(size_t size);	stdlib.h
void	*memchr(void *s, char c, size_t n);	string.h
int	memcmp(const void *s1, const void *s2, size_t n);	string.h
void	*memcpy(void *to, void *from, size_t n);	string.h
void	*memmove(void *to, void *from, size_t n);	string.h
void	*memset(void *s, int c, size_t n);	string.h
double	modf(double x, double *iptr);	math.h
	outp(value, port); ★	sfr_defs.h
	outb(port, value); ★	sfr_defs.h
	outw(port, value); ★	sfr_defs.h
	parity_even_bit(val);	parity.h
	pgm_read_byte(address);	pgmspace.h
	pgm_read_word(address);	pgmspace.h
	pgm_read_dword(address);	pgmspace.h

	pgm_read_byte_near(address);	pgmspace.h
	pgm_read_word_near(address);	pgmspace.h
	pgm_read_dword_near(address);	pgmspace.h
	pgm_read_byte_far(address_long);	pgmspace.h
	pgm_read_word_far(address_long);	pgmspace.h
	pgm_read_dword_far(address_long);	pgmspace.h
double	pow(double x, double y);	math.h
int	printf(const char *__fmt, ...);	stdio.h
int	printf_P(const char *__fmt, ...);	stdio.h
	putchar(unsigned char c);	stdio.h
void	qsort(void *base, size_t nmemb, size_t size, ...);	stdlib.h
int	rand(void);	stdlib.h
int	rand_r(unsigned long *ctx);	stdlib.h
void	*realloc(void *ptr, size_t size);	stdlib.h
	sbi(port, bit); ★	sfr_defs.h
int	scanf(const char *__fmt, ...);	stdio.h
int	scanf_P(const char *__fmt, ...);	stdio.h
	sei(void);	interrupt.h
int	setjmp(jmp_buf env);	setjmp.h
	SIGNAL(signame); ☆	interrupt.h
double	sin(double x);	math.h
double	sinh(double x);	math.h
double	sqrt(double x);	math.h
double	square(double x);	math.h
	set_sleep_mode(unsigned char mode);	sleep.h
	sleep_mode(void);	sleep.h
	sleep_enable(void);	sleep.h
	sleep_disable(void);	sleep.h
	sleep_cpu(void);	sleep.h
void	srand(unsigned int __seed);	stdlib.h
int	strcasecmp(const char *s1, const char *s2);	string.h
char	*strcat(char *dest, char *src);	string.h
char	*strchr(const char *s, int c);	string.h
int	strcmp(const char *s1, const char* s2);	string.h
char	*strcpy(char *dest, char *src);	string.h
	*strdupa(s);	string.h
size_t	strlen(char *s);	string.h
char	*strlwr(char *);	string.h
int	strncasecmp(const char *, const char *, size_t);	string.h
char	*strncat(char *dest, char *src, size_t n);	string.h
int	strncmp(const char *s1, const char* s2, size_t n);	string.h
char	*strncpy(char *dest, char *src, size_t n);	string.h
	*strndupa(s, n);	string.h
size_t	strnlen(const char *s, size_t maxlen);	string.h
char	*strrchr(const char *s, int c);	string.h
char	*strrev(char *s1);	string.h
char	*strstr(const char *haystack, const char *needle);	string.h
double	strtod(const char *s, char **endptr);	stdlib.h
long	strtol(const char *nptr, char **endptr, int base);	stdlib.h
unsigned long	strtoul(const char *nptr, char **endptr, int base);	stdlib.h
char	*strupr(char *);	string.h
double	tan(double x);	math.h
double	tanh(double x);	math.h
	timer_enable_int(unsigned char ints); ★	interrupt.h
int	toascii(int __c);	ctype.h
int	tolower(int __c);	ctype.h
int	toupper(int __c);	ctype.h
char	*utoa(unsigned int value, char *string, int radix);	stdlib.h
char	*ultoa(unsigned long int value, char *string, int radix);	stdlib.h
int	vfprintf(FILE *__stream, const char *__fmt, va_list __ap);	stdio.h
int	vfscanf(FILE *__stream, const char *__fmt, va_list __ap);	stdio.h
	wdt_disable(void);	wdt.h
	wdt_enable(timeout);	wdt.h
	wdt_reset(void);	wdt.h

WinAVR 20100110 버전에서는 ATmega128A를 지원하지 않으므로 ATmega128처럼 사용하면 된다. 즉, ATmega128A를 사용하려면 모델로서 ATmega128을 지정하고 C:\WinAVR-20100110\avr\include\avr\io.h를 인클루드하면 된다. 그러면 이 헤더파일은 내부에서 ATmega128을 위한 헤더파일 iom128.h를 인클루드하는데, 이 헤더파일 iom128.h의 내용을 보이면 아래와 같다.

<파일 iom128.h> ATmega128A에서 사용하는 헤더파일의 내용

```
/* Copyright (c) 2002, Peter Jansen
   Copyright (c) 2007, Atmel Corporation
   All rights reserved.

   Redistribution and use in source and binary forms, with or without
   modification, are permitted provided that the following conditions are met:

   * Redistributions of source code must retain the above copyright
     notice, this list of conditions and the following disclaimer.

   * Redistributions in binary form must reproduce the above copyright
     notice, this list of conditions and the following disclaimer in
     the documentation and/or other materials provided with the
     distribution.

   * Neither the name of the copyright holders nor the names of
     contributors may be used to endorse or promote products derived
     from this software without specific prior written permission.

  THIS SOFTWARE IS PROVIDED BY THE COPYRIGHT HOLDERS AND CONTRIBUTORS "AS IS"
  AND ANY EXPRESS OR IMPLIED WARRANTIES, INCLUDING, BUT NOT LIMITED TO, THE
  IMPLIED WARRANTIES OF MERCHANTABILITY AND FITNESS FOR A PARTICULAR PURPOSE
  ARE DISCLAIMED. IN NO EVENT SHALL THE COPYRIGHT OWNER OR CONTRIBUTORS BE
  LIABLE FOR ANY DIRECT, INDIRECT, INCIDENTAL, SPECIAL, EXEMPLARY, OR
  CONSEQUENTIAL DAMAGES (INCLUDING, BUT NOT LIMITED TO, PROCUREMENT OF
  SUBSTITUTE GOODS OR SERVICES; LOSS OF USE, DATA, OR PROFITS; OR BUSINESS
  INTERRUPTION) HOWEVER CAUSED AND ON ANY THEORY OF LIABILITY, WHETHER IN
  CONTRACT, STRICT LIABILITY, OR TORT (INCLUDING NEGLIGENCE OR OTHERWISE)
  ARISING IN ANY WAY OUT OF THE USE OF THIS SOFTWARE, EVEN IF ADVISED OF THE
  POSSIBILITY OF SUCH DAMAGE. */

/* $Id: iom128.h,v 1.21.2.5 2008/10/17 23:27:46 arcanum Exp $ */

/* avr/iom128.h - defines for ATmega128

   As of 2002-08-27:
   - This should be up to date with data sheet 2467E-AVR-05/02 */

#ifndef _AVR_IOM128_H_
#define _AVR_IOM128_H_ 1

/* This file should only be included from <avr/io.h>, never directly. */

#ifndef _AVR_IO_H_
#  error "Include <avr/io.h> instead of this file."
#endif

#ifndef _AVR_IOXXX_H_
#  define _AVR_IOXXX_H_ "iom128.h"
#else
#  error "Attempt to include more than one <avr/ioXXX.h> file."
#endif

/* I/O registers */
```

```
/* Input Pins, Port F */
#define PINF      _SFR_IO8(0x00)

/* Input Pins, Port E */
#define PINE      _SFR_IO8(0x01)

/* Data Direction Register, Port E */
#define DDRE      _SFR_IO8(0x02)

/* Data Register, Port E */
#define PORTE     _SFR_IO8(0x03)

/* ADC Data Register */
#define ADCW      _SFR_IO16(0x04) /* for backwards compatibility */
#ifndef __ASSEMBLER__
#define ADC       _SFR_IO16(0x04)
#endif
#define ADCL      _SFR_IO8(0x04)
#define ADCH      _SFR_IO8(0x05)

/* ADC Control and status register */
#define ADCSR     _SFR_IO8(0x06)
#define ADCSRA    _SFR_IO8(0x06) /* new name in datasheet (2467E-AVR-05/02) */

/* ADC Multiplexer select */
#define ADMUX     _SFR_IO8(0x07)

/* Analog Comparator Control and Status Register */
#define ACSR      _SFR_IO8(0x08)

/* USART0 Baud Rate Register Low */
#define UBRR0L    _SFR_IO8(0x09)

/* USART0 Control and Status Register B */
#define UCSR0B    _SFR_IO8(0x0A)

/* USART0 Control and Status Register A */
#define UCSR0A    _SFR_IO8(0x0B)

/* USART0 I/O Data Register */
#define UDR0      _SFR_IO8(0x0C)

/* SPI Control Register */
#define SPCR      _SFR_IO8(0x0D)

/* SPI Status Register */
#define SPSR      _SFR_IO8(0x0E)

/* SPI I/O Data Register */
#define SPDR      _SFR_IO8(0x0F)

/* Input Pins, Port D */
#define PIND      _SFR_IO8(0x10)

/* Data Direction Register, Port D */
#define DDRD      _SFR_IO8(0x11)

/* Data Register, Port D */
#define PORTD     _SFR_IO8(0x12)

/* Input Pins, Port C */
#define PINC      _SFR_IO8(0x13)

/* Data Direction Register, Port C */
#define DDRC      _SFR_IO8(0x14)

/* Data Register, Port C */
#define PORTC     _SFR_IO8(0x15)

/* Input Pins, Port B */
#define PINB      _SFR_IO8(0x16)
```

```
/* Data Direction Register, Port B */
#define DDRB       _SFR_IO8(0x17)

/* Data Register, Port B */
#define PORTB      _SFR_IO8(0x18)

/* Input Pins, Port A */
#define PINA       _SFR_IO8(0x19)

/* Data Direction Register, Port A */
#define DDRA       _SFR_IO8(0x1A)

/* Data Register, Port A */
#define PORTA      _SFR_IO8(0x1B)

/* EEPROM Control Register */
#define EECR       _SFR_IO8(0x1C)

/* EEPROM Data Register */
#define EEDR       _SFR_IO8(0x1D)

/* EEPROM Address Register */
#define EEAR       _SFR_IO16(0x1E)
#define EEARL      _SFR_IO8(0x1E)
#define EEARH      _SFR_IO8(0x1F)

/* Special Function I/O Register */
#define SFIOR      _SFR_IO8(0x20)

/* Watchdog Timer Control Register */
#define WDTCR      _SFR_IO8(0x21)

/* On-chip Debug Register */
#define OCDR       _SFR_IO8(0x22)

/* Timer2 Output Compare Register */
#define OCR2       _SFR_IO8(0x23)

/* Timer/Counter 2 */
#define TCNT2      _SFR_IO8(0x24)

/* Timer/Counter 2 Control register */
#define TCCR2      _SFR_IO8(0x25)

/* T/C 1 Input Capture Register */
#define ICR1       _SFR_IO16(0x26)
#define ICR1L      _SFR_IO8(0x26)
#define ICR1H      _SFR_IO8(0x27)

/* Timer/Counter1 Output Compare Register B */
#define OCR1B      _SFR_IO16(0x28)
#define OCR1BL     _SFR_IO8(0x28)
#define OCR1BH     _SFR_IO8(0x29)

/* Timer/Counter1 Output Compare Register A */
#define OCR1A      _SFR_IO16(0x2A)
#define OCR1AL     _SFR_IO8(0x2A)
#define OCR1AH     _SFR_IO8(0x2B)

/* Timer/Counter 1 */
#define TCNT1      _SFR_IO16(0x2C)
#define TCNT1L     _SFR_IO8(0x2C)
#define TCNT1H     _SFR_IO8(0x2D)

/* Timer/Counter 1 Control and Status Register */
#define TCCR1B     _SFR_IO8(0x2E)

/* Timer/Counter 1 Control Register */
#define TCCR1A     _SFR_IO8(0x2F)

/* Timer/Counter 0 Asynchronous Control & Status Register */
#define ASSR       _SFR_IO8(0x30)
```

```
/* Output Compare Register 0 */
#define OCR0        _SFR_IO8(0x31)

/* Timer/Counter 0 */
#define TCNT0       _SFR_IO8(0x32)

/* Timer/Counter 0 Control Register */
#define TCCR0       _SFR_IO8(0x33)

/* MCU Status Register */
#define MCUSR       _SFR_IO8(0x34)
#define MCUCSR      _SFR_IO8(0x34) /* new name in datasheet (2467E-AVR-05/02) */

/* MCU general Control Register */
#define MCUCR       _SFR_IO8(0x35)

/* Timer/Counter Interrupt Flag Register */
#define TIFR        _SFR_IO8(0x36)

/* Timer/Counter Interrupt MaSK register */
#define TIMSK       _SFR_IO8(0x37)

/* External Interrupt Flag Register */
#define EIFR        _SFR_IO8(0x38)

/* External Interrupt MaSK register */
#define EIMSK       _SFR_IO8(0x39)

/* External Interrupt Control Register B */
#define EICRB       _SFR_IO8(0x3A)

/* RAM Page Z select register */
#define RAMPZ       _SFR_IO8(0x3B)

/* XDIV Divide control register */
#define XDIV        _SFR_IO8(0x3C)

/* 0x3D..0x3E SP */

/* 0x3F SREG */

/* Extended I/O registers */

/* Data Direction Register, Port F */
#define DDRF        _SFR_MEM8(0x61)

/* Data Register, Port F */
#define PORTF       _SFR_MEM8(0x62)

/* Input Pins, Port G */
#define PING        _SFR_MEM8(0x63)

/* Data Direction Register, Port G */
#define DDRG        _SFR_MEM8(0x64)

/* Data Register, Port G */
#define PORTG       _SFR_MEM8(0x65)

/* Store Program Memory Control and Status Register */
#define SPMCR       _SFR_MEM8(0x68)
#define SPMCSR      _SFR_MEM8(0x68) /* new name in datasheet (2467E-AVR-05/02) */

/* External Interrupt Control Register A */
#define EICRA       _SFR_MEM8(0x6A)

/* External Memory Control Register B */
#define XMCRB       _SFR_MEM8(0x6C)

/* External Memory Control Register A */
#define XMCRA       _SFR_MEM8(0x6D)
```

```
/* Oscillator Calibration Register */
#define OSCCAL     _SFR_MEM8(0x6F)

/* 2-wire Serial Interface Bit Rate Register */
#define TWBR       _SFR_MEM8(0x70)

/* 2-wire Serial Interface Status Register */
#define TWSR       _SFR_MEM8(0x71)

/* 2-wire Serial Interface Address Register */
#define TWAR       _SFR_MEM8(0x72)

/* 2-wire Serial Interface Data Register */
#define TWDR       _SFR_MEM8(0x73)

/* 2-wire Serial Interface Control Register */
#define TWCR       _SFR_MEM8(0x74)

/* Time Counter 1 Output Compare Register C */
#define OCR1C      _SFR_MEM16(0x78)
#define OCR1CL     _SFR_MEM8(0x78)
#define OCR1CH     _SFR_MEM8(0x79)

/* Timer/Counter 1 Control Register C */
#define TCCR1C     _SFR_MEM8(0x7A)

/* Extended Timer Interrupt Flag Register */
#define ETIFR      _SFR_MEM8(0x7C)

/* Extended Timer Interrupt Mask Register */
#define ETIMSK     _SFR_MEM8(0x7D)

/* Timer/Counter 3 Input Capture Register */
#define ICR3       _SFR_MEM16(0x80)
#define ICR3L      _SFR_MEM8(0x80)
#define ICR3H      _SFR_MEM8(0x81)

/* Timer/Counter 3 Output Compare Register C */
#define OCR3C      _SFR_MEM16(0x82)
#define OCR3CL     _SFR_MEM8(0x82)
#define OCR3CH     _SFR_MEM8(0x83)

/* Timer/Counter 3 Output Compare Register B */
#define OCR3B      _SFR_MEM16(0x84)
#define OCR3BL     _SFR_MEM8(0x84)
#define OCR3BH     _SFR_MEM8(0x85)

/* Timer/Counter 3 Output Compare Register A */
#define OCR3A      _SFR_MEM16(0x86)
#define OCR3AL     _SFR_MEM8(0x86)
#define OCR3AH     _SFR_MEM8(0x87)

/* Timer/Counter 3 Counter Register */
#define TCNT3      _SFR_MEM16(0x88)
#define TCNT3L     _SFR_MEM8(0x88)
#define TCNT3H     _SFR_MEM8(0x89)

/* Timer/Counter 3 Control Register B */
#define TCCR3B     _SFR_MEM8(0x8A)

/* Timer/Counter 3 Control Register A */
#define TCCR3A     _SFR_MEM8(0x8B)

/* Timer/Counter 3 Control Register C */
#define TCCR3C     _SFR_MEM8(0x8C)

/* USART0 Baud Rate Register High */
#define UBRR0H     _SFR_MEM8(0x90)

/* USART0 Control and Status Register C */
#define UCSR0C     _SFR_MEM8(0x95)
```

```
/* USART1 Baud Rate Register High */
#define UBRR1H     _SFR_MEM8(0x98)

/* USART1 Baud Rate Register Low*/
#define UBRR1L     _SFR_MEM8(0x99)

/* USART1 Control and Status Register B */
#define UCSR1B     _SFR_MEM8(0x9A)

/* USART1 Control and Status Register A */
#define UCSR1A     _SFR_MEM8(0x9B)

/* USART1 I/O Data Register */
#define UDR1       _SFR_MEM8(0x9C)

/* USART1 Control and Status Register C */
#define UCSR1C     _SFR_MEM8(0x9D)

/* Interrupt vectors */

/* External Interrupt Request 0 */
#define INT0_vect                         _VECTOR(1)
#define SIG_INTERRUPT0                    _VECTOR(1)

/* External Interrupt Request 1 */
#define INT1_vect                         _VECTOR(2)
#define SIG_INTERRUPT1                    _VECTOR(2)

/* External Interrupt Request 2 */
#define INT2_vect                         _VECTOR(3)
#define SIG_INTERRUPT2                    _VECTOR(3)

/* External Interrupt Request 3 */
#define INT3_vect                         _VECTOR(4)
#define SIG_INTERRUPT3                    _VECTOR(4)

/* External Interrupt Request 4 */
#define INT4_vect                         _VECTOR(5)
#define SIG_INTERRUPT4                    _VECTOR(5)

/* External Interrupt Request 5 */
#define INT5_vect                         _VECTOR(6)
#define SIG_INTERRUPT5                    _VECTOR(6)

/* External Interrupt Request 6 */
#define INT6_vect                         _VECTOR(7)
#define SIG_INTERRUPT6                    _VECTOR(7)

/* External Interrupt Request 7 */
#define INT7_vect                         _VECTOR(8)
#define SIG_INTERRUPT7                    _VECTOR(8)

/* Timer/Counter2 Compare Match */
#define TIMER2_COMP_vect                  _VECTOR(9)
#define SIG_OUTPUT_COMPARE2               _VECTOR(9)

/* Timer/Counter2 Overflow */
#define TIMER2_OVF_vect                   _VECTOR(10)
#define SIG_OVERFLOW2                     _VECTOR(10)

/* Timer/Counter1 Capture Event */
#define TIMER1_CAPT_vect                  _VECTOR(11)
#define SIG_INPUT_CAPTURE1                _VECTOR(11)

/* Timer/Counter1 Compare Match A */
#define TIMER1_COMPA_vect                 _VECTOR(12)
#define SIG_OUTPUT_COMPARE1A              _VECTOR(12)

/* Timer/Counter Compare Match B */
#define TIMER1_COMPB_vect                 _VECTOR(13)
#define SIG_OUTPUT_COMPARE1B              _VECTOR(13)
```

```
/* Timer/Counter1 Overflow */
#define TIMER1_OVF_vect                  _VECTOR(14)
#define SIG_OVERFLOW1                    _VECTOR(14)

/* Timer/Counter0 Compare Match */
#define TIMER0_COMP_vect                 _VECTOR(15)
#define SIG_OUTPUT_COMPARE0              _VECTOR(15)

/* Timer/Counter0 Overflow */
#define TIMER0_OVF_vect                  _VECTOR(16)
#define SIG_OVERFLOW0                    _VECTOR(16)

/* SPI Serial Transfer Complete */
#define SPI_STC_vect                     _VECTOR(17)
#define SIG_SPI                          _VECTOR(17)

/* USART0, Rx Complete */
#define USART0_RX_vect                   _VECTOR(18)
#define SIG_USART0_RECV                  _VECTOR(18)
#define SIG_UART0_RECV                   _VECTOR(18)

/* USART0 Data Register Empty */
#define USART0_UDRE_vect                 _VECTOR(19)
#define SIG_USART0_DATA                  _VECTOR(19)
#define SIG_UART0_DATA                   _VECTOR(19)

/* USART0, Tx Complete */
#define USART0_TX_vect                   _VECTOR(20)
#define SIG_USART0_TRANS                 _VECTOR(20)
#define SIG_UART0_TRANS                  _VECTOR(20)

/* ADC Conversion Complete */
#define ADC_vect                         _VECTOR(21)
#define SIG_ADC                          _VECTOR(21)

/* EEPROM Ready */
#define EE_READY_vect                    _VECTOR(22)
#define SIG_EEPROM_READY                 _VECTOR(22)

/* Analog Comparator */
#define ANALOG_COMP_vect                 _VECTOR(23)
#define SIG_COMPARATOR                   _VECTOR(23)

/* Timer/Counter1 Compare Match C */
#define TIMER1_COMPC_vect                _VECTOR(24)
#define SIG_OUTPUT_COMPARE1C             _VECTOR(24)

/* Timer/Counter3 Capture Event */
#define TIMER3_CAPT_vect                 _VECTOR(25)
#define SIG_INPUT_CAPTURE3               _VECTOR(25)

/* Timer/Counter3 Compare Match A */
#define TIMER3_COMPA_vect                _VECTOR(26)
#define SIG_OUTPUT_COMPARE3A             _VECTOR(26)

/* Timer/Counter3 Compare Match B */
#define TIMER3_COMPB_vect                _VECTOR(27)
#define SIG_OUTPUT_COMPARE3B             _VECTOR(27)

/* Timer/Counter3 Compare Match C */
#define TIMER3_COMPC_vect                _VECTOR(28)
#define SIG_OUTPUT_COMPARE3C             _VECTOR(28)

/* Timer/Counter3 Overflow */
#define TIMER3_OVF_vect                  _VECTOR(29)
#define SIG_OVERFLOW3                    _VECTOR(29)

/* USART1, Rx Complete */
#define USART1_RX_vect                   _VECTOR(30)
#define SIG_USART1_RECV                  _VECTOR(30)
#define SIG_UART1_RECV                   _VECTOR(30)
```

```
/* USART1, Data Register Empty */
#define USART1_UDRE_vect                    _VECTOR(31)
#define SIG_USART1_DATA                     _VECTOR(31)
#define SIG_UART1_DATA                      _VECTOR(31)

/* USART1, Tx Complete */
#define USART1_TX_vect                      _VECTOR(32)
#define SIG_USART1_TRANS                    _VECTOR(32)
#define SIG_UART1_TRANS                     _VECTOR(32)

/* 2-wire Serial Interface */
#define TWI_vect                            _VECTOR(33)
#define SIG_2WIRE_SERIAL                    _VECTOR(33)

/* Store Program Memory Read */
#define SPM_READY_vect                      _VECTOR(34)
#define SIG_SPM_READY                       _VECTOR(34)

#define _VECTORS_SIZE 140

/*
   The Register Bit names are represented by their bit number (0-7).
*/

/* 2-wire Control Register - TWCR */
#define    TWINT        7
#define    TWEA         6
#define    TWSTA        5
#define    TWSTO        4
#define    TWWC         3
#define    TWEN         2
#define    TWIE         0

/* 2-wire Address Register - TWAR */
#define    TWA6         7
#define    TWA5         6
#define    TWA4         5
#define    TWA3         4
#define    TWA2         3
#define    TWA1         2
#define    TWA0         1
#define    TWGCE        0

/* 2-wire Status Register - TWSR */
#define    TWS7         7
#define    TWS6         6
#define    TWS5         5
#define    TWS4         4
#define    TWS3         3
#define    TWPS1        1
#define    TWPS0        0

/* External Memory Control Register A - XMCRA */
#define    SRL2         6
#define    SRL1         5
#define    SRL0         4
#define    SRW01        3
#define    SRW00        2
#define    SRW11        1

/* External Memory Control Register B - XMCRA */
#define    XMBK         7
#define    XMM2         2
#define    XMM1         1
#define    XMM0         0

/* XDIV Divide control register - XDIV */
#define    XDIVEN       7
#define    XDIV6        6
#define    XDIV5        5
#define    XDIV4        4
#define    XDIV3        3
```

```
#define     XDIV2       2
#define     XDIV1       1
#define     XDIV0       0

/* RAM Page Z select register - RAMPZ */
#define     RAMPZ0      0

/* External Interrupt Control Register A - EICRA */
#define     ISC31       7
#define     ISC30       6
#define     ISC21       5
#define     ISC20       4
#define     ISC11       3
#define     ISC10       2
#define     ISC01       1
#define     ISC00       0

/* External Interrupt Control Register B - EICRB */
#define     ISC71       7
#define     ISC70       6
#define     ISC61       5
#define     ISC60       4
#define     ISC51       3
#define     ISC50       2
#define     ISC41       1
#define     ISC40       0

/* Store Program Memory Control Register - SPMCSR, SPMCR */
#define     SPMIE       7
#define     RWWSB       6
#define     RWWSRE      4
#define     BLBSET      3
#define     PGWRT       2
#define     PGERS       1
#define     SPMEN       0

/* External Interrupt MaSK register - EIMSK */
#define     INT7        7
#define     INT6        6
#define     INT5        5
#define     INT4        4
#define     INT3        3
#define     INT2        2
#define     INT1        1
#define     INT0        0

/* External Interrupt Flag Register - EIFR */
#define     INTF7       7
#define     INTF6       6
#define     INTF5       5
#define     INTF4       4
#define     INTF3       3
#define     INTF2       2
#define     INTF1       1
#define     INTF0       0

/* Timer/Counter Interrupt MaSK register - TIMSK */
#define     OCIE2       7
#define     TOIE2       6
#define     TICIE1      5
#define     OCIE1A      4
#define     OCIE1B      3
#define     TOIE1       2
#define     OCIE0       1
#define     TOIE0       0

/* Timer/Counter Interrupt Flag Register - TIFR */
#define     OCF2        7
#define     TOV2        6
#define     ICF1        5
#define     OCF1A       4
#define     OCF1B       3
```

```
#define     TOV1          2
#define     OCF0          1
#define     TOV0          0

/* Extended Timer Interrupt MaSK register - ETIMSK */
#define     TICIE3        5
#define     OCIE3A        4
#define     OCIE3B        3
#define     TOIE3         2
#define     OCIE3C        1
#define     OCIE1C        0

/* Extended Timer Interrupt Flag Register - ETIFR */
#define     ICF3          5
#define     OCF3A         4
#define     OCF3B         3
#define     TOV3          2
#define     OCF3C         1
#define     OCF1C         0

/* MCU general Control Register - MCUCR */
#define     SRE           7
#define     SRW           6
#define     SRW10         6       /* new name in datasheet (2467E-AVR-05/02) */
#define     SE            5
#define     SM1           4
#define     SM0           3
#define     SM2           2
#define     IVSEL         1
#define     IVCE          0

/* MCU Status Register - MCUSR, MCUCSR */
#define     JTD           7
#define     JTRF          4
#define     WDRF          3
#define     BORF          2
#define     EXTRF         1
#define     PORF          0

/* Timer/Counter Control Register (generic) */
#define     FOC           7
#define     WGM0          6
#define     COM1          5
#define     COM0          4
#define     WGM1          3
#define     CS2           2
#define     CS1           1
#define     CS0           0

/* Timer/Counter 0 Control Register - TCCR0 */
#define     FOC0          7
#define     WGM00         6
#define     COM01         5
#define     COM00         4
#define     WGM01         3
#define     CS02          2
#define     CS01          1
#define     CS00          0

/* Timer/Counter 2 Control Register - TCCR2 */
#define     FOC2          7
#define     WGM20         6
#define     COM21         5
#define     COM20         4
#define     WGM21         3
#define     CS22          2
#define     CS21          1
#define     CS20          0

/* Timer/Counter 0 Asynchronous Control & Status Register - ASSR */
#define     AS0           3
#define     TCN0UB        2
```

```
#define    OCR0UB       1
#define    TCR0UB       0

/* Timer/Counter Control Register A (generic) */
#define    COMA1        7
#define    COMA0        6
#define    COMB1        5
#define    COMB0        4
#define    COMC1        3
#define    COMC0        2
#define    WGMA1        1
#define    WGMA0        0

/* Timer/Counter 1 Control and Status Register A - TCCR1A */
#define    COM1A1       7
#define    COM1A0       6
#define    COM1B1       5
#define    COM1B0       4
#define    COM1C1       3
#define    COM1C0       2
#define    WGM11        1
#define    WGM10        0

/* Timer/Counter 3 Control and Status Register A - TCCR3A */
#define    COM3A1       7
#define    COM3A0       6
#define    COM3B1       5
#define    COM3B0       4
#define    COM3C1       3
#define    COM3C0       2
#define    WGM31        1
#define    WGM30        0

/* Timer/Counter Control and Status Register B (generic) */
#define    ICNC         7
#define    ICES         6
#define    WGMB3        4
#define    WGMB2        3
#define    CSB2         2
#define    CSB1         1
#define    CSB0         0

/* Timer/Counter 1 Control and Status Register B - TCCR1B */
#define    ICNC1        7
#define    ICES1        6
#define    WGM13        4
#define    WGM12        3
#define    CS12         2
#define    CS11         1
#define    CS10         0

/* Timer/Counter 3 Control and Status Register B - TCCR3B */
#define    ICNC3        7
#define    ICES3        6
#define    WGM33        4
#define    WGM32        3
#define    CS32         2
#define    CS31         1
#define    CS30         0

/* Timer/Counter Control Register C (generic) */
#define    FOCA         7
#define    FOCB         6
#define    FOCC         5

/* Timer/Counter 3 Control Register C - TCCR3C */
#define    FOC3A        7
#define    FOC3B        6
#define    FOC3C        5

/* Timer/Counter 1 Control Register C - TCCR1C */
#define    FOC1A        7
```

```
#define    FOC1B       6
#define    FOC1C       5

/* On-chip Debug Register - OCDR */
#define    IDRD        7
#define    OCDR7       7
#define    OCDR6       6
#define    OCDR5       5
#define    OCDR4       4
#define    OCDR3       3
#define    OCDR2       2
#define    OCDR1       1
#define    OCDR0       0

/* Watchdog Timer Control Register - WDTCR */
#define    WDCE        4
#define    WDE         3
#define    WDP2        2
#define    WDP1        1
#define    WDP0        0

/*
   The ADHSM bit has been removed from all documentation,
   as being not needed at all since the comparator has proven
   to be fast enough even without feeding it more power.
*/

/* Special Function I/O Register - SFIOR */
#define    TSM         7
#define    ACME        3
#define    PUD         2
#define    PSR0        1
#define    PSR321      0

/* SPI Status Register - SPSR */
#define    SPIF        7
#define    WCOL        6
#define    SPI2X       0

/* SPI Control Register - SPCR */
#define    SPIE        7
#define    SPE         6
#define    DORD        5
#define    MSTR        4
#define    CPOL        3
#define    CPHA        2
#define    SPR1        1
#define    SPR0        0

/* USART Register C (generic) */
#define    UMSEL       6
#define    UPM1        5
#define    UPM0        4
#define    USBS        3
#define    UCSZ1       2
#define    UCSZ0       1
#define    UCPOL       0

/* USART1 Register C - UCSR1C */
#define    UMSEL1      6
#define    UPM11       5
#define    UPM10       4
#define    USBS1       3
#define    UCSZ11      2
#define    UCSZ10      1
#define    UCPOL1      0

/* USART0 Register C - UCSR0C */
#define    UMSEL0      6
#define    UPM01       5
#define    UPM00       4
#define    USBS0       3
```

```
#define     UCSZ01        2
#define     UCSZ00        1
#define     UCPOL0        0

/* USART Status Register A (generic) */
#define     RXC           7
#define     TXC           6
#define     UDRE          5
#define     FE            4
#define     DOR           3
#define     UPE           2
#define     U2X           1
#define     MPCM          0

/* USART1 Status Register A - UCSR1A */
#define     RXC1          7
#define     TXC1          6
#define     UDRE1         5
#define     FE1           4
#define     DOR1          3
#define     UPE1          2
#define     U2X1          1
#define     MPCM1         0

/* USART0 Status Register A - UCSR0A */
#define     RXC0          7
#define     TXC0          6
#define     UDRE0         5
#define     FE0           4
#define     DOR0          3
#define     UPE0          2
#define     U2X0          1
#define     MPCM0         0

/* USART Control Register B (generic) */
#define     RXCIE         7
#define     TXCIE         6
#define     UDRIE         5
#define     RXEN          4
#define     TXEN          3
#define     UCSZ          2
#define     UCSZ2         2       /* new name in datasheet (2467E-AVR-05/02) */
#define     RXB8          1
#define     TXB8          0

/* USART1 Control Register B - UCSR1B */
#define     RXCIE1        7
#define     TXCIE1        6
#define     UDRIE1        5
#define     RXEN1         4
#define     TXEN1         3
#define     UCSZ12        2
#define     RXB81         1
#define     TXB81         0

/* USART0 Control Register B - UCSR0B */
#define     RXCIE0        7
#define     TXCIE0        6
#define     UDRIE0        5
#define     RXEN0         4
#define     TXEN0         3
#define     UCSZ02        2
#define     RXB80         1
#define     TXB80         0

/* Analog Comparator Control and Status Register - ACSR */
#define     ACD           7
#define     ACBG          6
#define     ACO           5
#define     ACI           4
#define     ACIE          3
#define     ACIC          2
```

```
#define    ACIS1        1
#define    ACIS0        0

/* ADC Control and status register - ADCSRA */
#define    ADEN         7
#define    ADSC         6
#define    ADFR         5
#define    ADIF         4
#define    ADIE         3
#define    ADPS2        2
#define    ADPS1        1
#define    ADPS0        0

/* ADC Multiplexer select - ADMUX */
#define    REFS1        7
#define    REFS0        6
#define    ADLAR        5
#define    MUX4         4
#define    MUX3         3
#define    MUX2         2
#define    MUX1         1
#define    MUX0         0

/* Port A Data Register - PORTA */
#define    PA7      7
#define    PA6      6
#define    PA5      5
#define    PA4      4
#define    PA3      3
#define    PA2      2
#define    PA1      1
#define    PA0      0

/* Port A Data Direction Register - DDRA */
#define    DDA7         7
#define    DDA6         6
#define    DDA5         5
#define    DDA4         4
#define    DDA3         3
#define    DDA2         2
#define    DDA1         1
#define    DDA0         0

/* Port A Input Pins - PINA */
#define    PINA7        7
#define    PINA6        6
#define    PINA5        5
#define    PINA4        4
#define    PINA3        3
#define    PINA2        2
#define    PINA1        1
#define    PINA0        0

/* Port B Data Register - PORTB */
#define    PB7      7
#define    PB6      6
#define    PB5      5
#define    PB4      4
#define    PB3      3
#define    PB2      2
#define    PB1      1
#define    PB0      0

/* Port B Data Direction Register - DDRB */
#define    DDB7         7
#define    DDB6         6
#define    DDB5         5
#define    DDB4         4
#define    DDB3         3
#define    DDB2         2
#define    DDB1         1
#define    DDB0         0
```

```
/* Port B Input Pins - PINB */
#define    PINB7        7
#define    PINB6        6
#define    PINB5        5
#define    PINB4        4
#define    PINB3        3
#define    PINB2        2
#define    PINB1        1
#define    PINB0        0

/* Port C Data Register - PORTC */
#define    PC7      7
#define    PC6      6
#define    PC5      5
#define    PC4      4
#define    PC3      3
#define    PC2      2
#define    PC1      1
#define    PC0      0

/* Port C Data Direction Register - DDRC */
#define    DDC7         7
#define    DDC6         6
#define    DDC5         5
#define    DDC4         4
#define    DDC3         3
#define    DDC2         2
#define    DDC1         1
#define    DDC0         0

/* Port C Input Pins - PINC */
#define    PINC7        7
#define    PINC6        6
#define    PINC5        5
#define    PINC4        4
#define    PINC3        3
#define    PINC2        2
#define    PINC1        1
#define    PINC0        0

/* Port D Data Register - PORTD */
#define    PD7      7
#define    PD6      6
#define    PD5      5
#define    PD4      4
#define    PD3      3
#define    PD2      2
#define    PD1      1
#define    PD0      0

/* Port D Data Direction Register - DDRD */
#define    DDD7         7
#define    DDD6         6
#define    DDD5         5
#define    DDD4         4
#define    DDD3         3
#define    DDD2         2
#define    DDD1         1
#define    DDD0         0

/* Port D Input Pins - PIND */
#define    PIND7        7
#define    PIND6        6
#define    PIND5        5
#define    PIND4        4
#define    PIND3        3
#define    PIND2        2
#define    PIND1        1
#define    PIND0        0

/* Port E Data Register - PORTE */
```

```
#define    PE7       7
#define    PE6       6
#define    PE5       5
#define    PE4       4
#define    PE3       3
#define    PE2       2
#define    PE1       1
#define    PE0       0

/* Port E Data Direction Register - DDRE */
#define    DDE7         7
#define    DDE6         6
#define    DDE5         5
#define    DDE4         4
#define    DDE3         3
#define    DDE2         2
#define    DDE1         1
#define    DDE0         0

/* Port E Input Pins - PINE */
#define    PINE7        7
#define    PINE6        6
#define    PINE5        5
#define    PINE4        4
#define    PINE3        3
#define    PINE2        2
#define    PINE1        1
#define    PINE0        0

/* Port F Data Register - PORTF */
#define    PF7       7
#define    PF6       6
#define    PF5       5
#define    PF4       4
#define    PF3       3
#define    PF2       2
#define    PF1       1
#define    PF0       0

/* Port F Data Direction Register - DDRF */
#define    DDF7         7
#define    DDF6         6
#define    DDF5         5
#define    DDF4         4
#define    DDF3         3
#define    DDF2         2
#define    DDF1         1
#define    DDF0         0

/* Port F Input Pins - PINF */
#define    PINF7        7
#define    PINF6        6
#define    PINF5        5
#define    PINF4        4
#define    PINF3        3
#define    PINF2        2
#define    PINF1        1
#define    PINF0        0

/* Port G Data Register - PORTG */
#define    PG4       4
#define    PG3       3
#define    PG2       2
#define    PG1       1
#define    PG0       0

/* Port G Data Direction Register - DDRG */
#define    DDG4         4
#define    DDG3         3
#define    DDG2         2
#define    DDG1         1
#define    DDG0         0
```

```
/* Port G Input Pins - PING */
#define    PING4        4
#define    PING3        3
#define    PING2        2
#define    PING1        1
#define    PING0        0

/* EEPROM Control Register */
#define    EERIE        3
#define    EEMWE        2
#define    EEWE         1
#define    EERE         0

/* Constants */
#define SPM_PAGESIZE 256
#define RAMEND       0x10FF     /* Last On-Chip SRAM Location */
#define XRAMEND      0xFFFF
#define E2END        0x0FFF
#define E2PAGESIZE   8
#define FLASHEND     0x1FFFF

/* Fuses */

#define FUSE_MEMORY_SIZE 3

/* Low Fuse Byte */
#define FUSE_CKSEL0      (unsigned char)~_BV(0)
#define FUSE_CKSEL1      (unsigned char)~_BV(1)
#define FUSE_CKSEL2      (unsigned char)~_BV(2)
#define FUSE_CKSEL3      (unsigned char)~_BV(3)
#define FUSE_SUT0        (unsigned char)~_BV(4)
#define FUSE_SUT1        (unsigned char)~_BV(5)
#define FUSE_BODEN       (unsigned char)~_BV(6)
#define FUSE_BODLEVEL    (unsigned char)~_BV(7)
#define LFUSE_DEFAULT    (FUSE_CKSEL1 & FUSE_CKSEL2 & FUSE_CKSEL3 & FUSE_SUT0)

/* High Fuse Byte */
#define FUSE_BOOTRST     (unsigned char)~_BV(0)
#define FUSE_BOOTSZ0     (unsigned char)~_BV(1)
#define FUSE_BOOTSZ1     (unsigned char)~_BV(2)
#define FUSE_EESAVE      (unsigned char)~_BV(3)
#define FUSE_CKOPT       (unsigned char)~_BV(4)
#define FUSE_SPIEN       (unsigned char)~_BV(5)
#define FUSE_JTAGEN      (unsigned char)~_BV(6)
#define FUSE_OCDEN       (unsigned char)~_BV(7)
#define HFUSE_DEFAULT    (FUSE_BOOTSZ0 & FUSE_BOOTSZ1 & FUSE_SPIEN & FUSE_JTAGEN)

/* Extended Fuse Byte */
#define FUSE_WDTON       (unsigned char)~_BV(0)
#define FUSE_M103C       (unsigned char)~_BV(1)
#define EFUSE_DEFAULT    (FUSE_M103C)

/* Lock Bits */
#define __LOCK_BITS_EXIST
#define __BOOT_LOCK_BITS_0_EXIST
#define __BOOT_LOCK_BITS_1_EXIST

/* Signature */
#define SIGNATURE_0 0x1E
#define SIGNATURE_1 0x97
#define SIGNATURE_2 0x02

#endif /* _AVR_IOM128_H_ */
```

3. *OK-128BLDC* 키트용 헤더파일 OK-128BLDC.h

OK-128BLDC 키트에서 사용자가 프로그램을 작성하는데 유용하도록 저자가 만들어 제공하는 유틸리티 함수들을 모아놓은 헤더파일이 OK-128BLDC.h인데 그 내용을 보이면 아래와 같다.

<헤더 파일 OK-128BLDC.h> *OK-128BLDC* 키트용의 헤더파일

```
/* ============================================================================ */
/*              OK-128BLDC.h : OK-128BLDC 키트용 기본 헤더파일                  */
/* ============================================================================ */
/*                         Designed and programmed by Duck-Yong Yoon in 2015.   */

// ATmega128A 퓨즈비트 설정 : 0xFF 0xCF 0x3F
//
// 사용 가능 TFT-LCD 모델   : HX8347-A를 컨트롤러로 사용하는 제품
//                            (1) FL320QVC18-A0                = Ohm사
//                            (2) I3202-7HMT2432A(V1.0 및 V1.1) = 단종 제품

#include <avr/pgmspace.h>
#include <math.h>
#include <stdlib.h>

typedef unsigned char   U08;                    /* data type definition */
typedef   signed char   S08;
typedef unsigned int    U16;
typedef   signed int    S16;
typedef unsigned long   U32;
typedef   signed long   S32;

#define BV(bit)         (1<<(bit))              /* bit processing */
#define cbi(reg,bit)    reg &= ~(BV(bit))
#define sbi(reg,bit)    reg |= (BV(bit))

/* ---------------------------------------------------------------------------- */
/*              사용자 정의 함수 선언                                           */
/* ---------------------------------------------------------------------------- */

void MCU_initialize(void);                      // initialize ATmega128A MCU
void Delay_us(U08 time_us);                     // time delay for us (1~255 us)
void Delay_ms(U16 time_ms);                     // time delay for ms (1~65535 ms)
void Beep(void);                                // beep for 50 ms
void Beep_3times(void);                         // beep 3 times

/* ---------------------------------------------------------------------------- */
/*              OK-128BLDC 키트의 기본 함수                                     */
/* ---------------------------------------------------------------------------- */

void MCU_initialize(void)                       /* initialize ATmega128A MCU */
{
  DDRA  = 0xFF;                                 // PORTA output
  PORTA = 0x00;

  DDRB  = 0xFC;                                 // PORTB
  PORTB = 0x00;                                 // (all gate signals are 0)

  DDRC  = 0x1F;                                 // PORTC
  PORTC = 0x1F;                                 // (-TFT_RESET = -TFT_CS = -TFT_WR = -TFT_HB_WR = 1)

  DDRD  = 0x03;                                 // PORTD
```

```
  PORTD = 0x03;                              // (-M1_START = 1)

  DDRE  = 0x00;                              // PORTE input

  DDRF  = 0x00;                              // PORTF input

  DDRG  = 0x1F;                              // PORTG output
  PORTG = 0x00;                              // (BUZZER = 0)
}

void Delay_us(U08 time_us)                   /* time delay for us (1~255 us) */
{
  register unsigned char i;

  for(i = 0; i < time_us; i++)               // 4 cycles
    { asm volatile("PUSH R0");               // 2 cycles
      asm volatile("POP  R0");               // 2 cycles
      asm volatile("PUSH R0");               // 2 cycles
      asm volatile("POP  R0");               // 2 cycles
      asm volatile("PUSH R0");               // 2 cycles
      asm volatile("POP  R0");               // 2 cycles = 16 cycles for 16MHz
    }
}

void Delay_ms(U16 time_ms)                   /* time delay for ms (1~65535 ms) */
{
  register unsigned int i;

  for(i = 0; i < time_ms; i++)
    { Delay_us(250);
      Delay_us(250);
      Delay_us(250);
      Delay_us(250);
    }
}

void Beep(void)                              /* beep for 50 ms */
{
  sbi(PORTG,2);                              // buzzer on
  Delay_ms(50);                              // delay 50 ms
  cbi(PORTG,2);                              // buzzer off
}

void Beep_3times(void)                       /* beep 3 times */
{
  Beep();                                    // beep for 50 ms
  Delay_ms(100);
  Beep();                                    // beep for 50 ms
  Delay_ms(100);
  Beep();                                    // beep for 50 ms
}

/* -------------------------------------------------------------------------- */
/*               한글 폰트 처리 테이블                                          */
/* -------------------------------------------------------------------------- */
prog_uchar table_cho[21] =              // 초성 : 자음(14) + 쌍자음(5) = 19 개
        {0,0,1,2,3,4,5,6,7,8,9,10,11,12,13,14,15,16,17,18,19};

prog_uchar table_joong[30] =            // 중성 : 자음(10) + 쌍자음(11) = 21 개
        {0,0,0,1,2,3,4,5,0,0,6,7,8,9,10,11,0,0,12,13,14,15,16,17,0,0,18,19,20,21};

prog_uchar table_jong[30] =             // 종성 : 자음(14) + 쌍자음(11) + 쌍자음(2) = 27 개
        {0,0,1,2,3,4,5,6,7,8,9,10,11,12,13,14,15,16,0,17,18,19,20,21,22,23,24,25,26,27};

prog_uchar bul_cho1[22] = {0,0,0,0,0,0,0,0,0,1,3,3,3,1,2,4,4,4,2,1,3,0}; // 벌수
prog_uchar bul_cho2[22] = {0,5,5,5,5,5,5,5,5,6,7,7,7,6,6,7,7,7,6,6,7,5};
prog_uchar bul_jong[22] = {0,0,2,0,2,1,2,1,2,3,0,2,1,3,3,1,2,1,3,3,1,1};

/* -------------------------------------------------------------------------- */
/*               16x16 한글 명조체(이야기체) 폰트                               */
/* -------------------------------------------------------------------------- */
```

```
prog_uchar K_font[360][32] = {
  {0x00, 0x00, 0x00, 0x00, 0x00, 0x00, 0x00, 0x00, 0x00, 0x00, 0x00, 0x00, 0x00, 0x00, 0x00, 0x00,
   0x00, 0x00, 0x00, 0x00, 0x00, 0x00, 0x00, 0x00, 0x00, 0x00, 0x00, 0x00, 0x00, 0x00, 0x00, 0x00},
  {0x00, 0x00, 0x08, 0x08, 0x08, 0x88, 0xC8, 0x78, 0x38, 0x00, 0x00, 0x00, 0x00, 0x00, 0x00, 0x00,
   0x00, 0x00, 0x02, 0x02, 0x01, 0x01, 0x00, 0x00, 0x00, 0x00, 0x00, 0x00, 0x00, 0x00, 0x00, 0x00},
  {0x00, 0x08, 0x08, 0xC8, 0xF8, 0x38, 0xC8, 0xF8, 0x38, 0x00, 0x00, 0x00, 0x00, 0x00, 0x00, 0x00,
   0x00, 0x02, 0x01, 0x01, 0x02, 0x01, 0x01, 0x00, 0x00, 0x00, 0x00, 0x00, 0x00, 0x00, 0x00, 0x00},
  {0x00, 0x08, 0xF8, 0xF8, 0x00, 0x00, 0x00, 0x00, 0x00, 0x00, 0x00, 0x00, 0x00, 0x00, 0x00, 0x00,
   0x00, 0x00, 0x01, 0x03, 0x02, 0x02, 0x02, 0x02, 0x02, 0x02, 0x00, 0x00, 0x00, 0x00, 0x00, 0x00},
  {0x00, 0x08, 0xF8, 0xF8, 0x08, 0x08, 0x08, 0x08, 0x00, 0x00, 0x00, 0x00, 0x00, 0x00, 0x00, 0x00,
   0x00, 0x00, 0x01, 0x03, 0x02, 0x02, 0x02, 0x02, 0x02, 0x00, 0x00, 0x00, 0x00, 0x00, 0x00, 0x00},
  {0x00, 0x08, 0xF8, 0xF8, 0x08, 0xF8, 0xF8, 0x08, 0x08, 0x00, 0x00, 0x00, 0x00, 0x00, 0x00, 0x00,
   0x00, 0x00, 0x01, 0x03, 0x02, 0x01, 0x03, 0x02, 0x02, 0x02, 0x00, 0x00, 0x00, 0x00, 0x00, 0x00},
  {0x00, 0x00, 0xC8, 0xC8, 0x48, 0x48, 0x48, 0x78, 0x78, 0x00, 0x00, 0x00, 0x00, 0x00, 0x00, 0x00,
   0x00, 0x00, 0x01, 0x03, 0x02, 0x02, 0x02, 0x02, 0x02, 0x02, 0x00, 0x00, 0x00, 0x00, 0x00, 0x00},
  {0x00, 0x08, 0xF8, 0xF8, 0x08, 0x08, 0x08, 0xF8, 0xF8, 0x00, 0x00, 0x00, 0x00, 0x00, 0x00, 0x00,
   0x00, 0x00, 0x03, 0x03, 0x02, 0x02, 0x02, 0x03, 0x03, 0x00, 0x00, 0x00, 0x00, 0x00, 0x00, 0x00},
  {0x00, 0x10, 0xF0, 0xF0, 0x40, 0x40, 0x48, 0xF8, 0xF8, 0x00, 0x00, 0x00, 0x00, 0x00, 0x00, 0x00,
   0x00, 0x00, 0x03, 0x03, 0x02, 0x02, 0x02, 0x03, 0x03, 0x00, 0x00, 0x00, 0x00, 0x00, 0x00, 0x00},
  {0x10, 0xF0, 0xF0, 0x40, 0xF0, 0xF0, 0x48, 0xF8, 0xF8, 0x00, 0x00, 0x00, 0x00, 0x00, 0x00, 0x00,
   0x00, 0x03, 0x03, 0x02, 0x03, 0x03, 0x02, 0x03, 0x03, 0x00, 0x00, 0x00, 0x00, 0x00, 0x00, 0x00},
  {0x00, 0x00, 0x00, 0x00, 0xC4, 0x7C, 0xFC, 0x80, 0x00, 0x00, 0x00, 0x00, 0x00, 0x00, 0x00, 0x00,
   0x00, 0x02, 0x02, 0x01, 0x01, 0x00, 0x00, 0x01, 0x03, 0x02, 0x00, 0x00, 0x00, 0x00, 0x00, 0x00},
  {0x00, 0x00, 0xF8, 0x78, 0x80, 0x80, 0x78, 0xF8, 0x00, 0x00, 0x00, 0x00, 0x00, 0x00, 0x00, 0x00,
   0x02, 0x03, 0x01, 0x00, 0x03, 0x03, 0x00, 0x01, 0x03, 0x02, 0x00, 0x00, 0x00, 0x00, 0x00, 0x00},
  {0x00, 0xE0, 0xF0, 0x18, 0x08, 0x08, 0x18, 0xF0, 0xE0, 0x00, 0x00, 0x00, 0x00, 0x00, 0x00, 0x00,
   0x00, 0x00, 0x01, 0x03, 0x02, 0x02, 0x03, 0x01, 0x00, 0x00, 0x00, 0x00, 0x00, 0x00, 0x00, 0x00},
  {0x00, 0x08, 0x08, 0x08, 0x88, 0xC8, 0x78, 0x38, 0x00, 0x00, 0x00, 0x00, 0x00, 0x00, 0x00, 0x00,
   0x00, 0x02, 0x02, 0x01, 0x01, 0x00, 0x01, 0x03, 0x02, 0x00, 0x00, 0x00, 0x00, 0x00, 0x00, 0x00},
  {0x00, 0x08, 0x88, 0xC8, 0xF8, 0xB8, 0xC8, 0xF8, 0x38, 0x00, 0x00, 0x00, 0x00, 0x00, 0x00, 0x00,
   0x02, 0x03, 0x01, 0x02, 0x03, 0x01, 0x00, 0x01, 0x03, 0x02, 0x00, 0x00, 0x00, 0x00, 0x00, 0x00},
  {0x00, 0x10, 0x10, 0x14, 0x94, 0xD4, 0xF4, 0x30, 0x00, 0x00, 0x00, 0x00, 0x00, 0x00, 0x00, 0x00,
   0x00, 0x02, 0x02, 0x01, 0x01, 0x00, 0x01, 0x03, 0x02, 0x00, 0x00, 0x00, 0x00, 0x00, 0x00, 0x00},
  {0x00, 0x28, 0x28, 0x28, 0x28, 0xA8, 0xE8, 0x78, 0x38, 0x00, 0x00, 0x00, 0x00, 0x00, 0x00, 0x00,
   0x00, 0x02, 0x02, 0x02, 0x01, 0x01, 0x00, 0x00, 0x00, 0x00, 0x00, 0x00, 0x00, 0x00, 0x00, 0x00},
  {0x00, 0x08, 0xF8, 0xF8, 0x48, 0x48, 0x48, 0x48, 0x48, 0x00, 0x00, 0x00, 0x00, 0x00, 0x00, 0x00,
   0x00, 0x00, 0x01, 0x03, 0x02, 0x02, 0x02, 0x02, 0x02, 0x02, 0x00, 0x00, 0x00, 0x00, 0x00, 0x00},
  {0x08, 0x08, 0xF8, 0xF8, 0x08, 0x08, 0xF8, 0xF8, 0x08, 0x08, 0x00, 0x00, 0x00, 0x00, 0x00, 0x00,
   0x02, 0x02, 0x03, 0x03, 0x02, 0x02, 0x03, 0x03, 0x02, 0x02, 0x00, 0x00, 0x00, 0x00, 0x00, 0x00},
  {0x00, 0x08, 0xC8, 0xE8, 0x2C, 0x2C, 0x2C, 0xE8, 0xC8, 0x08, 0x00, 0x00, 0x00, 0x00, 0x00, 0x00,
   0x00, 0x00, 0x01, 0x03, 0x02, 0x02, 0x02, 0x03, 0x01, 0x00, 0x00, 0x00, 0x00, 0x00, 0x00, 0x00},
  {0x00, 0x00, 0x00, 0x00, 0x00, 0x00, 0x00, 0x00, 0x00, 0x00, 0x00, 0x00, 0x00, 0x00, 0x00, 0x00,
   0x00, 0x00, 0x00, 0x00, 0x00, 0x00, 0x00, 0x00, 0x00, 0x00, 0x00, 0x00, 0x00, 0x00, 0x00, 0x00},
  {0x00, 0x00, 0x00, 0x04, 0x04, 0x04, 0x04, 0x04, 0x04, 0x04, 0xFC, 0x7C, 0x00, 0x00, 0x00, 0x00,
   0x00, 0x00, 0x00, 0x00, 0x00, 0x00, 0x00, 0x00, 0x00, 0x00, 0x00, 0x00, 0x00, 0x00, 0x00, 0x00},
  {0x00, 0x00, 0x00, 0x04, 0x04, 0x04, 0xFC, 0x7C, 0x04, 0x04, 0x04, 0xFC, 0x7C, 0x00, 0x00, 0x00,
   0x00, 0x00, 0x00, 0x00, 0x00, 0x00, 0x00, 0x00, 0x00, 0x00, 0x00, 0x00, 0x00, 0x00, 0x00, 0x00},
  {0x00, 0x00, 0x04, 0x3C, 0x7C, 0x40, 0x40, 0x40, 0x40, 0x40, 0x40, 0x40, 0x40, 0x00, 0x00, 0x00,
   0x00, 0x00, 0x00, 0x00, 0x00, 0x00, 0x00, 0x00, 0x00, 0x00, 0x00, 0x00, 0x00, 0x00, 0x00, 0x00},
  {0x00, 0x00, 0x04, 0x3C, 0x7C, 0x44, 0x44, 0x44, 0x44, 0x44, 0x44, 0x44, 0x00, 0x00, 0x00, 0x00,
   0x00, 0x00, 0x00, 0x00, 0x00, 0x00, 0x00, 0x00, 0x00, 0x00, 0x00, 0x00, 0x00, 0x00, 0x00, 0x00},
  {0x00, 0x00, 0x04, 0x3C, 0x7C, 0x44, 0x44, 0x44, 0x3C, 0x7C, 0x44, 0x44, 0x44, 0x00, 0x00, 0x00,
   0x00, 0x00, 0x00, 0x00, 0x00, 0x00, 0x00, 0x00, 0x00, 0x00, 0x00, 0x00, 0x00, 0x00, 0x00, 0x00},
  {0x00, 0x00, 0x00, 0x34, 0x74, 0x54, 0x54, 0x54, 0x54, 0x54, 0x54, 0x5C, 0x5C, 0x00, 0x00, 0x00,
   0x00, 0x00, 0x00, 0x00, 0x00, 0x00, 0x00, 0x00, 0x00, 0x00, 0x00, 0x00, 0x00, 0x00, 0x00, 0x00},
  {0x00, 0x00, 0x04, 0x7C, 0x7C, 0x44, 0x44, 0x44, 0x44, 0x44, 0x7C, 0x7C, 0x00, 0x00, 0x00, 0x00,
   0x00, 0x00, 0x00, 0x00, 0x00, 0x00, 0x00, 0x00, 0x00, 0x00, 0x00, 0x00, 0x00, 0x00, 0x00, 0x00},
  {0x00, 0x00, 0x04, 0x7C, 0x7C, 0x50, 0x50, 0x50, 0x50, 0x54, 0x7C, 0x7C, 0x00, 0x00, 0x00, 0x00,
   0x00, 0x00, 0x00, 0x00, 0x00, 0x00, 0x00, 0x00, 0x00, 0x00, 0x00, 0x00, 0x00, 0x00, 0x00, 0x00},
  {0x00, 0x00, 0x04, 0x7C, 0x7C, 0x50, 0x50, 0x7C, 0x7C, 0x50, 0x50, 0x7C, 0x7C, 0x00, 0x00, 0x00,
   0x00, 0x00, 0x00, 0x00, 0x00, 0x00, 0x00, 0x00, 0x00, 0x00, 0x00, 0x00, 0x00, 0x00, 0x00, 0x00},
  {0x00, 0x00, 0x80, 0x80, 0x40, 0x60, 0x34, 0x1C, 0x1C, 0x10, 0x20, 0x60, 0xC0, 0x80, 0x00, 0x00,
   0x00, 0x00, 0x00, 0x00, 0x00, 0x00, 0x00, 0x00, 0x00, 0x00, 0x00, 0x00, 0x00, 0x00, 0x00, 0x00},
  {0x00, 0x80, 0xC0, 0x60, 0x3C, 0x1C, 0xB0, 0xC0, 0x60, 0x3C, 0x3C, 0x60, 0xC0, 0x80, 0x00, 0x00,
   0x00, 0x00, 0x00, 0x00, 0x00, 0x00, 0x00, 0x00, 0x00, 0x00, 0x00, 0x00, 0x00, 0x00, 0x00, 0x00},
  {0x00, 0x00, 0x00, 0x38, 0x7C, 0x44, 0x44, 0x44, 0x44, 0x44, 0x7C, 0x38, 0x00, 0x00, 0x00, 0x00,
   0x00, 0x00, 0x00, 0x00, 0x00, 0x00, 0x00, 0x00, 0x00, 0x00, 0x00, 0x00, 0x00, 0x00, 0x00, 0x00},
  {0x00, 0x00, 0x80, 0x84, 0x44, 0x44, 0x24, 0x24, 0x14, 0x3C, 0x2C, 0x44, 0xC0, 0x80, 0x00, 0x00,
   0x00, 0x00, 0x00, 0x00, 0x00, 0x00, 0x00, 0x00, 0x00, 0x00, 0x00, 0x00, 0x00, 0x00, 0x00, 0x00},
  {0x00, 0x00, 0x44, 0x64, 0x34, 0x1C, 0x1C, 0x64, 0x64, 0x1C, 0x1C, 0x34, 0x64, 0x40, 0x00, 0x00,
   0x00, 0x00, 0x00, 0x00, 0x00, 0x00, 0x00, 0x00, 0x00, 0x00, 0x00, 0x00, 0x00, 0x00, 0x00, 0x00},
```

```
{0x00, 0x00, 0x80, 0x88, 0x48, 0x48, 0x6A, 0x3A, 0x1A, 0x3A, 0x28, 0x48, 0xC8, 0x80, 0x00, 0x00,
 0x00, 0x00, 0x00, 0x00, 0x00, 0x00, 0x00, 0x00, 0x00, 0x00, 0x00, 0x00, 0x00, 0x00, 0x00, 0x00},
{0x00, 0x00, 0x00, 0x24, 0x24, 0x24, 0x24, 0x24, 0x24, 0x24, 0x24, 0xFC, 0xFC, 0x00, 0x00, 0x00,
 0x00, 0x00, 0x00, 0x00, 0x00, 0x00, 0x00, 0x00, 0x00, 0x00, 0x00, 0x01, 0x00, 0x00, 0x00, 0x00},
{0x00, 0x00, 0x04, 0x3C, 0x7C, 0x54, 0x54, 0x54, 0x54, 0x54, 0x54, 0x54, 0x54, 0x00, 0x00, 0x00,
 0x00, 0x00, 0x00, 0x00, 0x00, 0x00, 0x00, 0x00, 0x00, 0x00, 0x00, 0x00, 0x00, 0x00, 0x00, 0x00},
{0x00, 0x00, 0x00, 0x44, 0x44, 0x7C, 0x7C, 0x44, 0x44, 0x7C, 0x7C, 0x44, 0x44, 0x00, 0x00, 0x00,
 0x00, 0x00, 0x00, 0x00, 0x00, 0x00, 0x00, 0x00, 0x00, 0x00, 0x00, 0x00, 0x00, 0x00, 0x00, 0x00},
{0x00, 0x00, 0x00, 0x04, 0x34, 0x7C, 0x4E, 0x4E, 0x4E, 0x4E, 0x7C, 0x34, 0x04, 0x00, 0x00, 0x00,
 0x00, 0x00, 0x00, 0x00, 0x00, 0x00, 0x00, 0x00, 0x00, 0x00, 0x00, 0x00, 0x00, 0x00, 0x00, 0x00},
{0x00, 0x00, 0x00, 0x00, 0x00, 0x00, 0x00, 0x00, 0x00, 0x00, 0x00, 0x00, 0x00, 0x00, 0x00, 0x00,
 0x00, 0x00, 0x00, 0x00, 0x00, 0x00, 0x00, 0x00, 0x00, 0x00, 0x00, 0x00, 0x00, 0x00, 0x00, 0x00},
{0x00, 0x00, 0x00, 0x04, 0x04, 0x04, 0x04, 0x04, 0x04, 0x04, 0xFC, 0x7C, 0x00, 0x00, 0x00, 0x00,
 0x00, 0x00, 0x00, 0x00, 0x00, 0x00, 0x00, 0x00, 0x00, 0x00, 0x00, 0x00, 0x00, 0x00, 0x00, 0x00},
{0x00, 0x00, 0x00, 0x04, 0x04, 0x04, 0x7C, 0x3C, 0x04, 0x04, 0x04, 0x7C, 0x3C, 0x00, 0x00, 0x00,
 0x00, 0x00, 0x00, 0x00, 0x00, 0x00, 0x00, 0x00, 0x00, 0x00, 0x00, 0x00, 0x00, 0x00, 0x00, 0x00},
{0x00, 0x00, 0x04, 0x3C, 0x7C, 0x40, 0x40, 0x40, 0x40, 0x40, 0x40, 0x40, 0x40, 0x00, 0x00, 0x00,
 0x00, 0x00, 0x00, 0x00, 0x00, 0x00, 0x00, 0x00, 0x00, 0x00, 0x00, 0x00, 0x00, 0x00, 0x00, 0x00},
{0x00, 0x00, 0x04, 0x3C, 0x7C, 0x44, 0x44, 0x44, 0x44, 0x44, 0x44, 0x44, 0x00, 0x00, 0x00, 0x00,
 0x00, 0x00, 0x00, 0x00, 0x00, 0x00, 0x00, 0x00, 0x00, 0x00, 0x00, 0x00, 0x00, 0x00, 0x00, 0x00},

            (중간 생략)

{0x00, 0x00, 0x00, 0x00, 0x00, 0x00, 0x00, 0x00, 0x00, 0x00, 0x00, 0x00, 0x00, 0x00, 0x00, 0x00,
 0x00, 0x00, 0x00, 0x7C, 0x7C, 0x50, 0x7C, 0x7C, 0x40, 0x60, 0x3C, 0x3C, 0x60, 0x60, 0x00, 0x00},
{0x00, 0x00, 0x00, 0x00, 0x00, 0x00, 0x00, 0x00, 0x00, 0x00, 0x00, 0x00, 0x00, 0x00, 0x00, 0x00,
 0x00, 0x00, 0x00, 0x40, 0x40, 0x20, 0x30, 0x1C, 0x0C, 0x10, 0x30, 0x60, 0x40, 0x00, 0x00, 0x00},
{0x00, 0x00, 0x00, 0x00, 0x00, 0x00, 0x00, 0x00, 0x00, 0x00, 0x00, 0x00, 0x00, 0x00, 0x00, 0x00,
 0x00, 0x40, 0x60, 0x30, 0x1C, 0x1C, 0x30, 0x60, 0x60, 0x30, 0x1C, 0x1C, 0x30, 0x60, 0x40, 0x00},
{0x00, 0x00, 0x00, 0x00, 0x00, 0x00, 0x00, 0x00, 0x00, 0x00, 0x00, 0x00, 0x00, 0x00, 0x00, 0x00,
 0x00, 0x00, 0x00, 0x00, 0x38, 0x7C, 0x44, 0x44, 0x44, 0x44, 0x7C, 0x38, 0x00, 0x00, 0x00, 0x00},
{0x00, 0x00, 0x00, 0x00, 0x00, 0x00, 0x00, 0x00, 0x00, 0x00, 0x00, 0x00, 0x00, 0x00, 0x00, 0x00,
 0x00, 0x00, 0x00, 0x44, 0x44, 0x24, 0x34, 0x1C, 0x1C, 0x34, 0x24, 0x44, 0x44, 0x00, 0x00, 0x00},
{0x00, 0x00, 0x00, 0x00, 0x00, 0x00, 0x00, 0x00, 0x00, 0x00, 0x00, 0x00, 0x00, 0x00, 0x00, 0x00,
 0x00, 0x00, 0x00, 0x48, 0x48, 0x28, 0x38, 0x1C, 0x1C, 0x38, 0x28, 0x48, 0x48, 0x00, 0x00, 0x00},
{0x00, 0x00, 0x00, 0x00, 0x00, 0x00, 0x00, 0x00, 0x00, 0x00, 0x00, 0x00, 0x00, 0x00, 0x00, 0x00,
 0x00, 0x00, 0x00, 0x14, 0x14, 0x14, 0x14, 0x14, 0x14, 0x14, 0x14, 0x7C, 0x3C, 0x00, 0x00, 0x00},
{0x00, 0x00, 0x00, 0x00, 0x00, 0x00, 0x00, 0x00, 0x00, 0x00, 0x00, 0x00, 0x00, 0x00, 0x00, 0x00,
 0x00, 0x00, 0x00, 0x04, 0x3C, 0x7C, 0x54, 0x54, 0x54, 0x54, 0x54, 0x54, 0x54, 0x00, 0x00, 0x00},
{0x00, 0x00, 0x00, 0x00, 0x00, 0x00, 0x00, 0x00, 0x00, 0x00, 0x00, 0x00, 0x00, 0x00, 0x00, 0x00,
 0x00, 0x00, 0x00, 0x44, 0x44, 0x7C, 0x7C, 0x44, 0x44, 0x7C, 0x7C, 0x44, 0x44, 0x00, 0x00, 0x00},
{0x00, 0x00, 0x00, 0x00, 0x00, 0x00, 0x00, 0x00, 0x00, 0x00, 0x00, 0x00, 0x00, 0x00, 0x00, 0x00,
 0x00, 0x00, 0x00, 0x08, 0x28, 0x78, 0x5C, 0x5C, 0x5C, 0x5C, 0x78, 0x28, 0x08, 0x00, 0x00, 0x00}};

/* ------------------------------------------------------------------------ */
/*                 완성형(KSSM) ---> 조합형(KS) 변환 테이블                    */
/* ------------------------------------------------------------------------ */
prog_uchar KS_Table[2350][2] = {
{0x88, 0x61}, {0x88, 0x62}, {0x88, 0x65}, {0x88, 0x68}, {0x88, 0x69},     // 가
{0x88, 0x6A}, {0x88, 0x6B}, {0x88, 0x71}, {0x88, 0x73}, {0x88, 0x74},
{0x88, 0x75}, {0x88, 0x76}, {0x88, 0x77}, {0x88, 0x78}, {0x88, 0x79},
{0x88, 0x7B}, {0x88, 0x7C}, {0x88, 0x7D}, {0x88, 0x81}, {0x88, 0x82},
{0x88, 0x85}, {0x88, 0x89}, {0x88, 0x91}, {0x88, 0x93}, {0x88, 0x95},
{0x88, 0x96}, {0x88, 0x97}, {0x88, 0xA1}, {0x88, 0xA2}, {0x88, 0xA5},
{0x88, 0xA9}, {0x88, 0xB5}, {0x88, 0xB7}, {0x88, 0xC1}, {0x88, 0xC5},
{0x88, 0xC9}, {0x88, 0xE1}, {0x88, 0xE2}, {0x88, 0xE5}, {0x88, 0xE8},
{0x88, 0xE9}, {0x88, 0xEB}, {0x88, 0xF1}, {0x88, 0xF3}, {0x88, 0xF5},
{0x88, 0xF6}, {0x88, 0xF7}, {0x88, 0xF8}, {0x88, 0xFB}, {0x88, 0xFC},
{0x88, 0xFD}, {0x89, 0x41}, {0x89, 0x45}, {0x89, 0x49}, {0x89, 0x51},
{0x89, 0x53}, {0x89, 0x55}, {0x89, 0x56}, {0x89, 0x57}, {0x89, 0x61},
{0x89, 0x62}, {0x89, 0x63}, {0x89, 0x65}, {0x89, 0x68}, {0x89, 0x69},
{0x89, 0x71}, {0x89, 0x73}, {0x89, 0x75}, {0x89, 0x76}, {0x89, 0x77},
{0x89, 0x7B}, {0x89, 0x81}, {0x89, 0x85}, {0x89, 0x89}, {0x89, 0x93},
{0x89, 0x95}, {0x89, 0xA1}, {0x89, 0xA2}, {0x89, 0xA5}, {0x89, 0xA8},
{0x89, 0xA9}, {0x89, 0xAB}, {0x89, 0xAD}, {0x89, 0xB0}, {0x89, 0xB1},
{0x89, 0xB3}, {0x89, 0xB5}, {0x89, 0xB7}, {0x89, 0xB8}, {0x89, 0xC1},
{0x89, 0xC2}, {0x89, 0xC5}, {0x89, 0xC9}, {0x89, 0xCB}, {0x89, 0xD1},
{0x89, 0xD3}, {0x89, 0xD5}, {0x89, 0xD7}, {0x89, 0xE1}, {0x89, 0xE5},
{0x89, 0xE9}, {0x89, 0xF3}, {0x89, 0xF6}, {0x89, 0xF7}, {0x8A, 0x41},
{0x8A, 0x42}, {0x8A, 0x45}, {0x8A, 0x49}, {0x8A, 0x51}, {0x8A, 0x53},
{0x8A, 0x55}, {0x8A, 0x57}, {0x8A, 0x61}, {0x8A, 0x65}, {0x8A, 0x69},
```

```
{0x8A, 0x73}, {0x8A, 0x75}, {0x8A, 0x81}, {0x8A, 0x82}, {0x8A, 0x85},
{0x8A, 0x88}, {0x8A, 0x89}, {0x8A, 0x8A}, {0x8A, 0x8B}, {0x8A, 0x90},
{0x8A, 0x91}, {0x8A, 0x93}, {0x8A, 0x95}, {0x8A, 0x97}, {0x8A, 0x98},
{0x8A, 0xA1}, {0x8A, 0xA2}, {0x8A, 0xA5}, {0x8A, 0xA9}, {0x8A, 0xB6},
{0x8A, 0xB7}, {0x8A, 0xC1}, {0x8A, 0xD5}, {0x8A, 0xE1}, {0x8A, 0xE2},
{0x8A, 0xE5}, {0x8A, 0xE9}, {0x8A, 0xF1}, {0x8A, 0xF3}, {0x8A, 0xF5},
{0x8B, 0x41}, {0x8B, 0x45}, {0x8B, 0x49}, {0x8B, 0x61}, {0x8B, 0x62},
{0x8B, 0x65}, {0x8B, 0x68}, {0x8B, 0x69}, {0x8B, 0x6A}, {0x8B, 0x71},
{0x8B, 0x73}, {0x8B, 0x75}, {0x8B, 0x77}, {0x8B, 0x81}, {0x8B, 0xA1},
{0x8B, 0xA2}, {0x8B, 0xA5}, {0x8B, 0xA8}, {0x8B, 0xA9}, {0x8B, 0xAB},
{0x8B, 0xB1}, {0x8B, 0xB3}, {0x8B, 0xB5}, {0x8B, 0xB7}, {0x8B, 0xB8},
{0x8B, 0xBC}, {0x8C, 0x61}, {0x8C, 0x62}, {0x8C, 0x63}, {0x8C, 0x65},
{0x8C, 0x69}, {0x8C, 0x6B}, {0x8C, 0x71}, {0x8C, 0x73}, {0x8C, 0x75},
{0x8C, 0x76}, {0x8C, 0x77}, {0x8C, 0x7B}, {0x8C, 0x81}, {0x8C, 0x82},
{0x8C, 0x85}, {0x8C, 0x89}, {0x8C, 0x91}, {0x8C, 0x93}, {0x8C, 0x95},
{0x8C, 0x96}, {0x8C, 0x97}, {0x8C, 0xA1}, {0x8C, 0xA2}, {0x8C, 0xA9},
{0x8C, 0xE1}, {0x8C, 0xE2}, {0x8C, 0xE3}, {0x8C, 0xE5}, {0x8C, 0xE9},
{0x8C, 0xF1}, {0x8C, 0xF3}, {0x8C, 0xF5}, {0x8C, 0xF6}, {0x8C, 0xF7},
{0x8D, 0x41}, {0x8D, 0x42}, {0x8D, 0x45}, {0x8D, 0x51}, {0x8D, 0x55},
{0x8D, 0x57}, {0x8D, 0x61}, {0x8D, 0x65}, {0x8D, 0x69}, {0x8D, 0x75},
{0x8D, 0x76}, {0x8D, 0x7B}, {0x8D, 0x81}, {0x8D, 0xA1}, {0x8D, 0xA2},
{0x8D, 0xA5}, {0x8D, 0xA7}, {0x8D, 0xA9}, {0x8D, 0xB1}, {0x8D, 0xB3},
{0x8D, 0xB5}, {0x8D, 0xB7}, {0x8D, 0xB8}, {0x8D, 0xB9}, {0x8D, 0xC1},
{0x8D, 0xC2}, {0x8D, 0xC9}, {0x8D, 0xD6}, {0x8D, 0xD7}, {0x8D, 0xE1},
{0x8D, 0xE2}, {0x8D, 0xF7}, {0x8E, 0x41}, {0x8E, 0x45}, {0x8E, 0x49},
{0x8E, 0x51}, {0x8E, 0x53}, {0x8E, 0x57}, {0x8E, 0x61}, {0x8E, 0x81},
{0x8E, 0x82}, {0x8E, 0x85}, {0x8E, 0x89}, {0x8E, 0x90}, {0x8E, 0x91},
{0x8E, 0x93}, {0x8E, 0x95}, {0x8E, 0x97}, {0x8E, 0x98}, {0x8E, 0xA1},
{0x8E, 0xA9}, {0x8E, 0xB6}, {0x8E, 0xB7}, {0x8E, 0xC1}, {0x8E, 0xC2},
{0x8E, 0xC5}, {0x8E, 0xC9}, {0x8E, 0xD1}, {0x8E, 0xD3}, {0x8E, 0xD6},
{0x8E, 0xE1}, {0x8E, 0xE5}, {0x8E, 0xE9}, {0x8E, 0xF1}, {0x8E, 0xF3},
{0x8F, 0x41}, {0x8F, 0x61}, {0x8F, 0x62}, {0x8F, 0x65}, {0x8F, 0x67},
{0x8F, 0x69}, {0x8F, 0x6B}, {0x8F, 0x70}, {0x8F, 0x71}, {0x8F, 0x73},
{0x8F, 0x75}, {0x8F, 0x77}, {0x8F, 0x7B}, {0x8F, 0xA1}, {0x8F, 0xA2},
{0x8F, 0xA5}, {0x8F, 0xA9}, {0x8F, 0xB1}, {0x8F, 0xB3}, {0x8F, 0xB5},
{0x8F, 0xB7}, {0x90, 0x61}, {0x90, 0x62}, {0x90, 0x63}, {0x90, 0x65},      // 나
{0x90, 0x68}, {0x90, 0x69}, {0x90, 0x6A}, {0x90, 0x6B}, {0x90, 0x71},
{0x90, 0x73}, {0x90, 0x75}, {0x90, 0x76}, {0x90, 0x77}, {0x90, 0x78},
{0x90, 0x79}, {0x90, 0x7B}, {0x90, 0x7D}, {0x90, 0x81}, {0x90, 0x82},

                    (중간 생략)

{0xCF, 0x49}, {0xCF, 0x51}, {0xCF, 0x55}, {0xCF, 0x57}, {0xCF, 0x61},
{0xCF, 0x65}, {0xCF, 0x69}, {0xCF, 0x71}, {0xCF, 0x73}, {0xCF, 0x75},
{0xCF, 0xA1}, {0xCF, 0xA2}, {0xCF, 0xA5}, {0xCF, 0xA9}, {0xCF, 0xB1},
{0xCF, 0xB3}, {0xCF, 0xB5}, {0xCF, 0xB7}, {0xD0, 0x61}, {0xD0, 0x62},      // 하
{0xD0, 0x65}, {0xD0, 0x69}, {0xD0, 0x6E}, {0xD0, 0x71}, {0xD0, 0x73},
{0xD0, 0x75}, {0xD0, 0x77}, {0xD0, 0x81}, {0xD0, 0x82}, {0xD0, 0x85},
{0xD0, 0x89}, {0xD0, 0x91}, {0xD0, 0x93}, {0xD0, 0x95}, {0xD0, 0x96},
{0xD0, 0x97}, {0xD0, 0xA1}, {0xD0, 0xB7}, {0xD0, 0xE1}, {0xD0, 0xE2},
{0xD0, 0xE5}, {0xD0, 0xE9}, {0xD0, 0xEB}, {0xD0, 0xF1}, {0xD0, 0xF3},
{0xD0, 0xF5}, {0xD0, 0xF7}, {0xD1, 0x41}, {0xD1, 0x42}, {0xD1, 0x45},
{0xD1, 0x49}, {0xD1, 0x51}, {0xD1, 0x53}, {0xD1, 0x55}, {0xD1, 0x57},
{0xD1, 0x61}, {0xD1, 0x62}, {0xD1, 0x65}, {0xD1, 0x69}, {0xD1, 0x71},
{0xD1, 0x73}, {0xD1, 0x75}, {0xD1, 0x76}, {0xD1, 0x77}, {0xD1, 0x81},
{0xD1, 0x85}, {0xD1, 0x89}, {0xD1, 0x93}, {0xD1, 0xA1}, {0xD1, 0xA2},
{0xD1, 0xA5}, {0xD1, 0xA9}, {0xD1, 0xAE}, {0xD1, 0xB1}, {0xD1, 0xB3},
{0xD1, 0xB5}, {0xD1, 0xB7}, {0xD1, 0xBB}, {0xD1, 0xC1}, {0xD1, 0xC2},
{0xD1, 0xC5}, {0xD1, 0xC9}, {0xD1, 0xD5}, {0xD1, 0xD7}, {0xD1, 0xE1},
{0xD1, 0xE2}, {0xD1, 0xE5}, {0xD1, 0xF5}, {0xD1, 0xF7}, {0xD2, 0x41},
{0xD2, 0x42}, {0xD2, 0x45}, {0xD2, 0x49}, {0xD2, 0x53}, {0xD2, 0x55},
{0xD2, 0x57}, {0xD2, 0x61}, {0xD2, 0x65}, {0xD2, 0x69}, {0xD2, 0x73},
{0xD2, 0x75}, {0xD2, 0x81}, {0xD2, 0x82}, {0xD2, 0x85}, {0xD2, 0x89},
{0xD2, 0x8E}, {0xD2, 0x91}, {0xD2, 0x95}, {0xD2, 0x97}, {0xD2, 0xA1},
{0xD2, 0xA5}, {0xD2, 0xA9}, {0xD2, 0xB1}, {0xD2, 0xB7}, {0xD2, 0xC1},
{0xD2, 0xC2}, {0xD2, 0xC5}, {0xD2, 0xC9}, {0xD2, 0xD7}, {0xD2, 0xE1},
{0xD2, 0xE2}, {0xD2, 0xE5}, {0xD2, 0xE9}, {0xD2, 0xF1}, {0xD2, 0xF3},
{0xD2, 0xF5}, {0xD2, 0xF7}, {0xD3, 0x41}, {0xD3, 0x42}, {0xD3, 0x45},
{0xD3, 0x49}, {0xD3, 0x51}, {0xD3, 0x55}, {0xD3, 0x57}, {0xD3, 0x61},
{0xD3, 0x62}, {0xD3, 0x65}, {0xD3, 0x67}, {0xD3, 0x68}, {0xD3, 0x69},
{0xD3, 0x6A}, {0xD3, 0x71}, {0xD3, 0x73}, {0xD3, 0x75}, {0xD3, 0x77},
```

```
{0xD3, 0x7B}, {0xD3, 0x81}, {0xD3, 0x85}, {0xD3, 0x89}, {0xD3, 0x91},
{0xD3, 0x93}, {0xD3, 0x97}, {0xD3, 0xA1}, {0xD3, 0xA2}, {0xD3, 0xA5},
{0xD3, 0xA9}, {0xD3, 0xB1}, {0xD3, 0xB3}, {0xD3, 0xB5}, {0xD3, 0xB7} };

/* ------------------------------------------------------------------------ */
/*               8x16 English ASCII Font                                     */
/* ------------------------------------------------------------------------ */
prog_uchar E_font[128][16] = {
   {0x00, 0x00, 0x00, 0x00, 0x00, 0x00, 0x00, 0x00, 0x00, 0x00, 0x00, 0x00, 0x00, 0x00, 0x00, 0x00},  // 0x00
   {0xF0, 0x08, 0x28, 0x08, 0x08, 0x28, 0x08, 0xF0, 0x07, 0x08, 0x09, 0x0B, 0x0B, 0x09, 0x08, 0x07},  // 0x01
   {0xF0, 0xF8, 0xD8, 0xF8, 0xF8, 0xD8, 0xF8, 0xF0, 0x07, 0x0F, 0x0E, 0x0C, 0x0C, 0x0E, 0x0F, 0x07},  // 0x02
   {0x00, 0xF0, 0xF8, 0xF8, 0xF0, 0xF8, 0xF8, 0xF0, 0x00, 0x00, 0x03, 0x07, 0x0F, 0x07, 0x03, 0x00},  // 0x03
   {0x00, 0x80, 0xC0, 0xE0, 0xF0, 0xE0, 0xC0, 0x80, 0x00, 0x00, 0x01, 0x03, 0x07, 0x03, 0x01, 0x00},  // 0x04
   {0x00, 0xC0, 0xC0, 0xF8, 0xF8, 0xF8, 0xC0, 0xC0, 0x00, 0x03, 0x0B, 0x09, 0x0F, 0x09, 0x0B, 0x03},  // 0x05
   {0x00, 0xC0, 0xE0, 0xF0, 0xF8, 0xF0, 0xE0, 0xC0, 0x00, 0x01, 0x0B, 0x0B, 0x0F, 0x0B, 0x0B, 0x01},  // 0x06
   {0x00, 0x00, 0x80, 0xC0, 0xC0, 0x80, 0x00, 0x00, 0x00, 0x00, 0x01, 0x03, 0x03, 0x01, 0x00, 0x00},  // 0x07
   {0xFE, 0xFE, 0x7E, 0x3E, 0x3E, 0x7E, 0xFE, 0xFE, 0x7F, 0x7F, 0x7E, 0x7C, 0x7C, 0x7E, 0x7F, 0x7F},  // 0x08
   {0x00, 0xC0, 0x60, 0x20, 0x20, 0x60, 0xC0, 0x00, 0x00, 0x03, 0x06, 0x04, 0x04, 0x06, 0x03, 0x00},  // 0x09
   {0xFE, 0x3E, 0x9E, 0xDE, 0xDE, 0x9E, 0x3E, 0xFE, 0x7F, 0x7C, 0x79, 0x7B, 0x7B, 0x79, 0x7C, 0x7F},  // 0x0A
   {0x00, 0x00, 0x80, 0xC0, 0xE8, 0xB8, 0x18, 0x78, 0x00, 0x07, 0x0F, 0x08, 0x08, 0x0F, 0x07, 0x00},  // 0x0B
   {0x00, 0x70, 0xF8, 0x88, 0x88, 0xF8, 0x70, 0x00, 0x00, 0x02, 0x02, 0x0F, 0x0F, 0x02, 0x02, 0x00},  // 0x0C
   {0x00, 0x00, 0x00, 0xF8, 0xF8, 0x30, 0x60, 0xC0, 0x00, 0x06, 0x0F, 0x0F, 0x07, 0x00, 0x00, 0x00},  // 0x0D
   {0x00, 0x00, 0xF8, 0xF8, 0x28, 0x28, 0xF8, 0xF8, 0x00, 0x07, 0x07, 0x03, 0x00, 0x0E, 0x0F, 0x07},  // 0x0E
   {0x00, 0x10, 0xC0, 0xE0, 0x28, 0xE0, 0xC0, 0x10, 0x00, 0x04, 0x01, 0x03, 0x0A, 0x03, 0x01, 0x04},  // 0x0F
   {0x00, 0xF8, 0xF0, 0xE0, 0xC0, 0xC0, 0x80, 0x80, 0x00, 0x0F, 0x07, 0x03, 0x01, 0x01, 0x00, 0x00},  // 0x10
   {0x00, 0x80, 0x80, 0xC0, 0xC0, 0xE0, 0xF0, 0xF8, 0x00, 0x00, 0x00, 0x01, 0x01, 0x03, 0x07, 0x0F},  // 0x11
   {0x00, 0x20, 0x30, 0xF8, 0xF8, 0x30, 0x20, 0x00, 0x00, 0x02, 0x06, 0x0F, 0x0F, 0x06, 0x02, 0x00},  // 0x12
   {0x00, 0x70, 0xF8, 0xF8, 0x00, 0xF8, 0xF8, 0x70, 0x00, 0x00, 0x0D, 0x0D, 0x00, 0x0D, 0x0D, 0x00},  // 0x13
   {0x70, 0xF8, 0x88, 0xF8, 0xF8, 0x08, 0xF8, 0xF8, 0x00, 0x00, 0x00, 0x0F, 0x0F, 0x00, 0x0F, 0x0F},  // 0x14
   {0x00, 0xD8, 0xFC, 0x24, 0x64, 0xCC, 0x88, 0x00, 0x00, 0x08, 0x19, 0x13, 0x12, 0x1F, 0x0D, 0x00},  // 0x15
   {0x00, 0x00, 0x00, 0x00, 0x00, 0x00, 0x00, 0x00, 0x00, 0x0F, 0x0F, 0x0F, 0x0F, 0x0F, 0x0F, 0x0F},  // 0x16
   {0x00, 0x20, 0x30, 0xF8, 0xF8, 0x30, 0x20, 0x00, 0x00, 0x12, 0x16, 0x1F, 0x1F, 0x16, 0x12, 0x00},  // 0x17
   {0x00, 0x20, 0x30, 0xF8, 0xF8, 0x30, 0x20, 0x00, 0x00, 0x00, 0x00, 0x0F, 0x0F, 0x00, 0x00, 0x00},  // 0x18
   {0x00, 0x00, 0x00, 0xF8, 0xF8, 0x00, 0x00, 0x00, 0x00, 0x02, 0x06, 0x0F, 0x0F, 0x06, 0x02, 0x00},  // 0x19
   {0x00, 0x80, 0x80, 0x80, 0x80, 0xE0, 0xC0, 0x80, 0x00, 0x00, 0x00, 0x00, 0x00, 0x03, 0x01, 0x00},  // 0x1A
   {0x00, 0x80, 0xC0, 0xE0, 0x80, 0x80, 0x80, 0x80, 0x00, 0x00, 0x01, 0x03, 0x00, 0x00, 0x00, 0x00},  // 0x1B
   {0x00, 0xC0, 0xC0, 0x00, 0x00, 0x00, 0x00, 0x00, 0x00, 0x03, 0x03, 0x02, 0x02, 0x02, 0x02, 0x02},  // 0x1C
   {0x80, 0xC0, 0xE0, 0x80, 0x80, 0xE0, 0xC0, 0x80, 0x00, 0x01, 0x03, 0x00, 0x00, 0x03, 0x01, 0x00},  // 0x1D
   {0x00, 0x00, 0x00, 0xC0, 0xF8, 0xC0, 0x00, 0x00, 0x00, 0x0C, 0x0F, 0x0F, 0x0F, 0x0F, 0x0F, 0x0C},  // 0x1E
   {0x00, 0x18, 0x78, 0xF8, 0xF8, 0xF8, 0x78, 0x18, 0x00, 0x00, 0x00, 0x01, 0x0F, 0x01, 0x00, 0x00},  // 0x1F
   {0x00, 0x00, 0x00, 0x00, 0x00, 0x00, 0x00, 0x00, 0x00, 0x00, 0x00, 0x00, 0x00, 0x00, 0x00, 0x00},  // space
   {0x00, 0x00, 0x70, 0xF8, 0xF8, 0x70, 0x00, 0x00, 0x00, 0x00, 0x00, 0x0D, 0x0D, 0x00, 0x00, 0x00},  // !
   {0x00, 0x20, 0x38, 0x18, 0x20, 0x38, 0x18, 0x00, 0x00, 0x00, 0x00, 0x00, 0x00, 0x00, 0x00, 0x00},  // "
   {0x00, 0x20, 0xF8, 0xF8, 0x20, 0xF8, 0xF8, 0x20, 0x00, 0x02, 0x0F, 0x0F, 0x02, 0x0F, 0x0F, 0x02},  // #
   {0x00, 0x60, 0xF0, 0x9C, 0x9C, 0xB0, 0x20, 0x00, 0x00, 0x02, 0x06, 0x1C, 0x1C, 0x07, 0x03, 0x00},  // $
   {0x00, 0x20, 0x70, 0x70, 0xA0, 0xC0, 0x60, 0x20, 0x00, 0x04, 0x06, 0x03, 0x05, 0x0E, 0x0E, 0x04},  // %
   {0x00, 0x00, 0xB0, 0xF8, 0xC8, 0x78, 0xB0, 0x80, 0x00, 0x07, 0x0F, 0x08, 0x09, 0x07, 0x0F, 0x08},  // &
   {0x00, 0x00, 0x20, 0x38, 0x18, 0x00, 0x00, 0x00, 0x00, 0x00, 0x00, 0x00, 0x00, 0x00, 0x00, 0x00},  // '
   {0x00, 0x00, 0xE0, 0xF0, 0x18, 0x08, 0x00, 0x00, 0x00, 0x00, 0x03, 0x07, 0x0C, 0x08, 0x00, 0x00},  // (
   {0x00, 0x00, 0x08, 0x18, 0xF0, 0xE0, 0x00, 0x00, 0x00, 0x00, 0x08, 0x0C, 0x07, 0x03, 0x00, 0x00},  // )
   {0x00, 0x80, 0xA0, 0xE0, 0xC0, 0xE0, 0xA0, 0x80, 0x00, 0x00, 0x02, 0x03, 0x01, 0x03, 0x02, 0x00},  // *
   {0x00, 0x80, 0x80, 0xE0, 0xE0, 0x80, 0x80, 0x00, 0x00, 0x00, 0x00, 0x03, 0x03, 0x00, 0x00, 0x00},  // +
   {0x00, 0x00, 0x00, 0x00, 0x00, 0x00, 0x00, 0x00, 0x00, 0x00, 0x10, 0x1C, 0x0C, 0x00, 0x00, 0x00},  // ,
   {0x00, 0x80, 0x80, 0x80, 0x80, 0x80, 0x80, 0x00, 0x00, 0x00, 0x00, 0x00, 0x00, 0x00, 0x00, 0x00},  // -
   {0x00, 0x00, 0x00, 0x00, 0x00, 0x00, 0x00, 0x00, 0x00, 0x00, 0x00, 0x0C, 0x0C, 0x00, 0x00, 0x00},  // .
   {0x00, 0x00, 0x00, 0x00, 0x80, 0xC0, 0x60, 0x30, 0x00, 0x0C, 0x06, 0x03, 0x01, 0x00, 0x00, 0x00},  // /
   {0x00, 0xF0, 0xF8, 0x08, 0x08, 0xF8, 0xF0, 0x00, 0x00, 0x07, 0x0F, 0x08, 0x08, 0x0F, 0x07, 0x00},  // 0
   {0x00, 0x00, 0x10, 0xF8, 0xF8, 0x00, 0x00, 0x00, 0x00, 0x00, 0x08, 0x0F, 0x0F, 0x08, 0x00, 0x00},  // 1
   {0x00, 0x10, 0x18, 0x08, 0x88, 0xF8, 0x70, 0x00, 0x00, 0x0C, 0x0E, 0x0B, 0x09, 0x08, 0x08, 0x00},  // 2
   {0x00, 0x08, 0x08, 0x48, 0xE8, 0xB8, 0x18, 0x00, 0x00, 0x04, 0x0C, 0x08, 0x08, 0x0F, 0x07, 0x00},  // 3
   {0x00, 0xC0, 0xE0, 0x30, 0xF8, 0xF8, 0x00, 0x00, 0x00, 0x03, 0x03, 0x02, 0x0F, 0x0F, 0x02, 0x00},  // 4
   {0x00, 0x78, 0x78, 0x48, 0x48, 0xC8, 0x88, 0x00, 0x00, 0x04, 0x0C, 0x08, 0x08, 0x0F, 0x07, 0x00},  // 5
   {0x00, 0xE0, 0xF0, 0x98, 0x88, 0x88, 0x00, 0x00, 0x00, 0x07, 0x0F, 0x08, 0x08, 0x0F, 0x07, 0x00},  // 6
   {0x00, 0x08, 0x08, 0x88, 0xC8, 0x78, 0x38, 0x00, 0x00, 0x00, 0x0F, 0x0F, 0x00, 0x00, 0x00, 0x00},  // 7
   {0x00, 0x70, 0xF8, 0x88, 0x88, 0xF8, 0x70, 0x00, 0x00, 0x07, 0x0F, 0x08, 0x08, 0x0F, 0x07, 0x00},  // 8
   {0x00, 0x70, 0xF8, 0x88, 0x88, 0xF8, 0xF0, 0x00, 0x00, 0x00, 0x08, 0x08, 0x0C, 0x07, 0x03, 0x00},  // 9
   {0x00, 0x00, 0x00, 0x30, 0x30, 0x00, 0x00, 0x00, 0x00, 0x00, 0x00, 0x06, 0x06, 0x00, 0x00, 0x00},  // :
   {0x00, 0x00, 0x00, 0x30, 0x30, 0x00, 0x00, 0x00, 0x00, 0x00, 0x08, 0x0E, 0x06, 0x00, 0x00, 0x00},  // ;
   {0x00, 0x80, 0xC0, 0x60, 0x30, 0x18, 0x08, 0x00, 0x00, 0x00, 0x01, 0x03, 0x06, 0x0C, 0x08, 0x00},  // <
   {0x00, 0x40, 0x40, 0x40, 0x40, 0x40, 0x40, 0x00, 0x00, 0x02, 0x02, 0x02, 0x02, 0x02, 0x02, 0x00},  // =
   {0x00, 0x08, 0x18, 0x30, 0x60, 0xC0, 0x80, 0x00, 0x00, 0x08, 0x0C, 0x06, 0x03, 0x01, 0x00, 0x00},  // >
```

```
  {0x00, 0x10, 0x18, 0x88, 0xC8, 0x78, 0x30, 0x00, 0x00, 0x00, 0x00, 0x0D, 0x0D, 0x00, 0x00, 0x00},  // ?
  {0x00, 0xF0, 0xF8, 0x08, 0xC8, 0xF8, 0xF0, 0x00, 0x00, 0x07, 0x0F, 0x08, 0x0B, 0x0B, 0x01, 0x00},  // @
  {0x00, 0xE0, 0xF0, 0x18, 0x18, 0xF0, 0xE0, 0x00, 0x00, 0x0F, 0x0F, 0x01, 0x01, 0x0F, 0x0F, 0x00},  // A
  {0x00, 0xF8, 0xF8, 0x88, 0x88, 0xF8, 0x70, 0x00, 0x00, 0x0F, 0x0F, 0x08, 0x08, 0x0F, 0x07, 0x00},  // B
  {0x00, 0xF0, 0xF8, 0x08, 0x08, 0x18, 0x10, 0x00, 0x00, 0x07, 0x0F, 0x08, 0x08, 0x0C, 0x04, 0x00},  // C
  {0x00, 0xF8, 0xF8, 0x08, 0x08, 0xF8, 0xF0, 0x00, 0x00, 0x0F, 0x0F, 0x08, 0x08, 0x0F, 0x07, 0x00},  // D
  {0x00, 0xF8, 0xF8, 0x88, 0x88, 0x88, 0x08, 0x00, 0x00, 0x0F, 0x0F, 0x08, 0x08, 0x08, 0x08, 0x00},  // E
  {0x00, 0xF8, 0xF8, 0x88, 0x88, 0x88, 0x08, 0x00, 0x00, 0x0F, 0x0F, 0x00, 0x00, 0x00, 0x00, 0x00},  // F
  {0x00, 0xF0, 0xF8, 0x08, 0x08, 0x08, 0x08, 0x00, 0x00, 0x07, 0x0F, 0x08, 0x09, 0x0F, 0x0F, 0x00},  // G
  {0x00, 0xF8, 0xF8, 0x80, 0x80, 0xF8, 0xF8, 0x00, 0x00, 0x0F, 0x0F, 0x00, 0x00, 0x0F, 0x0F, 0x00},  // H
  {0x00, 0x00, 0x08, 0xF8, 0xF8, 0x08, 0x00, 0x00, 0x00, 0x00, 0x08, 0x0F, 0x0F, 0x08, 0x00, 0x00},  // I
  {0x00, 0x00, 0x00, 0x00, 0x00, 0xF8, 0xF8, 0x00, 0x00, 0x04, 0x0C, 0x08, 0x08, 0x0F, 0x07, 0x00},  // J
  {0x00, 0xF8, 0xF8, 0x80, 0xE0, 0x78, 0x18, 0x00, 0x00, 0x0F, 0x0F, 0x00, 0x03, 0x0F, 0x0C, 0x00},  // K
  {0x00, 0xF8, 0xF8, 0x00, 0x00, 0x00, 0x00, 0x00, 0x00, 0x0F, 0x0F, 0x08, 0x08, 0x08, 0x08, 0x00},  // L
  {0x00, 0xF8, 0xF8, 0x30, 0xE0, 0x30, 0xF8, 0xF8, 0x00, 0x0F, 0x0F, 0x00, 0x00, 0x00, 0x0F, 0x0F},  // M
  {0x00, 0xF8, 0xF8, 0xE0, 0x80, 0xF8, 0xF8, 0x00, 0x00, 0x0F, 0x0F, 0x00, 0x03, 0x0F, 0x0F, 0x00},  // N
  {0x00, 0xF0, 0xF8, 0x08, 0x08, 0xF8, 0xF0, 0x00, 0x00, 0x07, 0x0F, 0x08, 0x08, 0x0F, 0x07, 0x00},  // O
  {0x00, 0xF8, 0xF8, 0x88, 0x88, 0xF8, 0x70, 0x00, 0x00, 0x0F, 0x0F, 0x00, 0x00, 0x00, 0x00, 0x00},  // P
  {0x00, 0xF0, 0xF8, 0x08, 0x08, 0xF8, 0xF0, 0x00, 0x00, 0x07, 0x0F, 0x08, 0x08, 0x1F, 0x17, 0x00},  // Q
  {0x00, 0xF8, 0xF8, 0x88, 0x88, 0xF8, 0x70, 0x00, 0x00, 0x0F, 0x0F, 0x01, 0x03, 0x0E, 0x0C, 0x00},  // R
  {0x00, 0x70, 0xF8, 0x88, 0x88, 0x98, 0x10, 0x00, 0x00, 0x04, 0x0C, 0x08, 0x08, 0x0F, 0x07, 0x00},  // S
  {0x00, 0x08, 0x08, 0xF8, 0xF8, 0x08, 0x08, 0x00, 0x00, 0x00, 0x00, 0x0F, 0x0F, 0x00, 0x00, 0x00},  // T
  {0x00, 0xF8, 0xF8, 0x00, 0x00, 0xF8, 0xF8, 0x00, 0x00, 0x07, 0x0F, 0x08, 0x08, 0x0F, 0x07, 0x00},  // U
  {0x00, 0xF8, 0xF8, 0x00, 0x00, 0xF8, 0xF8, 0x00, 0x00, 0x03, 0x07, 0x0C, 0x0C, 0x07, 0x03, 0x00},  // V
  {0x00, 0xF8, 0xF8, 0x00, 0x80, 0x00, 0xF8, 0xF8, 0x00, 0x0F, 0x0F, 0x06, 0x03, 0x06, 0x0F, 0x0F},  // W
  {0x00, 0x38, 0x78, 0xC0, 0xC0, 0x78, 0x38, 0x00, 0x00, 0x0E, 0x0F, 0x01, 0x01, 0x0F, 0x0F, 0x00},  // X
  {0x00, 0x78, 0xF8, 0x80, 0x80, 0xF8, 0x78, 0x00, 0x00, 0x00, 0x00, 0x0F, 0x0F, 0x00, 0x00, 0x00},  // Y
  {0x00, 0x08, 0x08, 0x88, 0xC8, 0x78, 0x38, 0x00, 0x00, 0x0E, 0x0F, 0x09, 0x08, 0x08, 0x08, 0x00},  // Z
  {0x00, 0x00, 0xF8, 0xF8, 0x08, 0x08, 0x00, 0x00, 0x00, 0x00, 0x0F, 0x0F, 0x08, 0x08, 0x00, 0x00},  // [
  {0x00, 0x30, 0x60, 0xC0, 0x80, 0x00, 0x00, 0x00, 0x00, 0x00, 0x00, 0x00, 0x01, 0x03, 0x06, 0x0C},  /* \ */
  {0x00, 0x00, 0x08, 0x08, 0xF8, 0xF8, 0x00, 0x00, 0x00, 0x00, 0x08, 0x08, 0x0F, 0x0F, 0x00, 0x00},  // ]
  {0x00, 0x10, 0x18, 0x0C, 0x0C, 0x18, 0x10, 0x00, 0x00, 0x00, 0x00, 0x00, 0x00, 0x00, 0x00, 0x00},  // ^
  {0x00, 0x00, 0x00, 0x00, 0x00, 0x00, 0x00, 0x00, 0x20, 0x20, 0x20, 0x20, 0x20, 0x20, 0x20, 0x20},  // _
  {0x00, 0x00, 0x00, 0x18, 0x38, 0x20, 0x00, 0x00, 0x00, 0x00, 0x00, 0x00, 0x00, 0x00, 0x00, 0x00},  // `
  {0x00, 0x00, 0x40, 0x40, 0x40, 0xC0, 0x80, 0x00, 0x00, 0x06, 0x0F, 0x09, 0x09, 0x0F, 0x0F, 0x00},  // a
  {0x00, 0xF8, 0xF8, 0x40, 0x40, 0xC0, 0x80, 0x00, 0x00, 0x0F, 0x0F, 0x08, 0x08, 0x0F, 0x07, 0x00},  // b
  {0x00, 0x80, 0xC0, 0x40, 0x40, 0xC0, 0x80, 0x00, 0x00, 0x07, 0x0F, 0x08, 0x08, 0x0C, 0x04, 0x00},  // c
  {0x00, 0x80, 0xC0, 0x40, 0x40, 0xF8, 0xF8, 0x00, 0x00, 0x07, 0x0F, 0x08, 0x08, 0x0F, 0x0F, 0x00},  // d
  {0x00, 0x80, 0xC0, 0x40, 0x40, 0xC0, 0x80, 0x00, 0x00, 0x07, 0x0F, 0x0A, 0x0A, 0x0B, 0x0B, 0x00},  // e
  {0x00, 0x80, 0xF0, 0xF8, 0x88, 0x98, 0x10, 0x00, 0x00, 0x00, 0x0F, 0x0F, 0x00, 0x00, 0x00, 0x00},  // f
  {0x00, 0x80, 0xC0, 0x40, 0x40, 0xC0, 0x80, 0x00, 0x00, 0x07, 0x4F, 0x48, 0x48, 0x7F, 0x3F, 0x00},  // g
  {0x00, 0xF8, 0xF8, 0x40, 0x40, 0xC0, 0x80, 0x00, 0x00, 0x0F, 0x0F, 0x00, 0x00, 0x0F, 0x0F, 0x00},  // h
  {0x00, 0x00, 0x40, 0xD8, 0xD8, 0x00, 0x00, 0x00, 0x00, 0x00, 0x08, 0x0F, 0x0F, 0x08, 0x00, 0x00},  // i
  {0x00, 0x00, 0x00, 0x00, 0x40, 0xD8, 0xD8, 0x00, 0x00, 0x00, 0x10, 0x30, 0x20, 0x3F, 0x1F, 0x00},  // j
  {0x00, 0xF8, 0xF8, 0x00, 0x80, 0xC0, 0x40, 0x00, 0x00, 0x0F, 0x0F, 0x03, 0x07, 0x0C, 0x08, 0x00},  // k
  {0x00, 0x00, 0x08, 0xF8, 0xF8, 0x00, 0x00, 0x00, 0x00, 0x00, 0x08, 0x0F, 0x0F, 0x08, 0x00, 0x00},  // l
  {0x00, 0xC0, 0xC0, 0xC0, 0x80, 0xC0, 0xC0, 0x80, 0x00, 0x0F, 0x0F, 0x00, 0x07, 0x00, 0x0F, 0x0F},  // m
  {0x00, 0xC0, 0xC0, 0x40, 0x40, 0xC0, 0x80, 0x00, 0x00, 0x0F, 0x0F, 0x00, 0x00, 0x0F, 0x0F, 0x00},  // n
  {0x00, 0x80, 0xC0, 0x40, 0x40, 0xC0, 0x80, 0x00, 0x00, 0x07, 0x0F, 0x08, 0x08, 0x0F, 0x07, 0x00},  // o
  {0x00, 0xC0, 0xC0, 0x40, 0x40, 0xC0, 0x80, 0x00, 0x00, 0x7F, 0x7F, 0x08, 0x08, 0x0F, 0x07, 0x00},  // p
  {0x00, 0x80, 0xC0, 0x40, 0x40, 0xC0, 0xC0, 0x00, 0x00, 0x07, 0x0F, 0x08, 0x08, 0x7F, 0x7F, 0x00},  // q
  {0x00, 0xC0, 0xC0, 0x80, 0xC0, 0x40, 0x40, 0x00, 0x00, 0x0F, 0x0F, 0x01, 0x00, 0x00, 0x00, 0x00},  // r
  {0x00, 0x80, 0xC0, 0x40, 0x40, 0x40, 0x40, 0x00, 0x00, 0x08, 0x09, 0x09, 0x09, 0x0F, 0x06, 0x00},  // s
  {0x00, 0x40, 0xF8, 0xF8, 0x40, 0x40, 0x00, 0x00, 0x00, 0x00, 0x07, 0x0F, 0x08, 0x0C, 0x04, 0x00},  // t
  {0x00, 0xC0, 0xC0, 0x00, 0x00, 0xC0, 0xC0, 0x00, 0x00, 0x07, 0x0F, 0x08, 0x08, 0x0F, 0x0F, 0x00},  // u
  {0x00, 0xC0, 0xC0, 0x00, 0x00, 0xC0, 0xC0, 0x00, 0x00, 0x03, 0x07, 0x0C, 0x0C, 0x07, 0x03, 0x00},  // v
  {0x00, 0xC0, 0xC0, 0x00, 0x00, 0x00, 0xC0, 0xC0, 0x00, 0x07, 0x0F, 0x0C, 0x07, 0x0C, 0x0F, 0x07},  // w
  {0x00, 0x40, 0xC0, 0x80, 0x00, 0x80, 0xC0, 0x40, 0x00, 0x08, 0x0C, 0x07, 0x03, 0x07, 0x0C, 0x08},  // x
  {0x00, 0xC0, 0xC0, 0x00, 0x00, 0xC0, 0xC0, 0x00, 0x00, 0x07, 0x4F, 0x48, 0x48, 0x7F, 0x3F, 0x00},  // y
  {0x00, 0x40, 0x40, 0x40, 0xC0, 0xC0, 0x40, 0x00, 0x00, 0x0C, 0x0E, 0x0B, 0x09, 0x08, 0x08, 0x00},  // z
  {0x00, 0x00, 0x80, 0xF0, 0x70, 0x00, 0x08, 0x00, 0x00, 0x00, 0x00, 0x07, 0x0F, 0x08, 0x08, 0x00},  // {
  {0x00, 0x00, 0x00, 0x78, 0x78, 0x00, 0x00, 0x00, 0x00, 0x00, 0x00, 0x0F, 0x0F, 0x00, 0x00, 0x00},  // |
  {0x00, 0x00, 0x08, 0x08, 0x78, 0xF0, 0x80, 0x00, 0x00, 0x00, 0x08, 0x08, 0x0F, 0x07, 0x00, 0x00},  // }
  {0x00, 0x80, 0xC0, 0x40, 0xC0, 0x80, 0xC0, 0x40, 0x00, 0x00, 0x00, 0x00, 0x00, 0x00, 0x00, 0x00},  // ~
  {0x00, 0x00, 0x00, 0x70, 0x88, 0x88, 0x88, 0x70, 0x00, 0x00, 0x00, 0x00, 0x00, 0x00, 0x00, 0x00}};// 0x7F

/* ------------------------------------------------------------------------------ */
/*                    사용자 정의 함수 선언                                         */
/* ------------------------------------------------------------------------------ */

void TFT_initialize(void);                          // initialize TFT-LCD with HX8347-A
```

```
void TFT_command(U08 IR);                          // write IR to TFT-LCD
void TFT_data(U16 data);                           // write data to TFT-LCD
void TFT_write(U08 reg, U16 val);                  // write TFT-LCD register

void TFT_clear_screen(void);                       // TFT-LCD clear screen with black color
void TFT_color_screen(U16 color);                  // TFT-LCD full screen color
void TFT_GRAM_address(U16 xPos, U16 yPos);         // set GRAM address of TFT-LCD
void TFT_xy(U08 xChar, U08 yChar);                 // set character position (x,y)
void TFT_color(U16 colorfore, U16 colorback);      // set foreground and background color
void TFT_pixel(U16 xPos, U16 yPos, U16 color);     // write a pixel

void TFT_portrait(void);                           // set portrait mode
void TFT_landscape(void);                          // set landscape mode
void TFT_cursor(U16 cursor_color);                 // set cursor and color
void TFT_underscore(U16 underscore_color);         // set underscore and color
void TFT_outline(U16 outline_color);               // set outline and color
void TFT_string(U08 xChar, U08 yChar, U16 colorfore, U16 colorback, char *str); // write TFT-LCD string
void TFT_English(U08 code);                        // write a English ASCII character
unsigned int KS_code_conversion(U16 KSSM);         // convert KSSM(완성형) to KS(조합형)
void TFT_Korean(U16 code);                         // write a Korean character
void TFT_English_pixel(U16 Xpixel,U16 Ypixel, U08 code); // write a English ASCII character

void TFT_binary(U16 number, U08 digit);            // display 8 or 16 bit binary number
void TFT_unsigned_decimal(U32 number, U08 zerofill, U08 digit); // display unsigned decimal number
void TFT_signed_decimal(S32 number, U08 zerofill, U08 digit);   // display signed decimal number
void TFT_hexadecimal(U32 number, U08 digit);       // display hexadecimal number
void TFT_0x_hexadecimal(U32 number, U08 digit); // display hexadecimal number with 0x
void TFT_unsigned_float(float number, U08 integral, U08 fractional); // display unsigned floating-point number
void TFT_signed_float(float number, U08 integral, U08 fractional);   // display signed floating-point number

void Line(S16 x1,S16 y1, S16 x2,S16 y2, U16 color);       // draw a straight line
void Rectangle(S16 x1,S16 y1, S16 x2,S16 y2, U16 color);// draw a rectangle
void Block(S16 x1,S16 y1, S16 x2,S16 y2, U16 color, U16 fill); // draw a rectangle with filled color
void Circle(S16 x1,S16 y1, S16 r, U16 color);      // draw a circle
void Sine(S16 peak, U08 mode, U16 color);          // draw a sine curve

/* ------------------------------------------------------------------------ */
/*              Color Constants for TFT-LCD Module                          */
/* ------------------------------------------------------------------------ */

#define Transparent     0x0821                  //   1,   1,   1
#define White           0xFFFF                  // 255, 255, 255
#define Black           0x0000                  //   0,   0,   0
#define Red             0xF800                  // 255,   0,   0
#define Green           0x07E0                  //   0, 255,   0
#define Blue            0x001F                  //   0,   0, 255
#define Yellow          0xFFE0                  // 255, 255,   0
#define Cyan            0x07FF                  //   0, 255, 255
#define Magenta         0xF81F                  // 255,   0, 255
#define Brown           0xA145
#define Khaki           0xF731
#define Orange          0xFD20
#define Pink            0xFB56
#define Silver          0xC618
#define Violet          0xEC1D
#define Olive           0x8400                  // 128, 128,   0
#define Purple          0x8010                  // 128,   0, 128
#define Maroon          0x7800                  // 128,   0,   0
#define Navy            0x000F                  //   0,   0, 128
#define DarkGreen       0x03E0                  //   0, 128,   0
#define DarkCyan        0x03EF                  //   0, 128, 128
#define DarkGrey        0x7BEF                  // 128, 128, 128
#define LightGrey       0xC618                  // 192, 192, 192

/* ------------------------------------------------------------------------ */
/*              Variables for TFT-LCD Module                                */
/* ------------------------------------------------------------------------ */

unsigned char ScreenMode = 'L';                    // screen mode(P=portrait, L=landscape)
unsigned char XcharacterLimit = 40;                // character number of line (30 or 40)
unsigned char YcharacterLimit = 30;                // line number of screen (40 or 30)
```

```
unsigned char Xcharacter, Ycharacter;          // Xcharacter(0-29), Ycharacter(0-39) for portrait
                                               // Xcharacter(0-39), Ycharacter(0-29) for landscape
unsigned char Xcursor, Ycursor;                // cursor position
unsigned char cursor_flag = 0;                 // 0 = cursor off, 1 = cursor on
unsigned int  cursor;                          // cursor color
unsigned char underscore_flag = 0;             // 0 = underscore off, 1 = underscore on
unsigned int  underscore;                      // underscore color
unsigned char outline_flag = 0;                // 0 = outline off, 1 = outline on
unsigned int  outline;                         // outline color

unsigned int  foreground, background;          // foreground and background color

/* ------------------------------------------------------------------------ */
/*              TFT-LCD 모듈의 기본 함수                                      */
/* ------------------------------------------------------------------------ */

void TFT_initialize(void)                      /* initialize TFT-LCD with HX8347-A */
{
  cbi(PORTC,4);                                // reset TFT-LCD
  Delay_ms(1);
  sbi(PORTC,4);
  Delay_ms(120);

  TFT_write(0x02, 0x0000);                     // window setting
  TFT_write(0x03, 0x0000);                     // x = 0~319
  TFT_write(0x04, 0x0001);
  TFT_write(0x05, 0x003F);
  TFT_write(0x06, 0x0000);                     // y = 0~239
  TFT_write(0x07, 0x0000);
  TFT_write(0x08, 0x0000);
  TFT_write(0x09, 0x00EF);

  TFT_write(0x01, 0x0006);                     // display setting
  TFT_write(0x16, 0x0068);                     // MV=1, MX=1, MY=0, BGR=1
  TFT_write(0x18, 0x0000);                     // SM=0
  TFT_write(0x70, 0x0065);                     // GS=1, SS=1, 16 bit/pixel
  TFT_write(0x23, 0x0095);
  TFT_write(0x24, 0x0095);
  TFT_write(0x25, 0x00FF);
  TFT_write(0x27, 0x0002);
  TFT_write(0x28, 0x0002);
  TFT_write(0x29, 0x0002);
  TFT_write(0x2A, 0x0002);
  TFT_write(0x2C, 0x0002);
  TFT_write(0x2D, 0x0002);
  TFT_write(0x3A, 0x0001);
  TFT_write(0x3B, 0x0001);
  TFT_write(0x3C, 0x00F0);
  TFT_write(0x3D, 0x0000);
  Delay_ms(20);
  TFT_write(0x35, 0x0038);
  TFT_write(0x36, 0x0078);
  TFT_write(0x3E, 0x0038);
  TFT_write(0x40, 0x000F);
  TFT_write(0x41, 0x00F0);

  TFT_write(0x19, 0x0049);                     // power setting
  TFT_write(0x93, 0x000F);
  Delay_ms(10);
  TFT_write(0x20, 0x0040);
  TFT_write(0x1D, 0x0007);
  Delay_ms(10);
  TFT_write(0x1E, 0x0000);
  TFT_write(0x1F, 0x0004);
  TFT_write(0x44, 0x0040);                     // VCom control for 3.3V
  TFT_write(0x45, 0x0012);
  Delay_ms(10);
  TFT_write(0x1C, 0x0004);
  Delay_ms(20);
  TFT_write(0x43, 0x0080);
  Delay_ms(5);
```

```
  TFT_write(0x1B, 0x0018);
  Delay_ms(40);
  TFT_write(0x1B, 0x0010);
  Delay_ms(40);

  TFT_write(0x46, 0x00A4);                   // gamma setting
  TFT_write(0x47, 0x0053);
  TFT_write(0x48, 0x0010);
  TFT_write(0x49, 0x005F);
  TFT_write(0x4A, 0x0004);
  TFT_write(0x4B, 0x003F);
  TFT_write(0x4C, 0x0002);
  TFT_write(0x4D, 0x00F6);
  TFT_write(0x4E, 0x0012);
  TFT_write(0x4F, 0x004C);
  TFT_write(0x50, 0x0046);
  TFT_write(0x51, 0x0044);

  TFT_write(0x90, 0x007F);                   // display on setting
  TFT_write(0x26, 0x0004);
  Delay_ms(40);
  TFT_write(0x26, 0x0024);
  TFT_write(0x26, 0x002C);
  Delay_ms(40);
  TFT_write(0x26, 0x003C);

  TFT_write(0x57, 0x0002);                   // internal VDDD setting
  TFT_write(0x55, 0x0000);
  TFT_write(0xFE, 0x005A);
  TFT_write(0x57, 0x0000);

  TFT_clear_screen();                        // clear screen
}

void TFT_command(U08 IR)                     /* write IR to TFT-LCD */
{
  PORTA = 0x00;                              // output high byte
  PORTC = 0x15;                              // -HB_WR = 0
  PORTC = 0x1D;                              // -HB_WR = 1
  PORTA = IR;                                // output low byte
  PORTC = 0x19;                              // -CS = 0, RS = 0
  PORTC = 0x18;                              // -WR = 0
  PORTC = 0x19;                              // -WR = 1
  PORTC = 0x1D;                              // -CS = 1, RS = 0
}

void TFT_data(U16 data)                      /* write data to TFT-LCD */
{
  PORTA = data >> 8;                         // output high byte
  PORTC = 0x17;                              // -HB_WR = 0
  PORTC = 0x1F;                              // -HB_WR = 1
  PORTA = data & 0x00FF;                     // output low byte
  PORTC = 0x1B;                              // -CS = 0, RS = 1
  PORTC = 0x1A;                              // -WR = 0
  PORTC = 0x1B;                              // -WR = 1
  PORTC = 0x1F;                              // -CS = 1, RS = 1
}

void TFT_write(U08 reg, U16 val)             /* write TFT-LCD register */
{
  TFT_command(reg);
  TFT_data(val);
}

/* ---------------------------------------------------------------------------- */
/*               TFT-LCD 모듈의 출력제어 함수                                       */
/* ---------------------------------------------------------------------------- */

void TFT_clear_screen(void)                  /* TFT-LCD clear screen with black color */
{
  TFT_color_screen(Black);
```

```
}

void TFT_color_screen(U16 color)                    /* TFT-LCD full screen color */
{
  unsigned char i;
  unsigned int j;

  TFT_GRAM_address(0,0);

  for(i = 0; i < 240; i++)
    for(j = 0; j < 320; j++)
      TFT_data(color);
}

void TFT_GRAM_address(U16 xPos, U16 yPos)          /* set GRAM address of TFT-LCD */
{
  if(ScreenMode == 'P')
    { if((xPos > 239) || (yPos > 319))
        return;
      TFT_write(0x02, 0x0000);                      // xPos = 0~239
      TFT_write(0x03, xPos);
      TFT_write(0x06, yPos >> 8);                   // yPos = 0~319
      TFT_write(0x07, yPos & 0x00FF);
    }
  else
    { if((xPos > 319) || (yPos > 239))
        return;
      TFT_write(0x02, xPos >> 8);                   // xPos = 0~319
      TFT_write(0x03, xPos & 0x00FF);
      TFT_write(0x06, 0x0000);                      // yPos = 0~239
      TFT_write(0x07, yPos);
    }

  TFT_command(0x22);
}

void TFT_xy(U08 xChar, U08 yChar)                   /* set character position (x,y) */
{
  Xcharacter = xChar;
  Ycharacter = yChar;
}

void TFT_color(U16 colorfore, U16 colorback)        /* set foreground and background color */
{
  foreground = colorfore;
  background = colorback;
}

void TFT_pixel(U16 xPos, U16 yPos, U16 color)       /* write a pixel */
{
  if(ScreenMode == 'P')
    { if((xPos > 239) || (yPos > 319))
        return;
      TFT_write(0x02, 0x0000);                      // xPos = 0~239
      TFT_write(0x03, xPos);
      TFT_write(0x06, yPos >> 8);                   // yPos = 0~319
      TFT_write(0x07, yPos & 0x00FF);
    }
  else
    { if((xPos > 319) || (yPos > 239))
        return;
      TFT_write(0x02, xPos >> 8);                   // xPos = 0~319
      TFT_write(0x03, xPos & 0x00FF);
      TFT_write(0x06, 0x0000);                      // yPos = 0~239
      TFT_write(0x07, yPos);
    }

  if(color != Transparent)                          // transparent mode ?
    TFT_write(0x22, color);
}
```

```
/* ------------------------------------------------------------------------ */
/*              TFT-LCD 모듈의 문자 출력 함수                               */
/* ------------------------------------------------------------------------ */

void TFT_portrait(void)                         /* set portrait mode */
{
  TFT_write(0x16, 0x0008);                      // MV=0, MX=0, MY=0, BGR=1

  TFT_write(0x02, 0x0000);                      // x = 0~239
  TFT_write(0x03, 0x0000);
  TFT_write(0x04, 0x0000);
  TFT_write(0x05, 0x00EF);
  TFT_write(0x06, 0x0000);                      // y = 0~319
  TFT_write(0x07, 0x0000);
  TFT_write(0x08, 0x0001);
  TFT_write(0x09, 0x003F);

  XcharacterLimit = 30;                         // 30x40 character unit
  YcharacterLimit = 40;
  ScreenMode = 'P';
}

void TFT_landscape(void)                        /* set landscape mode */
{
  TFT_write(0x16, 0x0068);                      // MV=1, MX=1, MY=0, BGR=1

  TFT_write(0x02, 0x0000);                      // x = 0~319
  TFT_write(0x03, 0x0000);
  TFT_write(0x04, 0x0001);
  TFT_write(0x05, 0x003F);
  TFT_write(0x06, 0x0000);                      // y = 0~239
  TFT_write(0x07, 0x0000);
  TFT_write(0x08, 0x0000);
  TFT_write(0x09, 0x00EF);

  XcharacterLimit = 40;                         // 40x30 character unit
  YcharacterLimit = 30;
  ScreenMode = 'L';
}

void TFT_cursor(U16 cursor_color)               /* set cursor and color */
{
  if(cursor_color == Transparent)               // disable cursor
    cursor_flag = 0;
  else                                          // enable cursor
    { cursor_flag = 1;
      cursor = cursor_color;
    }
}

void TFT_underscore(U16 underscore_color)       /* set underscore and color */
{
  if(underscore_color == Transparent)           // disable underscore
    underscore_flag = 0;
  else                                          // enable underscore
    { underscore_flag = 1;
      underscore = underscore_color;
    }
}

void TFT_outline(U16 outline_color)             /* set outline and color */
{
  if(outline_color == Transparent)              // disable outline
    outline_flag = 0;
  else                                          // enable outline
    { outline_flag = 1;
      outline = outline_color;
    }
}

void TFT_string(U08 xChar, U08 yChar, U16 colorfore, U16 colorback, char *str)  /* write TFT-LCD string */
```

```
{
  unsigned char ch1, ch2;
  unsigned int hangeul;

  Xcharacter = xChar;
  Ycharacter = yChar;

  foreground = colorfore;
  background = colorback;

  while(*str)
    { ch1 = *str;
      str++;

      if(ch1 < 0x80)                              // English ASCII character
        TFT_English(ch1);
      else                                        // Korean
        { ch2 = *str;
          hangeul = (ch1 << 8) + ch2;
          str++;
          hangeul = KS_code_conversion(hangeul);// convert KSSM(완성형) to KS(조합형)
          TFT_Korean(hangeul);
        }
    }
}

void TFT_English(U08 code)                        /* write a English ASCII character */
{
  unsigned char data, x, y;
  unsigned int pixel[8][16];
  unsigned int xPos, yPos, dot0, dot1, dot2, dot3, dot4;

  for(x = 0; x < 8; x++)                          // read English ASCII font
    { data = pgm_read_byte(&E_font[code][x]);
      for(y = 0; y < 8; y++)
        { if(data & 0x01) pixel[x][y] = foreground;
          else            pixel[x][y] = background;
          data = data >> 1;
        }
    }

  for(x = 0; x < 8; x++)
    { data = pgm_read_byte(&E_font[code][x+8]);
      for(y = 0; y < 8; y++)
        { if(data & 0x01) pixel[x][y+8] = foreground;
          else            pixel[x][y+8] = background;
          data = data >> 1;
        }
    }

  if(outline_flag == 1)                           // display outline
    for(x = 0; x < 8; x++)
      { dot0 = pgm_read_byte(&E_font[code][x]) + pgm_read_byte(&E_font[code][x+8])*256;
        dot1 = dot0 >> 1;                                                          // up side
        dot2 = dot0;                                                               // down side
        dot3 = pgm_read_byte(&E_font[code][x+1]) + pgm_read_byte(&E_font[code][x+9])*256;// left side
        dot4 = pgm_read_byte(&E_font[code][x-1]) + pgm_read_byte(&E_font[code][x+7])*256;// right side

        for(y = 0; y < 16; y++)
          { if(!(dot0 & 0x0001))
              { if(dot1 & 0x0001) pixel[x][y] = outline;
                if(dot2 & 0x0001) pixel[x][y] = outline;
                if((dot3 & 0x0001) && (x < 7 )) pixel[x][y] = outline;
                if((dot4 & 0x0001) && (x > 0 )) pixel[x][y] = outline;
              }

            dot1 >>= 1;
            dot2 = dot0;
            dot0 >>= 1;
            dot3 >>= 1;
            dot4 >>= 1;
```

```
          }
      }

  if(Xcharacter >= XcharacterLimit)              // end of line ?
    { Xcharacter = 0;
      Ycharacter += 2;
      if(Ycharacter >= (YcharacterLimit-1))      // end of screen ?
        Ycharacter = 0;
    }

  if(underscore_flag == 1)
    { for(x = 0; x < 8; x++)                     // display underscore
          pixel[x][15] = underscore;
    }

  if((cursor_flag == 1) && (Xcharacter == Xcursor) &&(Ycharacter == Ycursor))
    { for(x = 0; x < 8; x++)                     // display cursor
        { pixel[x][14] = cursor;
          pixel[x][15] = cursor;
        }
    }

  if(background != Transparent)                  // transparent mode ?
    { xPos = Xcharacter*8;

      for(y = 0; y < 16; y++)                    // if no, write a character in higher speed
        { yPos = Ycharacter*8 + y;

          if(ScreenMode == 'P')
            { TFT_write(0x02, 0x0000);           // xPos = 0~239
              TFT_write(0x03, xPos);
              TFT_write(0x06, yPos >> 8);        // yPos = 0~319
              TFT_write(0x07, yPos & 0x00FF);
            }
          else
            { TFT_write(0x02, xPos >> 8);        // xPos = 0~319
              TFT_write(0x03, xPos & 0x00FF);
              TFT_write(0x06, 0x0000);           // yPos = 0~239
              TFT_write(0x07, yPos);
            }

          TFT_command(0x22);
          TFT_data(pixel[0][y]);
          TFT_data(pixel[1][y]);
          TFT_data(pixel[2][y]);
          TFT_data(pixel[3][y]);
          TFT_data(pixel[4][y]);
          TFT_data(pixel[5][y]);
          TFT_data(pixel[6][y]);
          TFT_data(pixel[7][y]);
        }
    }
  else
    { for(y = 0; y < 16; y++)                    // if yes, write a character
        for(x = 0; x < 8; x++)
          TFT_pixel(Xcharacter*8 + x, Ycharacter*8 + y, pixel[x][y]);
    }

  Xcharacter += 1;                               // go to next position
}

unsigned int KS_code_conversion(U16 KSSM)        /* convert KSSM(완성형) to KS(조합형) */
{
  unsigned char HB, LB;
  unsigned int index, KS;

  HB = KSSM >> 8;
  LB = KSSM & 0x00FF;

  if(KSSM >= 0xB0A1 && KSSM <= 0xC8FE)
    { index = (HB - 0xB0)*94 + LB - 0xA1;
```

```
      KS  =  pgm_read_byte(&KS_Table[index][0]) * 256;
      KS |=  pgm_read_byte(&KS_Table[index][1]);

      return KS;
    }
  else
    return -1;
}

void TFT_Korean(U16 code)                        /* write a Korean character */
{
  unsigned char cho_5bit, joong_5bit, jong_5bit;
  unsigned char cho_bul, joong_bul, jong_bul = 0, i, jong_flag;
  unsigned int ch;
  unsigned char Kbuffer[32] = {0};               // 32 byte Korean font buffer

  cho_5bit   = pgm_read_byte(&table_cho[(code >> 10) & 0x001F]);  // get 5bit(14-10) of chosung
  joong_5bit = pgm_read_byte(&table_joong[(code >> 5) & 0x001F]); // get 5bit(09-05) of joongsung
  jong_5bit  = pgm_read_byte(&table_jong[code & 0x001F]);         // get 5bit(04-00) of jongsung

  if(jong_5bit == 0)                             // if jongsung not exist
    { jong_flag = 0;
      cho_bul = pgm_read_byte(&bul_cho1[joong_5bit]);
      if((cho_5bit == 1) || (cho_5bit == 16))
        joong_bul = 0;
      else
        joong_bul = 1;
    }
  else                                           // if jongsung exist
    { jong_flag = 1;
      cho_bul = pgm_read_byte(&bul_cho2[joong_5bit]);
      if((cho_5bit == 1) || (cho_5bit == 16))
        joong_bul = 2;
      else
        joong_bul = 3;
      jong_bul = pgm_read_byte(&bul_jong[joong_5bit]);
    }

  ch = cho_bul*20 + cho_5bit;                    // get chosung font
  for(i = 0; i < 32; i++)
    Kbuffer[i] = pgm_read_byte(&K_font[ch][i]);
  ch = 8*20 + joong_bul*22 + joong_5bit;         // OR joongsung font
  for(i = 0; i < 32; i++)
    Kbuffer[i] |= pgm_read_byte(&K_font[ch][i]);
  if(jong_flag)                                  // OR jongsung font
    { ch = 8*20 + 4*22 + jong_bul*28 + jong_5bit;
      for(i = 0; i < 32; i++)
        Kbuffer[i] |= pgm_read_byte(&K_font[ch][i]);
    }

  unsigned char data, x, y;
  unsigned int pixel[16][16];
  unsigned int xPos, yPos, dot0, dot1, dot2, dot3, dot4;

  for(x = 0; x < 16; x++)                        // read Korean font
    { data = Kbuffer[x];
      for(y = 0; y < 8; y++)
        { if(data & 0x01) pixel[x][y] = foreground;
          else            pixel[x][y] = background;
          data = data >> 1;
        }
    }

  for(x = 0; x < 16; x++)
    { data = Kbuffer[x+16];
      for(y = 0; y < 8; y++)
        { if(data & 0x01) pixel[x][y+8] = foreground;
          else            pixel[x][y+8] = background;
          data = data >> 1;
        }
    }
```

```
if(outline_flag == 1)                          // display outline
  for(x = 0; x < 16; x++)
    { dot0 = Kbuffer[x] + Kbuffer[x+16]*256;
      dot1 = dot0 >> 1;                        // up side
      dot2 = dot0;                             // down side
      dot3 = Kbuffer[x+1] + Kbuffer[x+17]*256; // left side
      dot4 = Kbuffer[x-1] + Kbuffer[x+15]*256; // right side

      for(y = 0; y < 16; y++)
        { if(!(dot0 & 0x0001))
            { if(dot1 & 0x0001) pixel[x][y] = outline;
              if(dot2 & 0x0001) pixel[x][y] = outline;
              if((dot3 & 0x0001) && (x < 15 )) pixel[x][y] = outline;
              if((dot4 & 0x0001) && (x > 0 ))  pixel[x][y] = outline;
            }

          dot1 >>= 1;
          dot2 = dot0;
          dot0 >>= 1;
          dot3 >>= 1;
          dot4 >>= 1;
        }
    }

if(Xcharacter >= (XcharacterLimit-1))          // end of line ?
  { Xcharacter = 0;
    Ycharacter += 2;
    if(Ycharacter >= (YcharacterLimit-1))      // end of screen ?
      Ycharacter = 0;
  }

if(underscore_flag == 1)
  { for(x = 0; x < 16; x++)                    // display underscore
        pixel[x][15] = underscore;
  }

if((cursor_flag == 1) && (Xcharacter == Xcursor) &&(Ycharacter == Ycursor))
  { for(x = 0; x < 16; x++)                    // display cursor
      { pixel[x][14] = cursor;
        pixel[x][15] = cursor;
      }
  }

if(background != Transparent)                  // transparent mode ?
  { xPos = Xcharacter*8;

    for(y = 0; y < 16; y++)                    // if no, write a character in higher speed
      { yPos = Ycharacter*8 + y;

        if(ScreenMode == 'P')
          { TFT_write(0x02, 0x0000);           // xPos = 0~239
            TFT_write(0x03, xPos);
            TFT_write(0x06, yPos >> 8);        // yPos = 0~319
            TFT_write(0x07, yPos & 0x00FF);
          }
        else
          { TFT_write(0x02, xPos >> 8);        // xPos = 0~319
            TFT_write(0x03, xPos & 0x00FF);
            TFT_write(0x06, 0x0000);           // yPos = 0~239
            TFT_write(0x07, yPos);
          }

        TFT_command(0x22);
        TFT_data(pixel[0][y]);
        TFT_data(pixel[1][y]);
        TFT_data(pixel[2][y]);
        TFT_data(pixel[3][y]);
        TFT_data(pixel[4][y]);
        TFT_data(pixel[5][y]);
        TFT_data(pixel[6][y]);
```

```
          TFT_data(pixel[7][y]);
          TFT_data(pixel[8][y]);
          TFT_data(pixel[9][y]);
          TFT_data(pixel[10][y]);
          TFT_data(pixel[11][y]);
          TFT_data(pixel[12][y]);
          TFT_data(pixel[13][y]);
          TFT_data(pixel[14][y]);
          TFT_data(pixel[15][y]);
        }
    }
  else
    { for(y = 0; y < 16; y++)                    // if yes, write a character
        for(x = 0; x < 16; x++)
          TFT_pixel(Xcharacter*8 + x, Ycharacter*8 + y, pixel[x][y]);
    }

  Xcharacter += 2;                               // go to next position
}

void TFT_English_pixel(U16 Xpixel,U16 Ypixel, U08 code) /* write a English ASCII character */
{
  unsigned char data, x, y;
  unsigned int pixel[8][16];

  for(x = 0; x < 8; x++)                         // read English ASCII font
    { data = pgm_read_byte(&E_font[code][x]);
      for(y = 0; y < 8; y++)
        { if(data & 0x01) pixel[x][y] = foreground;
          else            pixel[x][y] = background;
          data = data >> 1;
        }
    }

  for(x = 0; x < 8; x++)
    { data = pgm_read_byte(&E_font[code][x+8]);
      for(y = 0; y < 8; y++)
        { if(data & 0x01) pixel[x][y+8] = foreground;
          else            pixel[x][y+8] = background;
          data = data >> 1;
        }
    }

  for(y = 0; y < 16; y++)                        // write character
    for(x = 0; x < 8; x++)
      TFT_pixel(Xpixel + x, Ypixel + y, pixel[x][y]);
}

/* ------------------------------------------------------------------------ */
/*              TFT-LCD 모듈의 수치 데이터 출력 함수                          */
/* ------------------------------------------------------------------------ */

void TFT_binary(U16 number, U08 digit)           /* display 8 or 16 bit binary number */
{
  unsigned char i, shift;

  if((digit == 0) || (digit > 16)) return;

  shift = digit - 1;
  for(i = 0; i < digit; i++ )
    { TFT_English(((number >> shift) & 0x01) + '0');
      shift--;
    }
}

void TFT_unsigned_decimal(U32 number, U08 zerofill, U08 digit) /* display unsigned decimal number */
{
  unsigned char zero_flag, character;
  unsigned long div;

  if((digit == 0) || (digit > 9)) return;
```

```
  div = 1;
  while(--digit) div *= 10;

  zero_flag = zerofill;
  while(div > 0)                                  // display number
    { character = number / div;
      if((character == 0) && (zero_flag == 0) && (div != 1))
        TFT_English(character + ' ');
      else
        { zero_flag = 1;
          TFT_English(character + '0');
        }
      number %= div;
      div /= 10;
    }
}

void TFT_signed_decimal(S32 number, U08 zerofill, U08 digit)    /* display signed decimal number */
{
  unsigned char zero_flag, character;
  unsigned long div;

  if((digit == 0) || (digit > 9)) return;

  if(number >= 0)                                 // display sign
    TFT_English('+');
  else
    { TFT_English('-');
      number = -number;
    }

  div = 1;
  while(--digit) div *= 10;

  zero_flag = zerofill;
  while(div > 0)                                  // display number
    { character = number / div;
      if((character == 0) && (zero_flag == 0) && (div != 1))
        TFT_English(character + ' ');
      else
        { zero_flag = 1;
          TFT_English(character + '0');
        }
      number %= div;
      div /= 10;
    }
}

void TFT_hexadecimal(U32 number, U08 digit)       /* display hexadecimal number */
{
  unsigned char i, character;

  if((digit == 0) || (digit > 8)) return;

  for(i = digit; i > 0; i--)
    { character = (number >> 4*(i-1)) & 0x0F;
      if(character < 10) TFT_English(character + '0');
      else               TFT_English(character - 10 + 'A');
    }
}

void TFT_0x_hexadecimal(U32 number, U08 digit)  /* display hexadecimal number with 0x */
{
  unsigned char i, character;

  if((digit == 0) || (digit > 8)) return;

  TFT_English('0');
  TFT_English('x');
```

```
  for(i = digit; i > 0; i--)
    { character = (number >> 4*(i-1)) & 0x0F;
      if(character < 10) TFT_English(character + '0');
      else               TFT_English(character - 10 + 'A');
    }
}

void TFT_unsigned_float(float number, U08 integral, U08 fractional) /* display unsigned floating-point number */
{
  unsigned char zero_flag, digit, character;     // integral = digits of integral part
  unsigned long div, integer;                    // fractional = digits of fractional part

  digit = integral + fractional;
  if((integral == 0) || (fractional == 0) || (digit > 9)) return;

  div = 1;
  while(--digit) div *= 10;

  while(fractional--) number *= 10.;
  integer = (U32)(number + 0.5);

  zero_flag = 0;
  digit = 1;
  while(div > 0)                                 // display number
    { character = integer / div;
      if((character == 0) && (zero_flag == 0) && (digit != integral))
        TFT_English(character + ' ');
      else
        { zero_flag = 1;
          TFT_English(character + '0');
        }
      integer %= div;
      div /= 10;

      if(digit == integral)
        TFT_English('.');
      digit++;
    }
}

void TFT_signed_float(float number, U08 integral, U08 fractional) /* display signed floating-point number */
{
  unsigned char zero_flag, digit, character;
  unsigned long div, integer;

  digit = integral + fractional;
  if((integral == 0) || (fractional == 0) || (digit > 9)) return;

  if(number >= 0)                                // display sign
    TFT_English('+');
  else
    { TFT_English('-');
      number = -number;
    }

  div = 1;
  while(--digit) div *= 10;

  while(fractional--) number *= 10.;
  integer = (U32)(number + 0.5);

  zero_flag = 0;
  digit = 1;
  while(div > 0)                                 // display number
    { character = integer / div;
      if((character == 0) && (zero_flag == 0) && (digit != integral))
        TFT_English(character + ' ');
      else
        { zero_flag = 1;
          TFT_English(character + '0');
        }
```

```
      integer %= div;
      div /= 10;

      if(digit == integral)
        TFT_English('.');
      digit++;
    }
}

/* ------------------------------------------------------------------------ */
/*              TFT-LCD 모듈의 그래픽 함수                                       */
/* ------------------------------------------------------------------------ */

void Line(S16 x1,S16 y1, S16 x2,S16 y2, U16 color)      /* draw a straight line */
{
  int x, y;

  if((x1 == x2) && (y1 == y2))                      // if x1 == x2 and y1 == y2, it is a dot
    TFT_pixel(x1, y1, color);
  else
    { if(x1 < x2) x = x2 - x1;                      // calculate x length
      else        x = x1 - x2;
      if(y1 < y2) y = y2 - y1;                      // calculate y length
      else        y = y1 - y2;

      if((x >= y) && (x1 <= x2))                    // if x is long and y is short
        for(x = x1; x <= x2; x++)
          { y = y1 + (int)(x - x1)*(int)(y2 - y1)/(x2 - x1);
            TFT_pixel(x, y, color);
          }
      else if((x >= y) && (x1 > x2))
        for(x = x1; x >= x2; x--)
          { y = y1 + (int)(x - x1)*(int)(y2 - y1)/(x2 - x1);
            TFT_pixel(x, y, color);
          }
      else if((x < y) && (y1 <= y2))                // if x is short and y is long
        for(y = y1; y <= y2; y++)
          { x = x1 + (int)(y - y1)*(int)(x2 - x1)/(y2 - y1);
            TFT_pixel(x, y, color);
          }
      else if((x < y) && (y1 > y2))
        for(y = y1; y >= y2; y--)
          { x = x1 + (int)(y - y1)*(int)(x2 - x1)/(y2 - y1);
            TFT_pixel(x, y, color);
          }
    }
}

void Rectangle(S16 x1,S16 y1, S16 x2,S16 y2, U16 color) /* draw a rectangle */
{
  Line(x1,y1, x1,y2, color);                        // horizontal line
  Line(x2,y1, x2,y2, color);
  Line(x1,y1, x2,y1, color);                        // vertical line
  Line(x1,y2, x2,y2, color);
}

void Block(S16 x1,S16 y1, S16 x2,S16 y2, U16 color, U16 fill) /* draw a rectangle with filled color */
{
  int i;

  Line(x1,y1, x1,y2, color);                        // horizontal line
  Line(x2,y1, x2,y2, color);
  Line(x1,y1, x2,y1, color);                        // vertical line
  Line(x1,y2, x2,y2, color);

  if((y1 < y2) && (x1 != x2))                       // fill block
    { for(i = y1+1; i <= y2-1; i++)
        Line(x1+1,i, x2-1,i, fill);
    }
  else if((y1 > y2) && (x1 != x2))
    { for(i = y2+1; i <= y1-1; i++)
```

```
        Line(x1+1, i, x2-1, i, fill);
    }
}

void Circle(S16 x1,S16 y1, S16 r, U16 color)      /* draw a circle */
{
  int x, y;
  float s;

  for(y = y1 - r*3/4; y <= y1 + r*3/4; y++)       // draw with y variable
    { s = sqrt((long)r*(long)r - (long)(y-y1)*(long)(y-y1)) + 0.5;
      x = x1 + (int)s;
      TFT_pixel(x, y, color);
      x = x1 - (int)s;
      TFT_pixel(x, y, color);
    }

  for(x = x1 - r*3/4; x <= x1 + r*3/4; x++)       // draw with x variable
    { s = sqrt((long)r*(long)r - (long)(x-x1)*(long)(x-x1)) + 0.5;
      y = y1 + (int)s;
      TFT_pixel(x, y, color);
      y = y1 - (int)s;
      TFT_pixel(x, y, color);
    }
}

void Sine(S16 peak, U08 mode, U16 color)          /* draw a sine curve */
{
  int x, y;

  if(mode == 0)
    for(y = 0; y <= 319; y++)
      { x = 120 - (int)(sin((float)y * 1.6875 * M_PI / 180.) * peak + 0.5);
        TFT_pixel(x, y, color);
      }
  else
    for(y = 0; y <= 319; y++)
      { x = 120 + (int)(sin((float)y * 1.6875 * M_PI / 180.) * peak + 0.5);
        TFT_pixel(x, y, color);
      }
}
```

이 헤더파일 OK-128BLDC.h에 포함되어 있는 사용자 정의 함수들을 모두 요약 정리하면 <표 6.4.9>와 같다. 이 사용자 정의 함수들을 잘 이해해두면 *OK-128BLDC* 키트에서 C언어로 전동기 제어 프로그램을 작성할 때 유용하게 사용할 수 있을 것이다.

<표 6.4.9> 헤더파일 OK-128BLDC.h에 포함된 사용자 정의 함수들의 요약

사용자 함수	기 능	입력 파라미터	리턴 값
MCU_initialize()	ATmega128A를 *OK-128BLDC* 키트의 사양에 맞도록 초기화한다.	-	-
Delay_us() Delay_ms()	1~255μs 범위의 시간 지연을 수행한다. 1~65535ms 범위의 시간 지연을 수행한다.	U08 time_us U16 time_ms	-
Beep() Beep_3times()	버저를 50ms 길이로 1차례 울린다. 버저를 50ms 길이, 100ms 간격으로 3차례 울린다.	-	-

<표 6.4.9> 헤더파일 OK-128BLDC.h에 포함된 사용자 정의 함수들의 요약(계속)

사용자 정의 함수	기 능	입력 파라미터	리턴 값
TFT_initialize()	TFT-LCD 모듈을 초기화한다.	-	-
TFT_command()	TFT-LCD 모듈에 인덱스 레지스터 값을 출력한다.	U08 IR	-
TFT_data()	TFT-LCD 모듈에 제어 레지스터 값 또는 GRAM 데이터를 출력한다.	U16 data	-
TFT_write()	TFT-LCD 모듈의 레지스터에 값을 출력한다.	U08 reg, U16 val	-
TFT_clear_screen()	TFT-LCD 모듈 화면 전체를 검게 하여 클리어한다.	-	-
TFT_color_screen()	TFT-LCD 모듈 화면 전체를 지정된 색으로 표시한다.	U16 color	-
TFT_GRAM_address()	TFT-LCD 모듈의 GRAM 어드레스를 지정하여 화면에 출력할 데이터의 시작 위치를 설정한다.	U16 xPos, yPos	-
TFT_xy()	TFT-LCD 모듈의 문자 출력 좌표를 설정한다.	U08 xChar, yChar	-
TFT_color()	TFT-LCD 모듈에 출력하는 문자의 전경색과 배경색을 설정한다.	U16 colorfore, colorback	-
TFT_pixel()	TFT-LCD 모듈의 픽셀 출력 좌표와 컬러를 설정한다.	U16 xPos, yPos, color	-
TFT_portrait()	TFT-LCD 모듈의 스크린 문자출력 방향을 초상화 모드(Portrait)로 설정한다.	-	-
TFT_landscape()	TFT-LCD 모듈의 스크린 문자출력 방향을 풍경화 모드(Landscape)로 설정한다.	-	-
TFT_cursor()	TFT-LCD 모듈의 출력 문자에 지정된 색깔로 커서를 표시하도록 설정하거나 커서 표시를 해제한다.	U16 cursor_color	-
TFT_underscore()	TFT-LCD 모듈의 출력 문자에 지정된 색깔로 밑줄을 표시하도록 설정하거나 밑줄 표시를 해제한다.	U16 underscore_color	-
TFT_outline()	TFT-LCD 모듈의 출력 문자에 지정된 색깔로 외곽선을 표시하도록 설정하거나 외곽선 표시를 해제한다.	U16 outline_color	-
TFT_string()	TFT-LCD 모듈에 시작 위치와 컬러를 지정하고 그 위치부터 문자열을 출력한다.	U08 xChar, yChar U16 colorfore, colorback char *str	-
TFT_English()	TFT-LCD 모듈에 영문 1글자를 출력한다.	U08 code	-
KS_code_conversion()	완성형 한글 코드를 조합형 한글 코드로 변환한다.	U16 KSSM	unsigned int
TFT_Korean()	TFT-LCD 모듈에 한글 1글자를 출력한다.	U16 code	-
TFT_English_pixel()	TFT-LCD 모듈에 픽셀 단위로 위치를 지정하여 영문 1글자를 출력한다.	U16 Xpixel, U16 Ypixel, U08 code	-
TFT_binary()	TFT-LCD 모듈에 2진수를 출력한다.	U16 number, U08 digit	-
TFT_unsigned_decimal()	TFT-LCD 모듈에 부호 없는 정수를 출력한다. (zerofill = 1이면 선두의 무효 자리를 0으로 채운다.)	U32 number U08 zerofill, digit	-
TFT_signed_decimal()	TFT-LCD 모듈에 부호 있는 정수를 출력한다. (zerofill = 1이면 선두의 무효 자리를 0으로 채운다.)	S32 number U08 zerofill, digit	-
TFT_hexadecimal()	TFT-LCD 모듈에 16진수를 출력한다.	U32 number, U08 digit	-
TFT_0x_hexadecimal()	TFT-LCD 모듈에 0x를 포함하는 16진수를 출력한다.	U32 number, U08 digit	-
TFT_unsigned_float()	TFT-LCD 모듈에 부호 없는 실수를 출력한다. (integral = 실수부 자리수, fractional = 소수부 자리수)	float number U08 integral, fractional	-
TFT_signed_float()	TFT-LCD 모듈에 부호 있는 실수를 출력한다. (integral = 실수부 자리수, fractional = 소수부 자리수)	float number U08 integral, fractional	-
Line()	TFT-LCD 모듈에 직선을 그린다.	S16 x1, y1, x2, y2 U16 color	-
Rectangle()	TFT-LCD 모듈에 사각형을 그린다.	S16 x1, y1, x2, y2 U16 color	-
Block()	TFT-LCD 모듈에 지정된 컬러로 채운 사각형을 그린다.	S16 x1, y1, x2, y2 U16 color, fill	-
Circle()	TFT-LCD 모듈에 원을 그린다.	S16 x1, y1, r U16 color	-
Sine()	TFT-LCD 모듈에 정현파 곡선을 그린다.	S16 peak, U08 mode U16 color	-

<부록> LB11920의 데이터 시트

Ordering number : EN7229B

LB11920

Monolithic Digital IC

For OA Products

Three-Phase Brushless Motor Driver

ON Semiconductor®

http://onsemi.com

Overview

The LB11920 is a direct PWM drive motor driver IC for 3-phase power brushless motors. The PWM duty can be controlled by IC inputs, and it can be used over the wide supply voltage range of 9.5 to 30V.

Features

- Three-phase bipolar drive (35V, 3.5V)
- Direct PWM drive
- Built-in high and low side kickback absorbing diodes
- Braking function (short-circuit braking)
- Built-in forward/reverse direction switching circuit
- Full complement of built-in protection circuits, including current limiter, low-voltage protection, motor lock (physical constraint) protection, and thermal protection circuits
- The PWM duty can be controlled by IC inputs

Specifications

Absolute Maximum Ratings at Ta = 25°C

Parameter	Symbol	Conditions	Ratings	Unit
Supply voltage 1	VM max		35	V
Supply voltage 2	V_{CC} max		7	V
Output voltage	V_{OUT} max	OUT1 to OUT3	35	V
Output current	I_O max	T ≤ 500ms	3.5	A
Allowable power dissipation	Pd max1	Independent IC	3	W
	Pd max2	With an infinitely large heat sink.	20	W
Operating temperature	Topr		-20 to +80	°C
Storage temperature	Tstg		-55 to +150	°C

Stresses exceeding Maximum Ratings may damage the device. Maximum Ratings are stress ratings only. Functional operation above the Recommended Operating Conditions is not implied. Extended exposure to stresses above the Recommended Operating Conditions may affect device reliability.

<그림 A.1> BLDC 제어 전용 IC 소자 LB11920의 데이터 시트(1/10)

LB11920

Allowable Operating Conditions at Ta = 25°C

Parameter	Symbol	Conditions	Ratings	Unit
Supply voltage range 1	VM		9.5 to 30	V
Supply voltage range 2	V_{CC}		4.5 to 5.5	V
HP pin applied voltage	VHP		0 to 32	V
HP pin output current	IHP		0 to 3	mA

Electrical Characteristics at Ta = 25°C, VM = RF = 27V, V_{CC} = 5V

Parameter	Symbol	Conditions	Ratings			Unit
			min	typ	max	
Supply current 1	IV_{CC}-1	V_{CC} pin		9	13	mA
Supply current 2	IV_{CC}-2	V_{CC} pin at stop mode		2.0	3.0	mA
Output block						
Output saturation voltage 1	V_O sat1	I_O = 1.0A, V_O (sink) + V_O (source)		1.7	2.4	V
Output saturation voltage 2	V_O sat2	I_O = 2.0A, V_O (sink) + V_O (source)		2.0	2.9	V
Output saturation voltage 3	V_O sat3	I_O = 3.0A, V_O (sink) + V_O (source)		2.4	3.5	V
Output leakage current	I_O leak				100	μA
Output delay time 1	td1	PWMIN "H" → "L"		1.25	2.5	μs
Output delay time 2	td2	PWMIN "L" → "H"		1.8	3.6	μs
Lower diode forward 1	VD1-1	ID = -1.0A		1.1	1.5	V
Lower diode forward 2	VD1-2	ID = -2.0A		1.3	1.9	V
Lower diode forward 3	VD1-3	ID = -3.0A		1.5	2.3	V
Upper diode forward 1	VD2-1	ID = 1.0A		1.3	1.7	V
Upper diode forward 2	VD2-2	ID = 2.0A		2.0	2.7	V
Upper diode forward 3	VD2-3	ID = 3.0A		2.7	3.7	V
Hall Amplifier						
Input bias current	IHB		-2	-0.1		μA
Common-mode input voltage range 1	VICM1	Hall device used	0.5		V_{CC}-2.0	V
Common-mode input voltage range 2	VICM2	For input one-side bias (Hall IC application)	0		V_{CC}	V
Hall input sensitivity		at differential input	50			mVp-p
Hysteresis width	ΔV_{IN}		20	30	50	mV
Input voltage low → high	VSLH		5	15	25	mV
Input voltage high → low	VSHL		-25	-15	-5	mV
PWM oscillator						
Output H level voltage	V_{OH} (PWM)		2.75	3.0	3.25	V
Output L level voltage	V_{OL} (PWM)		1.0	1.2	1.3	V
External C charge current	ICHG(PWM)	VPWM = 2.1V	-60	-45	-30	μA
Oscillator frequency	f (PWM)	C = 1000pF	15.8	20	24.2	kHz
Amplitude	V (PWM)		1.6	1.8	2.1	Vp-p
CSD circuit						
Operating voltage	V_{OH} (CSD)		3.6	3.9	4.2	V
External C charge current	ICHG (CSD)	VCSD = 0V	-15	-11	-7	μA
Operating time	T (CSD)	C = 10μF, Design target value*		3.5		s
HP pin						
Output low level voltage	V_{OL} (HP)	IHP = 2mA		0.1	0.4	V
Output leakage current	Ileak(HP)	VHP = 30V			10	μA
Thermal shutdown operation						
Thermal shutdown operating temperature	TTSD	Design target value* (junction temperature)	150	180		°C
Hysteresis width	ΔTSD	Design target value* (junction temperature)		45		°C
Current limiter circuit (RF pin)						
Limiter voltage	VRF		0.45	0.5	0.55	V

Note : * This parameter is a design target value and is not measured.

No.7229-2/10

<그림 A.1> BLDC 제어 전용 IC 소자 LB11920의 데이터 시트(2/10)

LB11920

Continued from preceding page.

Parameter	Symbol	Conditions	Ratings			Unit
			min	typ	max	
Low-voltage protection circuit						
Operating voltage	VSDL		3.6	3.8	4.0	V
Release voltage	VSDH		4.1	4.3	4.5	V
Hysteresis width	ΔVSD		0.35	0.5	0.65	V
PWMIN pin						
Input frequency	f (PI)				50	kHz
H level input voltage	V_{IH} (PI)		2.0		V_{CC}	V
L level input voltage	V_{IL} (PI)		0		1.0	V
Input open voltage	V_{IO} (PI)		V_{CC}-0.5		V_{CC}	V
Hysteresis width	V_{IS} (PI)		0.15	0.25	0.35	V
H level input current	I_{IH} (PI)	VPWMIN = V_{CC}	-10	0	10	μA
L level input current	I_{IL} (PI)	VPWMIN = 0V	-116	-87	-58	μA
S/S pin						
H level input voltage	V_{IH} (S/S)		2.0		V_{CC}	V
L level input voltage	V_{IL} (S/S)		0		1.0	V
Input open voltage	V_{IO} (S/S)		V_{CC}-0.5		V_{CC}	V
Hysteresis width	V_{IS} (S/S)		0.15	0.25	0.35	V
H level input current	I_{IH} (S/S)	VS/S = V_{CC}	-10	0	10	μA
L level input current	I_{IL}(S/S)	VS/S = 0V	-116	-87	-58	μA
F/R pin						
H level input voltage	V_{IH} (F/R)		2.0		V_{CC}	V
L level input voltage	V_{IL} (F/R)		0		1.0	V
Input open voltage	V_{IO} (F/R)		V_{CC}-0.5		V_{CC}	V
Hysteresis width	V_{IS} (F/R)		0.15	0.25	0.35	V
H level input current	I_{IH} (F/R)	VF/R = V_{CC}	-10	0	10	μA
L level input current	I_{IL}(F/R)	VF/R = 0V	-116	-87	-58	μA
BR pin						
H level input voltage	V_{IH} (BR)		2.0		V_{CC}	V
L level input voltage	V_{IL} (BR)		0		1.0	V
Input open voltage	V_{IO} (BR)		V_{CC}-0.5		V_{CC}	V
Hysteresis width	V_{IS} (BR)		0.15	0.25	0.35	V
H level input current	I_{IH} (BR)	VBR = V_{CC}	-10	0	10	μA
L level input current	I_{IL}(BR)	VBR = 0V	-116	-87	-58	μA

Package Dimensions unit : mm (typ)

3174C

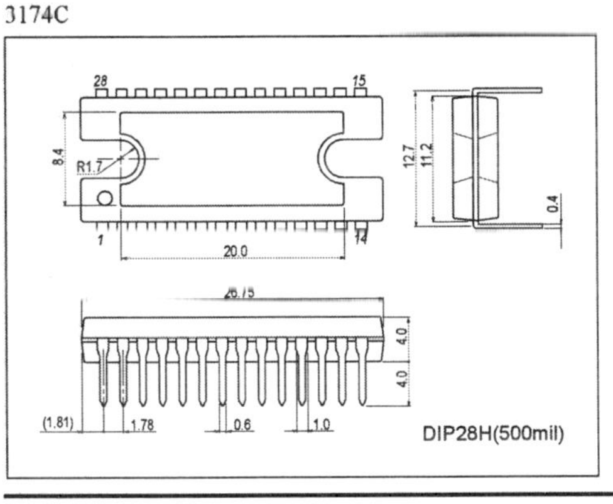

Pd max – Ta

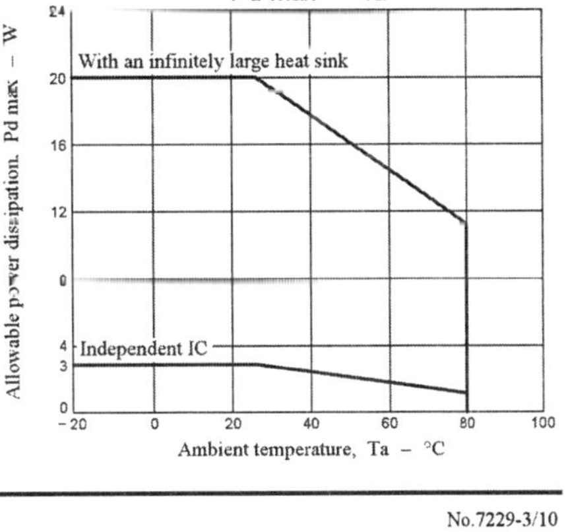

〈그림 A.1〉 BLDC 제어 전용 IC 소자 LB11920의 데이터 시트(3/10)

LB11920

Pin Assignment

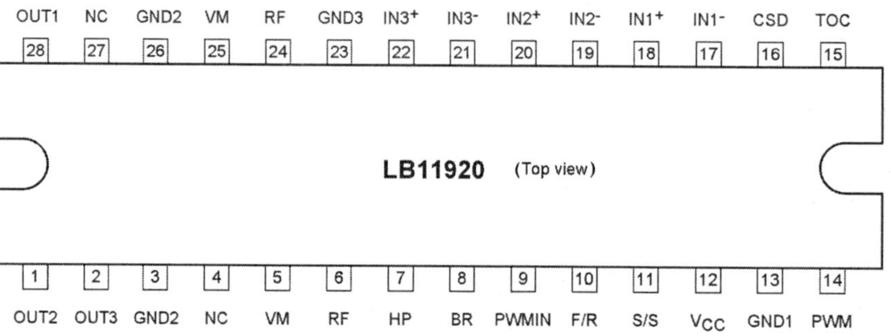

Truth Table

	Source / Sink	F/R = "L"			F/R = "H"		
		IN1	IN2	IN3	IN1	IN2	IN3
1	OUT2 → OUT1	H	L	H	L	H	L
2	OUT3 →OUT1	H	L	L	L	H	H
3	OUT3 → OUT2	H	H	L	L	L	H
4	OUT1 → OUT2	L	H	L	H	L	H
5	OUT1 → OUT3	L	H	H	H	L	L
6	OUT2 → OUT3	L	L	H	H	H	L

S/S pin

Input condition	Condition
H or open	Stop
L	Start

PWMIN pin

Input condition	Condition
H or open	Output OFF
L	Output O

BR pin

Input condition	Condition
H or open	-
L	Brake

The PWMIN pin must be held at the low-level voltage when this IC is operated with a voltage applied to the TOC pin.

〈그림 A.1〉 BLDC 제어 전용 IC 소자 LB11920의 데이터 시트(4/10)

LB11920

Block Diagram

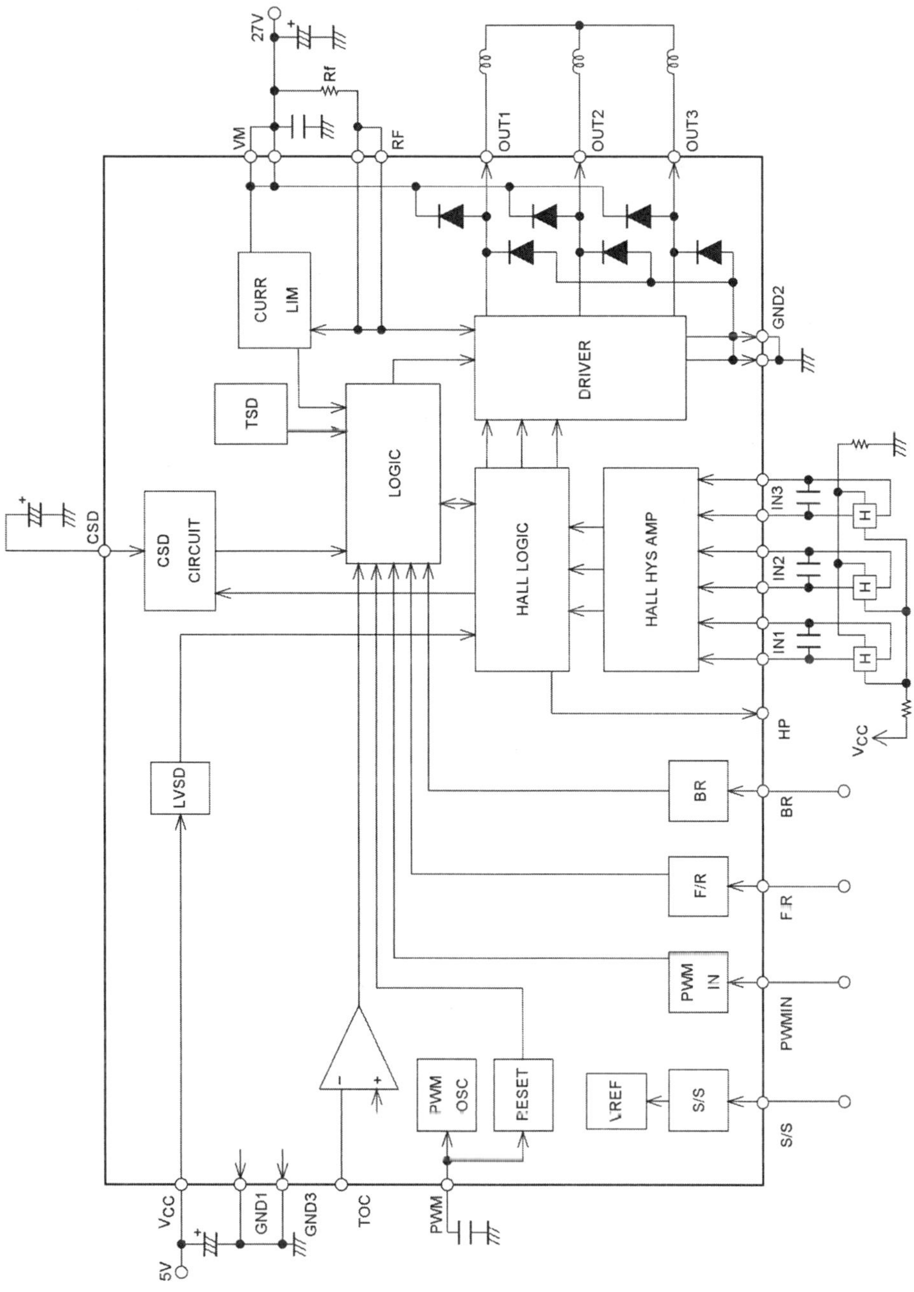

<그림 A.1> BLDC 제어 전용 IC 소자 LB11920의 데이터 시트(5/10)

LB11920

Pin Functions

Pin No.	Pin name	Function	Equivalent circuit
28 1 2	OUT1 OUT2 OUT3	Motor drive output pin.	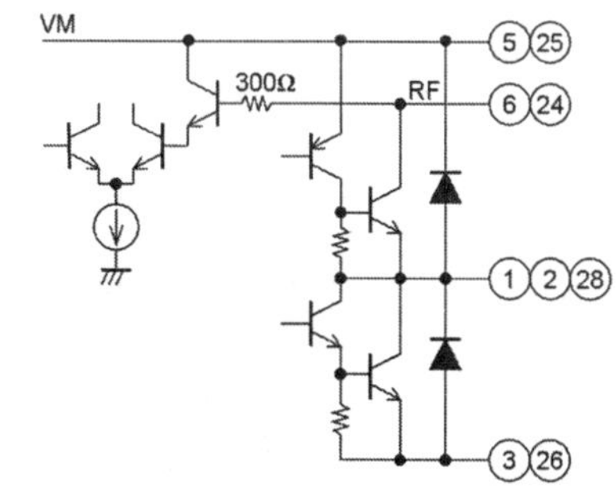
3, 26	GND2	Output GND pin.	
5, 25	VM	Power pin.	
6, 24	RF	Output Tr power and output current detector pins, which connect low resistance (Rf) to VM. The output current is limited to the current value set with $I_{OUT} = V_{RF}/Rf$.	
7	HP	Hall element signal three-phase composite output. Withstand voltage 35V max.	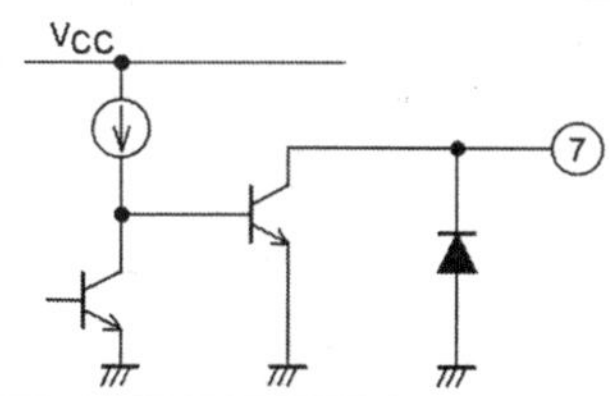
8	BR	Brake input pin. "L" for brake and "H" or open for normal rotation.	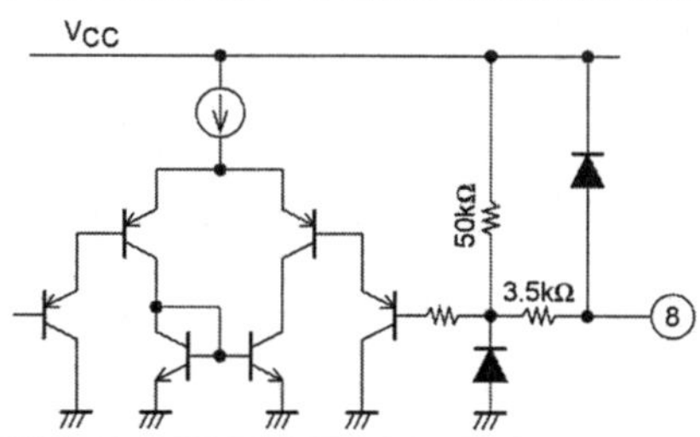
9	PWMIN	PWM pulse input pin. L for output drive and H or open for output OFF.	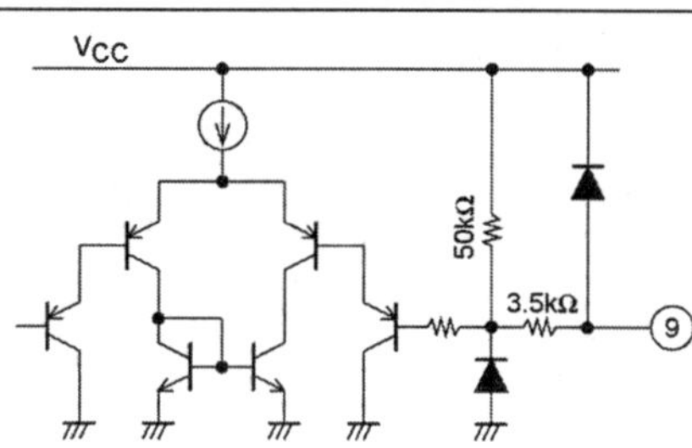
10	F/R	Forward/reverse input pin.	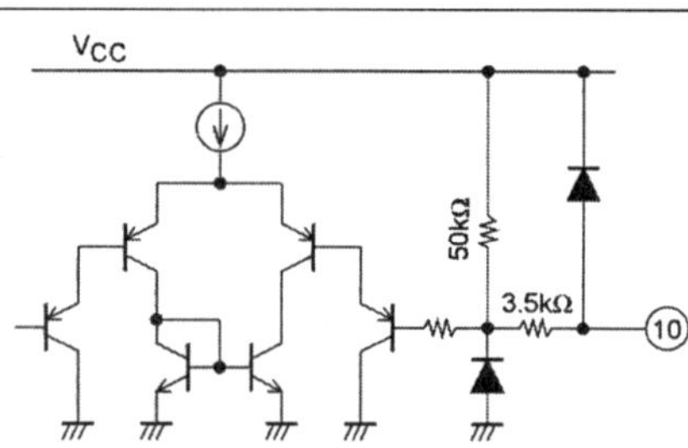

Continued on next page.

<그림 A.1> BLDC 제어 전용 IC 소자 LB11920의 데이터 시트(6/10)

LB11920

Continued from preceding page.

Pin No.	Pin name	Function	Equivalent circuit
11	S/S	Start/stop control pin. Start with L and stop with H or in the open condition.	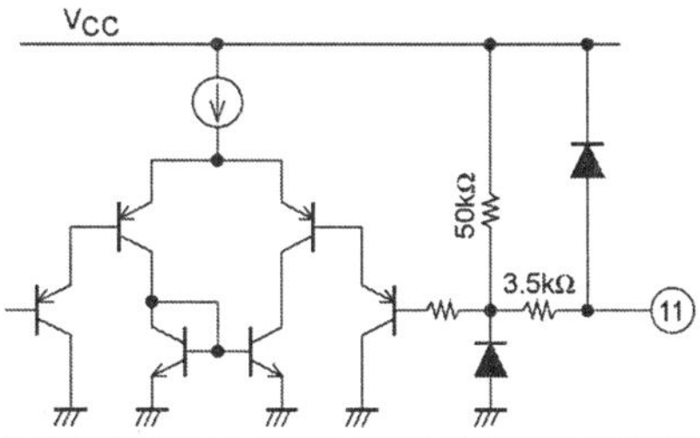
12	V_{CC}	Control circuit power pin.	
13	GND1	GND pin (control circuit block).	
14	PWM	Pin to set the PWM oscillation frequency. Connect a capacitor between this pin and GND.	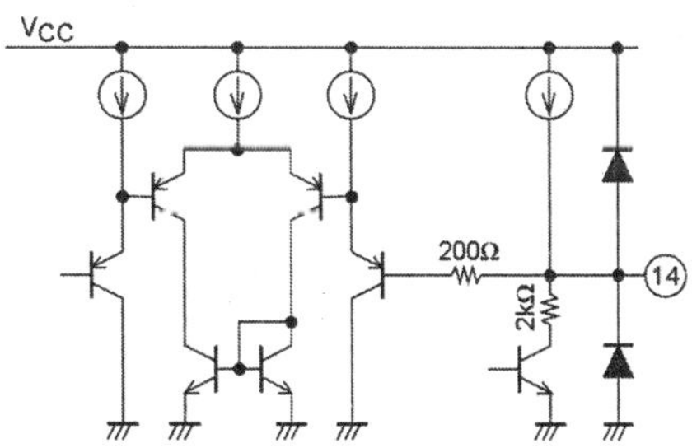
15	TOC	PWM waveform comparator pin. Normally use with "L" or open. To control the output duty by applying the voltage to this pin without using the PWMIN pin, set the PWMIN pin to "L".	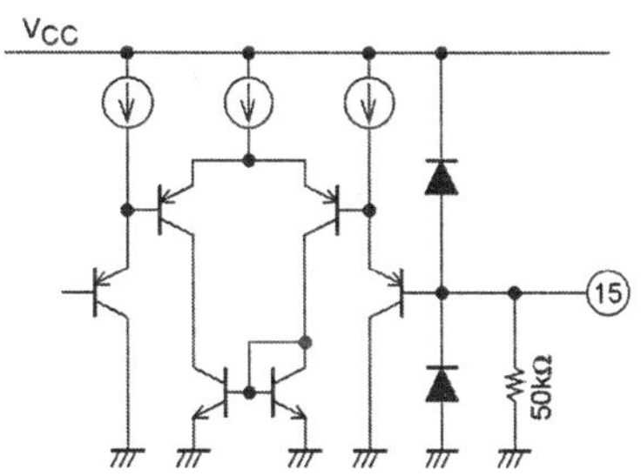
16	CSD	Pin to set the operation time of motor lock protection circuit. Insertion of a capacitor (about 10μF) between CSD and GND enables setting of the protection operation time of about 3.5sec.	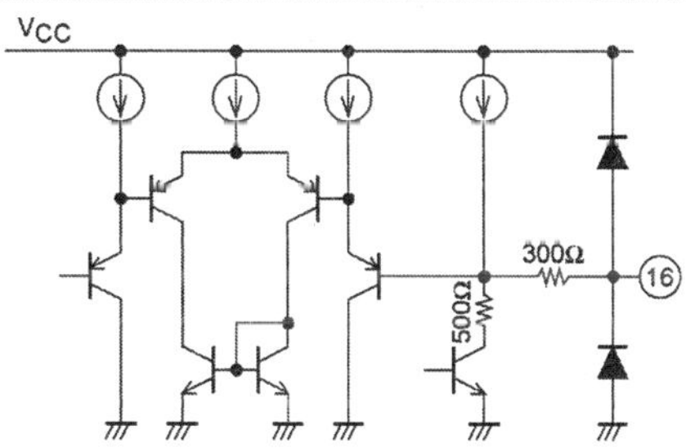

Continued on next page.

〈그림 A.1〉 BLDC 제어 전용 IC 소자 LB11920의 데이터 시트(7/10)

LB11920

Continued from preceding page.

Pin No.	Pin name	Function	Equivalent circuit
18 17 20 19 22 21	IN1+ IN1- IN2+ IN2- IN3+ IN3-	Hall amplifier input. IN+ > IN- is the input high state, and the reverse is the input low state. Connect a capacitor between the IN+ and IN- inputs if there is noise in the Hall sensor signals.	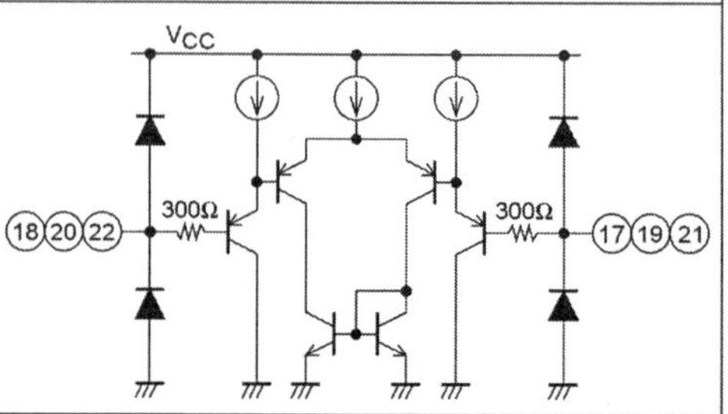
23	GND3	SUBGND pin to connect to GND1 that is GND of the control circuit.	
4 27	NC	NC pin that can be used for wiring.	

LB11920 Description

1. Output drive circuit

This IC is of a direct PWM drive type that suffers less power loss at the output.
On the basis of the signal ("H" level for OFF and "L" level for ON) entered in the PWMIN pin, the lower output Tr performs PWM switching, causing change in the motor drive power.
To control by means of the DC voltage, apply the voltage to the TOC pin (in this case, the PWMIN pin should be in the "L" level input condition). The TOC pin voltage is compared with the oscillation voltage of PWM pin, determining the duty. As the TOC pin voltage is lower, the output duty increases.

2. Hall input signal

For Hall input, entry of the signal whose amplitude is larger than the hysteresis width (50mV max) is necessary. Considering effects of noise and phase delay, entry of the amplitude of 120mVp-p (at differential input) or more is recommended.
When noise causes disturbance in the output waveform (at phase switching) or in the HP output (Hall signal three-phase composite output), insert a capacitor, etc. as near as possible to the pin between inputs to prevent such effects.
The Hall input is used as a signal for judgment of the input of the motor lock protection circuit. Though it is designed to ignore noise to a certain extent, due attention should be paid to check for incorrect operation of the protection circuit.
Both upper and lower outputs are OFF when all three-phases of Hall input signal are in the common-mode input condition.
When the Hall IC output is to be entered, entry of 0 - V_{CC} can be made for another single-side input by fixing either one side (+ or -) of input to the voltage within the common-mode input range with the Hall element used.

3. Current limiting circuit

The current limiting circuit performs limiting with the current determined from $I = V_{RF}/Rf$ (V_{RF} = 0.5Vtyp, Rf : current detector resistance) (that is, this circuit limits the peak current).
The control operation functions to reduce the on state duty of the output and thus reduce the current.
Switching during current limiting is made on the basis of the frequency oscillated with the PWM pin.
The PWM frequency is determined from the capacitance C (F) of capacitor connected to the PWM pin.

$$f_{PWM} \approx 1/(50000 \times C)$$

The PWM frequency of 15k to 25kHz is recommended. As PWM oscillation is used also as a clock signal of the internal logic circuit, its oscillation is necessary even in the application where current limiting is not needed.

4. Power save circuit

This IC enters the power save condition to decrease the current dissipation in the stop mode. In this condition, the bias current of most of circuits is cut off.

No.7229-8/10

<그림 A.1> BLDC 제어 전용 IC 소자 LB11920의 데이터 시트(8/10)

LB11920

5. Forward/backward changeover

The motor rotation can be changed over with the F/R pin. Following cautions should be observed when F/R changeover is to be made while the motor is running :

- The circuit incorporates a measure against the through current at a time of changeover. However it is necessary to take an appropriate measure to prevent the voltage from exceeding the rated voltage (35V) because of rising of the VM voltage at changeover (instantaneous return of the motor current to the power supply). When this is a problem, increase the capacitance of a capacitor between VM and GND.
- When the motor current after changeover is the current limit or more, the lower Tr is turned OFF. But the upper Tr enters the short-brake condition, and the current determined from the motor counter-electromotive voltage and coil resistance flows. It is necessary to prevent this current from exceeding the rated current (3.5A). (F/R changeover at high rotation speed is dangerous.)

6. Brake operation

Brake operation is made through setting of the BR pin to the "L" level. This operation consists of a short-brake operation in which all of lower outputs are turned OFF while all of upper outputs are turned ON. While the brake is operating, current limiting and motor lock protection circuits are not operative. Apply brake only when the current during operation does not exceed the rated current (3.5A).

The circuit incorporates a measure against the through current at a time of changeover. However it is necessary to take an appropriate measure to prevent the voltage from exceeding the rated voltage (35V) because of rising of the VM voltage at changeover (instantaneous return of the motor current to the power supply). When this is a problem, increase the capacitance of a capacitor between VM and GND.

7. Motor lock protection circuit

A motor lock protection circuit is incorporated for protection of IC and motor when the motor is locked.

The lower output Tr is turned OFF when the Hall input signal is not switched for a certain period in the motor drive condition.

The time is set by means of a capacity of a capacitor connected to the CSD pin.

Time setting of about 3.5sec is possible for the capacitance of 10μF. (Variance ±30%)

Set time (s) ≈ 0.35 × C (μF)

Due care must be taken on any leakage current in the capacitor used because it may adversely affect error of the set time, etc.

To cancel the motor lock protection condition, one of following steps must be taken :

- Stop mode
- Maintaining the output duty 0% condition through input of PWMIN or TOC for more than the period of tPWM × 8. (tPWM : IC internal PWM oscillation period)
- Power must be applied again (in the stop condition).

Connect the CSD pin to GND when the motor lock protection circuit is not to be used.

The motor lock protection active period at restart becomes shorter than the setting when the stop time to cancel motor lock protection is shorter because the charge of capacitor cannot be fully discharged. Therefore, it is necessary to provide a certain allowance to the stop period while referring to the following formula as a guideline.

Stop time (ms) ≥ 15 × C (μF)

8. Circuit for low-voltage protection

This circuit detects the voltage applied to the V_{CC} pin. When this voltage drops below the operation voltage (see the electric characteristics), the lower side output is turned OFF. To prevent repetition of output ON/OFF near the protection activation voltage, the hysteresis is provided. Accordingly, the output is not recovered unless the voltage rises by about 0.5V above the activation voltage.

9. HP output

For the HP output, the composite signal of three phases of Hall element signal is output. This is an open collector output. This can be used for the motor rotation detection signal, etc.

No.7229-9/10

<그림 A.1> BLDC 제어 전용 IC 소자 LB11920의 데이터 시트(9/10)

LB11920

10. Power supply stabilization

This IC has a large output current, which causes deviation of the power line readily. To ensure stability, it is necessary to insert a capacitor with sufficient capacitance between the VM pin and GND. To eliminate the high-frequency noise due to switching, insert a ceramic capacitor of about 0.1μF as near as possible to the pin between VM (pin 5) and GND 2 (pin 3).

When inserting diode in the power line to prevent breakdown due to reverse connection of power supply, select the sufficiently large capacitance because the power line tends to develop deviation readily.

The V_{CC} voltage that is a control power supply must also be fully stabilized by means of a capacitor when such voltage tends to fluctuate because of routing.

11. Routing of a printed circuit board

Two pins are provided for each of VM, RF, and GND2 pins where large current flows. On the printed circuit board, both of these pins should be connected and used. If the use of only one pin is possible in certain cases, use pins 3, 5, and 6.

GND3 that is a sub-GND (internal separation layer) should be connected with control GND or GND1 with the shortest possible wiring.

<그림 A.1> BLDC 제어 전용 IC 소자 LB11920의 데이터 시트(10/10)

AVR-8515 Kit

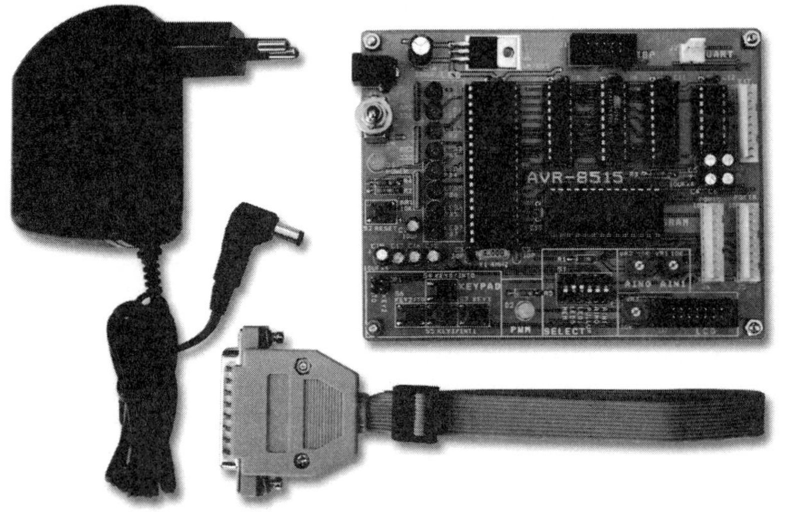

♣ 부품 SET 별도 판매

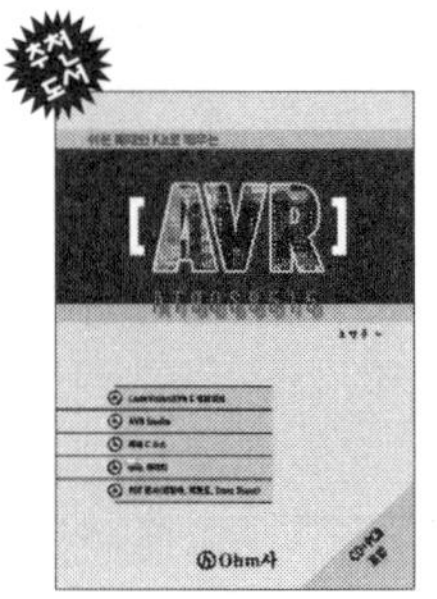

저 자 : 조영준
ISBN : 89-7101-717-1
판 형 : B5
쪽 수 : 301
가 격 : 25,000원

AVR-8515 KIT의 주요 사양

항 목	사 양	비 고
CPU	AT90S8515	4MHz 클럭 사용(8MHz 까지 가능)
메모리	RAM : 32K 바이트	선택적 사용
내장 주변장치	B 포트 : LED×8	선택적 사용
	D 포트 : LED×4	인터럽트와 연동 사용
	PWM	LED로 확인
	아날로그 입력	가변저항 이용
	직렬 포트 : RS232C	MAX232 내장
외부 인터럽트	RAM : 32K 바이트	스위치 입력
디스플레이	LCD : 16 문자 × 2줄	C 포트에 연결
전원	+9V ~ +12V 외부 전원 사용	아답터 잭, 5V 정전압 회로 내장
외부 인터페이스	ISP 케이블	프로그래밍용(PC의 프린터 포트에 연결)
PCB 외형	132×102mm 2층 에폭시 기판	

ATMEL사의 AVR 8 비트 RISC 프로세서인 AT90S8515의 기본적인 하드웨어 구조와 프로그래밍 연습을 해볼 수 있는 **쉽고 간단하며, 저렴한** Training KIT이다. 가장 기본적인 기능을 익히고 실험하는데 필요한 최소한의 하드웨어로 구성되어 초보자가 익히고 실험하기에 적합하다.

ISP 케이블과 CodeVisionAVR C 컴파일러를 이용하여 사용자가 작성한 프로그램을 PC로 다운로드하여 즉시 실험해 볼 수 있기 때문에 롬라이터와 같은 별도의 장비가 필요하지 않으며, 기본적인 사양만으로 설계되어 학생들이나 AVR을 익히려는 일반인이 사용하기 적합한 저가형 KIT이다.

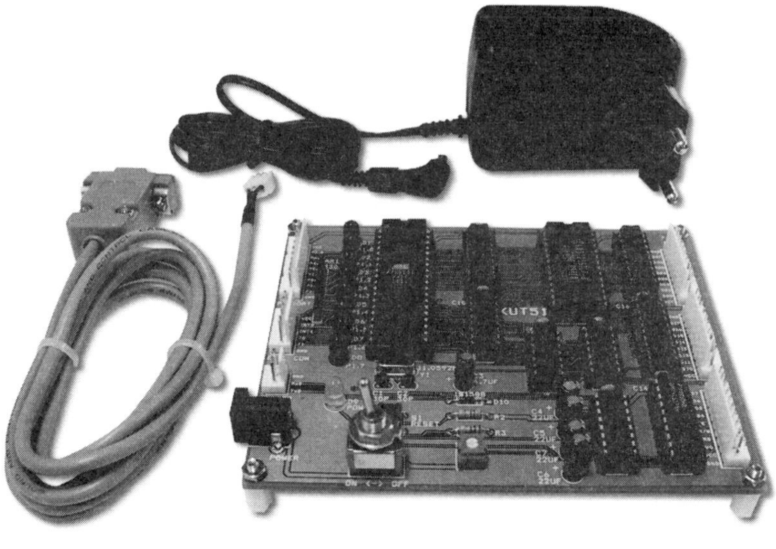

♣ 부품 SET 별도 판매

저 자 : 신동욱, 조영준
ISBN : 89-7101-718-X
판 형 : B5
쪽 수 : 382
가 격 : 28,000원

KUT-51 KIT의 주요 사양

항 목	사 양	비 고
CPU	AT89C51(ATMEL)	11.0592MHz 클럭 사용
메모리	FLASH : 4K 바이트	AT89C51에 내장
	RAM : 32K 바이트	프로그램 & 데이터 메모리로 사용
내장 주변장치	P1 포트 : LED×8	커넥터를 통해 외부와 연결 가능
	직렬 포트 : RS232C	MAX232 내장
디스플레이	LCD : 16문자 ×2줄	외부 커넥터에 연결
확장 커넥터	입력 : 8 비트	래치에 의한 입력
	출력 : 8 비트	래치에 의한 출력
	LCD : 8 비트	래치에 의한 출력 - 4비트 제어
	P1 포트 : 8 비트	P1 포트의 입출력 사용
	인터럽트 신호 : 4 비트	INIn, In 신호
	총 36비트	
전원	+5V의 외부 전원 사용	아답터 재, 6V 정전압 아답터 사용
프로그래밍	직렬 포트에 의한 다운로딩	모니터 프로그램 내장
PCB 외형	127×101mm 2층 에폭시 기판	

Intel의 MCS51과 100% 호환되는 ATMEL의 AT89C51을 사용한 KUT51 Training KIT는 8051을 배우고 익힐 수 있는 최소한의 기능을 내장하고 있다. 간단하게 구성되었기 때문에 가격이 저렴하고 크기가 작아 좁은 공간에서도 쉽게 사용할 수 있으며, 응용 실험을 할 수 있도록 외부 커넥터를 내장하여 사용자가 직접 구성한 외부 기기나 책의 응용예제에 사용된 보드 등을 제작 연결하여 실험해 볼 수 있도록 되어 있다. 또한, AT89C51 **내부의 플래시 메모리에 모니터 프로그램을 내장하고 있어서 별도의 롬라이터가 필요 없이 시리얼 포트를 통해서 프로그램을 다운로드하여 실행시켜 볼 수 있는 장점**이 있다.
KEIL-C 컴파일러 평가판을 사용하여 C언어와 어셈블러로 플그램을 연습할 수 있다.

OK-8051 Kit

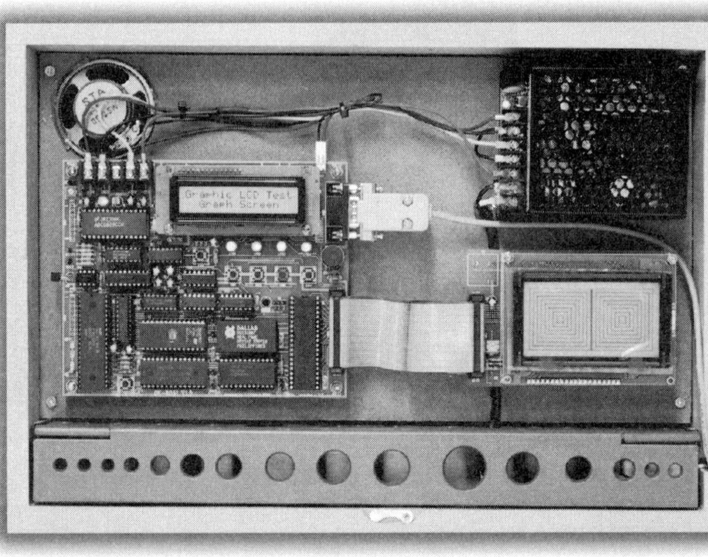

저 자 : 윤덕용
ISBN : 89-7101-715-5
판 형 : B5
쪽 수 : 870
가 격 : 30,000원

OK-8051 KIT의 주요 사양

항 목	사 양	비 고
CPU	89C52(12MHz)	12MHz 수정발진 모듈 사용
ROM	27C256-15(32 KB)	모니터 프로그램 및 응용 프로그램
RAM	62256-7(32 KB) (80C32에 내장된 256바이트는 별도)	사용자의 프로그램 및 데이터 저장
프로그램의 입력 및 실행	1. IBM PC의 직렬 포트를 사용하는 방법 (RS-232C 통신 에뮬레이터 DL51 기본 제공) 2. 키트에 ROM을 삽입하여 사용하는 방법 3. ROM 에뮬레이터를 사용하는 방법	1. 9핀 RS-232C 케이블 기본 제공 2. 모니터 프로그램 기본 내장 (트레이스 기능, 2개의 브레이크 포인트 기능, 역어셈블러 내장)
I/O	1. CPU가 직접 제어하는 I/O (1) RS-232C 직렬통신 포트(CN2) (2) +5V용 버저, 스피커 사운드 제어 (3) 스위치에 의한 사용자 인터럽트 (4) 포트1 콘넥터(CN3) 2. DS12C887 배터리 백업형 리얼타임 클럭 3. 82C54 타이머 (1) 외부 클럭 입력(CN4) (2) 스피커 출력(CN5) 4. 82C55 병렬 인터페이스 (1) 외부 병렬 입출력 콘넥터(CN4) (2) 4개의 키입력 스위치 및 상태표시 LED (3) 스텝 모터 제어 콘넥터(CN6) 5. 16자×2행 LCD 모듈 (backlight 가능) 6. ADC0809 8채널 8비트 A/D 컨버터 (1) 전압센서, 온도센서, 광센서 각 1개 (2) 4채널 아날로그 입력 콘넥터(CN7) 7. DAC0800 8비트 D/A 컨버터	1. 기본적인 주변 인터페이스용 LSI와 TTL 소자만을 사용하여 저렴한 가격으로 손쉽게 키트를 조립할 수 있도록 설계 2. A/D 입력 범위는 0V~+5V 3. D/A 출력 범위는 0V~+10V, -10V~+10V 중에서 선택 사용 4. 모니터 프로그램 사용시 9600, 19200 bps 중에서 선택 사용 5. 어셈블리 및 C언어로 작성된 수십가지의 응용 예제 프로그램을 기본으로 제공
전원	+5V, ±15V (또는 ±12V도 사용 가능)	±15V는 아날로그 회로에서만 사용
PCB	160×130mm 양면 에폭시 기판	

구입문의 : 학습기기 R&C사 / 도서출판 Ohm사 ✆ 02) 776-4868-9

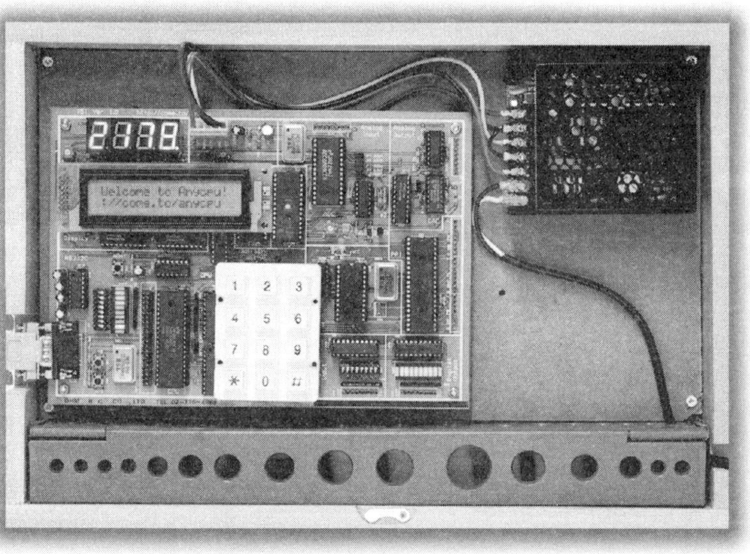

♣ PCB 별도 판매

저 자 : 박귀태, 이상락
ISBN : 89-7101-713-9
판 형 : B5
쪽 수 : 650
가 격 : 25,000원

T-51 KIT의 주요 사양

항 목	사 양	비 고
CPU	8051/8052 겸용 80C251 지원	11.0592MHz 15배 성능 향상
메모리	ROM : 32K 바이트 RAM : 32K 바이트	27C256, 플래시 사용 가능 62256
내장 주변장치	P1 포트 : LED×8, 스위치×8 직렬 포트 : RS232C 타이머/카운터 : 16비트×2	 MAX232 내장 입력 스위치 내장
외부 인터럽트	2채널	입력 스위치 내장
디지털 입출력 포트	디지털 입력 : 8채널, 스위치×8 내장 디지털 입력 : 8채널, LED×8 내장 PPI 8255 : 24채널 입출력	8핀 헤더 제공 8핀 헤더 제공 8핀 헤더×3 제공
디스플레이	7세그먼트 표시기 : 4자리 LCD 표시기 : 20자×2줄	숫자 표시용 80×2, 40×4 확장 가능
키패드	12키	전화기용, 64키 확장 가능
아날로그 입력 DAC	8채널 입력 입력범위 : 0~5[V] 분해능 : 8비트 변환시간 : 100usec 가변저항, Cds, 온도센서, DAC 루프백 내장	ADC0809 OpAmp 버퍼 내장 8핀 헤더 제공 LM35DZ
아날로그 출력 DAC	1채널 출력 출력범위 : 0~5 또는 ±10V[V] 안정시간 : 150nsec 슬루레이트 : 8mA/usec	DAC0800 OpAmp 버퍼 내장 8핀 헤더
전원	−12, 0, +12, 0, 5[V]	5핀 헤더
윈도우용 소프트웨어	문제출시, 풀이제시 프로그램 컴파일 통합환경 프로그램 다운로드 트레이스, 실행 직렬통신 터미널, 그래픽 터미널	AnyCpu Tutor 제공 Keil사 제공 AnyCpu Tutor 제공 Os51.hex 제공 AnyCpu Tutor 제공

OK-196 Kit

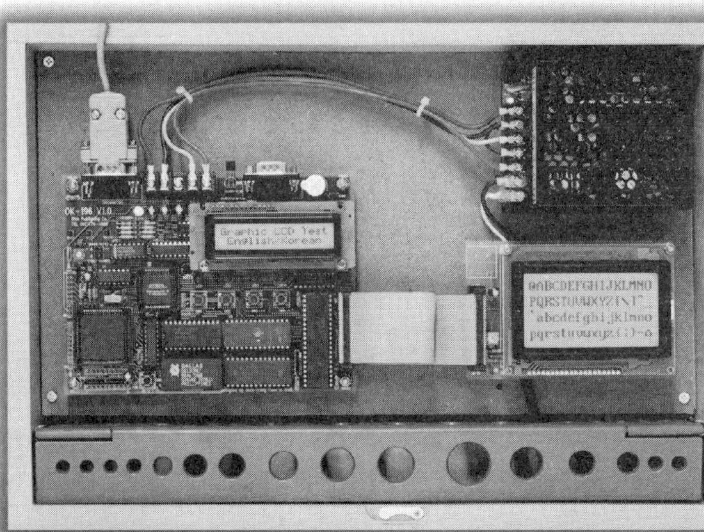

♣ PCB 별도 판매

저 자 : 윤덕용
ISBN : 89-7101-726-0
89-7101-727-9
판 형 : B5
쪽 수 : 808/535
가 격 : 33,000/28,000원

OK-196 KIT의 주요 사양

항 목	사 양	비 고
CPU	N80C196KC20(20MHz)	20MHz 수정발진자 사용
ROM	27C256-15(32 KB)	모니터 프로그램 및 응용 프로그램
RAM	62256-7(32 KB) (80C196KC에 내장된 488바이트는 별도)	사용자의 프로그램 및 데이터용
프로그램의 입력 및 실행	1. IBM PC의 직렬 포트를 사용하는 방법 2. 키트에 ROM을 삽입하여 사용하는 방법 3. ROM 에뮬레이터를 사용하는 방법	1. 9핀 RS-232C 케이블 기본 제공 2. 모니터 프로그램 기본 내장 (트레이스 기능, 4개의 브레이크 포인트 기능, 역어셈블러 내장)
I/O	1. CPU가 직접 제어하는 I/O (1) +5V용 버저, 온도센서, 전압센서 (2) RS-232C 직렬통신 포트(CN3) (3) 스텝/서보 모터 제어 콘넥터(CN5) (4) 포트1 콘넥터(CN6) (5) HSI/HSO 콘넥터(CN7) (6) 6채널 아날로그 입력 콘넥터(CN8) 2. 1채널 8비트 D/A 컨버터(DAC0800) 3. 8255A 병렬 인터페이스 (1) 4개의 키입력 스위치 (2) 4개의 상태표시 LED (3) 외부 병렬 입출력 콘넥터(CN4) 4. 8251A 및 RS-232C 포트(CN2, 모니터 전용) 5. 8254 타이머 및 스피커(CN9) 6. 16자×2행 LCD 모듈 (backlight 기능) 7. DS12887 배터리 백업형 리얼타임 클럭	1. EPLD를 사용하여 컴팩트하고 유연한 인터페이스 설계 2. A/D 입력 범위는 0V~+5V 3. D/A 출력 범위는 0~+10V, -10V~+10V중에서 선택 사용 4. 모니터 프로그램 사용시 9600, 19200 bps 중에서 선택 사용 5. 어셈블리 및 C언어로 작성된 수십가지의 응용 예제 프로그램을 기본으로 제공
전원	+5V, ±15V (또는 ±12V도 사용 가능)	±15V는 아날로그 회로에서만 사용
PCB	163×120mm 4층 에폭시 기판	

구입문의 : 학습기기 R&C사 / 도서출판 Ohm사 ✆ 02) 776-4868-9

저 자 : 김대근, 정순배 외
ISBN : 89-7101-725-2
판 형 : B5
쪽 수 : 770
가 격 : 33,000원

MDS-196 KIT의 주요 사양

항 목	사 양	비 고
CPU	N80C196KC20(20MHz)	
ROM	27C256-15(32 KB)	
RAM	62256-7(32 KB) (80C196KC에 내장된 488바이트는 별도)	
프로그램의 입력 및 실행	1. IBM PC의 직렬 포트를 사용하는 방법 2. 키트에 ROM을 삽입하여 사용하는 방법	
I/O	1. 기본 입출력 기판 (1) 출력 장치-LCD 모듈 (2) 입력 장치-키패드 2. 응용 보드 (1) 소형 DC 모터 제어 회로 (2) 스텝 모터 구동 회로 (3) AD 변환기 - 광센서 - 온도센서 - 가변저항 3. 다양한 시스템 응용을 위한 입출력 인터페이스 보드	 16문자×2줄 LCD 사용 16진 숫자 입력 스위치 16개 제어 입력 스위치 3개 PWM을 이용한 속도 제어 고속 출력(HSO)를 이용한 구동회로 고속 입력(HSI) 기능을 이용 포토 TR과 적외선 LED 사용 CdS 광센서 사용 외부 확장용 전원 회로 포함
전원	+12V(외부 입력 전압), +5V(정전압 회로 내장)	+12V는 모터 제어에 사용

TMS-31 Kit

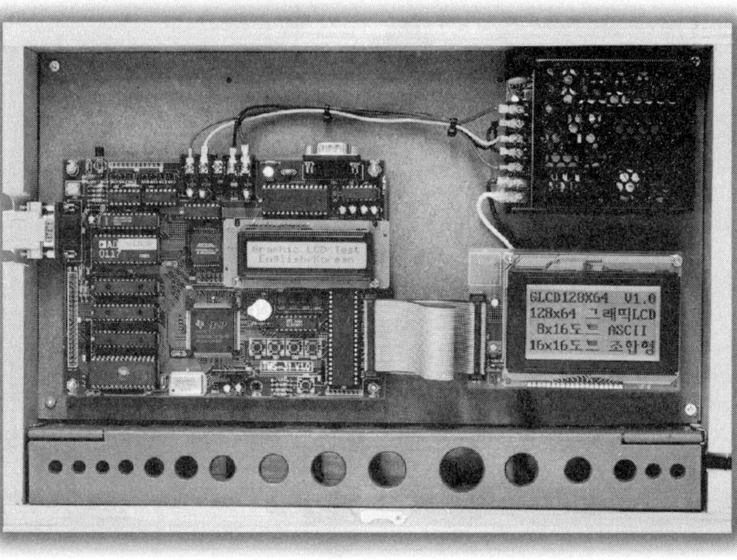

♣ 중간형 별도 판매
PCB+CPU+EPLD

저 자 : 윤덕용
ISBN : 89-7101-750-3
판 형 : B5
쪽 수 : 636
가 격 : 30,000원

TMS-31 KIT의 주요 사양

항 목	사 양	비 고
DSP	TMS320C31PQL-40 (40MHz)	40MHz 수정발진 모듈사용
ROM	27C256(32 KB) 또는 27C512(64KB)	PCB 진단 및 각종 응용 프로그램
RAM	68257-15(32 KB)×4개= 32K 워드 (TMS320C31에 내장된 2K 워드는 별도)	사용자의 프로그램 및 데이터용
프로그램의 입력 및 실행	1. XDS-510 에뮬레이터를 사용하는 방법 2. 내장 ROM을 사용하는 방법 3. IBM PC의 프린터포트를 사용하는 방법	1. 에뮬레이터용 콘넥터 내장 2. 예제가 포함된 27C256 기본 제공 3. 프린터포트용의 케이블 기본 제공
A/D 컨버터	12비트 MAX122 1개 (5MHz, 2.6μs) 8채널 아날로그 스위치 (1) 4개 채널은 콘넥터로 아날로그 입력 (2) 반고정 저항에 의한 -5V~+5V 입력 (3) 온도센서 LM35DZ 입력 (4) 2개 채널은 D/A 컨버터의 출력을 입력	1. 아날로그 입력 범위는 -5V~+5V 2. 아날로그 출력 범위는 -5V~+5V 3. 내장된 D/A 컨버터의 출력을 A/D 컨버터 에 입력함으로써 외부에 별도의 함수발생기 를 사용하지 않고 신호처리 실험이 가능
D/A 컨버터	12비트 AD664 (4채널 전압 출력) (1) 4개 채널 모두 콘넥터로 외부출력 (2) 2개 채널은 A/D 컨버터에 입력 가능	
기타 I/O	1. 시스템 확장용 콘넥터 2. 8255A 1개 내장 (1) 16자×2행 LCD 모듈 (backlight 가능) (2) buzzer (3) 4개의 상태표시용 LED (4) 4개의 입력키 (5) 8255A를 통한 외부 입출력 콘넥터 3. 8251A 및 MAX232 내장 외부와 RS-232C 직렬통신 4. 직류 서보모터 제어를 위한 콘넥터	
전원	+5V, ±15V (또는 ±12V)	±15V는 A/D, D/A 컨버터에서 사용
PCB	180×130mm 4층 에폭시 기판	

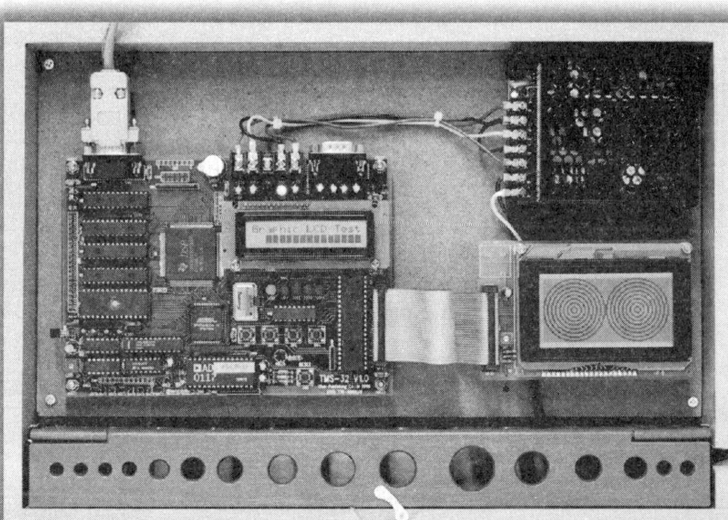

♣ 중간형 별도 판매
PCB+CPU+EPLD

추천도서

저 자 : 윤덕용
ISBN : 89-7101-751-1
판 형 : B5
쪽 수 : 768
가 격 : 33,000원

TMS-32 KIT의 주요 사양

항 목	사 양	비 고
DSP	TMS320C32PCM50 (50MHz) 기본사양 TMS320C32PCM40 (40MHz)도 사용가능	50MHz 수정발진 모듈사용 40MHz 수정발진 모듈사용
ROM	27C512-15(64KB)	PCB 진단 및 각종 응용 프로그램
RAM	KM68257-15(32 KB)×4개= 32K 워드 (TMS320C32에 내장된 512 워드는 별도)	사용자의 프로그램 및 데이터용
프로그램의 입력 및 실행	1. IBM PC의 프린터 포트를 사용하는 방법 2. 키트에 내장된 ROM을 사용하는 방법 3. XDS510 에뮬레이터를 사용하는 방법	1. 에뮬레이터용 콘넥터 내장 2. 예제가 포함된 27C256 기본 제공 3. 프린터포트용의 케이블 기본 제공
A/D 컨버터	12비트 MAX122BCNG 1개 (5MHz, 2.6μs) 8채널 아날로그 스위치 (1) 4개 채널은 콘넥터로 아날로그 입력 (2) 내장 온도센서 LM35D 입력 (3) 내장 광센서 Cds 입력 (4) 내장 가변 저항에 의한 -5V~+5V 입력 (5) 1개 채널은 A/D 컨버터의 출력을 입력	1. 아날로그 입력 범위는 -5V~+5V 2. 아날로그 출력 범위는 -5V~+5V 3. D/A 컨버터의 출력을 A/D 컨버터에 다시 입력함으로써 외부에 별도의 함수발생기를 사용하지 않고 신호처리 실험이 가능
D/A 컨버터	12비트 AD664JN-BIP (4채널 전압 출력) (1) 4개 채널 모두 콘넥터로 외부출력 (2) 1개 채널은 A/D 컨버터에 입력 가능	4. 각종 응용 프로그램 기본 제공
기타 I/O	1. DSP가 직접 제어하는 I/O (1) +5V용 버저 (2) 1개의 동작 테스트용 LED (3) 직류 서보모터 제어를 위한 콘넥터 2. 8255A 1개 내장 (1) 16자×2행 LCD 모듈 (backlight 가능) (2) 4개의 상태표시용 LED (3) 4개의 키 입력 스위치 (4) 외부 병렬 입출력 콘넥터 3. 8251A 및 MAX232 내장 외부와 RS-232C 직렬통신 4. 시스템 I/O 확장용 콘넥터	각종 응용 프로그램 기본 제공
전원	+5V, ±15V (또는 ±12V)	±15V는 A/D, D/A 컨버터에서 사용
PCB	180×130mm 4층 에폭시 기판	

OK-128 Kit

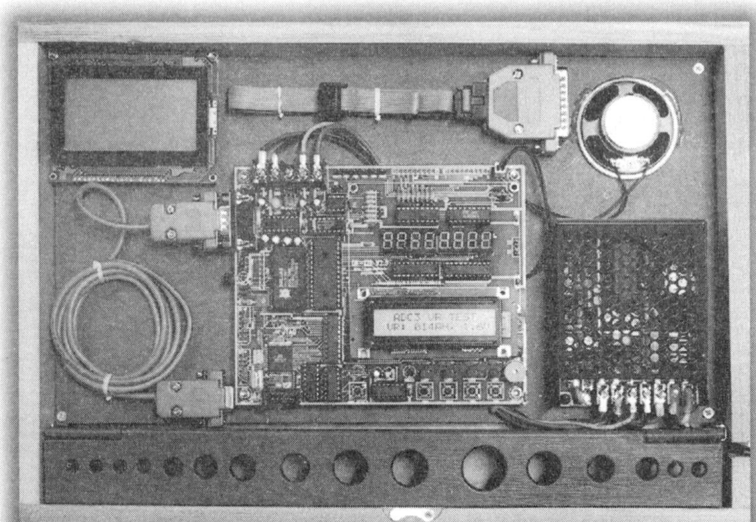

♣ PCB 별도 판매
(CPU 포함)

저 자 : 윤덕용
ISBN : 89-7101-765-1
판 형 : B5
쪽 수 : 920
가 격 : 38,000원

OK-128 KIT의 주요 사양

항 목	사 양	비 고
CPU	ATmega128-16AI(16MHz)	16MHz 수정발진자 사용
ROM	CPU에 내장된 128KB의 플래시 메모리	프로그램 저장
외부 RAM	62256-7(32 KB) (CPU에 내장된 4KB는 별도)	사용자 데이터 저장
프로그램의 입력/실행	1. JTAG ICE 에뮬레이터를 사용하는 방법 2. AVR ISP와 병렬 포트를 사용하는 방법 3. 기타 ISP와 직렬 포트를 사용하는 방법	1. 병렬포트형 AVR ISP 케이블 제공 (직렬포트형과 USB 포트형은 옵션) 2. 테스트 프로그램 기본 제공
I/O	1. CPU 프로그램용 콘넥터 (1) AVR ISP용 10핀 DIP 콘넥터(CN2) (2) JTAG ICE용 10핀 DIP 콘넥터(CN3) 2. CPU가 직접 제어하는 I/O (1) 2개의 RS-232C 직렬포트(CN4, CN5) (2) 4개의 키입력 스위치(SW1~SW4) (3) 4개의 상태표시 LED(LED1~LED4) (4) +5V용 버저 (5) 스피커 사운드 출력(CN6) (6) LM35D에 의한 온도센서(ADC1, ADC2) (7) 가변저항에 의한 전압센서(ADC3) (8) DAC0800 8비트 D/A 컨버터 (9) AT93C56 및 AT24C16 직렬 EEPROM (10) 도트 매트릭스 LED 접속(CN10) (11) 병렬 I/O 포트 확장 콘넥터(CN9) 3. 16자×2 문자 텍스트형 LCD 모듈 4. 128×64 도트 그래픽형 LCD 모듈 5. 8개의 7세그먼트 LED 6. DS12C887 배터리 백업형 리얼타임 클럭 7. 8비트 병렬출력 인터페이스(CN7) 8. 스텝모터 구동 인터페이스(CN8)	 STK200/300의 AVR ISP 표준 Atmel사의 JTAG ICE 표준 RS-232C 통신 케이블 기본 제공 A/D 입력 범위는 0V~+5V 0V~+10V, -10V~+10V 중에서 선택 화면밝기 조절 및 백라이트 기능 포함 화면밝기 조절 및 백라이트 기능 포함 ULN2803 출력
전원	+5V, ±15V (또는 ±12V도 사용 가능)	±15V는 아날로그 회로에서만 사용
PCB 외형	160×130mm 양면 에폭시 기판	

☞ 이것은 *OK-128*키트와 *OK-64*키트 겸용이므로 ATmega64-16AI를 조립하면 *OK-64*키트가 된다.

구입문의 : 학습기기 R&C사 / 도서출판 Ohm사 ✆ 02) 776-4868-9

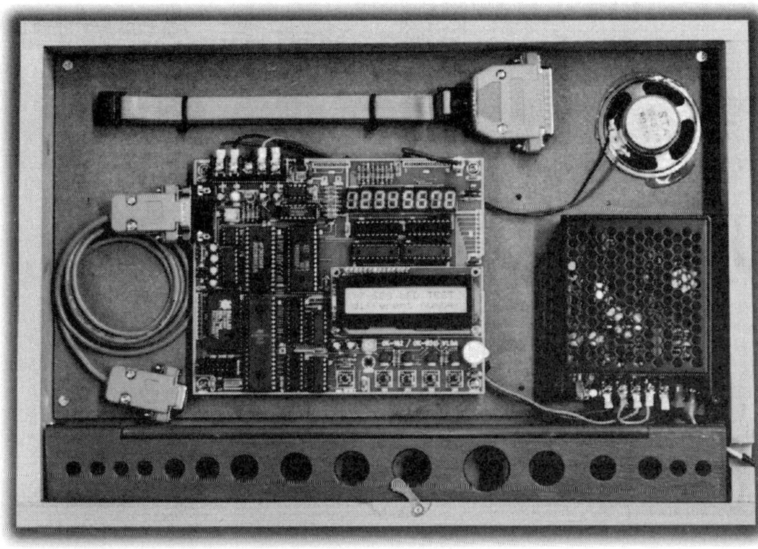

♣ PCB 별도 판매
(MPU 장착)

저 자 : 윤덕용
ISBN : 89-7101-759-7
판 형 : B5
쪽 수 : 726
가 격 : 32,000원

OK-162 KIT의 주요 사양

항 목	사 양	비 고
CPU	ATmega162-16PI(16MHz)	16MHz 수정발진자 사용
ROM	CPU에 내장된 16KB의 플래시 메모리	프로그램 저장
외부 RAM	62256-7(32 KB) (CPU에 내장된 1KB는 별도)	사용자 데이터 저장
프로그램의 입력/실행	1. AVR ISP와 병렬 포트를 사용하는 방법 2. 기타 ISP와 직렬 포트를 사용하는 방법 3. JTAG ICE 에뮬레이터를 사용하는 방법	1. AVR ISP 케이블 기본 제공 2. 응용 프로그램 기본 제공 (☞ JTAG 콘넥터는 사용자가 조립)
I/O	1. CPU 프로그램용 콘넥터 (1) AVR ISP용 10핀 DIP 콘넥터(CN2) (2) JTAG용 콘넥터는 사용자가 조립해야 함 2. CPU가 직접 제어하는 I/O (1) 포트 B 및 포트 D 확장 콘넥터(CN3) (2) 2개의 RS-232C 직렬포트(CN4, CN5) (3) 4개의 키입력 스위치(SW1~SW4) (4) 4개의 상태표시 LED(LED1~LED4) (5) +5V용 버저, 스피커 사운드 출력(CN6) (6) DAC0800 8비트 D/A 컨버터 (7) SPI 직렬통신에 의한 시리얼 EEPROM (8) 아날로그 비교기(J2, J3) 3. CPU 외부의 확장 I/O (1) 16자×2 문자 텍스트형 LCD 모듈 (2) 8개의 7세그먼트 LED (3) 8비트 병렬출력 인터페이스(CN7) (4) 스텝모터 구동 인터페이스(CN8) (5) DS12C887 베터리 백업형 리얼타임 클럭 (6) 8비트 8채널 A/D 컨버터 ADC0809 - 전압센서(VR1), 온도센서(LM35), 광센서(CdS) - 4채널 A/D 입력 콘넥터(CN9)	STK200/300의 AVR ISP 표준 RS-232C 통신 케이블 기본 제공 0V~+10V, -10V~+10V 중에서 선택 화면밝기 조절 및 백라이트 기능 포함 ULN2803 출력 A/D 입력 범위는 0V~+5V
전원	+5V, ±15V (또는 ±12V도 사용 가능)	±15V는 아날로그 회로에서만 사용
PCB 외형	160×130mm 양면 에폭시 기판	

☞ *OK-162* 키트는 *OK-8515* 키트와 PCB를 공통으로 사용한다.

OK-8515 Kit

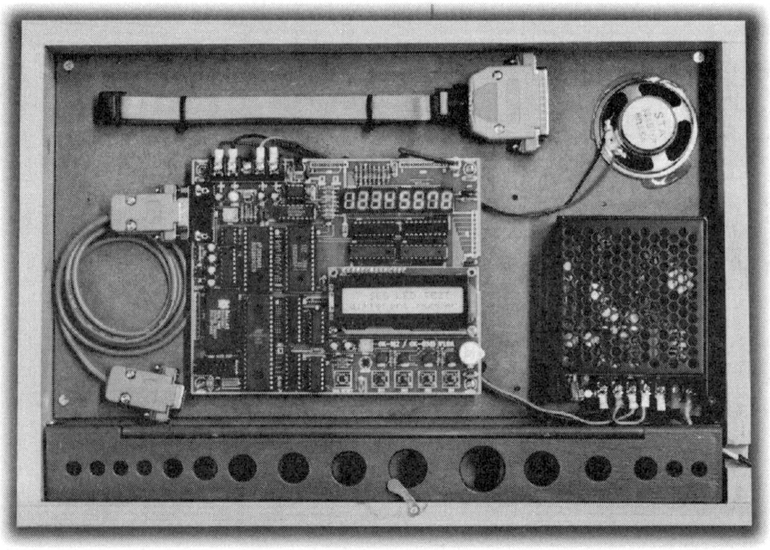

♣ PCB 별도 판매

저 자 : 윤덕용
ISBN : 89-7101-762-7
판 형 : B5
쪽 수 : 692
가 격 : 28,000원

OK-8515 KIT의 주요 사양

항 목	사 양	비 고
CPU	ATmega8515-16PI(16 MHz)	16 Mhz 수정발진자 사용
ROM	CPU에 내장된 8KB의 플래시 메모리	프로그램 저장
외부 RAM	62256-7(32 KB) (CPU에 내장된 512바이트는 별도)	사용자 데이터 저장
프로그램의 입력/실행	1. AVR ISP와 병렬 포트를 사용하는 방법 2. 기타 ISP와 직렬 포트를 사용하는 방법	1. AVR ISP 케이블 기본 제공 2. 응용 프로그램 기본 제공
I/O	1. CPU 프로그램용 콘넥터	
	AVR ISP용 10핀 DIP 콘넥터(CN2)	STK200/300의 AVR ISP 표준
	2. CPU가 직접 제어하는 I/O	
	(1) 포트 B 및 포트 D 확장 콘넥터(CN3)	
	(2) 1개의 RS-232C 직렬포트(CN4)	RS-232C 통신 케이블 기본 제공
	(3) 4개의 키입력 스위치(SW1~SW4)	
	(4) 4개의 상태표시 LED(LED1~LED4)	
	(5) +5V용 버저, 스피커 사운드 출력(CN6)	
	(6) DAC0800 8비트 D/A 컨버터	0V~+10V, -10V~+10V 중에서 선택
	(7) SPI 직렬통신에 의한 시리얼 EEPROM	
	(8) 아날로그 비교기(J2, J3)	
	3. CPU 외부의 확장 I/O	
	(1) 16X2 문자 텍스트형 LCD 모듈	화면밝기 조절 및 백라이트 기능 포함
	(2) 8개의 7세그먼트 LED	
	(3) 8비트 병렬출력 인터페이스(CN7)	
	(4) 스텝모터 구동 인터페이스(CN8)	ULN2803 출력
	(5) DS12C887 배터리 백업형 리얼타임 클럭	
	(6) 8비트 8채널 A/D 컨버터 ADC0809 -전압센서(VR1), 온도센서(LM35), 광 센서(CdS) -4채널 A/D 입력 콘넥터(CN9)	A/D 입력 범위는 0V~+5V
전원	+5V, ±15V (또는 ±12V도 사용 가능)	±15V는 아날로그 회로에서만 사용
PCB 외형	160×130mm 양면 에폭시 기판	

☞ *OK-8515* 키트는 *OK-162* 키트와 PCB를 공통으로 사용한다.

OK-89S52 KIT의 주요 사양

항 목	사 양	비 고
CPU	AT89S52-24PC 또는 AT89S52-24PI (AT89S51이나 AT89S8253도 사용 가능)	24MHz 수정발진자 사용
ROM	1. CPU에 내장된 8KB의 플래시 메모리 2. 외부 확장 27C256 또는 29C256(32KB)	사용자 프로그램용
RAM	CPU에 내장된 256 바이트	스택 및 데이터 저장용
프로그램의 입력/실행	1. 병렬포트형 AT89ISP를 사용(Atmel 표준) 2. 병렬포트형 AVR ISP를 사용 3. 직렬포트형 AVR ISP를 사용 4. USB포트형 AVR ISP를 사용	1. AT89S ISP 케이블(Atmel 호환) 2. AVR-ISP Parallel 케이블(기본 제공) 3. AVR-ISP Studio/STK500 케이블 4. USB-ISP 케이블
I/O	1. CPU가 직접 제어하는 I/O	
	(1) RS-232C 직렬통신 포트(CN4)	
	(2) +5V용 버저	
	(3) 스피커 사운드 출력(CN5)	
	(4) 4개의 키입력	
	(5) 스위치에 의한 사용자 인터럽트(SW2)	
	(6) AT89S ISP 케이블 접속용 콘넥터(CN2)	
	(7) AVR ISP 케이블 접속용 콘넥터(CN3)	
	2. 외부 확장 I/O	
	(1) 16×2행 텍스트형 LCD 모듈	backlight 기능 사용 가능
	(2) 8글자의 7세그먼트 LED	
	(3) 4개의 상태표시 LED	
	(4) ADC0809 8채널 8비트 A/D 컨버터	A/D 입력 범위는 0V~+5V
	- 전압센서, 온도센서, 조도센서 각 1개	
	- 4채널 아날로그 입력 콘넥터(CN6)	
	(5) DAC0800 8비트 D/A 컨버터	D/A 출력 범위는 0V~+10V,
	(6) DS12C887 배터리 백업형 리얼타임 클럭	-10V~+10V 중에서 선택 사용
전원	+5V, ±15V (또는 ±12V도 사용 가능)	±15V는 아날로그 회로에서만 사용
PCB 외형	160×130mm 양면 에폭시 기판	

▲
KUT-128 인터페이스 보드 + MCU 보드 장착

MCU 보드 ▶ 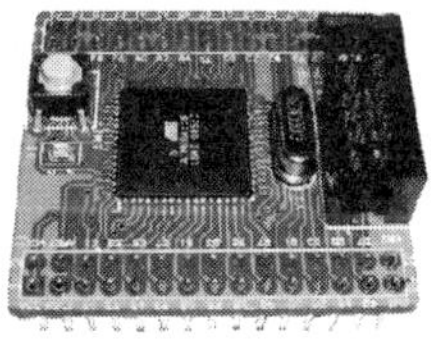

♣ 상품 구성
Interface 보드+CPU 보드(Full Set) 판매
Interface 보드 별도 판매
MCU 보드 별도 판매

저 자 : 신동욱/오창헌 공저
ISBN : 89-7101-768-6
판 형 : B5
쪽 수 : 380
가 격 : 20,000원

KUT-128 KIT의 주요 사양

항 목	사 양	비 고
MCU	ATmega128	16MHz 클럭 사용
내장 주변장치	• 포트 B, F : 7-Segment × 4 • 포트 C : LED × 8 • 포트 E : 스위치 × 4 • PWM 출력 • 아날로그 입력 비교 • A/D변환 2 입력	• 동적 구동 • 선택적 사용 • 인터럽트와 연동 사용 • LED로 확인 • 가변 저항 이용 • 가변저항 이용
전원	+5V	아답터 잭
외부 인터페이스	• 포트 A 커넥터 • 포트 C 커넥터 • 포트 G 커넥터 • RS-232 커넥터 • LCD 커넥터 • ISP 커넥터	• 5V, PA0-PA7, GND(10핀) • 5V, PC0-PC7, GND(10핀) • 메모리, I/O 확장 제어신호(10핀) • MAX232 내장(3핀) • 4비트 데이터 버스 방식 (16문자 × 2라인 LCD 사용) • ISP 케이블 제작 필요 (또는 Ohm사 별매품 이용 가능)
PCB 외형	KUT-128 MCU 보드 : 38mm × 40mm KUT-128 인터페이스 보드 : 142mm × 104mm	2층 에폭시 기판 2층 에폭시 기판

KUT-128 완성 보드는 Atmel사의 AVR 8비트 RISC 프로세서인 ATmega128 MCU 보드와 인터페이스 보드로 구성되며, ATmega128의 기본적인 기능을 익히고 실험하는데 필요한 최소한의 하드웨어로 구성된 **쉽고 간단하며, 저렴한 트레이닝 키트**이다. 기존의 트레이닝 키트와는 달리 많은 주변기기를 내장하고 있지 않기 때문에 크기가 작아서 PC 옆에 놓고 사용하기에도 편리하다. 그리고 어느 정도의 기본 학습이 끝나면, 단순한 교육용 키트가 아니라 독자 여러분이 제작하는 졸업작품 또는 응용 시스템의 메인 CPU 보드로도 손쉽게 이용할 수가 있다. 책에서 소개된 ISP 케이블과 *CodeVisionAVR C* 컴파일러를 이용하여 사용자가 작성한 프로그램을 PC로부터 다운로드 하여 즉시 실험해 볼 수 있기 때문에 롬라이터와 같은 별도의 장비가 필요하지 않다.

♣ PCB 포함

저 자 : 윤덕용
ISBN : 89-7101-760-0
판 형 : B5
쪽 수 : 798
가 격 : 43,000원

그래픽 LCD 확장보드의 주요 사양

항 목	사 양	비 고
해상도	128×64 도트, 단색	
사용 가능 LCD 모듈	(1) 삼성 SDI UG-13B04-SEAT5-2 (2) 현대 LCD HG12605NY-LY (3) 기타 이와 호환되는 그래픽형 LCD 모듈	EL 백라이트형 LED 백라이트형
접속 가능 키트	(1) *OK-8051* 키트 (2) *OK-196* 키트 (3) *TMS-31* 키트 (4) *TMS-32* 키트	
인터페이스 방법	(1) 82C55A를 사용하여 구동 (2) HIF3F-30PA-2.54DSA 콘넥터를 사용	
전원	키트에서 공급되는 +5V (LCD 모듈 내부에서 -10V를 만들어 사용)	30핀(전원 포함) EL 백라이트형은
PCB 외형	114×75 mm 양면 에폭시 기판	인버터 사용

그래픽형 LCD 모듈 확장보드 *GLCD128X64*는 *OK-8051* **키트**, *OK-196* **키트**, 그리고 *TMS-31/32* **키트**에 128×64 해상도의 그래픽형 LCD 모듈을 확장하여 사용할 수 있는 제품이다.

이들 키트에는 모두 16자×2행의 텍스트형 LCD 모듈이 내장되어 있으므로 이를 사용하는데는 문제가 없으나, 이들 키트들이 그래픽형 LCD 모듈은 가지고 있지 않으므로 이를 사용하려면 외부에 추가로 확장하여야 한다.

MSTK2440 Training Kit

♣ 완성품 판매
RAM 별도 판매

저 자 : 홍건표/하동호 공저
ISBN : 89-7101-770-8
판 형 : B5
쪽 수 : 728
가 격 : 35,000원

MSTK2440 Training Kit의 주요 사양

항 목	사 양	
CPU	Samsung S3C2440A-40 (ARM920T with MMU) - CPU Operation Frequency : Up to 400MHz	
Boot ROM	AM29LV800 Nor Flash (1MByte) K9F1208 Nand Flash (64MByte)	
SDRAM	K4S561632E 4EA (128MByte)	
LCD	2.8" LTP280QV-E01 (240×320 Size TFT LCD, Touch Screen)	
Peripheral	IDE & CF Interface	XC95144XL-TQ100 (각각 1 Port)
	Ethernet	CS8900A (10 Based-T 1 Port)
	SD/MMC	1 Slot
	Audio	UDA1341TS (Audio Jack)
	Serial	RS-232 2 Port
	USB	Host & Device
	Speaker	0.25W/20mm
	JTAG	20 Pin Box Header
	Infrared Receiver	KSM603LM
	Key Pad	4EA & 1 External Interrupt SW
	Connector	Data, Address, Camera, IrDA External Interrupt, GPIO
Internal Function	IIC	AT24C16 EEPROM
	Timer, Watch-Dog, RTC, ADC(10bit 8:1 Mux CH & Pen Drag)	
OS Support	uC/OS-II	
OPerating Temperature	0 ~ 70°C	

MSTK2440은 삼성전자 S3C2440A(ARM920T 코어) 기반의 트레이닝 키트입니다. S3C2440A는 최대 400MHz까지의 빠른 속도와 다양한 Peripheral을 가지고 있는 강력한 프로세서이며 RTOS(Real Time O/S) 포팅 및 Pen Drag, CF & HDD 인터페이스가 가능합니다.

Homepage : http://www.ohm.co.kr E-mail : ohm@ohm.co.kr

OK-128 V3.0 Kit

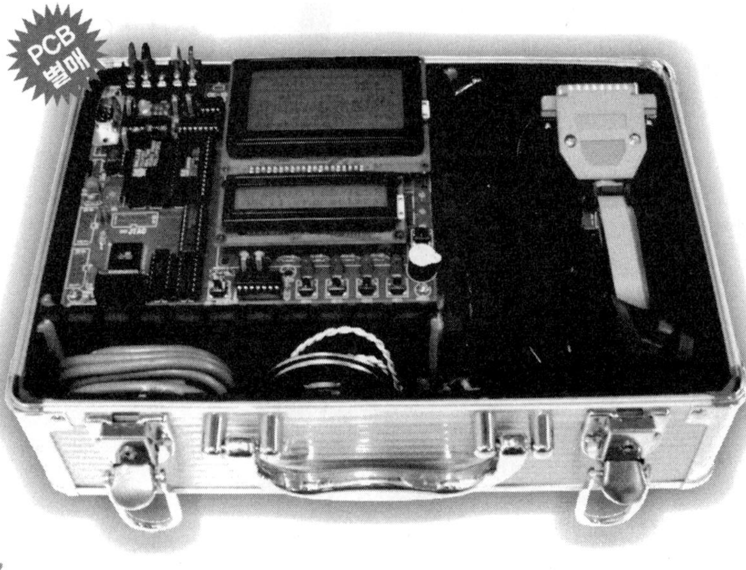

♣ PCB 별도 판매
(CPU 포함)

저 자 : 윤덕용
ISBN : 89-7101-771-6
판 형 : B5
쪽 수 : 1044
가 격 : 42,000원

OK-128 V3.0 KIT의 주요 사양

항 목	사 양	비 고
CPU	ATmega128-16AI/AU(16MHz)	16MHz 수정발진자 사용
ROM	CPU에 내장된 128KB의 플래시 메모리	프로그램 저장
외부 RAM	62256-7(32KB) (CPU에 내장된 4KB는 별도)	사용자 데이터 저장
프로그램의 입력/실행	1. AVR ISP 다운로드 케이블을 사용하는 방법 2. JTAG ICE 에뮬레이터를 사용하는 방법	1. 병렬포트형 AVR ISP 케이블 제공 (직렬포트형과 USB 포트형은 옵션) 2. 테스트 프로그램 기본 제공
I/O	1. CPU 프로그램용 콘넥터 (1) AVR ISP용 10핀 DIP 콘넥터(CN2) (2) JTAG ICE용 10핀 DIP 콘넥터(CN3) 2. CPU가 직접 제어하는 I/O (1) 4개의 키입력 스위치(KEY1~KEY4) (2) 4개의 상태표시 LED(LED1~LED4) (3) 외부 인터럽트 스위치(SW2) (4) +5V용 버저, 스피커 사운드 출력(CN6) (5) LM35D에 의한 온도센서(ADC1, ADC2) (6) 가변저항에 의한 전압센서(ADC3) (7) DAC0800 8비트 D/A 컨버터 (8) AT93C56 및 AT24C16 직렬 EEPROM (9) 2개의 RS-232C 직렬포트(CN4, CN5) (10) 병렬 I/O 포트 확장 콘넥터(CN8) (11) 도트 매트릭스 LED 접속 콘넥터(CN9) 3. 16×2 문자 텍스트형 LCD 모듈 4. 128×64 도트 그래픽형 LCD 모듈 5. 8개의 7세그먼트 LED 6. DS12C887 배터리 백업형 리얼타임 클록 7. 스텝모터 구동 인터페이스 콘넥터(CN7)	STK200/300의 AVR ISP 표준 Atmel사의 JTAG ICE 표준 A/D 입력 범위는 0V~+5V 0V~+10V, -10V~+10V 중에서 선택 RS-232C 통신 케이블 기본 제공 화면밝기 조절 및 백라이트 기능 포함 화면밝기 조절 및 백라이트 기능 포함 ULN2803 출력
전원	+5V, ±15V (또는 ±12V도 사용 가능)	±15V는 아날로그 회로에서만 사용
PCB 외형	160×130mm 양면 에폭시 기판	

☞ 이것은 *OK-128* 키트와 *OK-64* 키트 겸용이므로 ATmega64-16AI/AU를 조립하면 *OK-64* 키트가 된다.

구입문의 : 학습기기 R&C사 / 도서출판 Ohm사 ✆ 02) 776-4868-9

OK-1281/2561 Kit

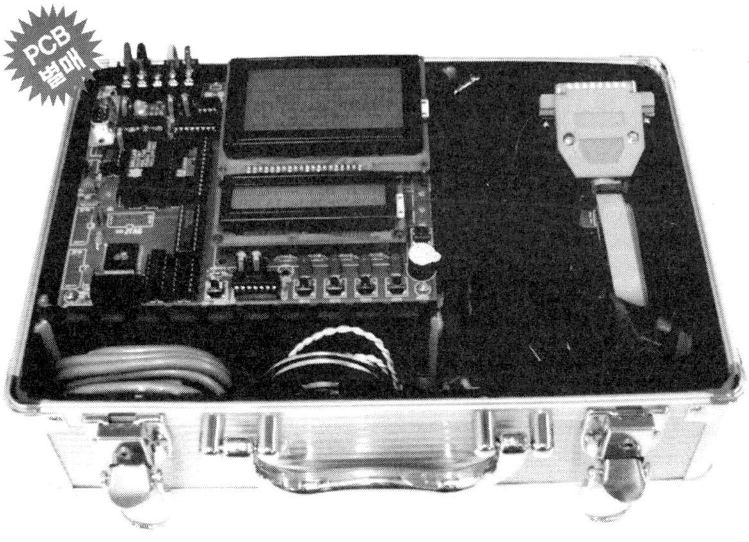

♣ 완성품 판매
SD, CF 카드 별매

저 자 : 윤덕용
ISBN : 89-7101-772-4
판 형 : B5
쪽 수 : 1092
가 격 : 43,000원

OK-1281/2561 KIT의 주요 사양

항 목	사 양	비 고
CPU	ATmega1281-16AU(16MHz) 또는 ATmega2561-16AU(16MHz)	16MHz 수정발진자 사용
ROM	CPU에 내장된 128/256KB의 플래시 메모리	프로그램 저장
외부 RAM	62256-7(32KB) (CPU에 내장된 8KB는 별도)	스택 및 사용자 데이터 저장
프로그램의 입력/실행	1. AVR ISP 다운로드 케이블을 사용하는 방법 2. JTAG ICE 에뮬레이터를 사용하는 방법	1. 병렬포트형 AVR ISP 케이블 제공 (직렬포트형과 USB 포트형은 옵션) 2. 테스트 프로그램 및 예제 기본 제공
I/O	1. CPU 프로그램용 콘넥터 (1) AVR ISP용 10핀 DIP 콘넥터(CN2) (2) JTAG ICE용 10핀 DIP 콘넥터(CN3) 2. CPU가 직접 제어하는 I/O (1) 4개의 키입력 스위치(KEY1~KEY4) (2) 4개의 상태표시 LED(LED1~LED4) (3) 외부 인터럽트 스위치(SW2) (4) +5V용 버저, 스피커 사운드 출력(CN6) (5) LM35D에 의한 온도센서(ADC1, ADC2) (6) 가변저항에 의한 전압센서(ADC3) (7) DAC0800 8비트 D/A 컨버터 (8) AT93C56 및 AT24C16 직렬 EEPROM (9) 2개의 RS-232C 직렬포트(CN4, CN5) (10) 병렬 I/O 포트 확장 콘넥터(CN8) (11) 도트 매트릭스 LED 접속 콘넥터(CN9) 3. 16×2 문자 텍스트형 LCD 모듈 4. 128×64 도트 그래픽형 LCD 모듈 5. 8개의 7세그먼트 LED 6. DS12C887 배터리 백업형 리얼타임 클록 7. 스텝모터 구동 인터페이스 콘넥터(CN7)	STK200/300의 AVR ISP 표준 Atmel사의 JTAG ICE 표준 A/D 입력 범위는 0V~+5V 0V~+10V, -10V~+10V 중에서 선택 RS-232C 통신 케이블 기본 제공 화면밝기 조절 및 백라이트 기능 포함 화면밝기 조절 및 백라이트 기능 포함 ULN2803 출력
전원	+5V, ±15V (또는 ±12V도 사용 가능)	±15V는 아날로그 회로에서만 사용
PCB 외형	160×130mm 양면 에폭시 기판	

☞ 이것은 *OK-1281* 키트와 *OK-2561* 키트 겸용이므로 자신이 원하는 MCU 소자를 조립하면 된다.

OK-1280/2560 Kit

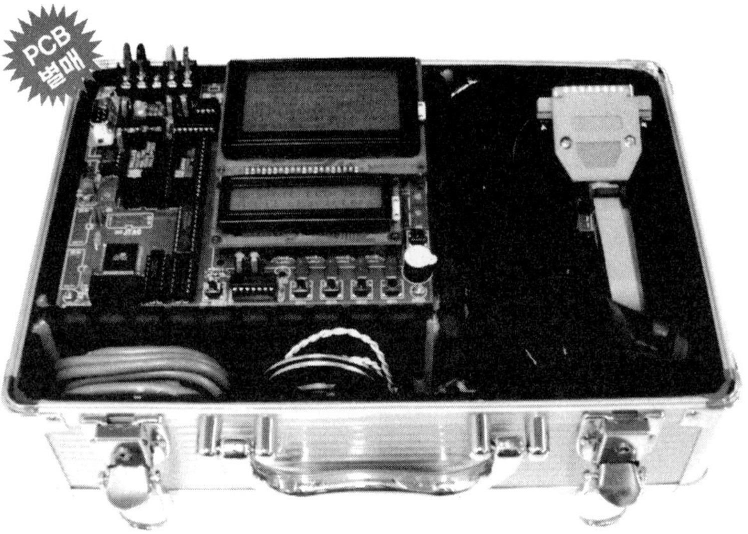

♣ PCB 별도 판매
(CPU 포함)

저 자 : 윤덕용
ISBN : 89-7101-773-2
판 형 : B5
쪽 수 : 1092
가 격 : 43,000원

OK-1280/2560 KIT의 주요 사양

항 목	사 양	비 고
CPU	ATmega1280-16AU(16MHz) 또는 ATmega2560-16AU(16MHz)	16MHz 수정발진자 사용
ROM	CPU에 내장된 128/256KB의 플래시 메모리	프로그램 저장
RAM	CPU에 내장된 8KB의 플래시 메모리	스택 및 사용자 데이터 저장
프로그램의 입력/실행	1. AVR ISP 다운로드 케이블을 사용하는 방법 2. JTAG ICE 에뮬레이터를 사용하는 방법	1. 병렬포트형 AVR ISP 케이블 제공 (직렬포트형과 USB 포트형은 옵션) 2. 테스트 프로그램 및 예제 기본 제공
I/O	1. CPU 프로그램용 콘넥터 (1) AVR ISP용 10핀 DIP 콘넥터(CN2) (2) JTAG ICE용 10핀 DIP 콘넥터(CN3) 2. CPU가 직접 제어하는 I/O (1) 4개의 키입력 스위치(KEY1~KEY4) (2) 4개의 상태표시 LED(LED1~LED4) (3) 외부 인터럽트 스위치(SW2) (4) +5V용 버저, 스피커 사운드 출력(CN6) (5) LM35D에 의한 온도센서(ADC1, ADC2) (6) 가변저항에 의한 전압센서(ADC3) (7) DAC0800 8비트 D/A 컨버터 (8) AT93C56 및 AT24C16 직렬 EEPROM (9) 2개의 RS-232C 직렬포트(CN4, CN5) (10) 병렬 I/O 포트 확장 콘넥터(CN8~CN10) (11) 16×2 문자 텍스트형 LCD 모듈 (12) 128×64 도트 그래픽형 LCD 모듈 (13) 8개의 7세그먼트 LED (14) 스텝모터 구동 인터페이스 콘넥터(CN7) 3. DS12C887 배터리 백업형 리얼타임 클록	STK200/300의 AVR ISP 표준 Atmel사의 JTAG ICE 표준 A/D 입력 범위는 0V~+5V 0V~+10V, -10V~+10V 중에서 선택 RS-232C 통신 케이블 기본 제공 화면밝기 조절 및 백라이트 기능 포함 화면밝기 조절 및 백라이트 기능 포함 ULN2803 출력
전원	+5V, ±15V (또는 ±12V도 사용 가능)	±15V는 아날로그 회로에서만 사용
PCB 외형	160×130mm 양면 에폭시 기판	

☞ 이것은 *OK-1280* 키트와 *OK-2560* 키트 겸용이므로 자신이 원하는 MCU 소자를 조립하면 된다.

OK-7S256 Kit

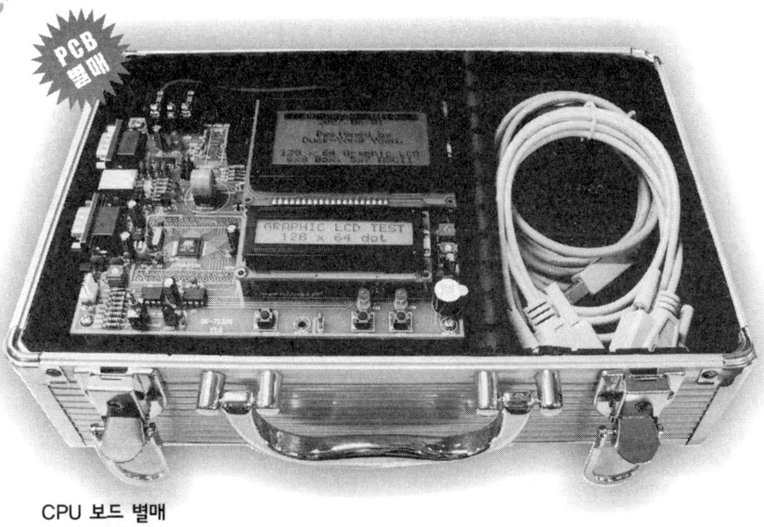

ARM 시작하기 시리즈 1

ARM7TDMI
AT91SAM7S256으로 시작하기

저 자 : 윤덕용
ISBN : 89-7101-775-9
판 형 : B5
쪽 수 : 924
가 격 : 39,000원

CPU 보드 별매

☞ CPU는 메인보드에 직접 납땜할 수도 있고, CPU보드에 납땜하여 메인보드에 장착할 수도 있다.

OK-7S256 키트의 주요 사양

항 목	사 양	비 고
CPU	AT91SAM7S256-AU-001	1.메인 보드에 직접 조립하는 방법 2.CPU 보드를 사용하는 방법(CN10~11)
ROM	CPU에 내장된 256KB(64KW)의 플래시 메모리	프로그램 및 상수 데이터 저장
RAM	CPU에 내장된 64KB의 SRAM	프로그램, 스택, 사용자 데이터 저장
프로그램의 입력/실행	1. USB포트형 다운로드 케이블을 사용하는 방법 2. 직렬포트형 다운로드 케이블을 사용하는 방법 3. JTAG 인터페이스를 사용하는 방법	1. USB A-B형 케이블 사용(기본 제공) 2. RS-232C 케이블 사용(기본 제공) 3. *OK-JTAG* 케이블 사용(선택 사양)
I/O	1. CPU 프로그램용 콘넥터	
	(1) JTAG 인터페이스용 20핀 콘넥터(CN2)	Wiggler 호환의 *OK-JTAG*을 사용
	(2) JTAG 인터페이스용 14핀 콘넥터(CN3)	Wiggler 호환의 *OK-JTAG*을 사용
	(3) USB 포트용 4핀 콘넥터(CN4)	표준 USB A-B형 케이블 사용
	(4) 직렬포트 DBUG용 9핀 콘넥터(CN5)	표준 9핀 RS-232C 케이블 사용
	2. SAM-BA Boot 프로그램을 플래시 메모리에 로드하는 장치(SW2 및 LED3)	약 10초의 동작시간 동안 LED3이 점등
	3. CPU가 직접 제어하는 I/O	
	(1) 2개의 키입력 스위치(KEY1~KEY2)	
	(2) 2개의 상태표시 LED(LED1~LED2)	
	(3) +5V용 버저, 스피커 사운드 출력(CN7)	
	(4) 16×2 문자 텍스트형 LCD 모듈	회면밝기 조절 및 백라이트 기능 포함
	(5) 128×64 도트 그래픽형 LCD 모듈	화면밝기 조절 및 백라이트 기능 포함
	(6) LM35D에 의한 온도센서(AD4)	
	(7) 가변저항에 의한 전압센서(AD5)	
	(8) 외부 A/D 입력 콘넥터(CN8, AD6~AD7)	A/D 입력 범위는 0V~+3.3V
	(9) RS-232C 직렬통신 포트(CN6)	표준 9핀 RS-232C 케이블 사용
	(10) SPI를 사용한 SD/MMC 카드 인터페이스(CN9)	
	(11) SPI를 사용한 AT93C56 직렬 EEPROM	
	(12) TWI를 사용한 DS1307 리얼타임 클록	전원 백업 기능 포함(배터리, 수퍼캡)
	(13) 3개의 테스트 포인트 TP1~TP3	각각 PWM0, PWM1, PCK1 출력
전원	+5V(키트에서 +3.3V 레귤레이터 사용)	CPU 내부에서 +1.8V 레귤레이터 사용
PCB	160×130mm 양면 에폭시 기판	

☞ *OK-7S256* 키트에는 필요하면 AT91SAM7S512/256/128/64/321을 조립하여 사용할 수도 있다.

전자공작 및 인터페이스 외

도서 및 키트는 OHM사 홈페이지 SHOP에서 구입 가능!

적외선 6족 보행로봇

♣ 부품 SET로 판매

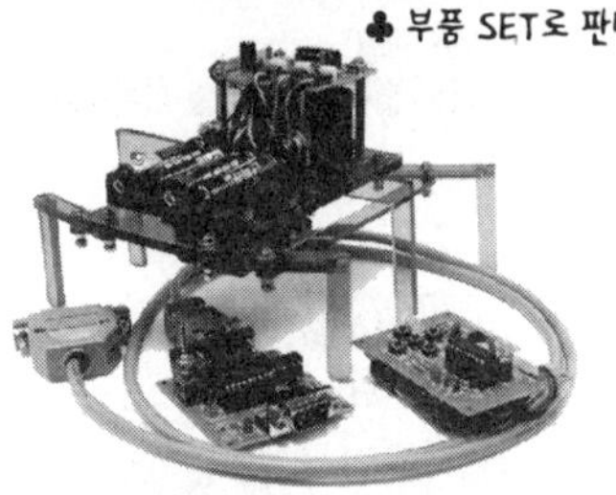

적외선 송신기로부터 전송 되어온 데이터를 판독하여 3개의 서브모터를 순차적으로 구동하여 로봇을 보행할 수 있고 프로그램에 의하여 보행속도도 조절할 수 있다.
교재 : 적외선으로 움직이는 PIC ROBOT

적외선 주행로봇 & 라인트레이서

♣ 부품 SET로 판매

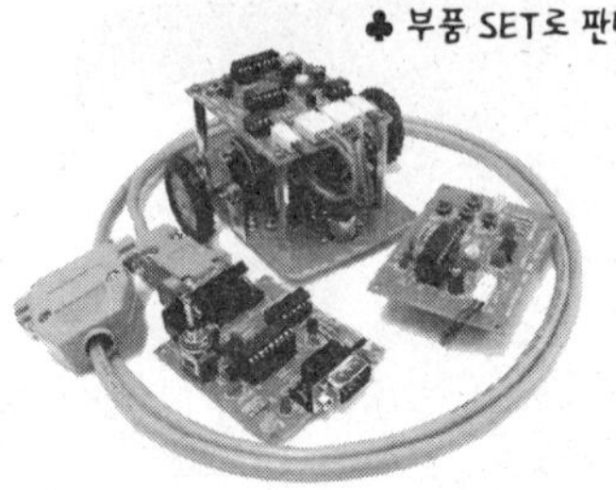

기어모터(감속비 38:1)를 채용하므로서 정밀제어가가능하고, 360도 회전이 가능하며 빠른 스피드를 낼 수 있다. 데이터의 송수신 방법은 6족로봇과 동일
교재 : 적외선으로 움직이는 PIC ROBOT

PIC 응용 제작

♣ 부품 SET로 판매

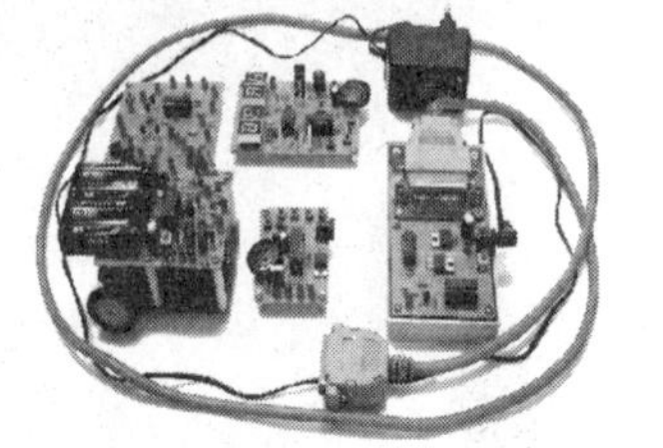

PIC프로그래머, 암호인식 초인종 하트무늬 깜빡이, 시계와 라인트레이서등의 아이템으로 구성되어 있어 마이컴 입문자들에게 유익한 실습키트임.
교재 : PIC16F84 응용 제작

침입자 경보기

♣ 부품 SET로 판매

레이저빔을 가로질러가는 사람이나 물체가 있다면 경보를 울리는 키트. 응용범위가 매우 넓은 아이템(작품 1,2키트 포함)
교재 : 기초로봇의 제작

라인트레이서

♣ 부품 SET로 판매

검정라인을 추적하여 주행 6개의 적외선 센서
패키지 구성
*센서감지와 비교. 제어회로
*로봇프레임 & 기어박스
교재 : 기초로봇의 제작

축구로봇

♣ 부품 SET로 판매

RF를 이용한 로봇 제어, 4ch. 송수신 가능
패키지 구성
* RF송수신회로 제어회로
* 로봇프레임SET & 기어모터 SET
교재 : 기초로봇의 제작

라인마우스-깨돌이

♣ 부품 SET로 판매

CPU:V25
RAM:61256
ROM:27256
모터구동부:SLA7024*2조
밧데리:SANYO 1.2 250mA 3A*10개
* CPU,모터,센서,몸체부로 구성
* 기본 프로그램이 포함

V-IO Board

완제품

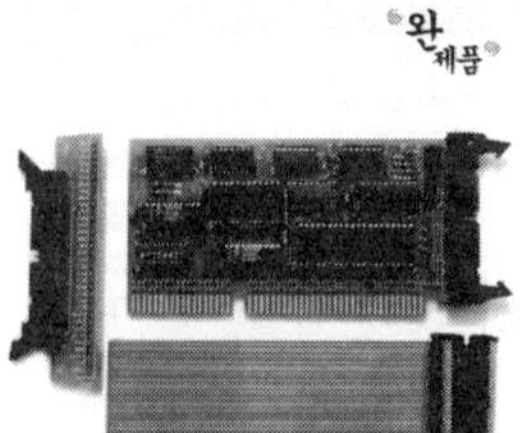

♣ 부품 SET도 판매함

PC의 ISA슬롯을 이용하는 인터페이스카드로A/D, D/A컨버터를 이용한 아날로그 디지털 상호변환 신호처리와 I/O, 타이머, 카운터, 스텝모터, LCD제어등에 활용할 수 있다.
교재 : C가 미는 로보트 I, II, III

C-패러렐포트 I

완제품

PC의 페러럴 포트를 이용하여 LED, 7Segment, 키패드 입력등의 실험을 할 수 있는 키트
교재 : C로 미는 PC자동제어응용
C로 쓰는 윈도우즈 병렬포트
VB로 미는 PC 자동제어 응용

C-패러렐포트 II

완제품

정역회전, 스피드조절, 센서의 동작을 실험해 볼 수 있는 스테핑모터 모듈
교재 : VB 로 미는 PC 제동제어 응용
그 밖의 마이컴 응용교재

AT89C Writer

완제품

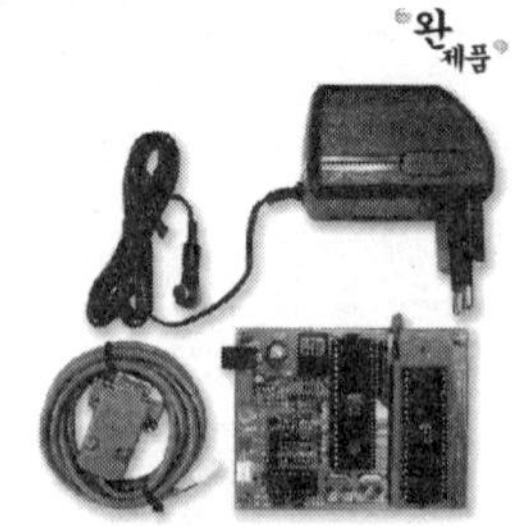

AT89C51,52 40DIP 핀 AT89C1051, 2051, 4051 20DIP 핀 지원
RS-232C serial 다운로드
TEXTOOL 장착, 라이터 전용프로그램 제공
(TEXTOOL에 장착된 89C51은 제외)

구입문의 : 학습기기 R&C사 / 도서출판 Ohm사 ☎ 02) 776-4868-9

AVR ISP Studio / STK500 · AVR ISP Studio / AvrProg [직렬포트형]

RS-232C 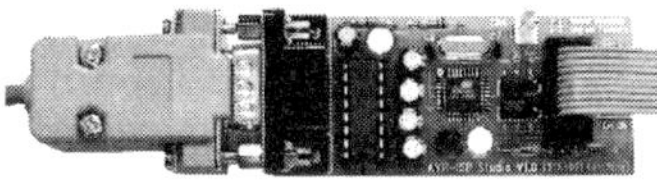 ISP

AVR ISP Studio 다운로드 케이블은 퍼스널컴퓨터 측에서 어떤 통신프로그램을 사용하는지에 따라 **AVR ISP Studio/STK500** 모델과 **AVR ISP Studio/AvrProg** 모델로 나누어진다. 이것들은 동일한 하드웨어를 사용하지만 ATmega8에 장착되는 펌웨어가 서로 다르다.

(1) AVR 모델의 모든 ATmega 패밀리에 적용
(2) 별도의 장비 없이 이 케이블만으로 사용자 프로그램을 다운로드
(3) AVR Studio 프로그램과 함께 사용
(4) 초고속 다운로드
(5) 10핀 80센티 플랫 케이블 포함

AVR ISP 케이블 [USB형]

노트북 사용자에게 꼭 필요한

USB  ISP

(1) AVR 모델의 모든 ATmega 패밀리에 적용
(2) 별도의 장비 없이 이 케이블만으로 사용자 프로그램을 다운로드
(3) AVR Studio 프로그램과 함께 사용
(4) 초고속 다운로드
(5) 10핀 80센티 플랫 케이블 포함

AVR ISP 케이블 [직렬포트형]

RS-232C  ISP

(1) AVR 모델의 모든 ATmega 패밀리에 적용
(2) 별도의 장비 없이 이 케이블만으로 사용자 프로그램을 다운로드
(3) PonyProg2000 프로그램과 함께 사용
(4) 병렬포트형 AVR ISP와 비슷한 다운로드 속도
(5) 10핀 80센티 플랫 케이블 포함

USB TO RS-232C 컨버터 동글

노트북 사용자에게 꼭 필요한

USB  RS-232C

(1) USB 신호를 RS-232C 신호로 변환
(2) USB 포트를 가상적인 COM3 포트로 사용
(3) 하이퍼터미널등과 같은 직렬통신 프로그램 사용
(4) 9600, 19200, 115200 등 하이퍼터미널에서 설정할 수 있는 모든 통신 포맷 사용 가능
(5) 본사의 모든 키트에서 직렬통신 또는 모니터 프로그램용으로 사용 가능

MOTOR CONTROL BOARD

이 보드는 OK-128/162/8515 키트 또는 JJ-128 키트에 접속하여 스텝모터 및 직류서보모터를 동시에 구동 또는 제어할 수 있는 I/O 확장 보드.

스텝모터 또는 직류서보모터를 동시에 구동하지 않고 하나씩만 구동한다면 8051 등의 임의 마이크로콘트롤러 키트에 적용할 수 있다.

케이블 외

도서 및 키트는 OHM사 홈페이지 SHOP에서 구입 가능!

AVR ISP 케이블 [USB형]

노트북 사용자에게 꼭 필요한

USB

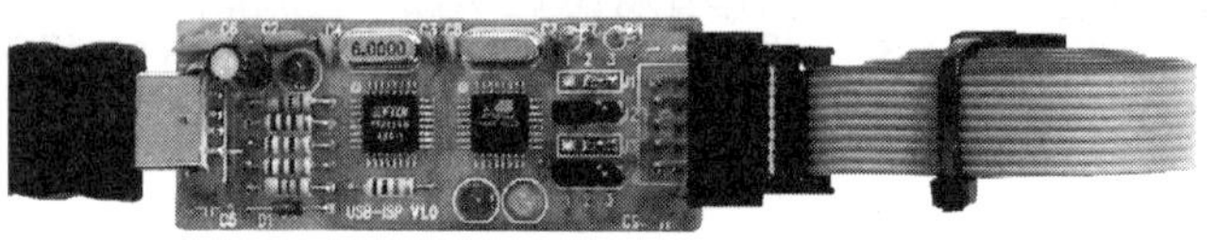

ISP

(1) AVR 모델의 모든 ATmega 패밀리에 적용
(2) 별도의 장비 없이 이 케이블만으로 사용자 프로그램을 다운로드
(3) AVR Studio 프로그램과 함께 사용
(4) 초고속 다운로드
(5) 10핀 80센티 플랫 케이블 포함

AVR ISP 케이블 [직렬포트형]

RS-232C

ISP

(1) AVR 모델의 모든 ATmega 패밀리에 적용
(2) 별도의 장비 없이 이 케이블만으로 사용자 프로그램을 다운로드
(3) PonyProg2000 프로그램과 함께 사용
(4) 병렬포트형 AVR ISP와 비슷한 다운로드 속도
(5) 10핀 80센티 플랫 케이블 포함

USB TO RS-232C 컨버터 동글

노트북 사용자에게 꼭 필요한

USB

RS-232C

(1) USB 신호를 RS-232C 신호로 변환
(2) USB 포트를 가상적인 COM3 포트로 사용
(3) 하이퍼터미널등과 같은 직렬통신 프로그램 사용
(4) 9600, 19200, 115200등 하이퍼터미널에서 설정할 수 있는 모든 통신 포맷 사용 가능
(5) 본사의 모든 키트에서 직렬통신 또는 모니터 프로그램용으로 사용 가능

MOTOR CONTROL BOARD

이 보드는 OK-128/162/8515 키트 또는 JJ-128 키트에 접속하여 스텝모터 및 직류서보모터를 동시에 구동 또는 제어할 수 있는 I/O 확장 보드.

스텝모터 또는 직류서보모터를 동시에 구동하지 않고 하나씩만 구동한다면 8051 등의 임의 마이크로콘트롤러 키트에 적용할 수 있다.

OK-X128A1 키트

♣ 상품 구성 : 완성품 (Full Set) 판매
PCB 별도 판매

추천도서

- 저 자 : 윤 덕 용
- 발행처 : OHM사
- 쪽 수 : 1167
- ISBN : 978-89-7101-783-X
- 정 가 : 48,000원

OK-X128A1 키트의 주요 사양

항 목	사 양	비 고
1. CPU	ATxmega128A1-AU(32 MHz) ☞ 모든 XMEGA A1 패밀리 모델 사용 가능	16MHz 수정 발진자 사용
2. ROM	CPU에 내장된 128KB의 플래시 메모리	프로그램 저장
3. RAM	CPU에 내장된 8KB	사용자 데이터 저장 및 스택
4. 프로그램 입력/실행	1. AVR PDI 다운로드 케이블을 사용하는 방법 2. JTAG 에뮬레이터를 사용하는 방법	1. Atmel사의 AVRISP mkII 2. Atmel사의 JTAGICE mkII
5. I/O	1. CPU 프로그램용 커넥터 (1) AVR PDI용 6핀 DIP 커넥터(CN2) (2) JTAG ICE용 10핀 DIP 커넥터(CN3) 2. 기본 입출력 장치 (1) 4개의 키입력 스위치(KEY1~KEY4) (2) 4개의 상태표시 LED(LED1~LED4) (3) +5V용 버저, 스피커 사운드 출력(CN6) (4) *TFT-32HX* 3.2인치 TFT-LCD 보드 64MB~32GB의 SD 카드 (5) RS-232C 직렬포트(CN7) 3. 기타 입출력 장치 (1) LM35DZ에 의한 온도센서(ADC4) (2) +5V, +3.3V, +2.5V 전압센서(ADC5~7) (3) 12비트 D/A 컨버터 출력(DAC0~3) (4) 포트B, C의 출력을 관측하는 테스트 단자 (5) DS1307 배터리 백업형 리얼타임 클록(U9) (6) TCN75-5.0MOA 반도체 온도센서(U10) (7) VS1033을 사용한 MP3 플레이어(U11) 4. 옵션 기능 (1) WIZ812MJ TCP/IP LAN 통신 모듈(MOD1) (2) *USB-UART* USB 통신모듈 (MOD2) (3) UST-SNR-GPS GPS 모듈(MOD2) (4) myAcce13LV02 3축 가속도 센서 모듈(MOD3) (5) NT-TS601 초음파 센서 모듈(MOD4)	 Atmel사의 AVRISP mkII 사용 Atmel사의 JTAGICE mkII 사용 240×320 픽셀, 터치스크린 내장 TFT-LCD 보드에 내장 0~+100℃ 2.4V NiMH 배터리 사용 -55~+125℃ CN8에 외장 스피커를 연결 사용 http://www.ewizenet.kr/구입 http://www.ohm.co.kr/구입 http://www.devicemart.co.kr/구입 http://www.devicemart.co.kr/구입 http://www.devicemart.co.kr/구입
6. 전원	+5V/3A SMPS(CN1)	키트 내부에서 +3.3V, +2.5V 발생
7. PCB 외형	144×106mm 양면 에폭시 기판	

☞ MOD1~MOD4에 장착할 모듈은 선택사양이므로 기본으로 제공되지 않으며 별도로 구입해야 한다.

구입문의 : 학습기기 R&C사 / 도서출판 Ohm사 ✆ 02) 776-4868-9 http://www.ohm.co.kr

OK-STM32FO 키트

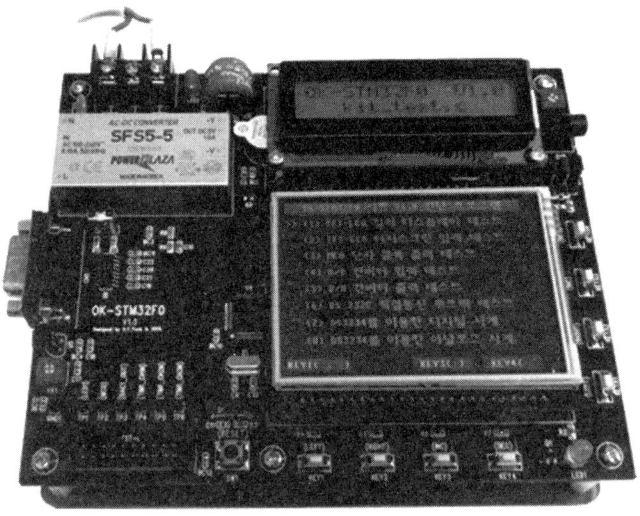

♣ 상품구성 : 완성품(Full Set) 판매
PCB 별도 판매

- 저 자 : 윤덕용
- 발행처 : OHM사
- 쪽 수 : 1036
- ISBN : 978-89-7101-786-9
- 정 가 : 55,000원

OK-STM32FO 키트의 주요 사양

항 목	사 양	비 고
1. CPU	STM32F051R8T6	48MHz로 동작
2. ROM	CPU에 내장된 64KB의 플래시 메모리	프로그램 및 상수 데이터 저장
3. RAM	CPU에 내장된 8KB의 SRAM	프로그램, 스택, 사용자 데이터 저장
4. 프로그램 입력/실행	1. 에뮬레이터를 사용하는 방법 2. RS-232C 직렬통신 케이블을 사용하는 방법	기본으로 ST-LINK/V2 에뮬레이터 사용 부트로더와 USART1 포트로 사용 가능
5. I/O	1. CPU 프로그램용 컨넥터 (1) SWD 인터페이스용 20핀 컨넥터(CN2) (2) RS-232C 직렬통신 컨넥터(CN5) 2. 기본 입출력 장치 (1) 16자×2행 텍스트 LCD 모듈 (2) 320×240픽셀 터치스크린 TFT-LCD 모듈 (3) SPI를 사용한 SD 카드 인터페이스 (4) 4개의 키입력 스위치(KEY1~KEY4) 4개의 보조 키 스위치(KEYX1~KEYX4) (5) 1개의 상태표시 LED(LED1) (6) +5V용 버저 (7) RS-232C 직렬통신 컨넥터(CN5) 3. 기타 입출력 장치 (1) +5V, +3.3V 전압센서(ADC0, ADC1) (2) 가변저항 VR1에 의한 전압센서(ADC2) (3) LM35DZ 온도센서(U5, ADC3) (4) 1개의 D/A 컨버터 출력(DAC_OUT) (5) TV 리모컨 입력 (6) 6개의 테스트 포인트(TP1~TP6) (7) SPI를 사용한 DS3234 리얼타임 클록(U8) (8) I2C를 사용한 AT24C16 EEPROM(U7) (9) VS1053b를 사용한 MP3 플레이어 회로	 ST-LINK/V2 에뮬레이터 사용 표준 9핀 RS-232C 케이블 사용 별도의 TFT-2432A 보드를 장착 사용 별도의 TFT-2432A 보드에 내장 표준 9핀 RS-232C 케이블 사용 온도측정 범위는 0~100℃ A/D 입력 범위는 0~+3.3V D/A 출력 범위는 0~+3.3V 2.4V 충전용 NiMH 배터리로 전원 백업 CN6 컨넥터에 외장형 스피커를 연결
6. 전원	+5V(키트에서 +3.3V 및 +1.8V 레귤레이터 사용)	
7. PCB	160×130mm 양면 에폭시 기판	

☞ OK-STM32FO 키트에는 STM32FO 시리즈의 모든 64핀짜리 소자를 조립하여 사용할 수 있다.

구입문의 : 학습기기 R&C사 / 도서출판 Ohm사 ✆ 02) 776-4868-9 http://www.ohm.co.kr

도서출판 Ohm사

실용 모터제어 시리즈①

직류전동기 제어 기술

이 책은 실제로 전동기 제어 시스템의 하드웨어를 설계하고 제어 프로그램을 작성하는 실용적인 기술을 다루고자 하며, 스스로 이 분야의 기술을 익혀서 졸업작품을 만들고자 하는 관련 학과의 학생이나 산업체에서 이 분야의 기술개발 업무를 수행하는 현장 엔지니어들에게도 도움이 될 것입니다.

제1장 전동기란 무엇인가
제2장 RC 서보모터의 제어기술
제3장 스테핑 모터의 제어기술
제4장 직류전동기의 제어기술
제5장 초소형 직류전동기의 속도제어
제6장 소형 직류전동기의 속도제어
제7장 OK-128DCM 직류전동기 제어 키트

실용 모터제어 시리즈 ③ - 단상 유도전동기 제어 기술(계획중)
실용 모터제어 시리즈 ④ - 벡터제어 인버터 설계 기술(계획중)

OK-128 DCM KIT

항목	사양	비고
1. MCU	ATmega128A-AU(16 MHz)	16 MHz 수정발진자 사용
2. ROM	MCU에 내장된 128KB의 플래시 메모리	프로그램 저장용
3. RAM	MCU에 내장된 4KB	스택 및 사용자 데이터 저장용
4. 프로그램 입력/실행	1. 표준 USB형 AVRISP mkII 다운로드 케이블 2. 병렬포트형 AVR ISP 다운로드 케이블	본 키트에서는 JTAG 에뮬레이터를 사용하지 못함
5. I/O	1. MCU 프로그램용 6핀 컨넥터 2. MCU가 직접 제어하는 기본 I/O 기능 ① 3.2인치 240×320 픽셀 TFT-LCD 모듈 ② 4개의 키입력 스위치(KEY1~KEY4) ③ +5V용 버저 ④ 시스템 모드 설정용 2비트 DIP 스위치 ⑤ RS-232C 직렬포트(CN5) ⑥ 12비트 2채널 D/A 컨버터 MCP4822 3. 모터제어를 위한 I/O 기능 ① 3개의 RC 서보모터 제어 컨넥터 (CN6~8) ② 2SC1815를 사용한 초소형 직류전동기 단방향 제어 컨넥터(CN9) ③ IRF530을 사용한 소형 직류전동기 단방향 제어 컨넥터(CN10) ④ L298을 사용한 소형 직류전동기 양방향 제어 컨넥터(CN12) ⑤ 2상/4상 스테핑 모터 제어 컨넥(CN13) ⑥ 전동기 속도 및 방향 검출 컨넥터(CN11) ⑦ 전동기 회전방향 표시용 LED(LED2~3) ⑧ 기준속도 입력용 가변저항(VR1) ⑨ 전동기 전류 검출용 션트저항(R20)	Atmel사의 AVR ISP 표준 터치 스크린 기능 포함 0~+5V 범위의 아날로그 출력 가능 RC 서보모터 HS-311 사용 초소형 직류전동기 FM1502 사용 소형 직류전동기 RA-35GM 사용 소형 직류전동기 RA-35GM 사용 스테핑 모터 NK243 사용 A상 및 B상 신호 입력 LED2(적)=정방향, LED3(녹)=역방향 A/D 컨버터로 읽음 A/D 컨버터로 읽음
6. 전원	+5V(3A 이상), +12V(1A 이상)	키트 내부에서 +3.3V를 만들어 사용함
7. PCB 외형	150 x 112mm 양면 에폭시 기판	

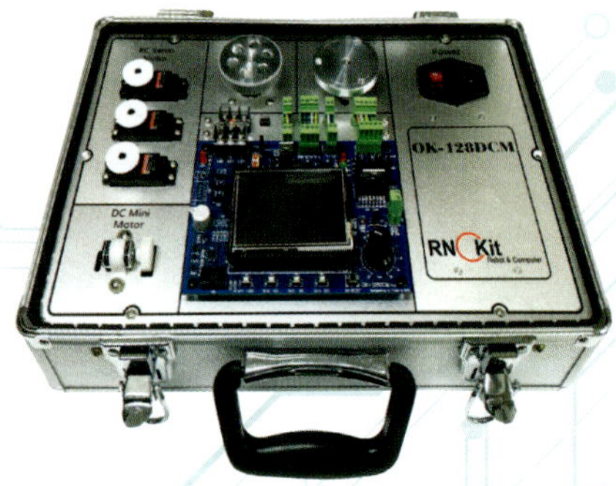

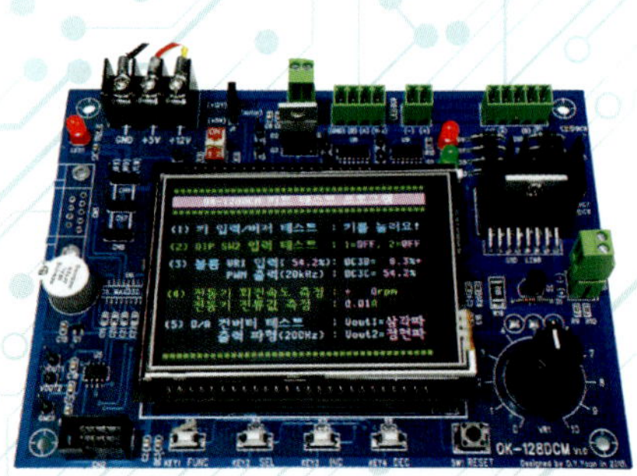

실용모터제어 시리즈②

BLDC 모터 제어 기술

이 책은 실용 모터제어 시리즈의 두번째로서 현재 시대적으로 매우 각광받고 있는 BLDC 모터의 제어 기술을 취급한다. 전통적인 직류전동기와의 차이점을 이해하고, 이를 제어하는 시스템의 하드웨어를 설계하며 제어 프로그램을 작성하는 기술을 직접 독자들이 따라 하면서 단계적으로 익힐 수 있도록 설명할 것입니다.

제1장 전동기란 무엇인가
제2장 BLDC 모터 관련 실용지식
제3장 BLDC 모터 제어 관련 실용지식
제4장 전용 IC를 사용하는 BLDC 모터 속도제어 기술
제5장 MCU가 직접 처리하는 BLDC 모터 속도제어 기술
제6장 OK-128BLDC 트레이닝 키드

실용 모터제어 시리즈 ③ - 단상 유도전동기 제어 기술(계획중)
실용 모터제어 시리즈 ④ - 벡터제어 인버터 설계 기술(계획중)

OK-128 BLDC KIT

항목	사양	비고
1. MCU	ATmega128A-AU(16 MHz)	16 MHz 수정발진자 사용
2. ROM	MCU에 내장된 128KB의 플래시 메모리	프로그램 저장용
3. RAM	MCU에 내장된 4KB	스택 및 사용자 데이터 저장용
4. 프로그램 입력/실행	1. 표준 USB형 AVRISP mkII 다운로드 케이블 2. 병렬포트형 AVR ISP 다운로드 케이블	본 키트에서는 JTAG 에뮬레이터를 사용하지 못함
5. I/O	1. MCU 프로그램용 6핀 컨넥터 2. MCU가 직접 제어하는 기본 I/O 기능 ① 3.2인치 240×320 픽셀 TFT-LCD 모듈 ② +5V용 버저 ③ 모터 방향 설정용 토글 스위치(SW1) ④ 동작모드 설정용 2비트 DIP 스위치(SW2) ⑤ 기준속도 입력용 가변저항(VR1) ⑥ 모터 구동용 게이트 신호(UT, VT, WT) ⑦ 모터 구동용 PWM 신호(UB, VB, WB) 3. 모터제어를 위한 I/O 기능 ① BLDC 모터 제어 전용 IC 소자 LB11920을 사용한 모터 M1 접속 컨넥터(CN5) ② ATmega128A MCU가 직접 처리하는 모터 M2 접속 컨넥터(CN6) ③ 모터 회전속도 검출을 위한 홀센서 신호 4체배 회로(U8, 74HC86) ④ 모터 회전방향 검출을 위한 플립플롭 회로(U9, 74HC74) ⑤ 모터 전류 검출용 션트저항(R33)	Atmel사의 AVR ISP 표준 BLDC 모터 BL42S-24026N 사용 BLDC 모터 BL42S-24026N 사용 0.1Ω/1W/1%
6. 전원	+24V(2A 이상)	키트 내부에서 +12V, +5V, +3.3V를 만들어 사용함
7. PCB 외형	168×107mm 양면 에폭시 기판	

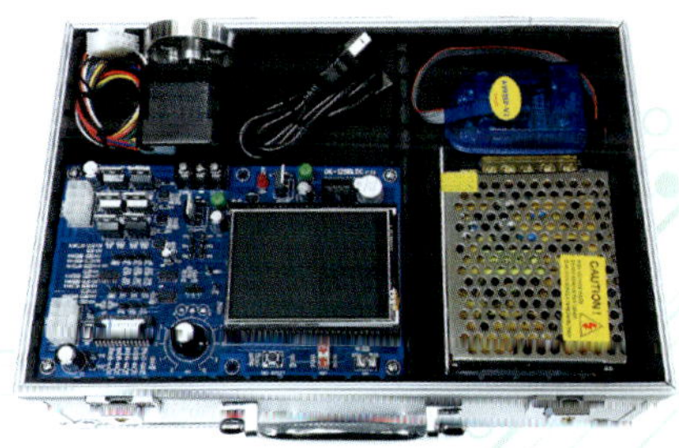

다양한 실습이 가능한
ATmega128 기초와 응용 I
KUT-128_COM 실험 키트
신동욱 저
• Bluetooth, WiFi, RS-232C 통신실험
• 온도센서, 초음파 센서
• 가속도 센서, 자이로 센서
• SPI, TWI 통신포트
Ohm사
http://www.ohm.co.kr

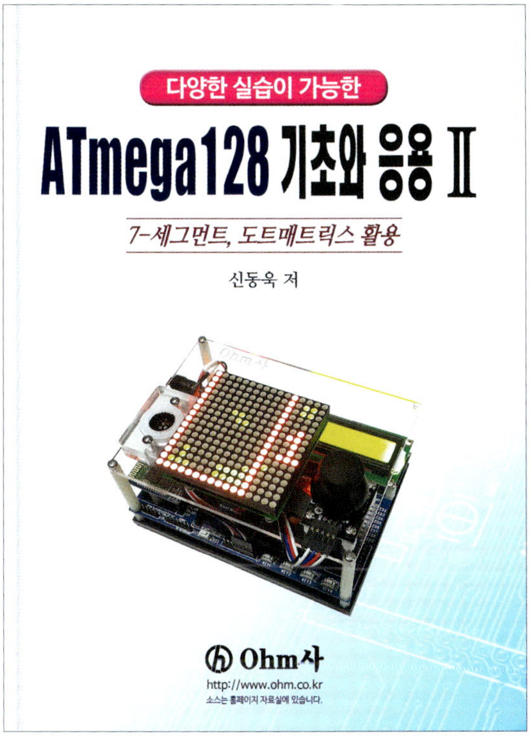

도서출판 Ohm사

다양한 실습이 가능한

ATmega128 기초와 응용2

이 책은 「ATmega128 기초와 응용 Ⅰ」에서 설명된 KUT-128_COM 보드 위에 도트매트릭스, 조이스틱, 스피커를 탑재하여 구현한 응용작품들에 대해 알고리즘과 처리 흐름도 그리고 프로그램을 자세히 설명하고 있습니다. 따라서 이 책을 통해 습득하게 되는 응용능력은 학생들의 창의적인 실기작품 및 졸업작품을 제작하는데 있어 좋은 길잡이가 될 수 있으리라 생각합니다.

제1장 KUT-128_COM 보드
제2장 7-세그먼트 활용
제3장 도트매트릭스 사용법
제4장 지렁이 게임
제5장 테트리스
제6장 반응감지 블록 피하기
제7장 Dot Watch
제8장 한글 시계
제9장 부록(AVR Studio 4.18 버전 프로그램)

KUT-128_COM 확장 KIT

항목	사양
초음파 센서(HC-SR04)	초음파를 발생하여 거리 등을 계산하는데 사용
4Digit 7-Segment	4개의 숫자 표시가 가능
Analog 가속도 센서(MMA7361)	X,Y,Z 3축의 Analog 출력
Digital 가속도 센서(MPU-6050)	I2C 통신이 가능하며 3축 가속도 센서+3축 자이로 센서+온도 측정 가능
WiFi Module	WiFi 통신용 모듈(USART1) ※ 주의 : Bluethooth 모듈과 동시 사용은 안되며 RS-232와는 가능
RS-232용 커넥터	MAX232를 사용한 RS-232통신(USART0)
WiFi용 Reset SW	WiFi 모듈 리셋 또는 공장초기화 기능
Bluetooth Module(BC04)	블루투스통신용 모듈(USART1) ※ 주의 : WiFi 모듈과 동시 사용은 안되며 RS-232와는 가능
2X16 Text LCD	2줄에 총 32개의 영문 표시 가능
ATmega128	ATmega128A-AU
LED Part	8개의 LED 제어
외부 인터럽트 SW	스위치 기능 또는 외부 인터럽트 발생용
3Color Dotmatrix	LED Part와 1Color Dotmatrix와 같이 사용할 수 없음 (플랫케이블 사용)
1Color Dotmatrix	LED Part와 3Color Dotmatrix와 같이 사용할 수 없음 (점퍼케이블 사용)
JoyStick Module	X, Y, Z(조이스틱 푸쉬) 출력
Piezo Buzzer	경고음, 알람등 표시

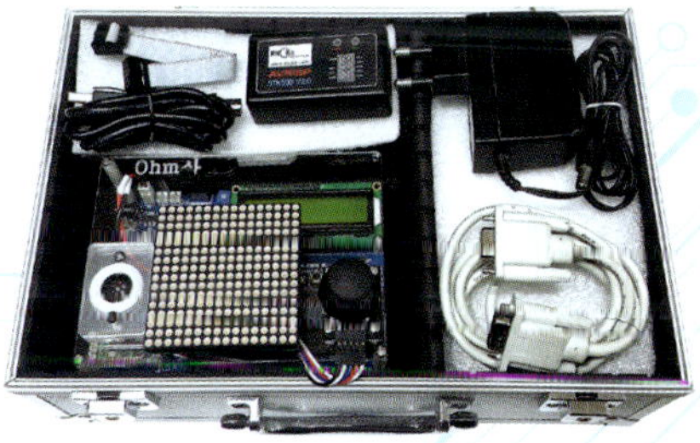

ARM Cortex-M 시리즈 1
ARM Cortex-M0
STM32F091 정복
(OK-STM091 키트)
공학박사 윤덕용 저
Ohm사
http://www.ohm.co.kr

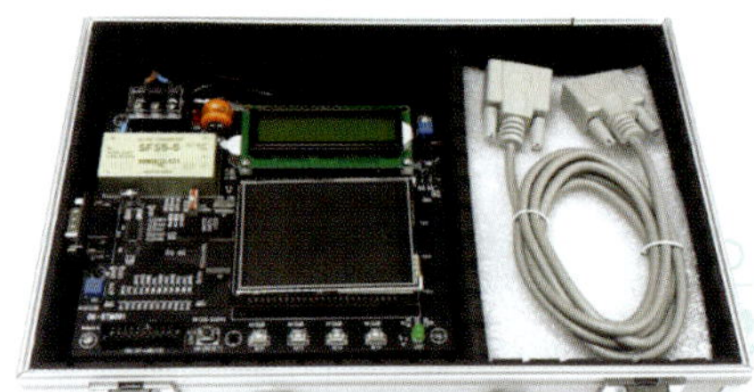

OK-STM091 V1.0
kit_test.c
SFS5-5

도서출판 Ohm사

ARM Cortex-M 시리즈②

ARM Cortex-M7
STM32F767 정복

- ARM Cortex-M7 시리즈의 STM32F767VGT6 모델 완전 마스터
- 하드웨어 설계 및 소프트웨어 응용 기술의 단계적 학습
- 상세하고 정확한 설명, 재미있고 유용한 예제 프로그램
- OK-STM767 키트에서 C언어를 통한 프로그래밍 실습
- 99개의 주옥같은 C언어 예제 프로그램 제공 및 설명
- 3.2인치 컬러 TFT-LCD 모듈의 다양한 응용 프로그램
- MP3 플레이어 하드웨어 내장 및 이를 응용하는 프로그램
- DSP급의 성능을 경험할 수 있는 실시간 신호처리 프로그램
- 대학에서 대학원까지의 고급 MCU 강의 및 실습 교재로 최적
- ARM 초급자에서 전문 엔지니어까지 이 분야 최고의 학습서

제1장 STM32F767VGT6의 구조와 기능
제2장 STM32F767VGT6의 내장 I/O
제3장 OK-STM767 키트 및 개발 툴
제4장 C언어 프로그래밍

OK-STM767 KIT

항목	사양	비고
1. CPU	STM32F767VGT6(또는 STM32F767VIT6)	216MHz로 동작
2. ROM	CPU에 내장된 1MB(2MB)의 플래시 메모리	프로그램 및 상수 데이터 저장
3. RAM	CPU에 내장된 512KB의 SRAM	프로그램, 스택, 사용자 데이터 저장
4. 프로그램 입력/실행	1. 전용 JTAG/SWD 에뮬레이터를 사용하는 방법 2. 기타 JTAG/SWD 에뮬레이터를 사용하는 방법	기본으로 ST-LINK/V2 에뮬레이터 사용 J-Link, ULINK 에뮬레이터도 사용 가능
5. I/O	1. CPU 프로그램용 커넥터 JTAG/SWD 인터페이스용 20핀 커넥터(CN2)	ST-LINK/V2 에뮬레이터 사용
	2. 기본 입출력 장치 ① 16자×2행 텍스트 LCD 모듈	
	② 320×240픽셀 터치스크린 TFT-LCD 모듈	별도의 TFT-32A 보드를 장착하여 사용
	③ SPI를 사용한 SD 카드 인터페이스(CN7) ④ 4개의 키입력 스위치(KEY1~KEY4) ⑤ 1개의 상태표시 LED(LED1) ⑥ +5V용 버저	
	⑦ RS-232C 직렬통신 커넥터(CN5)	표준 9핀 RS-232C 케이블 사용
	⑧ CAN 직렬통신 커넥터(CN5)	RS-232C와 CAN을 동일 커넥터로 사용
	3. 기타 입출력 장치 ① +5V, +3.3V 전압센서(ADC0, ADC1) ② 가변저항 VR1에 의한 전압센서(ADC2)	A/D 입력 범위는 0V~+3.3V
	③ LM35DZ 온도센서(U5, ADC3)	온도측정 범위는 0~100℃
	④ 2개의 D/A 컨버터 출력(DAC_OUT1/2) 2개의 D/A 컨버터를 사용한 음악연주 출력	D/A 출력 범위는 0V~+3.3V CN6 커넥터에 외장형 스피커를 연결
	⑤ TV 리모컨 입력(U6) ⑥ 10개의 테스트 포인트(TP1~TP10)	
	⑦ SPI를 사용한 DS3234 리얼타임 클록(U8)	2.4V 충전용 NiMH 배터리로 전원 백업
	⑧ I2C를 사용한 AT24C16 EEPROM(U7)	
	⑨ VS1053b를 사용한 MP3 플레이어 회로	CN6 커넥터에 외장형 스피커를 연결
6. 전원	+5V(키트에서 +3.3V 및 +1.8V 레귤레이터 사용)	
7. PCB	160×130mm 양면 에폭시 기판	

☞ OK-STM767 키트에는 STM32F7xx 시리즈의 모든 100핀짜리 소자를 조립하여 사용할 수 있다.

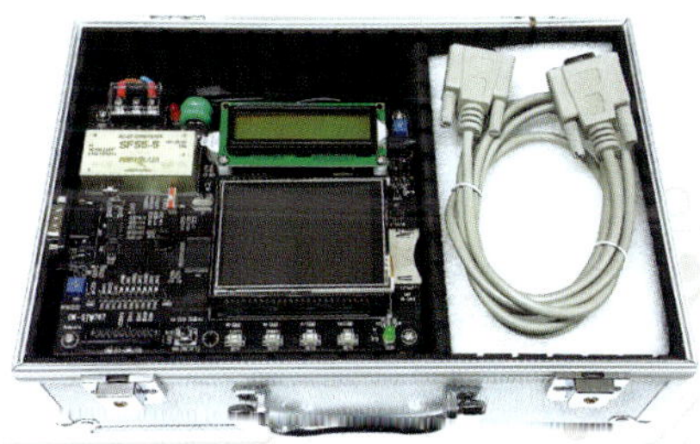

http://www.ohm.co.kr
E-mail : ohm@ohm.co.kr

소스는 홈페이지 자료실에 있습니다.

실용 모터제어 시리즈 2

BLDC 모터 제어 기술

-OK-128BLDC 키트-

초판인쇄 2015년 10월 15일
5쇄 발행 2019년 2월 10일

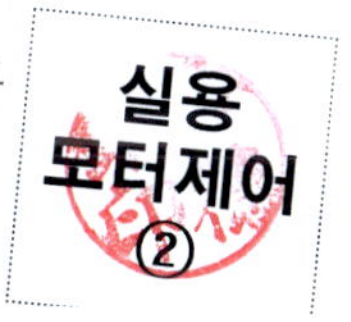

저 자 윤 덕 용

발 행 인 곽 종 학
발 행 처 도서출판 Ohm사

주 소 140-150 서울 용산구 갈월동 17번지 세기B/D
전 화 02-776-4868~9
팩 스 02-779-6757
등록번호 1975년 9월 12일 제3-3호

ISBN 978-89-7101-793-7 정가 28,000원